高层建筑结构设计

唐兴荣 编著

机械工业出版社

本书按照我国《建筑结构荷载规范》（GB 50009—2012）、《建筑抗震设计规范》（GB 50011—2010）、《混凝土结构设计规范》（GB 50010—2010）、《钢结构设计标准》（GB 50017—2017）、《高层建筑混凝土结构技术规程》（JGJ 3—2010）、《高层民用建筑钢结构技术规程》（JGJ 99—2015）、《建筑地基基础设计规范》（GB 50007—2011）等有关新的规范和规程作了全面的更新和充实。

本书内容包括高层建筑结构设计的概念设计、荷载与地震作用、结构设计的基本规定、结构计算分析、框架结构、剪力墙结构、框架—剪力墙结构、板柱—剪力墙结构、筒体结构、转换层结构、巨型框架结构、加强层结构、错层、错列结构、连体结构、多塔楼结构、悬挑结构、混合结构、高层建筑钢结构、高层住宅结构、超限高层建筑结构和基础设计等，共 21 章。重点针对目前结构设计中的一些热点问题、工程实际中常见疑难问题和易犯的错误，若干特殊和复杂结构设计问题，采用问答的形式，对这些问题进行了有的放矢的解答，简明实用，针对性和实操性强。

本书可供土建结构设计、施工、科研人员以及土建专业师生使用和参考。

图书在版编目（CIP）数据

高层建筑结构设计/唐兴荣编著．—2 版．—北京：机械工业出版社，2018.10
ISBN 978 - 7 - 111 - 60538 - 6

Ⅰ.①高⋯　Ⅱ.①唐⋯　Ⅲ.①高层建筑 - 结构设计 - 高等学校 - 教材　Ⅳ.①TU973

中国版本图书馆 CIP 数据核字（2018）第 166874 号

机械工业出版社（北京市百万庄大街 22 号　邮政编码 100037）
策划编辑：薛俊高　　　　　责任编辑：薛俊高
责任校对：刘丽华　李锦莉　封面设计：马精明
责任印制：孙　炜
天津翔远印刷有限公司印刷
2018 年 10 月第 2 版·第 1 次印刷
184mm×260mm·31.5 印张·2 插页·775 千字
标准书号：ISBN 978 - 7 - 111 - 60538 - 6
定价：99.00 元

凡购本书，如有缺页、倒页、脱页，由本社发行部调换

电话服务　　　　　　　　　　网络服务
服务咨询热线：010-88361066　机工官网：www.cmpbook.com
读者购书热线：010-68326294　机工官博：weibo.com/cmp1952
　　　　　　　010-88379203　金　书　网：www.golden-book.com
封面无防伪标均为盗版　　　教育服务网：www.cmpedu.com

再版前言

随着我国经济的发展和社会的进步，对高层建筑的需求越来越多，要求也越来越高。我国高层建筑建造数量大，发展速度快，建筑高度已跃居世界前列。现代高层建筑正向着多功能、多用途及造型复杂发展，具有结构的平面布置和体型日益复杂、结构体系日益多样化等特点。特殊和复杂高层建筑结构的工程实践较多，这些高层建筑结构设计已超出现行高层建筑结构设计规范、规程的适用范围，设计中会遇到更多的问题亟需解决。为此本书在阐述常规结构体系高层建筑结构设计中常遇的问题和易犯错误的同时，也花费了较大篇幅来阐述特殊和复杂高层建筑结构的设计问题。

本书按照《建筑结构荷载规范》（GB 50009—2012）、《建筑抗震设计规范》（GB 50011—2010）、《混凝土结构设计规范》（GB 50010—2010）、《钢结构设计标准》（GB 50017—2017）、《高层建筑混凝土结构技术规程》（JGJ 3—2010）、《高层民用建筑钢结构技术规程》（JGJ 99—2015）、《建筑地基基础设计规范》（GB 50007—2011）等新的规范、规程和标准的有关规定对《高层建筑结构设计》（第 1 版）进行了全面的补充、更新和完善。

本书内容具有两个显著特点：一是采用问答的形式，简明实用，针对性和实操性强，着重对目前结构设计中的一些热点问题、工程实际中常见疑难问题和易犯的错误，特殊和复杂结构设计问题进行释疑和正确阐明；二是所选择的问题是作者多年来从事教学科研、工程技术咨询和工程实践中所积累的，为工程实际中常遇的问题和易犯的错误。

本书内容的基本构架仍按原书第 1 版，未做太大的改变，内容包括高层建筑结构设计的概念设计，荷载与地震作用，结构设计的基本规定，结构计算分析，框架结构，剪力墙结构，框架—剪力墙结构，板柱—剪力墙结构，筒体结构，转换层结构，巨型框架结构，加强层结构，错层、错列结构，连体结构，多塔楼结构，悬挑结构，混合结构，高层建筑钢结构，高层住宅结构，超限高层建筑结构和基础设计等。

本书可供结构设计、施工、科研人员以及土建专业师生使用和参考。希望本书能对他们正确理解现行规范、规程中有关高层建筑结构的设计条款，正确处理结构设计中所遇的一些实际问题提供切实的有用的帮助。

本书内容涉及的专业技术面广，限于作者水平，书中论述的内容定有不妥之处，谨望读者予以批评指正。

唐兴荣
2018 年 5 月

目 录

再版前言
第一章 概念设计 1
    1. 我国规范对高层建筑是如何界定的？ 1
    2. 高层建筑、复杂高层建筑、超限高层建筑是如何界定的？ 2
    3. 为什么高层建筑结构设计更应重视概念设计？ 4
    4. 结构抗震概念设计的基本原则有哪些？ 5
    5. 抗震设计时，高层建筑结构设计成"刚一些好，还是柔一些好"？ 6
    6. 高层建筑混凝土结构的结构类型和体系有哪些？ 7
    7. 高层建筑钢结构的结构类型和体系有哪些？ 18
    8. 高层建筑结构体系的适用范围是什么？ 19
第二章 荷载与地震作用 22
    9. 重力荷载的计算方法和计算要点是什么？ 22
    10. 建筑物的重力荷载代表值、质量各指什么？ 22
    11. 如何理解和应用《荷规》（GB 50009—2012）第5.1.2条楼面活荷载折减系数？ 23
    12. 高层建筑屋面直升机停机坪荷载怎样确定？ 26
    13. 高层建筑基本风压 w_0 怎样取值？ 26
    14. 高层建筑风荷载计算时如何考虑群集建筑的影响？ 27
    15. 如何确定高层建筑的风载体型系数 μ_s？ 28
    16. 高层建筑幕墙结构设计时局部体型系数 μ_{sl} 如何取值？ 33
    17. 高层建筑风压高度变化系数 μ_z 是如何确定的？ 34
    18. 何谓风振系数 β_z、阵风系数 β_{zg}？ 36
    19. 如何对高度超过 150m 的高层建筑舒适度进行验算？ 38
    20. 高层建筑结构的重要性是如何划分的？ 41
    21. 各抗震设防类别建筑的抗震设防标准有哪些？ 41
    22. 地震作用计算的原则和方法有哪些？ 42
    23. 6度抗震设计时，高层建筑结构为何规定计算地震作用和作用效应？ 44
    24. 水平地震作用影响系数曲线是如何确定的？ 44
    25. 考虑质量偶然偏心的依据和方法是什么？ 48
    26. 质量偶然偏心和双向地震作用是否同时考虑？ 49
    27. 如何计算高层建筑凸出屋面塔楼的水平地震作用？ 49
    28. 高层建筑地震反应计算时，振型选择的原则和方法是什么？ 50
    29. 反应谱单向、二向及三向地震作用效应如何进行组合？ 51
    30. 如何按水平地震剪力系数最小值调整地震剪力？ 53
    31. 哪种情况下楼层剪力可以考虑折减？ 55
    32. 何时需要考虑计算双向地震作用？ 55
    33. 如何计算双向地震作用？ 56
    34. 单向与双向地震作用扭转效应有何区别？ 56

35. 如何判断结构扭转为主的振型? ………………………………………………… 57
36. 如何考虑竖向地震作用? ………………………………………………………… 57
37. 结构自振周期折减系数 Ψ_T 如何取值? ………………………………………… 58
38. 高层建筑各种非荷载效应的设计原则是什么? ………………………………… 58
39. 高层建筑竖向温差效应设计方法的要点是什么? ……………………………… 59
40. 高层建筑水平温差收缩效应设计方法的要点是什么? ………………………… 61
41. 高层建筑差异沉降效应设计方法的要点是什么? ……………………………… 64

第三章 结构设计的基本规定

42. 结构设计使用年限、设计基准期是怎样确定的? ……………………………… 66
43. 房屋高度和最大适用高度分别指什么? ………………………………………… 66
44. 如何判断平面不规则结构? ……………………………………………………… 67
45. 如何判断扭转不规则结构? ……………………………………………………… 69
46. 楼层扭转位移控制条件能否突破? 楼层扭转位移控制时为何要考虑偶然偏心的影响? ………………………………………………………………………… 72
47. 扭转周期 T_t 与平动周期 T_1 的比值要求,是否对两个主轴方向平动为主的振型都要考虑? ……………………………………………………………………… 72
48. 如何判断并控制平面凹凸不规则及楼板不连续结构? ………………………… 73
49. 如何判断竖向不规则结构? ……………………………………………………… 76
50. 如何区分"不规则、严重不规则、特别不规则"的不规则程度? …………… 77
51. 伸缩缝、沉降缝和防震缝有何设置要求? ……………………………………… 77
52. 抗震变形验算中,任一楼层位移、层间位移、层位移差有何联系和区别? … 81
53. 为什么采用层间位移角来控制楼层层间最大位移? …………………………… 82
54. 哪些情况要进行薄弱层弹塑性变形验算? ……………………………………… 83
55. 如何进行结构抗连续倒塌设计? ………………………………………………… 84
56. 建筑抗震设防分类是如何确定的? ……………………………………………… 86
57. 建筑结构抗震等级是如何确定的? ……………………………………………… 88
58. 如何理解和掌握裙房抗震等级不应低于主楼的抗震等级? …………………… 90
59. 地下室抗震等级是否因上部结构的嵌固部位不同而不同? …………………… 90
60. 高层建筑结构中,抗震等级为特一级的钢筋混凝土构件应满足哪些规定? … 91
61. 如何具体应用乙、丙类建筑的抗震措施和抗震构造措施的规定? …………… 93

第四章 结构计算分析

62. 选择高层建筑结构分析软件时应注意哪些方面? ……………………………… 95
63. 结构内力和位移计算分析时,如何正确确定各种计算参数? ………………… 98
64. 如何对高层建筑结构电算计算结果进行分析、判断和调整? ………………… 106
65. 地下室顶板作为上部结构的计算嵌固部位应满足什么条件? ………………… 110
66. 高层建筑结构中,哪些构件可采用考虑塑性变形引起的内力重分布的分析方法? … 111
67. 采用动力弹性时程分析法有哪些规定? ………………………………………… 111
68. 多点地震输入分析方法的要点是什么? ………………………………………… 113
69. 基于性能抗震设计方法与常规抗震设计方法的联系和区别是什么? ………… 115
70. 基于性能设计方法的设计要点是什么? ………………………………………… 118
71. 重力二阶效应及结构稳定应如何考虑? ………………………………………… 123
72. 高层建筑结构的整体倾覆怎样验算? …………………………………………… 129
73. 判断结构侧向位移限制条件时,要否考虑不同作用效应的组合? …………… 131
74. 如何进行结构薄弱层弹塑性变形计算? ………………………………………… 131

75. 如何正确理解荷载效应和地震作用效应的组合? ……………………………… 133

第五章 框架结构 ……………………………………………………………… 135

76. 为什么高层建筑的框架结构应设计成双向梁柱抗侧力体系? ………………… 135
77. 为什么抗震设计的框架结构不应采用单跨框架? ……………………………… 135
78. 框架结构设计时,如何处理框架柱与框架梁中心线间的偏心? ……………… 136
79. 为什么框架结构按抗震设计时,不应采用混合承重形式? …………………… 137
80. 柱的计算长度如何确定? ………………………………………………………… 138
81. 框架结构如何实现"强柱弱梁、强剪弱弯、强节点弱构件"的抗震设计原则? …… 139
82. 剪跨比、剪压比是怎样定义的? ………………………………………………… 140
83. 一级框架结构的计算和构造要点是什么? ……………………………………… 141
84. 二级框架结构的计算和构造要点是什么? ……………………………………… 146
85. 三级框架结构的计算和构造要点是什么? ……………………………………… 149
86. 四级框架结构的计算和构造要点是什么? ……………………………………… 152
87. 梁柱节点区纵向受力钢筋锚固应符合哪些要求? ……………………………… 155
88. 框架结构中非结构构件的设计应注意哪些问题? ……………………………… 156
89. 框架结构中的次梁是否要考虑延性?其构造与框架梁有何区别? …………… 157
90. 减小柱轴压比有哪些有效措施? ………………………………………………… 158
91. 为什么框架梁柱纵向钢筋宜优先采用机械连接和绑扎搭接接头,焊接接头列后? …… 160
92. 柱采用高强等级混凝土,梁、板采用较低强度等级混凝土时,梁柱节点核心区应如何处理? ……………………………………………………………………………… 161
93. 梁上开洞的计算和构造有哪些规定? …………………………………………… 163
94. 宽扁梁框架结构设计的要点是什么? …………………………………………… 165
95. 预应力混凝土框架结构设计的要点是什么? …………………………………… 168
96. 高强度混凝土框架结构设计的要点是什么? …………………………………… 178

第六章 剪力墙结构 …………………………………………………………… 181

97. 高层剪力墙的受力特点是什么?剪力墙是如何分类的? ……………………… 181
98. 柱、异形柱、短肢剪力墙及普通剪力墙是如何界定的? ……………………… 183
99. 剪力墙截面高度与厚度之比(h_w/b_w)在4~8时应遵守哪些设计规定? …… 183
100. 剪力墙结构布置有哪些规定? ………………………………………………… 184
101. 剪力墙的截面尺寸应满足哪些要求?不满足时应怎样处理? ……………… 187
102. 翼墙、端柱、一字墙如何界定? ……………………………………………… 190
103. 剪力墙的墙肢长度大于8m时怎样处理? …………………………………… 190
104. 剪力墙结构底部加强部位的意义是什么?其高度怎样确定? ……………… 191
105. 什么情况下的墙肢要考虑设置约束边缘构件?剪力墙的约束边缘构件有哪些规定? …… 191
106. 哪些剪力墙应设置构造边缘构件?剪力墙构造边缘构件有哪些规定? …… 193
107. 是否要限制剪力墙分布钢筋和边缘构件内竖向钢筋的最大配筋率? ……… 195
108. 剪力墙分布钢筋最小配筋率应满足哪些要求? ……………………………… 196
109. 剪力墙墙面和连梁开洞有哪些构造要求? …………………………………… 197
110. 剪力墙的连梁截面不满足抗剪验算要求时应怎样处理? …………………… 198
111. 连梁受弯纵向钢筋构造配筋率如何取用? …………………………………… 199

第七章 框架—剪力墙结构 …………………………………………………… 201

112. 框架—剪力墙结构的受力和变形特点是什么? ……………………………… 201

- 113. 如何分析框架—剪力墙结构顶端效应? ……………………………………………… 203
- 114. 框架—剪力墙结构中,框架部分抗震等级、房屋高度和高宽比如何调整? ……… 207
- 115. 框架—剪力墙结构中剪力墙的布置有哪些规定? ……………………………… 209
- 116. 框架—剪力墙结构中剪力墙合理数量怎样确定? ……………………………… 210
- 117. 框架—剪力墙结构中为何要对框架总剪力进行调整? ………………………… 212
- 118. 带边框剪力墙有哪些构造要求? ………………………………………………… 213
- 119. 框架—剪力墙结构中的剪力墙部分配筋构造要求与剪力墙结构中的剪力墙配筋构造要求是否相同? ……………………………………………………………………… 214
- 120. 框架柱与剪力墙相连的梁是否均作为连梁设计? ……………………………… 214

第八章 板柱—剪力墙结构

- 121. 板柱—剪力墙结构的受力特点是什么? ………………………………………… 215
- 122. 板柱—剪力墙结构布置有哪些规定? …………………………………………… 216
- 123. 板柱—剪力墙结构计算的要点是什么? ………………………………………… 216
- 124. 板柱—剪力墙结构中,板的构造有哪些规定? ………………………………… 223
- 125. 如何计算板柱节点考虑受剪传递不平衡弯矩的受冲切承载力? ……………… 224
- 126. 板柱节点采用型钢剪力架时,应满足哪些规定? ……………………………… 231
- 127. 无梁板开洞应满足哪些规定? …………………………………………………… 232

第九章 筒体结构

- 128. 怎样理解框筒结构的剪力滞后现象? …………………………………………… 234
- 129. 筒体结构核心筒或内筒设计应符合哪些规定? ………………………………… 235
- 130. 框架—核心筒结构设计的要点是什么? ………………………………………… 236
- 131. 内筒偏置框架—核心筒结构有哪些设计要点? ………………………………… 237
- 132. 高度小于 60m 的框架—核心筒结构可否按框架—剪力墙结构确定抗震等级? … 238
- 133. 框架—核心筒结构的周边柱间为何要求设置框架梁? ………………………… 238
- 134. 筒中筒结构设计的要点是什么? ………………………………………………… 239
- 135. 筒体结构楼盖梁系布置及主梁与筒体连接时应注意什么? …………………… 242
- 136. 带转换层筒中筒结构设计的要点是什么? ……………………………………… 243
- 137. 交叉暗撑配筋连梁设计的要点是什么? ………………………………………… 244
- 138. 筒体结构截面设计时内力应如何调整? ………………………………………… 245

第十章 转换层结构

- 139. 转换结构构件的主要形式有哪些? ……………………………………………… 249
- 140. 带转换层的高层建筑结构设计时应遵循哪些原则? …………………………… 251
- 141. 带转换层的高层建筑结构布置有哪些规定? …………………………………… 252
- 142. 如何确定带转换层高层建筑结构的抗震等级? ………………………………… 257
- 143. 框支梁与一般转换梁有何区别和联系? ………………………………………… 258
- 144. 如何确定转换梁内力计算的有限元模型? ……………………………………… 260
- 145. 转换梁设计中有哪些规定? ……………………………………………………… 263
- 146. 转换柱设计中有哪些规定? ……………………………………………………… 265
- 147. 部分框支剪力墙结构框支梁上部剪力墙、筒体设计中有哪些规定? ………… 268
- 148. 部分框支剪力墙结构中落地剪力墙、筒体设计有哪些规定? ………………… 269
- 149. 如何选择转换梁的截面设计方法? ……………………………………………… 271
- 150. 《规程》(JGJ 3—2010)中带转换层结构底部加强部位结构内力调整增大系数与

《规程》（JGJ 3—2002）、《规程》（JGJ 3—1991）相比较有哪些不同？ ……… 273
151. 《规程》（JGJ 3—2010）中带转换层结构底部加强部位结构构造措施与《规程》（JGJ 3—2002）、《规程》（JGJ 3—1991）相比较有哪些不同？ ……… 276
152. 当框支层同时含有框支柱和框架柱时，如何执行《规程》（JGJ 3—2010）第 10.2.17 条的框架剪力调整要求？ ……… 278
153. 部分框支剪力墙结构的框支转换层楼板设计有哪些规定？ ……… 279
154. 转换桁架的结构形式有哪些？ ……… 280
155. 带桁架转换层高层建筑结构的设计原则有哪些？ ……… 280
156. 转换斜杆桁架设计和构造要求有哪些规定？ ……… 281
157. 转换空腹桁架设计和构造要求有哪些规定？ ……… 284
158. 转换厚板设计有哪些规定？ ……… 285
159. 箱形转换层设计和构造要求有哪些规定？ ……… 287
160. 预应力混凝土转换结构设计的要点是什么？ ……… 288
161. 搭接柱转换结构设计的要点是什么？ ……… 290
162. 宽扁梁转换结构设计的要点是什么？ ……… 294

第十一章 巨型框架结构 ……… 296
163. 如何进行巨型框架结构的内力分析？ ……… 296
164. 巨型框架结构的构造要求有哪些？ ……… 298
165. 巨型框架结构的设计要点是什么？ ……… 300

第十二章 加强层结构 ……… 305
166. 水平伸臂、环向构件、腰桁架和帽桁架分别有哪些作用？ ……… 305
167. 水平伸臂为什么可以加大框架—核心筒结构的刚度，减小侧移？ ……… 307
168. 如何合理选择加强层的数量、刚度和设置位置？ ……… 309
169. 如何确定带加强层高层建筑结构的抗震等级？ ……… 311
170. 带加强层高层建筑结构设计有哪些规定？ ……… 311
171. 带加强层高层建筑结构的构造要求有哪些？ ……… 313

第十三章 错层、错列结构 ……… 315
172. 什么是错层结构？其适用范围是什么？ ……… 315
173. 错层结构设计的要点是什么？ ……… 315
174. 错列桁架结构设计有哪些规定？ ……… 316
175. 错列桁架结构的构造要求有哪些规定？ ……… 318
176. 错列墙梁结构设计和构造有哪些规定？ ……… 319
177. 错列剪力墙结构的受力特征是什么？ ……… 321
178. 错列剪力墙结构设计中有哪些规定？ ……… 322
179. 错列剪力墙结构构造要求有哪些规定？ ……… 324

第十四章 连体结构 ……… 327
180. 强连接体结构分析时应注意哪些方面？ ……… 327
181. 强连接体结构布置有哪些规定？ ……… 330
182. 弱连接体结构设计的要点是什么？ ……… 331

第十五章 多塔楼结构 ……… 333
183. 多塔楼结构是如何定义的？ ……… 333
184. 大底盘多塔楼结构的抗震设计方法有哪些？ ……… 333

185. 多塔楼结构布置有哪些规定? ………………………………………………… 334
186. 多塔楼结构应有哪些加强措施? ……………………………………………… 335
187. 体型收进高层建筑结构的设计和构造有哪些要求? ………………………… 336

第十六章 悬挑结构

188. 高层建筑悬挑结构的受力特点是什么? ……………………………………… 339
189. 高层建筑悬挑结构设计的要点是什么? ……………………………………… 340
190. 避免上、下层悬挑梁长期挠度不等引起裂缝的措施是什么? ……………… 343
191. 悬挑深梁设计和构造的要点是什么? ………………………………………… 344

第十七章 混合结构

192. 混合结构体系有哪些形式? …………………………………………………… 347
193. 混合结构的适用范围是什么? ………………………………………………… 347
194. 混合结构体系的受力特点是什么? …………………………………………… 348
195. 混合结构布置有哪些要求? …………………………………………………… 349
196. 高层混合结构体系的设计要求是什么? ……………………………………… 351
197. 型钢混凝土梁、柱有哪些构造要求? ………………………………………… 353
198. 型钢混凝土柱框架节点有哪些构造要求? …………………………………… 357
199. 钢梁与钢管混凝土柱的连接构造有哪些要求? ……………………………… 359
200. 不同结构构件之间的连接和转换时应注意什么问题? ……………………… 363
201. 钢筋混凝土剪力墙与钢梁的连接构造有哪些要求? ………………………… 365
202. 钢板混凝土剪力墙设计和构造措施有哪些? ………………………………… 366
203. 混合结构中,钢筋混凝土核心筒、内筒的设计有哪些规定? ……………… 368

第十八章 高层建筑钢结构

204. 高层钢结构房屋结构体系的适用范围是什么? ……………………………… 369
205. 如何确定钢结构房屋的抗震等级? …………………………………………… 371
206. 高层钢结构的结构布置有哪些规定? ………………………………………… 372
207. 多高层钢结构的计算要点有哪些? …………………………………………… 376
208. 钢框架结构设计和构造有哪些要求? ………………………………………… 378
209. 钢框架—中心支撑结构的设计和构造有哪些要求? ………………………… 381
210. 钢框架—偏心支撑结构的设计和构造有哪些要求? ………………………… 383
211. 钢结构构件连接设计和构造有哪些要求? …………………………………… 388
212. 多层钢结构厂房抗震设计中有哪些规定? …………………………………… 392

第十九章 高层住宅结构

213. 高层住宅建筑的结构体系有哪些? …………………………………………… 395
214. 如何判别短肢剪力墙? 短肢剪力墙设计有哪些规定? ……………………… 396
215. 异形柱结构的设计要点是什么? ……………………………………………… 398
216. 多层剪力墙结构的设计要点是什么? ………………………………………… 407
217. 框架—壁式框架结构体系的设计要点是什么? ……………………………… 411
218. 居住建筑结构设计中的常遇问题应如何处理? ……………………………… 416

第二十章 超限高层建筑结构

219. 哪些建筑工程属于超限高层建筑工程? ……………………………………… 419
220. B 级高度高层建筑是否属于超限高层建筑范围? …………………………… 419
221. 超限高层建筑工程的抗震设防专项审查包括哪些内容? …………………… 420

- 222. 超限高层建筑专项审查的控制条件有哪些? ... 423
- 223. 高度和高宽比超限结构的抗震计算要点是什么? ... 423
- 224. 平面规则性超限结构的抗震设计要点是什么? ... 425
- 225. 立面规则性超限结构的设计要点是什么? ... 427
- 226. 超限高层建筑结构审查的申报材料应包括哪些基本内容? ... 429
- 227. 各类超限高层建筑结构专项审查的内容有哪些? ... 430

第二十一章 基础设计 433

- 228. 如何选择高层建筑的基础形式? ... 433
- 229. 如何确定高层建筑基础的埋置深度? ... 433
- 230. 地基基础设计有哪些规定? ... 435
- 231. 高层建筑主楼与裙房之间基础是否应设置沉降缝? ... 437
- 232. 减小主楼与裙房之间基础沉降差可采取哪些措施? ... 439
- 233. 与主楼相通的地下停车库设计时应注意哪些问题? ... 440
- 234. 地基承载力应如何确定? ... 441
- 235. 柱下条形基础内力计算的要点是什么? ... 444
- 236. 筏形基础底板平面应满足哪些要求?筏形基础的板厚如何确定? ... 450
- 237. 如何选择筏板基础的内力计算方法? ... 455
- 238. 箱形基础设计中应注意哪些问题? ... 455
- 239. 如何选择桩基的类型? ... 463
- 240. 桩基础中,桩的布置有哪些原则? ... 465
- 241. 单桩竖向静载荷试验的要点是什么? ... 465
- 242. 如何计算桩基础的最终沉降量? ... 467
- 243. 桩筏和桩箱基础设计的要点是什么? ... 470
- 244. 如何确定阶梯形承台及锥形承台斜截面受剪的截面宽度? ... 472
- 245. 单独柱基底板什么情况下应设置拉梁?拉梁内力采用什么方法计算? ... 473
- 246. 地下室外墙的设计要点有哪些? ... 473
- 247. 地下室顶板作为上部结构嵌固部位时,应符合哪些规定? ... 475
- 248. 独立基础加防水板基础设计要点有哪些? ... 476
- 249. 条形基础加防水板基础设计要点有哪些? ... 481

参考文献 ... 487

第一章 概 念 设 计

1. 我国规范对高层建筑是如何界定的？

（1）高层建筑混凝土结构

国际上诸多国家和地区对高层建筑的界定多在10层以上。为了适应我国高层建筑发展的形势并与国际诸多国家的界定相适应，《高层建筑混凝土结构技术规程》（JGJ 3—2010）适用范围定为10层及10层以上的高层民用建筑结构，其房屋的最大适用高度和结构类型应符合《高层建筑混凝土结构技术规程》（JGJ 3—2010）的专门条款。

《民用建筑设计通则》（GB 50352—2005）规定，10层及10层以上的住宅建筑和建筑高度大于24m的其他民用建筑（不含单层公共建筑）为高层建筑。

《高层民用建筑设计防火规范》（GB 50045—1995（2005版））规定，10层及10层以上的居住建筑和建筑高度超过24m的公共建筑为高层建筑。《建筑设计防火规范》（GB 50016—2014）规定，建筑高度大于27m的住宅建筑和建筑高度大于24m的非单层厂房、仓库和其他民用建筑划分为高层建筑。

为了与上述有关规范协调一致，将《高层建筑混凝土结构技术规程》（JGJ 3—2002）10层及10层以上或房屋高度超过28m的高层民用建筑结构进行修订，《高层建筑混凝土结构设计规程》（JGJ 3—2010）规定，10层及10层以上或房屋高度大于28m的住宅建筑以及房屋高度大于24m的其他高层民用建筑结构。

关于住宅建筑结构，有的住宅建筑的层高较大或住宅的底部几层布置层高较大的商场（商住楼），其层数虽然不到10层，但房屋总高度已超过28m，这些住宅建筑结构仍应按本规程进行结构设计。

关于高度大于24m的其他高层民用建筑结构是指办公楼、酒店、综合楼、商场、会议中心、博物馆等高层民用建筑。这些建筑中有的层数虽然不到10层，但层高比较高，建筑内部的空间比较大，变化也多，为适应结构设计的考虑，有必要将这类高度大于24m的结构纳入本规程的适用范围。至于高度大于24m的体育馆、航站楼、大型火车站等大跨度空间结构，其结构设计应符合国家现行有关标准的规定，本规程有关规定可供参考。

（2）高层建筑钢结构

《高层民用建筑钢结构技术规程》（JGJ 99—1998）没有规定适用高度的下限，而在《建筑抗震设计规范》（GB 50011—2002）中采用不超过12层和超过12层的划分方法。

《高层民用建筑钢结构技术规程》（JGJ 99—2015）规定，10层及10层以上或房屋高度大于28m的住宅建筑以及房屋高度大于24m的其他高层民用建筑钢结构。而在《建筑抗震设计规范》（GB 50011—2010）中采用不超过50m和超过50m的划分方法。

《钢结构设计标准》（GB 50017—2017）条文说明第A.2.1条将10层以下、总高度小于24m的民用建筑和6层以下、总高度小于40m的工业建筑定义为多层钢结构；超过上述高度的定义为高层钢结构。

2. 高层建筑、复杂高层建筑、超限高层建筑是如何界定的？

（1）高层建筑（tall building）

《高层建筑混凝土结构技术规程》（JGJ 3—2010）、《高层民用建筑钢结构技术规程》（JGJ 99—2015）规定，10层及10层以上或房屋高度大于28m的住宅建筑和房屋高度大于24m的其他高层民用建筑。

（2）复杂高层建筑（complicated tall building）

结构竖向布置不规则或平面布置不规则、传力途径复杂，在地震作用下易形成敏感薄弱部位的高层建筑，属于复杂高层建筑，包括带转换层的结构、带加强层的结构、错层结构、连体结构、竖向体型收进、悬挑结构（包括多塔结构）。鉴于目前建筑多功能发展的需要，工程中往往会遇到这些复杂结构，为使结构的质量安全得到基本保证，《高层建筑混凝土结构设计规程》（JGJ 3—2010）对复杂高层建筑结构的设计提出了各项专门的规定。

（3）超限高层建筑（out-of codes tall building）

《超限高层建筑工程抗震设防专项审查技术要点》（2015版）定义：下列高层建筑工程属于超限高层建筑工程：

1）房屋高度超过规定：包括超过《建筑抗震设计规范》（GB 50011—2010）第6章钢筋混凝土结构（表6.1.1）；超过《建筑抗震设计规范》（GB 50011—2010）第8章钢结构适用的最大高度（表8.1.1）；超过《高层建筑混凝土结构技术规程》（JGJ 3—2010）第7章中有较多短肢墙的剪力墙结构（7.1.8条）；超过《高层建筑混凝土结构技术规程》（JGJ 3—2010）第10章错层结构（10.1.3条）；超过《高层建筑混凝土结构技术规程》（JGJ 3—2010）第11章混合结构最大适用高度的高层建筑工程（表11.1.2）。

2）规则性超限：房屋高度不超过规定，但建筑结构布置属于《建筑抗震设计规范》（GB 50011—2010）、《高层建筑混凝土结构技术规程》（JGJ 3—2010）规定的特别不规则的高层建筑工程。

3）屋盖超限工程：指屋盖的跨度、长度或结构形式超出《建筑抗震设计规范》（GB 50011—2010）第10章及《空间网格结构技术规程》（JGJ 7—2010）、《索结构技术规程》（JGJ 257—2012）等空间结构规程规定的大型公共建筑工程（不含骨架支承式膜结构和空气支承膜结构）。

超限高层建筑工程的主要范围参见表1-1～表1-5。

表1-1 房屋高度超过下列规定的高层建筑工程 （m）

结构类型		6度(0.05g)	7度(0.10g)	7度(0.15g)	8度(0.20g)	8度(0.30g)	9度(0.40g)
混凝土结构	框架	60	50	50	40	35	24
	框架—抗震墙	130	120	120	100	80	50
	抗震墙	140	120	120	100	80	60
	部分框支抗震墙	120	100	100	80	50	不应采用
	框架—核心筒	150	130	130	100	90	70
	筒中筒	180	150	150	120	100	80

（续）

	结构类型	6 度 (0.05g)	7 度 (0.10g)	7 度 (0.15g)	8 度 (0.20g)	8 度 (0.30g)	9 度 (0.40g)
混凝土结构	板柱—抗震墙	80	70	70	55	40	不应采用
	较多短肢墙	140	100	100	80	60	不应采用
	错层的抗震墙	140	80	80	60	60	不应采用
	错层的框架—抗震墙	130	80	80	60	60	不应采用
混合结构	钢外框—钢筋混凝土核心筒	200	160	160	120	100	70
	型钢混凝土外框—钢筋混凝土核心筒	220	190	190	150	130	70
	钢外筒—钢筋混凝土核心筒	260	210	210	160	140	80
	型钢（钢管）混凝土外筒—钢筋混凝土核心筒	280	230	230	170	150	90
钢结构	框架	110	110	90	90	70	50
	框架—中心支撑	220	220	200	180	150	120
	框架—偏心支撑（延性墙板）	240	240	220	200	180	160
	各类筒体和巨型结构	300	300	280	260	240	180

注：当平面和竖向均不规则（部分框支结构指框支层以上的楼层不规则）时，其高度应比表内数值降低至少10%。

表1-2 同时具有三项及以上不规则的高层建筑工程（不论高度是否大于表1-1中所列）

序号	不规则类型	简要含义	备注
1a	扭转不规则	考虑偶然偏心的扭转位移比大于1.2	参见 GB 50011—2010 条文3.4.3
1b	偏心布置	任一层的偏心率大于0.15或相邻层质心相差大于相应边长15%	参见 JGJ 99—2015 条文3.2.2
2a	凹凸不规则	平面凹进尺寸大于相应投影方向总尺寸的30%等	参见 GB 50011—2010 条文3.4.3
2b	组合平面	角部重叠或细腰形平面布置	参见 JGJ 3—2010 条文3.4.3
3	楼板不连续	有效宽度小于50%，开洞面积大于30%，错层大于梁高	参见 GB 50011—2010 条文3.4.3
4a	刚度突变	相邻层刚度变化大于70%或连续三层变化大于80%	参见 GB 50011—2010 条文3.4.3
4b	尺寸突变	竖向构件位置缩进大于25%，或外挑大于10%和4m，多塔	参见 JGJ 3—2010 条文3.4.3
5	构件间断	上下墙、柱、支撑不连续，含加强层、连体类	参见 GB 50011—2010 条文3.4.3
6	承载力突变	相邻层受剪承载力变化大于80%	参见 GB 50011—2010 条文3.4.3
7	局部不规则	如局部的穿层柱、斜柱、夹层、个别构件错层或转换，或个别楼层扭转位移比略大于1.2等	已计入1~6项者除外

注：1. 深凹进平面在凹口设置连梁，其两侧的变形不同时仍视为凹凸不规则，不按楼板不连续中的开洞对待。
2. 序号a、b不重复计算不规则项。
3. 局部的不规则，视其位置、数量等对整个结构影响的大小判断是否计入不规则的一项。

表1-3 具有2项或同时具有本表和表1-2中某项不规则的高层建筑工程（不论高度是否大于表1-1中所列）

序号	不规则类型	简要含义	备注
1	扭转偏大	裙房以上的较多楼层考虑偶然偏心的扭转位移比大于1.4	表1-2之1项不重复计算
2	抗扭刚度弱	扭转周期比大于0.9，超过A级高度的结构扭转周期比大于0.85	

(续)

序号	不规则类型	简要含义	备注
3	层刚度偏小	本层侧向刚度小于相邻上层的50%	表1-2之4a项不重复计算
4	塔楼偏置	单塔或多塔与大底盘的质心偏心距大于底盘相应边长20%	表1-2之4b项不重复计算

表1-4 具有某一项不规则的高层建筑工程（不论高度是否大于表1-1中所列）

序号	不规则类型	简要含义
1	高位转换	框支墙体的转换构件位置：7度超过5层，8度超过3层
2	厚板转换	7~9度设防的厚板转换结构
3	复杂连接	各部分层数、刚度、布置不同的错层 连体两端塔楼高度、体型或者沿大底盘某个主轴方向的振动周期显著不同的结构
4	多重复杂	结构同时具有转换层、加强层、错层、连体和多塔等复杂类型的3种

注：仅前后错层或左右错层属于表1-2中的一项不规则，多数楼层同时前后、左右错层属于本表的复杂连接。

表1-5 其他高层建筑工程

序号	简称	简要含义
1	特殊类型高层建筑	抗震规范、高层混凝土结构规程和高层钢结构规程暂未列入的其他高层建筑结构，特殊形式的大型公共建筑及超长悬挑结构，特大跨度的连体结构等
2	大跨屋盖建筑	空间网格结构或索结构的跨度大于120m或悬挑长度大于40m，钢筋混凝土薄壳跨度大于60m，整体张拉膜结构跨度大于60m，屋盖结构单元的长度大于300mm，屋盖结构形式为常用空间结构形式的多重组合、杂交组合以及屋盖形体特别复杂的大型公共建筑

注：表中大型公共建筑的范围，参见《建筑工程抗震设防分类标准》GB 50223—2008。

3. 为什么高层建筑结构设计更应重视概念设计？

建筑抗震概念设计（seismic concept design of buildings）是指根据地震灾害和工程经验等所形成的基本设计原则和设计思想，进行建筑和结构总体布置并确定细部构造的过程。概念设计涉及从方案、结构布置到计算简图的选取，从截面配筋到构件的配筋构造等都存在概念设计的内容。基本设计原则和设计思想可以通过力学规律、震害教训、试验研究、工程实践经验等多种渠道建立。

强调结构概念设计的重要性，旨在要求建筑师和结构工程师在建筑设计中应特别重视规范、规程中有关结构概念设计的各条规定，设计中不能陷于只凭计算的误区。若结构严重不规则、整体性差，则按目前的结构设计及计算技术水平，很难保证结构的抗震、抗风性能，尤其是抗震性能。

高层建筑设计（尤其高层建筑抗震设计）中应非常重视概念设计。这是由于高层建筑结构的复杂性，发生地震时地震动的不确定性，人们对地震时结构响应认识的局限性与模糊性，高层结构计算尤其是抗震分析计算的精确性，材料性能与施工安装时的变异性以及其他不可预测的因素，可能会使设计计算结果和实际相差较大，甚至有些作用效应至今尚无法定量计算出来。因此在设计中，虽然分析计算是必需的，也是设计的重要依据，但仅此往往并不能满足结构安全性、可靠性的要求，不能达到预期的设计目标。从某种意义上说，概念设计甚至比分析计算更为重要。

4. 结构抗震概念设计的基本原则有哪些？

（1）高层建筑结构水平荷载是控制结构内力和变形的决定性因素，因此除考虑建筑功能要求外，结构单元抗侧力结构的布置宜规则、对称、受力明确、力求简单，传力合理、途径不间断，并应具有良好的整体性。

1）合理布置抗侧力构件，在一个独立的结构单元内，应避免应力集中的凹角和狭长的缩颈部位；避免在凹角和端部设置楼梯、电梯间；减少地震作用下的扭转效应。竖向体型尽量避免外挑，内收也不宜过多、过急，结构刚度、承载力沿房屋高度宜均匀、连续分布，避免造成结构的软弱或薄弱部位。

2）应避免因部分结构或构件破坏而导致整个结构丧失抗震能力或对重力荷载的承载能力。

3）根据具体情况，结构单元之间应遵守牢固连接或有效分离的方法。高层建筑的结构单元宜采取加强连接的方法。

（2）结构构件应具有必要的承载力、刚度、稳定性和延性等方面的性能。

1）构件设计应遵守"强柱弱梁、强剪弱弯、强节点弱构件、强底层柱（墙）底"的原则。

2）对可能造成结构相对薄弱的部位，应采取措施提高抗震能力。

3）承受竖向荷载的主要构件不宜作为主要耗能构件。

（3）尽可能设置多道抗震防线。

1）一个抗震结构体系应由若干个延性较好的分体系组成，并由延性较好的结构构件连接协同工作。例如框架—剪力墙结构是由延性框架和剪力墙两个分体系组成，双肢或多肢剪力墙由若干个单肢剪力墙体系组成。

2）强烈地震之后往往伴随多次余震，如只有一道防线，则在第一次破坏后再遭余震，将会因损伤积累而导致倒塌。抗震结构体系应有最大可能数量的内部、外部冗余度，有意识地建立起一系列分布的屈服区，主要耗能构件应有较高的延性和适当刚度，以使结构能吸收和耗散大量的地震能量，提高结构抗震性能，避免大震倒塌。

3）适当处理结构构件的强弱关系，同一楼层内宜使主要耗能构件屈服后，其他抗侧力构件仍处于弹性阶段，使"有约束屈服"保持较长阶段，保证结构的延性和抗倒塌能力。

4）在抗震设计中某一部分结构设计超强，可能造成结构的其他相对薄弱部位，因此在设计中不合理地加强以及在施工中以大代小，改变抗侧力构件配筋的做法，都需要慎重考虑。

（4）对可能出现的薄弱部位，应采取措施提高其抗震能力。

1）结构在强烈地震下不存在强度安全储备，构件的实际承载力分析是判断薄弱层（部位）的基础。

2）要使楼层（部位）的实际承载力和设计计算的弹性受力之比在总体上保持一个相对均匀的变化，一旦楼层（或部位）的这个比例有突变时，会由于塑性内力重分布导致塑性变形的集中。

3）要防止因在局部上加强而忽视了整个结构各部位刚度、承载力的协调。

4）在抗震设计中有意识、有目的地控制薄弱层（部位），使之有足够的变形能力又不使薄弱层发生转移，这是提高结构总体抗震性能的有效手段。

（5）考虑上部结构嵌固于基础结构或地下室结构之上时，应使基础结构或地下室结构保持弹性工作状态，使塑性铰出现在结构嵌固部位。

5. 抗震设计时，高层建筑结构设计成"刚一些好，还是柔一些好"？

结构的地震反应和变形的大小不仅与结构刚度有关，还与场地土类别有关，当结构的自振周期（T_1）与场地土的卓越周期（$T_0 = \sum_{i=1}^{n} 4d_i/v_{si}$）接近时，建筑物的振动变形和地震作用都会加大。

因此，对于高层建筑抗震设计，不能一概做出"刚一些好"，还是"柔一些好"的简单结论，应根据结构的高度、体系和场地条件等进行综合判断。抗震设计时，重要的是要进行变形控制，将变形控制在《高层建筑混凝土结构技术规程》（JGJ 3—2010）允许的范围内，为使结构具有足够的刚度，设置部分剪力墙有利于减小结构变形和提高结构承载力；同时，应根据场地条件来设计结构，硬土地基上的结构可柔一些，软土地基上的结构可刚一些。可通过改变高层建筑结构的刚度来调整结构的自振周期，使其偏离场地的卓越周期，较为理想的结构是自振周期比场地卓越周期更长，否则应使其比场地的卓越周期短得较多。因为考虑到结构进入开裂和弹塑性状态时，结构的自振周期会加长（见图1-1）。因此，高层建筑结构设计前应取得场地土动力特性的勘测资料。

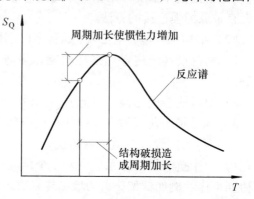

图 1-1　结构自振周期加长后与场地土的卓越周期关系

图 1-2 给出了地震影响系数曲线，由图可见：

直线上升段（A-B 段）（自振周期 $T = 0 \sim 0.1\mathrm{s}$）结构，在地震作用下结构进入弹塑性阶段，其刚度降低，自振周期加长，地震作用加大，对抗震很不利，结构的自振周期不宜设计在 A-B 段范围内。

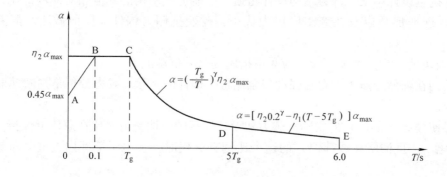

图 1-2　地震影响系数曲线

曲线下降段（C-D 段）（自振周期 $T = T_g \sim 5T_g$）结构，在地震作用下结构进入弹塑性阶段，其刚度降低，自振周期加长，地震作用减小，对抗震有利。结构的自振周期应尽可能位于 C-D 段范围内。

6. 高层建筑混凝土结构的结构类型和体系有哪些？

目前实际工程中，高层和超高层钢筋混凝土结构体系主要有：

①框架结构　框架结构包括：传统框架结构、异形柱框架结构、错列桁架结构、错列墙梁结构及巨型框架结构等。

②剪力墙结构　剪力墙结构包括：普通剪力墙结构、脊骨结构、全部落地剪力墙结构、部分框支剪力墙结构、短肢剪力墙结构及错列剪力墙结构等。

③框架—剪力墙结构

④筒体结构　筒体结构包括：框架—核心筒结构、框筒和桁架筒、筒中筒结构及多束筒结构等。

⑤复杂高层建筑结构　复杂高层建筑结构包括：带转换层结构、带加强层结构、连体结构、错层结构、多塔结构、悬挑结构、竖向收进结构及平面不规则结构等。

⑥其他结构　多、高层建筑结构还可以采用板柱结构、板柱—剪力墙结构及框架—壁式框架结构等。

（1）框架结构

1）传统框架结构（Frame Structure）　由梁、柱组成的结构称为框架结构（图1-3a），框架结构的柱距为 4~10m，具有建筑平面布置灵活的特点，可以取得较大的使用空间。按照抗震设计要求的钢筋混凝土框架结构都可以成为延性大，耗能能力强的延性框架结构，具有较好的抗震性能。但框架结构的抗侧刚度较小，用于比较高的建筑时，需要截面较大的钢筋混凝土梁、柱才能满足变形限值的要求，减小了有效空间，经济指标也不好，非结构的填充墙和装饰材料容易损坏，修复费用高。在水平荷载作用下框架结构的侧向变形特征为剪切型。

2）巨型框架结构（Mega-Frame Structure）　巨型框架结构是一种与传统框架不同的结构体系。该结构体系是把结构体系中的框架部分设计成主框架和次框架。主框架是一种大型的跨层框架，每隔 6~10 层设置一根巨型框架梁，每隔 3~4 个开间设置一根巨型框架柱（图1-3b）。巨型框架梁之间的几个楼层，则另设置柱网尺寸较小的次框架。次框架的主要作用是将各楼层的竖向荷载可靠地传递给主框架的巨型梁和巨型柱（当次框架采用有柱方案时），或将竖向荷载直接传递给巨型柱（当次框架采用无柱方案时）。因为次框架的柱距小、荷载小，又不承担水平荷载，因而梁、柱截面可以做得很小，有利于楼面的合理使用。巨型框架梁之间的各个次框架是相互独立的，因而柱网的形式和尺寸均可互不相同，某些楼层也可以按照使用空间的需要抽去一些柱子，扩大柱网。当次框架采用有柱方案时，直接位于巨型梁下面的一层可以不设柱，形成完全无柱的楼盖，用作大会议室或展览厅。

巨型柱可采用由电梯井和楼梯间井筒构成，也可采用矩形截面巨型柱。而巨型梁可采用一般矩形截面或箱形截面梁，有时则可采用桁架。巨型框架梁本身就构成了结构转换层，因此，巨型框架结构是一种复杂的转换层结构。

3）脊骨结构（Spine Structure）　脊骨结构是在巨型框架的基础上进一步发展起来的，

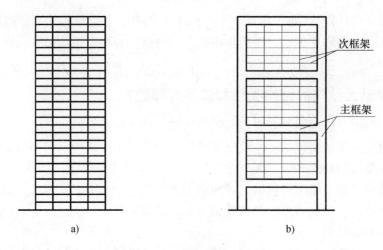

图 1-3 巨型框架结构体系比较
a) 传统框架结构体系　b) 巨型框架结构体系

适用于一些建筑外形复杂，沿高度平面变化比较多的复杂建筑，取其形状规则部分做成刚度和承载力都很强大的结构骨架抵抗侧向力，称为脊骨结构。脊骨结构一般由巨型柱和柱之间的剪力膜组成，巨型柱可以做成箱形柱、组合柱、桁架柱等，剪力膜可做成图1-4所示的一些形式：跨越若干层的斜支撑组成的桁架、空腹桁架、伸臂桁架等，或由几种形式结合，主要承受弯矩和剪力，巨型柱则主要承受倾覆力矩产生的轴力。

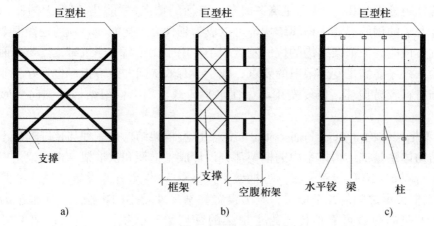

图 1-4 脊骨结构的剪力膜
a) 多层对角支撑　b) 外伸空腹桁架　c) 单跨空腹桁架

脊骨结构应上下贯通，直到基础，是抗侧力的主要结构；巨型柱之间相距尽量远，以便抵抗较大的倾覆力矩和扭矩；应使楼板上的竖向荷载最大限度地传到大柱上，以抵消倾覆力矩产生的拉力；如果脊骨结构的抗扭刚度尚嫌不足，可以利用周边的小框架参与抗扭。一个剪力膜的高度往往为若干层，上、下剪力膜之间不传递竖向荷载，但可以传递剪力。

这种结构体系在国外有应用，国内尚没有采用。

4）错列结构体系（Staggered Structures System）　错列结构体系是由一系列与楼层等高

的墙梁（或桁架）组成，墙梁（或桁架）横跨在两排外柱之间（图1-5）。采用这种结构体系能为建筑平面布置提供宽大的无柱面积，使楼层的使用更加灵活。在建筑平面上只有横向上的外柱而没有内柱；具有与楼层等高的墙梁（或桁架）的跨度按合理的跨高比确定可达20m以上（楼层高一般约为3m），参考钢结构工程实例，纵向开间可做到6~9m。在同一楼层上墙梁（或桁架）可以间隔一个空间布置，其纵剖面（图1-6）看来似砖的顺砌筑形式，所以无分隔空间的面积可达（12~18）m×20m之大。错列结构体系是一种新型的框架结构体系，也是一种复杂的转换层结构。采用这种结构体系能为建筑平面布置提供宽大的无柱面积，使楼层的使用更加灵活，适用于高层住宅和办公楼等要求大空间的建筑物。

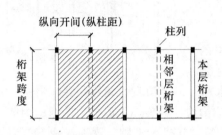 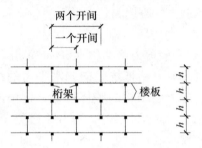

图1-5　任意楼层平面上的桁架与柱网布置　　　图1-6　纵剖立面（h为层高）
（阴影为在该层上的无分隔空间的面积）

这种结构体系的主要承重构件为楼板、墙梁（或桁架）和柱。楼板系统在每一开间上一边支承在一个墙梁（或桁架）的上端，另一边则悬吊在其相邻墙梁（或桁架）的下端（图1-6），这样便自然地出现了两个柱距的无间隔空间，而楼板的跨度仅为一个柱距，从而使楼板厚度减至最小。每片墙梁（或桁架）的上端和下端同时承受楼板的竖向荷载，其承受竖向荷载的有效性如同大跨度屋架一样。

错列桁架结构体系（Staggered Truss Structures System）（图1-7）是由一系列与楼层等高的桁架组成，桁架横跨在两排外柱之间。若采用空腹桁架，内部门窗等的设置更加灵活，桁架节间若不设填充墙时，内部空间会进一步增大。

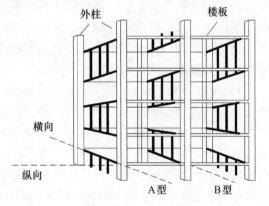

图1-7　错列桁架结构体系

错列墙梁结构体系（Staggered Wall-Beam Structures System）是由一系列与楼层等高的大梁（墙梁）隔层交错布置组成的结构体系。墙梁的排列可以有规则地布置，例如图1-8中A型-B型-A型-B型，或A型-B型-B型-A型等，以获得某一方面所需要的更大空间。这里，A型相应墙梁在框架的顶层，B型相应墙梁不在框架顶部，即相邻墙梁框架。在同一楼层上墙梁可以间隔一个空间布置，其纵剖面类似砖的顺砌筑形式（图1-6）。墙梁可根据其建筑功能的要求开设门洞。

5）异形柱框架结构（Frame Structure with Irregular Column）　异形柱框架结构与常规矩

形柱框架的区别就在于柱截面形式。柱采用的截面形式有"T"、"L"、"一"、"十"等形式，取柱厚及梁宽同墙厚，柱肢长一般小于4倍墙厚，即各肢的肢长与肢宽之比不大于4.0，柱的净高与截面长边之比不宜小于4.0且不宜大于8.0。梁采用与墙同宽的框架梁，可采用新型墙体材料以减轻自重。异形柱框架的结构设计应重视结构布置中异形柱的设置，宜使结构的平面和刚度对称，避免产生局部材料应力集中，避免扭转对结构受力的不利影响，保证结构的整体抗震性能，使整个结构有足够的承载力、刚度和延性。

（2）剪力墙结构

1）一般剪力墙结构（Shear Wall Structure） 用钢筋混凝土剪力墙抵抗竖向和水平力的结构称为剪力墙结构。剪力墙结构的整体性好，抗侧刚度大，在水平力作用下侧向变形较小，有利于避免设备管道及非结构构件的破坏。但剪力墙结构中剪力墙的间距较小（一般为3~8m），平面布置不灵活、建筑空间受到限制。水平荷载下剪力墙结构的侧移变形特征为弯曲型。

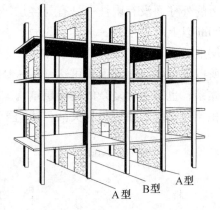

图1-8 错列墙梁结构体系

全部落地剪力墙结构适用于住宅、旅馆等建筑，由于自重大，刚度大，使剪力墙结构的基本周期短，地震作用较大。

2）部分框支剪力墙结构（Shear Wall Structure with Supporting Frame） 部分框支剪力墙结构是由落地剪力墙或剪力墙筒体和框支剪力墙组成的协同工作结构体系。这种结构类型由于底部几层有较大的空间，能适用于各种建筑的使用功能要求，因此，广泛应用于底部为商店、餐厅、车库、机房，上部为住宅、公寓、饭店、综合楼等高层建筑。这种结构体系的上部楼层部分竖向构件不能直接连续贯通落地时，在高层建筑的底部应设置结构转换层，在结构转换层布置转换结构构件。

3）短肢剪力墙结构（Shear Wall Structure with Short-Piers） 短肢剪力墙是指墙肢截面高度与厚度之比为5~8的剪力墙肢，一般情况下，当剪力墙结构中短肢剪力墙所承担的第一振型底部地震倾覆力矩达到结构总底部地震倾覆力矩的50%时，可以认为是短肢剪力墙结构。短肢剪力墙结构可减轻结构的自重，平面布置灵活，住宅建筑应用较多。缺点是短肢剪力墙的墙肢抗震性能较差，目前在地震区应用经验尚不足。

4）错列剪力墙结构（Staggered Shear Panels Structures System） 在传统的框架—剪力墙结构中，沿建筑物高度方向剪力墙是连续布置的，这种剪力墙的布置方式，即使在中等高度（20层）的结构中，结构的侧向变形和剪力墙底部的弯矩都很大。与传统框架—剪力墙结构体系不同，错列剪力墙结构体系是将一系列与楼层等高和开间等宽的墙板沿框架高度隔层错跨布置（图1-9），这种布置方式可使整个结构体系成为几乎对称均质，具有优异的抵抗水平荷载的能力。只要墙板合理布置，错列剪力墙结构可提高结构的横向抗侧刚度，同时可大大地降低剪力墙的底部弯矩，这对剪力墙的基础设计是有益的。

错列剪力墙结构也是一种复杂的转换层结构，能为建筑设计提供大的空间，在提高结构横向抗侧刚度及抵抗水平地震作用方面要比传统框架—剪力墙结构有独特的优势，不过它在纵向结构布置及刚度上显得相对薄弱，应采取相应的措施。

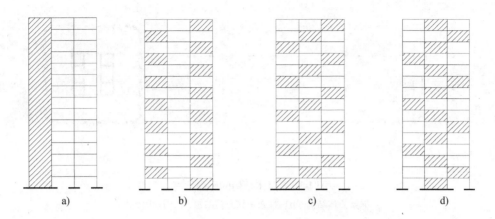

图 1-9 错列剪力墙结构
a) 传统框架—剪力墙结构 b) 类型 1 c) 类型 2 d) 类型 3

(3) 框架—剪力墙结构 (Frame-Shear Wall Structure)

在结构中同时布置框架和剪力墙，就形成框架—剪力墙结构。框架—剪力墙结构兼有框架结构布置灵活，延性好的优点和剪力墙结构刚度大，承载力大的优点。缺点是由于建筑使用功能要求，剪力墙的平面布置往往受到限制，可能会造成结构的偏心过大，结构的平面不规则等。

由于框架、剪力墙的协同受力，在结构的底部框架侧移减小，在结构的上部剪力墙的侧移减小，侧移曲线兼有这两种结构的特点，属于弯剪型。

框架—剪力墙结构是由延性框架和剪力墙两个分体系组成，具有多道抗震防线和良好的抗震性能，应用范围较为广泛。

(4) 筒体结构

筒体系空间整截面工作的结构，如同一根竖立在地面上的悬臂箱形梁，具有造型美观、使用灵活、受力合理、刚度大、有良好的抗侧力性能等优点，适用于 30 层或 100m 以上的高层和超高层建筑。

筒体结构可根据其平面墙、柱构件的布置情况分为：

1) 框架筒体结构 (Frame Tube Structure) (图 1-10a) 利用建筑物的外轮廓布置密柱、窗裙梁组成的框筒为其抗侧力构件，内部布置梁、柱框架主要承受楼盖传来的竖向荷载，其主要特点是可提供很大的内部空间，但对钢筋混凝土结构来说，在建筑物内部总会布置实体墙体、筒体，因此框架筒体结构实际应用很少。

2) 框架—核心筒结构 (Frame Core Wall Structure) (图 1-10b) 利用建筑功能的需要在内部组成实体筒体作为主要抗侧力构件，在内筒外布置梁柱框架，可以认为是一种剪力墙集中布置的框架—剪力墙结构，因此其受力特征与框架—剪力墙结构相同。这种结构体系由于其平面布置的规则性和内部核心筒的稳定性以及抗侧力作用的空间有效性，其力学性能与抗震性能优于一般框架—剪力墙结构，是目前我国高层建筑中一种常见的结构体系之一。

3) 筒中筒结构 (Tube in Tube Structure) (图 1-10c) 由外部的框筒与内部的核心筒组成。利用楼电梯间的剪力墙形成的薄壁筒；外筒由外周边间距为 3~4m 的密柱和跨高比较

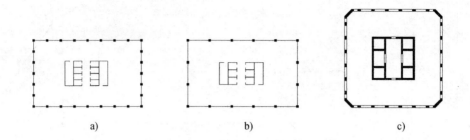

图 1-10 筒体结构的平面示意
a) 框架筒体结构 b) 框架—核心筒结构 c) 筒中筒结构

小的裙梁所组成,具有很大的抗侧力刚度和承载力。

在侧向荷载作用下,外框筒以承受轴向力为主,并提供相应的抗倾覆弯矩;内筒承受较大的侧向力产生的剪力,同时也提供一定比例的抗倾覆弯矩。

4)多重筒、成束筒、多筒体结构(Bundled Tubes Structure) 在外框筒与内筒之间另加一组框架筒体或实体筒体形成多重筒结构(图 1-11a);将多组框筒拼组成平面尺寸更大的框筒形成成束筒结构(图 1-11b)。这两种结构体系在国外的超高层建筑中均有应用。在国内的高层建筑中,常在筒中筒结构的基础上,根据需要在合适的部位(例如角部)另布置若干实体筒体来组成多筒体结构,其抗侧性能与抗扭性能均有较大的提高。

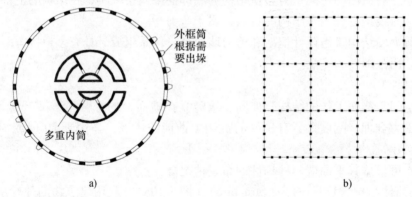

图 1-11 多重筒、成束筒结构的平面示意
a) 多重筒结构 b) 成束筒结构

5)复杂筒体结构(Complicated Tube Structure) 外围为密柱框架的筒中筒结构的外框筒柱距(一般柱距为 3~4m)较小,无法为建筑物提供较大的入口,为了布置大的入口,要求在底部布置水平转换构件以扩大柱距,形成底部带转换层的筒体结构。此时,转换构件沿建筑平面周边柱列或角筒布置。

筒中筒结构的外框筒底部抽柱的转换构件可采用大梁(或墙梁)、空腹桁架、斜杆桁架、拱等,见图 1-12 所示。

框架—核心筒结构的外围框架都采用稀柱框架,当房屋高宽比较大、核心筒高宽比较

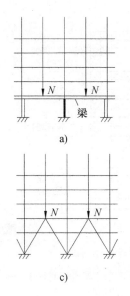
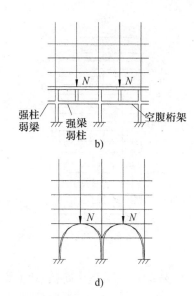

图 1-12　框筒抽柱转换结构形式
a）梁转换结构　b）空腹桁架转换结构　c）斜杆桁架转换结构　d）拱转换结构

大、外框架较弱时，结构的侧向刚度较弱，有时不能满足设计要求，为更有效地发挥周边外框架柱的抗侧力作用，提高结构整体抗侧刚度以满足规范要求，可以沿建筑物竖向利用建筑设备层、避难层空间，在核心筒与外围框架之间设置适宜刚度的伸臂构件来加强核心筒与框架柱间的联系，必要时可设置刚度较大的周边环带构件，加强外周框架角柱与翼缘柱间的联系，构成带加强层的高层建筑结构，也即框架—核心筒—伸臂结构。

(5) 复杂高层建筑结构（Complicated Tall Building Structures）

复杂高层建筑结构包括：带转换层的结构、带加强层的结构、错层结构、连体结构和多塔楼结构等。这些结构竖向布置不规则，传力途径复杂，有的工程平面布置也不规则。

1) 带转换层结构（Transfer Story Structure）　在同一座建筑中，沿房屋高度方向建筑功能要发生变化，上部楼层布置旅馆、住宅；中部楼层作为办公用房；下部楼层作为商店、餐馆和文化娱乐设施，这种不同用途的楼层需要采用不同的结构形式。

从建筑功能上看，上部需要小开间的轴线布置和需要较多的墙体以满足旅馆和住宅的功能要求；中部则需要小的或中等大小的室内空间，可以在柱网中布置一定数量的墙体以满足办公用房的功能要求；下部需要尽可能大的自由灵活的室内空间，要求柱网大、墙体尽量少，以满足商店、餐馆等公用设施的功能要求。

从结构受力上看，由于高层建筑结构下部楼层受力很大，上部楼层受力较小，正常的结构布置应是下部刚度大，墙体多、柱网密，到上部渐渐减少墙、柱的数量，以扩大柱网。这样，结构的正常布置与建筑功能对空间的要求正好相反（图 1-13）。因此，为满足建筑功能的要求，结构必须进行"反常规设计"，即将上部布置成小空间，下部布置成大空间；上部布置刚度大的剪力墙，下部布置刚度小的框架柱。为了实现这种结构布置，就必须在结构转换的楼层设置结构转换层（Structure Transfer Story），在结构转换层布置转换结构构件（Transfer Member）。

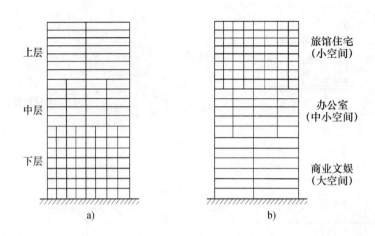

图 1-13 多功能建筑中结构正常布置与建筑功能的矛盾（示意图）
a）结构的正常布置 b）建筑功能对空间的要求

一般而言，当高层建筑下部楼层竖向结构体系或形式与上部楼层差异较大，或者下部楼层竖向结构轴线距离扩大或上部结构与下部结构轴线错位时，就必须在结构改变的楼层布置结构转换层，在结构转换层布置转换结构构件。

2）带加强层结构（Strengthening Story Structure） 框架—核心筒结构的外围框架都采用稀柱框架，当房屋高宽比较大、核心筒高宽比较大、外框架较弱时，结构的侧向刚度较弱，有时不能满足设计要求，为更有效地发挥周边外框架柱的抗侧力作用，提高结构整体抗侧刚度以满足规范要求，沿建筑物竖向利用建筑设备层、避难层空间，在核心筒与外围框架之间设置适宜刚度的伸臂构件来加强核心筒与框架柱间的联系，必要时可设置刚度较大的周边环带构件，加强外周框架角柱与翼缘柱间的连系，构成带加强层的高层建筑结构。常用规则典型带加强层高层建筑结构的平面、剖面如图 1-14 所示。

3）连体结构（Spatial Corridors Structure） 为满足建筑艺术和城市规划对高层建筑体型的新要求，在建筑物的立面上开大洞或几座建筑物用若干楼层连为一个整体，就构成了连体建筑。连体结构的特点是将两幢或几幢建筑连在一起，由塔楼及连接体组成。根据连接体结构与塔楼的连接方式，可将连体结构分为两类：

①强连接方式。当连接体结构包含多层楼盖，且连接体结构刚度足够，能将主体结构连接为整体协调受力、变形时，可做成强连接结构（图 1-15a、b、c），两端刚接、两端铰接的连体结构属于强连接结构。当建筑立面开洞时，也可归为强连接方式。

两个主体结构一般采用对称的平面形式，在两个主体结构的顶部若干层连接成整体楼层，连接体的宽度与主体结构的宽度相等或接近。当连接体与两端塔楼刚接或铰接时，连接体可与塔楼结构整体协调，共同受力。此时，连接体除承受重力荷载外，主要是协调连接体两端的变形及振动所产生的作用效应。

②弱连接方式。当在两个建筑之间设置一个或多个架空连廊时，连接体结构较弱，无法协调连体两侧的结构共同工作时，可做成弱连接（图 1-15d、e），即连接体一端与结构铰接，一端做成滑动支座；或两端均做成滑动支座。架空连廊的跨度有的约几米，有的长到几

十米。其宽度一般都在 10m 之内。

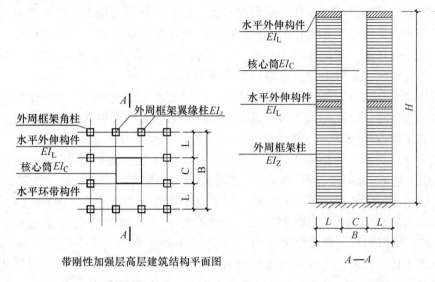

带刚性加强层高层建筑结构平面图

图 1-14　常用规则典型带加强层高层建筑结构的平面、剖面示意

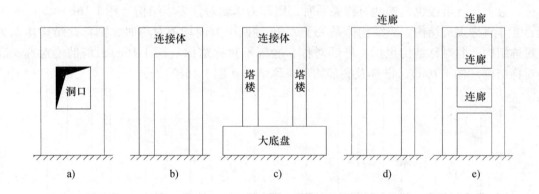

图 1-15　连体建筑示意
a)、b)、c) 强连接方式　d)、e) 弱连接方式

当连接体低位跨度小时，可采用一端与主体结构铰接，一端与主体结构滑动连接；或可采用两端滑动连接，此时两塔楼结构独立工作，连接体受力较小。两端滑动连接的连接体在地震作用下，当两塔楼相对振动时，要注意避免连接体滑落及连接体同塔楼碰撞对主体结构造成的破坏。实际工程中可采用橡胶垫或聚四氟乙烯板支承，塔楼与连接体之间设置限位装置。

当采用阻尼器作为限位装置时，也可归为弱连接方式。这种连接方式可以较好地处理连接体与塔楼的连接，既能减轻连接体及其支座受力，又能控制连接体的振动在允许的范围内，当然此种连接仍要进行详细的整体结构分析计算，橡胶垫支座等支承及阻尼器的选择要根据计算分析确定。

4）错层结构（Staggered Floor Structure） 错层结构最早在住宅结构中采用，以满足不同消费者的需求。错层住宅每套住宅房型的平面，其不同使用功能不在同一平面上，形成多个不同标高平面的使用空间和变化的视野，住宅室内环境错落有致，极富韵律感。错层高度低于一人，人站立在第一层面平视可看到第二层面，一般错层上、下以300~600mm为宜。当错层上、下高差较大，可采用其他错层形式（如L、∏形等）。

错层结构属于竖向布置不规则结构，因此，高层建筑宜避免错层。当房屋两部分因功能不同而使楼层错开时，宜首先采用防震缝或伸缩缝将其分为两个独立的结构单元。

错层而又未设置伸缩缝、防震缝分开，结构各部分楼层柱（墙）高度不同，形成错层结构，应视为对抗震不利的复杂高层建筑，在计算和构造上必须采取相应的加强措施。

5）多塔结构（Multi-tower Structure） 多塔楼结构的主要特点是，在多个高层建筑的底部有一个连成整体的大裙房，形成大底盘。对于多个塔楼仅通过地下室连为一体，地上无裙房或有局部小裙房但不连为一体的情况，一般不属于《高层建筑混凝土结构技术规程》（JGJ 3—2010）所指的大底盘多塔楼结构。

大底盘多塔楼结构根据底盘和塔楼平面布置、刚度和质量分布可以分为以下几种类型：

①双轴对称多塔结构。当底盘和塔楼的平面布置、质量和刚度分布关于x、y轴（x为横轴、y为纵轴）完全对称，且上部各塔楼各自对称，则称为双轴对称多塔结构（图1-16a）。

②单轴对称多塔结构。当底盘和塔楼的平面布置、质量和刚度分布仅对x轴或y轴方向对称，且上部各塔楼也是如此对称关系时，则称为单轴对称多塔结构（图1-16b）。

③非对称多塔结构。当结构体系关于x、y轴两个方向均不对称时，则称此结构体系为非对称结构。非对称结构包括：塔部对称、底部不对称结构（图1-16c），塔部不对称、底部对称结构（图1-16d），塔部及底部均不对称结构（图1-16e）。

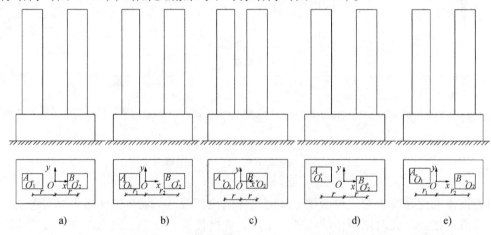

图1-16 大底盘多塔楼结构类型示意
a）双轴对称多塔结构 b）单轴对称多塔结构 c）塔部对称、底部不对称结构
d）塔部不对称、底部对称结构 e）塔部及底部均不对称结构

6）悬挑结构（Suspended Structure） 采用核心筒平面布置方案的高层建筑，有条件在结构上采用竖筒加挑托体系，将楼层平面核心部位做成圆形、矩形或多边形的钢筋混凝土竖筒，沿高度每隔6~10层由竖筒上伸出一道水平承托构件，来承托其间若干楼层的重力荷载

(图1-17)。这样,整个建筑的外围就可以做成稀柱式框架,且梁、柱的截面尺寸均可以做得很小,创造出一个比较开敞的视野和一个明亮的立面效果。

从建筑功能看,悬挑结构体型独特,外观新颖,在建筑艺术上有特色,加之外柱截面很小,四周开敞,受到建筑师的欢迎。在多数场合下,为求得最佳建筑效果,底部还可以取消几层楼面,仅保留中心竖筒落地,以创造出一个"金鸡独立"的奇特外观。

悬挑结构体系的主体结构是竖向内筒和水平承托构件,整个结构的抗侧刚度全部由竖向内筒提供,水平承托构件并无任何贡献。因此,在风荷载或地震作用下,整个结构体系的侧移曲线等于竖向内筒的侧移曲线,属于弯剪型,并偏向于弯曲型。

7) 竖向收进结构 (Irregular Structure along Vertical Indirection) 立面收进(图1-18a)或悬挑(图1-18b)是一种常见的高层建筑竖向不规则情况,此外还有其他立面不规则的情况,如连体建筑(图1-18c),立面开洞(图1-18d)、大底盘多塔楼(图1-18e)等。

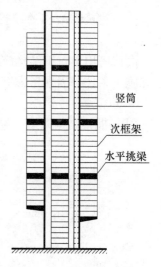

图1-17 悬挑结构剖面图

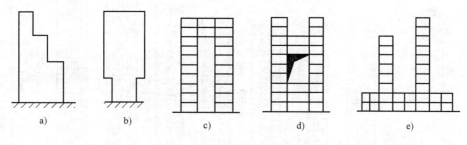

图1-18 竖向规则性超限的情况
a) 立面收进 b) 立面悬挑 c) 连体建筑 d) 立面开洞 e) 大底盘多塔楼

立面收进和悬挑的结构沿竖向刚度发生突变,属于竖向不规则的结构。历次地震震害表明:立面收进或悬挑都会使楼层的变形过分集中,出现严重的震害甚至倒塌。

8) 平面不规则结构 (Irregular Structure in Plane) 建筑结构的平、立面规则性对建筑结构抗震性能具有重要的影响,国内外大量的震害表明:结构平面不对称、不规则、不连续易使结构发生扭转破坏,严重者可导致整个结构破坏倒塌。因此平面布置力求简单、规则、对称,避免应力集中的凹角和狭长的缩颈部位;避免在凹角和端部设置楼电梯间;避免楼电梯间偏置,以避免产生扭转的影响(图1-19)。

图1-19 不规则平面示意

7. 高层建筑钢结构的结构类型和体系有哪些?

高层建筑钢结构的结构类型主要有钢结构、钢—混凝土结构和钢管混凝土结构三种类型。

高层民用建筑钢结构应根据房屋高度和高宽比、抗震设防类别、抗震设防烈度、场地类别和施工条件等因素考虑其适宜的钢结构体系。高层民用建筑钢结构可采用下列结构体系（图1-20）：

（1）框架结构体系　包括半刚接及刚接框架。

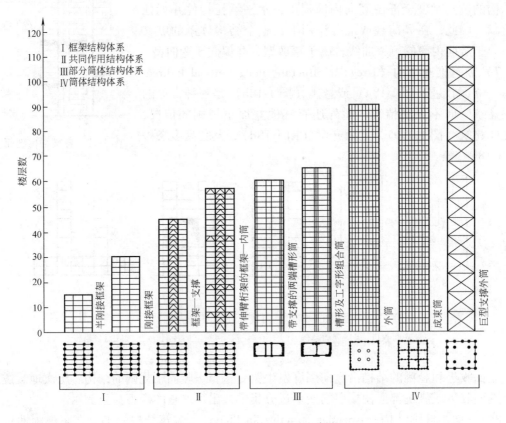

图1-20　各类结构体系的适应高度

（2）框架—支撑结构体系　包括框架—中心支撑、框架—偏心支撑、框架—屈曲约束支承。

（3）框架—延性墙板结构体系　延性墙板主要指钢板剪力墙、无粘结内藏钢板支撑剪力墙板、内嵌竖缝混凝土剪力墙板等。

（4）筒体结构体系　包括框筒、桁架筒、筒中筒、束筒结构。

（5）巨型框架结构　即指由巨型柱和巨型梁（桁架）组成的结构。

房屋高度不超过50m的高层民用建筑可采用框架结构、框架—中心支撑结构或其他体系的结构。超过50m的高层民用建筑，8度、9度时宜采用框架—偏心支撑、框架—延性墙板或屈曲约束支承等结构。高层民用建筑钢结构不应采用单跨框架结构。

8. 高层建筑结构体系的适用范围是什么？

（1）高层建筑结构体系的选择应从建筑、结构、施工技术条件、建筑材料、经济、机电等各专业综合考虑。

从结构上，一般考虑以下两个方面：

1）考虑建筑功能要求。例如：高层住宅、公寓、宾馆等用剪力墙结构较多；酒店、写字楼、教学楼、科研楼、病房等以及综合性公共建筑用框架—剪力墙结构、框架—核心筒结构较多。

2）按结构设计要求，一般高层建筑结构可根据房屋高度、高宽比、抗震设防类别、抗震设防等级等因素初步选择结构体系。

（2）房屋的最大适用高度和高宽比

《高层建筑混凝土结构技术规程》（JGJ 3—2010）将高层建筑结构的房屋高度分为 A 级高度和 B 级高度。A 级高度是各结构体系比较合适的房屋高度，是《高层建筑混凝土结构技术规程》（JGJ 3—2010）根据国内外工程实践经验提出的高度。同时，《高层建筑混凝土结构技术规程》（JGJ 3—2010）为适应现代建筑功能的需要，还提出了比 A 级高度更高的 B 级高度，B 级高度建筑的结构受力、变形、整体稳定、承载力等更复杂，故其结构抗震等级、有关的计算和构造措施应相应加严，并应符合《高层建筑混凝土结构技术规程》（JGJ 3—2010）有关条款的规定。

1）最大适用高度

①A 级高度乙类和丙类钢筋混凝土高层建筑的最大适用高度应符合表1-6的规定。

表1-6 A 级高度钢筋混凝土高层建筑的最大适用高度（m）

结构体系		非抗震设计	抗震设防烈度				
			6度	7度	8度		9度
					0.20g	0.30g	
框架		70	60	50	40	35	—
框架—剪力墙		150	130	120	100	80	50
剪力墙	全部落地剪力墙	150	140	120	100	80	60
	部分框支剪力墙	130	120	100	80	50	不应采用
筒体	框架—核心筒	160	150	130	100	90	70
	筒中筒	200	180	150	120	100	80
板柱—剪力墙		110	80	70	55	40	不应采用

注：1. 表中框架不含异形柱框架。
2. 部分框支剪力墙结构是指地面以上有部分框支剪力墙的剪力墙结构。
3. 甲类建筑，6度、7度、8度时宜按本地区抗震设防烈度提高一度后符合本表的要求，9度时应专门研究。
4. 框架结构、板柱—剪力墙结构以及 9 度抗震设防的表列其他结构，当房屋高度超过本表数值时，结构设计应有可靠依据，并采取有效的加强措施。

②B 级高度乙类和丙类钢筋混凝土高层建筑的最大适用高度应符合表1-7的规定。

7度和8度抗震设计时，剪力墙结构错层的高层建筑房屋高度分别不宜大于80m 和60m；框架—剪力墙结构错层的高层建筑房屋高度分别不大于80m 和60m。

表 1-7　B 级高度钢筋混凝土高层建筑的最大适用高度（m）

结构体系		非抗震设计	抗震设防烈度			
			6 度	7 度	8 度	
					0.20g	0.30g
框架—剪力墙		170	160	140	120	100
剪力墙	全部落地剪力墙	180	170	150	130	110
	部分框支剪力墙	150	140	120	100	80
筒体	框架—核心筒	220	210	180	140	120
	筒中筒	300	280	230	170	150

注：1. 部分框支剪力墙结构是指地面以上有部分框支剪力墙的剪力墙结构。
　　2. 甲类建筑，6 度、7 度、8 度时宜按本地区抗震设防烈度提高一度后符合本表的要求，9 度时应专门研究。
　　3. 当房屋高度超过本表数值时，结构设计应有可靠依据，并采取有效的加强措施。

抗震设计时，B 级高度高层建筑不宜采用连体结构。

底部带转换层的筒中筒结构 B 级高度的高层建筑，当外筒框支层以上采用有剪力墙构成的壁式框架时，其最大适用高度应比表 1-7 规定的数值适当降低。

2）高宽比。高层建筑结构高宽比是对结构刚度、整体稳定、承载能力和经济合理性的宏观控制；在结构设计满足承载力、稳定、抗倾覆、变形和舒适度等要求后，仅从结构安全角度而言，高宽比限值不是必须满足的，主要是影响结构设计的经济性。《高层建筑混凝土结构技术规程》（JGJ 3—2010）不再区分 A 级高度和 B 级高度高层建筑的最大高宽比限值，而统一按表 1-8 的规定数值。

表 1-8　钢筋混凝土高层建筑结构适用的最大高宽比

结构体系	非抗震设计	抗震设防烈度		
		6 度、7 度	8 度	9 度
框架	5	4	3	—
板柱—剪力墙	6	5	4	—
框架—剪力墙、剪力墙	7	6	5	4
框架—核心筒	8	7	6	4
筒中筒	8	8	7	5

高层建筑高宽比的计算：

一般情况按所考虑方向的最小投影宽度计算高宽比，但对凸出建筑物平面很小的局部结构（如楼梯间、电梯间等）一般不作计算宽度；对带有裙房的高层建筑，当裙房的面积和刚度相对于其上部塔楼的面积和刚度较小时（建议面积为 2.5 倍，刚度为 2.0 倍），宜取裙房以上部分的房屋高度和宽度计算高宽比；对于难以采用最小投影宽度计算高宽比的情况，应根据工程实际确定合理的计算方法。

（3）无论采用何种结构体系，都应使结构具有合理的刚度和承载力，避免产生软弱层或薄弱层，保证结构的稳定和抗倾覆能力；应使结构具有多道防线，提高结构和构件的延性，增强其抗震能力。

乙类、丙类高层民用建筑钢结构适用的最大高度应符合表 1-9 的规定。高层民用建筑钢结构适用的最大高宽比不宜大于表 1-10 的规定。

表 1-9 高层民用建筑钢结构适用的最大高度（m）

结构体系	非抗震设计	6 度 (0.05g)	7 度		8 度		9 度 (0.40g)
			0.10g	0.15g	0.20g	0.30g	
框架	110	110	110	90	90	70	50
框架—中心支撑	240	220	220	200	180	150	120
框架—偏心支撑 框架—屈曲约束支撑 框架—延性墙板	260	240	240	220	200	180	160
筒体（框筒、筒中筒、桁架筒、束筒） 巨型框架	360	300	300	280	260	240	180

注：1. 房屋高度指室外地面到主要屋面板板顶的高度（不包括局部凸出屋顶的部分）。
2. 超过表内高度的房屋，应进行专门研究和论证，采取有效的加强措施。
3. 表内筒体不包括混凝土筒。
4. 框架柱包括全钢柱和钢管混凝土柱。
5. 甲类建筑，6 度、7 度、8 度时宜按本地区抗震设防烈度提高一度后符合本表的要求，9 度时应专门研究。

表 1-10 高层民用建筑钢结构适用的最大高宽比

烈 度	6 度、7 度	8 度	9 度
最大高宽比	6.5	6.0	5.5

注：1. 计算高宽比的高度从室外地面算起。
2. 当塔形建筑底部有大底盘时，计算高宽比的高度从大底盘顶部算起。

第二章 荷载与地震作用

9. 重力荷载的计算方法和计算要点是什么?

（1）重力荷载的计算方法

重力荷载的准确计算宜从标准层开始，取标准层中的标准单元或标准块准确计算。

具体计算宜采取板—梁—柱（墙）的顺序进行，即先计算板的面荷载（包括填充墙的线荷载在内的算术平均值，即总荷载/板面积），再计算梁的线荷载，最后计算主梁的集中荷载及柱（墙）上的荷载。

这里需要指出：在计算板的均布面荷载传递到梁（墙）上作为线荷载、梁的线荷载传递到主梁上作为集中荷载及主梁的线荷载（自重等）和集中荷载传递到柱（墙）上作为集中力的计算全过程中，一般均可按简支的方法进行，不必考虑实际结构的连续性，以简化计算。这是由于高层建筑结构楼（屋）盖水平构件的连续性的影响往往被高层结构重力荷载效应下竖向构件的弹性压缩、混凝土收缩和徐变等影响调整覆盖。

对于屋面层、设备层、裙房层再分别按同样原理计算。

（2）重力荷载的计算要点

计算梁的自重时，要注意扣除梁板重叠部分的板重，尤其在扁梁、宽扁梁结构中更需注意。计算表明，由于设计计算未注意扣除梁板重叠部分的板重而引起的总重力荷载的增大的误差通常有10%~20%左右。

计算墙的自重时，要注意扣除墙板重复部分的板重。计算表明，此重叠部分引起的总重力荷载的增大的误差通常在5%左右。

使用活荷载的计算要注意折减。根据《建筑结构荷载规范》（GB 50009—2012）的规定，为便于计算简化，在计算柱、墙的总重力荷载，确定墙、柱截面时，建议楼面使用荷载标准值的折减系数可统一取值如表2-1所示。

表2-1 楼面使用或荷载标准值的折减系数

楼屋面类别	折减系数 η
住宅、办公楼、酒店、病房	0.7~0.55
商店、车库、设备用房	0.8~0.65

注：表中低值用于大于20层的建筑，高值用于10层的建筑，中间可采用插入法取值。

10. 建筑物的重力荷载代表值、质量各指什么?

（1）重力荷载代表值 G_E

计算地震作用时，建筑物的重力荷载代表值应取永久荷载标准值和各可变荷载组合值之和，即

$$G_E = D_K + \sum \Psi_i L_{ki} \tag{2-1}$$

式中　D_K——永久荷载标准值；
　　　L_{ki}——可变荷载标准值；
　　　Ψ_i——可变荷载的组合值系数，按表2-2采用。

表2-2　组合值系数 Ψ

可变荷载种类		组合值系数
雪荷载		0.5
屋面积灰荷载		0.5
屋面活荷载		不计入
按实际情况计算的楼面活荷载		1.0
按等效均布荷载计算的楼面活荷载	藏书库、档案库	0.8
	其他民用建筑	0.5
吊车悬吊物重力	硬钩吊车	0.3
	软钩吊车	不计入

注：硬钩吊车的吊重较大时，组合值系数按实际情况采用。

（2）建筑物的质量 M

建筑物的质量是地震作用、风荷载、结构振动特性计算的基础数据，其数值取建筑物的重力荷载代表值除以重力加速度，即 $M = \dfrac{G_E}{g}$。

根据大量工程的统计，采用普通轻质填充墙的各类现浇钢筋混凝土民用高层建筑结构的总质量按总建筑面积平均计算，其范围大致如表2-3所示。

表2-3　各类现浇钢筋混凝土民用高层建筑结构的平均质量

（t/m^2）

结构类别	框架结构	框架—剪力墙结构	框筒结构	剪力墙结构
平均质量	0.9~1.2	1.1~1.4	1.3~1.5	1.4~1.7

当建筑物较高（>30层或>100m）时，其平均质量一般为表2-3中的上限值；当建筑物较低（<20层或<60m）时，其平均值一般为表2-3中下限值。

建筑物的总质量应为建筑物实际总建筑面积（包括设备用房、避难层等不计入容积率的建筑面积在内）乘以其平均质量。

建筑物质量沿竖向的分布，通常是将楼层上所有质量集中于楼层节点处作为质点集中质量来表现。

11. 如何理解和应用《荷规》（GB 50009—2012）第5.1.2条楼面活荷载折减系数？

考虑到作用于楼面上的活荷载不可能以标准值的大小同时布满所有的楼面，在设计梁、墙、柱及基础时，还要考虑实际荷载沿楼面分布的变异情况，也即在确定梁、墙、柱及基础的荷载标准值时，还应按楼面活荷载标准值乘以折减系数。

折减系数的确定实际上是比较复杂的，采用简化的概率统计模型来解决这个问题还不够成熟。目前除美国规范是按结构部位的影响面积来考虑外，其他国家均按传统方法，通过从属面积来考虑折减系数。在ISO2103中，建议按下列不同情况对荷载标准值乘以折减系

数 λ：

（1）当计算梁时

1）对住宅、办公楼等房屋或其房间

$$\lambda = 0.3 + \frac{3}{\sqrt{A}} \quad (A > 18\text{m}^2) \tag{2-2a}$$

2）对公共建筑或其房间

$$\lambda = 0.5 + \frac{3}{\sqrt{A}} \quad (A > 36\text{m}^2) \tag{2-2b}$$

式中 A——所计算梁的从属面积，取梁两侧各延伸 1/2 梁间距范围内的实际楼面面积。

（2）计算多层房屋的柱、墙和基础时

1）对住宅、办公楼等房屋

$$\lambda = 0.3 + \frac{0.6}{\sqrt{n}} \tag{2-3a}$$

2）对公共建筑

$$\lambda = 0.5 + \frac{0.6}{\sqrt{n}} \tag{2-3b}$$

式中 n——所计算截面以上的楼层数，$n \geq 2$。

《建筑结构荷载规范》[一]（GB 50009—2012）规定：

1）设计楼面梁时

对住宅、宿舍、旅馆、办公楼、医院病房、托儿所、幼儿园，按 $\lambda = 0.3 + \frac{3}{\sqrt{A}}$（$A >$ 25m²）考虑；对其他建筑物，按 $\lambda = 0.5 + \frac{3}{\sqrt{A}}$（$A > 50\text{m}^2$）考虑，如表 2-4 所示。

2）设计柱、墙、基础时

对第 1（1）建筑类别（住宅、宿舍、旅馆、办公楼、医院病房、托儿所、幼儿园）折减系数按 $\lambda = 0.4 + \frac{0.6}{\sqrt{n}}$ 考虑，对于第 1（2）~8 项的建筑类别，直接按楼面梁的折减系数，而不另考虑按楼层的折减，如表 2-5 所示。

表 2-4 设计楼面梁时，楼面活荷载标准值的折减系数

建筑使用部位及类别	梁从属面积/m²	折减系数
表 5.1.1 第 1（1）项	>25	0.9
表 5.1.1 第 1（2）~7 项	>50	0.9

[一]《建筑结构荷载规范》，此处简称《荷规》。

(续)

建筑使用部位及类别		梁从属面积/m²	折减系数
表5.1.1第8项	单向板楼盖的次梁和槽形板的纵肋		0.8
	单向板楼盖的主梁		0.6
	双向板楼盖的梁		0.8
表5.1.1第9~13项		同所属房屋类别的折减系数值	

表2-5 设计墙、柱和基础时，楼面活荷载标准值的折减系数

部位		折减系数					
表5.1.1第1（1）项	计算截面以上的层数	1	2~3	4~5	6~8	9~20	>20
	计算截面以上各楼层活荷载总和的折减系数	1.0 (0.9)	0.85	0.70	0.65	0.60	0.55
表5.1.1第1（2）~7项		0.90					
表5.1.1第8项	单向板楼盖	0.5					
	双向板楼盖和无梁楼盖	0.8					
表5.1.1第9~13项		同所属房屋类别的折减系数值					

注：当楼面梁的从属面积超过25m²时，可采用括号内的系数。

在设计时应注意：①楼面活荷载标准值折减只是针对楼面层折减，对于屋面层不折减；②设计楼面梁时的折减系数只是影响梁，而不应该影响与其相连的柱、墙或基础。

(1) 结构设计的相关问题

现行结构电算程序多数无法区分《荷规》表5.1.1中第1（1）项与第1（2）~13项，因此，很难实现《荷规》(GB 50009—2012) 根据不同活荷载种类采取不同的楼面活荷载折减系数的要求。

多数程序不具有完全按表2-4和表2-5的要求多楼面荷载进行折减的功能，程序中不区分不同的楼面活荷载类型，一般均按《荷规》表5.1.1中第1（1）项的楼面活荷载类型考虑并取相应的折减系数。因此，结构计算程序对楼面活荷载的折减是粗略和不全面的。

由此可见，《荷规》(GB 50009—2012) 虽然规定了不同荷载情况下的折减系数，但因为折减系数多、情况复杂，程序很难区分不同活荷载类型，尤其多塔楼结构的平面布置及竖向布置都极为复杂，程序不好完全自动实现《荷规》(GB 50009—2012) 第5.1.2条进行楼面墙、柱及基础时楼面活荷载折减计算，因此比较适合于手工计算。

(2) 使用程序计算时，活荷载折减系数取值

1) 使用程序计算时，应仔细了解所用程序的荷载折减功能，对于楼板的支承构件（梁、墙、柱及基础等），应按表2-4、表2-5考虑活荷载的折减系数。当程序无法直接计算时，应考虑区分不同构件进行分步骤计算，并在荷载输入时将楼面活荷载折减。

2) 使用程序计算，当按表2-4、表2-5折减后的数值输入楼面活荷载时，此数值是对特定构件计算所需的截面等效均布活荷载，应注意此时其他相关结构构件内力的不真实性，避免误用。若涉及楼面梁时，应取用表2-4折减后的楼面活荷载值作为新的楼面荷载输入计算，此时的计算内力及配筋仅可用于楼面梁，对柱、墙等其他构件则表现为内力不真实，不能取用。

3) 当程序取用《荷规》表5.1.2的活荷载折减系数时，应特别注意裙房与主楼整体计算的高层建筑，避免裙房部分按主体的层数取用相应的折减系数（图2-1）。

4) 当程序取用《荷规》表5.1.2的活荷载折减系数时，应注意计算楼层与实际楼层的区别，当计算楼层与实际楼层层数相差较多时（如错层结构等），应特别注意（图2-2）。

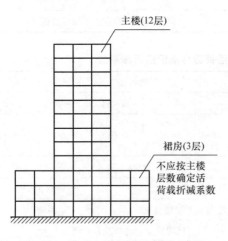
图2-1 裙楼应按自身楼层考虑

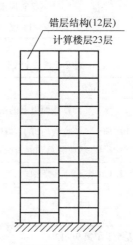
图2-2 错层结构应按实际楼层考虑

12. 高层建筑屋面直升机停机坪荷载怎样确定？

屋面直升机停机坪荷载应根据直升机总重按局部荷载考虑，或根据局部荷载换算为等效均布荷载考虑。屋面直升机停机坪的等效均布荷载标准值不应低于$5.0kN/m^2$。

局部荷载应按直升机实际最大起飞重量决定的局部荷载标准值乘以动力系数确定。对具有液压轮胎起落架的直升机，动力系数可取1.4；当没有机型技术资料时，一般可依据轻、中、重三种类型的不同要求，可按表2-6的规定选用。

表2-6 屋面直升机停机坪局部荷载标准值及作用面积

类型	最大起飞重量/t	局部荷载标准值/kN	作用面积
轻型	2	20	0.20m×0.20m
中型	4	40	0.25m×0.25m
重型	6	60	0.30m×0.30m

注：屋面直升机停机坪荷载的组合值系数应取0.7，频遇值系数应取0.6，准永久值系数应取0。

13. 高层建筑基本风压w_0怎样取值？

《荷规》（GB 50009—2012）附表E.5给出了全国各地重现期为10年、50年、100年基本风压w_0分布。所谓基本风压w_0是以当地空旷平坦地面以上10m高度处统计所得在规定重现期内10min平均最大风速v_0（m/s）为基本风速，一般可按式（2-4）计算确定：

$$w_0 = \frac{1}{1600}v_0^2 (kN/m^2) \tag{2-4}$$

《高层建筑混凝土结构技术规程》（JGJ 3—2010）第4.2.2条规定，基本风压按现行

《建筑结构荷载规范》（GB 50009—2012）的规定采用。对风荷载比较敏感的高层建筑，承载力设计时应按基本风压的 1.1 倍采用。

这里应说明：

(1) 对于特别重要的高层建筑，目前尚无统一、明确的定义，一般可根据《工程结构可靠度设计统一标准》（GB 50513—2008）规定的设计使用年限和安全等级确定，设计使用年限为 100 年的或安全等级为一级的高层建筑可认为是特别重要的高层建筑。相对于《规程》（JGJ 3—2002），《规程》JGJ 3—2010 修订时，取消了对"特别重要"的高层建筑的风荷载增大的要求，主要因为对重要的建筑结构，其重要性已经通过结构重要性系数 γ_0 体现在结构作用效应的设计值中。

(2) 对于正常使用极限状态设计（如位移计算），其要求可比承载力设计适当降低，一般仍可采用基本风压值或由设计人员根据实际情况确定，不再作为强制性要求。

(3) 对风荷载是否比较敏感，主要与高层建筑的自振特性有关，如结构的自振频率和振型等。对于前几阶振型频率比较密集、振型比较复杂的高层建筑结构，高振型影响不可忽视，仅采用考虑第一振型影响的风振系数 β_z 来估计风荷载的动力作用，有时不能全面反映建筑物对风荷载的动力响应，可能偏于不安全，因此适当地提高风压取值。

对于房屋高度大于 60m 的高层建筑对风荷载比较敏感，风荷载计算时不再强调按 100 年重现期的风压值采用，而是直接按基本风压值增大 10% 采用，即 $1.1w_0$。

对于房屋高度不超过 60m 的一般高层建筑，其基本风压可按重现期 50 年的基本风压确定，其基本风压是否提高，可由设计人员根据实际情况确定。

为了便于条文的执行，《高层建筑混凝土结构技术规程》（JGJ 3—2010）进一步规定基本风压重现期及其使用情况如表 2-7 所示。

表 2-7 基本风压重现期及其使用情况

重 现 期	10 年	50 年	100 年
适 用 情 况	舒适度控制	抗风设计	抗风设计

14. 高层建筑风荷载计算时如何考虑群集建筑的影响？

对房屋相互间距较近的建筑群，由于旋涡的相互干扰，房屋某些部位的局部风压会显著增大，设计时宜考虑其不利影响。群体效应一般与建筑物的相对高度、距离、方位、体型等有关，情况比较复杂，《荷规》（GB 50009—2012）尚未给出具体计算方法，一般可将风荷载体型系数 μ_s 进行放大，如《高层建筑混凝土结构技术规程》（JGJ 3—2010）采用在单栋建筑的体型系数 μ_s 乘以相互干扰增大系数。

风洞试验表明，风对群集建筑物的荷载增大效应往往是局部的，表现为局部风压的增大。对于有参考经验的情况，可采用已有的放大系数；对比较重要的或体型、环境非常复杂的高层建筑，建议通过边界层风洞试验考虑风荷载作用。

国内学者对群集建筑风荷载体型系数进行了研究，并参考 Kwok 的试验资料，提出了群集建筑相互干扰增大系数，见表 2-8。

连体结构的两塔楼间距一般都很近，高度一般也相当，应考虑建筑物互相之间的影响。对于连体结构，相邻建筑相互干扰增大系数可由表 2-9 确定。

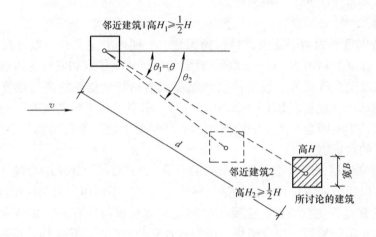

图 2-3 群体建筑

表 2-8 相互干扰增大系数

d/B	d/H	地面粗糙度	θ									
			0°	10°	20°	30°	40°	50°	60°	70°	80°	90°
≤3.5	≤0.7	A、B	1.15	1.35	1.45	1.50~1.80	1.45~1.75	1.40	1.40	1.30	1.25	1.15
		C、D	1.10	1.15	1.25	1.30~1.55	1.25~1.50	1.20	1.20	1.10	1.10	1.10
≥7.5	≥1.5	A、B、C、D	1.00									

注：1. θ 为风向与相邻建筑物平面形心之间连线的夹角，d 为两建筑物的距离，B、H 分别为所讨论建筑物迎风面宽度和高度，见图 2-3。

2. d/B 或 d/H 为上表中间值时，可用插入法确定，条件 d/B 或 d/H 取影响大者计算。

3. 表中同一格由二数时，底值适用于二个高层建筑，高值适用于二个以上。

表 2-9 连体结构相互干扰增大系数

d/B	d/H	地面粗糙度	相互干扰增大系数
≤3.5	≤0.7	A、B	1.15
		C、D	1.10
≥7.5	≥1.5	A、B、C、D	1.00

注：1. d 为两塔楼之间距离，B、H 分别为所分析建筑物的迎风面宽度和高度。

2. d/B 或 d/H 为上表中间值时，可用插入法确定，条件 d/B 或 d/H 取影响大者计算。

15. 如何确定高层建筑的风载体型系数 μ_s？

风载体型系数 μ_s 反映了建筑物表面在稳定风压作用下静态压力的分布规律，主要与建筑物的体型和尺度有关，也与周围环境和地面粗糙度有关。由于它涉及的是关于固体与流体相互作用的流体动力学问题，对于不规则形状的固体，问题尤为复杂，无法给出理论上的结果，通常由试验确定。目前一般采用相似原理，在边界层风洞内对拟建的建筑物模型进行测试。

《荷规》（GB 50009—2012）表 8.3.1 列出 39 项不同类型的建筑物和各类结构的体型系数，当建筑物与表中列出的体型类同时可参考应用。

为便于高层建筑结构设计时应用，《高层建筑混凝土结构技术规程》（JGJ 3—2010）对《荷规》（GB 50009—2012）表 8.3.1 的简化和整理，给出了矩形、L 形、槽形、正多边形、圆形、棱形、十字形、井字形、X 形、艹形、六角形、Y 形平面等 12 种体型的风载体型系数（附录 B）。

各类体型的风载体型系数应根据建筑物平面形状按下列规定取用：

（1）矩形截面

μ_{s1}	μ_{s2}	μ_{s3}	μ_{s4}
0.8	$-\left(0.48 + 0.03\dfrac{H}{L}\right)$	-0.60	-0.60

注：H 为房屋高度。

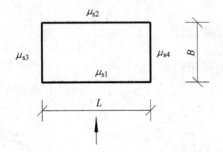

（2）L 形截面

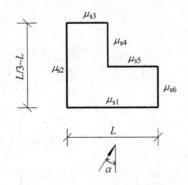

α \ μ_s	μ_{s1}	μ_{s2}	μ_{s3}	μ_{s4}	μ_{s5}	μ_{s6}
0°	0.80	-0.70	-0.60	-0.50	-0.50	-0.60
45°	0.50	0.50	-0.80	-0.70	-0.70	-0.80
225°	-0.60	-0.60	0.30	0.90	0.90	0.30

(3）槽形截面

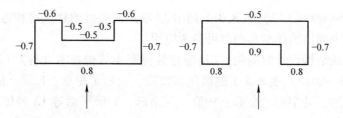

(4）正多边形平面、圆形平面

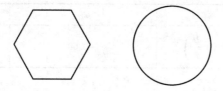

1） $\mu_s = 0.8 + \dfrac{1.2}{\sqrt{n}}$ （n 为边数）；

2）当圆形高层建筑表面较粗糙时，$\mu_s = 0.8$。

(5）扇形平面

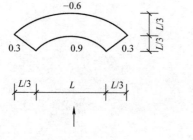

(6）梭形平面

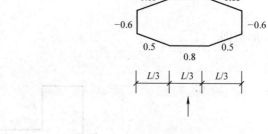

(7）十字形平面

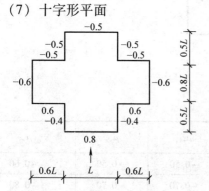

(8）井字形平面

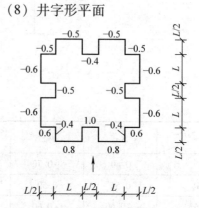

(9) X形平面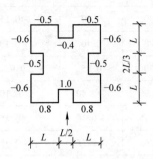

(10) ╋形平面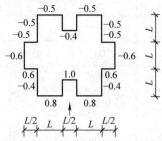

(11) 六角形平面

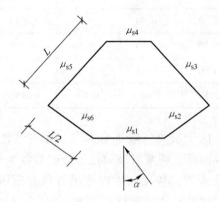

α \ μ_s	μ_{s1}	μ_{s2}	μ_{s3}	μ_{s4}	μ_{s5}	μ_{s6}
0°	0.80	−0.45	−0.50	−0.60	−0.50	−0.45
30°	0.70	0.40	−0.55	−0.50	−0.55	−0.55

(12) Y形平面

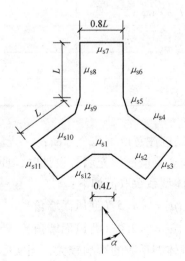

μ_s \ α	0°	10°	20°	30°	40°	50°	60°
μ_{s1}	1.05	1.05	1.00	0.95	0.90	0.50	-0.15
μ_{s2}	1.00	0.95	0.90	0.85	0.80	0.40	-0.10
μ_{s3}	-0.70	-0.10	0.30	0.50	0.70	0.85	0.95
μ_{s4}	-0.50	-0.50	-0.55	-0.60	-0.75	-0.40	-0.10
μ_{s5}	-0.50	-0.55	-0.60	-0.65	-0.75	-0.45	-0.15
μ_{s6}	-0.55	-0.55	-0.60	-0.70	-0.65	-0.15	-0.35
μ_{s7}	-0.50	-0.50	-0.50	-0.55	-0.55	-0.55	-0.55
μ_{s8}	-0.55	-0.55	-0.55	-0.50	-0.50	-0.50	-0.50
μ_{s9}	-0.50	-0.50	-0.50	-0.50	-0.50	-0.50	-0.50
μ_{s10}	-0.50	-0.50	-0.50	-0.50	-0.50	-0.50	-0.50
μ_{s11}	-0.70	-0.60	-0.55	-0.55	-0.55	-0.55	-0.55
μ_{s12}	1.00	0.95	0.90	0.80	0.75	0.65	0.35

对于一般高层建筑来说，由于层高一般不会太高，在刚性楼（屋）盖约束下，沿建筑物表面竖向分量分布的水平风荷载，通常可被简化为楼层节点水平荷载作用于建筑物。从高层建筑结构整体抗风设计角度来看，楼层高度内迎风背风分布风压产生的局部应力影响较小，可忽略不计。此时的高层建筑整体风载体型系数 μ_s 可取迎风压力体型系数与背风吸力系数绝对值的总和计算，各类高层建筑平面体型的整体风载体型系数 μ_s 见表2-10。

表2-10 各类高层建筑平面体型的整体风载体型系数 μ_s

序号	建筑平面体型	μ_s
1	矩形、十字形平面，$H/B \leqslant 4, L/B \geqslant 1.5$	1.3
2	矩形、十字形平面，$H/B > 4, L/B < 1.5$	1.4
3	圆形、椭圆形	0.8
4	正多边形（n——多边形边数）	$0.8 + 1.2/\sqrt{n}$
5	V形、Y形、弧形、井形、L形、槽形	1.4

关于高层建筑风载体型系数还应注意以下几个方面：

1）建筑物表面的局部构件，如幕墙、填充墙等设计时，要注意到风压不均匀、局部风压增大的情况，此时它们的风载体型系数取值如下：

$$\begin{cases} \mu_s = +1.5 \text{（迎风面墙角）} \\ \mu_s = -2.0 \text{（背风面墙角）} \end{cases}$$

2）风环境对高层建筑的风载体型系数的影响较大，当实际高层建筑处于密集的高层建筑群体中时，作用于实际高层建筑表面的风压分布规律将有所变化，比较复杂。此时宜通过专门风洞试验确定风压分布规律，修正风载体型系数，来进行实际高层建筑的抗风设计。

16. 高层建筑幕墙结构设计时局部体型系数 μ_{sl} 如何取值？

高层建筑幕墙属于围护结构，计算围护构件及其连接的风荷载时，可按下列规定采用局部体型系数 μ_{sl}：

（1）封闭式矩形平面房屋的墙面及屋面可分别按表2-11、表2-12的规定采用。

表 2-11 封闭式矩形平面房屋的墙面 μ_{sl}

迎风面		1.0
侧面	S_a	-1.4
	S_b	-1.0
背风面		-0.6

表 2-12 封闭式矩形平面房屋的双坡屋面局部体型系数 μ_{sl}

	α	≤5°	15°	30°	≥45°
R_a	$H/D≤0.5$	-1.8 0.0	-1.5 +0.2	-1.5 +0.7	0.0 +0.7
	$H/D≥1.0$	-2.0 0.0	-2.0 +0.2		
R_b		-1.8 0.0	-1.5 +0.2	-1.5 +0.7	0.0 +0.7
R_c		-1.2 0.0	-0.6 +0.2	-0.3 +0.4	+0.6
R_d		-0.6 +0.2	-1.5 0.0		-0.3 0.0
R_e		-0.60 0.0	-0.4 0.0	-0.4 0.0	0.0

注：1. E 应取 $2H$ 和迎风面宽度 B 中较小者。
  2. 中间值可按线性插值法计算（应对相同符号项插值）。
  3. 同时给出了两个值的区域应分别考虑正负风压的作用。
  4. 风沿纵轴吹来时，靠近山墙的屋面可参照表中 $\alpha≤5°$ 时的 R_a 和 R_b 取值。

（2）檐口、雨篷、遮阳板、边棱处的装饰条等凸出构件，取 -2.0。

（3）其他房屋和构筑物可按《荷规》（GB 50009—2012）第8.3.1条规定体型系数的1.25倍取值。

计算非直接承受风荷载的围护构件风荷载时，局部体型系数 μ_{sl} 可按构件从属面积折减，折减系数按下列规定采用：

（1）当从属面积 $A≤1m^2$ 时，折减系数取1.0。

（2）从属面积 $A≥25m^2$ 时，对墙面折减系数取0.8，对局部体型系数绝对值大于1.0的屋面区域折减系数取0.6，对其他屋面区域折减系数取1.0。

(3) 当从属面积 $1m^2 < A < 25m^2$ 时，墙面和绝对值大于 1.0 的屋面局部体型系数可采用对数插值，即按下式计算局部体型系数 μ_{sl}：

$$\mu_{sl}(A) = \mu_{sl}(l) + [\mu_{sl}(25) - \mu_{sl}(l)]\log A/1.4 \tag{2-5}$$

在确定局部风压体型系数 μ_{sl} 时，需要确定从属面积 A。"从属面积"和"受荷面积"是两个不同的术语，从属面积是按构造单元划分的，它主要是由构件实际构造尺寸确定的，是用来确定风荷载标准值时，选取局部风压体型系数 μ_{sl} 用的参数；而受荷面积是按计算简图取值的，选取不同的计算简图，就可能会有不同的受荷面积，是分析构件效应时按荷载分布情况确定的。

面板（玻璃、石材、铝板等）以及从属于面板的压板、挂勾、胶缝的从属面积按面板的面积考虑；与面板直接连接的支承结构的从属面积取立柱分格宽和层高的面积为从属面积（计算从属面积时立柱分格宽不同时取小值，内力分

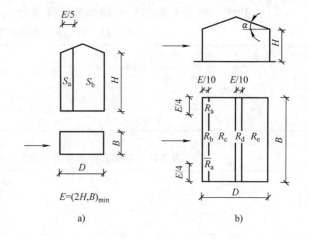

图 2-4　封闭式矩形平面房屋的局部体型系数
a) 墙面　b) 双坡屋面

析时立柱荷载带宽度不同时取大值，单元式幕墙取单元组件面积为从属面积），横梁、连接件等与面板直接连接的支承结构，其从属面积取立柱分格宽和层高的面积。

计算围护构件风荷载时，建筑物内部压力的局部体型系数可按下列规定采用：

（1）封闭式建筑物，按其外表面风压正负情况取 -0.2 或 0.2。

（2）仅一面墙有主导洞口的建筑物，按下列规定采用

1）当开洞率大于 0.02 且小于或等于 0.10 时，取 $0.4\mu_{sl}$；

2）当开洞率大于 0.10 且小于或等于 0.30 时，取 $0.6\mu_{sl}$；

3）当开洞率大于 0.30 时，取 $0.8\mu_{sl}$。

（3）其他情况，应按开放式建筑物的 μ_{sl} 取值。

注：①主导洞口的开洞率是指单个主导洞口面积与该墙面全部面积之比。
　　②μ_{sl} 应取主导洞口对应位置的值。

17. 高层建筑风压高度变化系数 μ_z 是如何确定的？

（1）系数 μ_z 的确定

在大气边界层内，风速随地面高度而增大。当气压场随高度不变时，风速随高度增大的规律主要取决于地面粗糙度和温度垂直梯度。通常认为在离地面高度为 300~550m 时，风速不再受地面粗糙度的影响，也即达到所谓"梯度速度"，该高度称之为梯度风高度。地面粗糙度等级低的地区，其梯度风高度比等级高的地区低。

对于平坦或稍有起伏的地形，风压高度变化系数 μ_z 应根据地面粗糙度类别决定。《建筑结构荷载规范》（GB 50009—2012）将地面粗糙度分为 A、B、C 和 D 四类，见表 2-13。

表 2-13 地面粗糙度分类

地面粗糙度类别	地 面 特 征
A	近海海面、海岛、海岸、湖岸及沙漠地区
B	田野、乡村、丛林、丘陵以及房屋比较稀疏的乡镇
C	密集建筑群的城市市区
D	有密集建筑群且房屋较高的城市市区

地面粗糙度分为 A、B、C、D 四类，μ_z 的数值按下式计算：

$$\mu_z = \psi \left(\frac{z}{10} \right)^{2\alpha} \tag{2-6}$$

式中 z——风压计算点离地面高度（m）；
ψ——地面粗糙度、梯度风高度影响系数，见表 2-14；
α——地面粗糙度指数，见表 2-14。

表 2-14 ψ 和 α 取值

	地面粗糙度类别			
	A	B	C	D
ψ	1.284	1.000	0.544	0.262
α	0.12	0.15	0.22	0.30

（2）山区高层建筑系数 μ_z 的修正

《荷规》（GB 50009—2012）参考加拿大、澳大利亚和英国的相应规范，以及欧洲钢结构协会 ECCS 的规定《房屋与结构的风效应计算建议》的规定，给出了山峰和山坡上的建筑物给出风压高度变化系数的修正系数。

对于山区的建筑物风压高度变化系数可按平坦地面的粗糙度类别确定，并考虑地形条件的修正。修正系数 η 分别按下述规定采用。

1）对于山峰和山坡，其顶部 B 处（见图 2-5）的修正系数可按下式采用：

$$\eta_B = \left[1 + K\tan\alpha \left(1 - \frac{z}{2.5H} \right) \right]^2 \tag{2-7}$$

式中 $\tan\alpha$——山峰或山坡在迎风面一侧的坡度，当 $\tan\alpha > 0.3$ 时，取为 0.3；
K——系数，山峰取 2.2，山坡取 1.4；
H——山顶或山坡全高（m）；
z——建筑物计算位置离建筑物地面的高度（m），当 $z > 2.5H$ 时，取 $z = 2.5H$。

对于山峰和山坡的其他部位，可按图 2-5 所示，取 A、C 处的修正系数 η_A、η_C 为 1，AB 间和 BC 间的修正系数 η 按线性插值确定。

2）山间盆地、谷地等闭塞地形 $\eta = 0.75 \sim 0.85$

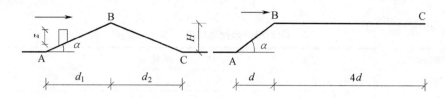

图 2-5 山峰和山坡的示意图

对于与风向一致的谷口、山口　　$\eta = 1.20 \sim 1.50$

(3) 离岸海岛上高层建筑系数 μ_z 的修正

远离海岸的海岛上的高层建筑物，其风压高度变化系数可按 A 类粗糙度类别确定外，还应考虑表 2-15 中给出的修正系数 η。

表 2-15　海岛的修正系数 η

距海岸距离/km	η	距海岸距离/km	η
<40	1.0	60~100	1.1~1.2
40~60	1.0~1.1		

18. 何谓风振系数 β_z、阵风系数 β_{zg}？

(1) 风振系数 β_z

对于高度大于 30m 且高宽比大于 1.5 的房屋，以及基本自振周期大于 0.25s 的各种高耸结构，由风引起的结构振动比较明显，而且随着结构自振周期的增长，风振也随之增强。因此在设计中应考虑风压脉动对结构产生顺风向风振的影响。顺风向风振相应的计算应按结构随机振动理论进行。对于一般的竖向悬臂型结构，可仅考虑结构第一振型的影响。z 高度处的风振系数 β_z 可按下式计算：

$$\beta_z = 1 + 2gI_{10}B_z\sqrt{1+R^2} \tag{2-8}$$

式中　g——峰值因子，可取 2.5；

I_{10}——10m 高度名义湍流强度，对应 A 类、B 类、C 类和 D 类地面粗糙度，可分别取 0.12、0.11、0.23 和 0.39；

R——脉动风荷载的共振分量因子；

B_z——脉动风荷载的背景分量因子。

1) 脉动风荷载的共振分量因子 R

脉动风荷载的共振分量因子 R 可按下列公式计算：

$$R = \sqrt{\frac{\pi}{6\zeta_1}\frac{x_1^2}{(1+x_1^2)^{4/3}}} \tag{2-9}$$

$$x_1 = \frac{30f_1}{\sqrt{k_w w_0}}, x_1 > 5 \tag{2-10}$$

式中　f_1——结构第 1 阶自振频率（Hz）；

k_w——地面粗糙度修正系数，对应 A 类、B 类、C 类和 D 类地面粗糙度，可分别取 1.28、1.0、0.54 和 0.26；

ζ_1——结构阻尼比,对钢结构可取 0.01,对有填充墙的钢结构房屋可取 0.02,对钢筋混凝土及砌体结构可取 0.05,对其他结构可根据工程经验确定。

2)脉动风荷载的背景分量因子 B_z

对体型和质量沿高度均匀分布的高层建筑和高耸结构,可按下式计算:

$$B_z = kH^{\alpha_1}\rho_x\rho_z\frac{\phi_1(z)}{\mu_z} \tag{2-11}$$

式中 $\phi_1(z)$——结构第 1 阶振型系数;

   H——结构总高度(m),对 A、B、C 和 D 类场地粗糙度,H 的取值分别不应大于 300m、350m、450m 和 550m;

   ρ_x——脉动风荷载水平方向的相关系数;

   ρ_z——脉动风荷载竖直方向相关系数;

   k、α_1——系数,按表 2-16 取值。

表 2-16 系数 k 和 α_1 取值

粗糙度类别		A	B	C	D
高层建筑	k	0.944	0.670	0.295	0.112
	α_1	0.155	0.187	0.261	0.346
高耸结构	k	1.276	0.910	0.404	0.155
	α_1	0.186	0.218	0.292	0.376

脉动风荷载水平方向的相关系数 ρ_x 可按下式计算:

$$\rho_x = \frac{10\sqrt{B+50e^{-B/50}-50}}{B} \tag{2-12}$$

式中 B——结构迎风面宽度(m),$B \leq 2H$。

脉动风荷载竖直方向相关系数 ρ_z 可按下式计算:

$$\rho_z = \frac{10\sqrt{H+60e^{-H/60}-60}}{H} \tag{2-13}$$

式中 H——结构总高度(m),对 A、B、C 和 D 类地面粗糙度,H 的取值分别不应大于 300m、350m、450m 和 550m。

风压高度变化系数 μ_z 可按下列公式计算:

$$\mu_z = \psi\left(\frac{z}{10}\right)^{2\alpha} \tag{2-14}$$

式中 z——风压计算点离地面高度(m);

   ψ——地面粗糙度、梯度风高度影响系数,见表 2-14;

   α——地面粗糙度指数,见表 2-14。

(2)阵风系数 β_{zg}

计算围护结构风荷载时所采用的阵风系数 β_{zg}(表 2-17),不再区分幕墙和其他构件,统一按下式计算:

$$\beta_{zg} = 1 + 2gI_{10}\left(\frac{z}{10}\right)^{-\alpha} \tag{2-15}$$

表 2-17 阵风系数 β_{zg}

离地面高度/m	地面粗糙度类别			
	A	B	C	D
5	1.65	1.70	2.05	2.40
10	1.60	1.70	2.05	2.40
15	1.57	1.66	2.05	2.40
20	1.55	1.63	1.99	2.40
30	1.53	1.59	1.90	2.40
40	1.51	1.57	1.85	2.29
50	1.49	1.55	1.81	2.20
60	1.48	1.54	1.78	2.14
70	1.48	1.52	1.75	2.09
80	1.47	1.51	1.73	2.04
90	1.46	1.50	1.71	2.01
100	1.46	1.50	1.69	1.98
150	1.43	1.47	1.63	1.87
200	1.42	1.45	1.59	1.79
250	1.41	1.43	1.57	1.74
300	1.40	1.42	1.54	1.70
350	1.40	1.41	1.53	1.67
400	1.40	1.41	1.51	1.64
450	1.40	1.41	1.50	1.62
500	1.40	1.41	1.50	1.60
550	1.40	1.41	1.50	1.59

19. 如何对高度超过 150m 的高层建筑舒适度进行验算？

高层建筑在风荷载作用下将产生振动，过大的振动加速度将使在高楼内居住的人们感觉不舒服，甚至不能忍受，两者的关系如表 2-18 所示。

表 2-18 舒适度与风振加速度的关系

不舒适的程度	建筑物的加速度	不舒适的程度	建筑物的加速度
无感觉	<0.005g	十分扰人	$0.05g \sim 0.15g$
有 感	$0.005g \sim 0.015g$	不能忍受	>0.15g
扰 人	$0.015g \sim 0.05g$		

注：g 为重力加速度。

《高层建筑混凝土结构技术规程》（JGJ 3—2010）、《高层民用建筑钢结构技术规程》（JGJ 99—2015）规定，房屋高度不小于 150m 的高层建筑混凝土结构、高层建筑民用钢结构应满足风振舒适度的要求。按现行国家标准《荷规》（GB 50009—2012）规定的 10 年一遇的风荷载标准值作用下，结构顶点的顺风向振动加速度 $a_{D,z}$ 和横风向风振加速度 $a_{L,z}$ 计算值不应超过表 2-19 的限值。

表 2-19　结构顶点的顺风向和横风向风振加速度限值

使用功能	$a_{D,z}$ 或 $a_{L,z}$	
	高层建筑混凝土结构	高层建筑钢结构
住宅、公寓	0.15m/s²	0.20m/s²
办公、旅馆	0.25m/s²	0.28m/s²

（1）顺风向风振加速度 $a_{D,z}$ 按下式计算：

$$a_{D,z} = \frac{2gI_{10}w_R\mu_s\mu_z B_z \eta_a B}{m} \tag{2-16}$$

式中　$a_{D,z}$——高层建筑 z 高度顺风向风振加速度（m/s²）；

g——峰值因子，可取 2.5；

I_{10}——10m 高度名义湍流度，对应 A、B、C 和 D 类地面粗糙度，可分别取 0.12、0.14、0.23 和 0.39；

w_R——重现期为 R 年的风压（kN/m²），取重现期 10 年的风压；

B——迎风面宽度（m）；

m——结构单位高度质量（t/m）；

μ_s——风荷载体型系数；

μ_z——风压高度变化系数；

B_z——脉动风荷载的背景分量因子；

v——脉动影响系数；

η_a——顺风向风振加速度的脉动系数，可根据结构阻尼比 ζ_1 和系数 x_1，按表 2-20 确定。

表 2-20　顺风向风振加速度的脉动系数 η_a

x_1	$\zeta_1 = 0.01$	$\zeta_1 = 0.02$	$\zeta_1 = 0.03$	$\zeta_1 = 0.04$	$\zeta_1 = 0.05$
5	4.14	2.94	2.41	2.10	1.88
6	3.93	2.79	2.28	1.99	1.78
7	3.75	2.66	2.18	1.90	1.70
8	3.59	2.55	2.09	1.82	1.63
9	3.46	2.46	2.02	1.75	1.57
10	3.35	2.38	1.95	1.69	1.52
20	2.67	1.90	1.55	1.35	1.21
30	2.34	1.66	1.36	1.18	1.06
40	2.12	1.51	1.23	1.07	0.96
50	1.97	1.40	1.15	1.00	0.89
60	1.86	1.32	1.08	0.94	0.84

(续)

x_1	$\zeta_1 = 0.01$	$\zeta_1 = 0.02$	$\zeta_1 = 0.03$	$\zeta_1 = 0.04$	$\zeta_1 = 0.05$
70	1.76	1.25	1.03	0.89	0.80
80	1.69	1.20	0.98	0.85	0.76
90	1.62	1.15	0.94	0.82	0.74
100	1.56	1.11	0.91	0.79	0.71
120	1.47	1.05	0.86	0.74	0.67
140	1.40	0.99	0.81	0.71	0.63
160	1.34	0.95	0.78	0.68	0.61
180	1.29	0.91	0.75	0.65	0.58
200	1.24	0.88	0.72	0.63	0.56
220	1.20	0.85	0.70	0.61	0.55
240	1.17	0.83	0.68	0.59	0.53
260	1.14	0.81	0.66	0.58	0.52
280	1.11	0.79	0.65	0.56	0.50
300	1.09	0.77	0.63	0.55	0.49

表 2-20 中，系数 $x_1 = \dfrac{30f_1}{\sqrt{k_w w_R}}$，$f_1$ 为结构第 1 阶自振频率；k_w 为地面粗糙度修正系数，A 类（1.28）、B 类（1.0）、C 类（0.54）、D 类（0.26）。

（2）横风向风振加速度 $a_{L,z}$ 按下式计算：

$$a_{L,z} = \frac{2.8 g w_R \mu_H B}{m} \phi_{L1}(z) \sqrt{\frac{\pi S_{Fl} C_{sm}}{4(\zeta_1 + \zeta_{a1})}} \tag{2-17}$$

式中　$a_{L,z}$——高层建筑 z 高度横风向风振加速度（m/s²）；

　　　　g——峰值因子，可取 2.5；

　　　　w_R——重现期为 R 年的风压（kN/m²），取重现期 10 年的风压；

　　　　B——迎风面宽度（m）；

　　　　m——结构单位高度质量（t/m）；

　　　　μ_H——结构顶部风压高度变化系数；

　　　　S_{Fl}——无量纲横风向广义风力功率谱，可按 GB 50009—2012 附录 H 第 H.2.4 条的规定采用；

　　　　C_{sm}——横风向风力谱的角沿修正系数，可按 GB 50009—2012 附录 H 第 H.2.5 条的规定采用；

　　　　$\phi_{L1}(z)$——结构横风向第 1 阶振型系数；

　　　　ζ_1——结构横风向第 1 阶振型阻尼比；

　　　　ζ_{a1}——结构横风向第 1 阶振型气动阻尼比，可按 GB 50009—2012 附录 H 公式（H.2.4-3）计算。

20. 高层建筑结构的重要性是如何划分的？

抗震设防的所有建筑应按《建筑工程抗震设防分类标准》（GB 50223—2008）确定其抗震设防类别及其抗震设防标准。

《建筑工程抗震设防分类标准》（GB 50223—2008）根据建筑遭遇地震破坏后，可能造成人员伤亡、直接和间接经济损失、社会影响的程度及其在抗震救灾中的作用等因素，对各类建筑的设防类别进行划分。

建筑工程应分为以下四个抗震设防类别：

（1）特殊设防类　指使用上有特殊设施，涉及国家公共安全的重大建筑工程和地震时可能发生严重次生灾害等特别重大灾害后果，需要进行特殊设防的建筑，简称甲类。

甲类建筑应采取专门的设计方法，如：对建筑物的不同使用要求规定专门的设防标准；采用地震危险性分析提出专门的地震动参数；采取规范以外的特殊抗震方案、抗震措施和抗震验算方法等。

目前国内尚无按甲类设计的高层建筑。

（2）重点设防类　指地震时使用功能不能中断或需尽快恢复的生命线相关建筑，以及地震时可能导致大量人员伤亡等重大灾害后果，需要提高设防标准的建筑，简称乙类。

乙类高层建筑应根据城市防灾规划确定，或由有关部门批准确定。

（3）标准设防类　指大量的除（1）、（2）、（4）以外按标准要求进行设防的建筑，简称丙类。

一般的民用高层建筑属于丙类建筑，其抗震计算和构造措施一般按设防烈度考虑。

（4）适度设防类　指使用上人员稀少且震损不至产生次生灾害，允许在一定条件下适度降低要求的建筑，简称丁类。

21. 各抗震设防类别建筑的抗震设防标准有哪些？

各抗震设防类别建筑的抗震设防标准，应符合下列要求：

（1）特殊设防类（甲类），应按高于本地区抗震设防烈度提高一度的要求加强其抗震措施；但抗震设防烈度为9度时应按比9度更高的要求采取抗震措施。同时，应按批准的地震安全性评价的结果且高于本地区抗震设防烈度的要求确定其地震作用，见表2-21。

（2）重点设防类（乙类），应按高于本地区抗震设防烈度一度的要求加强其抗震措施；但抗震设防烈度为9度时应按比9度更高的要求采取抗震措施；地基基础的抗震措施，应符合有关规定，同时，应按本地区抗震设防烈度确定其地震作用，见表2-22。

表 2-21　甲类建筑的地震作用、抗震措施和抗震构造措施

设防烈度	6 (0.05g)		7 (0.10g)		7 (0.15g)		8 (0.20g)		8 (0.30g)		9 (0.40g)	
场地类别	Ⅰ	Ⅱ~Ⅳ	Ⅰ	Ⅱ~Ⅳ	Ⅲ、Ⅳ		Ⅰ	Ⅱ~Ⅳ	Ⅲ、Ⅳ		Ⅰ	Ⅱ~Ⅳ
地震作用	根据地震安全性评价结果且高于本地区抗震设防烈度的要求确定											
抗震措施	7	7	8	8	8		9	9	9*		9*	9*
抗震构造措施	6	7	7	8	8*		8	9	9*		9	9*

注：9*表示比9度更高的要求；8*表示比8度适当提高要求。

表 2-22 乙类建筑的地震作用、抗震措施和抗震构造措施

设防烈度	6 (0.05g)		7 (0.10g)		7 (0.15g)	8 (0.20g)		8 (0.30g)		9 (0.40g)	
场地类别	I	II～IV	I	II～IV	III、IV	I	II～IV	III、IV	I	I	II～IV
地震作用	6	6	7	7	7 (0.15g)	8	8	8 (0.30g)		9	9
抗震措施	6	6	8	8	8	9	9	9		9*	9*
抗震构造措施	6	6	7	8	8*	8	9	9*		9	9*

注：9*表示比9度更高的要求；8*表示比8度适当提高要求。

（3）标准设防类（丙类），应按本地区抗震设防烈度确定其抗震措施和地震作用，达到在遭遇高于当地抗震设防烈度的预估罕遇地震影响时不致倒塌或发生危及生命安全的严重破坏的抗震设防目标，见表 2-23。

表 2-23 丙类建筑的地震作用、抗震措施和抗震构造措施

设防烈度	6 (0.05g)		7 (0.10g)		7 (0.15g)	8 (0.20g)		8 (0.30g)		9 (0.40g)	
场地类别	I	II～IV	I	II～IV	III、IV	I	II～IV	III、IV	I	I	II～IV
地震作用	6	6	7	7	7 (0.15g)	8	8	8 (0.30g)		9	9
抗震措施	6	6	7	7	7	8	8	8		9	9
抗震构造措施	6	6	7	7	8	8	8	9		9	9

注：9*表示比9度更高的要求；8*表示比8度适当提高要求。

（4）适度设防类（丁类），允许比本地区地震设防烈度的要求适当降低其抗震措施，但抗震设防类烈度为6度时不应降低。一般情况下，仍应按本地区抗震设防烈度确定其地震作用。

此外，还需注意：

1）"抗震措施"指结构地震作用计算和抗力计算以外的抗震设计内容，包括《高层建筑混凝土结构技术规程》(JGJ 3—2010) 中的"一般规定"的有关部分内容、"计算要点"的地震作用效应（内力）调整和"抗震构造措施"的全部内容等。

2）"抗震构造措施"指根据抗震概念设计原则，一般不需计算而对结构和非结构各部分必须采取的各种细部要求，主要是《高层建筑混凝土结构技术规程》(JGJ 3—2010) 中的"抗震构造措施"的内容。

3）"抗震构造措施"不仅与建筑结构的设防烈度、设防分类有关，还与建筑的场地类别有关。当为I类场地时，一般情况下，抗震构造措施可降低一度采用；当为III、IV类场地时，基本地震加速度为 0.15g 和 0.30g 时需提高"半度"采用。

22. 地震作用计算的原则和方法有哪些？

（1）各抗震设防类别高层建筑的地震作用，应符合下列规定：

1）甲类建筑，应按批准的地震安全性评价结果且高于本地区抗震设防烈度的要求确定；

2）乙、丙类建筑，应按本地区抗震设防烈度计算。

（2）高层建筑结构应按下列原则考虑地震作用

1）一般情况下，应允许在结构两个主轴方向分别考虑水平地震作用；有斜交抗侧力构

件的结构,当相交角度大于15°时,应分别计算各抗侧力构件方向的水平地震作用。

2)质量与刚度分布明显不对称、不均匀的结构,应计算双向水平地震作用下的扭转影响;其他情况,应计算单向水平地震作用下的扭转影响。

3)高层建筑中大跨度和长悬臂结构,7度(0.15g)、8度抗震设计时应计入竖向地震作用。

4)9度抗震设计应计算竖向地震作用。

计算单向地震作用时应考虑偶然偏心的影响。每层质心沿垂直于地震作用方向的偏移值可按下式采用:

$$e_i = \pm 0.05 L_i \tag{2-18}$$

式中 e_i——第i层质心偏移值(m),各楼层质心偏移方向相同;

L_i——第i层垂直于地震作用方向的建筑物总长度(m)。

关于各楼层垂直于地震作用方向的建筑物总长度 L_i 的取值,当楼层平面有局部凸出时,可按回转半径相等的原则,简化为无局部凸出的规则平面,以近似确定垂直于地震计算方向的建筑物边长 L_i。图2-6所示平面,当计算y向地震作用时,若b/B及h/H均不大于1/4,可以认为局部凸出,此时用于确定偶然偏心距的边长可近似按下式计算:

$$L_i = B + \frac{bh}{H}\left(1 + \frac{3b}{B}\right) \tag{2-19}$$

(3)高层建筑结构应根据不同情况,分别采用下列地震作用计算方法

1)高层建筑结构宜采用振型分解反应谱法。对质量和刚度不对称、不均匀的结构以及高度超过100m的高层建筑结构应采用考虑扭转耦联振动影响的振型分解反应谱法。

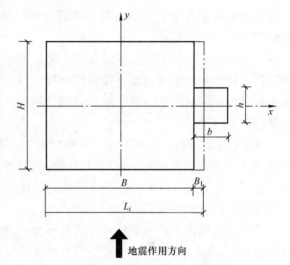

图2-6 平面局部凸出时总长度 L_i 计算示意

2)高度不超过40m,以剪切变形为主且质量和刚度沿高度分布比较均匀的高层建筑结构,可采用底部剪力法。

3)7~9度设防的高层建筑,下列情况应采用弹性时程分析法进行多遇地震下的补充计算。

①甲类高层建筑结构;

②表2-24所列的乙、丙类高层建筑结构;

③不满足《高层建筑混凝土结构技术规程》(JGJ 3—2010)第3.5.2~3.5.6条规定的高层建筑结构;

④带转换层的结构、带加强层的结构、错层结构、连体结构、多塔结构等复杂高层建筑结构;

⑤质量沿竖向分布特别不均匀的高层建筑结构。

表 2-24　采用时程分析法的高层建筑结构

设防烈度、场地类别	建筑高度范围
8 度 Ⅰ、Ⅱ 类场地和 7 度	>100m
8 度 Ⅲ、Ⅳ 类场地	>80m
9 度	>60m

23. 6 度抗震设计时，高层建筑结构为何规定计算地震作用和作用效应？

6 度区的大多数建筑，地震作用在结构设计中基本不起控制作用，可不做抗震验算，只需要满足有关抗震构造要求。但对于 6 度区较高的高层建筑，诸如高于 40m 的钢筋混凝土框架、高于 60m 的其他钢筋混凝土民用房屋，以及高层钢结构房屋，其基本周期可能大于 Ⅳ 类场地的特征周期 T_g，则 6 度的地震作用可能相当于同一建筑在 7 度 Ⅱ 类场地下的取值，此时仍须进行抗震验算。

对于 6 度设防的不规则建筑及建造于 Ⅳ 场地上较高的高层建筑，可以将设防地震下的变形验算，转换为以多遇地震下按弹性分析获得的地震作用效应（内力）作为额定统计指标，进行承载力极限状态的验算，即只需满足第一阶段的设计要求，就可适当提高抗震承载力的可靠度。

因此，《建筑抗震设计规范》（GB 50011—2010）第 5.1.6 条规定，6 度时的建筑（不规则建筑及建造于 Ⅳ 场地上较高的高层建筑除外），应符合有关的抗震措施要求，但应允许不进行截面抗震验算。6 度时不规则建筑及建造于 Ⅳ 场地上较高的高层建筑，应进行多遇地震作用下的截面抗震验算。

考虑到高层建筑的重要性且结构计算分析软件应用已十分普遍，《高层建筑混凝土结构技术规程》（JGJ 3—2010）规定：所有 6 度抗震设计的高层建筑也进行地震作用和作用效应计算，而不仅仅限于 Ⅳ 类场地上的较高房屋。通过计算，可与无地震作用效应组合工况进行比较，并可采用有地震作用组合的柱轴压力设计值计算柱的轴压比等，方便抗震设计。

24. 水平地震作用影响系数曲线是如何确定的？

（1）α——水平地震影响系数

地震影响系数 α 定义：

$$\alpha(T) = k \times \bar{\beta}(T) = \frac{|\ddot{x}_g(t)|_{\max}}{g} \times \frac{S_a(T)}{|\ddot{x}_g(t)|_{\max}} = \frac{S_a(T)}{g} \tag{2-20}$$

即，地震影响系数 α 是以 g 为单位的单自由度质点在地震时的最大加速度反应（是一设计反应谱），见图 2-7。

直线上升段：$\alpha(T) = [0.45 + 10(\eta_2 - 0.45)T]\alpha_{\max}$ $\qquad T \leq 0.1\text{s}$

水平段：$\alpha(T) = [0.45 + 10(\eta_2 - 0.45)T]\alpha_{\max}$ $\qquad 0.1\text{s} \leq T \leq T_g$

曲线下降段：$\alpha(T) = \left(\frac{T_g}{T}\right)^\gamma \eta_2 \alpha_{\max}$ $\qquad T_g \leq T \leq 5T_g$

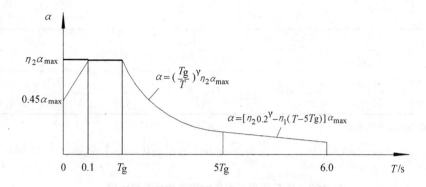

图 2-7 加速度反应谱—水平地震影响系数曲线

直线下降段：$\alpha(T) = [\eta_2 0.2^\gamma - \eta_1(T - 5T_g)]\alpha_{max}$ $5T_g \leq T \leq 6.0s$

(2) α_{max}——水平地震影响系数最大值

$$\alpha_{max} = k\beta_{max} \tag{2-21}$$

式中 β_{max}——结构动力反应系数的最大值，是单质点体系质点的最大加速度与地面最大加速度的比值的最大值。其值与场地类别、设计地震分组的关系不大，从世界各国抗震规范的规定来看，其取值主要在 2.0~3.0 之间，以 $\beta_{max}=2.50$ 的情况居多。

鉴于目前我国国民经济已有较大发展，社会公众对于建筑安全的要求越来越高以及民众对于建筑抗震能力多层次需求等形势，《建筑抗震设计规范》（GB 50011—2010（2016 年版）局部修订时，将 β_{max} 由 2.25 提升至 2.5，与国际主流规范保持一致。

k——地震系数，多遇地震时，地震系数 k 值相当于基本烈度所对应 k 值的 1/3；罕遇地震时，地震系数 k 值相当于基本烈度所对应 k 值的 1.5~2.0 倍。

各设计阶段的水平地震影响系数 α_{max} 值见表 2-25。

表 2-25 水平地震影响系数最大值 α_{max}[GB 50011—2010(2016 年版)]

地震影响	设防烈度					
	6(0.05g)	7(0.1g)	7(0.15g)	8(0.2g)	8(0.3g)	9(0.4g)
多遇地震	0.05	0.09	0.15	0.17	0.25	0.33
罕遇地震	0.40	0.60	0.80	0.95	1.25	1.50

注：g 为重力加速度 $9.8m/s^2$。

由加速度反应谱生成过程可知，给定结构阻尼、场地类别、设计分组，水平地震影响系数 α 主要取决于该场地地面运动最大峰值加速度 a_{max}，且水平地震影响系数最大值 $\alpha_{max} \propto a_{max}$。《建筑抗震设计规范》（GB 50011—2010）给出了三种设防水准下各抗震设防烈度对应的地面运动最大峰值加速度，如表 2-26 所示。

表 2-26 地面运动最大峰值加速度 a_{max}

地震影响	设防烈度					
	6(0.05g)	7(0.1g)	7(0.15g)	8(0.2g)	8(0.3g)	9(0.4g)
小震（众值烈度）	0.018g	0.035g	0.055g	0.07g	0.11g	0.14g

(续)

地震影响	设防烈度					
	6(0.05g)	7(0.1g)	7(0.15g)	8(0.2g)	8(0.3g)	9(0.4g)
中震(基本烈度)	0.05g	0.1g	0.15g	0.2g	0.3g	0.4g
大震(罕遇烈度)	0.1g	0.22g	0.31g	0.4g	0.51g	0.62g

注：g 为重力加速度 $9.8 \mathrm{m/s^2}$。

根据 $\alpha_{max} \propto a_{max}$ 和表 2-26，可以得设防水准中震作用下水平地震影响系数最大值 α_{max}，如表 2-27 所示。

表 2-27　中震作用下水平地震影响系数最大值 α_{max}

地震影响	设防烈度					
	6(0.05g)	7(0.1g)	7(0.15g)	8(0.2g)	8(0.3g)	9(0.4g)
中震	0.13	0.25	0.38	0.50	0.75	1.00

(3) T_g——特征周期

特征周期 T_g 与场地类别（I_0、I、II、III、IV 类）和设计地震分组（第一组、第二组、第三组）有关，按表 2-28 采用，计算罕遇地震作用时，特征周期应增加 0.05s。

表 2-28　特征周期 T_g　　　　　　　　　　　　　　(s)

设计地震分组	场地类别				
	I_0	I	II	III	IV
第一组	0.20	0.25	0.35	0.45	0.65
第二组	0.25	0.30	0.40	0.55	0.75
第三组	0.30	0.35	0.45	0.65	0.90

《中国地震动反应谱特征周期区划图 B1》按反应谱特征周期 $\left(T_c = 2\pi \dfrac{S_v}{S_a}\right)$ 对设计地震分组。其中，S_v 为速度反应谱值；S_a 为加速度反应谱值。

第一组：$T_c = 0.35s$ 和 $T_c = 0.40s$ 的所有区域；

第二组：$T_c = 0.45s$ 的多数区域（除下述第三组外的区域）；

第三组：用下列加速度衰减影响范围所确定的 $T_c = 0.45s$ 的区域：

1) 在《中国地震动峰值加速度区划图 A1》中峰值加速度为 0.2g 区域周围，按加速度衰减规律找出 0.15g 影响的等加速度线，并画出 0.1g、0.05g 影响的等加速度线，其中 0.05g 影响的等加速度范围落在区划图 B1 中 0.45s 的区域。

2) 在区划图 A1 中峰值加速度为 0.3g 区域周围，按加速度衰减规律找出 0.2g 影响的等加速度线，并画出 0.15g、0.1g、0.05g 影响的等加速度线，其中 0.1g 及以下影响的等加速度范围落在区划图 B1 中 0.45s 的区域。

3) 在区划图 A1 中峰值加速度为 ≥0.4g 区域周围，按加速度衰减规律找出 0.3g 影响的等加速度线，并画出 0.2g、0.15g、0.1g、0.05g 影响的等加速度线，其中 0.15g 及以下影响的等加速度范围落在区划图 B1 中 0.45s 的区域。

4) 在区划图 B1 中且区划图 A1 中峰值加速度 ≥0.4g 区域周围，按加速度衰减规律找出 0.3g 影响的等加速度线，并画出 0.2g、0.15g、0.1g、0.05g 影响的等加速度线，其中 0.2g

及以下影响的等加速度范围落在区划图 B1 中 0.45s 的区域。

（4）阻尼 ξ 对地震影响系数的影响

《建筑抗震设计规范》（GB 50011—2010）、《高层建筑混凝土结构技术规程》（JGJ 3—2010）、《高层民用建筑钢结构技术规程》（JGJ 99—2015）分别给出了不同设防水准抗震设计时各种结构采用的阻尼比（表 2-29），当结构的阻尼比不等于 0.05 时，其水平地震影响曲线形状应作调整。

GB 50011—2010 地震影响系数曲线的计算表达式不变，只对参数 γ、η_1 和 η_2 进行调整，具体：

1）阻尼比为 5% 的地震系数维持不变（即与 2001 版规范相同）。

2）基本解决了 2001 版规范在长周期段，不同阻尼比地震影响系数交叉、大阻尼曲线值高于小阻尼曲线值的不合理现象。Ⅰ、Ⅱ、Ⅲ类场地的地震影响系数曲线在周期接近 6s 时，基本交汇于一点上，符合理论和统计规律。

3）降低了小阻尼（2%~3.5%）的地震影响系数值，最大降低幅度达 18%。略微提高了阻尼比 6%~10% 地震影响系数，长周期部分最大增幅约 5%。

4）适当降低了大阻尼（20%~30%）的地震影响系数值，在 $5T_g$ 周期以内，基本不变，长周期部分最大降幅约 10%，有利于消能减震技术的推广应用。

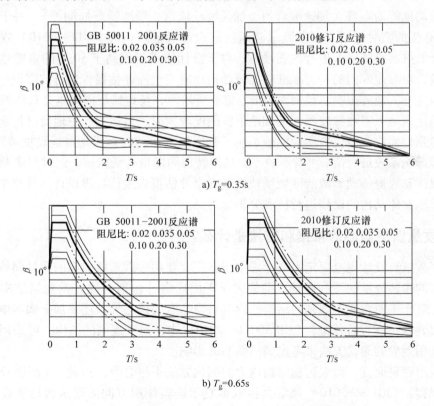

图 2-8 调整后不同特征周期 T_g 的地震影响系数曲线

曲线下降段的衰减指数应按下式确定：

$$\gamma = 0.9 + \frac{0.05 - \xi}{0.3 + 6\xi} \quad (2\text{-}22)$$

直线下降段的下降斜率调整系数应按下式确定：

$$\eta_1 = 0.02 + \frac{0.05 - \xi}{4 + 32\xi} \geq 0 \quad (2\text{-}23)$$

阻尼调整系数应按下式确定：

$$\eta_2 = 1 + \frac{0.05 - \xi}{0.08 + 1.6\xi} \geq 0.55 \quad (2\text{-}24)$$

式中 ξ——阻尼比，取值见表 2-29。

表 2-29 结构阻尼比 ξ

结构种类 设 防 水 准	钢结构			钢骨混凝土 混合结构	钢筋混凝土 结构
	$H \leq 50\text{m}$	$50\text{m} < H < 200\text{m}$	$H \geq 300\text{m}$		
多遇地震(小震)作用	0.04(0.045)	0.03(0.035)	0.02(0.025)	0.04	0.05
多遇地震(大震)作用	0.05			0.05	适当增大

注：括号内数值适用于偏心支撑框架部分承担的地震倾覆力矩大于地震总倾覆力矩的50%时。

《建筑抗震设计规范》（GB 50011—2010）给出了设计使用年限为 50 年的结构设计所采用的地面运动地震动参数（加速度峰值、加速度反应谱、场地特征周期等）。对于设计使用年限低于 50 年的临时建筑，可参照《建筑抗震设计规范》（GB 50011—2010）规定的丁类建筑适当降低抗震措施要求进行抗震设防；对于设计使用年限高于 50 年的重要建筑或特别重要的建筑，可参照专门的经过批准的区域场地地震安全性评估报告进行抗震设计，一般来讲，峰值加速度、地震影响系数最大值 α_{max} 将有所增大，场地特征周期也会有所增大。

当高层建筑地下室埋深较深，基础地下室刚度较大时，可适当考虑地震波传递到深基础底部较传递到地面放大效应有所减弱的影响。基底地震运动较地面地震运动的峰值加速度、反应谱地震影响系数最大值 α_{max} 有所减小，场地特征周期也有所减短。此时可参照专门的经过批准的提供基底地震动参数的区域场地地震安全评估报告进行抗震设计，且整个结构需建立包含地下室整体结构的模型进行抗震分析。

25. 考虑质量偶然偏心的依据和方法是什么？

国外多数抗震设计规范规定需要考虑由于施工、使用等因素所引起的质量偶然偏心或地震地面运动的扭转分量的不利影响。即使对于平面规则（包括对称）的建筑结构也规定了偶然偏心；对于平面布置不规则的结构，除其自身已有的偏心外，还要加上偶然偏心。现行国家标准《建筑抗震设计规范》（GB 50011—2010）中，对于规则的结构，可采用增大边榀结构地震作用效应的简化方法来考虑偶然偏心的影响。

对于高层建筑而言，增大边榀结构内力的简化方法不尽合宜。因此，《高层建筑混凝土结构技术规程》（JGJ 3—2010）规定直接取垂直于地震作用方向的建筑物每层投影长度的 5% 作为该层质量偶然偏心来计算单向水平地震作用，是和国外有关标准的规定一致的。

实际计算时，可将每层质心沿参考坐标系的同一方向（正向或负向）偏移，分别计算地震作用和作用效应；也可近似按照原始质量分布情况计算地震作用，再按规定的质量偶然偏心位置分别施加计算的地震作用，分别计算结构的地震作用效应。

对于连体结构、多塔楼结构，相对分离的塔块可按其自身的边长确定相应楼层的质量偶然偏心值。

采用底部剪力法计算地震作用时，也应考虑质量偶然偏心的不利影响。当计算双向地震作用时，可不考虑质量偶然偏心的影响，但应与单向地震作用考虑偶然偏心的计算结果进行比较，取不利的情况进行设计。

26. 质量偶然偏心和双向地震作用是否同时考虑？

质量偶然偏心和双向地震作用都是客观存在的事实，是两个完全不同的概念。在地震作用计算时，无论考虑单向地震作用还是双向地震作用，都有结构质量偶然偏心的问题；反之，不论是否考虑质量偶然偏心的影响，地震作用的多维性本来都应考虑。显然，同时考虑二者的影响计算地震作用原则上是合理的。

但是，鉴于目前考虑二者影响的计算方法不能完全反映实际地震作用情况，而是近似的计算方法，因此，二者何时分别考虑以及是否同时考虑，取决于现行规范的要求。

按照《高层建筑混凝土结构技术规程》（JGJ 3—2010）的规定，单向地震作用计算时，应考虑质量偶然偏心的影响；质量与刚度分布明显不均匀、不对称的结构，应考虑双向地震作用计算。因此，质量偶然偏心和双向地震作用的影响可不同时考虑。如此规定，主要是考虑目前计算方法的近似性以及经济方面的因素。

至于考虑质量偶然偏心和考虑双向地震作用计算的地震作用效应谁更为不利，会随着具体工程而不同，或同一工程的不同部位（不同构件）而不同，不能一概而论。因此，考虑二者的不利情况进行结构设计，显然是可取的。

27. 如何计算高层建筑凸出屋面塔楼的水平地震作用？

当高层建筑有局部凸出屋面的塔楼（如屋顶间、电梯间、楼梯间、水箱间等）时，由于塔楼的重量和刚度突然变小，将产生鞭梢效应，即塔楼的地震反应有加剧的现象。

1）在高层建筑顶部，当有凸出屋面的楼电梯间、水箱间等高度较小的塔楼时，如采用振型分解反应谱法，并取3个振型时，塔楼的水平地震作用宜乘以放大系数1.5；当采用9～15个振型时，求得的地震作用不再放大。

如采用底部剪力法，把塔楼作为一个质点参加计算，计算求得的塔楼水平地震作用应增大，增大系数 β_n 可按表2-30采用。增大后的地震作用仅用于凸出屋面房屋自身以及其直接连接的主体结构构件的设计。

表2-30 凸出屋面房屋地震作用增大系数

结构基本自振周期 T_1/s	K_n/K G_n/G	0.001	0.010	0.050	0.100
0.25	0.01	2.0	1.6	1.5	1.5
	0.05	1.9	1.8	1.6	1.6
	0.10	1.9	1.8	1.6	1.5
0.50	0.01	2.6	1.9	1.7	1.7
	0.05	2.1	2.4	1.8	1.8
	0.10	2.2	2.4	2.0	1.8

（续）

结构基本自振周期 T_1/s	K_n/K G_n/G	0.001	0.010	0.050	0.100
0.75	0.01	3.6	2.3	2.2	2.2
	0.05	2.7	3.4	2.5	2.3
	0.10	2.2	3.3	2.5	2.3
1.00	0.01	4.8	2.9	2.7	2.7
	0.05	3.6	4.3	2.9	2.7
	0.10	2.4	4.1	3.2	3.0
1.50	0.01	6.6	3.9	3.5	3.5
	0.05	3.7	5.8	3.8	3.6
	0.10	2.4	5.6	4.2	3.7

注：1. K_n、G_n 分别为凸出屋面房屋的侧向刚度和重力荷载代表值；K、G 分别为主体结构层侧向刚度和重力荷载代表值，可取各层的平均值。

2. 楼层侧向刚度可由楼层剪力除以楼层层间位移计算得出。

2）广播、通信、电力调度等建筑物，由于天线高度以及其他功能的要求，常在主体建筑物的顶部再建一个细高的塔楼，塔高常超出主体建筑物高度的 1/4 以上，甚至超过建筑物的高度，塔楼的层数较多，刚度较小。塔楼的高振型影响很大，其地震作用比按底部剪力法的计算结果大很多，远远大于 3 倍，有些工程甚至大 8~10 倍。因此，塔与建筑物应采用振型分解反应谱法（15 个振型）或时程分析法进行分析，求出其水平地震作用。

在方案和初步设计阶段，为估算构件截面大小，迅速而简便地计算高塔楼的水平地震作用，可以将高塔楼作为一个单独的房屋放在地面上，按底部剪力法计算高塔底部和顶部的剪力 V_{t1}^0 和 V_{t2}^0，并分别乘以放大系数 β_1 和 β_2 得底部和顶部取用的剪力 V_{t1} 和 V_{t2}。

$$\left. \begin{array}{l} V_{t1} = \beta_1 V_{t1}^0 \\ V_{t2} = \beta_2 V_{t2}^0 \end{array} \right\} \tag{2-25}$$

式中，放大系数 β_1 和 β_2 可按表 2-31 采用。

表 2-31 高塔楼的剪力放大系数 β

H_t/H_b	S_t/S_b	塔底 β_1				塔顶 β_2			
		0.50	0.75	1.00	1.25	0.50	0.75	1.00	1.25
0.25		1.5	1.5	2.0	2.5	2.0	2.0	2.5	3.0
0.50		1.5	1.5	2.0	2.5	2.0	2.5	3.0	4.0
0.75		2.0	2.5	3.0	3.5	2.5	3.5	5.0	6.0
1.00		2.0	2.5	3.0	3.5	3.0	4.5	5.5	6.0

注：$S_t = T_t/H_t$，$S_b = T_b/H_b$；T_t 和 T_b 分别为高塔楼和主体建筑的基本自振周期。H_t 和 H_b 分别为高塔楼和主体建筑的高度。

28. 高层建筑地震反应计算时，振型选择的原则和方法是什么？

《高层建筑混凝土结构技术规程》（JGJ 3—2010）规定，应使计算各方向各振型参与质量之和不小于总质量的 90%。

根据振型分解反应谱法，可得 j 振型 i 质点的参与质量为

$$G_{ij} = \gamma_j X_{ji} G_i \tag{2-26}$$

j 振型总参与质量为

$$G_j = \sum_{i=1}^{n} \gamma_j X_{ji} G_i = \frac{\left(\sum_{i=1}^{n} X_{ji} G_i\right)^2}{\sum_{i=1}^{n} X_{ji}^2 G_i} \tag{2-27}$$

前 m 个振型参与质量之和与总质量之比为：

$$\gamma_G^m = \frac{\sum_{j=1}^{m} G_j}{\sum_{i=1}^{n} G_i} \tag{2-28}$$

由式（2-28）控制 $\gamma_G^m \geqslant 0.9$，可确定所选取振型数 m。

采用振型分解反应谱方法时，对于不考虑扭转耦联振动影响的结构，规则结构计算振型数可取 3，当建筑较高，结构沿竖向刚度不均匀时可取 5~6。

考虑扭转影响的平面、竖向不规则的结构，按扭转耦联振型分解法计算时，一般情况下结构计算振型数可取 9~15，多塔楼建筑每个塔楼的振型数不宜小于 9。

抗震设计时，B 级高度的高层建筑、混合结构和复杂高层建筑结构，宜考虑平扭耦联计算结构的扭转效应，振型数不应小于 15，对多塔楼结构的振型数不应小于塔楼数的 9 倍，且计算振型数使各振型参与质量之和不小于总质量的 90%。

29. 反应谱单向、二向及三向地震作用效应如何进行组合？

（1）单向水平地震作用所产生的扭转组合效应

单向水平地震作用所产生的扭转组合效应，结构构件内力变形标准值，振型组合可用完全二次均方根法（CQC 法）确定：

$$S_{Ek} = \sqrt{\sum_{j=1}^{m} \sum_{k=1}^{m} \rho_{jk} S_j S_k} \tag{2-29}$$

其中，

$$\rho_{jk} = \frac{8\sqrt{\zeta_j \zeta_k}(\zeta_j + \lambda_T \zeta_k)\lambda_T^{1.5}}{(1-\lambda_T^2)^2 + 4\zeta_j \zeta_k (1+\lambda_T)^2 \lambda_T + 4(\zeta_j^2 + \zeta_k^2)\lambda_T^2} \tag{2-30}$$

式中 S_{Ek}——考虑扭转的地震作用标准值的效应；

S_j、S_k——j、k 振型地震作用标准值的效应；

ρ_{jk}——j 振型与 k 振型的耦联系数；

λ_T——k 振型和 j 振型的自振周期比；

ζ_j、ζ_k——j、k 振型的阻尼比；

$\begin{cases} j = 1, 2, 3 \cdots\cdots, m \\ k = 1, 2, 3 \cdots\cdots, m \end{cases}$，$m$ 为振型组合数，一般可取 $m = 9$~15，多塔楼中每个塔楼宜取 $r = 9$~15；同样应使水平计算方向振型参与质量之和不小于总质量的 90%。这里应注意：由于扭转效应的存在，一个方向水平地震作用时两个水平方向、一个转动方向同时发生效应，故需累计所有振型在计算方向发生效应时参与的质量。

表 2-32 列出了 ρ_{jk} 与 λ_T 的关系（取 $\zeta=0.05$），从中可以看出，ρ_{jk} 随两个振型周期比 λ_T 的减小迅速减小，当 $\lambda_T<0.7$ 时，两个振型的相关性已经很小，可以不再计。

表 2-32　ρ_{jk} 与 λ_T 的数值关系（$\zeta=0.05$）

λ_T	0.4	0.5	0.6	0.7	0.8	0.9	0.95	1.0
ρ_{jk}	0.010	0.018	0.035	0.071	0.165	0.472	0.791	1.000

（2）双向水平地震作用所产生的扭转组合效应

根据强震记录的统计分析，两个方向水平地震加速度的最大值不相等，二者之比约为 1 : 0.85，而且两个方向的最大值不一定发生在同一时刻。因此，采用平方和开方计算两个方向地震作用效应的组合值。考虑双向水平地震作用下的扭转地震作用效应可按下列公式中的最大值确定：

$$S_{Ek}=\sqrt{S_x^2+(0.85S_y)^2} \tag{2-31}$$

$$S_{Ek}=\sqrt{S_y^2+(0.85S_x)^2} \tag{2-32}$$

式中　S_x——仅考虑 x 向水平地震作用时的地震作用效应，按式（2-29）计算；

S_y——仅考虑 y 向水平地震作用时的地震作用效应，按式（2-29）计算。

由式（2-31）、式（2-32）计算可以看出，双向水平地震作用效应主要用于明显不对称扭转效应较大的结构。

假设 $S_x>S_y$，表 2-33 列出了 S/S_x、S_y/S_x 的关系。可以看出，当两个方向水平地震单独作用产生的同一效应相等时，双向水平地震作用的影响最大，此时双向水平地震作用效应是单向水平地震作用效应的 1.31 倍。随着两个方向水平地震单独作用产生的同一效应之比减小，双向水平地震的影响也减小。

表 2-33　S/S_x、S_y/S_x 的数值关系

S_y/S_x	1.0	0.9	0.8	0.7	0.6	0.5	0.4	0.3	0.2	0.1	0
S/S_x	1.31	1.26	1.21	1.16	1.12	1.09	1.06	1.03	1.01	1.00	1.00

（3）三向水平地震作用所产生的扭转组合效应

实测强震记录表明地震地面运动是三维运动，因此严格来讲，抗震设计应该考虑三向地震作用效应的组合。对于抗震设防烈度 8 度及以上地区，竖向地震作用不容忽略；对于质量刚度分布明显分布不对称的结构，双向水平地震作用相互耦联的影响不容忽略。对于这些地区的这类结构应考虑三向地震作用效应组合进行抗震设计。

根据加速度峰值记录和反应谱的分析可知，当水平与竖向地震作用同时考虑时，二者的效应组合比一般为 0.4，因此，三向地震作用效应组合标准值 S_{Ek} 可按下列三个公式中较大值确定：

$$S_{Ek}=\sqrt{S_x^2+(0.85S_y)^2}+0.4S_z \tag{2-33}$$

$$S_{Ek}=\sqrt{S_y^2+(0.85S_x)^2}+0.4S_z \tag{2-34}$$

$$S_{Ek}=S_z \tag{2-35}$$

《建筑抗震设计规范》（GB 50011—2010）[2016 年版] 规定小震作用截面抗震验算时，三向地震作用效应组合设计值，由式（2-33）~式（2-35）乘以分项系数 1.4，可得 S_E 按下列三个公式中的较大值确定：

$$S_E = 1.4\sqrt{S_x^2 + (0.85S_y)^2} + 0.5S_z \tag{2-36}$$

$$S_E = 1.4\sqrt{S_y^2 + (0.85S_x)^2} + 0.5S_z \tag{2-37}$$

$$S_E = 1.4S_z \tag{2-38}$$

式中 S_x——仅考虑 x 向水平地震作用时的地震作用效应,按式(2-29)计算;

S_y——仅考虑 y 向水平地震作用时的地震作用效应,按式(2-29)计算。

S_z——竖向地震作用效应标准值。

竖向地震作用反应谱可参照水平地震作用反应谱选用。竖向地震作用影响系数最大值可确定如下:

$$\alpha_{v,\max} = 0.65 \times \frac{0.75}{0.85} \times 1.5\alpha_{H,\max} = 0.86\alpha_{H,\max} \tag{2-39}$$

式中 $\alpha_{H,\max}$——同一场地,同一抗震设防等级,同一设计地震分组的水平地震作用影响系数最大值。

30. 如何按水平地震剪力系数最小值调整地震剪力?

由于地震影响系数在长周期段下降较快,对于基本周期大于 3.5s 的结构,由此计算得到的水平地震作用下的结构效应可能过小。而对长周期结构,地震地面运动速度和位移可能对结构的破坏具有更大的影响,但规范所采用的振型分解反应谱法尚无法对此作出估算。出于结构安全的考虑,增加了对各楼层水平地震剪力最小值的要求,规定了不同烈度下的楼层地震剪力系数(即剪重比)(表2-34),结构的水平地震作用效应应据此进行相应的调整。

结构水平地震作用计算时,任一楼层的最小水平地震剪力标准值应符合下式要求:

$$V_{Eki} > \lambda \sum_{j=1}^{n} G_j \tag{2-40}$$

式中 V_{Eki}——i 层对应于水平地震作用标准值的楼层剪力;

λ——剪力系数,不应小于表 2-34 规定的楼层最小地震剪力系数值,对竖向不规则结构的薄弱层,尚应乘以 1.15 的增大系数;

G_j——第 j 层的重力荷载代表值;

n——结构计算的总层数。

表 2-34 楼层最小地震剪力系数 λ 值

类 别	6 度	7 度	8 度	9 度
扭转效应明显或基本周期小于 3.5s 的结构	0.010	0.018(0.026)	0.034(0.050)	0.066
基本周期大于 5.0s 的结构	0.008	0.013(0.018)	0.024(0.036)	0.048

注:1. 基本周期介于 3.5s 和 5.0s 之间的结构,可采用直线插入法取值。
2. 括号内数值分别用于基本地震加速度为 0.15g 和 0.30g 的地区。
3. 对于Ⅲ、Ⅳ类场地,表中数据至少增加 5%。

《建筑抗震设计规范》(GB 50011—2010)中,楼层最小地震剪力取值分两档,第一档,楼层的最小地震剪力系数为多遇地震时水平地震影响系数最大值的 20%,即 $\lambda = 0.2\alpha_{\max}$。2016 年 GB 50011—2010 局部修订时,按此比值相应调整,提高的幅度明显。第二档,楼层的最小地震剪力系数为设防地震的地面水平加速度的 0.12 倍,已经大于美国新版 IBC(International Building Code）规范，本次修订基本保持不变。考虑到现行规范执行中发现的问题和意见，参考 2015 年《超限高层建筑工程抗震设防审查技术要点》（建质［2015］67 号文件）的规定，明确Ⅲ、Ⅳ类场地的数值需增加 5%，总体上最小地震作用的控制也有增加，尤其是 6 度设防区更为明显。

对于竖向不规则结构的薄弱层的水平地震剪力，应乘以 1.25 倍的增大系数，该层剪力放大 1.25 倍后仍须满足 JGJ 3—2010 第 4.3.12 条的规定，即该层的地震剪力系数不应小于表 2-34 中数值的 1.15 倍。

当不满足时，需改变结构布置或调整结构总剪力和各楼层的水平地震剪力，使之满足要求。例如，当结构底部的总地震剪力略小于最小值而中、上部楼层均满足最小值时，可采用下列方法调整：若结构基本周期位于设计反应谱的加速度控制段时，则各楼层均需乘以同样大小的增大系数；若结构基本周期位于设计反应谱的位移控制段时，则各楼层 i 均需按底部的剪力系数的差值 $\Delta\lambda_0$ 增加该层的地震剪力 $\Delta F_{Eki} = \Delta\lambda_0 G_E$；若结构基本周期位于设计反应谱的速度控制段时，则增加值应大于 $\Delta\lambda_0 G_E$，顶部增加值可取动位移作用和加速度作用二者的平均值，中间各层的增加值可近似按线性分布。

需要注意的是，①当底部总剪力相差较多时，结构的选型和总体布置需要重新调整，不能仅采用乘以增大系数方法处理。②只要底部总剪力不满足要求，则结构各楼层的建立均需要调整，不能仅调整不满足的楼层。③满足最小地震剪力是结构后续抗震计算的前提，只有调整到符合最小剪力要求才能够进行相应的地震倾覆力矩、构件内力、位移等的计算分析；即意味着，当各层的地震剪力需要调整时，原先计算的倾覆力矩、构件内力和位移均需要相应调整。④采用时程分析法时，其计算的总剪力也需要符合最小地震剪力的要求。⑤楼层最小地震剪力是最低要求，不考虑阻尼比的不同，各类结构，包括钢结构、隔震和消能减震结构均须一律遵循。

扭转效应明显与否一般可由考虑耦联的振型分解反应谱法分析结果判断，如前三个振型中，二个水平方向的振型参与系数为同一个量级，即存在明显的扭转效应。表 2-34 中扭转效应明显的结构是指楼层最大水平位移（或层间位移）大于楼层平均水平位移（或层间位移）1.2 倍的结构。

对高层建筑的地下室结构层，当嵌固部位在地下室顶板位置时，一般不要求单独核算楼层最小地震剪力系数，因为地下室的地震作用是明显衰减的。

为使结构具有较好的安全性，结构总水平地震作用应控制在合适的范围内，参照一些经验资料，剪力重力比 $\gamma_v = F_{Ek}/G_E$ 的经验范围如表 2-35 所示。

表 2-35 剪力重力比 γ_v 的适宜范围

地震烈度	7 度		8 度	
场地类别	Ⅱ	Ⅲ	Ⅱ	Ⅲ
框架结构	0.015～0.03	0.02～0.04	0.03～0.05	0.04～0.08
框架—剪力墙结构	0.02～0.04	0.03～0.05	0.04～0.06	0.05～0.08
剪力墙结构	0.03～0.04	0.04～0.06	0.04～0.08	0.07～0.10

注：此表仅适用于平面比较规则、竖向刚度比较均匀的结构。

若 γ_v 过小，说明底部剪力过小，此时应注意结构位移满足要求，构件截面配筋为构造配筋的"安全"假象，要对构件截面尺寸、周期是否折减进行全面检查，找出原因。若 γ_v

过大,说明底部剪力过大,应检查输入信息,是否填入信息有误,或剪力墙数量过多,结构太刚。不论剪力重力比 γ_0 过小还是过大,都要找出原因,将其控制在适宜的范围内,其计算的位移、内力、配筋才有意义。

31. 哪种情况下楼层剪力可以考虑折减?

由于地基和结构动力相互作用的影响,按刚性地基分析的水平地震作用在一定范围内有明显的折减。研究表明,水平地震作用的折减系数主要与场地条件、结构自振周期、上部结构和地基的阻尼特性等因素有关,柔性地基上的建筑结构的折减系数随结构周期的增大而减小,结构刚度越大,水平地震作用的折减量越大。其折减量与上部结构的刚度有关,同样高度的框架结构,其刚度明显小于抗震墙结构,水平地震作用的折减量也越小,当地震作用很小时不宜再考虑水平地震作用的折减。

对于高宽比较大的高层建筑,考虑地基与结构动力相互作用后水平地震作用的折减系数并非各楼层均为同一常数,由于高振型的影响,结构上部几层的水平地震作用一般不宜折减。折减系数沿楼层高度的变化比较符合抛物线形分布,为了简化,GB 50011—2010 采用沿高度方向线性插入的方法计算中间楼层的折减系数。

《建筑抗震设计规范》(GB 50011—2010)规定:结构抗震计算,一般情况下可不计入地基与结构相互作用的影响;8 度和 9 度时建造于 III、IV 类场地,采用箱基、刚性较好的筏基和桩箱联合基础的钢筋混凝土高层建筑,当结构基本自振周期为特征周期的 1.2~5 倍范围时,若计入地基与结构动力相互作用的影响,对刚性地基假定计算的水平地震剪力进行折减,其层间变形可按折减后的楼层剪力计算。

1) 当高宽比 <3 的结构,各楼层水平地震剪力的折减系数

$$\psi = \left(\frac{T_1}{T_1 + \Delta T}\right)^{0.9} \tag{2-41}$$

式中 T_1——按刚性地基假定确定的结构基本自振周期 (s);

ΔT——计入地基与结构动力相互作用的附加周期 (s),按表 2-36 采用。

表 2-36 附加周期 ΔT (s)

地震烈度	场地类别	
	III	IV
8	0.08	0.20
9	0.10	0.25

2) 对高宽比不小于 3 的结构,底部的地震剪力按 1 款折减,顶部不折减,中间各层按线性插入值折减。

3) 折减后各楼层的水平地震剪力尚应满足结构最小地震剪力的要求。

32. 何时需要考虑计算双向地震作用?

强震观测表明,几乎所有地震作用都是多向性的,尤其是沿水平方向和竖向的振动作用。《高层建筑混凝土结构技术规程》(JGJ 3—2010)第 4.3.2 条规定了考虑计算双向地震作用的情况,即质量与刚度分布明显不均匀、不对称的结构。"质量与刚度分布明显不均匀

不对称",主要看结构刚度和质量的分布情况以及结构扭转效应的大小,总体上是一种宏观判断,不同设计者的认识有一些差异是正常的,但不应产生质的差别。一般而言,可根据楼层最大位移与平均位移之比值判断,若该值超过扭转位移比下限1.2较多(比如A级高度高层建筑大于1.4,B级高度或复杂高层建筑等大于1.3),则可认为扭转明显,需考虑双向地震作用下的扭转效应计算,此时,判断楼层内扭转位移比值时,可不考虑质量偶然偏心的影响。

33. 如何计算双向地震作用?

《高层建筑混凝土结构技术规程》(JGJ 3—2010)第4.3.10条规定了双向地震作用效应的计算方法。计算分析表明,双向地震作用对结构竖向构件(如框架柱)设计影响较大,对水平构件(如框架梁)设计影响不明显。

假定结构整体坐标系为 $OXYZ$,框架柱局部坐标系为 $oxyz$,在 X、Y 单向地震作用下框架柱的地震内力标准值如表2-37所示,取考虑双向地震作用下的框架柱地震内力标准值可表示为

$$N = \max\left[\sqrt{N_X^2 + (0.85N_Y)^2}, \sqrt{N_Y^2 + (0.85N_X)^2}\right]$$

$$T = \max\left[\sqrt{T_X^2 + (0.85T_Y)^2}, \sqrt{T_Y^2 + (0.85T_X)^2}\right]$$

$$V_x = \max\left[\sqrt{V_{xX}^2 + (0.85V_{xY})^2}, \sqrt{V_{xY}^2 + (0.85V_{xX})^2}\right]$$

$$V_y = \max\left[\sqrt{V_{yX}^2 + (0.85V_{yY})^2}, \sqrt{V_{yY}^2 + (0.85V_{yX})^2}\right]$$

$$M_x = \max\left[\sqrt{M_{xX}^2 + (0.85M_{xY})^2}, \sqrt{M_{xY}^2 + (0.85M_{xX})^2}\right]$$

$$M_y = \max\left[\sqrt{M_{yX}^2 + (0.85M_{yY})^2}, \sqrt{M_{yY}^2 + (0.85M_{yX})^2}\right]$$

按照规定,位移指标的核算也应考虑双向地震作用,例如对楼层内最大弹性水平位移(层间位移)与平均水平位移(层间位移)的比值要求。

表2-37 X、Y 单向地震作用下柱内力标准值

柱内力标准值	轴力	x轴弯矩	y轴弯矩	x轴剪力	y轴剪力	扭矩
X 向作用	N_X	M_{xX}	M_{yX}	V_{xX}	V_{yX}	T_X
Y 向作用	N_Y	M_{xY}	M_{yY}	V_{xY}	V_{yY}	T_Y

34. 单向与双向地震作用扭转效应有何区别?

对水平地震作用而言,只要结构的刚度中心和质量中心不重合,则必定有地震扭转效应。按《高层建筑混凝土结构技术规程》(JGJ 3—2010)第4.3.2条第2款的规定,无论单向还是双向地震作用,均应考虑地震扭转效应。

单向地震作用是指每次仅考虑一个方向地震输入,其作用和作用效应可采用非耦联或耦联的振型分解反应谱方法计算,前者主要适用于简单规则的结构。单向地震作用的非耦联计算,也应考虑扭转效应(质心与刚心不重合时),但忽略了平动与扭转振型的耦联作用;单向地震作用的耦联计算,按《高层建筑混凝土结构技术规程》(JGJ 3—2010)式(4.3.10-

1)~式(4.3.10-6)进行,已包含了平扭耦联效应。

目前,双向地震作用是考虑两个垂直的水平方向同时有地震输入时的作用和作用效应计算,每个方向的地震作用和作用效应均按《高层建筑混凝土结构技术规程》(JGJ 3—2010)式(4.3.10-1)~式(4.3.10-6)计算,然后按式(4.3.11-7)和式(4.3.11-8)计算双向地震作用效应,取二者的较大值。因此,在需要考虑双向水平地震作用计算的情况下,双向地震作用效应一定大于不考虑质量偶然偏心的单向地震作用效应。

35. 如何判断结构扭转为主的振型?

为了使结构的抗扭刚度不过弱,以免产生过大的扭转效应,《高层建筑混凝土结构技术规程》(JGJ 3—2010)第3.4.5条规定了结构扭转为主的第一自振周期 T_t 与平动为主的第一自振周期 T_1 之比(T_t/T_1)的限制性要求,A级高度高层建筑不应大于0.90,B级高度高层建筑、超过A级高度的混合结构及复杂高层建筑结构不应大于0.85。因此,对每一个特定的结构,需要确定每一个振型的特征,判断它是平动为主还是扭转为主。

在正则化振型向量空间中,结构质量矩阵具有正交性,即:

$$[\phi]^T[M][\phi] = [I] \tag{2-42}$$

式中 $[\phi]$——振型矩阵;

$[M]$——集中质量矩阵;

$[I]$——单位对角矩阵。

对第 j 振型有

$$\{\phi_j\}^T[M]\{\phi\} = 1.0 \tag{2-43}$$

式中 $\{\phi_j\} = \{x_{1j}\cdots x_{nj}\cdots y_{1j}\cdots y_{nj}\cdots \theta_{1j}\cdots \theta_{nj}\}^T \tag{2-44}$

$$[M] = \mathrm{diag}[m_1\cdots m_n \quad m_1\cdots m_n \quad J_1\cdots J_n] \tag{2-45}$$

其中,x_{ij}、y_{ij}、θ_{ij} 分别为第 i 质点 j 振型的三个振型位移分量;m_i、J_i 分别为第 i 质点的集中质量和质量惯矩;n 为质点总数(计算层数)。

将式(2-44)、式(2-45)代入式(2-43),并定义方向因子为

$$D_{xj} = \sum_{i=1}^{n} m_i x_{ij}^2 \,,\, D_{yj} = \sum_{i=1}^{n} m_i y_{ij}^2 \,,\, D_{\theta j} = \sum_{i=1}^{n} J_i \theta_{ij}^2 \tag{2-46}$$

则有:

$$D_{xj} + D_{yj} + D_{\theta j} = 1.0 \tag{2-47}$$

由式(2-47)可知,当扭转方向因子 $D_{\theta j}$ 大于0.5时,可判断 j 振型是扭转为主的振型;否则,可认为是平动为主的振型。当扭转因子 $D_{\theta j}$ 等于1时,即为纯扭转振型;当扭转因子 $D_{\theta j}$ 等于0时,即为纯平动振型。扭转因子 $D_{\theta j}$ 大于0.5的物理意义可理解为楼层扭转中心与质心的距离在楼层转动半径之内。

对特定的结构,平动因子 D_{xj} 和 D_{yj} 的相对大小,与整体坐标系水平轴的方向有关,不同的水平坐标轴取向,会得到不同的 D_{xj} 和 D_{yj} 值。

当然,振型特征判断还与宏观振动形态有关。对结构整体振动分析而言,结构的某些局部振动的振型是可以忽略的,以利于主要问题的把握。

36. 如何考虑竖向地震作用?

按《高层建筑混凝土结构技术规程》(JGJ 3—2010)第4.3.2条规定,高层建筑中的大

跨度、长悬臂结构,7度(0.15g)、8度抗震设计时应计入竖向地震作用。9度抗震设计时应计算竖向地震作用。

跨度大于12m的转换结构和连体结构、悬挑长度大于5m的悬挑结构,结构竖向地震作用效应标准值宜采用时程分析法或振型分解反应谱方法进行计算。时程分析计算时输入的地震加速度最大值可按规定的水平输入最大值的65%采用,反应谱分析时结构竖向地震影响系数最大值可按水平地震影响系数最大值的65%采用,但设计地震分组可按第一组采用。

竖向地震作用可按《高层建筑混凝土结构技术规程》(JGJ 3—2010)第4.3.13条进行简化计算。高层建筑中大跨度结构、悬挑结构、转换结构、连体结构的连接体的竖向地震作用标准值,不宜小于结构或构件承受的重力荷载代表值与表2-38所规定的竖向地震作用系数的乘积。

表2-38 竖向地震作用系数

设防烈度	7度	8度		9度
设计基本地震加速度	0.15g	0.20g	0.30g	0.40g
竖向地震作用系数	0.08	0.10	0.15	0.20

注：g 为重力加速度。

无论采用何种方法计算竖向地震作用,均应按《高层建筑混凝土结构技术规程》(JGJ 3—2010)第5.6.3条的规定进行地震作用效应的组合,即把竖向地震作用效应作为一个组合工况来考虑。

37. 结构自振周期折减系数 ψ_T 如何取值?

高层建筑结构整体计算分析时,只考虑了主要结构构架(梁、柱、剪力墙和筒体等)的刚度,没有考虑非承重墙结构构件的刚度,因而计算的自振周期较实际的偏长,按这一周期计算的地震力偏小,为此,《高层建筑混凝土结构技术规程》(JGJ 3—2010)第4.3.16条规定,计算各振型地震影响系数所采用的结构自振周期应考虑非承重墙体的刚度影响予以折减。如果在结构分析模型中,已经考虑了非承重墙体的刚度影响,则可不进行周期折减。

周期折减系数的取值,与结构中非承重墙体的材料性质、多寡、构造方式等有关,应由设计人员根据实际情况确定,《高层建筑混凝土结构技术规程》(JGJ 3—2010)第4.3.17条给出的非承重墙为砌体墙(不包括采用柔性连接的填充墙或刚度很小的轻质砌体填充墙)时,高层建筑结构的计算自振周期折减系数 ψ_T 可按下列规定取值:

1) 框架结构可取 0.6~0.7。
2) 框架—剪力墙结构可取 0.7~0.8。
3) 框架—核心筒结构可取 0.8~0.9。
4) 剪力墙结构可取 0.8~1.0。

对于其他结构体系或采用其他非承重墙体时,可根据工程情况确定周期折减系数。

38. 高层建筑各种非荷载效应的设计原则是什么?

由于混凝土徐变、收缩、结构温度变化、地基差异沉降等非直接荷载作用产生的结构变形及由此因变形协调而产生约束内力的效应,统称为非荷载效应。

高层建筑结构由于竖向构件截面尺寸大,竖向构件竖向变形累计较大,结构水平向变形受到的约束较大,因此其非荷载效应的影响较大。《高层建筑混凝土结构技术规程》(JGJ 3—2010)增加了针对非荷载效应影响应注意的设计构造措施。

正确处理各种非荷载效应的设计原则方法为:

放——释放和尽量减少各种非荷载效应的影响;

抗——计入残余的各种非荷载效应影响,布置相应的构造配筋加强措施,抵抗和承受非荷载效应的附加影响,确保结构安全度。

非荷载效应的影响十分复杂,一般分析方法如图2-9所示。

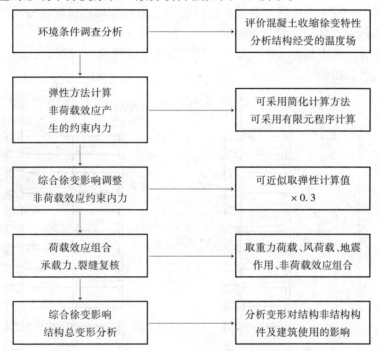

图 2-9 非荷载效应影响的分析方法框图

39. 高层建筑竖向温差效应设计方法的要点是什么?

高层建筑高度达到100m甚至更高时,框架梁或连梁约束的存在,不可避免地要对竖向构件所经受的不同的温差变化引起的差异变形产生较大的约束内力。在高层建筑结构设计中应对其竖向温差内力予以较为准确的考虑,并采取相应的措施减少影响,以确保高层建筑结构安全可靠。

(1) 温差分析

高层建筑竖向温差可分为整体温差和局部温差。整体温差是指外表构件中面和室内构件中面的温差;局部温差是指外表构件自身内外表面的温差。

结构中面温度主要由所在地区平均温度控制,整体温差 ΔT 可近似取为

$$\Delta T = \begin{cases} (T_{外} + T_{内})/2 - T_{内} = (T_{外} - T_{内})/2 (无空调) \\ (T_{外} + T_{室})/2 - T_{室} = (T_{外} - T_{室})/2 (有空调) \end{cases} \tag{2-48}$$

式中　$T_{外}$——室外月平均温度;

$T_内$——无空调室内月平均气温,即室内构件中面温度;

$T_室$——空调室内气温,即室内构件中面温度;

$(T_外+T_内)/2$、$(T_外+T_室)/2$——外表构件中面温度。

外表构件内外表面的局部温差主要受气流、辐射、建筑装饰、有无空调等因素影响,计及温度滞后效应,局部温差 Δt 可近似取为

$$\Delta t = 2\Delta T \tag{2-49}$$

式中　ΔT——整体温度,由式(2-48)确定。

为简化计算,一般可假定局部温差在构件截面上的温度梯度呈线性分布。

(2) 竖向整体温差效应简化计算

高层建筑结构在整体温差 ΔT 作用下,由于温差滞后效应,可近似认为结构无侧移,其简化计算简图如图2-10所示。

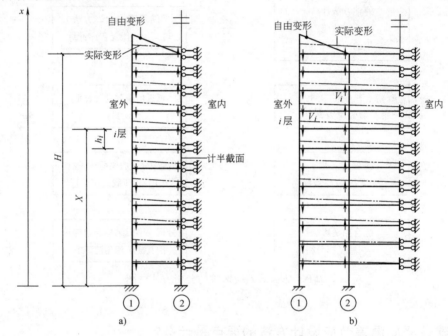

图2-10　竖向整体温差效应计算简图
a) 二跨对称结构　b) 三跨对称结构

可采用弹性连续化微分方程简化计算方法求解其效应,即最终协调弹性变形及其对应的弹性阶段结构构件内力。

(3) 竖向局部温差效应的简化计算

由温差分析可知,局部温差是与整体温差协调一致一起作用于结构。一般可近似假定楼层节点在局部温差 Δt 作用下无侧移、无转角。此时外表竖向构件处于纯弯状态,其弯矩 M_z 为(外边缘受拉为正)

$$M_z = -\alpha \Delta t E W_z / 2 \tag{2-50}$$

式中　W_z——外表竖向构件截面模量;

E——外表竖向构件弹性模量;

Δt——局部温差，夏季 $T_{外} > T_{内}$，$\Delta t > 0$，内缘受拉；

冬季 $T_{外} < T_{内}$，$\Delta t < 0$，外缘受拉；

α——外表竖向构件线膨胀系数，混凝土 $\alpha = 1 \times 10^{-5}(1/℃)$。

在竖向温差效应计算时，对钢筋混凝土结构应考虑混凝土的徐变应力松弛特性，为简化计算，可将弹性计算的温差内力乘以徐变应力松弛系数0.3，作为实际温差内力标准值进入设计。当钢结构不存在徐变应力松弛时，其温差内力不能折减。

在进行高层建筑混凝土结构竖向温差效应计算时，必须计及构件裂缝的影响，建议梁柱构件混凝土截面弹性刚度乘以0.85予以折减。钢结构截面弹性刚度不予折减。

温差效应与重力荷载效应组合可取下式：

$$S = \gamma_G S_{Gk} + \psi_T \gamma_T S_{Tk} \tag{2-51}$$

式中 S——温差效应组合设计值；

γ_G——重力荷载的分项系数，取 $\gamma_G = 1.2$；

γ_T——温差效应作用的分项系数，取 $\gamma_T = 1.4$；

S_{Gk}——重力荷载效应标准值；

S_{Tk}——温差效应标准值；

ψ_T——温差效应组合系数，取 $\psi_T = 0.6$。

（4）减小竖向温差效应的措施

温差分析表明，高层建筑竖向温差效应影响主要集中在顶部若干层的与内外竖向构件直接相连的框架梁上，受到较大的弯矩、剪力；底部若干层的内外竖向构件将受到较大的轴向压力或拉力；外表竖向构件受到局部温差引起的较大弯矩。因此，结构设计宜对底部竖向构件轴压比留有余地、保证合适的含钢率，顶部若干层框架梁配筋要留有适当余地。

外表竖向构件直接外露的高层建筑结构，竖向温差内力较大，对结构工作状态不利。外表构件应做好保温隔热措施，这时可大大减少竖向温差效应的影响，同时也有利于提高结构的耐久性，有利于室内填充墙非结构构件不出现裂缝。

40. 高层建筑水平温差收缩效应设计方法的要点是什么？

高层建筑由于竖向筒体、柱的截面较大，不可避免地要对现浇钢筋混凝土楼屋盖梁板沿水平方向自由收缩和温差变形产生较大的约束。

（1）水平温差收缩分析

1）温差分析 楼屋盖中面在施工和使用中所经受的温差为各地区的季节平均温度 $T_{中}$ 与混凝土终凝温度 $T_{凝}$ 的差值，即：

$$\Delta T_t = T_{中} - T_{凝} \tag{2-52}$$

2）混凝土收缩分析 混凝土的收缩应变的形成和发展与混凝土龄期密切相关，它可表征为

$$\varepsilon_s = (1 - e^{-0.01t})\varepsilon_{s0} \tag{2-53}$$

式中 ε_{s0}——混凝土极限收缩应变；

ε_s——龄期 $t(d)$ 混凝土的收缩应变。

混凝土收缩当量温差

$$\Delta T_s = \varepsilon_s / \alpha (℃) \tag{2-54}$$

式中 α——混凝土线膨胀系数，取 $\alpha = 1 \times 10^{-5}$ $(1/℃)$。

3) 计算水平温差 ΔT 楼屋盖结构所受的总温差收缩影响可用计算水平温差 ΔT 表示：

$$\Delta T = \Delta T_t + \Delta T_s \tag{2-55}$$

（2）水平温差收缩效应简化计算

在计算水平温差作用下，均匀对称的高层建筑水平温差收缩效应计算模型如图 2-11 所示。

由于筒体剪力墙线刚度一般远大于框架柱、梁及楼屋盖线刚度，因此在整体分析时，框架柱抗侧刚度和框架梁、楼屋盖转动刚度可略去不计，则图 2-11 计算模型可简化为楼屋盖铰接于筒体，如图 2-12 所示。为便于分析，可进一步将实际温度场分解为均匀温度场和屋盖局部温度场分别求解，如图 2-12a 和图 2-12b 所示。屋盖局部温度场 Δt：

$$\Delta t = \Delta T' - \Delta T \tag{2-56}$$

均匀温度场、局部温度场可分别采用弹性连续化微分方程简化计算方法求解其效应，即最终协调弹性变形及其对应的结构构件内力。

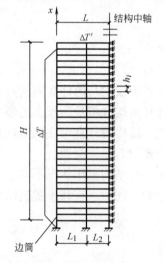

图 2-11 计算模型

图中：L——结构水平长度之半；
ΔT——楼盖计算水平温差；
$\Delta T'$——屋盖计算水平温差。

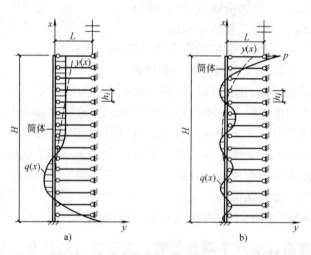

图 2-12 计算模型简化图
a) 均匀温度场 ΔT b) 局部温度场 Δt

（3）水平温差收缩效应设计方法

混凝土徐变松弛、混凝土梁柱构件刚度折减、荷载效应组合均同竖向温差效应设计方法。

楼屋盖梁板所受到的水平约束力可按它的换算截面的轴向刚度比予以分配，且近似认为他们作用于梁板各自截面的形心。

楼屋面梁板特别是下部楼层梁板及屋面梁板应按组合内力偏心受拉承载力计算确定配筋，且至少应采用双层构造抗拉贯通配筋，以有效地控制裂缝开展。

（4）减小水平温差收缩效应的措施

高层建筑温差收缩影响主要集中在筒体剪力墙底部，将受到较大的弯矩和剪力，下部楼层梁板将受到较大的轴向拉力。因此，结构设计必须考虑筒体剪力墙的轴压比、剪压比留有余地，下部楼层的梁板应组合温度应力按偏心受拉承载力控制配筋，且注意梁腹筋加强设置。

剪力墙结构的楼屋盖水平温差收缩双向均受到剪力墙的约束，楼屋盖板配筋应双层双向构造贯通且需要予以加强，梁腹筋加强设置。

采取主动释放和减少温差收缩的措施。

1）混凝土低温入模养护。减少负温差、减少温差收缩效应大的最有效措施为：采用混凝土低温入模、低温养护，尽量降低混凝土终凝时的温度。

2）设置后浇带。设置后浇带避开混凝土收缩应变高峰发展期，能有效地释放大部分收缩应力。

一般每40m设一道后浇带，其宽度700～1000mm，混凝土后浇，钢筋搭接长度35d（图2-13）。留出后浇带后，施工过程中混凝土可以自由收缩，从而大大减少收缩应力。混凝土的抗拉强度可以大部分用来抵抗温度应力，提高结构抵抗温度变化的能力。

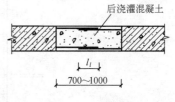

图2-13 后浇带

有条件时，后浇带应采用浇筑水泥的混凝土灌筑，或在水泥中掺微量铝粉使其有一定的膨胀性，防止新老混凝土之间出现裂缝。一般可采用高强混凝土灌筑。

后浇带混凝土可在主体混凝土施工后60d浇筑，有困难时也不应少于30d。后浇混凝土施工时的温度尽量与主体混凝土施工时的温度相近。

后浇带应通过建筑物的整个横截面，分开全部墙、梁和楼板，使得两边都可以自由收缩。后浇带可以选择对结构受力影响较小的部位曲折通过，不要在一个平面内，以免全部钢筋都在同一平面内搭接。一般情况下，后浇带可设在框架梁和楼板的1/3跨处；设在剪力墙洞口上方连梁的跨中或内外墙连接处（图2-14）。

由于后浇带混凝土后浇，钢筋搭接，其两侧结构长期处于悬臂状态，所以模板的支柱在本跨不能全部拆除。当框架主梁跨度较大时，梁的钢筋可以直通而不切断，以免搭接长度过长，造成施工的困难，也防止悬臂状态下产生不利的内力和变形。

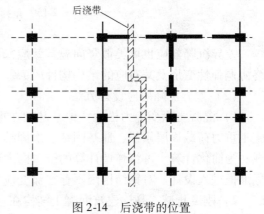

图2-14 后浇带的位置

3）减小混凝土收缩应变 高湿度养护、减小水灰比和水泥用量、改善水泥和砂石骨料的质量、适当提高配筋率，均能有效地减少混凝土收缩应变。

4）改善使用环境 室内尽可能采用空调，避免大气流动，屋面做好保温措施，均有利于减少负温差、减少和减缓混凝土的收缩应变。

41. 高层建筑差异沉降效应设计方法的要点是什么？

（1）差异沉降效应简化计算

刚度均匀的地基上的高层建筑结构，在重力荷载长期作用下的实测最终沉降曲线一般呈中部沉降量大、两翼沉降小的盆式曲线，此曲线的斜率（差异沉降）、曲率，实质上是地基—基础—上部结构三者共同工作的结果。

对于一般高层建筑结构，根据已有沉降观测资料中差异沉降数据诊断或预计其对上部结构的影响效应，可归结为如图 2-15 所示计算简图，求解中柱差异沉降 Δ 的效应。

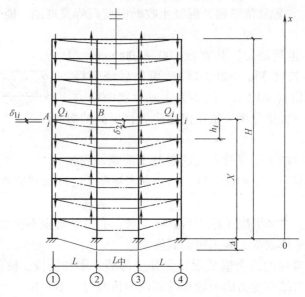

图 2-15　差异沉降效应计算简图

差异沉降效应也可类似竖向温差效应采用弹性连续化微分方程简化计算方法求解，即最终协调弹性变形及其对应的结构构件内力。

（2）差异沉降效应设计方法

1）混凝土徐变应力松弛　地基基础在重力荷载作用下的沉降变形，通常都要经历一个施工重力荷载逐层累积、地基固结、次固结压缩变形的长期过程，混凝土徐变的作用不容忽视。为简化计算，可将弹性计算的温差内力乘以徐变应力松弛系数 0.3，作为实际温差内力标准值进入设计。对钢结构因不存在徐变应力松弛，其温差内力不能折减。

2）刚度折减　高层建筑混凝土结构在重力、水平荷载及非荷载效应作用下，必须计及构件裂缝的影响，建议构件混凝土截面弹性刚度乘以 0.85 的系数予以折减。钢结构截面弹性刚度不予折减。

3）荷载组合　差异沉降效应与重力荷载效应组合可按下式计算：

$$S = \gamma_G S_{Gk} + \psi_s \gamma_s S_{sk} \tag{2-57}$$

式中　S——差异沉降效应组合设计值；

　　　γ_G——重力荷载的分项系数，取 $\gamma_G = 1.2$；

　　　γ_s——差异沉降效应作用的分项系数，取 $\gamma_s = 1.4$；

S_{Gk}——重力荷载效应标准值；

S_{sk}——差异沉降效应标准值；

ψ_s——沉降效应组合系数，取$\psi_s=0.6$。

(3) 减小差异沉降效应的措施

减小差异沉降及其效应影响的最积极的措施是控制绝对沉降量（最大沉降量）。

差异沉降效应影响应根据具体工程具体分析对待，不同高层建筑结构，即使同一量级的差异沉降，影响效应也不同。一般地说，当已知竖向构件差异沉降大于100mm时，需要计及其效应，底部边柱竖向构件轴压比、二层横梁截面及配筋需注意留有余地。

高层建筑结构的沉降观测极其重要，一方面可以据此复核结构的受力情况，检验其安全度；另一方面可为同地区同类工程积累经验，以能在结构设计阶段预测计算差异沉降效应影响，从而为正确的结构设计提供可靠的依据。

第三章 结构设计的基本规定

42. 结构设计使用年限、设计基准期是怎样确定的？

设计使用年限（Design Working Life）是指设计规定的结构或结构构件不需进行大修即可按其预期目的使用的时期。即房屋结构在正常设计、正常施工、正常使用和正常维护下所应达到的使用年限，如达不到这个年限则意味着在设计、施工、使用与维修的某一环节上出现了非正常情况，应查找原因。

《工程结构可靠度设计统一标准》（GB 50153—2008）附录 A.1.3 规定的房屋建筑结构设计使用年限应按表3-1确定。

表3-1 房屋建筑结构的设计使用年限

类别	设计使用年限	示例	类别	设计使用年限	示例
1	5年	临时性建筑结构	3	50年	普通房屋和构筑物
2	25年	易于替换的结构构件	4	100年	标志性建筑和特别重要的建筑结构

同一建筑中不同专业的设计使用年限可以不同，例如，外保温、给水排水管道、室内外装修、电气管线、结构和地基基础，均可有不同的设计使用年限。

设计基准期（Design Reference Period）是为确定可变作用及时间有关的材料性能等取值而选用的时间参数。《工程结构可靠度设计统一标准》（GB 50153—2008）所采用的设计基准期为50年，即设计时所考虑荷载、作用的统计参数均是按此基准期确定的。

设计基准期与设计使用年限是两个完全不同的概念，设计基准期不等同于建筑结构的设计使用年限。

43. 房屋高度和最大适用高度分别指什么？

房屋高度指建筑室外地面至主要屋面的高度，不包括局部凸出屋面的楼梯间、电梯间、水箱间、小的装饰构架、女儿墙等高度。对有斜坡屋顶的高层建筑，房屋高度一般仍可算到屋檐标高处；对于立面逐层收进的高层建筑，其房屋高度应根据实际情况（如收进后的建筑功能、平面相对大小等）确定。

房屋最大适用高度指《高层建筑混凝土结构技术规程》（JGJ 3—2010）第3.3.1条、第7.1.8条、第10.1.3条、第11.1.2条规定的房屋适用的最大高度。这里所说的最大适用高度是与《高层建筑混凝土结构技术规程》（JGJ 3—2010）的规定相适应的，不是一般意义上高层建筑的最大高度限制。

当房屋高度超过规定，包括超过《建筑抗震设计规范》（GB 50011—2010）第6章现浇钢筋混凝土结构和第8章钢结构适用的最大高度、超过《高层建筑混凝土结构技术规程》（JGJ 3—2010）第7章中有较多短肢墙的剪力墙结构、第10章错层结构和第11章混合结构最大适用高度的高层建筑，则属于超限高层建筑，结构设计应有可靠的依据和有效的技术措施，需通过全国、工程所在地省级超限高层建筑工程抗震设防专家审查委员会的抗震专项审查。

44. 如何判断平面不规则结构？

《建筑抗震设计规范》（GB 50011—2010）给出了建筑结构平面不规则判别准则，如表 3-2 所示。《高层建筑混凝土结构技术规程》（JGJ 3—2010）进一步补充了部分平面不规则结构类型的判别准则，归纳于表 3-3 所示。

表 3-2 结构平面不规则判别准则（GB 50011—2010）[2016 年版]

不规则类型	不规则类型准则	特别不规则判别准则
扭转不规则 图 3-1	在具有偶然偏心的规定水平作用下，楼层两端抗侧力构件弹性水平位移（或层间位移）的最大值与平均值的比值大于 1.2	在具有偶然偏心的规定水平作用下，楼层两端抗侧力构件弹性水平位移（或层间位移）的最大值大于平均值的 1.5 倍
凹凸不规则 图 3-2	平面凹进的一侧尺寸，大于相应投影方向总尺寸的 30%	—
楼板局部不连续 图 3-3	楼板的尺寸和平面刚度急剧变化，例如，有效楼板宽度小于该楼板典型宽度的 50%，或开洞面积大于该楼面面积的 30%，或较大的楼层错层	

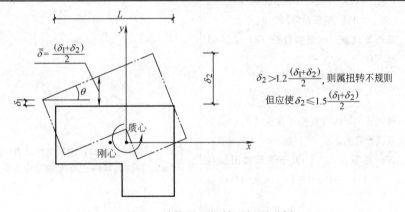

图 3-1 结构平面扭转不规则示例

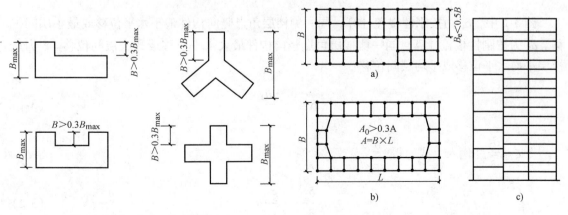

图 3-2 平面凹凸不规则示例　　图 3-3 建筑结构平面局部不连续
　　　　　　　　　　　　　　　　示例（大开洞及错层）

表3-3 结构平面不规则判别准则（JGJ 3—2010）

不规则类型	不规则类型准则	特别不规则判别准则
扭转不规则 图3-1	考虑偶然偏心影响的地震作用下，楼层竖向构件的最大水平位移和层间位移，A级高度高层建筑不宜大于该楼层平均值的1.2倍，B级高度高层建筑、超过A级高度的混合结构及复杂高层建筑结构不宜大于该楼层平均值的1.2倍。单向偶然偏心影响的地震作用下（质心偏移）$e_0 = \pm 0.05L$（L为垂直于计算方向抗侧力结构长度）	1. A级高度高层建筑：考虑偶然偏心影响的地震作用下，楼层竖向构件的最大水平位移和层间位移，大于该楼层平均值的1.5倍。B级高度高层建筑、混合结构高层建筑及复杂高层建筑：考虑偶然偏心影响的地震作用下，楼层竖向构件的最大水平位移和层间位移，大于该楼层平均值的1.4倍。2. A级高度高层建筑：结构扭转为主的第一自振周期T_t与平动为主的第一自振周期T_1之比，$T_t/T_1 > 0.9$。B级高度高层建筑、混合结构高层建筑及复杂高层建筑：结构扭转为主的第一自振周期T_t与平动为主的第一自振周期T_1之比，$T_t/T_1 > 0.85$
凹凸不规则 图3-5	平面狭长，平面长（L）宽（B）比过大：$L/B > 6$（抗震设防烈度6、7度）$L/B > 5$（抗震设防烈度8、9度）或凹进太多：$l/B_{max} > 0.35$（抗震设防烈度6、7度）$l/B_{max} > 0.3$（抗震设防烈度8、9度）或凸出过细，凸出部分长（l）宽（b）比过大：$l/b > 2.0$（抗震设防烈度6、7度）$l/b > 1.5$（抗震设防烈度8、9度）	—
楼板局部不连续 图3-3	楼板开洞凹入有效楼板宽度（B_e）小于该层楼板典型宽度（B）的50%（$B_e < B$），或开洞总面积（A_t）大于该层楼面面积（A）的30%（$A_t > 0.3A$），或采用细腰形平面	在扣除凹入或开洞后，楼板在任意方向的最小净宽度$B_e < 5m$，且开洞后每一边的楼板净宽度$B_e < 2m$

图3-1中，δ_1为按刚性楼盖计算，同一侧楼层角点竖向构件最小水平位移或最小层间位移。δ_2为按刚性楼盖计算，同一侧楼层角点竖向构件最大水平位移或最大层间位移。$\bar{\delta}$为该楼层平均水平位移或平均层间位移。

$$\bar{\delta} = \frac{\delta_1 + \delta_2}{2} \tag{3-1}$$

令$\xi = \dfrac{\delta_2}{\bar{\delta}}$并代入上式，得

$$\frac{\delta_2}{\delta_1} = \frac{\xi}{2 - \xi} \tag{3-2}$$

图3-4给出了δ_2/δ_1与$\xi = \delta_2/\bar{\delta}$的关系曲线。由图可见，当$\xi > 1.8$后，数值急剧增大，

意味着此时整个结构变形受力不均匀性急剧增大，结构易在地震作用下被"一点突破"而引发破坏，结构抗震性能较差。

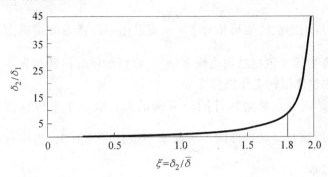

图 3-4 δ_2/δ_1 与 $\xi=\delta_2/\bar{\delta}$ 的关系曲线

45. 如何判断扭转不规则结构？

扭转不规则主要包括扭转变形指标和扭转刚度指标两项特性指标。

（1）扭转变形指标分析

控制结构扭转变形的实质是控制结构扭转变形要小于结构平动变形，控制地震作用下结构扭转激励振动效应不成为主振动效应，避免结构扭转破坏。

图 3-1 结构平动变形（平均水平位移）为 $\bar{\delta}$，此时结构水平转动扭转角为 θ，当 θ 角绝对值较小时，两端部水平位移 δ_1、δ_2 可表达为

$$\delta_1 = \bar{\delta} - \frac{1}{2}\theta L \tag{3-3}$$

$$\delta_2 = \bar{\delta} + \frac{1}{2}\theta L \tag{3-4}$$

由 $\xi = \dfrac{\delta_2}{\bar{\delta}}$ 可得

$$\xi = \frac{\delta_2}{\bar{\delta}} = 1 + \frac{\theta L}{2\bar{\delta}} \tag{3-5}$$

式（3-5）中，$\dfrac{\theta L}{2}$ 为水平扭转角引起的水平扭转变形。控制 $\xi = \dfrac{\delta_2}{\bar{\delta}}$，实质是控制 $\dfrac{\theta L}{2\bar{\delta}}$，就是控制扭转变形与平动变形之比。

（2）扭转变形计算

扭转变形计算需要注意以下计算原则。

1）结构两端的水平平动变形中所包含的水平扭转变形是矢量，宜采用第一振型模拟水平地震作用计算；若采用振型效应组合（SRSS 或 CQC 法），则由于随机振动理论取最不利效应组合，将使端部 δ_1 被放大，从而使 $\bar{\delta}$ 被放大，$\xi = \dfrac{\delta_2}{\bar{\delta}}$ 被减小，使这一结构重要扭转特性指标不完全符合实际情况。从这个意义上来说，确定结构扭转不规则的扭转变形指标，只是

反映结构扭转特性所关注的 $\dfrac{\delta_2}{\overline{\delta}}$ 的比值，而不是结构在地震作用下的实际变形。

2）结构扭转不规则的扭转变形指标 $\xi = \dfrac{\delta_2}{\overline{\delta}}$ 应采用刚性楼盖假定确定；若采用弹性楼盖假定，由于局部振荡变形（包括结构边缘部位），将可能使此扭转变形指标放大或缩小，不能正确地判断结构的整体扭转工作特性。

3）δ_2、δ_1 应该是取角点竖向构件同一方向最大、最小水平位移值，并由此计算 $\overline{\delta} = \dfrac{\delta_1 + \delta_2}{2}$；不能取该楼层所有竖向构件同一方向水平位移平均值 $\overline{\delta}$，否则有可能由于竖向构件不均匀布置而造成偏差。

4）对一般无错层、无边角区楼板抽空的结构，δ_2、δ_1 应取层间水平位移计算；对含错层、含边角区楼板抽空的结构，δ_2、δ_1 可取水平位移计算。

5）考虑到地震作用的不确定性；地震作用的扭转分量实际存在而未有记录；结构计算手段局限和结构计算模型与实际结构工作状态有出入；实际建筑结构施工、使用会引起质心刚心的偏心等因素，扭转不规则的变形指标计算，应附加计入偶然偏心的影响。附加偶然偏心的引入，可适当加大地震扭转作用，有利于更好地控制结构扭转变形指标，提高结构抗震性能。一般质心偏移 $e_0 = \pm 0.05L$（L 为垂直于计算方向抗侧力结构长度）。

6）正交结构扭转变形取两个主轴方向单独分别计算；斜交结构需补充斜向计算。一个方向扭转变形指标达到扭转不规则指标，即属于扭转不规则。

7）结构质量刚度分布明显不均匀对称的结构，其平动振型与扭转振型耦联振动反应较大，双向水平地震作用将进一步增大结构扭转变形。因此《建筑抗震设计规范》（GB 50011—2010）规定：质量和刚度分布明显不对称结构应计入双向水平地震作用下的扭转影响。

当不计附加偶然偏心影响，结构扭转变形 $\xi = \dfrac{\delta_2}{\overline{\delta}} > 1.2$ 时，结构质量和刚度分布已处于明显不对称状态，此时应计入双向地震作用的影响。

(3) 扭转周期指标分析

结构扭转振型及周期是结构扭转刚度、扭转惯量分布大小的综合反映。当扭转变形成为整个结构第一振型时，结构扭转刚度小，转动惯量大，扭转振动成为主振型，对结构抗震、抗风均十分不利。《高层建筑混凝土结构技术规程》（JGJ 3—2010）规定了扭转特别不规则的控制指标：

A 级高度高层建筑：

结构扭转为主的第一自振周期 T_t 与平动为主的第一自振周期 T_1 之比，$T_t/T_1 > 0.9$。

B 级高度高层建筑、混合结构高层建筑及复杂高层建筑：

结构扭转为主的第一自振周期 T_t 与平动为主的第一自振周期 T_1 之比，$T_t/T_1 > 0.85$。

1）第一扭转振型周期 T_t 的确定 《高层建筑混凝土结构技术规程》（JGJ 3—2010）给出了采用振型方向因子判别平动振型、扭转振型的计算方法。第一扭转振型对应的扭转自振周期即为 T_t。

j 平动振型方向因子 $$D_{pj} = \sum_i m_i x_{ij}^2 + \sum_i m_i y_{ij}^2 \tag{3-6}$$

j 扭转振型方向因子 $$D_{\theta j} = \sum_i J_i \theta_{ij}^2 \tag{3-7}$$

式中 m_i——i 层质量；

J_i——i 层转动惯量；

x_{ij}——i 层质点 j 振型 X 向位移；

y_{ij}——i 层质点 j 振型 Y 向位移；

θ_{ij}——i 层质点 j 振型转动位移。

平动、扭转振型判别：

当 $\dfrac{D_{pj}}{D_{pj}+D_{\theta j}} > 0.5$ 时，j 振型为平动为主的振型（平动振型），其物理意义可理解为转动中心与质量中心距离大于回转半径。

当 $\dfrac{D_{\theta j}}{D_{pj}+D_{\theta j}} > 0.5$ 时，j 振型为扭转为主的振型（扭转振型），其物理意义可理解为转动中心与质量中心距离小于回转半径。

2）第一平动振型周期 T_1 的确定 若 j 振型为平动为主的振型（平动振型），两个正交主轴方向（x、y）的振型判别：

当 $\sum_i m_i x_{ij}^2 > \sum_i m_i y_{ij}^2$ 时，j 振型为 x 向平动为主的振型（x 向平动振型）。

当 $\sum_i m_i x_{ij}^2 < \sum_i m_i y_{ij}^2$ 时，j 振型为 y 向平动为主的振型（y 向平动振型）。

对正交结构，第一平动振型周期 T_1 取两个主轴方向平动第一振型的自振周期长者，即 $T_1 = (T_{x1}, T_{y1})_{max}$。对非平行斜交复杂结构，第一平动振型周期 T_1 需要注意增加斜向振型计算比较确定，取其中平动第一振型的自振周期长者，即 $T_1 = (T_{x1}, T_{y1}, T_{\alpha 1})_{max}$。

(4) 扭转不规则结构控制

为减小结构平面扭转的影响，《高层建筑混凝土结构技术规程》（JGJ 3—2010）规定：在考虑偶然偏心影响的地震作用下，楼层竖向构件的最大水平位移和层间位移，A 级高度高层建筑不宜大于该楼层平均值的 1.2 倍，不应大于该层平均值的 1.5 倍。B 级高度高层建筑、混合结构高层建筑及复杂高层建筑不宜大于该楼层平均值的 1.2 倍，不应大于该楼层平均值的 1.4 倍。

结构扭转为主的第一自振周期 T_t 与平动为主的第一自振周期 T_1 之比，A 级高度高层建筑 T_t/T_1 不应大于 0.9，B 级高度高层建筑、混合结构高层建筑及复杂高层建筑 T_t/T_1 不应大于 0.85。

但是，对于一些建筑功能有特殊要求的复杂高层建筑结构，不得不突破扭转不规则指标时，一方面可采用基于性能的抗震设计或其他设计方法来予以加强，实现预定性能的抗震设防目标；另一方面仍应对不规则性的突破加以适当控制，避免因实际结构工作性能太差，地震作用不确定性而引起破坏。

当扭转变形指标 $\xi = \dfrac{\delta_2}{\delta} = 2$ 时，$\dfrac{\delta_2}{\delta_1} = \dfrac{\xi}{2-\xi} = \infty$，$\dfrac{\theta L}{2\delta} = 1$，此时扭转变形等于平动变形，整个结构扭转变形成为地震作用下主要变形形态，整个结构抗震工作性能得不到可靠保证。

当扭转周期指标 $T_t/T_1 \geq 1$ 时，整体结构自由振动扭转振型成为第一振型，地震作用尚未确定的扭转分量将受到激励，扭转振动可能成为地面地震运动的主要响应，结构一旦损坏极易形成脆性扭转破坏。

扭转不规则结构必须予以强制的两个重要指标应为

$$\xi = \frac{\delta_2}{\delta} \leq 1.8 \tag{3-8}$$

$$T_t/T_1 < 0.9 \tag{3-9}$$

46. 楼层扭转位移控制条件能否突破？楼层扭转位移控制时为何要考虑偶然偏心的影响？

《高层建筑混凝土结构技术规程》（JGJ 3—2010）第 3.4.5 条规定，在考虑偶然偏心影响的地震作用下，楼层竖向构件的最大水平位移和层间位移，A 级高度高层建筑不宜大于该楼层平均值的 1.2 倍，不应大于该楼层平均值的 1.5 倍；B 级高度高层建筑、混合结构高层建筑及复杂高层建筑不宜大于该楼层平均值的 1.2 倍，不应大于该楼层平均值的 1.4 倍。

正常情况下，楼层位移比的上限条件是不应超过的。根据"规则性要求的严格程度，可依设防烈度不同有所区别。当计算的最大水平位移、层间位移值很小时，扭转位移比的控制可略有放宽。"因此，特殊条件下，个别楼层扭转位移比值超过规定的上限要求也是允许的，可由有关超限审查机构审查确定。

所谓"最大水平位移、层间位移值很小"，一般是指要求层间位移角不大于位移角限值的 1/3。

《高层建筑混凝土结构技术规程》（JGJ 3—2010）楼层扭转位移控制分别规定了楼层最大位移和层间位移与平均位移（层间位移）之比值的下限 1.2 和上限 1.5（或 1.4），并规定地震作用位移计算应考虑质量偶然偏心的影响。考虑质量偶然偏心的要求，除规则结构外，比现行国家标准《建筑抗震设计规范》（GB 50011—2010）的规定严格，是高层建筑结构设计的需要，也与国外有关标准（如美国规范 IBC、UBC、欧洲规范 Eurocode-8）的规定一致。

47. 扭转周期 T_t 与平动周期 T_1 的比值要求，是否对两个主轴方向平动为主的振型都要考虑？

扭转为主的振型中，周期最长的称为第一扭转为主的振型，其周期称为扭转为主的第一自振周期 T_t。平动为主的振型中，根据确定的两个水平坐标轴方向 X、Y，可区分为 X 向平动为主的振型和 Y 向平动为主的振型。假定 X、Y 方向平动为主的第一振型（即两个方向平动为主的振型中周期最长的振型）的周期值分别记为 T_{1X} 和 T_{1Y}，并定义：

$$T_1 = \max\{T_{1X}, T_{1Y}\}$$
$$T_2 = \min\{T_{1X}, T_{1Y}\}$$

则 T_1 即为《高层建筑混凝土结构技术规程》（JGJ 3—2010）第 3.4.5 条中所说的平动为主的第一自振周期，T_2 姑且称作平动为主的第二自振周期。

对特定的结构，T_1、T_2 的值是恒定的，究竟是 T_{1X}、还是 T_{1Y}，与水平坐标轴方向 X、Y 的选择有关。扭转耦联振动的主方向，可通过计算振型方向因子来判断。在两个平动和一个转动构成的三个方向因子中，当转动方向因子大于 0.5 时，则该振型可认为是扭转为主的振型。

研究表明，结构扭转第一自振周期 T_t 与地震作用方向的平动第一自振周期 T_1 之比值，对结构的扭转响应有明显影响，当两者接近时，由于振动耦联的影响，结构的扭转效应显著增大。若周期比 $T_t/T_1 < 0.5$，则相对扭转振动效应 $\theta r/u$ 一般较小（θ、r 分别为扭转角和结构的回转半径，θr 表示由于扭转产生的离质心距离回转半径处的位移，u 为质心位移），即使结构的刚度偏心很大，偏心距 e 达到 $0.7r$，其相对扭转变形 $\theta r/u$ 也仅为 0.2。而当周期比 $T_t/T_1 > 0.85$ 以后，相对扭振效应 $\theta r/u$ 值急剧增加。即使刚度偏心很小，偏心距仅为 $0.1r$，当周期比 $T_t/T_1 = 0.85$ 时，相对扭转变形 $\theta r/u$ 值可达 0.25；当周期比 T_t/T_1 接近 1.0 时，相对扭转变形 $\theta r/u$ 值可达 0.5。由此可见，抗震设计中应采取措施减小周期比 T_t/T_1 值，使结构具有必要的抗扭刚度。《高层建筑混凝土结构技术规程》(JGJ 3—2010) 第 3.4.5 条对结构扭转为主的第一自振周期 T_t 与平动为主的第一自振周期 T_1 之比值进行了限制，如周期比 T_t/T_1 不满足要求，应调整抗力结构的布置，增大结构的抗扭刚度。

《高层建筑混凝土结构技术规程》(JGJ 3—2010) 对扭转为主的第一自振周期 T_t 与平动为主的第二自振周期 T_2 之比值没有进行限制，主要考虑到实际工程中，单纯的一阶扭转或平动振型的工程较少，多数工程的振型是扭转和平动相伴随的，即使是平动振型，往往在两个坐标轴方向都有分量。针对上述情况，限制 T_t 与 T_1 的比值是必要的，也是合理的，具有广泛适用性；如对 T_t 与 T_2 的比值也加以同样的限制，对一般工程是偏严的要求。对特殊工程，如比较规则、扭转中心与质心相重合的结构，当两个主轴方向的侧向刚度相差过大时，可对 T_t 与 T_2 的比值加以限制，一般不宜大于 1.0。实际上，按照《建筑抗震设计规范》(GB 50011—2010) 第 3.5.3 条的规定，结构在两个主轴方向的侧向刚度不宜相差过大，以使结构在两个主轴方向上具有比较相近的抗震性能。

48. 如何判断并控制平面凹凸不规则及楼板不连续结构？

（1）平面凹凸不规则结构判别

《高层建筑混凝土结构技术规程》(JGJ 3—2010) 给出了平面凹凸不规则结构类型的三种情况（图 3-5）：

1) 平面狭长，平面长（L）宽（B）比过大 $L/B > 6$（抗震设防烈度 6 度、7 度）；$L/B > 5$（抗震设防烈度为 8 度、9 度）。

2) 凹进太多 $l/B_{max} > 0.35$（抗震设防烈度 6 度、7 度）；$l/B_{max} > 0.3$（抗震设防烈度为 8 度、9 度）。

3) 凸出过细，凸出部分长（l）宽（b）比过大 $l/b > 2.0$（抗震设防烈度 6 度、7 度）；$l/b > 1.5$（抗震设防烈度为 8 度、9 度）。

（2）平面凹凸不规则及楼板不连续结构控制

大量震害表明，地震作用下平面凹凸不规则、楼板不连续结构受力复杂，传力不明确，容易诱发和造成结构局部薄弱部位先发生破坏，严重者可引起整体结构倒塌破坏。

控制结构平面凹凸不规则的主要方法如下：

1)《高层建筑混凝土结构技术规程》(JGJ 3—2010) 对建筑平面布置和形状作了规定（图 3-5）。平面过于狭长的建筑物在地震时由于两端地震波输入有相位差而容易产生不规则

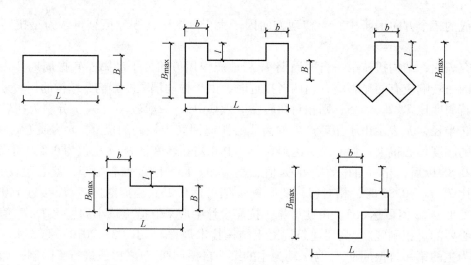

图 3-5 平面凹凸不规则示例

振动,产生较大的震害,表 3-4 给出了 L/B 的最大限值。平面有较长的外伸时,外伸段容易产生局部振动而引发凹角处破坏,外伸部分 l/b 的限值在表 3-4 中已列出,但实际工程设计中最好控制 l/b 不大于 1.0。

表 3-4 L、l 的限值

设防烈度	L/B	l/B_{max}	l/b
6度、7度	≤6.0	≤0.35	≤2.0
8度、9度	≤5.0	≤0.30	≤1.5

2)增设部分楼板实现楼板完整性,满足平面凹凸规则性要求。

例如:井字形平面建筑,由于立面阴影的要求,平面凹入很深,中央设置楼电梯间后,楼板四边所剩无几,很容易发生震害,必须予以加强。在不妨碍建筑使用的原则下,可以采用图 3-6 所示的两种措施予以改善,使之成为规则结构。

①在凸出端设置拉梁 a,为美观也可以设置拉板(板厚可为 250~300mm)。拉梁、拉板内配置受拉钢筋。

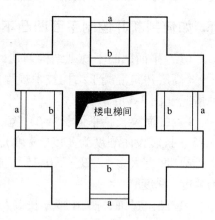

图 3-6 井字形平面建筑

②在凹入端增设不上人的外挑板或可以使用的阳台 b,在板内双层双向配钢筋,每层、每向配筋率为 0.25%。

3)将平面过于凹凸不规则的结构,通过设置防震缝,形成若干个较规则的子结构(图 3-7a)。低矮的弱连系架空连梁可采用滑动铰支承(图 3-7b)。

4)在方案阶段应密切与建筑专业配合,适当调整平面,也能在满足功能和建筑艺术的前提下,使结构布置更为合理。如图 3-8 的平面,由于两端楼电梯井斜放,整个建筑物无一对称轴(图 3-8a);如果调整一端筒的方向,则有一条对称轴,较为合理(图 3-8b);进一步调整两个端筒方向，则可得到双轴对称的平面布置（图 3-8c），更为理想。

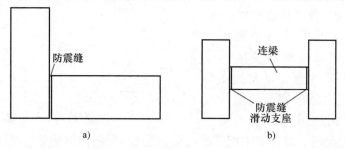

图 3-7
a）设置防震缝　b）滑动铰支承

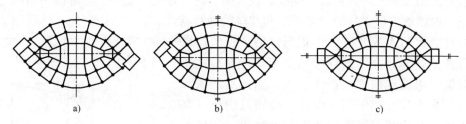

图 3-8　平面布局的调整

5）图 3-9 的不规则平面中，图 3-9a 重叠长度太小，应力集中十分显著，宜增设斜角板增强，斜角板宜加厚并设边梁，边梁内配置 1% 以上的拉筋。图 3-9b 中的哑铃形平面中，显然狭窄的楼板连接部分是薄弱部位。经动力分析表明：板中剪力在两侧反向振动时可能达到很大的数值。因此，连接部位板厚应增大；板内设置双层双向钢筋网，每层、每向配筋率不小于 0.25%；边梁内配置 1% 以上的受拉钢筋。

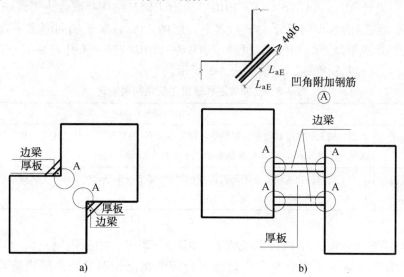

图 3-9　连接部位楼板的加强

位于凹角处的楼板宜配置45°斜向加强筋（4Φ16），自凹角顶点延伸入楼板内的长度不小于 l_{aE}（l_{aE} 为受拉钢筋抗震锚固长度）。

角部重叠和细腰形的平面图形（图3-10），在中央部位形成狭窄部分，在地震中容易产生震害，尤其在凹角部位，因为应力集中容易使楼板开裂、破坏。这些部位应采用加大楼

图3-10 对抗震不利的建筑平面

板厚度，增加板内配筋，设置集中配筋的边梁，配置45°斜向钢筋等方法予以加强。

6）目前在工程设计中应用的多数计算分析方法和计算机软件，大多假定楼板在平面内不变形，平面内刚度为无限大，这对于大多数工程来说是可以接受的。但当楼板平面比较狭长、有较大的凹入和开洞而使楼板强度有较大削弱时，楼板可能产生显著的平面内变形，这时应采用考虑楼板变形影响的计算方法和相应的计算软件。

楼板有较大凹入或开有大面积洞口后，被凹口或洞口划分开的各部分之间的连接较为薄弱，在地震中容易相对振动而使削弱部位产生震害，因此对凹入深度或洞口的大小应加以限制。设计中应同时满足《高层建筑混凝土结构技术规程》（JGJ 3—2010）规定的各项要求。

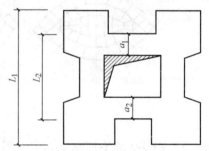

图3-11 楼板净宽度要求示意

以图3-11所示平面为例。L_2 不宜小于 $0.5L_1$，a_1 与 a_2 之和不宜小于 $0.5L_2$ 且不宜小于 $5m$，a_1 和 a_2 均不应小于 $2m$，开洞面积不宜大于楼面面积的 30%。

49. 如何判断竖向不规则结构？

《建筑抗震设计规范》（GB 50011—2010）给出了建筑结构立面收进不规则的判别准则，除顶层外，局部收进的水平向尺寸大于相邻下一层的25%，属于侧向刚度不规则（见图3-12）。而《高层建筑混凝土结构技术规程》（JGJ 3—2010）进一步补充了部分立面收进和悬挑不规则结构类型的判别准则，归纳见表3-5所示。

表3-5 立面收进和悬挑不规则判别准则

不规则类型	不规则类型准则
立面收进不规则 图3-12	当结构上部楼层收进部位到室外地面的高度 H_1 与房屋高度 H 之比大于0.2时，上部楼层收进后的水平尺寸 B_1 小于下部楼层水平尺寸 B 的0.75倍
立面悬挑不规则 图3-13	当上部结构楼层相对于下部楼层外挑时，上部楼层水平尺寸 B_1 大于下部楼层水平尺寸 B 的1.1倍，且水平外挑尺寸 a 大于4.0m

目前《高层建筑混凝土结构技术规程》（JGJ 3—2010）中只限制立面收进的尺寸，采用这一单控指标在实际应用中有时会出现极不合理的情况，例如当高层建筑有屋顶间（例如楼电梯间等）时都成了超限，对结构设计影响很大。为了使超限的判定更加合理，建议：采用双控指标，从立面收进尺寸和收进部分的高宽比（大于1.0）来判定。

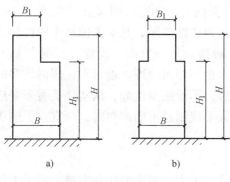

图 3-12　立面收进不规则

（$H_1/H > 0.2$，$B_1/B < 0.75$）

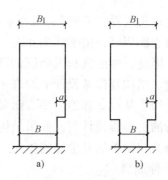

图 3-13　立面悬挑不规则

（$B/B_1 < 0.9$ 且 $a > 4m$）

50. 如何区分"不规则、严重不规则、特别不规则"的不规则程度？

不规则指的是超过表 3-6 和表 3-7 中一项及以上的不规则指标。

严重不规则指的是体型复杂，多项不规则指标超过表 3-7 上限值或某一项大大超过规定值，具有严重的抗震薄弱环节，将导致地震破坏的严重后果者。

特别不规则指的是多项均超过表 3-6 和表 3-7 中不规则指标或某一项超过规定指标较多，具有较明显的抗震薄弱部位，将引起不良后果者。

表 3-6　平面不规则的类型

不规则类型	定　　义
扭转不规则	在具有偶然偏心的规定水平作用下，楼层两端抗侧力构件弹性水平位移（或层间位移）的最大值与平均值的比值大于 1.2
凹凸不规则	结构平面凹进的一侧尺寸，大于相应投影方向总尺寸的 30%
楼板局部不连续	楼板的尺寸和平面刚度急剧变化（有效楼板宽度小于该层楼板典型宽度的 50%，或开洞面积大于该楼层面积 30%，或较大的楼层错层）

表 3-7　竖向不规则的类型

不规则类型	定　　义
侧向刚度不规则	该层的侧向刚度小于相邻上一层的 70%； 或小于其相邻三个楼层侧向平均值的 80%； 除顶层外，局部收进的水平向尺寸大于相邻下一层的 25%
竖向抗侧力构件不连续	竖向抗侧力构件（柱、抗震墙等）的内力由水平转换构件（梁、桁架等）向下传递
楼层承载力突变	抗侧力结构的层间受剪承载力小于相邻上一楼层的 80%

51. 伸缩缝、沉降缝和防震缝有何设置要求？

在高层建筑中，为防止结构因温度变化和混凝土收缩而产生裂缝，常隔一定距离用温度—收缩缝（也称伸缩缝）分开；在高层部分和低层部分之间，由于沉降不同，往往用沉降缝分开；建筑物各部分层数、质量、刚度差异过大，或有错层时，也用防震缝分开。伸缩缝、沉降缝和防震缝将高层建筑划分为若干个结构独立的部分，各部分成为独立的结构单元。

高层建筑设置"三缝"，可以解决产生过大变形和内力的问题，但又会产生许多新的问题。在地震作用时，由于结构开裂、局部损坏和进入弹塑性变形，其水平位移比弹性状态增大很多。因此，伸缩缝和沉降缝的两侧很容易发生碰撞。另一方面，设置"三缝"后，带来了建筑、结构及设备设计上的许多困难，基础防水也不容易处理。近年来，国内较多的高层建筑结构，从设计和施工等方面采取了有效措施后，不设或少设缝，从实践上看来是成功的、可行的。抗震设计时，如果结构平面或竖向布置不规则且不能调整时，则宜设置防震缝将其划分为较简单的几个结构单元。

(1) 伸缩缝

高层建筑结构不仅平面尺度大，而且竖向的高度也很大，温度变化和混凝土收缩不仅会产生水平方向的变形和内力，而且也会产生竖向的变形和内力。但是，高层钢筋混凝土结构一般不计算由于温度、收缩产生的内力。因为一方面高层建筑的温度场分布和收缩参数等都很难准确地决定；另一方面混凝土又不是弹性材料，它既有塑性变形，又有徐变和应力松弛，实际的内力要远小于按弹性结构的计算值。因此，高层建筑混凝土结构的温度—收缩问题，通常通过构造措施来解决。

高层建筑结构伸缩缝的最大间距宜符合表 3-8 的规定。框架—剪力墙的伸缩缝间距可根据结构的具体布置情况取表中框架结构与剪力墙结构之间的数值。当屋面无隔热或保温措施时，或位于气候干燥地区、夏季炎热且暴雨频繁地区的结构，可适当减少伸缩缝的距离。当混凝土的收缩较大或室内结构因施工而外露时间较长时，伸缩的距离也应减小。

目前已建成的许多高层建筑结构，由于采取了充分有效的措施，并进行合理的施工，伸缩缝的实际设置间距已超出了表 3-8 中规定的数值。如 1973 年施工的广州白云宾馆长度已达 70m，目前最大的间距已超过 100m；如北京昆仑饭店（30 层剪力墙结构）长度达 114m；北京京伦饭店（12 层剪力墙结构）达 138m，所以《高层建筑混凝土结构技术规程》（JGJ 3—2010）规定在有充分依据或有可靠措施时，可以适当加大伸缩缝间距。当然，一般情况下，无专门措施时则不宜超过表 3-8 中的数值。

表 3-8　伸缩缝的最大间距

结构体系	施工方法	最大间距/m
框架结构	现浇	55
剪力墙结构	现浇	45

在较长的区段上不设温度—收缩缝时，应采取以下的构造措施和施工措施。

1) 在温度影响较大的部位提高配筋率。这些部位是：顶层、底层、山墙、内纵墙端开间。对于剪力墙结构，这些部位的最小构造配筋率为 0.25%，实际工程一般都在 0.3% 以上。

2) 直接受阳光照射的屋面应加厚屋面隔热保温层，或设置架空通风双层屋面，避免屋面结构温度变化过于剧烈。

3) 顶层可以局部改变为刚度较小的形式（如剪力墙结构顶层局部改为框架），或顶层分为长度较小的几段。

4) 施工中留后浇带。施工后浇带并不直接减少温度应力，它的作用在于减少混凝土的收缩应力，从而提高它对温度应力的耐受能力。所以通过后浇带的板、墙钢筋应断开搭接，以便两部分的混凝土各自自由收缩；梁主筋断开问题较多，可不断开。后浇带应从受力影响小的部位通过（如梁、板1/3跨度处，连梁跨中等），不必在同一截面上，可曲折而行，只要将建筑物分开为两段即可。

一般后浇带每40m设一道，其宽度700~1000mm，混凝土后浇，钢筋搭接长度35d（图2-13）。有条件时，后浇带采用浇筑水泥的混凝土灌筑，或在水泥中掺微量铝粉使其有一定的膨胀性，防止新老混凝土之间出现裂缝。一般可采用高强混凝土灌筑。

混凝土收缩需要相当时间才能完成，一般在60d后再浇灌后浇带，此时收缩大约可以完成70%，能更有效地限制收缩裂缝。因此，后浇带混凝土可在主体混凝土施工后60d浇筑，有困难时也不应少于30d。后浇混凝土施工时的温度尽量与主体混凝土施工时的温度相近。

后浇带应通过建筑物的整个横截面，分开全部墙、梁和楼板，使得两边都可以自由收缩。后浇带可以选择对结构受力影响较小的部位曲折通过，不要在一个平面内，以免全部钢筋都在同一平面内搭接。一般情况下，后浇带可设在框架梁和楼板的1/3跨处；设在剪力墙洞口上方连梁的跨中或内外墙连接处（图2-14）。

由于后浇带混凝土后浇，钢筋搭接，其两侧结构长期处于悬臂状态，所以模板的支撑在本跨不能全部拆除。当框架主梁跨度较大时，梁的钢筋可以直通而不切断，以免搭接长度过长，产生施工的困难，也防止悬臂状态下产生不利的内力和变形。

(2) 沉降缝

当同一建筑物中的各部分由于基础沉降而产生显著沉降差，有可能产生结构难以承受的内力和变形时，可采用沉降缝将两部分分开。沉降缝不但应贯通上部结构，而且应贯通基础本身。通常，沉降缝用来划分同一高层建筑中层数相差很多、荷载相差很大的各部分，最典型的是用来分开主楼和裙房。

设缝还是不设缝，应根据具体条件综合考虑。设沉降缝后，由于上部结构须在缝的两侧均设独立的抗侧力结构，形成双梁、双柱和双墙，建筑、结构问题较多，地下室渗漏不容易解决。通常，建筑物各部分沉降差大体上有三种方法来处理。

1)"放"——设沉降缝，让各部分自由沉降，互不影响，避免出现由于不均匀沉降时产生的内力。

2)"抗"——采用端承桩或利用刚度很大的基础。前者由坚硬的基岩或砂卵石层来承受，尽可能避免显著的沉降差；后者用基础本身的刚度来抵抗沉降差。

3)"调"——在设计与施工中采取措施，调整各部分沉降，减少其差异，降低由沉降差产生的内力。

采用"放"的方法，似乎比较省事，而实际上如前所述，结构、建筑、设备、施工各方面困难不少。有抗震要求时，缝宽还要考虑防震缝的宽度要求。

用刚度很大的基础来抵抗沉降差而不设缝的做法，虽然在一些情况下能"抗"住，但基础材料用量多，不经济。如法兰克富德国银行办公楼（36层），基础底板厚达4m。采用无沉降端承桩只能在有坚硬基岩的条件下，而且桩基造价较高。

以上两种方法都是较为极端的情况。目前许多工程是采用介于两者之间的办法，调整各部分沉降差，在施工过程中留后浇段作为临时沉降缝，等到沉降基本稳定后再连为整体，不设永久性沉降缝，采用这种"调"的办法，使得在一定条件下高层建筑主楼与裙房之间可以不设沉降缝，从而解决了设计、施工和使用上的一系列问题。

由于高层建筑的主楼和裙房的层数相差很远，在具有下列条件之一时才可以不留永久沉降缝：①采用端承桩，桩支承在基岩上；②地基条件较好，沉降量小；③有较多的沉降观测资料，沉降计算比较可靠。

在后两种情况下，可按"调"的办法采取如下措施。

1）调压力差。主楼部分荷载大，采用整体的箱形基础和筏形基础，降低土压力，并加大埋深，减少附加压力；低层部分采用较浅的十字交叉梁基础，增加土压力，使高低层沉降接近。

2）调时间差。先施工主楼，主楼工期长，沉降大，待主楼基本建成，沉降基本稳定，再施工裙房，使后期沉降基本相近。

3）调标高差。当沉降值计算较为可靠时，主楼标高定得稍高，裙房标高定得稍低，预留两者沉降差，使最后两者实际标高相一致。

在上述几种情况下，都要在主楼与裙房之间预留后浇带，钢筋连通，混凝土后浇，待两部分沉降稳定后再连为整体。

目前，广州、深圳等地多采用基岩端承桩，主楼、裙房间不设缝；北京的高层建筑则一般采用施工时留后浇带的做法。

（3）防震缝

抗震设计的高层建筑在下列情况下宜设防震缝：

1）平面长度和外伸长度尺寸超出了《高层建筑混凝土结构技术规程》（JGJ 3—2010）限值而又没有采取加强措施。

2）各部分结构刚度相差很远，采用不同材料和不同结构体系。

3）各部分质量相差很大。

4）各部分有较大错层。

防震缝应在地面以上沿全高设置，当不作为沉降缝时，基础可以不设防震缝。但在防震缝处基础应加强构造和连接，高低层之间不要采用主楼框架柱设牛腿，低层屋面或楼面梁搁在牛腿上的做法，也不要用牛腿托梁的办法设防震缝，因为地震时各单元之间，尤其是高低层之间的振动情况是不相同的，连接处容易压碎、拉断。在唐山地震中，天津友谊宾馆主楼（9层框架）和裙房（单层餐厅）之间的牛腿支承处压碎、拉断，发生严重破坏。

因此，高层建筑各部分之间凡是设缝的，就要分得彻底；凡是不设缝的，就要连接牢固。绝不要将各部分之间设计得似分不分，似连不连，"藕断丝连"，否则连接处在地震中很容易破坏。

（4）《高层建筑混凝土结构技术规程》（JGJ 3—2010）中对伸缩缝、沉降缝和防震缝的有关规定

为防止建筑物在地震中相碰，防震缝必须留有足够宽度。防震缝净宽度原则上应大于两侧结构允许的地震水平位移之和。防震缝最小宽度应符合下列要求。

1）框架结构（包括设置少量剪力墙的框架结构）房屋，高度不超过15m的部分，可取100mm；超过15m的部分，抗震设防烈度为6度、7度、8度和9度时，应相应每增加高度5m、4m、3m和2m，宜加宽20mm。

2）框架—剪力墙结构房屋可按第一项规定数值的70%采用，剪力墙结构房屋可按第一项规定数值的50%采用，但二者均不宜小于100mm。

防震缝两侧结构体系不同时,防震缝宽度应按不利的结构类型确定;防震缝两侧的房屋高度不同时,防震缝宽度应按较低的房屋高度确定;当相邻结构的基础存在较大沉降差时,宜增大防震缝的宽度;防震缝宜沿房屋全高设置;地下室、基础可不设防震缝,但在与上部防震缝对应处应加强构造和连接;结构单元之间或主楼与裙房之间如无可靠措施,不应采用牛腿托梁的做法设置防震缝。

抗震设计时,伸缩缝和沉降缝应留有足够的宽度,满足防震缝的要求。无抗震设防时,沉降缝也应有一定的宽度,防止因基础倾斜而顶部相碰的可能性。

52. 抗震变形验算中,任一楼层位移、层间位移、层位移差有何联系和区别?

任一楼层的位移(含顶点位移)u_i 是相对结构固定端(基底)的相对侧向位移;层间位移 Δu_i 是上、下层侧向位移之差,即 $\Delta u_i = u_i - u_{i-1}$;层间位移角 θ_i 是层间位移与层高之比值,即 $\theta_i = \Delta u_i / h_i$。

在《钢筋混凝土高层建筑结构设计与施工规程》(JGJ 3—1999)中,对结构侧向位移有顶点位移和层间位移角双重要求。实践表明,如果层间位移角得到有效控制,结构的侧移安全性和适用性均可得到满足。因此,《高层建筑混凝土结构技术规程》(JGJ 3—2010)中仅保留了层间位移角的限值条件,与国外有关规范的要求相一致;同时,对150m 以上的高层建筑提出了舒适度要求,即增加了结构顶点风振加速度的限制条件。

考虑到层间位移控制是一个宏观的侧向刚度指标,为便于设计人员在工程设计中应用,《高层建筑混凝土结构技术规程》(JGJ 3—2010)采用层间最大位移与层高之比 $\Delta u/h$,即层间位移角 θ 作为控制指标。

目前,层间位移没有考虑由于结构整体转动而产生的所谓无害位移的影响。但实际上,对高度较高的房屋建筑,结构整体弯曲引起的侧移影响是不可忽视的,在《高层建筑混凝土结构技术规程》(JGJ 3—2010)第3.7.3 条第 2、3 款以放宽层间位移角限值的方式加以考虑,即高度不大于 150m 的高层建筑的整体弯曲变形相对影响较小,层间位移角的限值 $\Delta u/h$ 按不同结构体系在 1/550 ~ 1/1000 之间分别取值。当高度超过 150m 时,弯曲变形产生的侧移有较快增加,所以高度超过 250m 的高层建筑,层间位移角限值按 1/500 作为限值,高度在 150 ~ 250m 之间的高层建筑按线性插入考虑。

在《高层建筑混凝土结构技术规程》(JGJ 3—2010)第 3.4.5 条中,规定了同一楼层最大水平位移(层间位移)与平均水平位移(层间位移)的比值限值,以限制结构的扭转效应不致过大。

《高层建筑混凝土结构技术规程》(JGJ 3—2010)第 3.7.3 条楼层层间位移角控制条件,采用了层间最大位移计算,不扣除整体弯曲变形,即直接采用内力位移计算的位移输出值。抗震设计时,层间位移计算可不考虑偶然偏心的影响。

层间位移角 $\Delta u/h$ 的限值指最大层间位移与层高之比,第 i 层的 Δu 指第 i 层和第 $i-1$ 层在楼层平面各处位移差 $\Delta u = u_i - u_{i-1}$ 中的最大值,不扣除整体弯曲变形。抗震设计时,层间位移计算可不考虑偶然偏心的影响。主要考虑到,《高层建筑混凝土结构技术规程》(JGJ 3—2010)采用楼层最大层间位移控制层间位移角已经比《钢筋混凝土高层建筑结构设计与施工规程》(JGJ 3—99)严格,而侧向位移的控制是相对宏观的要求,同时也考虑到与《建筑抗震设计规范》(GB 50011—2010)等国家标准保持一致。

53. 为什么采用层间位移角来控制楼层层间最大位移?

高层建筑层数多、高度大，为保证高层建筑结构具有必要的刚度，应对其层间位移加以控制。这个控制实际上是对构件截面大小、刚度大小的一个相对指标。

国外一般对层间位移角（剪切变形角）加以限制，它不包括建筑物整体弯曲产生的水平位移，而且数值较宽松。

在正常使用条件下，限制高层建筑结构层间位移的主要目的有二点。

（1）保证主结构基本处于弹性受力状态，对钢筋混凝土结构来讲，要避免混凝土墙或柱出现裂缝；同时将混凝土梁等楼面构件的裂缝数量、宽度和高度限制在规范允许范围之内。

（2）保证填充墙、隔墙和幕墙等非结构构件的完好，避免产生明显损伤。

迄今，控制层间变形的参数有三种：即层间位移与层高之比（层间位移角）；有害层间位移角；区格广义剪切变形。其中层间位移角是过去应用最广泛，最为工程技术人员所熟知的，《高层建筑混凝土结构技术规程》（JGJ 3—2010）也采用了这个指标。

1）层间位移与层高之比（简称层间位移角）

$$\theta_i = \frac{\Delta u_i}{h_i} = \frac{u_i - u_{i-1}}{h_i} \tag{3-10}$$

2）有害层间位移角

$$\theta_{id} = \frac{\Delta u_{id}}{h_i} = \theta_i - \theta_{i-1} = \frac{u_i - u_{i-1}}{h_i} - \frac{u_{i-1} - u_{i-2}}{h_{i-1}} \tag{3-11}$$

式中，θ_i、θ_{i-1} 为 i 层上、下楼盖的转角，即 i 层、$i-1$ 层的层间位移角。

3）区格的广义剪切变形（简称剪切变形）

$$\gamma_{ij} = \theta_i - \theta_{i-1,j} = \frac{u_i - u_{i-1}}{h_i} + \frac{v_{i-1,j} - v_{i-1,j-i}}{l_j} \tag{3-12}$$

式中，γ_{ij} 为区格 ij 剪切变形，其中脚标 i 表示区格所在层次，j 表示区格序号；θ_{i-1} 为区格 ij 下楼盖的转角，以顺时针方向为正；l_j 为区格 ij 的宽度；$v_{i-1,j-1}$，$v_{i-1,j}$ 为相应节点的竖向位移。

如上所述，从结构受力与变形的相关性来看，参数 γ_{ij} 即剪切变形较符合实际情况；但就结构的宏观控制而言，参数 θ_i 即层间位移角又较简便。

考虑到层间位移控制是一个宏观的侧向刚度指标，为便于设计人员在工程设计中应用，《高层建筑混凝土结构技术规程》（JGJ 3—2010）采用了层间最大位移与层高之比 $\Delta u/h$，即层间位移角 θ 作为控制指标。

高层建筑结构是按弹性阶段进行设计的。地震按小震考虑，风按 50 年一遇的风压标准值考虑；结构构件的刚度采用弹性阶段的刚度；内力与位移分析不考虑弹塑性变形。因此所得出的位移相应也是弹性阶段的位移。它比在大震作用下弹塑性阶段的位移小得多，因而位移的控制值也比较小。

《高层建筑混凝土结构技术规程》（JGJ 3—2010）采用层间位移角 $\Delta u/h$ 作为刚度控制指标，所以不扣除整体弯曲转角产生的侧移，即直接采用内力位移计算的位移输出值。

高度不大于 150m 的常规高度高层建筑的整体弯曲变形相对影响较小，层间位移角 $\Delta u/h$

的限值按不同的结构体系在 1/550 ~ 1/1000 之间分别取值,如表 3-9 所示。但当高度超过 150m 时,弯曲变形产生的侧移有较快增长,所以超过 250m 高度的建筑,层间位移角限值按 1/500 作为限值。150 ~ 250m 之间的高层建筑按线性插入考虑。

表 3-9　楼层层间最大位移与层高之比 $\Delta u/h$ 的限值

结构体系	$\Delta u/h$ 限值
框架	1/550
框架—剪力墙、框架—核心筒、板柱—剪力墙	1/800
筒中筒、剪力墙	1/1000
除框架结构外的转换层	1/1000

层间位移角 $\Delta u/h$ 的限值指最大层间位移与层高之比,第 i 层的 $\Delta u/h$ 指第 i 层和第 $i-1$ 层在楼层平面各处位移差 $\Delta u_i = u_i - u_{i-1}$ 中的最大值。由于高层建筑结构在水平力作用下几乎都会产生扭转,所以 Δu 的最大值一般在结构单元的尽端处。

震害表明,结构如果存在薄弱层,在强烈地震作用下,结构薄弱部位将产生较大的弹塑性变形,会引起结构严重破坏甚至倒塌。本条对不同高层建筑结构的薄弱层弹塑性变形验算提出了不同要求,《高层建筑混凝土结构技术规程》(JGJ 3—2010)第 3.7.4 条第 1 款所列的结构应进行弹塑性变形验算,第 2 款所列的结构必要时宜进行弹塑性变形验算,这主要考虑到高层建筑结构弹塑性变形计算的复杂性和目前尚缺乏比较成熟的实用计算软件。

结构弹塑性位移限值与现行国家标准《建筑抗震设计规范》(GB 50011—2010)相同(表 3-10),其计算应根据实际情况分别采用简化方法、静力弹塑性方法或弹塑性时程分析方法。

表 3-10　层间弹塑性位移角限值

结构类别	$[\theta_p]$
框架结构	1/50
框架—剪力墙结构、框架—核心筒结构、板柱—剪力墙结构	1/100
剪力墙结构和筒中筒结构	1/120
除框架结构外的转换层	1/120

注:对框架结构,当轴压比小于 0.40 时,$[\theta_p]$ 可提高 10%;当柱子全高的箍筋构造采用规程中框架柱箍筋最小配箍特征值大 30% 时,$[\theta_p]$ 可提高 20%,但累计提高不宜超过 25%。

54. 哪些情况要进行薄弱层弹塑性变形验算?

按照《建筑抗震设计规范》(GB 50011—2010)的规定,弹塑性变形验算是第二阶段抗震设计的内容,以实现"大震不倒"的设防目标。但目前正确地确定结构的薄弱层(部位)以及薄弱层(部位)的弹塑性变形还有许多困难,要求每栋高层建筑都进行弹塑性分析是不现实的,也无必要。因此,《高层建筑混凝土结构技术规程》(JGJ 3—2010)仅对有特殊要求的建筑、地震时易倒塌的结构以及有明显薄弱层的不规则结构需要进行两阶段设计,即除了第一阶段的弹性承载力设计外,还要进行薄弱层的弹塑性层间变形验算,并采取相应的抗震构造措施,实现第三水准的抗震设防要求。

(1) 应进行弹塑性变形验算的高层建筑结构

1) 7 ~ 9 度抗震设防时楼层屈服强度系数小于 0.5 的框架结构;

2）甲类建筑和 9 度抗震设防的乙类建筑结构；

3）采用隔震和消能减震的建筑结构；

4）房屋高度大于 150m 的结构。

楼层屈服强度系数 ζ_y 定义为

$$\zeta_y(i) = \frac{V_y(i)}{V_e(i)} \tag{3-13}$$

式中　$V_y(i)$——按框架的梁（柱）实际截面、实际配筋和材料强度标准值计算的楼层 i 的抗剪承载力；

$V_e(i)$——罕遇地震下楼层 i 的弹性地震剪力（计算时，无论何种结构，阻尼比均取 $\zeta = 0.05$）。

罕遇地震作用计算时的水平地震影响系数最大值 α_{max} 应按表 3-11 采用。

表 3-11　罕遇地震作用计算时的水平地震影响系数最大值 α_{max}

设防烈度	6 度	7 度		8 度		9 度
	0.05g	0.10g	0.15g	0.20g	0.30g	0.40g
α_{max}	0.40	0.60	0.80	0.95	1.25	1.50

（2）宜进行弹塑性变形验算的高层建筑结构

1）表 3-12 所列高度范围且竖向不规则的高层建筑结构；

表 3-12　可能需要进行弹塑性变形验算的高层建筑结构

设防烈度、场地类别	建筑高度范围/m
8 度 Ⅰ、Ⅱ 类场地和 7 度	>100
8 度 Ⅲ、Ⅳ 类场地	>80
9 度	>60

2）7 度 Ⅲ、Ⅳ 类场地和 8 度抗震设防的乙类建筑结构；

3）板柱—剪力墙结构。

《高层建筑混凝土结构技术规程》（JGJ 3—2010）第 5.1.13 条规定，B 级高度的高层建筑结构、混合结构和第 10 章的复杂高层建筑结构宜采用弹塑性静力或弹塑性动力分析方法补充计算。

55. 如何进行结构抗连续倒塌设计？

结构连续倒塌是指结构因突发事件或严重超载而造成局部结构破坏失效，继而引起与失效破坏构件相连的构件连续破坏，最终导致相对于初始局部破坏更大范围的倒塌破坏。结构产生局部构件失效后，破坏范围可能沿水平方向和竖直方向发展，其中破坏沿竖向发展影响更为突出。当偶然因素导致局部结构破坏失效时，如果整体结构不能形成有效的多重荷载传递路径，破坏范围就可能沿水平或竖向方向蔓延，最终导致结构发生大范围的倒塌甚至整体倒塌。

高层建筑结构应具有在偶然作用发生时适宜的抗连续倒塌能力，安全等级一级的高层建筑结构应满足抗连续倒塌概念设计要求；有特殊要求时，可采用拆除构件的方法进行连续倒塌设计。

(1) 抗连续倒塌概念设计

所谓连续倒塌概念设计,其主要内容包括:高层建筑结构不允许采用摩擦连接传递重力荷载,应采用构件连接传递重力荷载;应具有适宜的多余约束性、整体连续性、稳固性和延性;水平构件应具有一定的反向承载力,如连续边支座,非地震区简支梁支座顶面及连续梁、框架梁跨中支座底面应有一定数量的配筋及合适的锚固连接构造,防止偶然作用发生时,该构件产生过大破坏。

抗连续倒塌概念设计应符合下列规定:

1) 应采用必要的结构连接措施,增强结构的整体性;
2) 主体结构宜采用多跨规则的超静定结构;
3) 结构构件应具有适宜的延性,避免剪切破坏、压溃破坏、锚固破坏、节点先于构件破坏;
4) 结构构件应具有一定的反向承载力;
5) 周边及边跨框架的柱距不宜过大;
6) 转换结构应具有整体多重传递重力荷载途径;
7) 钢筋混凝土结构梁柱宜刚接,梁板顶、底钢筋在支座处宜按受拉要求连续贯通;
8) 钢结构框架梁柱宜刚接;
9) 独立基础之间宜采用拉梁连接。

(2) 抗连续倒塌的拆除构件方法

采用抗连续倒塌的拆除构件方法时,应逐个分别拆除结构周边柱、底层内部柱以及转换桁架腹杆等重要构件。可采用弹性静力方法分析剩余结构的内力和变形。

剩余结构构件承载力应满足式 (3-14) 要求:

$$R_d \geqslant \beta S_d \tag{3-14}$$

式中 S_d——剩余结构构件效应设计值;

R_d——剩余结构构件承载力设计值;

β——效应折减系数,对中部水平构件取 0.67,对其他构件取 1.0。

剩余结构构件效应设计值 S_d 按式 (3-15) 计算,剩余结构基本处于弹性工作状态。

$$S_d = \eta_d (S_{Gk} + \Sigma \psi_{qi} S_{Qi,k}) + \psi_w S_{wk} \tag{3-15}$$

式中 S_{Gk}——永久荷载标准值产生的效应;

$S_{Qi,k}$——第 i 个竖向可变荷载标准值产生的效应;

S_{wk}——风荷载标准值产生的效应;

ψ_{qi}——可变荷载的准永久值系数;

ψ_w——风荷载的准永久值系数,取 0.2;

η_d——竖向荷载动力放大系数,当构件直接与被拆除竖向构件相连时取 2.0,其他情况取 1.0。

剩余结构构件截面承载力 R_d 计算时,混凝土强度可取标准值;钢材强度在正截面承载力验算时,可取标准值的 1.25 倍,受剪承载力验算时可取标准值。

当拆除某构件不能满足结构抗连续倒塌设计要求,意味着该构件为关键结构构件,应具有更高的要求，使其保持线弹性工作状态。此时，在该构件表面附加 $80 \mathrm{kN/m^2}$ 侧向偶然作用标准值，其承载力应满足下列要求：

$$R_\mathrm{d} \geqslant \beta S_\mathrm{d} \tag{3-16}$$

$$S_\mathrm{d} = S_\mathrm{Gk} + \psi_\mathrm{f} S_\mathrm{Qk} + S_\mathrm{Ad} \tag{3-17}$$

式中　R_d——构件承载力设计值；
　　　S_d——作用组合的效应设计值；
　　　S_Gk——永久荷载标准值的效应；
　　　S_Qk——活荷载标准值的效应；
　　　ψ_f——活荷载频遇值系数，取 $\psi_\mathrm{f} = 0.6$；
　　　S_Ad——侧向偶然作用设计值的效应。

防止连续倒塌设计计算可采用二维或三维静力、线弹性或非线性结构分析。采用线弹性方法时，如构件的受弯承载力超限，则认为该处出铰，放松其转动自由度，出铰处弯矩保持不变，修正结构刚度重新进行计算分析；如构件的受剪承载力超限，则认为该构件失效，失效构件在新的模型中去掉。当某一失效构件去掉后，与该构件有关的静荷载或活荷载必须重新分配给同一层的其他构件，其他荷载如冲击力等还应分配到下一层构件中。

非线性分析只需要一次完成，当超过构件的受剪承载力或超过了构件极限时，认为构件失效，在进行分析之前将失效构件从模型中去掉。

56. 建筑抗震设防分类是如何确定的？

《建筑抗震设防分类标准》（GB 50223—2008）规定，建筑抗震设防等级的划分，应综合考虑下列原则：

1）建筑破坏导致人身伤亡、直接经济损失（指建筑及设备、设施本身破坏的损失，以及其停产所受的损失）和间接经济损失（指建筑及设备、设施破坏，导致停产所减少的社会产值，修复所需费用，救灾费用以及保险补偿费用等）以及社会影响的大小（居住条件、福利条件、生产条件以及生态环境污染等造成的损失）。

2）城镇的大小、行业的特点以及工矿企业的规模。

3）建筑使用功能失效后，对全局的影响范围大小、抗震救灾影响及恢复的难易程度。

4）建筑各区段（指防震缝分开的结构单元、平面内使用功能不同的部分、或上下使用功能不同的部分）的重要性有显著不同时，可按区段划分抗震设防类别，下部区段的类别不应低于上部区段。

5）不同行业的相同建筑，当所处地位及受地震破坏时产生的后果和影响不同时，其抗震设防类别可不相同。

建筑工程应分为以下四个抗震设防类别：

1）特殊设防类：指使用上有特殊设施，涉及国家公共安全的重大建筑工程和地震时可能发生严重次生灾害等特别重大灾害后果，需要进行特殊设防的建筑，简称甲类。

2）重点设防类：指地震时使用功能不能中断或需尽快恢复的生命线相关建筑，以及地震时可能导致大量人员伤亡等重大灾害后果，需要提高设防标准的建筑，简称乙类。

3）标准设防类：指大量的除（1）（2）（4）以外按标准要求进行设防的建筑，简称丙类。

4）适度设防类：指使用上人员稀少且震损后不会产生次生灾害，允许在一定条件下适度降低要求的建筑，简称丁类。

各抗震设防类别建筑的抗震设防标准，应符合下列要求：

1）特殊设防类（甲类），应按高于本地区抗震设防烈度提高一度的要求加强其抗震措施；但抗震设防烈度为9度时应按比9度更高的要求采取抗震措施。同时，应按批准的地震安全性评价的结果且高于本地区抗震设防烈度的要求确定其地震作用。

2）重点设防类（乙类），应按高于本地区抗震设防烈度一度的要求加强其抗震措施；但抗震设防烈度为9度时应比按9度更高的要求采取抗震措施；地基基础的抗震措施，应符合有关规定，同时，应按本地区抗震设防烈度确定其地震作用。

3）标准设防类（丙类），应按本地区抗震设防烈度确定其抗震措施和地震作用，达到在遭遇高于当地抗震设防烈度的预估罕遇地震影响时不致倒塌或发生危及生命安全的严重破坏的抗震设防目标。

4）适度设防类（丁类），允许比本地区地震设防烈度的要求适当降低其抗震措施，但抗震设防烈度为6度时不应降低。一般情况下，仍应按本地区抗震设防烈度确定其地震作用。

《建筑抗震设防分类标准》（GB 50223—2008）给出了防灾救灾建筑、基础设施建筑（包括城镇给水排水、燃气、热力建筑，电力建筑，交通运输建筑，邮电通信、广播电视建筑）、公共建筑和居住建筑、工业建筑（采煤、采油和矿山生产建筑，原材料生产建筑、加工制造业生产建筑）以及车库类建筑等各类建筑的抗震设防类别和设防标准。公共建筑和居住建筑抗震设防等级应符合表3-13的要求。

表3-13 公共建筑和居住建筑抗震设防等级

类　　别	建　筑　名　称
特殊设防 （甲类）	科学实验建筑：研究、生产和存放具有高放射性物品以及剧毒的生物制品、化学制品、天然和人工细菌、病毒（如鼠疫、霍乱、伤寒和新发高危险传染病等）的建筑应划分为特殊设防
重点设防 （乙类）	体育建筑：规模分级为特大型的体育场，大型、观众席容量很多的中型体育场和体育馆（含游泳馆）应划分为重点设防； 文化娱乐建筑：大型的电影院、剧场、礼堂、图书馆的视听室和报告厅，文化馆的观演厅和展览厅、娱乐中心建筑应划分为重点设防； 商业建筑：人流密集的大型的多层商场应划分为重点设防； 博物馆和档案馆：大型博物馆，存放国家一级文物的博物馆，特级、甲级档案馆应划分为重点设防； 会展建筑：大型展览馆、会展中心应划分为重点设防； 教育建筑：幼儿园、小学、中学的教学用房以及学生宿舍和食堂应不低于重点设防； 电子信息中心建筑：省部级编制和贮存重要信息的建筑（国家级信息中心建筑的抗震设防标准应高于重点设防类）应划分为重点设防； 高层建筑：结构单元内经常使用人数超过8000人的高层建筑宜划分为重点设防
标准设防 （丙类）	居住建筑不应低于标准设防

57. 建筑结构抗震等级是如何确定的？

抗震设计的钢筋混凝土高层建筑结构，根据抗震设防分类烈度、结构类型、房屋高度区分为不同的抗震等级，采用相应的计算和构造措施，抗震等级的高低，体现了对结构抗震性能要求的严格程度。比一级有更高要求时则提升至特一级，其计算和构造措施比一级更严格。

（1）在框架—剪力墙结构中，由于剪力墙部分刚度远大于框架部分的刚度，因此对框架部分的抗震能力要求比纯框架结构可以适当降低。

抗震设计的框架结构，应根据在规定水平作用下结构底层框架部分承受的地震倾覆力矩与结构总地震倾覆力矩的比值，确定相应的设计方法和抗震等级。

框架部分承受的地震倾覆力矩不大于结构总地震倾覆力矩的 10% 时，按剪力墙结构进行设计，其中框架部分应按框架—剪力墙结构的框架进行设计。

框架部分承受的地震倾覆力矩大于结构总地震倾覆力矩的 10% 但不大于 50% 时，按框架—剪力墙结构进行设计。

框架部分承受的地震倾覆力矩大于结构总地震倾覆力矩的 50% 但不大于 80% 时，按框架—剪力墙结构进行设计，其中框架部分的抗震等级宜按框架结构规定。

框架部分承受的地震倾覆力矩大于结构总地震倾覆力矩的 80% 时，按框架—剪力墙结构进行设计，其中框架部分的抗震等级宜按框架结构规定。

（2）在结构受力性质与变形方面，框架—核心筒结构与框架—剪力墙结构基本上是一致的，尽管框架—核心筒结构由于剪力墙组成筒体而大大提高了抗侧力能力，但周边稀柱框架较弱，设计上的处理与框架—剪力墙结构仍是基本相同的。由于框架—核心筒结构的房屋高度一般较高（大于 60m），其抗震等级不再划分高度，统一取用了较高的规定；房屋高度不超过 60m 的框架—核心筒结构，总体上更接近框架—剪力墙结构，因此其抗震等级应允许按框架—剪力墙结构采用。

基于上述的考虑，A 级高度的高层建筑结构，应按表 3-14 确定其抗震等级。甲类建筑 9 度设防时，应采取比 9 度设防更有效的措施；乙类建筑 9 度设防时，抗震等级提升至特一级。B 级高度的高层建筑，其抗震等级应有更严格的要求，可按表 3-15 采用。

各抗震设防类别的高层建筑结构，其抗震措施应符合下列要求。

1）甲类、乙类建筑：当本地区的抗震设防烈度为 6～8 度时，应符合本地区抗震设防烈度提高一度的要求；当本地区的设防烈度为 9 度时，应符合比 9 度抗震设防更高的要求。当建筑场地为 I 类时，应允许仍按本地区抗震设防烈度的要求采取抗震构造措施。

2）丙类建筑：应符合本地区抗震设防烈度的要求。当建筑场地为 I 类时，除 6 度外，应允许按本地区抗震设防烈度降低一度的要求采取抗震构造措施。

3）建筑场地为 III、IV 类时，对设计基本地震加速度为 0.15g 和 0.30g 的地区，宜分别按抗震设防烈度 8 度（0.20g）和 9 度（0.40g）时各类建筑的要求采取抗震构造措施。

4）抗震设计的高层建筑，当地下室顶层作为上部结构的嵌固端时，地下一层相关范围的抗震等级应按上部结构采用，地下一层以下抗震构造措施的抗震等级可逐层降低一级，但不应低于四级；地下室中超出上部主楼相关范围且无上部结构的部分，其抗震等级可根据具体情况采用三级或四级。

5）抗震设计时，与主楼连为整体的裙楼的抗震等级，除应按裙房本身确定外，相关范围不应低于主楼的抗震等级；主楼结构在裙房顶部上、下各一层应适当加强抗震构造措施。裙房与主楼分离时，应按裙房本身确定抗震等级。

6）甲、乙类建筑应提高一度按表3-14、表3-15确定抗震等级（内力调整和构造措施）时，或建筑场地为Ⅲ、Ⅳ类时，对设计基本地震加速度为 $0.15g$ 和 $0.30g$ 的地区，宜分别按抗震设防烈度8度（$0.20g$）和9度（$0.40g$）时各类建筑的要求采取抗震构造措施，如果房屋高度超过提高一度后对应的房屋最大适用高度，则应采取比对应抗震等级更为有效的抗震构造措施。

这里需注意：表3-14、表3-15中所指的"框支框架"是指转换构件（如框支梁）以及其下面的框架柱和框架梁，不包括不直接支承转换构件的框架。如考虑结构变形的连续性，在水平方向上与框支框架直接相连的非框支框架的抗震构造设计可适当加强，加强的范围可不少于相连的一个跨度。

表3-14　A级高度的高层建筑结构抗震等级

结构类型			烈度					
			6度		7度		8度	9度
框架结构			三		二		一	一
框架—剪力墙结构	高度/m		≤60	>60	≤60	>60	≤60	>60	≤50
	框架		四	三	三	二	二	一	一
	剪力墙		三		二		一		一
剪力墙结构	高度/m		≤80	>80	≤80	>80	≤80	>80	≤60
	剪力墙		四	三	三	二	二	一	一
部分框支剪力墙结构	非底部加强部位剪力墙		四		三		二	二	不应采用
	底部加强部位剪力墙		三		二		二	一	
	框支框架		二		二		一	一	
筒体结构	框架—核心筒	框架	三		二		一		一
		核心筒	二		二		一		一
	筒中筒	内筒	三		二		一		一
		外筒							
板柱—剪力墙结构	高度/m		≤35	>35	≤35	>35	≤35	>35	不应采用
	框架、板柱及柱上板带		三	二	二	二	一	一	
	剪力墙		二		二		二	一	

注：1. 接近或等于高度分界时，应结合房屋不规则程度及场地、地基条件适当确定抗震等级。
2. 底部带转换层的筒体结构，其转换框架的抗震等级应按表中部分框支剪力墙结构的规定采用。
3. 当框架—核心筒的高度不超过60m时，其抗震等级应允许按框架—剪力墙结构采用。

表 3-15　B 级高度的高层建筑结构抗震等级

结构类型		烈　度		
		6 度	7 度	8 度
框架—剪力墙	框架	二	一	一
	剪力墙	二	一	特一
剪力墙	剪力墙	二	一	一
部分框支剪力墙	非底部加强部位剪力墙	二	一	一
	底部加强部位剪力墙	一	一	特一
	框支框架	一	特一	特一
框架—核心筒	框架	二	一	一
	筒体	二	一	特一
筒中筒	外筒	二	一	特一
	内筒	二	一	特一

注：底部带转换层的筒体结构，其转换框架和底部加强部位筒体的抗震等级应按表中框支剪力墙结构的规定采用。

58. 如何理解和掌握裙房抗震等级不应低于主楼的抗震等级？

高层建筑往往带有裙房，有时裙房平面面积还较大，当裙房与主楼在结构上完全分开时，主楼和裙房分别按各自的结构体系、房屋高度确定抗震等级。当主楼和裙房连接为整体时，裙房除按自身条件确定抗震等级外，主楼及主楼周边外延不少于 3 跨范围内的裙房不应低于主楼的抗震等级。主楼结构在裙房顶部上、下各一层应适当加强抗震构造措施。例如，裙房为纯框架、主楼为剪力墙结构且连为整体时，主楼按剪力墙结构确定抗震等级，裙楼框架的抗震等级除按自身条件确定外，尚不应低于主楼剪力墙的抗震等级。

当主楼为部分框支剪力墙结构时，框支框架按部分框支剪力墙结构确定抗震等级，裙楼可按框架—剪力墙结构确定抗震等级，若低于主楼框支框架的抗震等级，则与框支框架直接相连的非框支框架应适当加强抗震构造措施。

59. 地下室抗震等级是否因上部结构的嵌固部位不同而不同？

带地下室的高层建筑，当地下室顶板可视为结构的嵌固部位时，地震作用下结构的屈服部位将发生在地上楼层，同时将影响到地下一层；地面以下结构的地震影响应逐渐减小。因此，地下一层主楼及主楼周边外延 1~2 跨地下室范围的抗震等级不能降低，而地下一层以下不要求计算地震作用，其抗震构造措施的抗震等级可逐层降低。《高层建筑混凝土结构技术规程》（JGJ 3—2010）第 3.9.5 条规定，抗震设计的高层建筑，当地下室顶层作为上部结构的嵌固端时，地下一层相关范围的抗震等级应按上部结构采用，地下一层以下抗震构造措施的抗震等级可逐层降低一级，但不应低于四级；地下室中超出上部主楼相关范围且无上部结构的部分，其抗震等级可根据具体情况采用三级或四级。

由于整体性能和建筑功能的需要，高层建筑一般都有一层或多层地下室，且通过合理设计，容易满足上部结构嵌固于地下室顶板标高位置（±0.000）的条件，因此，一般地下室结构的抗震等级可按《高层建筑混凝土结构技术规程》（JGJ 3—2010）第 3.9.5 条确定。

对于 ±0.000 标高确实不能作为上部结构嵌固部位的情况，实际嵌固部位所在楼层以及其上部的地下室楼层（与地面以上结构对应的部分）的抗震等级，可取为与地上结构相同或根据地下部分结构的有利情况适当放松。

60. 高层建筑结构中，抗震等级为特一级的钢筋混凝土构件应满足哪些规定？

特一级是比一级抗震等级更严格的构造措施。这些措施主要体现在，采用型钢混凝土或钢管混凝土构件提高延性；增大构件配筋率和配箍率；加大强柱弱梁和强剪弱弯的调整系数；加大剪力墙的受弯和受剪承载力；加强连梁的配筋构造等。框架角柱的弯矩和剪力设计值仍应按《高层建筑混凝土结构技术规程》（JGJ 3—2010）第 6.2.4 条的规定，乘以不小于 1.1 的增大系数。

高层建筑结构中，抗震等级为特一级的钢筋混凝土构件，除应符合一级抗震等级的基本要求外，尚应满足下列规定。

（1）框架柱应符合下列要求

1）宜采用型钢混凝土柱或钢管混凝土柱。

2）柱端弯矩增大系数 η_c、柱端剪力增大系数 η_{vc} 应增大 20%。

3）钢筋混凝土柱的柱端加密区最小配箍特征值 λ_v 应按《高层建筑混凝土结构技术规程》（JGJ 3—2010）表 6.4.7 数值增大 0.02 采用；全部纵向钢筋最小构造配筋百分率，中、边柱取 1.4%，角柱取 1.6%。

（2）框架梁应符合下列要求

1）梁端剪力增大系数 η_{vb} 应增大 20%。

2）梁端加密区箍筋构造最小配箍率应增大 10%。

（3）框支柱应符合下列要求

1）宜采用型钢混凝土柱或钢管混凝土柱。

2）底层柱下端及与转换层相连的柱上端的弯矩增大系数取 1.8，其余层柱端弯矩增大系数 η_c 应增大 20%；柱端剪力增大系数 η_{vc} 应增大 20%；地震作用产生的柱轴力增大系数取 1.8，但计算柱轴压比时可不计该项增大。

3）钢筋混凝土柱的柱端加密区最小配箍特征值 λ_v 应按《高层建筑混凝土结构设计规程》（JGJ 3—2010）表 6.4.7 的数值增大 0.03 采用，且箍筋体积配箍率不应小于 1.6%；全部纵向钢筋最小构造配筋百分率取 1.6%。

（4）筒体、剪力墙应符合下列要求

1）底部加强部位及其上一层的弯矩设计值应按墙底截面组合弯矩计算值的 1.1 倍采用，其他部位可按墙肢组合弯矩计算值的 1.3 倍采用；底部加强部位的剪力设计值，应按考虑地震作用组合的剪力计算值的 1.9 倍采用，其他部位的剪力设计值，应按考虑地震作用组合的剪力计算值的 1.2 倍采用。

2）一般部位的水平和竖向分布钢筋最小配筋率应取为 0.35%，底部加强部位的水平和竖向分布钢筋的最小配筋率应取为 0.4%。

3）约束边缘构件纵向钢筋最小构造配筋率应取为 1.4%，配箍特征值宜增大 20%；构造边缘构件纵向钢筋的配筋率不应小于 1.2%。

4）框支剪力墙结构的落地剪力墙底部加强部位边缘构件宜配置型钢，型钢宜向上、下各延伸一层。

(5) 剪力墙和筒体的连梁符合下列要求
1) 当跨高比不大于 2 时，宜配置交叉暗撑。
2) 当跨高比不大于 1 时，应配置交叉暗撑。
3) 交叉暗撑的计算和构造宜符合《高层建筑混凝土结构技术规程》（JGJ 3—2010）第 9.3.8 条的规定。

表 3-16 列出了抗震等级一级和特一级构件的设计规定。

表 3-16　一级、特一级构件设计规定

序号	项目	一级	特一级
1	框架柱	(1) 柱端弯矩增大系数 η_C： $\sum M_C = 1.2\sum M_{bua}$ (2) 柱端剪力增大系数 η_{vc}： $V = 1.2 \dfrac{M_{cua}^t + M_{cua}^b}{H_n}$ (3) 钢筋混凝土柱的柱端加密区最小配箍特征值 λ_v：根据 JGJ 3—2010 表 6.4.7 取值 (4) 全部纵向钢筋最小构造配筋百分率：中、边柱取 1.0%，角柱取 1.1%	(1) 宜采用型钢混凝土柱或钢管混凝土柱 (2) 柱端弯矩增大系数 η_C（提高 20%）： $\sum M_C = 1.2 \times 1.2\sum M_{bua}$ (3) 柱端剪力增大系数 η_{vc}（提高 20%）： $V = 1.2 \times 1.2 \dfrac{M_{cua}^t + M_{cua}^b}{H_n}$ (4) 钢筋混凝土柱的柱端加密区最小配箍特征值 λ_v：按 JGJ 3—2010 表 6.4.7 数值增加 0.02 (5) 全部纵向钢筋最小构造配筋百分率：中、边柱取 1.4%，角柱取 1.6%
2	框架梁	(1) 梁端剪力增大系数 η_{vb}： $V = 1.1 \dfrac{M_{bua}^l + M_{bua}^r}{l_n} + V_{Gb}$ (2) 梁端加密区箍筋构造最小配筋率 $\rho_{sv,min}$：按加密区箍筋最大间距 $s_{max} = (h_b/4, 6d, 100mm)_{min}$、箍筋最小直径 $d_{min} = 10mm$	(1) 梁端剪力增大系数 η_{vb}（增大 20%）： $V = 1.1 \times 1.2 \dfrac{M_{bua}^l + M_{bua}^r}{l_n} + V_{Gb}$ (2) 梁端加密区箍筋构造最小配筋率（增大 10%），即 $1.10\rho_{sv,min}$
3	框支柱	(1) 底层柱下端及与转换层相连的柱上端的弯矩增大系数取 1.5，其余层柱端弯矩设计值： $\sum M_C = 1.2\sum M_{bua}$ (2) 柱端剪力增大系数 η_{vc}： $V = 1.2 \dfrac{M_{cua}^t + M_{cua}^b}{H_n}$ (3) 地震作用产生的柱轴力增大系数取 1.5，但计算柱轴压比时可不计该项增大 (4) 钢筋混凝土柱的柱端加密区最小配箍特征值 λ_v：应按 JGJ 3—2010 表 6.4.7 的数值增大 0.02 采用，且箍筋体积配箍率不应小于 1.5% (5) 全部纵向钢筋最小构造配筋百分率：1.1%	(1) 宜采用型钢混凝土柱或钢管混凝土柱 (2) 底层柱下端及与转换层相连的柱上端的弯矩增大系数取 1.8，其余层柱端弯矩设计值（增大 20%）： $\sum M_C = 1.2 \times 1.2\sum M_{bua}$ (3) 柱端剪力增大系数 η_{vc}（增大 20%）： $V = 1.2 \times 1.2 \dfrac{M_{cua}^t + M_{cua}^b}{H_n}$ (4) 地震作用产生的柱轴力增大系数取 1.8，但计算柱轴压比时可不计该项增大 (5) 钢筋混凝土柱的柱端加密区最小配箍特征值 λ_v：应按 JGJ 3—2010 表 6.4.7 的数值增大 0.03 采用，且箍筋体积配箍率不应小于 1.6% (6) 全部纵向钢筋最小构造配筋百分率：1.6%

（续）

序号	项目	一级	特一级
4	剪力墙、筒体	（1）一级剪力墙底部加强部位以上部位，墙肢的组合弯矩设计值应乘以弯矩增大系数1.2；组合剪力设计值应乘以剪力增大系数1.3。 （2）底部加强部位剪力墙截面的剪力设计值： $$V = 1.6 V_w$$ 9度时一级剪力墙的剪力设计值： $$V = 1.1 \frac{M_{wua}}{M_w} V_w$$ （3）剪力墙的水平和竖向分布钢筋最小配筋率：0.25%。 （4）约束边缘构件纵向钢筋最小构造配筋率应取为1.2%。 配箍特征值按JGJ 3—2010 表7.2.15 确定。 构造边缘构件纵向钢筋应满足正截面受压（受拉）承载力的要求	（1）底部加强部位及其上一层的弯矩设计值：墙底截面组合弯矩计算值的1.1倍；其他部位可按墙肢组合弯矩计算值的1.3倍。 （2）底部加强部位的剪力设计值： $$V = 1.9 V_w$$ 其他部位的剪力设计值： $$V = 1.2 V_w$$ （3）一般部位的水平和竖向分布钢筋最小配筋率：0.35%。 底部加强部位的水平和竖向分布钢筋的最小配筋率：0.40%。 （4）约束边缘构件纵向钢筋最小构造配筋率应取为1.4%，配箍特征值（增大20%）按JGJ 3—2010 表7.2.15 数值的1.2倍确定。 构造边缘构件纵向钢筋的配筋率不应小于1.2%； （5）框支剪力墙结构的落地剪力墙底部加强部位边缘构件宜配置型钢，型钢宜向上、下各延伸一层
5	连梁	一级剪力墙的连梁，梁端截面组合剪力设计值： $$V = 1.3 \frac{M_b^l + M_b^r}{l_n} + V_{Gb}$$ 9度时一级剪力墙的连梁： $$V = 1.1 \frac{M_{bua}^l + M_{bua}^r}{l_n} + V_{Gb}$$ 跨高比不大于2的框筒梁和内筒连梁宜配置对角斜向钢筋；跨高比不大于1的框筒梁和内筒连梁宜采用交叉暗撑，其构造要求应符合JGJ 3—2010 第9.3.8条的规定	同一级

61. 如何具体应用乙、丙类建筑的抗震措施和抗震构造措施的规定？

按照《高层建筑混凝土结构技术规程》（JGJ 3—2010）第3.9.1条和3.9.2条规定，同一设防烈度下，不同场地仅影响抗震构造措施，除抗震构造措施以外的其他抗震措施是相同的。在给定设计基本地震加速度时，抗震设防烈度是唯一确定的，决定抗震措施的烈度见表3-17，决定构造措施的烈度见表3-18。

表 3-17　确定抗震措施的烈度

建筑类别	设计基本地震加速度或设防烈度					
	6	7		8		9
	0.05g	0.1g	0.15g	0.2g	0.3g	0.4g
甲、乙类	7	8	8	9	9	9+
丙类	6	7	7	8	8	9

注：9+表示应采取比9度更高的抗震措施，幅度应具体研究确定。

表 3-18　确定抗震构造措施的烈度

建筑类别	场地类别	设计基本地震加速度或设防烈度					
		6	7		8		9
		0.05g	0.1g	0.15g	0.2g	0.3g	0.4g
甲、乙类	Ⅰ	6	7	7	8	8	9
	Ⅱ	7	8	8	9	9	9+
	Ⅲ、Ⅳ	7	8	8+	9	9+	9+
丙类	Ⅰ	6	6	6	7	7	8
	Ⅱ	6	7	7	8	8	9
	Ⅲ、Ⅳ	6	7	8	8	9	9

注："8+"表示应采取比8度更高的抗震构造措施，但比9度要求低；"9+"表示应采取比9度更高的抗震构造措施，提高幅度应具体研究确定。

抗震措施包含了抗震构造措施，因此，表 3-17 表示所有抗震措施应满足的烈度要求；表 3-18 表示因场地类别不同，对抗震构造措施提出的部分放松或从严的要求。具体说，与构件设计内力调整及抗震构造措施都有关时，按表 3-17 的烈度确定抗震等级；仅与抗震构造设计有关时，按表 3-18 的烈度确定抗震等级。

第四章　结构计算分析

62. 选择高层建筑结构分析软件时应注意哪些方面？

1）高层建筑结构是复杂的三维空间受力体系，计算分析时应根据结构实际的情况，选取能较准确地反映结构中各构件的实际受力情况的力学模型。目前，国内商品化的结构分析软件所采用的力学模型主要有：空间杆系模型、空间杆—薄壁杆系模型、空间杆—墙板元模型及其他组合有限元模型。常用结构分析软件的计算模型及适用范围如表 4-1 所示。

表 4-1　常用结构分析软件的计算模型及使用范围

计算模型分类		计算假定	适用范围
单榀平面结构分析		将结构划分为若干榀正交平面抗侧力结构，在水平力作用下，按单榀平面结构进行计算 楼板假定在其平面内为刚度无穷大	平面非常规则的纯框架（剪力墙）结构，且各榀框架（剪力墙）大体相似，一般不用于高层建筑结构
平面结构空间协同法		将结构划分为若干榀正交或斜交的平面抗侧力结构，在任一方向的水平力作用下，由空间位移协调进行各榀结构的水平分配 楼板假定在其平面内为刚度无穷大	平面布置较为规则的框架、框架—剪力墙和剪力墙结构等
三维空间分析法	剪力墙为开口薄壁杆件模型	采用开口薄壁杆件理论，将整个平面联肢墙或整个空间剪力墙模拟为开口薄壁杆件，每一杆件有两个端点，各有 7 个自由度，前 6 个自由度的含义与空间梁、柱单元相同，第 7 个自由度是用来描述薄壁杆件截面翘曲的 在小变形条件下，杆件截面外形轮廓线在其自身平面内保持刚性，在出平面方向可以翘曲 楼板假定为无穷刚度，采用薄壁杆原理计算剪力墙，忽略剪切变形的影响	框架、框架—剪力墙、剪力墙及筒体结构
	剪力墙为墙板单元模型	梁、柱、斜杆为空间构件，剪力墙为允许设置内部节点的改进型墙板单元，具有竖向拉压刚度、平面内弯曲刚度和剪切刚度，边柱作为墙板单元的定位和墙肢长度的几何条件，一般墙肢用定位虚柱，带有实际端柱的墙肢直接用端柱截面及其形心作为边柱的定位。在单元顶部设置特殊刚性梁，其刚度在墙平面内无穷大，平面外为零，既保持了墙板单元的原有特性又使墙板单元在楼层边界上全截面变形协调	框架、框架—剪力墙、剪力墙及筒体结构

(续)

计算模型分类		计算假定	适用范围
三维空间分析法	板壳单元模型	用每一节点6个自由度的壳元来模拟剪力墙单元，剪力墙既有平面内刚度，又有平面外刚度，楼板既可以按弹性考虑，也可以按刚性考虑	框架、框架—剪力墙、剪力墙及筒体等各类结构
	墙组单元模型	在薄壁杆件模型的基础上作了改进，不但剪力墙有剪切变形，而且引入节点竖向位移变量代替薄壁杆件模型的形心竖向位移向量，更准确地描述剪力墙的受力状态，是一种介于薄壁杆件单元和连续体有限元之间的分析单元。 沿墙厚方向，纵向应力均匀分布； 纵向应变近似定义为：$\varepsilon \approx \sigma_2/E$； 墙组截面形状保持不变	框架、框架—剪力墙、剪力墙及筒体结构

单榀平面结构分析的计算模型主要用于早期的计算机分析，适用于平面非常规则的纯框架（剪力墙）结构，且各榀框架（剪力墙）大体相似，一般不用于高层建筑结构。

平面结构空间协同计算模型只能一定程度上反映结构整体工作性能的主要特征，对结构空间整体的受力性能反映不完全，仅适用于平面布置较为规则的框架、框架—剪力墙和剪力墙结构等。

薄壁杆件计算模型对剪力墙长墙、矮墙、多肢剪力墙、悬挑剪力墙、框支剪力墙、无楼板约束的剪力墙等情况的计算精度不够；单元计算模型对剪力墙洞口上下不对齐、不等宽时的计算，可能会造成分析结果失真等。

因此，结构设计人员应根据工程的实际情况，按照"适用性、准确性、规范性、完备性"的原则，选择适合工程的计算机分析软件。

2）高层建筑的楼（屋）盖绝大多数为现浇钢筋混凝土楼盖和有现浇面层的预制装配式楼板，进行高层建筑结构内力与位移整体计算时，可视其为水平放置的深梁，具有很大的面内刚度，可近似认为楼板在其自身平面内为无限刚性。采用这一计算假定后，结构分析的自由度数目大大减少，可减小由于庞大自由度系统而带来的计算误差，使计算过程和计算结果的分析大为简化。计算分析和工程实践表明，刚性楼板假定对绝大部分高层建筑的分析具有足够的工程精度。采用刚性楼板假定进行结构计算时，设计上应采取必要措施保证楼面的整体刚度：① 平面体型宜符合《高层建筑混凝土结构技术规程》（JGJ 3—2010）第3.4.3条的规定；② 宜采用现浇钢筋混凝土楼板和有现浇层的装配整体式楼板；③ 局部削弱的楼面，可采取楼板局部加厚、设置边梁及加大楼板配筋等措施。

楼板有效宽度较窄的环形楼面或其他有大开洞楼面、有狭长外伸段楼面、局部变窄产生薄弱连接的楼面、连体结构的狭长连接体楼面等场合，楼板面内刚度有较大削弱且不均匀，楼板的面内变形会使楼层内抗侧刚度小的构件的位移和受力加大（相对刚性楼盖假定而言),计算时应考虑楼板面内变形的影响。根据楼面结构的实际情况,楼板面内变形可全楼考虑、仅部分楼层考虑或部分楼层的部分区域考虑。考虑楼板的实际刚度可以采用将楼板等效为剪弯水平梁的简化方法,也可采用有限元法进行计算。

当需要考虑楼面内变形而计算中采用楼面内无限刚性假定时,应对所得的计算结果进行调整。具体的调整方法和调整幅度与结构体系、构件平面布置、楼板削弱情况等密切相关。一般可对楼板削弱部位的抗侧刚度相对比较小的结构构件,适当增大计算内力,加强配筋和构造措施。

3)高层建筑按空间整体工作计算时,梁的自由度应考虑弯曲、剪切、扭转变形,当考虑楼板面内变形时还有轴向变形;柱的自由度应考虑弯曲、剪切、轴向、扭转变形。当采用空间杆—薄壁杆系模型时,剪力墙自由度应考虑弯曲、剪切、轴向、扭转变形和翘曲变形;当采用其他有限元模型分析剪力墙时,剪力墙自由度考虑弯曲、剪切、轴向、扭转变形。

高层建筑结构层数多、重量大,墙、柱的轴向变形影响显著,计算时应考虑。

4)高层建筑进行重力荷载作用效应分析时,柱、墙轴向变形宜考虑施工过程的影响。高层建筑结构是逐层施工完成的,其竖向刚度和竖向荷载(如自重和施工荷载)也是逐层形成的。这种情况与结构刚度一次形成、竖向荷载一次施加的计算方法存在较大的差异。因此,对于层数较多的高层建筑结构,在进行重力荷载作用效应分析时,柱、墙、斜撑等构件的轴向变形宜考虑施工过程的影响。

施工过程的模拟可根据需要采用适当的计算模型考虑。如结构竖向刚度和竖向荷载逐层形成、逐层计算的方法,或结构竖向刚度一次形成、竖向荷载逐层施加的计算方法等。

复杂高层建筑和房屋高度大于150m 的其他高层建筑结构是否考虑施工过程的模拟计算,对设计有较大的影响。因此,《高层建筑混凝土结构技术规程》(JGJ 3—2010) 第5.1.9 条增加了复杂高层建筑和房屋高度大于150m 的其他高层建筑结构应考虑施工过程的影响。

5)高层建筑结构进行水平风荷载作用效应分析时,除对称结构外,结构构件在正、反两个方向的风荷载作用下效应一般是不相同的,按两个方向风效应的较大值采用,是为了保证安全的前提下简化计算。体型复杂的高层建筑应考虑多方向风荷载作用,进行风效应对比分析,增加结构抗风安全性。因此,《高层建筑混凝土结构技术规程》(JGJ 3—2010) 第5.1.10 条规定,高层建筑结构进行风作用效应计算时,正反两个方向的风作用效应宜按两个方向计算的较大值采用;体型复杂的高层建筑,应考虑风向角的不利影响。

6)在内力和位移计算中,型钢混凝土和钢管混凝土构件宜按实际情况直接参与计算。有依据时,也可等效为混凝土构件进行计算,并按 JGJ 3—2010 第 11 章的有关规定进行截面设计。

7)体型复杂、结构布置复杂的高层建筑结构受力情况复杂,应采用至少两个不同力学模型的结构分析软件进行整体计算分析,以保证力学分析的可靠性。

8)带转换层的高层建筑结构、带加强层的高层建筑结构、错层结构、连体和立面开洞结构、多塔楼结构等,属于体型复杂的高层建筑结构,其竖向刚度变化大、受力复杂、易形成薄弱部位。混合结构和 B 级高度的高层建筑结构的房屋高度大、工程经验不多,因此整体计算分析时应从严要求。

抗震设计时,B 级高度的高层建筑结构、混合结构和《高层建筑混凝土结构技术规程》

(JGJ 3—2010) 第 10 章规定的复杂高层建筑结构，应符合下列要求：

①宜考虑平扭耦联计算结构的扭转效应，振型数不应小于 15，对多塔楼结构的振型数不应小于塔楼数的 9 倍，且计算振型数应使振型参与质量不小于总质量的 90%。

②应采用弹性时程分析法进行补充计算。

③宜采用弹塑性静力或动力分析方法验算薄弱层弹塑性变形。

上述第③款的要求主要针对重要建筑、相邻层侧向刚度或承载力相差悬殊的竖向不规则高层建筑结构。

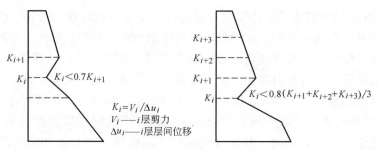

图 4-1　沿竖向侧向刚度不规则示意图

9）对竖向不规则的高层建筑结构（包括某楼层抗侧刚度小于其上层的 70% 或其上相邻三层侧向刚度平均值的 80%，或结构楼层层间抗侧力结构的承载力小于其上一层的 80%，或某楼层竖向抗侧力构件不连续，见图 4-1）薄弱层对应地震作用标准值的地震剪力应乘以 1.15 的增大系数；结构的计算分析应符合《高层建筑混凝土结构技术规程》（JGJ 3—2010）第 5.1.13 条的规定，同时仍应满足《高层建筑混凝土结构技术规程》（JGJ 3—2010）第 4.3.12 条关于楼层最小地震剪力系数（剪重比）的规定，并应对其薄弱部位采取有效的抗震构造措施，以提高薄弱层的抗震能力。

10）多塔楼结构振动形态复杂，整体模型计算有时不容易判断结果的合理性；辅以分塔楼模型计算方法，取二者的不利结果进行设计较为妥当。因此，《高层建筑混凝土结构技术规程》（JGJ 3—2010）第 5.1.14 条规定，对多塔楼结构，宜按整体模型和各塔楼分开的模型划分计算，并采用较不利的结果进行结构设计。当塔楼周边的裙房超过两跨时，分塔楼模型宜至少附带一跨的裙楼结构。

11）对受力复杂的结构构件，如竖向布置复杂的剪力墙、加强层构件、转换层构件、错层构件、连接体及其相关构件等，除结构整体分析外，尚应按有限元等方法进行局部应力分析，并可根据需要，按应力分析结果进行截面配筋设计校核。

63. 结构内力和位移计算分析时，如何正确确定各种计算参数？

结构设计的信息调整可分为一般性参数调整和抗震设计内力调整两部分，而抗震设计内力调整又可分为三个层次，即整体调整、局部调整和构件调整。

（1）几个重要计算参数

1）周期折减系数 ψ_T　高层建筑结构内力和位移计算分析时，只考虑了主要结构构件（梁、柱、剪力墙和筒体等）的刚度，没有考虑非承重结构的刚度，因而计算的自振周期较实际的长，按这一周期计算的地震作用偏小。为此，《高层建筑混凝土结构技术规程》（JGJ

3—2010）第4.3.17条规定，计算各振型地震影响系数所采用的结构自振周期应考虑非承重墙体的刚度影响予以折减。

当非承重墙体为砌体墙时，高层建筑结构的计算自振周期折减系数 ψ_T 的大小与结构类型和填充砖墙多少有关，表4-2取值可供参考。

表4-2　周期折减系数 ψ_T

结构类型	填充墙较多	填充墙较少	结构类型	填充墙较多	填充墙较少
框架结构	0.6~0.7	0.7~0.8	框架—核心筒结构	0.8~0.9	0.9
框架—剪力墙结构	0.7~0.8	0.8~0.9	剪力墙结构	0.8~1.0	1.0

2）框架—剪力墙结构中，任一层框架部分承担的地震力调整系数

框架—剪力墙结构在水平地震作用下，由于剪力墙刚度较大，剪力墙承担了大部分地震作用剪力，而框架部分计算所得的剪力一般都较少。为保证作为第二道防线的框架具有一定的抗侧力能力，需要对框架承担的剪力予以适当的调整。《高层建筑混凝土结构技术规程》（JGJ 3—2010）第8.1.4条规定，框架部分承担的总剪力应按 $0.2V_0$ 和 $1.5V_{f,max}$ 二者的较小值采用，即

$$V = (0.2V_0, 1.5V_{f,max})_{min} \qquad (4-1)$$

式中　V_0——对框架柱数量从上到下基本不变的结构，应取对应于地震作用标准值的结构底部总剪力；对框架柱数量从上到下分段有规律变化的结构，应取每段底层结构对应于地震作用标准值的总剪力；

$V_{f,max}$——对框架柱数量从上到下基本不变的结构，应取对应于地震作用标准值且未经调整的各层框架承担的地震总剪力中的最大值；对框架柱数量从上到下分段有规律变化的结构，应取每段中对应于地震作用标准值且未经调整的各层框架承担的地震总剪力中的最大值。

调整时应注意：

①该调整系数适用于平面较为简单规则的结构，对于体型复杂、框架柱沿竖向变化很大及调整后可能出现不合理的内力，此时不宜由程序自动调整，改由设计人员自行调整。

②非抗震设计时，框架剪力不进行调整。

③该调整系数只针对框架梁、柱的弯矩和剪力，不调整轴力。

3）地震作用调整系数　地震作用调整系数可用于放大或缩小地震作用，其取值：一般情况下可取1.0；特殊情况下可取0.85~1.50之间。

4）计算振型数　《建筑抗震设计规范》（GB 50011—2010）规定：抗震计算时，不进行扭转耦联计算的结构，水平地震作用标准值的效应，可只取前2~3个振型，当基本自振周期大于1.5s或房屋高宽比大于5时，振型个数应适当增加。

《高层建筑混凝土结构技术规程》（JGJ 3—2010）规定：当不考虑扭转耦联振动影响时，规则结构计算振型数可取3；当建筑较高、结构沿竖向刚度不均匀时可取5~6；当考虑扭转耦联计算时，计算振型数可取9~15；多塔楼结构每个塔楼的振型数不宜小于9。

B级高度的高层建筑结构和复杂高层建筑结构，抗震计算时，宜考虑平扭耦联计算结构的扭转效应，振型数不应小于15；对多塔楼结构的振型数不应小于塔楼数的9倍，且计算振型数应保证振型参与质量不小于总质量的90%时所需要的振型数。

5）梁端弯矩调幅系数　在竖向荷载作用下，框架梁端负弯矩很大，配筋困难，不便于

施工。因此允许考虑塑性变形内力重分布对梁端负弯矩进行适当的调幅。钢筋混凝土的塑性变形能力有限,调幅的幅度必须加以限制,装配整体式框架梁端负弯矩调幅系数可取为0.7~0.8;现浇框架梁端负弯矩调幅系数可取为0.8~0.9。

应注意:

①框架梁端负弯矩调幅后,梁跨中弯矩应按平衡条件相应增大。

②梁端弯矩调幅仅对竖向荷载产生的弯矩进行,其余荷载或作用产生的弯矩不调幅。因此,应先对竖向荷载作用下框架梁的弯矩进行调幅,再与水平作用产生的框架梁弯矩进行组合。

③截面设计时,为保证框架梁跨中截面底部钢筋不至于过少,其截面正弯矩设计值不应小于竖向荷载作用下按简支梁计算的跨中弯矩设计值的50%。

6) 梁正、负弯矩放大系数 目前,国内钢筋混凝土高层建筑由恒载和活载引起的单位面积重力,框架与框架—剪力墙结构约为12~14kN/m^2,剪力墙和筒体结构约为13~16kN/m^2,而其中活荷载部分约为2~3kN/m^2,仅占全部重力的15%~20%,活荷载不利分布的影响较小。如果楼面活荷载较大(如大于4kN/m^2)时,其不利分布对梁端弯矩的影响会比较明显,计算时应予以考虑。除进行或荷载不利分布的详细计算分析外,也可将未考虑活荷载不利分布计算的框架梁弯矩乘以放大系数予以近似考虑,该放大系数通常可取为1.1~1.3,活荷载大时可选用较大数值。近似考虑活荷载不利分布影响时,梁正、负弯矩应同时予以放大。

7) 剪力墙连梁刚度折减系数 高层建筑结构构件均采用弹性刚度参与整体分析,但抗震设计的框架—剪力墙或剪力墙结构中的连梁刚度相对墙体较小,而承受的弯矩和剪力很大,配筋设计困难。因此,可考虑在不影响其承受竖向荷载能力的前提下,允许其适当开裂(降低刚度)而将内力转移到墙体上。在内力和位移计算中,对连梁刚度予以折减,通常设防烈度低时可少折减一些,设防烈度高时可多折减一些。建议:设防烈度为6度、7度时连梁刚度折减系数取0.7;设防烈度为8度、9度时取0.5。折减系数不宜小于0.5,以保证连梁承受竖向荷载的能力。

当框架—剪力墙结构中一端与柱连接、一端与墙连接的梁以及剪力墙结构中的跨高比大于5的连梁,重力作用效应比水平风荷载或水平地震作用效应更为明显,此时应慎重考虑梁刚度的折减,必要时可不进行梁刚度的折减,以控制正常使用阶段梁裂缝的发生和发展。

但要注意,在计算地震作用效应时可对连梁的刚度进行折减,对重力荷载、风荷载作用效应计算不宜考虑连梁刚度的折减。有地震作用效应的组合工况,均可按连梁刚度折减后计算的地震作用效应参与组合。

8) 梁刚度增大系数 现浇楼面和装配整体式楼面的楼板作为梁的有效翼缘形成T形截面,提高了楼面梁的刚度,结构内力和位移计算时应予以考虑。当近似以梁刚度增大系数考虑时,应根据梁翼缘尺寸与梁截面尺寸的比例予以确定。通常现浇楼面的边框架梁可取1.5,中框架梁可取2.0。有现浇面层的装配式楼面梁的刚度增大系数可适当减小。当框架梁截面较小而楼板较厚或者梁截面较大而楼板较薄时,梁的刚度增大系数,可能会超出1.5~2.0的范围,可根据翼缘情况,增大系数取1.3~2.0。

对于无现浇面层的装配式楼盖,不宜考虑楼面梁刚度的增大。

9) 梁扭矩折减系数 高层建筑结构楼面梁受楼板(有时还有次梁)的约束作用,当结构计算中未考虑楼盖对梁扭转的约束作用时,梁的扭转变形和扭矩计算值过大,与实际情况不符，抗扭设计比较困难，因此可对梁的计算扭矩予以适当折减。计算分析表明，扭矩折减系数与楼盖（楼板和梁）的约束作用和梁的位置密切相关，折减系数的变化幅度较大，应根据具体情况确定。当电算程序中只有一个扭矩折减系数时，一般可取0.4。

(2) 抗震设计时，柱（框支柱）、梁（框支梁）、剪力墙（连梁）的内力调整

抗震设计时，柱（框支柱）、梁（框支梁）、剪力墙（连梁）的内力调整如表4-3所示。

表4-3 抗震设计时，柱（框支柱）、梁（框支梁）、剪力墙（连梁）的内力调整理

序号	构件	调整内容	说明
1	框架—剪力墙结构中柱、有关梁	(1) 各层框架总剪力的调整： $V_f \geq 0.2V_0$，不必调整 $V_f < 0.2V_0$，$V = (0.2V_0, 1.5V_{f,max})_{min}$ (2) 构件内力调整： 按调整前、后总剪力的比值调整每根框架柱和与之相连的框架梁的剪力 V 及端部弯矩 M 标准值，框架柱的轴力标准值可予以调整 (3) 按振型分解反应谱法计算地震作用时，调整在振型组合之后，并满足楼层最小地震剪力系数的前提下进行	总体调整； 《高层建筑混凝土结构技术规程》（JGJ 3—2010）第8.1.4条； 《建筑抗震设计规范》（GB 50011—2010）第6.2.13条
2	板柱—剪力墙中的剪力墙、柱、板带	(1) 板柱总剪力的调整 各层板柱部分承担的地震剪力尚应能承担不少于该层相应方向地震剪力的20%，即 $V_c \geq 0.2V_j$ (2) 剪力墙总剪力的调整： 各层横向及纵向剪力墙应能承担相应方向该层的全部地震剪力，即 $V_s \geq 1.0V_j$ (3) 构件内力调整： 调整后，相应调整每一方向剪力墙、柱、板带的剪力 V 和弯矩 M 标准值，轴力标准值可不予以调整	总体调整； 《高层建筑混凝土结构技术规程》（JGJ 3—2010）第8.1.10条
3	部分框支剪力墙中的框支柱、有关梁	(1) 框支柱总剪力调整 框支柱数 ≤ 10，框支层 1~2 层，$V_{cj} \geq 0.02V_0$ 框支层 ≥ 3 层，$V_{cj} \geq 0.03V_0$ 框支柱数 > 10，框支层 1~2 层，$V_{cj} = \dfrac{0.2}{n_c}V_0$ 框支层 ≥ 3 层，$V_{cj} = \dfrac{0.3}{n_c}V_0$ 其中，V_0 为基底剪力；n_c 为框支柱的数目 (2) 构件内力调整 框支柱剪力调整后，应相应调整框支柱的弯矩及柱端框架的梁剪力和弯矩，但框支梁的剪力、弯矩、框支柱轴力可不调整	总体调整； 《高层建筑混凝土结构技术规程》（JGJ 3—2010）第10.2.17条

(续)

序号	构件	调整内容	说明
4	框架结构、部分框支结构中的有关框支柱	弯矩 M 设计值放大系数： (1) 框架结构底层柱底 一级:1.7；二级:1.50；三级:1.30 (2) 与转换构件相连的柱上端和底层柱下端截面 特一级:1.8；一级:1.5；二级:1.30 其他层框支柱柱端截面 一级:1.4；二级:1.2；三级:1.1；四级:1.1	局部调整； 《高层建筑混凝土结构技术规程》（JGJ 3—2010）第 6.2.1、6.2.2、10.2.11 条 《建筑抗震设计规范》（GB 50011—2010）第 6.2.3、6.2.10 条 《混凝土结构设计规范》（GB 50010—2010）第 11.4.2 条
5	框支柱	地震作用产生柱轴力增大系数： 特一级:1.8；一级:1.5；二级:1.2 注：计算柱轴压比时不宜考虑增大系数	局部调整； 《高层建筑混凝土结构技术规程》（JGJ 3—2010）第 3.10.4、10.2.11 条 《建筑抗震设计规范》（GB 50011—2010）第 6.2.10 条 《混凝土结构设计规范》（GB 50010—2010）第 11.4.6 条
6	结构薄弱层有关柱、梁	(1) 薄弱层对应于地震作用标准值的地震剪力乘以增大系数 1.15 (2) 以调整后的地震剪力计算构件的内力标准值	局部调整； 《高层建筑混凝土结构技术规程》（JGJ 3—2010）第 4.3.12 条 《建筑抗震设计规范》（GB 50011—2010）第 3.4.4 条
7	规则结构的边框有关构件	(1) 规则结构不进行扭转耦联计算时，平行于地震作用方向的两个边榀各构件，其地震作用效应增大系数 短边框:1.15；长边框:1.05 当扭转刚度较小时，宜按不小于 1.3 采用 角部构件宜同时乘以两个方向各自的增大系数 (2) 以调整后的地震剪力计算构件内力标准值。 注：仅对规则结构不进行扭转耦联计算时平行于地震作用方向的边框进行调整	局部调整； 《建筑抗震设计规范》（GB 50011—2010）第 5.2.3 条
8	转换梁	(1) 转换结构构件水平地震作用计算内力增大系数： 特一级:1.9；一级:1.6；二级:1.3 (2) 高层建筑中，跨度大于 8m 的转换结构，7 度(0.15g)、8 度抗震设计时应计入竖向地震的影响	构件调整； 《高层建筑混凝土结构技术规程》（JGJ 3—2010）第 10.2.5 条 《建筑抗震设计规范》（GB 50011—2010）第 3.4.4 条

第四章 结构计算分析

(续)

序号	构件	调整内容	说明
9	框架结构中的柱、部分框支剪力墙结构中的框支柱	柱端考虑地震作用组合的弯矩设计值增大系数： (1) 9 度抗震设计的结构和一级框架结构 $\sum M_c = 1.2 \sum M_{bua}$ 且 $\sum M_c = 1.7 \sum M_b$ 二 级：$\sum M_c = 1.5 \sum M_b$ 三 级：$\sum M_c = 1.3 \sum M_b$ 四 级：$\sum M_c = 1.2 \sum M_b$ (2) 其他情况 特一级：$\sum M_c = 1.68 \sum M_b$ 一 级：$\sum M_c = 1.4 \sum M_b$ 二 级：$\sum M_c = 1.2 \sum M_b$ 三级、四级：$\sum M_c = 1.1 \sum M_b$ 注：1. 反弯点不在柱的层高范围内，一、二、三级、四级抗震等级的框架柱端弯矩设计值按考虑地震作用组合的弯矩设计值分别直接乘以 1.7、1.5、1.2、1.1 确定。 2. 框架顶层柱、轴压比小于 0.15 的柱，柱端弯矩设计值按四级确定。 3. 轴向力设计值不调整	构件调整； 《高层建筑混凝土结构技术规程》(JGJ 3—2010) 第 6.2.1 条 《建筑抗震设计规范》(GB 50011—2010) 第 6.2.2 条 《混凝土结构设计规范》(GB 50010—2010) 第 11.4.1 条
10	框架结构中的柱、部分框支剪力墙结构中的框支柱	(1) 9 度抗震设计的结构和一级框架结构 $V_c = 1.2(M_{cua}^t + M_{cua}^b)/H_n$ 且，$V_c = 1.5(M_c^t + M_c^b)/H_n$ 二 级：$V_c = 1.3(M_c^t + M_c^b)/H_n$ 三 级：$V_c = 1.2(M_c^t + M_c^b)/H_n$ 四 级：$V_c = 1.1(M_c^t + M_c^b)/H_n$ (2) 其他情况 特一级：$V_c = 1.68(M_c^t + M_c^b)/H_n$ 一 级：$V_c = 1.4(M_c^t + M_c^b)/H_n$ 二 级：$V_c = 1.2(M_c^t + M_c^b)/H_n$ 三级、四级：$V_c = 1.1(M_c^t + M_c^b)/H_n$	构件调整； 《高层建筑混凝土结构技术规程》(JGJ 3—2010) 第 6.2.3 条 《建筑抗震设计规范》(GB 50011—2010) 第 6.2.5 条 《混凝土结构设计规范》(GB 50010—2010) 第 11.4.3 条
11	角柱	弯矩、剪力设计值增大系数： 特一级、一级、二级、三级乘以增大系数 1.1 注：本调整应在本表序号 1、2、3、4、6、9、10 调整后再进行调整	构件调整； 《高层建筑混凝土结构技术规程》(JGJ 3—2010) 第 6.2.4 条 《建筑抗震设计规范》(GB 50011—2010) 第 6.2.6 条 《混凝土结构设计规范》(GB 50010—2010) 第 11.4.5 条

(续)

序号	构 件	调整内容	说 明

12	框架梁、跨高比大于2.5的剪力墙连梁	(1) 9度抗震设计的结构和一级框架结构
		$$V = 1.1(M_{\text{bua}}^l + M_{\text{bua}}^r)/l_n + V_{Gb}$$
		且,$V = 1.3(M_b^l + M_b^r)/l_n + V_{Gb}$
		(2) 其他情况
		  一级:$V = 1.3(M_b^l + M_b^r)/l_n + V_{Gb}$
		  二级:$V = 1.2(M_b^l + M_b^r)/l_n + V_{Gb}$
		  三级:$V = 1.1(M_b^l + M_b^r)/l_n + V_{Gb}$
		  四级:$V = 1.0(M_b^l + M_b^r)/l_n + V_{Gb}$
		特一级框架梁:
		$$V = 1.56(M_b^l + M_b^r)/l_n + V_{Gb}$$
		特一级抗震墙连梁:
		$$V = 1.3(M_b^l + M_b^r)/l_n + V_{Gb}$$
			构件调整;
			《高层建筑混凝土结构技术规程》(JGJ 3—2010)第6.2.5、7.2.21条
			《建筑抗震设计规范》(GB 50011—2010)第6.2.4条
			《混凝土结构设计规范》(GB 50010—2010)第11.3.2条

13	剪力墙墙肢	(1) 底部加强部位及其上一层的弯矩设计值增大系数 特一级:1.1;一级:1.0 注:按墙底截面组合弯矩计算值乘增大系数 (2) 其他部位 特一级:1.3;一级:1.2 注:按墙肢组合弯矩计算值乘增大系数 双肢抗震墙中,当任一墙肢为大偏心受拉时,另一墙肢的剪力设计值、弯矩设计值应乘以增大系数1.25	构件调整; 《高层建筑混凝土结构技术规程》(JGJ 3—2010)第3.10.5条、7.2.4条、7.2.5条 《建筑抗震设计规范》(GB 50011—2010)第6.2.7条 《混凝土结构设计规范》(GB 50010—2010)第11.7.1条
14	部分框支落地剪力墙	(1) 落地剪力墙底部加强部位弯矩设计值增大系数 特一级:1.8;一级:1.5;二级:1.3;三级:1.1 (2) 其他部位 特一级:1.3;一级:1.2;二级、三级:1.0	构件调整; 《高层建筑混凝土结构技术规程》(JGJ 3—2010)第10.2.18条、7.2.5条
15	剪力墙墙肢及部分框支落地剪力墙	(1) 剪力墙底部加强部位墙肢截面的剪力设计值增大系数 9度抗震设计时,$V = 1.1 \dfrac{M_{\text{wua}}}{M_w} V_w$ 特一级:1.9;一级:1.6;二级:1.4;三级:1.2 (2) 其他部位 特一级:1.2 一级、二级、三级:1.0 (3) 短肢剪力墙 特一级:1.68;一级:1.4;二级:1.2;三级:1.1	构件调整; 《高层建筑混凝土结构技术规程》(JGJ 3—2010)第7.2.2条、7.2.6条、10.2.18条 《建筑抗震设计规范》(GB 50011—2010)第6.2.8条 《混凝土结构设计规范》(GB 50010—2010)第11.7.2条

(续)

序号	构件	调整内容	说明
16	框架梁柱节点	(1) 一级框架和9度的一级框架 $$V_j = \frac{1.15 \sum M_{bua}}{h_{b0} - a_s'}\left(1 - \frac{h_{b0} - a_s'}{H_c - h_b}\right)$$ 框架梁柱节点核心区组合剪力设计值 一级：$V_j = \frac{1.50 \sum M_b}{h_{b0} - a_s'}\left(1 - \frac{h_{b0} - a_s'}{H_c - h_b}\right)$ 二级：$V_j = \frac{1.35 \sum M_b}{h_{b0} - a_s'}\left(1 - \frac{h_{b0} - a_s'}{H_c - h_b}\right)$ 三级：$V_j = \frac{1.2 \sum M_b}{h_{b0} - a_s'}\left(1 - \frac{h_{b0} - a_s'}{H_c - h_b}\right)$ (2) 其他结构中框架梁柱节点核心区组合剪力设计值 一级：$V_j = \frac{1.35 \sum M_b}{h_{b0} - a_s'}\left(1 - \frac{h_{b0} - a_s'}{H_c - h_b}\right)$ 二级：$V_j = \frac{1.2 \sum M_b}{h_{b0} - a_s'}\left(1 - \frac{h_{b0} - a_s'}{H_c - h_b}\right)$ 三级：$V_j = \frac{1.1 \sum M_b}{h_{b0} - a_s'}\left(1 - \frac{h_{b0} - a_s'}{H_c - h_b}\right)$	局部调整； 《高层建筑混凝土结构技术规程》（JGJ 3—2010）第6.2.7条 《建筑抗震设计规范》（GB 50011—2010）第6.2.13条 《混凝土结构设计规范》（GB 50010—2010）第11.6.2条

几点说明：

1) 柱剪力增大是在柱端弯矩增大基础上再增大，实际增大系数可取弯矩和剪力增大系数的乘积。

例如：《高层建筑混凝土结构技术规程》（JGJ 3—2010）第3.10.2条、第6.2.1条、第10.2.11条规定，与转换构件相连的柱上端和底层的柱下端截面弯矩组合值增大系数分别为：特一级：1.8；一级：1.5；二级：1.30。其他层框支柱柱端截面弯矩组合值增大系数分别为：特一级：1.4×1.2=1.68；一级：1.4；二级：1.2。

《高层建筑混凝土结构技术规程》（JGJ 3—2010）第3.10.2条、第6.2.3条、第10.2.11条规定，柱端剪力增大系数分别为：特一级：1.4×1.2=1.68；一级：1.4；二级：1.2。

因此，可得按"强剪弱弯"的设计概念，框支柱的剪力设计值实际增大系数为：

①底层柱以及与转换构件相连柱

特一级：1.8×1.68=3.02

一　级：1.5×1.4=2.1

二　级：1.3×1.2=1.56

②其他层柱

特一级：1.68×1.68=2.82

一　级：1.4×1.4=1.96

二　级：1.2×1.2=1.44

2) 对9度抗震设防的各类框架及一级抗震的框架结构构件的内力调整，规范采用的是实配法,为计算方便和可操作,计算程序中均采用系数法,即乘以适当的增大系数,设计人员应对电算结果进行判断,若小于实配法,应按实配法进行调整。

64. 如何对高层建筑结构电算计算结果进行分析、判断和调整?

目前高层建筑结构分析和设计基本上都采用计算机软件进行,结构计算机分析一方面为结构方案分析比较提供了依据,另一方面为施工图设计提供了依据。因此对计算结果的合理性、可靠性进行判断是十分必要的。设计人员必须以力学概念、工程经验为基础,从结构整体和局部两个方面对结构分析软件的计算结果进行分析判断,确认其合理、有效后方可作为工程设计的依据。

(1)合理性的判断

根据结构类型分析其动力特性和位移特性,判断其合理性。

1)周期和地震作用 结构周期 T 大小与其刚度的平方根 $\sqrt{K}$ 成反比,与其质量的平方根 $\sqrt{M}$ 成正比。周期的大小与结构在地震中的反应有密切关系,最基本的是不能与场地的卓越周期一致,否则会发生共振。

按正常设计,非耦联计算地震作用时,结构周期大致在以下范围内,即

框架结构 $T_1 = (0.12 \sim 0.15)n$
框架—剪力墙结构 $T_1 = (0.08 \sim 0.12)n$
剪力墙结构 $T_1 = (0.04 \sim 0.08)n$
筒中筒结构 $T_1 = (0.06 \sim 0.10)n$
                    $T_2 = (1/5 \sim 1/3)T_1$
                    $T_3 = (1/7 \sim 1/5)T_1$

式中 n——结构计算层数(对于 40 层以上的建筑,上述近似周期的范围可能有较大的差别)。

如果周期偏离上述数值太远,应考虑本工程刚度是否合理,必要时调整结构截面尺寸。如果结构截面尺寸和布置正常,无特殊情况而计算周期相差太远,应检查输入数据有无错误。

耦联计算时,底层剪力重力比 $\gamma_v = F_{Ek}/G_E$ 应在合理的范围内,参照一些工程经验资料,剪力重力比 γ_v 的经验范围如表 4-4 所示。

表 4-4 剪力重力比 γ_v 的适宜范围

地震烈度	7 度		8 度	
场地类别	Ⅱ	Ⅲ	Ⅱ	Ⅲ
框架结构	0.015~0.03	0.02~0.04	0.03~0.05	0.04~0.08
框架—剪力墙结构	0.02~0.04	0.03~0.05	0.04~0.06	0.05~0.08
剪力墙结构	0.03~0.04	0.04~0.06	0.04~0.08	0.07~0.10

注:此表仅适用于平面比较规则、竖向刚度比较均匀的结构。

若 γ_v 过小,说明底部剪力过小,此时应注意结构位移满足要求,构件截面配筋为构造配筋的"安全"假象,要对构件截面尺寸、周期是否折减进行全面检查,找出原因。

若 γ_v 过大,说明底部剪力过大,应检查输入信息,是否填入信息有误,或剪力墙数量过多,结构刚度太大。

不论剪力重力比 γ_v 过小还是过大，都要找出原因，将其控制在适宜的范围内，其计算的位移、内力、配筋才有意义。

2）振型　正常计算结构的振型曲线多为连续光滑曲线，当沿竖向有非常明显的刚度和质量突变时，振型曲线可能有不光滑的畸变点，如图 4-2 所示。

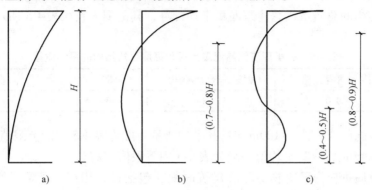

图 4-2　振型曲线
a）第一振型　b）第二振型　c）第三振型

由于复杂高层建筑结构振型分布的复杂性，前若干振型中，有许多振型要么参与系数等于零，要么对结构的影响非常小，并且取太多的振型，计算工作量很大。实际上，不应该以振型顺序依此选择振型（对平面结构是正确的），而应该以振型对结构的影响大小为依据进行选取，这样就可以自动剔除排列在前，但影响小的振型。

3）位移　结构的弹性层间位移角需满足现行规范规程中的有关规定。需要说明的是，此时位移的计算是在"楼板平面内刚度为无限大"这一假定条件下。位移与结构的总体刚度有关，计算位移越小，其结构的总体刚度越大，因此可以根据初算的结构对整体结构进行调整。如位移值偏小，则可以减小整体结构的刚度，对墙、梁的截面尺寸可适当减小或取消部分剪力墙。反之，如位移偏大，则应考虑如何增加整体结构的刚度，包括加大有关构件的尺寸，改变结构抵抗水平力的形式、增设加强层、斜撑等。

(2) 渐变性的判断

竖向刚度、质量变化均匀的结构，在较均匀变化的外荷载作用下，其内力、位移等计算结果自上而下也应均匀变化，不应有较大的突变，否则应检查结构截面尺寸或输入数据是否正确、合理，位移特征曲线如图 4-3 所示。

(3) 平衡性的判断

分析结构或结构构件在单一重力荷载或风荷载作用下内外力平衡条件是否满足。在进行内外力平衡条件分析时，应注意下列各方面。

1) 平衡性分析应采用结构内力调整前的内力。

2) 平衡校核只能对同一结构在同一荷载条件下进行，故不考虑施工过程模拟加载的影响。

3) 平衡分析时必须考虑同一种工况下的全部内力。

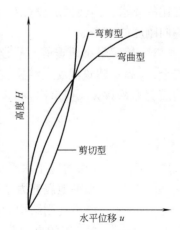

图 4-3　位移的特征曲线

4)经过 SRSS 或 CQC 法组合的地震作用效应是不能用作平衡分析的,当需要进行平衡校核时,可利用第一振型的地震作用进行平衡分析。

5)柱、墙计算轴力 N_i 基本符合柱、墙受荷面积 A_i 的近似应力,即 $N_i = qA_i$(q 为单位面积重力荷载)。根据对大量工程的数据统计,采用普通轻质填充墙的各类现浇钢筋混凝土民用高层建筑结构的总质量按总建筑面积平均计算,其范围大致如表 4-5 所示。

表 4-5　各类现浇钢筋混凝土民用高层建筑结构的平均质量　　（kN/m²）

结构类别	框架结构	框架—剪力墙结构	框筒结构	剪力墙结构
平均质量	9.0~12	11~14	13~15	14~17

当建筑物较高（>30 层、>100m）时,其平均质量一般为表 4-5 中的上限值左右;当建筑物较低（<20 层、<60m）时,其平均值一般为表 4-5 中下限值左右。

建筑物的总质量应为建筑物实际总建筑面积（包括设备用房、避难层等不计入容积率的建筑面积在内）乘以其平均质量。

(4) 需要注意的几个取值

除满足上述的要求外,抗震设计时,一般高层建筑需要注意以下几个取值:

1) 柱轴压比 n　柱轴压比 n 的限值是延性设计的要求,规范对不同抗震等级的结构给出了不同的要求,需要注意的是,抗震结构中,轴压力应采用有地震组合下的最大轴力。

2) 刚度比　《建筑抗震设计规范》（GB 50011—2010）规定:当某层结构的侧向刚度小于相邻上一层的 70%,或小于其相邻三个楼层侧向平均值的 80%,则该结构为竖向不规则结构（图 4-2）。控制刚度比主要是为了控制结构的竖向规则性,避免竖向刚度突变,形成薄弱层。对于抗震高层建筑而言,此类竖向不规则结构是不宜采用的。

《高层建筑混凝土结构技术规程》（JGJ 3-2010）规定,设计带转换层高层建筑结构时,应控制转换层上、下层结构的等效刚度比（见本书第 141 题）。同时,为防止出现转换层下部楼层刚度较大,而转换层本层的侧向刚度较小,此时,等效刚度比虽能满足限值的要求,但转换层本层的侧向刚度过于柔软。《高层建筑混凝土结构技术规程》（JGJ 3—2010）规定,转换层结构除应满足上述等效剪切刚度或等效侧向刚度比要求外,还应满足楼层侧向刚度比的要求:当转换层设置在 3 层及 3 层以上时,其楼层侧向刚度尚不应小于相邻上部楼层侧向刚度的 60%。

3) 楼层最小地震剪力系数 λ（剪重比）　为了控制楼层的最小地震剪力,保证结构的安全,《高层建筑混凝土结构技术规程》（JGJ 3—2010）规定了不同烈度下楼层的最小水平地震剪力系数 λ（剪重比）:

$$V_{Eki} > \lambda \sum_{j=1}^{n} G_j \tag{4-2}$$

式中　V_{Eki}——i 层对应于水平地震作用标准值的楼层剪力;

　　　　λ——水平地震剪力系数,不应小于表 4-6 规定的楼层最小地震剪力系数值,对竖向不规则结构的薄弱层,尚应乘以 1.15 的增大系数;

　　　　G_j——第 j 层的重力荷载代表值;

　　　　n——结构计算的总层数。

表 4-6　楼层最小地震剪力系数 λ 值

类　别	6 度	7 度	8 度	9 度
扭转效应明显或基本周期小于 3.5s 的结构	0.010	0.018（0.026）	0.034（0.050）	0.066
基本周期大于 5.0s 的结构	0.008	0.013（0.018）	0.024（0.036）	0.048

注：1、基本周期介于 3.5s 和 5.0s 之间的结构，可按线性插入法取值。
　　2. 括号内数值分别用于基本地震加速度为 0.15g 和 0.30g 的地区。
　　3. 对于Ⅲ、Ⅳ类场地，表中数据至少增加 5%。

4）位移比　《高层建筑混凝土结构技术规程》（JGJ 3—2010）规定：在考虑偶然偏心影响的地震作用下，楼层竖向构件的最大水平位移和层间位移，A 级高度高层建筑不宜大于该楼层平均值的 1.2 倍，不应大于该层平均值的 1.5 倍。B 级高度高层建筑、混合结构高层建筑及复杂高层建筑不宜大于该楼层平均值的 1.2 倍，不应大于该楼层平均值的 1.4 倍。因此，位移的要求主要是保证结构平面的规则性，减小结构平面扭转的不利影响。

5）周期比 T_t/T_1　《高层建筑混凝土结构技术规程》（JGJ 3—2010）规定：结构扭转为主的第一自振周期 T_t 与平动为主的第一自振周期 T_1 之比，A 级高度高层建筑 T_t/T_1 不应大于 0.9，B 级高度高层建筑、混合结构高层建筑及复杂高层建筑 T_t/T_1 不应大于 0.85。因此，控制周期比主要是为了减小扭转效应对结构产生的不利影响。

6）刚重比　《高层建筑混凝土结构技术规程》（JGJ 3—2010）第 5.4.4 条给出了刚重比的限值，控制结构刚重比的目的是为了控制结构的稳定性，避免结构产生整体稳定性。即

$$EJ_d \geq 1.4H^2 \sum_{i=1}^{n} G_i（剪力墙结构、框架—剪力墙结构、筒体结构）$$

$$D_i \geq 10 \sum_{j=i}^{n} G_j/h_i (i = 1,2,\cdots,n)（框架结构）$$

(5) 构件配筋的分析和判断

对构件的配筋合理性的分析判别包括如下内容。

1）一般构件的配筋率是否符合构件的受力特性。

2）受力复杂的结构构件（如转换梁、大悬臂梁、转换柱、跨层柱、特殊荷载作用的部位等）宜按应力分析的结果校核配筋设计。

3）柱的轴压比是否符合规范要求；短肢剪力墙的轴压比是否满足有关要求；竖向构件的加强部位（如角柱、框支柱、底部剪力墙等）的配筋是否得到反映。

(6) 根据计算结果对结构进行调整

结构设计中，其计算结果一般可按上述几项内容进行分析，符合上述要求，可以认为结构基本合理，否则应检查输入数据是否正确或对结构方案进行调整，使计算结果正常、合理。

结构布置的调整应在概念设计的基础上，从整体进行把握。如高层建筑结构计算出的第一振型为扭转振型，则表明结构的抗侧力构件布置得不尽合理，质量中心与抗侧刚度中心存在偏差，平动质量相对于刚度中心产生转动惯量；或是抗侧力构件数量不足；或是整体抗扭刚度偏小，此时对结构方案应从加强抗扭刚度，减小相对偏心，使刚度中心与质量中心一致，减小结构平面的不规则性等角度出发，进行调整，因此可采用加大抗侧力构件截面或增加抗侧力构件数量，将抗侧力构件尽可能均匀地布置在建筑物四周，必要时设置防震缝，将不规则的平面划分为若干相对规则平面等方法进行处理。

65. 地下室顶板作为上部结构的计算嵌固部位应满足什么条件？

高层建筑结构计算中，主体结构计算模型的底部嵌固部位，理论上应能限制构件在两个水平方向的平动位移和绕竖轴的转角位移，并将上部结构的剪力全部传递给地下室结构。因此，对作为主体结构嵌固部位地下室楼层的整体刚度和承载力应加以限制。

作为上部结构嵌固部位的地下室结构设计，应符合《高层建筑混凝土结构技术规程》（JGJ 3—2010）第 5.3.7，3.6.3 条、3.9.5 条、以及《建筑抗震设计规范》（GB 50011—2010）第 6.1.3 条的有关规定。

1）《高层建筑混凝土结构技术规程》（JGJ 3—2010）第 5.3.7 条规定，高层建筑结构整体计算中，当地下室顶板作为上部结构嵌固部位时，地下一层与首层侧向刚度比不宜小于 2。

2）《高层建筑混凝土结构技术规程》（JGJ 3—2010）第 3.6.3 条规定，作为上部结构嵌固部位的地下室楼层的顶楼盖应采用梁板结构，楼板厚度不宜小于 180mm，混凝土强度等级不宜低于 C30，应采用双层双向配筋，且每层每个方向的配筋率不宜小于 0.25%。

3）《高层建筑混凝土结构技术规程》（JGJ 3—2010）第 3.9.5 条规定，抗震设计的高层建筑，当地下室顶层作为上部结构的嵌固端时，地下一层相关范围（地下一层主楼及主楼周边外延 1~2 跨地下室范围）的抗震等级应按上部结构采用，地下一层以下抗震构造措施的抗震等级可逐层降低一级，但不应低于四级；地下室中超出上部主楼相关范围且无上部结构的部分，其抗震等级可根据具体情况采用三级或四级。

4）《建筑抗震设计规范》（GB 50011—2010）第 6.1.3 条规定，位于地下室顶板的梁柱节点左右梁端截面实际受弯承载力之和不宜小于上下柱端实际受弯承载力之和。

主体结构嵌固部位下部楼层（地下室一层）与上部楼层（地上一层）的侧向刚度比，可按下列方法确定：

①按照主体结构计算时的楼层侧向刚度计算，楼层侧向刚度 K_i

$$K_i = \frac{V_i}{\Delta u_i} \quad (i=0, 1) \tag{4-3}$$

式中 V_i——第 i 层楼层地震剪力设计值；

Δu_i——第 i 层楼层质心处的层间位移。

②近似按照《高层建筑混凝土结构技术规程》（JGJ 3—2010）附录 E 规定的等效剪切刚度比 γ 控制，即

$$\gamma = \frac{G_0 A_0 / h_0}{G_1 A_1 / h_1} \tag{4-4}$$

$$A_i = A_{wi} + \sum_{j=1}^{n_{ci}} C_{ij} A_{ci,j} \quad (i=0, 1) \tag{4-5}$$

$$C_{ij} = 2.5 \left(\frac{h_{ci,j}}{h_i}\right)^2 \quad (i=0, 1) \tag{4-6}$$

式中 G_0、G_1——地下一层和地上一层的混凝土剪切模量；

A_0、A_1——地下一层和地上一层的折算抗剪截面面积，可按式（4-5）计算；

A_{wi}——第 i 层全部剪力墙在计算方向的有效截面面积（不包括翼缘面积）；

$A_{ci,j}$——第 i 层第 j 根柱的截面面积；

h_i——第 i 层的层高；

$h_{ci,j}$——第 i 层第 j 根柱沿计算方向的截面高度；

n_{ci}——第 i 层柱总数。

应注意：

一般情况下，高层建筑结构地下室外墙均可参与地下室的侧向刚度计算，因此，地下室一层与上部结构一层的等效剪切刚度比不小于2.0的要求是容易满足的。对于地下室外墙与上部结构相距比较远（如超过40～50m）的情况，一般不宜作为判断嵌固条件的墙体参与地下室的侧向刚度计算。

66. 高层建筑结构中，哪些构件可采用考虑塑性变形引起的内力重分布的分析方法？

高层建筑结构的内力和位移可按弹性方法计算，框架梁及连梁等构件可考虑局部塑性变形引起的内力重分布。

1）高层建筑结构构件均采用弹性刚度参与整体分析，但抗震设计的框架—剪力墙或剪力墙结构中的连梁刚度相对墙体较小，而承受的弯矩和剪力很大，配筋设计困难。因此，可考虑在不影响其承受竖向荷载能力的前提下，允许其适当开裂（降低刚度）而将内力转移到墙体上。在内力和位移计算中，对连梁刚度予以折减，通常设防烈度低时可少折减一些，设防烈度高时可多折减一些。建议：设防烈度为6、7度时连梁刚度折减系数取0.7，设防烈度为8、9度时取0.5。折减系数不宜小于0.5，以保证连梁承受竖向荷载的能力。

当框架—剪力墙结构中一端与柱连接、一端与墙连接的梁以及剪力墙结构中的跨高比大于5.0的连梁，重力作用效应比水平风荷载或水平地震作用效应更为明显，此时应慎重考虑梁刚度的折减，必要时可不进行梁刚度的折减，以控制正常使用阶段梁裂缝的发生和发展。

2）在竖向荷载作用下，框架梁端负弯矩很大，配筋困难，不便于施工。因此允许考虑塑性变形内力重分布对梁端负弯矩进行适当的调幅。钢筋混凝土的塑性变形能力有限，调幅的幅度必须加以限制，装配整体式框架梁端负弯矩调幅系数可取为0.7～0.8；现浇框架梁端负弯矩调幅系数可取为0.8～0.9。

应注意：

①框架梁端负弯矩调幅后，梁跨中弯矩应按平衡条件相应增大。

②梁端弯矩调幅仅对竖向荷载产生的弯矩进行，其余荷载或作用产生的弯矩不调幅。因此，应先对竖向荷载作用下框架梁的弯矩进行调幅，再与水平作用产生的框架梁弯矩进行组合。

③截面设计时，为保证框架梁跨中截面底部钢筋不至于过少，其截面正弯矩设计值不应小于竖向荷载作用下按简支梁计算的跨中弯矩设计值的50%。

67. 采用动力弹性时程分析法有哪些规定？

时程分析法是选择地震动加速度的时程曲线，然后利用数值积分法，求解动力微分方程，计算每一时刻结构的地震反应。

（1）弹性时程分析的应用范围

《高层建筑混凝土结构技术规程》（JGJ 3—2010）第4.3.4条规定，7~9度抗震设防的高层建筑，下列情况应采用弹性时程分析法进行多遇地震下的补充计算：

①甲类高层建筑结构；

②表4-7所列的乙、丙类高层建筑结构；

③不满足《高层建筑混凝土结构技术规程》（JGJ 3—2010）第3.5.2~3.5.6条规定的高层建筑结构；

④《高层建筑混凝土结构技术规程》（JGJ 3—2010）第10章规定的复杂高层建筑结构。

表4-7 采用时程分析法的高层建筑结构

设防烈度、场地类别	建筑高度范围
8度Ⅰ、Ⅱ类场地和7度	>100m
8度Ⅲ、Ⅳ类场地	>80m
9度	>60m

这里需要说明的是，所谓"补充计算"主要指对计算的底部剪力、楼层剪力和层间位移进行比较，当弹性时程法分析结果大于振型分解反应谱法分析结果时，相关部位的构件内力和配筋应作相应的调整。

《高层建筑混凝土结构技术规程》（JGJ 3—2010）第4.3.4条对6度抗震设防时，未作弹性时程分析补充计算的明确规定，是考虑到此种情况的地震作用相对较小，主要以抗震构造设计为主。但并不表明6度时对所有结构都不需要做弹性时程分析补充计算。对特别不规则的高层建筑或《高层建筑混凝土结构技术规程》（JGJ 3—2010）另有规定的情况（如第3.7.4条、5.1.13条等），仍应进行弹性时程分析补充计算，其加速度时程曲线的最大值可按《建筑抗震设计规范》（GB 50011—2010）[2016年版]表5.1.2-2采用，即取20cm/s^2。

（2）地震波的选用

按建筑场地类别和设计地震分组选用不少于二组的实际强震记录和一组人工模拟的加速度时程曲线，其平均地震影响系数曲线应与振型分解反应谱所采用的地震影响系数曲线在统计意义上相符。

地震波的持续时间不宜小于建筑结构基本自振周期的5倍，也不宜少于15s，地震波的时间间距可取0.01s或0.02s。

输入地震加速度的最大值，可按表4-8采用。

（3）最小底部剪力要求

弹性时程分析时，每条时程曲线计算所得结构底部剪力不应小于振型分解反应谱法计算结果的65%；多条时程曲线计算所得结构底部剪力平均值不应小于振型分解反应谱计算结果的80%。

（4）当取三组时程曲线进行计算时，结构地震作用效应宜取时程法计算结果的包络值与振型分解反应谱法计算结果的较大值；当取七组及七组以上时程曲线进行计算时，结构地震作用效应可取时程法计算结果的平均值与振型分解反应谱法计算结果的较大值。

表4-8 弹性时程分析所用地震加速度时程曲线的最大值　　　　（cm/s^2）

设防烈度、设计基本加速度	6度	7度		8度		9度
	0.05g	0.10g	0.15g	0.20g	0.30g	0.40g
加速度最大值	20	38	55	70	105	135

注：g为重力加速度。

68. 多点地震输入分析方法的要点是什么？

地震动空间变异性的本质就是相关性的降低。引起相关性降低的原因主要为：

（1）非均匀性效应

地震波从震源传播到两个不同测点时传播介质的不均匀性称为非均匀性效应。对于非点型震源，两个不同测点的地震波可能是从震源的不同部位释放的地震波及其不同比例的叠加，从而引起两测点地震动的差异，导致相干特性的降低。

（2）行波效应

由于传播路径的不同，地震波从震源传到两测点的时间差导致相干性的降低。

（3）衰减效应

由于两测点到震源的距离差异导致相干性的降低。

（4）局部场地条件效应

传播到基岩的地震波向地表传播时，由于两测点处表层土局部场地条件的差异，使两测点的地震动相干性降低。

由于建筑规模所限，衰减效应的影响较小，通常情况下不予考虑。根据以往的研究成果，相对于一致地面运动而言，考虑行波效应产生的计算修正占主导地位，而考虑激励点间相干性部分损失（非均匀性效应、局部场地效应）产生的计算修正则小得多，而且多半是略微缩小行波效应的修正量的。

已有研究成果表明，对于超长型结构有必要进行多点输入地震反应分析。对于一般高层建筑，如果地下室长度超过 600m，宜进行多点地震输入计算；如果地下室长度超过 200m，且有地质上的不连续或明显的不同地貌特征，宜进行多点地震输入计算，分析时应同时考虑场地的局部效应和行波效应。

目前可采用时程分析法、随机振动分析法和反应谱方法进行多点地震输入分析法，其中时程分析法和反应谱法都属于确定性的方法。

时程法进行多点地震输入分析的一般步骤。

（1）确定各点地震输入时程

应根据工程场地情况确定各点的地震输入时程。各点时程可按下列两种方法来确定：

1）场地波动分析法　考虑土与结构的相互作用，需要根据结构所处场地，建立包括结构和土体的分析模型，在分析模型的边界输入地震波，进行场地波动分析，得到地下室各点的地震输入时程。在分析中可能需要引入传输边界等假定，是一个非常复杂的问题，可参考有关地震工程学的专门论著。

2）简化计算方法　当场地比较均匀，只需要考虑行波效应，可采用简化方法进行分析。利用场地波或以往记录的地震波在结构的基底进行输入，各点输入地震波的形状和峰值大小相同，考虑行波效应后，各点输入的地震波存在一个相位差，这个相位差需要由地震波的传播方向和传播速度共同确定。

首先根据地震波的传播方向，确定结构的第一个起振点，以此点作为地震波时程的零相位点；假设地震波是沿着传播方向平行传播的，同一波面上的地震波相位相同，根据地震波的传播方向和波速，计算地震波传播到基底各点的时间，确定相应的相位差。

（2）进行多点输入分析

1）静支座位移时的结构平衡方程建立

将结构的自由度分为内部自由度 y_s 和支座自由度 y_b 两类，于是平衡方程可表示为

$$\begin{pmatrix} K_s & K_{sb} \\ K_{bs} & K_b \end{pmatrix} \begin{Bmatrix} y_s \\ y_b \end{Bmatrix} = \begin{Bmatrix} F_s \\ F_b \end{Bmatrix} \tag{4-7}$$

可将式（4-7）展开可得：

$$K_s y_s + K_{sb} y_b = F_s \tag{4-8a}$$

$$K_{bs} y_s + K_b y_b = F_b \tag{4-8b}$$

一般的支座位移量 y_b 和外荷载 F_s 为已知，式（4-8a）又可写成

$$K_s y_s = F_s - K_{sb} y_b \tag{4-8c}$$

若无外荷载而仅产生支座移动时，式（4-8c）又可写成

$$y_s = -K_s^{-1} K_{sb} y_b \tag{4-9}$$

式（4-9）就是支承节点发生位移时在非支承点产生的静位移。

2）考虑多点激励的动力平衡方程

考虑多点激励的动力平衡方程如式（4-10）所示。

$$\begin{pmatrix} M_s & 0 \\ 0 & M_b \end{pmatrix} \begin{Bmatrix} \ddot{y}_s \\ \ddot{y}_b \end{Bmatrix} + \begin{pmatrix} C_s & C_{sb} \\ C_{bs} & C_b \end{pmatrix} \begin{Bmatrix} \dot{y}_s \\ \dot{y}_b \end{Bmatrix} + \begin{pmatrix} K_s & K_{sb} \\ K_{bs} & K_b \end{pmatrix} \begin{Bmatrix} y_s \\ y_b \end{Bmatrix} = \begin{Bmatrix} 0 \\ F_b \end{Bmatrix} \tag{4-10}$$

式中 $\ddot{y}_s$、$\dot{y}_s$、y_s——非支承处自由度的绝对加速度、速度和位移向量；

M_s、C_s、K_s——质量矩阵、阻尼矩阵和刚度矩阵；

$\ddot{y}_b$、$\dot{y}_b$、y_b——支承处自由度的绝对加速度、速度、位移向量；

M_b、C_b、K_b——质量矩阵、阻尼矩阵和刚度矩阵；

F_b——支座反力。

在结构承受随时间变化的支座位移时，结构的反应来源于两个部分：支座移动引起的结构反应（即拟静力反应）；支座移动加速度导致的惯性力引起的结构反应（即动力反应）。因此结构位移可表示为

$$y = \begin{Bmatrix} y_s \\ y_b \end{Bmatrix} = \begin{Bmatrix} u_s^d \\ 0 \end{Bmatrix} + \begin{Bmatrix} y_s^s \\ y_b \end{Bmatrix} \tag{4-11}$$

式中 u_s^d——动位移分量；

y_s^s——拟静力位移分量。

由式（4-9）可知

$$y_s^s = -K_s^{-1} K_{sb} y_b = -R y_b \tag{4-12}$$

分别对式（4-12）求一阶和二阶导数，得相应的速度 $\dot{y}_s^s$ 和加速度 $\ddot{y}_s^s$ 为

$$\dot{y}_s^s = -R \dot{y}_b ; \quad \ddot{y}_s^s = -R \ddot{y}_b \tag{4-13}$$

将式（4-10）展开得：

$$M_s \ddot{y}_s + C_s \dot{y}_s + C_{sb} \dot{y}_b + K_s y_s + K_{sb} y_b = 0 \tag{4-14}$$

将式（4-11）代入式（4-14）得：

$$M_s \ddot{u}_s^d + C_s \dot{u}_s^d + K_s u_s^d = -M_s \ddot{y}_s^s - C_s \dot{y}_s^s - C_{sb} \dot{y}_b - K_{sb} y_b - K_s y_s^s \tag{4-15}$$

式（4-15）右端，阻尼力相对惯性力而言可以忽略不计，同时考虑式（4-13），则式

(4-15）变为

$$M_s \ddot{u}_s^d + C_s \dot{u}_s^d + K_s u_s^d = -M_s R \ddot{y}_b \tag{4-16}$$

式（4-16）就是多点激励的动力平衡方程。

3）建立结构的有限元模型，在基底各点输入地震时程，进行结构的整体分析。根据不同的地震波传播方向，分别确定各点的地震输入时程。同时，因为地震波的振动方向与地震波的传播方向是相互独立的，针对每一个地震波的传播方向，还要考虑地面振动的不同方向，分别进行时程分析。

（3）比较多点输入与一致输入的结果

比较各个地震波输入方向和地面运动方向下结构的反应，确定多点地震输入对结构的影响。因为地下室与建筑结构连接在一起，各部分基础的相对变形受到地下室底板的约束，一般不会产生基础的相对变形，拟静力反应的影响比较小。但多点地震输入的另一个影响是因为各点输入的相位不同，相当于输入了一个扭转分量，会产生结构整体的扭转反应，这一点对建筑结构的多点地震分析是主要因素。

在考虑了多点地震输入后，对称的多塔楼结构就有可能产生扭转反应，这在单点地震输入分析中是无法实现的。

69. 基于性能抗震设计方法与常规抗震设计方法的联系和区别是什么？

基于性能抗震设计方法与常规抗震设计方法在设防目标、设计方法和抗震构造措施等方面的异同点如下：

（1）建筑抗震设防目标

抗震设防目标实际上是地震设防水准与结构性能水准的组合。

1）常规抗震设计方法即《建筑抗震设计规范》（GB 50011—2010）抗震设计方法，其基本思想和原则仍以"三个水准"为目标，即"小震不坏、中震可修、大震不倒"。

50年内超越概率为63.2%的地震烈度为众值烈度，比基本烈度约低一度半，规范取为第一水准烈度；50年内超越概率为10%的地震烈度为基本烈度，规范取为第二水准烈度；50年内超越概率为2%~3%的地震烈度为罕遇地震的概率水准，规范取为第三水准烈度；当基本烈度6度时为7度强，7度时为8度强，8度时为9度弱，9度时为9度强。

第一水准：当遭受低于本地区抗震设防烈度的多遇地震影响时，一般不受损坏或不需修理可继续使用；第二水准：当遭受相当于本地区抗震设防烈度的地震影响时，可能损坏，经一般修理或不需修理可继续使用；第三水准：当遭受高于本地区抗震设防烈度预估的罕遇地震影响时，不致倒塌或发生危及生命的严重破坏。

衡量遭遇强烈地震后建筑"不坏、可修、不倒"等破坏程度，应依据建设部（90）建抗字第377号文《建筑地震破坏等级划分标准》的规定执行。该规定将建筑遭受地震后的损坏程度分为：基本完好、轻微损坏、中等损坏、严重破坏和倒塌，每个等级的破坏状态描述和房屋继续使用的可能性划分见表4-9。

表4-9 建筑地震破坏等级划分

名 称	破坏状态描述	继续使用的可能性
基本完好（含完好）	承重构件完好；个别非承重构件轻微损坏；附属构件有不同程度破坏	一般不需修理即可继续使用

(续)

名　称	破坏状态描述	继续使用的可能性
轻微损坏	个别承重构件轻微裂缝，个别非承重构件明显破坏；附属构件有不同程度破坏	不需修理或稍加修理，仍可继续使用
中等损坏	多数承重构件出现轻微裂缝，部分出现明显裂缝；个别非承重构件严重破坏	需一般修理，采取安全措施后可适当使用
严重破坏	多数承重构件严重破坏或部分倒塌	应排险大修、局部拆除
倒塌	多数承重构件倒塌	需拆除

注：1. 个别指5%以下，部分指30%以下，多数指超过50%。
　　2. 不同的结构类型，承重构件、非承重构件和附属构件的划分有所不同。

2）基于性能的抗震设计是根据地震作用的不确定性（发生时间、强度和持续时间等）以及结构抗力的不确定性等特点，对不同风险水平的地震作用，使结构满足不同的性能要求。也即在建筑结构设计使用年限内可能发生的地震作用时，建筑结构的地震反应和破坏程度均在地震设防要求的范围内，不仅能保证生命安全，而且能确保经济损失最小。其实质上就是一种试图对建筑结构的反应和破坏程度进行控制的设计方法。抗震设防水准是指未来可能作用于建筑场地的地震作用的大小，也称为地震风险性水平。《建筑抗震设计规范》（GB 50011—2010）将地震设防水准分为三级多遇地震（小震）、设防烈度地震（中震）和预估的罕遇地震（大震）。性能水准是指建筑物在特定的某一地震作用下预期破坏的最大程度。此处的建筑物包括结构、结构构件、非结构构件、室内物品和设施以及对建筑功能有影响的场地设施等。《建筑抗震设计规范》（GB 50011—2010）性能水准分为5级（详见70题）。

比较常规设计方法的设防目标与基于性能的设防目标可见：

①两者的设防思想相同，即对于强度低、出现频率较高的地震，应保证建筑物使用良好；而对于强度高、出现频率较低的地震，允许建筑物有一定程度的损坏，但不允许倒塌或发生危及生命的严重破坏。

②常规设计方法的设防目标单一，即"小震不坏、中震可修、大震不倒"，主要保证生命安全，尽管也将建筑物分为甲类、乙类、丙类和丁类，以采取不同的抗震措施，隐含多级设防思想，但按此设计的结构能够达到的性能水准不够明确。

③基于性能的抗震设计明确提出了多级设防目标（性能目标），虽然它所采用的地震设防水准和性能水准与常规设计方法有相似之处，但它所确定的设防目标包含了人身安全和财产损失两个方面的要求，故在设计过程中应进行全面的费用与效益分析，以选择经济效果最佳的结构抗震设计方案。另外，抗震设防目标除采用常规设计方法的设防目标外，也可采用"中震不坏、大震可修"和"大震不坏"不同的设防目标，这是基于性能的抗震设计与常规抗震设计的重要区别。

（2）建筑抗震设计方法

1）为了实现三水准的抗震设防目标，常规抗震设计方法采用两阶段的抗震设计。第一阶段设计主要是结构构件承载力计算和弹性变形验算，采用多遇烈度的地震参数，按弹性反应谱计算结构的地震作用标准值和相应的地震作用效应（内力和变形），将地震作用效应与相应的重力荷载效应组合，据此进行构件截面承载力计算；通过概念设计（若采取内力调幅和相应的抗震构造措施）来满足第二水准和第三水准地震的宏观性能控制要求。第二阶段设计是结构在大震作用下的弹塑性变形验算，对复杂和有特殊要求的建筑结构，按罕遇烈度的地震参数计算水平地震作用，据此对结构进行弹塑形变形验算；要取其薄弱部位应满足在预期的大震作用下不倒塌的弹塑形位移限值，并采取专门的抗震构造措施。

2）基于性能抗震设计方法（以基于位移的抗震设计方法）：根据预先选择的性能目标，用量化的位移指标确定结构的目标侧移曲线，据此计算等效单自由度体系的等效参数及原多自由度体系的基底剪力和各质点的水平地震作用；然后对结构进行刚度设计和承载力设计；对如此设计的结构进行目标侧移曲线比较，若两者基本符合，则上述设计结果有效，否则应重新设计，直至满意为止。在上述计算中，如要求结构在多遇烈度地震作用下达到某一性能水平，则按多遇烈度的地震参数验算结构的基底剪力和各质点的水平地震作用；同样，如要求结构在基本烈度或罕遇烈度地震作用下达到某一性能水平，则按基本烈度或罕遇烈度的地震参数计算结构的基底和各质点的水平地震作用。

由此可见：

①常规抗震设计方法是基于承载力的设计，虽然也进行变形验算，但只是将变形作为校核手段，设计人员和业主并不清楚结构的性能水平。

②基于性能/位移的抗震设计一开始就将位移作为设计变量，其设计过程就是对结构性能目标的控制过程，因此，结构在未来地震中的形态是可以预测的。

③常规抗震设计方法仅要求计算小震作用下结构构件的承载力和验算大震作用下结构的弹塑性变形，对中震作用下的结构形态未进行控制。而基于性能的抗震设计，要求对不同的地震设防水准、不同的性能水准均进行控制。

（3）抗震构造措施

1）常规抗震设计方法按规范规定的构件截面的抗震构造措施，主要是根据结构类型和重要性、房屋高度、地震烈度、场地类别等因素确定，是对结构抗震性能的宏观定性控制。设计人员被动地采取抗震构造措施，并不清楚在采取这些措施后，结构在地震时的性能如何。

2）基于性能的抗震设计是根据结构在一定强度地震作用下的变形需求，通过对构件截面变形能力的设计，使结构有能力达到预期的性能水准。这样可以把结构的性能目标要求与抗震措施联系起来，是一种定量的抗震措施，设计人员主动通过抗震措施来控制结构的抗震性能，因而对结构在未来地震时的性能比较清楚。

基于性能抗震设计与常规抗震设计方法的比较见表4-10。

表4-10 基于性能抗震设计方法与常规抗震设计方法的比较

项目	常规的抗震设计	基于性能的抗震设计
设防目标	小震不坏、中震可修、大震不倒；小震有明确的性能指标，大震有位移指标，其余是宏观的性能要求；按使用功能重要性分为甲、乙、丙、丁四类，其防倒塌的宏观控制有所区别	按使用功能类别及遭遇地震影响的程度，提出多个预期的性能目标，包括结构的、非结构的、设计施工的各种具体性能指标；由业主选择具体工程的预期目标

(续)

项目	常规的抗震设计	基于性能的抗震设计
实施方法	按指令性、处方形式的规定进行设计；通过结构布置的概念设计、小震弹性设计、经验性的内力调整、放大和构造以及部分结构大震变形验算，即认为可实现预期的宏观设防目标	除满足基本要求外，需提出符合预期性能要求的论证，包括结构体系、详尽的分析、抗震措施和必要的试验，并经过专门的评估予以确认
工程应用	目前广泛应用，设计人员已经熟悉；对适用高度和规则性等有明确的限制，有局限性，尚不能适应新技术、新材料、新结构体系发展的要求	目前较少采用，设计人员尚未掌握，所承担的风险较大；为实现"超限"结构及复杂结构的设计提供了可行的方法，有利于技术进步和创新。技术上还有些问题有待研究改进

70. 基于性能设计方法的设计要点是什么？

1. 结构性能目标组成和选用

（1）结构性能目标组成

每个复杂和超限高层建筑结构可以根据具体的设防烈度、场地条件、房屋高度、不规则的部位和程度以及业主的经济实力，选择结构在三个水准地震作用下的性能水准，从而实现相应的结构设计。表4-11给出了一些可供选择的性能目标。

表4-11 结构抗震性能目标

地震水准 \ 性能目标（性能水准）	A	B	C	D
多遇地震（小震）	1	1	1	1
设防烈度地震（中震）	1	2	3	4
预估的罕遇地震（大震）	2	3	4	5

性能目标A：多遇地震（小震）和设防烈度地震（中震）均满足性能水准1的要求，预估的罕遇地震（大震）下满足性能水准2的要求；整体结构基本完好，部分构件轻微损坏。

性能目标B：多遇地震（小震）下满足性能水准1的要求，设防烈度地震（中震）下满足性能水准2的要求，预估的罕遇地震（大震）下满足性能水准3的要求；部分结构构件轻度损坏。

性能目标C：多遇地震（小震）下满足性能水准1的要求，设防烈度地震（中震）下满足性能水准3的要求，预估的罕遇地震（大震）下满足性能水准4的要求；结构中度损坏。

性能目标D：多遇地震（小震）下满足性能水准1的要求，设防烈度地震（中震）下满足性能水准4的要求，预估的罕遇地震（大震）下满足性能水准5的要求；结构严重损坏。

（2）性能目标的选用

选用性能目标时需综合考虑抗震设防类别、设防烈度、场地条件、结构的特殊性、建造费用、震后损失和修复难易程度等因素。鉴于地震地面运动的不确定性以及对结构在强烈地震下非线性分析方法（计算模型及参数的选用等）存在不少经验因素，缺少从强震记录、设计施工资料到实际震害的验证，对结构抗震性能的判断难以十分准确，尤其是对长周期的超高层建筑或特别不规则结构的判断难度更大，因此在性能目标选用中宜偏于安全一些。

例如：特别不规则的、房屋高度超过 B 级高度很多的高层建筑或处于不利地段的特别不规则结构，可考虑选用 A 级性能目标。

房屋高度超过 B 级高度较多或不规则性超过规程使用范围很多时，可考虑选用 B 级或 C 级性能目标；

房屋高度超过 B 级高度或不规则性超过适用范围较多时，可考虑选用 C 级性能目标。

房屋高度超过 A 级高度或不规则性超过适用范围较少时，可考虑选用 C 级或 D 级性能目标。

结构方案中仅有部分区域结构布置比较复杂或结构的设防标准、场地条件等特殊性，使设计人员难以直接按规程规定的常规方法进行设计时，可考虑选用 C 级或 D 级性能目标。

实际工程情况很复杂，需综合考虑各种因素。选择性能目标时，一般需征求业主和有关专家的意见。

2. 结构的抗震性能水准和判别准则

（1）结构的抗震性能水准

《高层建筑混凝土结构技术规程》（JGJ 3—2010）给出了五个抗震性能水准（表 4-12），具体内容如下：

第 1 性能水准：结构在地震作用下完好、无损伤，一般不需修理即可继续使用。

第 2 性能水准：结构在地震作用下基本完好，仅耗能构件轻微损坏，稍加修理即可继续使用。

第 3 性能水准：结构在地震作用下发生轻度损坏，关键构件轻微损坏，部分普通竖向构件轻微损坏，耗能构件轻度损坏、部分中度损坏；经过一般修理后可继续使用。

第 4 性能水准：结构在地震作用下发生中度损坏，关键构件轻度损坏，部分普通竖向构件中度损坏，部分比较严重损坏；经过修复或加固后可继续使用。

第 5 性能水准：结构在地震作用下比较严重损坏，关键构件中度损坏，部分普通竖向构件比较严重损坏，耗能构件严重损坏；需排险大修。

表 4-12 各性能水准结构预期的震后性能状况

结构抗震性能水准	宏观损坏程度	损坏部位			继续使用的可能性
		关键构件	普通竖向构件	耗能构件	
1	完好、无损坏	无损坏	无损坏	无损坏	不需要修理可继续使用
2	基本完好、轻微损坏	无损坏	无损坏	轻微损坏	稍加修理即可继续使用
3	轻度损坏	轻微损坏	轻微损坏	轻度损坏、部分中度损坏	一般修理后可继续使用
4	中度损坏	轻度损坏	部分构件中度损坏	中度损坏、部分比较严重损坏	修复或加固后可继续使用
5	比较严重损坏	中度损坏	部分构件比较严重损坏	比较严重损坏	需排险大修

表中"关键构件"是指构件的失效可能引起结构的连续破坏或危及生命安全的严重破坏，可由结构工程师根据工程实际情况分析确定。例如底部加强部位的重要竖向构件、水平转换构件及与其相连竖向支承构件、大跨度连体结构的连接体及与其相连的竖向支承构件、大悬挑结构的主要悬挑构件、加强层伸臂和周边环带结构的竖向支承构件、承托上部多个楼层框架柱的腰桁架、长短柱在同一楼层且数量相当时该层各个长短柱、扭转变形很大部位的竖向（斜向）构件、重要的斜撑构件等。"普通竖向构件"是指"关键构件"之外的竖向构件。"耗能构件"包括框架梁、剪力墙、连梁及耗能支撑等。

《高层建筑混凝土结构技术规程》（JGJ 3—2010）提出的 A、B、C、D 四级结构抗震性能目标和五个结构抗震性能水准（1、2、3、4、5），结构在不同水准地震下的性能水准以及性能目标的示意图见图4-4。

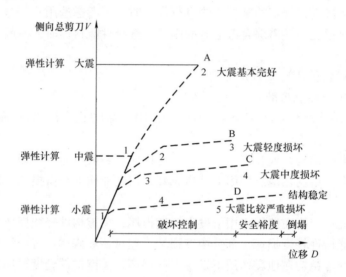

图4-4 抗震性能目标和性能水准示意图

（2）性能水准的判别准则

判别结构在地震作用下是否满足上述五个性能水准的准则如下：

1）第1性能水准的结构　第1性能水准的结构应满足弹性设计要求。在多遇地震（小震）作用下，其承载力和变形应符合《高层建筑混凝土结构技术规程》（JGJ 3—2010）的有关规定；在设防烈度地震（中震）作用下，结构构件的抗震承载力应符合下式规定：

$$\gamma_G S_{GE} + \gamma_{Eh} S_{Ehk}^* + \gamma_{Ev} S_{Evk}^* \leqslant R_d / \gamma_{RE} \tag{4-17}$$

式中　S_{GE}——重力荷载代表值的构件内力；

S_{Ehk}^*——水平地震作用标准值的构件内力，不需考虑与抗震等级有关的增大系数；

S_{Evk}^*——竖向地震作用标准值的构件内力，不需考虑与抗震等级有关的增大系数；

R_d——构件承载力设计值；

γ_{RE}——构件承载力抗震调整系数；

γ_G、γ_{Eh}、γ_{Ev}——重力荷载分项系数、水平地震作用分项系数和竖向地震作用分项系数。

也就是说，要求全部构件的抗震承载力满足弹性设计要求。在多遇地震（小震）作用下，结构的层间位移、结构构件的承载力及结构整体稳定等均应满足《高层建筑混凝土结构技术规程》（JGJ 3—2010）的有关规定；结构构件的抗震等级不宜低于《高层建筑混凝土结构技术规程》（JGJ 3—2010）的有关规定，需要特别加强的构件可适当提高抗震等级，已为特一级的不再提高。在设防烈度（中震）作用下，构件承载力需满足弹性设计要求，如式（4-17），其中不计入风荷载作用效应的组合，地震作用标准值的构件内力（S_{Ehk}^*、S_{Evk}^*）计算中不需要乘以与抗震等级有关的增大系数。

2）第 2 性能水准的结构　第 2 性能水准的结构，在设防烈度地震（中震）或预估的罕遇地震（大震）作用下，关键构件及普通竖向构件的抗震承载力宜符合式（4-17）的规定；耗能构件的受剪承载力宜符合式（4-17）的规定，其正截面承载力应符合下式规定：

$$S_{GE} + S_{Ehk}^* + 0.4 S_{Evk}^* \leqslant R_k \tag{4-18}$$

式中　R_k——截面承载力标准值，按材料强度标准值计算；

其余符号意义同前。

第 2 性能水准结构的设计要求与第 1 性能水准结构的差别是，框架梁、剪力墙连梁等耗能构件的正截面只需要满足式（4-18）的要求，即满足"屈服承载力设计"。"屈服承载力设计"是指构件按材料强度标准值计算的承载力 R_k 不小于按重力荷载及地震作用标准值计算的构件组合内力。对耗能构件只需验算水平地震作用为主要可变荷载的组合工况，式（4-18）中重力荷载分项系数 γ_G、水平地震作用分项系数 γ_{Eh} 及抗震承载力调整系数 γ_{RE} 均取 1.0，竖向地震作用分项系数 γ_{Ev} 取 0.4。

3）第 3 性能水准的结构　第 3 性能水准的结构应进行弹塑性计算分析。在设防烈度地震（中震）或预估地震（大震）作用下，关键构件及普通竖向构件的正截面承载力应符合式（4-18）的规定，水平长悬臂结构和大跨度结构中的关键构件正截面承载力尚应符合式（4-19）的规定，其受剪承载力宜符合式（4-17）的规定。在预估的罕遇地震（大震）作用下，结构薄弱部位的层间位移角应满足《高层建筑混凝土结构技术规程》（JGJ 3—2010）第 3.7.5 条的规定。

$$S_{GE} + 0.4 S_{Ehk}^* + S_{Evk}^* < R_k \tag{4-19}$$

也就是说，第 3 性能水准结构，允许部分框架梁、剪力墙连梁等耗能构件正截面承载力进入屈服阶段，受剪承载力宜符合式（4-18）的要求。竖向构件及关键构件正截面承载力应满足式（4-18）"屈服承载力设计"的要求；水平长悬臂结构和大跨度结构中的关键构件正截面"屈服承载力设计"需要同时满足式（4-18）及式（4-19）的要求。式（4-19）表示竖向地震为主要可变作用的组合工况，式中重力荷载分项系数 γ_G、竖向水平地震作用分项系数 γ_{Ev} 及抗震承载力调整系数 γ_{RE} 均取 1.0，水平、竖向地震作用分项系数 γ_{Eh}、γ_{Ev} 取 0.4；这些构件的受剪承载力宜符合式（4-17）的要求。整体结构进入弹塑性状态，应进行弹塑性分析。为了方便设计，允许采用等效弹性方法计算竖向构件及关键部位构件的组合内力（S_{GE}、S_{Ehk}^*、S_{Evk}^*），计算中可适当考虑结构阻尼比的增加（增加值一般不大于 0.02）以及剪力墙连梁刚度的折减（刚度折减系数一般不小于 0.3）。实际工程设计中，可以先对底部加强部位和薄弱部位的竖向构件承载力按上述方法计算，再通过弹塑性分析校核全部竖向构件

4) 第4性能水准的结构　第4性能水准的结构应进行弹塑性计算分析。在设防烈度地震（中震）或预估地震（大震）作用下，关键构件的抗震承载力应符合式（4-18）的规定，水平长悬臂结构和大跨度结构中的关键构件正截面承载力尚应符合式（4-19）的规定；部分竖向构件以及大部分耗能构件进入屈服阶段，但钢筋混凝土竖向构件的受剪截面应符合式（4-20）的规定，钢—混凝土组合剪力墙的受剪承载力应符合式（4-21）的规定。在预估的罕遇地震（大震）作用下，结构薄弱部位的层间位移角符合《高层建筑混凝土结构技术规程》（JGJ 3—2010）第3.7.5条的规定。

$$V_{GE} + V_{Ek}^* \leqslant 0.15 f_{ck} b h_0 \tag{4-20}$$

$$(V_{GE} + V_{Ek}^*) - (0.25 f_{ak} A_a + 0.5 f_{spk} A_{sp}) \leqslant 0.15 f_{ck} b h_0 \tag{4-21}$$

式中　V_{GE}——重力荷载代表值作用下的构件剪力（N）；

　　　V_{Ek}^*——地震作用标准值的构件剪力（N），不需考虑与抗震等级有关的增大系数；

　　　f_{ck}——混凝土轴心抗压强度标准值（N/mm²）；

　　　f_{ak}——剪力墙端部暗柱中型钢的强度标准值（N/mm²）；

　　　A_a——剪力墙端部暗柱中型钢的截面面积（mm²）；

　　　f_{spk}——剪力墙内钢板的强度标准值（N/mm²）；

　　　A_{sp}——剪力墙内钢板的横截面面积（mm²）。

也就是说，关键构件抗震承载力应满足式（4-18）"屈服承载力设计"的要求，水平长悬臂结构和大跨度结构中的关键构件抗震承载力要同时满足式（4-18）及式（4-19）的要求；允许部分竖向构件及大部分框架梁、剪力墙连梁等耗能构件进入屈服阶段，但构件受剪截面应满足截面限制条件，这是防止构件发生脆性受剪破坏的最低要求。式（4-20）和式（4-21）中，V_{GE}、V_{Ek}^*可按弹塑性计算结果取值，也可按等效弹性方法计算结果取值（一般情况下是偏于安全的）。结构的抗震性能必须通过弹塑性计算加以深入分析，例如弹塑性层间位移角、构件屈服的次序及塑性铰分布、塑性铰部位钢材受拉塑性应变及混凝土受压损伤程度、结构的薄弱部位、整体结构的承载力不发生下降等。整体结构的承载力可通过静力弹塑性方法进行估算。

5) 第5性能水准的结构　第5性能水准的结构应进行弹塑性计算分析。在预估的罕遇地震作用下，关键构件的抗震承载力宜符合式（4-18）的规定；较多的竖向构件进入屈服阶段，但同一楼层的竖向构件不宜全部屈服；竖向构件的受剪截面应符合式（4-20）或式（4-21）的规定；允许部分耗能构件发生比较严重的破坏；结构薄弱部位的层间位移角应符合《高层建筑混凝土结构技术规程》（JGJ 3—2010）第3.7.5条的规定。

第5性能水准结构的设计要求与第4性能水准结构的差别在于，关键构件承载力宜满足"屈服承载力设计"的要求，允许比较多的竖向构件进入屈服阶段，并允许部分"梁"等耗能构件发生比较严重的破坏。结构的抗震性能必须通过弹塑性计算加以深入分析，尤其应注意同一楼层的竖向构件不宜全部进入屈服并宜控制整体结构承载力下降的幅度不超过10%。

3. 结构抗震性能分析论证

结构抗震性能分析论证的重点是深入的计算分析和工程判断，找出结构有可能出现的薄弱部位，提出有针对性的抗震加强措施，必须的试验验证，分析论证结构可达到预期的抗震性能目标。一般需要进行以下工作：

1）分析确定结构超出规程适用范围及不规则性的情况和程度。

2）认定场地条件、抗震设防类别和地震动参数。

3）深入的弹性和弹塑性计算分析（静力分析和时程分析），并判断计算结果的合理性。

4）找出结构有可能出现的薄弱部位以及需要加强的关键部位，提出针对性的抗震加强措施。

5）必要时还需进行构件、节点或整体模型的抗震试验，补充提出论证依据，例如对规程未列入的新型结构方案有无震害和试验依据或对计算分析难以判断、抗震概念难以接受的复杂结构方案。

基于性能的抗震设计基本步骤大致由性能目标设定、选用和设计方案选择、论证、评审组成。图 4-5 为基于性能抗震设计的基本步骤框图。

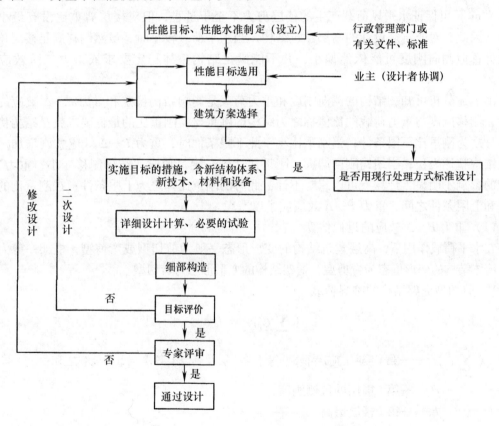

图 4-5 性能抗震设计基本步骤框图

71. 重力二阶效应及结构稳定应如何考虑？

一般重力二阶效应包括两部分：①由于构件自身挠曲引起的附加重力效应，即 $P—\delta$ 效应，二阶内力与挠曲形态有关，一般中段大、端部为零；②结构在水平地震作用下侧移变位后，重力荷载由于该侧移而引起的附加效应，即重力 $P—\Delta$ 效应。分析表明，对一般的高层建筑结构而言，由于构件的长细比不大，其挠曲二阶效应（$P—\delta$ 效应）的影响相对很小，一般可以忽略不计。由于结构侧移和重力荷载引起的 P—Δ 效应相对较为明显，可使结构内力和位移增加，当位移性能降低时甚至导致结构失稳。因此，高层建筑混凝土结构的稳定设计，主要是控制、验算结构在风荷载或水平地震作用下，重力荷载产生的 P—Δ 效应对结构性能降低影响以及由此可能引起的结构失稳。

高层建筑结构只要有水平侧移，就会引起重力荷载作用下的侧移二阶效应（P—Δ 效应），其大小与结构侧移和重力荷载自身大小直接相关，而结构侧移又与结构侧向刚度和水平作用大小密切相关。控制结构有足够的侧移刚度，宏观上有两个判断的指标：①结构侧移应满足规程的位移限制条件；②结构的楼层剪力与该层及其以上各层重力荷载代表值的比值（即楼层剪力重力比）应满足最小值的规定。一般情况下，满足了这些规定，可基本保证结构的整体稳定性，且重力二阶效应的影响较小。对抗震设计的结构，楼层剪重比必须满足《高层建筑混凝土结构技术规程》（JGJ 3—2010）第 4.3.12 条的规定；对于非抗震设计的结构，虽然《建筑结构荷载规范》（GB 50009—2012）规定基本风压 w_0 的取值不得小于 0.3kN/m²，可保证水平风荷载产生的楼层剪力不至于过小，但对楼层剪重比没有最小值的规定。因此，对非抗震设计的高层建筑结构，当水平荷载较小时，虽然侧移满足楼层位移限制条件，但侧向刚度可能依然偏小，并不能满足结构整体稳定要求或重力二阶效应不能忽略。

由上述分析可知，结构的侧向刚度和重力荷载是影响结构稳定和重力 P—Δ 效应的主要因素，侧移刚度与重力荷载的比值称之为结构的刚重比。刚重比的最低要求就是结构稳定要求，称之为刚重比下限条件，当刚重比小于此下限条件时，重力 P—Δ 效应急剧增加，可能导致结构整体失稳；当结构刚度增大，刚重比达到一定量值时，结构侧移变小，重力 P—Δ 效应的影响不明显，计算上可以忽略不计，此时的刚重比称之为上限条件；在刚重比的下限条件和上限条件之间，重力 P—Δ 效应应予以考虑。

（1）重力 P—Δ 效应的近似估算

在水平荷载作用下，高层建筑结构的变形形态一般为剪切型或弯剪型，框架—剪力墙结构、筒体结构的变形形态为弯剪型，框架结构的变形形态为剪切型。

1）剪切型框架结构的临界荷载

$$\left(\sum_{j=i}^{n} G_j\right)_{cr} = D_i h_i \tag{4-22}$$

式中 $\left(\sum_{j=i}^{n} G_j\right)_{cr}$——第 i 楼层的临界荷载，等于第 i 层及其以上各楼层重力荷载之和；

D_i——第 i 楼层的抗侧刚度；

h_i——第 i 楼层层高。

2）弯剪型结构的临界荷载

竖向弯曲型悬臂杆的顶点欧拉临界荷载为

$$P_{cr} = \frac{\pi^2 EJ}{4H^2} \tag{4-23}$$

式中 P_{cr}——作用于悬臂杆顶部的竖向临界荷载；

EJ——悬臂杆的弯曲刚度；

H——悬臂杆的高度，即房屋高度。

对于总层数为 n 层的高层建筑结构，为简化计算，可将作用于顶部的临界荷载 P_{cr} 近似地以沿竖向楼层均匀分布的重力荷载之总和 $(\sum_{j=1}^{n} G_j)_{cr}$ 表示，即

$$P_{cr} = \frac{1}{3}(\sum_{j=1}^{n} G_j)_{cr} \tag{4-24}$$

因此，竖向弯曲悬臂杆的临界荷载可表示为

$$(\sum_{j=1}^{n} G_j)_{cr} = 7.4 \frac{EJ}{H^2} \tag{4-25}$$

对于弯剪型悬臂杆，近似计算中，可用等效抗侧刚度 EJ_d 代替弯曲型悬臂杆的弯曲刚度 EJ。因此，作为临界荷载的近似计算公式，可对弯曲型和弯剪型悬臂杆统一表示为

$$(\sum_{j=i}^{n} G_j)_{cr} = 7.4 \frac{EJ_d}{H^2} \tag{4-26}$$

3）重力 P—Δ 效应的近似估算

为方便计算，并与规程线弹性计算方法相一致，仍采用结构的线弹性刚度对重力 P—Δ 效应进行估算。考虑 P—Δ 效应后，结构的侧移可近似用下列公式表示：

弯剪型结构

$$\Delta^* = \frac{1}{1 - \sum_{i=1}^{n} G_i / (\sum_{i=1}^{n} G_i)_{cr}} \Delta \tag{4-27}$$

剪切型结构

$$\delta_i^* = \frac{1}{1 - \sum_{j=i}^{n} G_j / (\sum_{j=i}^{n} G_j)_{cr}} \delta_i \tag{4-28}$$

式中 Δ^*、Δ——考虑 P—Δ 效应及不考虑 P—Δ 效应计算的结构侧移；

δ_i^*、δ_i——考虑 P—Δ 效应及不考虑 P—Δ 效应计算的结构第 i 层的层间位移；

$\sum_{i=1}^{n} G_i$——各楼层重力荷载设计值之和；

$\sum_{j=i}^{n} G_j$——第 i 层及其以上各楼层重力荷载设计值之和。

将式（4-26）代入式（4-27）得：

$$\Delta^* = \frac{1}{1 - 0.14/(EJ_d/H^2 \sum_{i=1}^{n} G_i)} \Delta \tag{4-29}$$

将式（4-22）代入式（4-28）得：

$$\delta_i^* = \frac{1}{1 - 1/(D_i h_i / \sum_{j=i}^{n} G_j)} \delta_i \tag{4-30}$$

作为近似计算，考虑 P—Δ 效应后结构构件弯矩 M^* 与不考虑 P—Δ 效应时的弯矩 M 可用下列公式表示：

弯剪型结构

$$M^* = \frac{1}{1 - 0.14/(EJ_d/H^2 \sum_{i=1}^{n} G_i)} M \qquad (4\text{-}31)$$

剪切型结构

$$M^* = \frac{1}{1 - 1/(D_i h_i / \sum_{j=i}^{n} G_j)} M \qquad (4\text{-}32)$$

由式（4-29）~式（4-32）可知，结构的侧向刚度与重力荷载设计值之比，即 $EJ_d/H^2 \sum_{i=1}^{n} G_i$ 和 $D_i h_i / \sum_{j=i}^{n} G_j$ 是影响 P—Δ 效应的主要参数。为方便分析讨论，由式（4-29）和式（4-30）绘出图4-6和图4-7 图中左侧平行于纵轴的直线为双曲线的渐近线，其方程分别为

$$EJ_d/H^2 \sum_{i=1}^{n} G_i = 0.14$$

$$D_i h_i / \sum_{j=i}^{n} G_j = 1$$

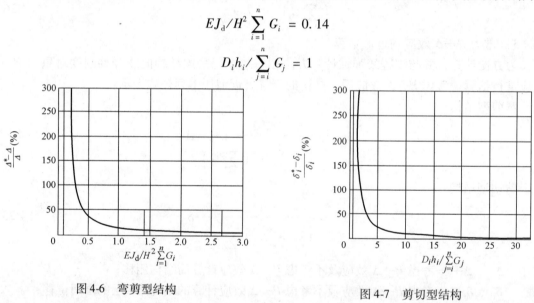

图4-6　弯剪型结构

图4-7　剪切型结构

即结构临界荷重的近似表达式，也即刚重比的下限条件要求。

由图4-6和图4-7可知，P—Δ 效应随着结构刚重比的降低呈双曲线关系而增加。如果控制结构的刚重比，使 P—Δ 效应增幅小于10%或15%，则 P—Δ 效应随结构刚重比降低而引起的增加比较缓慢；如结构刚重比继续降低，则会使 P—Δ 效应增幅加快，当 P—Δ 效应增幅大于20%后，结构刚重比稍有降低，会导致 P—Δ 效应快速增加，甚至引起结构失稳。

（2）结构的整体稳定要求

图4-6和图4-7中可以看出，当弯剪型结构的刚重比小于1.4、剪切型结构的刚重比小于10，会导致 P—Δ 效应快速增加，甚至引起结构失稳，对结构设计是不安全的，是刚重比的下限条件。因此，《高层建筑混凝土结构技术规程》（JGJ 3—2010）规定，结构整体稳定应符合下列要求：

剪力墙结构、框架—剪力墙结构、筒体结构

$$EJ_d \geq 1.4 H^2 \sum_{i=1}^{n} G_i \qquad (4\text{-}33)$$

框架结构

$$D_i \geq 10 \sum_{j=i}^{n} G_j/h_i \quad (i = 1, 2, \cdots, n) \tag{4-34}$$

高层建筑结构的稳定设计主要是控制在风荷载或水平地震作用下，重力荷载产生的二阶效应（重力 P—Δ 效应）不致过大，以致引起结构的失稳倒塌。如果结构的刚重比满足上述式（4-33）或式（4-34）的规定，则重力效应可控制在 20% 之内，结构的稳定具有适宜的安全储备。若结构的刚重比进一步减小，则重力 P—Δ 效应将会呈非线性关系急剧增长，直至引起结构的整体失稳。在水平力作用下，高层建筑结构的稳定应满足规程的规定，不应再放松要求。如不能满足上述规定，应调整并增大结构的侧向刚度。

当结构的设计水平力较小，如计算的楼层剪重比过小（如小于 0.02），结构刚度虽能满足水平位移值要求，但有可能不能满足稳定要求。

（3）可以不考虑 P—Δ 效应的刚重比要求（刚重比的上限条件要求）

由图 4-6 和图 4-7 还可知，当弯剪型结构的刚重比大于 2.7、剪切型结构的刚重比大于 20 时，重力 P—Δ 效应导致内力和位移增量在 5% 左右，即使考虑实际刚度折减 50% 时，结构内力增量也控制在 10% 以内。因此，如果结构满足下列条件要求，重力二阶效应的影响相对较小，可以忽略不计。

剪力墙结构、框架—剪力墙结构、筒体结构

$$EJ_d \geq 2.7H^2 \sum_{i=1}^{n} G_i \tag{4-35}$$

框架结构

$$D_i \geq 20 \sum_{j=i}^{n} G_j/h_i \quad (i = 1, 2, \cdots, n) \tag{4-36}$$

式中 EJ_d——结构一个主轴方向的弹性等效侧向刚度，可按倒三角形分布荷载作用下结构顶点位移相等的原则，将结构的侧向刚度折算为竖向悬臂受弯构件的等效侧向刚度；

D_i——第 i 楼层的弹性等效侧向刚度，可取该层剪力与层间位移的比值；

n——结构计算总层数。

实际上，一般钢筋混凝土结构均能满足式（4-35）和式（4-36）的要求，通常无需考虑重力二阶效应的影响。

（4）P—Δ 效应的近似考虑

混凝土结构在水平力作用下，如果结构的刚重比满足式（4-33）或式（4-34）的结构稳定要求（下限条件），但不满足式（4-35）或式（4-36）的刚重比上限条件要求，则应考虑重力 P—Δ 效应对结构构件的不利影响，且考虑二阶效应后计算的位移仍应满足《高层建筑混凝土结构技术规程》（JGJ 3—2010）第 3.7.3 条的规定。

1)《高层建筑混凝土结构技术规程》（JGJ 3—2010）中 P—Δ 效应的近似考虑

《高层建筑混凝土结构技术规程》（JGJ 3—2010）采用增大系数法考虑重力 P—Δ 效应的方法，即在位移计算时不考虑结构刚度的折减，以便与规程的弹性位移限制条件一致；在内力增大系数计算时，结构构件的弹性刚度考虑 0.5 倍的折减系数，结构内力增量控制在 20% 以内。按此假定，考虑重力 P—Δ 效应的结构位移可采用未考虑重力二阶效应的结果乘以位移增大系数，但位移限制条件不变；考虑重力 $P—\Delta$ 效应的结构构件（梁、柱、剪力墙）端部弯矩和剪力值，可采用未考虑重力二阶效应的结果乘以内力增大系数。

结构位移增大系数按下列公式近似计算：

剪力墙结构、框架—剪力墙结构、筒体结构

$$F_1 = \frac{1}{1 - 0.14 H^2 \sum_{i=1}^{n} G_i/(EJ_d)} \quad (4-37)$$

框架结构

$$F_{1i} = \frac{1}{1 - \sum_{j=i}^{n} G_j/(D_i h_i)} \quad (i = 1, 2, \cdots, n) \quad (4-38)$$

结构构件的弯矩和剪力增大系数可按下列公式近似计算：

剪力墙结构、框架—剪力墙结构、筒体结构

$$F_2 = \frac{1}{1 - 0.28 H^2 \sum_{i=1}^{n} G_i/(EJ_d)} \quad (4-39)$$

框架结构

$$F_{2i} = \frac{1}{1 - 2 \sum_{j=i}^{n} G_j/(D_i h_i)} \quad (i = 1, 2, \cdots, n) \quad (4-40)$$

2)《建筑抗震设计规范》（GB 50011—2010）中 $P—\Delta$ 效应的近似考虑

《建筑抗震设计规范》（GB 50011—2010）第 3.6.3 条规定，当结构在地震作用下的重力附加弯矩大于初始弯矩的 10% 时，应计入重力二阶效应的影响。重力附加弯矩是指任意楼层以上全部重力荷载与该楼层地震层间位移的乘积，即所谓的二阶弯矩。初始弯矩是指该楼层地震剪力与楼层层高的乘积，即一阶弯矩。重力二阶弯矩与地震一阶弯矩的比值称为稳定系数，即

$$\theta_i = \frac{\Delta u_i \sum_{j=i}^{n} G_j}{V_i h_i} \quad (4-41)$$

式中　G_j——第 j 层重力荷载设计值；

　　　Δu_i——第 i 层楼层质心处的层间位移；

　　　V_i——第 i 层楼层地震剪力设计值；

　　　h_i——第 i 层楼层层高。

当楼层稳定系数 $\theta_i \leq 0.1$ 时，可不考虑重力二阶效应的不利影响。θ_i 也不可能很大，其上限值受到规范楼层层间（弹性或弹塑性）位移角限值控制。弹性分析时，因为混凝土结构楼层层间位移角限值较严，稳定系数一般不大于 0.1，多数情况下可不考虑重力二阶效应的影响。

弹性分析时，可将结构初始内力乘以考虑重力二阶效应影响的增大系数，作为简化方法考虑重力二阶效应的不利影响。增大系数 F_i 可近似表示为

$$F_i = \frac{1}{1-\theta_i} \tag{4-42}$$

该方法来源于美国规范 UBC，适合于剪切型结构，计算时宜考虑对结构弹性刚度进行 50% 的折减。考虑到楼层等效弹性侧向刚度可表示为

$$D_i = V_i / \Delta u_i \tag{4-43}$$

因此，稳定系数 $\theta_i \leq 0.1$ 的条件与《高层建筑混凝土结构技术规程》（JGJ 3—2010）的规定是相同的，即式（4-34）；增大系数 F_i 的计算公式（4-42）与式（4-38）也是相同的。

（5）结构等效侧向刚度的近似计算

结构的弹性等效侧向刚度 EJ_d，可按倒三角形分布荷载作用下结构顶点位移相等的原则，将结构的侧向刚度折算为竖向悬臂受弯构件的等效侧向刚度，即

$$EJ_d = \frac{11qH^4}{120u} \tag{4-44}$$

式中　q——水平作用的倒三角形分布荷载的最大值；

　　　u——在最大值为 q 的倒三角形荷载作用下结构顶点质心的弹性水平位移；

　　　H——房屋高度。

（6）构件挠曲效应的考虑

如前所述，重力二阶效应以侧移二阶效应（$P—\Delta$ 效应）为主，构件挠曲二阶效应（$P—\delta$ 效应）的影响比较小，一般可以忽略。

对未按《高层建筑混凝土结构技术规程》（JGJ 3—2010）规定考虑二阶效应（$P—\Delta$ 效应），且长细比（构件的计算长度与构件截面回转半径之比）大于 17.5 的偏心受压构件，计算其偏心受压承载力时，应按《混凝土结构设计规范》（GB 50010—2010）的规定考虑偏心距增大系数 η。

72. 高层建筑结构的整体倾覆怎样验算？

当高层、超高层建筑高宽比比较大，水平风荷载或地震作用较大，地基刚度较弱时，结构整体倾覆验算十分重要，直接关系到整个结构安全度的控制。

《建筑抗震设计规范》（GB 50011—2010）第 4.2.4 条规定，在地震作用效应标准组合下，对高宽比大于 4 的高层建筑，基础底面不出现拉应力（零应力区面积为零）；其他建筑，基础底面与地基土之间，零应力区面积不大于基础底面积的 15%。

《高层建筑混凝土结构技术规程》（JGJ 3—2010）第 12.1.7 条规定，在重力荷载与水平荷载标准值或重力荷载代表值与多遇水平地震标准值共同作用下，高宽比大于 4 的高层建筑，基础底面不宜出现零应力区，对高宽比不大于 4.0 的高层建筑，基础底面零应力区面积不应超过基础底面积的 15%。

（1）倾覆力矩和抗倾覆力矩的计算

假定倾覆力矩计算作用面为基础底面，倾覆力矩计算的作用力为水平地震作用或水平风荷载标准值，则倾覆力矩可近似表示为

$$M_{ov} = V_0 \left(\frac{2}{3}H + C \right) \tag{4-45}$$

式中　M_{ov}——倾覆力矩标准值；

H——建筑物地面以上高度,即房屋高度;
C——地下室深度;
V_0——总水平力标准值。

抗倾覆力矩计算点假定为基础外边缘点,抗倾覆力矩计算作用力为重力荷载代表值,则抗倾覆力矩可表示为

$$M_R = G(B/2) \quad (4-46)$$

式中 M_R——抗倾覆力矩标准值;
G——上部及地下室基础总重力荷载代表值;
B——基础地下室底面宽度(图 4-8)。

(2)整体抗倾覆的控制——基础底面零应力区控制

假定总重力荷载合力中心与基础底面形心重合,基础底面反力呈线性分布(图 4-9),水平地震或风荷载与竖向荷载共同作用下基底反力的合力点到基础中心的距离为 e_0,零应力区长度为 $B-X$,零应力区所占基底面积比例为 $(B-X)/B$,则

$$e_0 = M_{ov}/G = \frac{B}{2} - \frac{X}{3} \quad (4-47)$$

$$\frac{M_R}{M_{ov}} = \frac{GB/2}{Ge_0} = \frac{B/2}{B/2 - X/3} = \frac{1}{1 - 2X/3B} \quad (4-48)$$

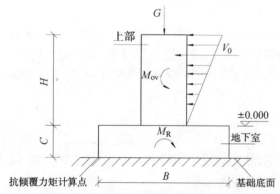

图 4-8 结构整体抗倾覆计算示意图

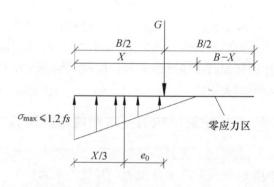

图 4-9 基础底板反力示意图

由此得到

$$X = \frac{3}{2}B\left(1 - \frac{M_{ov}}{M_R}\right)$$

$$\frac{B-X}{B} = \frac{3M_{ov}/M_R - 1}{2} \quad (4-49)$$

根据式(4-48)或式(4-49),可得基础底面零应力区比例与抗倾覆安全度的近似关系,如表 4-13 所示。

以上计算的假定是基础及地基均具有足够刚度,基底反力呈线性分布;重力荷载合力中心与基底形心重合(一般要求偏心距不大于 $B/60$)。如为基岩,地基有足够刚度,$\dfrac{M_R}{M_{ov}}$ 要求可适当

放松；如为中软土地基，$\dfrac{M_R}{M_{ov}}$ 要求还应适当从严。

表 4-13 基础底面零应力区与结构整体倾覆

$\dfrac{M_R}{M_{ov}}$	3.0	2.3	1.5	1.3	1.0
$(B-X)/B$（零应力区比例）	0	15%	50%	65.4%	100%
抗倾覆安全度	$H/B>4$ 高层建筑《高层建筑混凝土结构技术规程》（JGJ 3—2010）	$H/B\leqslant 4$ 高层建筑《高层建筑混凝土结构技术规程》（JGJ 3—2010）	《钢筋混凝土高层建筑结构设计与施工规定》JZ 102-1979 规定值	《钢筋混凝土高层建筑结构设计与施工规定》JGJ 3-1991 规定值	趾点临界平衡

地震时，地基稳定状态受到影响，故抗震设计时，尤其抗震设防烈度为 8 度及以上地区，$\dfrac{M_R}{M_{ov}}$ 要求还宜适当从严；抗风设计时，可计及地下室周边被动土压力作用，但 $\dfrac{M_R}{M_{ov}}$ 要求仍应满足规程规定，不宜放松。

当扩大地下室基础的刚度有限时，抗倾覆力矩计算的基础底面宽度宜适当减小，或可取塔楼基础的外包宽度计算，以保证安全。

73. 判断结构侧向位移限制条件时，要否考虑不同作用效应的组合？

按照《高层建筑混凝土结构技术规程》（JGJ 3—2010）第 5.6.1～5.6.4 条的规定，结构位移计算按作用效应的标准组合考虑，作用的分项系数取 1.0。因此，高层建筑结构的位移、变形验算，原则上应考虑不同作用效应的标准组合。

实际设计时，对侧向位移的验算，往往仅考虑风荷载或水平地震单独作用，是一种简化的处理方法。主要原因是，重力荷载作用下结构侧向位移相对很小；60m 以下的结构，风荷载与地震作用下的侧向位移不要求同时组合；60m 以上的抗震设计结构，仅考虑 20% 的风荷载位移参与水平地震位移组合，影响不大。对于计算层间位移角接近限值的情况，应按规定考虑可能的组合效应。

74. 如何进行结构薄弱层弹塑性变形计算？

目前，考虑结构弹塑性变形的计算方法大致可分为三种：按假想的完全弹性体计算、按规定的地震作用下的弹性变形乘以增大系数计算、按静力弹塑性（如 push-over 方法）或弹塑性动力时程分析计算等。

《高层建筑混凝土结构技术规程》（JGJ 3—2010）第 5.5.2 条规定，在预估的罕遇地震作用下，高层建筑结构薄弱层（部位）弹塑性变形计算可采用下列方法：

① 不超过 12 层且层侧向刚度无突变的框架结构可采用简化计算方法；
② 除上述①以外的建筑结构可采用弹塑性静力及动分析方法。

（1）简化计算方法

研究表明，多、高层建筑结构存在塑性变形集中的现象，对楼层屈服强度系数 ξ_y 分布均匀的结构多发生在底层，对屈服强度系数 ξ_y 分布不均匀的结构多发生在 ξ_y 相对较小的楼层（部位）。剪切型的框架结构薄弱层弹塑性变形与结构弹性变形有比较稳定的相似关系。因此，对框架结构的弹塑性变形可近似采用罕遇地震下的弹性变形乘以弹塑性变形增大系数 η_p 进行估算。弹塑性变形增大系数 η_p，对于屈服强度系数 ξ_y 分布均匀的结构，可按层数和楼层屈服强度系数 ξ_y 确定；对屈服强度系数 ξ_y 分布不均匀的结构，在结构侧向刚度沿高度变化平缓时，可近似用均匀结构的弹塑性变形增大系数 η_p 适当放大后取值（表4-14）。

表4-14 结构的弹塑性位移增大系数

ξ_y	0.5	0.4	0.3
η_p	1.8	2.0	2.2

《高层建筑混凝土结构技术规程》（JGJ 3—2010）规定，对于不超过12层且侧向刚度无突变的框架结构，可采用下列简化计算方法计算其层间弹塑性位移：

$$\Delta u_p = \eta_p \Delta u_e \tag{4-50a}$$

或

$$\Delta u_p = \mu \Delta u_y = \frac{\eta_p}{\xi_y} \Delta u_y \tag{4-50b}$$

式中 Δu_p——层间弹塑性位移；

Δu_y——层间屈服位移；

μ——楼层延性系数；

Δu_e——罕遇地震作用下按弹性分析的层间位移；

η_p——弹塑性位移增大系数，当薄弱层（部位）的屈服强度系数不小于相邻层（部位）该系数平均值的0.8时，可按表4-14采用；当不大于该平均值的0.5时，可按表4-14内相应数值乘以1.5倍采用；其他情况可采用内插法取值；

ξ_y——楼层强度屈服系数。

（2）弹塑性分析方法

目前，一般采用静力弹塑性分析方法（如push-over方法）和弹塑性动力时程分析方法。考虑到准确地确定结构各阶段的外力作用模式和本构关系是比较困难的；另一方面尚缺乏比较成熟的弹塑性实用分析软件。基于这种现实，《高层建筑混凝土结构技术规程》（JGJ 3—2010）仅规定了对有限的结构进行弹塑性变形的验算。

采用弹塑性动力时程分析方法进行弹塑性变形验算时，宜符合以下要求：

①应按建筑场地类别和所处地震动参数区划的特征周期选用不少于两条实际地震波和一条人工模拟的地震波的加速度时程曲线；

②地震波持续时间不宜少于15s，数值化时距可取为0.01s或0.02s；

③输入地震波的最大加速度，可按表4-15采用。

表4-15 弹塑性动力时程分析时输入地震加速度的最大值

抗震设防烈度	6度	7度		8度		9度
	0.05g	0.10g	0.15g	0.20g	0.30g	0.40g
$a_{max}/$（cm/s²）	160	240	315	390	510	620

注：g为重力加速度。

(3) 重力二阶效应

因为结构的弹塑性位移比弹性位移更大，所以对满足《高层建筑混凝土结构技术规程》（JGJ 3—2010）第 5.4.4 条规定但不满足规程第 5.4.1 条规定的结构，在计算弹塑性变形时也应考虑重力二阶效应的不利影响。当需要考虑重力二阶效应而结构计算时未考虑的，作为近似考虑，可将计算的弹塑性变形乘以增大系数 1.2。

75. 如何正确理解荷载效应和地震作用效应的组合？

高层建筑结构构件承载力抗震验算公式如下：

$$S \leq R/\gamma_{RE} \tag{4-51}$$

式中 S——作用效应组合的设计值；

R——构件承载力设计值；

γ_{RE}——构件承载力抗震调整系数，钢筋混凝土构件的承载力抗震调整系数应按表 4-16 采用；型钢（钢管）混凝土构件的承载力抗震调整系数分别按表 4-17 采用。当仅考虑竖向地震作用组合时，各类结构构件的承载力抗震调整系数均应取为 1.0。

进行结构抗震设计时，对结构构件承载力进行调整（提高），主要考虑下列因素：
1) 动力荷载下材料强度比静力荷载下高。
2) 地震是偶然作用，结构的抗震可靠度要求比承受其他荷载的可靠度要求低。

表 4-16 承载力抗震调整系数

构件类别	梁	轴压比小于 0.15 的柱	轴压比不小于 0.15 的柱	剪力墙		各类构件	节点
受力状态	受弯	偏压	偏压	偏压	局部承压	受剪、偏拉	受剪
γ_{RE}	0.75	0.75	0.80	0.85	1.0	0.85	0.85

表 4-17 型钢（钢管）混凝土构件承载力抗震调整系数

正截面承载力计算				斜截面承载力计算	连接
型钢混凝土梁	型钢混凝土柱及钢管混凝土柱	剪力墙	支撑	各类构件及节点	焊缝及高强螺栓
0.75	0.80	0.85	0.80	0.85	0.90

进行结构抗震设计时，结构构件的地震作用内力效应和其他荷载内力效应组合的设计值，应按下式计算：

$$S_d = \gamma_G S_{GE} + \gamma_{Eh} S_{Ehk} + \gamma_{Ev} S_{Evk} + \psi_w \gamma_w S_{wk} \tag{4-52}$$

式中 S_d——荷载和地震作用组合的效应设计值；

S_{GE}——重力荷载代表值的效应；

S_{Ehk}——水平地震作用标准值的效应，尚应乘以相应的增大系数、调整系数；

S_{Evk}——竖向地震作用标准值的效应，尚应乘以相应的增大系数、调整系数；

γ_G——重力荷载分项系数；

γ_{Eh}——水平地震作用分项系数；

γ_{Ev}——竖向地震作用分项系数；

γ_w——风荷载分项系数；

ψ_w——风荷载组合系数，$\psi_w=0$（一般结构）$\psi_w=0.2$（高层建筑和高耸结构）。

有地震作用效应组合时，荷载效应和地震作用效应的分项系数应按下列规定采用：

1）承载力计算时，分系数应按表4-18采用。当重力荷载效应对结构承载力有利时，表4-18中γ_G不应大于1.0。

表4-18 有地震作用效应组合时荷载和作用分项系数（GB 50011—2010 [2016年版]）

所考虑的组合	γ_G	γ_{Eh}	γ_{Ev}	γ_w	说明
重力荷载及水平地震作用	1.3	1.4	—	—	
重力荷载及竖向地震作用	1.3	—	1.4	—	9度抗震设计时考虑；水平长悬臂结构8度、9度抗震设计时考虑
重力荷载、水平地震作用及竖向地震作用	1.3	1.4	0.6	—	9度抗震设计时考虑；水平长悬臂结构8度、9度抗震设计时考虑
重力荷载、水平地震作用及风荷载	1.3	1.4	—	1.4	60m以上的高层建筑考虑
重力荷载、水平地震作用、竖向地震作用及风荷载	1.3	1.4	0.6	1.4	60m以上的高层建筑，9度抗震设计时考虑；水平长悬臂结构8度、9度抗震设计时考虑

注：表中"—"表示组合中不考虑该项荷载或作用效应。

2）位移计算时，式（4-52）中各分项系数均应取1.0。

表4-19 与地震作用有关的作用效应组合工况数（GB 50011—2010 [2016年版]）

组合数	γ_G	γ_{Eh}	γ_{Ev}	γ_w	ψ_w	考虑场合
1—8 (8)	1.3/1.0	±1.4	0.0	0.0	0.0	6、7、8、9度
9—12 (4)	1.3/1.0	0.0	±1.4	0.0	0.0	9度抗震设计时考虑；水平长悬臂结构8度、9度抗震设计时考虑
12—28 (16)	1.3/1.0	±1.4	±0.6	0.0	0.0	9度抗震设计时考虑；水平长悬臂结构8度、9度抗震设计时考虑
29—44 (16)	1.3/1.0	±1.4	0.0	±1.4	0.2	60m以上的高层建筑考虑
45—76 (32)	1.3/1.0	±1.4	±0.6	±1.4	0.2	60m以上的高层建筑，9度抗震设计时考虑；水平长悬臂结构8度、9度抗震设计时考虑

依据式（4-52）和表4-18的规定，有地震作用效应的组合数是非常多的，具体组合数与房屋高度、抗震设防烈度和是否长悬臂结构有关，归纳如表4-19。从表中可知，对60m以上、9度抗震设计的高层建筑，当不考虑质量偶然偏心时，与抗震有关部门的组合数可达76种，加上非抗震组合可达93种；如果考虑质量偶然偏心，则组合数为380种（5×76），加上非抗震组合可达797种。如果再考虑楼面活荷载的不利布置，组合工况数更多。为减小计算工作量，实际工程设计时，可以根据情况对那些不起作用的组合进行必要地删减。

注：《建筑抗震设计规范》（GB 50011—2010）[2016年版] 局部修订时，为了匹配《建筑结构可靠度设计统一标准》（GB 50068—2001）关于基本组合的修改，地震作用效应基本组合中重力荷载分项系数由1.2提高到1.3；地震作用分项系数1.3提高为1.4，0.5提高为0.6。

第五章 框架结构

76. 为什么高层建筑的框架结构应设计成双向梁柱抗侧力体系？

框架结构是由梁、柱构件组成的空间结构，既承受竖向荷载，又承受风荷载或水平地震作用，因此，框架结构应设计成双向梁柱抗侧力结构体系，而不宜采用一个方向梁、柱刚接的抗侧力结构，并且应具有足够的侧向刚度，以满足规范、规程所规定的层间位移角的限值。

主体结构除个别部位外，不应采用梁柱铰接。图 5-1 所示框架结构，由于建筑使用功能或立面的要求，在沿纵向边框架局部凸出，在纵向框架与横向框架相连的 A 点，常采用铰接处理。此类情况在框架结构中属于个别铰接，框架梁一端无柱。若在 A 点再设置柱或形成两根纵梁相连的扁柱，将使相邻双柱或扁柱承受大部分楼层地震剪力，造成平面内各抗侧力的竖向构件（柱子）刚度不均匀，尤其当局部凸出部位在端部或平面中不对称时，产生扭转效应。

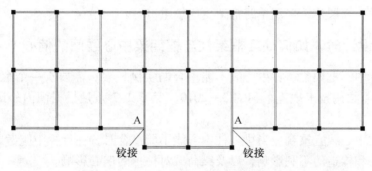

图 5-1 框架梁个别铰接示意

抗震设计的框架结构中，当仅在楼、电梯间或其他部位设置少量钢筋混凝土剪力墙时，由于剪力墙的存在，使结构受到的地震作用增大，且剪力墙与框架协同工作，使框架的上部受力加大，因此设计中不计及这部分剪力墙，仅按纯框架结构进行结构设计分析、配筋计算，然后将剪力墙构造配筋，无论对框架还是剪力墙都是不安全的。此时一般属于框架部分承受的倾覆力矩大于结构总倾覆力矩的 80% 情况，《高层建筑混凝土结构技术规程》（JGJ 3—2010）规定，此时按框架—剪力墙结构进行设计，其最大适用高度宜按框架结构采用，框架部分的抗震等级和轴压比应按框架结构的规定执行，剪力墙部分的抗震等级和轴压比按框架—剪力墙结构的规定采用。对于这种少墙框剪结构，其抗震性能较差，不主张采用，以避免剪力墙受力过大、过早破坏。当不可避免时，宜采取将此种剪力墙减薄、开竖缝、开结构洞、配置少量单排钢筋等措施，减小剪力墙的作用。

77. 为什么抗震设计的框架结构不应采用单跨框架？

《建筑抗震设计规范》（GB 50010—2010）第 6.1.5 条规定，甲、乙类建筑以及高度大于 24m 的丙类建筑不应采用单跨框架结构，高度不大于 24m 的丙类建筑不宜采用单跨框架结构。《高层建筑混凝土结构技术规程》（JGJ 3—2010）第 6.1.2 条规定，抗震设计的框架结构不应采用单跨框架。这是由于单跨框架的抗侧刚度小，耗能能力较弱，结构超静定次数较少，一旦柱子出现塑性铰（在强震时不可避免），出现连续倒塌的可能性很大。震害表明，单跨框架结构震害较重（包括多层），1999 年台湾的集集地震，就有不少单跨框架结构倒塌的震害实例。

单层框架结构是指整栋建筑全部或绝大部分采用单跨框架的结构，不包括仅局部为单跨框架的框架结构。框架结构中某个主轴方向均为单跨，属于单跨框架结构；某个主轴方向有局部的单跨框架，可不作为单跨框架对待。一、二层的连廊采用单跨框架时，需要注意加强。

此类单跨框架往往为工厂工艺要求，只能采用这种结构。如允许，可设置少量剪力墙，由剪力墙作为第一道防线，结构的抗震能力将得以加强。因此带剪力墙的单跨框架结构可不受此限制。《高层建筑混凝土结构设计技术规程》（JGJ 3—2010）第 8.1.3 条第 1、2 款规定框架—剪力墙结构可局部采用单跨框架结构，其他情况应根据具体情况进行分析、判断。

根据《超限高层建筑工程抗震设防专项审查技术要点》（建质〔2015〕67 号）规定，单跨框架结构的高层建筑为特别不规则的高层建筑，属于超限高层建筑，需要进行抗震设防专项审查。因此，高层建筑采用单跨框架更应慎重。

78. 框架结构设计时，如何处理框架柱与框架梁中心线间的偏心？

在实际工程中，框架梁、柱中心线不能重合的实例较多，需要有一个解决问题的方法，《高层建筑混凝土结构技术规程》（JGJ 3—2010）第 6.1.7 条是根据国内外试验的综合结果提出的。

框架梁、柱中心线宜重合。当梁、柱中心线不能重合时，在计算中应考虑偏心对梁、柱节点核心区受力和构造的不利影响，以及梁荷载对柱子的偏心影响。

梁、柱中心线之间的偏心距，9 度抗震设计时不应大于柱截面在该方向宽度的 1/4；非抗震设计和 6~8 度抗震设计时不宜大于柱截面该方向宽度的 1/4；如偏心距大于该方向柱宽的 1/4 时，可采取增设梁的水平加腋（图 5-2）等措施。设置水平加腋后，仍须考虑梁柱偏心的不利影响。

如果采用梁水平加腋，水平加腋梁的构造应满足下列要求：

1) 梁的水平加腋厚度可取梁截面高度，其水平尺寸宜满足下列要求：

$$b_x/l_x \leqslant 1/2 \tag{5-1}$$

$$b_x/b_b \leqslant 2/3 \tag{5-2}$$

$$b_b + b_x + x \geqslant b_c/2 \tag{5-3}$$

式中　b_x——梁水平加腋宽度（mm）；

　　　l_x——梁水平加腋长度（mm）；

　　　b_b——梁截面宽度（mm）；

　　　b_c——沿偏心方向柱截面宽度（mm）；

　　　x——非加腋侧梁边到柱边的距离（mm）。

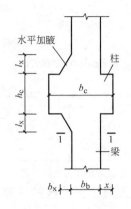

图 5-2 水平加腋梁

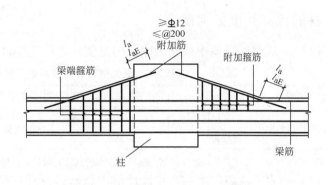

图 5-3 水平加腋配筋示意

2) 梁采用水平加腋时，框架节点有效宽度 b_j 宜符合下列要求：

当 $x=0$ 时，b_j 按下式计算：

$$b_j \leqslant b_b + b_x \tag{5-4}$$

当 $x \neq 0$ 时，b_j 取式（5-5）和式（5-6）两式计算的较大值，且应满足式（5-7）的要求：

$$b_j \leqslant b_b + b_x + x \tag{5-5}$$

$$b_j \leqslant b_b + 2x \tag{5-6}$$

$$b_j \leqslant b_b + 0.5h_c \tag{5-7}$$

式中 h_c——柱截面高度（mm）。

3) 梁采用水平加腋时，在验算梁的剪压比（$\beta_v = V/\beta_c f_c bh_0$ 或 $\beta_v = \gamma_{RE} V/\beta_c f_c bh_0$）和受剪承载力时，一般不计加腋部分截面的有利影响，水平加腋部分侧向斜向设置水平钢筋直径不宜小于12mm，间距不大于200mm，两端锚入柱和梁内长度为 l_a（抗震设计时 l_{aE}），附加箍筋直径不宜小于8mm，间距不应大于200mm。当验算梁的剪压比和受剪承载力考虑加腋部分截面时，应分别对柱边截面和图5-2中的1-1截面进行验算，水平加腋部分侧面斜向水平钢筋与上述相同，附加箍筋的直径和间距与梁端（抗震设计时加密区）箍筋相同（图5-3）。

79. 为什么框架结构按抗震设计时，不应采用混合承重形式？

框架结构按抗震设计时，不应采用部分由砌体墙承重、部分由框架承重的混合承重形式。框架结构中的楼、电梯间及局部突出屋面的电梯机房、楼梯间、水箱间和设备间等，应采用框架承重，不应采用砌体墙承重。屋顶设置的水箱和其他设备应可靠地支承在框架主体上。

框架结构与砌体结构体系所用的承重材料完全不同，是两种截然不同的结构体系，其抗侧刚度、变形能力、结构延性、抗震性能等相差很大。将这两种结构在同一建筑物中混合使用，而不以防震缝将其分开，必然会导致建筑物受力不合理、变形不协调，对建筑物的抗震性能产生很不利的影响。

80. 柱的计算长度如何确定？

（1）一般多层房屋中梁柱为刚接的框架，各层柱的计算长度 l_0 可按表 5-1 取用。

表 5-1　框架结构各层柱段的计算长度 l_0

楼盖类型	柱的类别	l_0	楼盖类型	柱的类别	l_0
现浇楼盖	底层柱	$1.0H$	装配式楼盖	底层柱	$1.25H$
	其余各层柱	$1.25H$		其余各层柱	$1.5H$

注：表中 H 对底层柱为从基础顶面到一层楼盖顶面的高度；对其余各层柱为上、下层楼盖顶面之间的高度。

（2）当水平荷载产生的弯矩设计值占总弯矩设计值的 75% 以上时，框架柱的计算长度 l_0 可按下列式（5-8）、式（5-9）计算，并取其中的较小值。

$$l_0 = [1 + 0.15(\Psi_u + \Psi_l)]H \tag{5-8}$$

$$l_0 = (2 + 0.2\Psi_{\min})H \tag{5-9}$$

式中　Ψ_u、Ψ_l——柱的上端、下端节点处交汇的各柱线刚度之和与交汇的各梁线刚度之和的比值；

$\Psi_{\min}$——比值 Ψ_u、Ψ_l 中的较小值；

H——柱的高度。

对表 5-1 中柱计算长度 l_0 取值的这些差别，可以粗浅地从以下概念来理解：

由材料力学知，高 H 的竖杆，当两端固定，或一端固定另一端为不动铰接，或两端为不动铰接，或一端固定一端自由时，其计算长度分别为 $0.5H$、$0.7H$、$1.0H$、$2.0H$。可见框架柱两端节点的刚性程度越大，则计算长度越小，反之则大。由此就可以理解到，现浇楼盖的刚度比装配式楼盖的大，故 l_0 取值小些。底层柱下端与基础固接比其余楼层柱的节点刚性大些，故 l_0 取值也小些。

（3）多层框架结构无地下室时底层层高的确定

目前，框架结构无地下室时，底层层高的计算方法大体有以下三种：

1)《混凝土结构设计规范》（GB 50010—2010）第 6.2.20 条规定，框架结构底层层高为从基础顶面到一层楼盖顶面的高度。

2)《砌体结构设计规范》（GB 50003—2011）第 5.1.3 条规定，当基础埋置较深且有刚性地坪并配构造钢筋时，底层层高可取室外地面以下 500mm 到一层楼盖顶面的高度。

3) 当基础为柱下独立基础，且埋置深度较深时，为了减小底层柱的计算长度和底层位移，可在 ±0.000 以下适当位置设置基础拉梁，此时宜将从基础顶面至首层顶面分为两层：从基础顶面至拉梁顶面为一层，从拉梁顶面至首层顶面为二层，即将原结构增加一层进行分析。

4)《建筑地基基础设计规范》（GB 50007—2012）第 8.2.5 条规定，做成高杯口基础，满足表 8.2.5 对杯壁厚度的要求，则底层层高为从基础短柱顶面到一层楼盖顶面的高度。

抗震设计时，当多层建筑结构高宽比符合刚性建筑要求时，对于无地下室的多层框架结构，若埋置深度较浅，建议采用第一种做法和计算方法。若埋置深度较深，可采用第二、第三种做法和计算方法。也可采用第四种做法和计算方法。

当采用第二种做法设置基础拉梁时，从基础顶面至首层顶面的柱应按有关规定予以加强，拉梁按框架梁设计，独立基础按偏心受压设计。

当多层框架结构无地下室，基础（柱下独立基础）埋置深度较浅，此时若设拉梁，一般应设置在基础顶面，拉梁可按轴心受力构件设计，独立基础按轴心受压设计。

81. 框架结构如何实现"强柱弱梁、强剪弱弯、强节点弱构件"的抗震设计原则？

梁铰机制（强柱弱梁型）即塑性铰出现在梁端，结构承受较大的变形，吸收较多的地震能量。《建筑抗震设计规范》（GB 50011—2010）框架结构按"强柱弱梁、强剪弱弯、强节点弱构件"的原则进行设计。

（1）强柱弱梁

所谓"强柱弱梁"指的是：节点处梁端实际受弯承载能力$\sum M_{by}^a$和柱端实际受弯承载力$\sum M_{cy}^a$间满足下列不等式：

$$\sum M_{cy}^a > \sum M_{by}^a$$

《建筑抗震设计规范》（GB 50011—2010）采用增大柱端弯矩设计值的方法，将承载力的不等式转为内力设计关系式，采用不同增大系数η_c，使不同抗震等级的框架柱端弯矩设计值有不同程度的差异。

（2）推迟柱根部出铰

框架结构的底层柱底过早出现塑性铰将影响框架结构的变形能力。底层框架柱下端截面组合弯矩设计值乘以增大系数（增大系数：一级 1.7、二级 1.5 和三级 1.3）是为了避免框架结构柱脚过早屈服。底层柱的纵向受力钢筋按上下端的不利情况配置。

（3）强剪弱弯

所谓"强剪弱弯"指的是：构件的受剪承载力大于构件弯曲时实际达到的剪力，以防止梁柱端部在弯曲屈服前出现剪切破坏。《建筑抗震设计规范》（GB 50011—2010）将承载力关系转为内力关系，对不同抗震等级采用不同的剪力增大系数η_v，使"强剪弱弯"的程度有所差别。

（4）强节点弱构件

框架节点在竖向和地震作用下，主要承受柱传来的轴向力、弯矩、剪力和梁传来的弯矩、剪力。节点区的破坏形式为由主拉应力引起的剪切破坏。抗震设计时，要求节点核心区基本处于弹性状态，以保证框架节点核心区在与之相交的框架梁、柱之后屈服。

1）一级、二级、三级框架的节点核心区，应进行抗震验算；四级框架节点核心区，可不进行抗震验算，但应符合抗震构造措施的要求。

2）为提高核心区截面的受剪承载力，《高层建筑混凝土结构技术规程》（JGJ 3—2010）采取了以下措施：

①受剪的水平截面控制条件从严；

②剪力设计值乘以增大系数η_{jb}，对于框架结构：一级抗震等级$\eta_{jb} = 1.5$，二级抗震等级$\eta_{jb} = 1.35$，三级抗震等级$\eta_{jb} = 1.2$；

③受剪承载力计算折减；

④框架节点核心区箍筋最大间距、最小直径宜按《高层建筑混凝土结构技术规程》（JGJ 3—2010）第 6.4.3 条柱端加密区的要求采用。对一、二、三级抗震等级框架的节点核心区，配箍特征值λ_r分别不宜小于 0.12、0.10 和 0.08，且其箍筋体积配箍率分别不宜小于

0.6%、0.5%和0.4%。框架柱的剪跨比 $\lambda \leqslant 2$ 的框架节点核心区配箍特征值不宜小于核心区上、下柱端配箍特征值中的较大者。

3）当梁柱的混凝土强度等级不同时，框架梁柱节点核心区混凝土的处理原则同本书的92题。

82. 剪跨比、剪压比是怎样定义的？

剪跨比 λ 与剪压比 β_v 是判别梁、柱和墙肢等抗侧力构件抗震性能的重要指标。剪跨比 λ 用于区分变形特征和变形能力，剪压比 β_v 用于限制内力，保证延性。

（1）剪跨比 λ（图 5-4）

剪跨比 λ 按下式计算：

$$\lambda = \frac{M^c}{V^c h_0} \tag{5-10}$$

式中 M^c——柱端截面未经调整的组合弯矩计算值，可取柱上、下端的较大者；

V^c——柱端截面与组合弯矩设计值对应的组合剪力计算值。

如果柱的反弯点在柱高中部时，剪跨比 λ 可表示为

$$\lambda = \frac{M^c}{V^c h_0} = \frac{0.5 V^c H_n}{V^c h_0} = \frac{H_n}{2 h_0} \tag{5-11}$$

其中 H_n——柱净高；

h_0——柱截面有效高度。

需要注意：

1） $\lambda > 2$ 的柱变形呈弯剪型、弯曲型，称为长柱； $\lambda \leqslant 2$ 的柱变形呈剪切型，称为短柱。 $\lambda \leqslant 1.5$ 的柱发生剪切斜拉破坏，属于脆性破坏。

如果遇到剪跨比 $\lambda \leqslant 1.5$ 的柱，宜首先调整结构布置，改善其受力性能。当无法调整结构设计时，其轴压比限值应专门研究并采取特殊的构造措施。《高层建筑混凝土结构技术规程》（JGJ 3—2010）中表 6.4.2 注 4、5 中加强箍筋和纵向钢筋的做法，是比较有效的提高框架柱延性的构造措施之一，因此可用于剪跨比 $\lambda \leqslant 1.5$ 的框架柱设计。

2）如果柱的反弯点在柱高中部时， $\lambda \leqslant 2$ 和高宽比 $H_n / h_c \leqslant 4$ 是等效的。

因为 $\lambda = \dfrac{M^c}{V^c h_0} \approx \dfrac{M^c}{V^c h_c} = \dfrac{0.5 V^c H}{V^c h_c} = \dfrac{H}{2 h_c}$

所以 如果 $\lambda \leqslant 2$，则 $H_n / h_c \leqslant 4$。

《高层建筑混凝土结构技术规程》（JGJ 3—2010）第 6.4.6 条中"剪跨比不大于 2 的柱和因填充墙形成的柱净高与截面高度之比不大于 4"的规定。采用柱净高与截面高度之比不大于 4 的要求是近似的规定，主要是为了便于操作。

（2）剪压比 β_v

剪压比按下式计算：

$$\beta_v = \frac{\gamma_{RE} V}{f_c b h_0} \tag{5-12}$$

剪跨比 $\lambda > 2.5$ 的梁和连梁及剪跨比 $\lambda > 2$ 的柱和墙肢应限制 $\beta_v \leqslant 0.2$；剪跨比 $\lambda \leqslant 2.5$

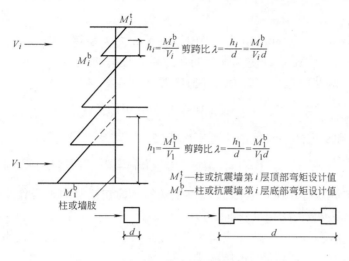

图 5-4 剪跨比示意图

的梁和连梁及剪跨比 $\lambda \leqslant 2$ 的柱和墙肢应限制 $\beta_v \leqslant 0.15$。

83. 一级框架结构的计算和构造要点是什么？

（1）强柱弱梁

《建筑抗震设计规范》（GB 50011—2010）采用增大柱端弯矩设计值的方法，将承载力的不等式转为内力设计关系式，采用不同增大系数 η_c，使不同抗震等级的框架柱端弯矩设计值有不同程度的差异。

框架的梁柱节点处，除框架顶层和柱轴压比小于 0.15 者外，柱端组合的弯矩设计值应符合下式要求：

$$\sum M_c = 1.7 \sum M_b \tag{5-13}$$

一级框架结构和 9 度的一级框架，可不符合式（5-13）的要求，但应符合下式要求：

$$\sum M_c = 1.2 \sum M_{bua} \tag{5-14}$$

式中 $\sum M_c$——节点上下柱端截面顺时针（或反时针）方向组合的弯矩设计值之和，一般情况可按弹性分析分配；

$\sum M_b$——节点左右梁端截面顺时针（或反时针）方向组合的弯矩设计值之和，节点左右梁端均为负弯矩时，绝对值较小的弯矩取零；

$\sum M_{bua}$——节点左右梁端截面顺时针（或反时针）方向实际配筋（考虑受压钢筋）和材料强度标准值计算的抗震受弯承载力所对应的弯矩设计值之和。

对于轴压比 $n < 0.15$ 的柱，包括顶层柱在内，因其具有与梁相似的变形能力，可不考虑"强柱弱梁"要求。

由于地震是往复作用，两个方向的弯矩设计值均需满足要求。

（2）推迟柱根部出铰

框架结构的底层柱底过早出现塑性铰将影响框架结构的变形能力。底层框架柱下端截面组合弯矩设计值乘以增大系数 1.7 是避免框架结构柱脚过早屈服。底层柱的纵向钢筋按上、下端的不利情况配置。

(3) 强剪弱弯

《建筑抗震设计规范》(GB 50011—2010)将承载力关系转为内力关系，对不同抗震等级采用不同的剪力增大系数 η_v，使"强剪弱弯"的程度有所差异。

1) 框架梁的梁端截面组合的剪力设计值应按下式调整

$$V = 1.3(M_b^l + M_b^r)/l_n + V_{Gb} \tag{5-15}$$

一级框架结构和9度的一级框架梁可不按式(5-15)调整，但应符合下式要求：

$$V = 1.1(M_{bua}^l + M_{bua}^r)/l_n + V_{Gb} \tag{5-16}$$

式中 V_{Gb}——梁在重力荷载代表值(9度时高层建筑还应包括竖向地震作用标准值)作用下，按简支梁分析的梁端截面剪力设计值；

M_b^l、M_b^r——梁左右端截面顺时针(或反时针)方向组合的弯矩设计值，当两端弯矩均为负弯矩时，绝对值较小的弯矩取零；

M_{bua}^l、M_{bua}^r——梁左右端截面顺时针(或反时针)方向实际配筋(考虑受压钢筋)和材料强度标准值计算的抗震受弯承载力所对应的弯矩设计值。

2) 框架柱的柱端截面组合的剪力设计值应按下式调整

$$V = 1.5(M_c^t + M_c^b)/H_n \tag{5-17}$$

一级框架结构和9度的一级框架结构柱可不按式(5-17)调整，但应符合下式要求：

$$V = 1.2(M_{cua}^t + M_{cua}^b)/H_n \tag{5-18}$$

式中 M_c^t，M_c^b——柱上下端截面顺时针(或反时针)方向组合的弯矩设计值，应符合强柱弱梁及柱根部加强的要求；

M_{cua}^t、M_{cua}^b——偏心受压柱上下端截面顺时针(或反时针)方向按实际配筋(考虑受压钢筋)和材料强度标准值计算的抗震受弯承载力所对应的弯矩设计值。

(4) 框架柱内力调整结果

框架柱内力调整结果见图5-5。

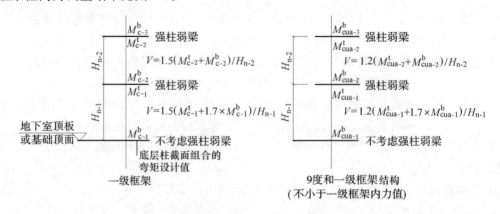

图5-5 一级框架结构柱内力调整结果汇总

1) 当反弯点不在柱的层高范围内时，柱端截面组合的弯矩设计值乘以柱端弯矩增大系

数 η_c，然后求柱剪力，再乘以柱剪力增大系数 η_{vc}。

2）框架角柱按调整后的组合弯矩、剪力设计值分别乘以增大系数 1.1。

3）地下室顶板作为嵌固部位时，地下室柱截面每侧的纵向钢筋面积除应满足计算要求外，不应少于地上一层对应柱每侧纵筋面积的 1.1 倍。

4）地下室顶板处框架梁柱节点，左、右梁端截面组合的弯矩设计值之和不应小于节点上、下柱端的正截面抗震受弯承载力所对应的弯矩设计值之和。

（5）框架梁配筋构造

框架梁配筋构造汇总于图 5-6。

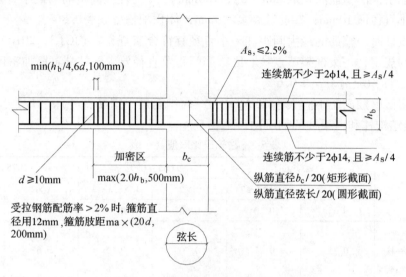

图 5-6　一级框架梁配筋构造示意

1）抗震设计时，计入受压钢筋作用的梁端截面混凝土受压区高度与有效高度之比值 $x/h_0 \leqslant 0.25$。

2）纵向受拉钢筋的最小配筋率 $\rho_{\min}$（%）：

非抗震设计：　　　　　$\rho_{\min} \geqslant [0.2, 45f_t/f_y]_{\max}$

抗震设计：　　　　　$\rho_{\min} \geqslant [0.4, 80f_t/f_y]_{\max}$　　（支座）

　　　　　　　　　　$\rho_{\min} \geqslant [0.3, 65f_t/f_y]_{\max}$　　（跨中）

3）抗震设计时，梁端纵向受拉钢筋 A_s 的配筋率 ρ（计算时考虑受压钢筋 A_s'）

$$\rho = \frac{f_c}{f_y} \frac{x}{h_0} \frac{1}{1 - A_s'/A_s} \leqslant 2.5\%$$

4）抗震设计时，梁端截面的底面和顶面纵向钢筋截面面积的比值 $\dfrac{A_s'}{A_s} \geqslant 0.5$（除按计算外）。

5）抗震设计时，框架梁沿梁全长箍筋的面积配箍率 $\rho_{sv} \geqslant 0.30f_t/f_{yv}$。

（6）框架柱配筋构造

除各抗震等级共同要求外，尚应满足以下要求：

1）框架柱纵向钢筋最小总配筋率（%）（表 5-2）

表 5-2　一级抗震等级柱纵向钢筋最小配筋百分率（%）

柱类型	≤C60			>C60		
	HPB300	HRB335	HRB400、RRB400	HPB300	HRB335	HRB400、RRB400
中柱、边柱	1.0	1.1	1.05	1.05	1.15	1.1
角柱	1.1	1.2	1.15	1.15	1.25	1.2

2）框架柱的箍筋构造

①角柱箍筋沿全高加密。

②箍筋加密区的箍筋间距取 min [$6d$，100mm]，d 为柱纵向钢筋的最小直径。箍筋最小直径取 10mm；箍筋肢距≤200mm，体积配箍率 ρ_v≥0.8%。

③抗震设计时，箍筋的最大间距和最小直径宜符合《规程》（JGJ 3—2010）第 6.4.3 条有关柱箍筋的规定，一级框架节点核心区箍筋间距及直径要求同柱端箍筋加密区，箍筋特征值 λ_v≥0.12，体积配箍率 ρ_v≥0.6%。

④非加密区箍筋间距不宜大于 $10d$（d 为纵向钢筋最小钢筋直径）。

3）框架结构柱和框架柱的轴压比，见表 5-3。

表 5-3　柱轴压比限值（一级）

结构类型	≤C60		C65～C70		C75～C80	
	$\lambda>2$	$1.5\leq\lambda\leq2$	$\lambda>2$	$1.5\leq\lambda\leq2$	$\lambda>2$	$1.5\leq\lambda\leq2$
框架结构	0.65	0.60	0.60	0.55	0.55	0.50
板柱—剪力墙、框架—剪力墙、框架—核心筒、筒中筒结构	0.75	0.75	0.70	0.65	0.65	0.60

注：1. 当沿柱全高采用井字复合箍，箍筋间距不大于 100mm、肢距不大于 200mm、直径不小于 12mm，或当沿柱全高采用复合螺旋箍，箍筋的螺距不大于 100mm、肢距不大于 200mm、直径不小于 12mm，或当沿柱全高采用连续复合螺旋箍，且螺距不大于 80mm、肢距不大于 200mm、直径不小于 10mm 时，轴压比限值可增加 0.10。
2. 当柱截面中部设置由附加纵向钢筋形成的芯柱，且附加纵向钢筋的截面面积不小于柱截面面积的 0.80% 时，柱轴压比限值可增加 0.05；当本措施与注 1 的措施共同采用时，柱轴压比限值可比表中数值增加 0.15，但箍筋的配箍特征值仍可按轴压比增加 0.10 的要求确定。

4）柱箍筋加密区的箍筋最小配筋特征值 λ_v 根据柱的轴压比、采用箍筋形式来确定配箍特征值 λ_v（表 5-4）。再由式 $\rho_v\geq\lambda_v\dfrac{f_c}{f_{yv}}$ 求得体积配箍率 ρ_v（不应小于 0.8%）。

表 5-4　柱箍筋加密区的箍筋最小配箍特征值（一级）

混凝土强度等级	箍筋形式	柱轴压比							
		≤0.3	0.4	0.5	0.6	0.7	0.8	0.9	1.0	1.05
≤C60	普通箍、复合箍	0.10	0.11	0.13	0.15	0.17	0.20	0.23	—	—
	螺旋箍、复合或连续复合螺旋箍	0.08	0.09	0.11	0.13	0.15	0.18	0.21	—	—
>C60	普通箍、复合箍	0.12	0.13	0.15	0.17	0.20	0.23	0.26	—	—
	螺旋箍、复合或连续复合螺旋箍	0.10	0.11	0.14	0.15	0.18	0.21	0.24	—	—

(7) 框架及框架结构梁柱节点

框架梁柱节点沿框架两个正交方向或接近正交方向进行节点核心区受剪承载力验算,然后取不利情况进行截面设计。

1) 节点核心区组合的剪力设计值见表5-5。

表5-5 节点核心区组合的剪力设计值

节点部位	一级框架结构和9度的一级框架节点	框架节点
顶层中节点	$V_j = 1.15 \left(\dfrac{M_{bua}^l + M_{bua}^r}{h_{b0} - a_s'} \right) \geq$ 右式	$V_j = 1.5 \left(\dfrac{M_b^l + M_b^r}{h_{b0} - a_s'} \right)$
顶层边节点	$V_j = 1.15 \dfrac{M_{bua}}{h_{a0} - a_s'} \geq$ 右式	$V_j = 1.5 \dfrac{M_b}{h_{b0} - a_s'}$
其他层中节点	$V_j = 1.15 \dfrac{(M_{bua}^l + M_{bua}^r)}{b_{b0} - a_s'} \left(1 - \dfrac{h_{b0} - a_s'}{H_c - h_b} \right) \geq$ 右式	$V_j = 1.5 \dfrac{(M_b^l + M_b^r)}{h_{b0} - a_s'} \left(1 - \dfrac{h_{b0} - a_s'}{H_c - h_b} \right)$
其他层边节点	$V_j = 1.15 \dfrac{M_{bua}}{h_{b0} - a_s'} \left(1 - \dfrac{h_{b0} - a_s'}{H_c - h_b} \right) \geq$ 右式	$V_j = 1.5 \dfrac{M_b}{h_{b0} - a_s'} \left(1 - \dfrac{h_{b0} - a_s'}{H_c - h_b} \right)$

注:1. 除特殊情况外,角节点一般可按边节点考虑。
2. h_b 为梁的截面高度,节点两侧梁的截面高度不等时可采用平均值;h_{b0} 为梁的截面的有效高度,节点两侧梁的截面高度不等时可采用平均值。
3. H_c 为柱的计算高度,可取节点上、下柱反弯点之间的距离,其余符号同前。

2) 梁柱节点核心有效受剪面积(图5-7)

梁柱之间无偏心:

当 $b_b \geq b_c/2$ 时, $\qquad b_j = b_c$,$h_j = h_c$,

当 $b_b < b_c/2$ 时, $\qquad b_j = \min \left[b_c,\ b_b + \dfrac{h_c}{2} \right]$

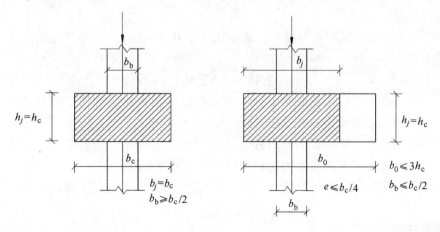

图5-7 节点核心区受剪面积

梁柱之间有偏心距 e,且 $e \leq b_c/4$:

$$b_j = \min[b_c, b_b + 0.5h_c, 0.5(b_b + b_c) + 0.25h_c - e]$$

偏心距 $e > b_c/4$ 时应采用特殊措施。

3）矩形截面柱节点核心区抗震验算

节点核心区组合的剪力设计值应符合：

$$V_j \leq \frac{1}{\gamma_{RE}}(0.30\eta_j\beta_c f_c b_j h_j) \tag{5-19}$$

式中　η_j——正交梁的约束影响系数，楼板为现浇、梁柱中线重合、四侧各梁截面宽度不小于该侧柱截面宽度的 1/2，且正交方向梁的高度不小于框架梁高度的 3/4 时，可取 $\eta_j = 1.5$，条件相同 9 度时宜取 $\eta_j = 1.25$，其他情况均采用 $\eta_j = 1.0$；

　　　　h_j——节点核心区的截面高度；

　　　　b_j——节点核心区的截面有效计算宽度；

　　　　γ_{RE}——承载力抗震调整系数，可取用 0.85。

矩形截面柱的节点核心区截面受剪承载力

框架结构和框架：

$$V_j \leq \frac{1}{\gamma_{RE}}\left(1.1\eta_j f_t b_j h_j + 0.05\eta_j N\frac{b_j}{b_c} + f_{yv}A_{svj}\frac{h_{b0} - a'_s}{s}\right) \tag{5-20}$$

9 度的一级框架：

$$V_j \leq \frac{1}{\gamma_{RE}}\left(0.9\eta_j f_t b_j h_j + f_{yv}A_{svj}\frac{h_{b0} - a'_s}{s}\right) \tag{5-21}$$

式中　N——对应于组合剪力设计值的上柱组合轴力设计值，当 N 为轴向受压时，$N \leq 0.5 f_c A_c$；当 N 为拉力时，应取 $N = 0$。

84. 二级框架结构的计算和构造要点是什么？

（1）强柱弱梁

框架的梁柱节点处，除框架顶层和柱轴压比小于 0.15 者外，柱端组合的弯矩设计值应符合下式要求：

$$\sum M_c = 1.5\sum M_b \tag{5-22}$$

式中　$\sum M_c$——节点上下柱端截面顺时针（或反时针）方向组合的弯矩设计值之和，一般情况可按弹性分析分配；

　　　　$\sum M_b$——节点左右梁端截面顺时针（或反时针）方向组合的弯矩设计值之和，节点左右梁端均为负弯矩时，绝对值较小的弯矩取零。

当框架柱反弯点不在柱的层高范围内时，柱端弯矩设计值可直接乘以柱端弯矩增大系数 1.5。

（2）推迟柱根部出铰

底层框架柱下端截面组合弯矩设计值乘以增大系数 1.5，底层柱的剪力应按调整后的柱端弯矩进行计算。

（3）强剪弱弯

1) 框架梁的梁端截面组合的剪力设计值应按下式调整

$$V = 1.2 (M_b^l + M_b^r)/l_n + V_{Gb} \quad (5\text{-}23)$$

式中 V_{Gb}——梁在重力荷载代表值（9度时高层建筑还应包括竖向地震作用标准值）作用下，按简支梁分析的梁端截面剪力设计值；

M_b^l、M_b^r——梁左右端截面顺时针（或反时针）方向组合的弯矩设计值，当两端弯矩均为负弯矩时，绝对值较小的弯矩取零。

2) 框架柱的柱端截面组合的剪力设计值应按下式调整

$$V = 1.2 (M_c^t + M_c^b)/H_n \quad (5\text{-}24)$$

式中 M_c^t、M_c^b——柱上下端截面顺时针（或反时针）方向组合的弯矩设计值，应符合强柱弱梁及柱根部加强的要求。

(4) 框架柱内力调整结果

框架柱内力调整结果见图5-8。

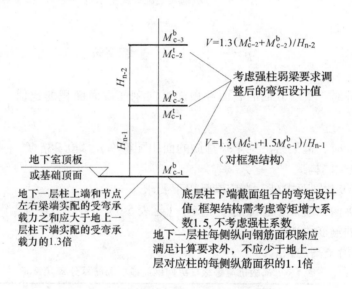

图5-8 二级框架结构柱内力调整结果汇总

(5) 框架梁配筋构造

框架梁配筋构造汇总于图5-9。

1) 抗震设计时，计入受压钢筋作用的梁端截面混凝土受压区高度与有效高度之比值 $x/h_0 \leq 0.35$。

2) 纵向受拉钢筋的最小配筋率 ρ_{min}（%）：

非抗震设计： $\rho_{min} \geq [0.2, 45f_t/f_y]_{max}$

抗震设计： $\rho_{min} \geq [0.3, 65f_t/f_y]_{max}$ （支座）

$\rho_{min} \geq [0.25, 55f_t/f_y]_{max}$ （跨中）

3) 抗震设计时，梁端纵向受拉钢筋 A_s 的配筋率 ρ（计算时考虑受压钢筋 A_s')

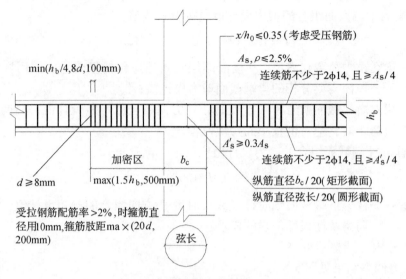

图 5-9 二级框架梁配筋构造示意

$$\rho = \frac{f_c}{f_y} \frac{x}{h_0} \frac{1}{1 - A'_s/A_s} \leq 2.5\%$$

4) 抗震设计时，梁端截面的底面和顶面纵向钢筋截面面积的比值 $\frac{A'_s}{A_s} \geq 0.3$（除按计算外）。

5) 抗震设计时，框架梁沿梁全长箍筋的面积配箍率 $\rho_{sv} \geq 0.28 f_t/f_{yv}$。

(6) 框架柱配筋构造

除各抗震等级共同要求外，尚应满足以下要求。

1) 框架柱纵向钢筋最小总配筋率（%）（见表5-6）

2) 框架柱的箍筋构造

①角柱箍筋沿全高加密。

表 5-6 二级抗震等级柱纵向钢筋最小配筋百分率（%）

柱类型	≤C60			>C60		
	HPB300	HRB335	HRB400、RRB400	HPB300	HRB335	HRB400、RRB400
中柱、边柱	0.8	0.9	0.85	0.9	1.0	0.95
角柱	0.9	1.0	0.95	1.0	1.1	1.05

②箍筋加密区的箍筋间距取 min[$8d$, 100mm]，d 为柱纵向钢筋的最小直径。

箍筋最小直径取 8mm；框架柱端箍筋直径不小于 10mm、肢距不大于 200mm 时，除柱根外最大间距应允许采用 150mm。体积配箍率 $\rho_v \geq 0.6\%$。

③抗震设计时，箍筋的最大间距和最小直径宜符合《规程》（JGJ 3—2010）第 6.4.3 条有关柱箍筋的规定，二级框架节点核心区箍筋间距及直径要求同柱端箍筋加密区，箍筋特征值 $\lambda_v \geq 0.10$，体积配箍率 $\rho_v \geq 0.5\%$。

④非加密区箍筋间距不宜大于 $10d$（d 为纵向钢筋最小钢筋直径）。

3) 框架结构柱和框架柱的轴压比（见表 5-7）

第五章 框架结构

表 5-7 柱轴压比限值（二级）

结构类型	≤C60		C65~C70		C75~C80	
	$\lambda>2$	$1.5\leq\lambda\leq2$	$\lambda>2$	$1.5\leq\lambda\leq2$	$\lambda>2$	$1.5\leq\lambda\leq2$
框架结构	0.75	0.70	0.70	0.65	0.65	0.60
板柱—剪力墙、框架—剪力墙、框架—核心筒、筒中筒结构	0.85	0.80	0.80	0.75	0.75	0.70

4）柱箍筋加密区的箍筋最小配筋特征值 λ_v

根据柱的轴压比、采用箍筋形式来确定配箍特征值 λ_v（见表 5-8）。再由公式 $\rho_v \geq \lambda_v \dfrac{f_c}{f_{yv}}$ 求得体积配箍率 ρ_v。

表 5-8 柱箍筋加密区的箍筋最小配箍特征值（二级）

混凝土强度等级	箍筋形式	柱轴压比								
		≤0.3	0.4	0.5	0.6	0.7	0.8	0.9	1.0	1.05
≤C60	普通箍、复合箍	0.08	0.09	0.11	0.13	0.15	0.17	0.19	0.22	0.24
	螺旋箍、复合或连续复合螺旋箍	0.06	0.07	0.09	0.11	0.13	0.15	0.17	0.20	0.22
>C60	普通箍、复合箍	0.10	0.11	0.14	0.15	0.18	0.20	0.22	0.25	0.27
	螺旋箍、复合或连续复合螺旋箍	0.08	0.09	0.11	0.14	0.16	0.18	0.20	0.23	0.25

（7）框架及框架结构梁柱节点

1）节点核心区组合的剪力设计值

顶层中节点：$V_j = 1.35 \dfrac{(M_b^l + M_b^r)}{h_{b0} - a_s'}$

顶层边节点：$V_j = 1.35 \dfrac{M_b}{h_{b0} - a_s'}$

其他层中节点：$V_j = 1.35 \dfrac{(M_b^l + M_b^r)}{h_{b0} - a_s'} \left(1 - \dfrac{h_{b0} - a_s'}{H_c - h_b}\right)$

其他层边节点：$V_j = 1.35 \dfrac{M_b}{h_{b0} - a_s'} \left(1 - \dfrac{h_{b0} - a_s'}{H_c - h_b}\right)$

角节点：除特殊情况外，角节点可按边节点考虑。

2）梁柱节点核心有效受剪面积及受剪承载力计算同一级框架。

85. 三级框架结构的计算和构造要点是什么？

（1）强柱弱梁

框架的梁柱节点处，除框架顶层和柱轴压比小于 0.15 者外，柱端组合的弯矩设计值应符合下式要求：

$$\sum M_c = 1.3 \sum M_b \tag{5-25}$$

式中 $\sum M_c$、$\sum M_b$——符号意义同前。

当框架柱反弯点不在柱的层高范围内时，柱端弯矩设计值可直接乘以柱端弯矩增大系数 1.3。

（2）推迟柱根部出铰

底层框架柱下端截面组合弯矩设计值乘以增大系数 1.3，底层柱的剪力应按调整后的柱端弯矩进行计算。

（3）强剪弱弯

1）框架梁的梁端截面组合的剪力设计值应按下式调整

$$V = 1.2 \ (M_b^l + M_b^r) \ /l_n + V_{Gb} \tag{5-26}$$

式中 V_{Gb}、M_b^l、M_b^r——符号意义同前。

2）框架柱的柱端截面组合的剪力设计值应按下式调整

$$V = 1.2 \ (M_c^t + M_c^b) \ /H_n \tag{5-27}$$

式中 M_c^t、M_c^b——符号意义同前。

（4）框架柱内力调整结果

框架柱内力调整结果见图 5-10。

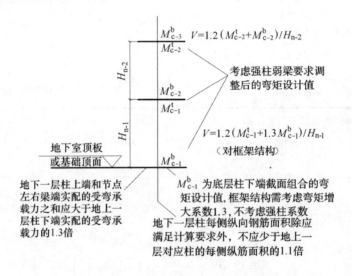

图 5-10　三级框架结构柱内力调整结果汇总

（5）框架梁配筋构造

框架梁配筋构造汇总于图 5-11。

1）抗震设计时，计入受压钢筋作用的梁端截面混凝土受压区高度与有效高度之比值 $x/h_0 \leq 0.35$。

2）纵向受拉钢筋的最小配筋率 ρ_{min}（%）

非抗震设计：$\quad\quad\quad\quad \rho_{min} \geq [0.2, 45f_t/f_y]_{max}$

抗震设计：$\quad\quad\quad\quad \rho_{min} \geq [0.25, 55f_t/f_y]_{max}$（支座）

$\quad\quad\quad\quad\quad\quad\quad \rho_{min} \geq [0.2, 45f_t/f_y]_{max}$（跨中）

3）抗震设计时，梁端纵向受拉钢筋 A_s 的配筋率 ρ（计算时考虑受压钢筋 A_s'）

第五章 框架结构

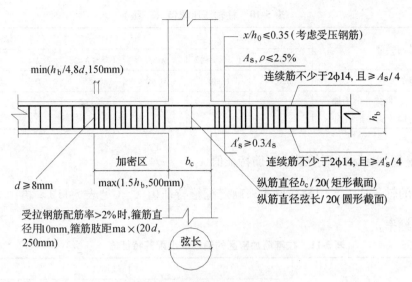

图 5-11 三级框架梁配筋构造示意

$$\rho = \frac{f_c}{f_y} \frac{x}{h_0} \frac{1}{1-A_s'/A_s} \leq 2.5\%$$

4）抗震设计时，梁端截面的底面和顶面纵向钢筋截面面积的比值 $\frac{A_s'}{A_s} \geq 0.3$（除按计算外）。

5）抗震设计时，框架梁沿梁全长箍筋的面积配箍率 $\rho_{sv} \geq 0.26 f_t/f_{yv}$。

（6）框架柱配筋构造

除各抗震等级共同要求外，尚应满足以下要求：

1）框架柱纵向钢筋最小总配筋率（%）（见表 5-9）

表 5-9 三级抗震等级柱纵向钢筋最小配筋百分率（%）

柱类型	≤C60			>C60		
	HPB300	HRB335	HRB400、RRB400	HPB300	HRB335	HRB400、RRB400
中柱、边柱	0.7	0.8	0.75	0.8	0.9	0.85
角柱	0.8	0.9	0.85	0.9	1.0	0.95

2）框架柱的箍筋构造

①箍筋加密区的箍筋间距取 min[$8d$，150mm（柱根 100mm）]，d 为柱纵向钢筋的最小直径。在底层柱根部箍筋间距取 100mm。

箍筋最小直径取 8mm；框架柱的截面尺寸大于 400mm 时，箍筋最小直径应允许采用 6mm。体积配箍率 $\rho_v \geq 0.4\%$。

②抗震设计时，箍筋最大间距和最小直径宜符合柱端箍筋加密区有关规定，三级框架节点核心区箍筋间距及直径要求同柱端箍筋加密区，箍筋特征值 $\lambda_v \geq 0.08$，体积配箍率 $\rho_v \geq 0.4\%$。

3）框架结构柱和框架柱的轴压比（见表 5-10）

表 5-10　柱轴压比限值（三级）

结构类型	≤C60		C65~C70		C75~C80	
	$\lambda > 2$	$1.5 \leq \lambda \leq 2$	$\lambda > 2$	$1.5 \leq \lambda \leq 2$	$\lambda > 2$	$1.5 \leq \lambda \leq 2$
框架结构	0.85	0.80	0.90	0.85	0.95	0.90
板柱—剪力墙、框架—剪力墙、框架—核心筒、筒中筒结构	0.90	0.85	0.95	0.90	1.0	0.95

注：同表 5-5。

4）柱箍筋加密区的箍筋最小配筋特征值 λ_v

根据柱的轴压比、采用箍筋形式来确定配箍特征值 λ_v（见表 5-11）。再由式 $\rho_v \geq \lambda_v \dfrac{f_c}{f_{yv}}$ 求得体积配箍率 ρ_v。

表 5-11　柱箍筋加密区的箍筋最小配箍特征值（三级）

混凝土强度等级	箍筋形式	柱轴压比							
		≤0.3	0.4	0.5	0.6	0.7	0.8	0.9	1.0	1.05
≤C60	普通箍、复合箍	0.06	0.07	0.09	0.11	0.13	0.15	0.17	0.20	0.22
	螺旋箍、复合或连续复合螺旋箍	0.05	0.06	0.07	0.09	0.11	0.13	0.15	0.18	0.20
>C60	普通箍、复合箍	0.08	0.09	0.11	0.14	0.16	0.18	0.20	0.23	0.25
	螺旋箍、复合或连续复合螺旋箍	0.07	0.08	0.09	0.11	0.14	0.16	0.18	0.21	0.23

（7）框架及框架结构梁柱节点

1）节点核心区组合的剪力设计值：

顶层中节点　　　$V_j = 1.2 \dfrac{(M_b^l + M_b^r)}{h_{b0} - a_s'}$

顶层边节点　　　$V_j = 1.2 \dfrac{M_b}{h_{b0} - a_s'}$

其他层中节点　　$V_j = 1.2 \dfrac{(M_b^l + M_b^r)}{h_{b0} - a_s'} \left(1 - \dfrac{h_{b0} - a_s'}{H_c - h_b}\right)$

其他层边节点　　$V_j = 1.2 \dfrac{M_b}{h_{b0} - a_s'} \left(1 - \dfrac{h_{b0} - a_s'}{H_c - h_b}\right)$

角节点：除特殊情况外，角节点可按边节点考虑。

2）梁柱节点核心有效受剪面积及受剪承载力计算同一级框架。

86. 四级框架结构的计算和构造要点是什么？

（1）强柱弱梁

框架的梁柱节点处，除框架顶层和柱轴压比小于 0.15 者外，柱端组合的弯矩设计值应符合下式要求：

$$\sum M_c = 1.2 \sum M_b \tag{5-28}$$

式中 $\sum M_c$、$\sum M_b$——符号意义同前。

当框架柱反弯点不在柱的层高范围内时，柱端弯矩设计值可直接乘以柱端弯矩增大系数1.2。

（2）推迟柱根部出铰

底层框架柱下端截面组合弯矩设计值乘以增大系数1.2，底层柱的剪力应按调整后的柱端弯矩进行计算。

（3）强剪弱弯

1）框架梁的梁端截面组合的剪力设计值应按下式调整

$$V = 1.0(M_b^l + M_b^r)/l_n + V_{Gb} \tag{5-29}$$

式中 V_{Gb}、M_b^l、M_b^r——符号意义同前。

2）框架柱的柱端截面组合的剪力设计值应按下式调整

$$V_n = 1.1(M_c^t + M_c^b)/H_n \tag{5-30}$$

式中 M_c^t、M_c^b——符号意义同前。

（4）框架柱内力调整结果校核

框架柱内力调整结果见图5-12。

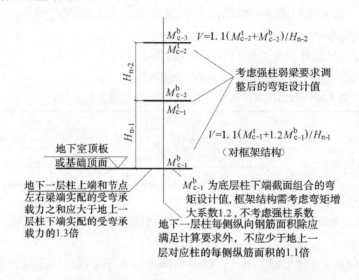

图5-12 四级框架结构柱内力调整结果汇总

（5）框架梁配筋构造

框架梁配筋构造汇总于图5-13。

1）纵向受拉钢筋的最小配筋率 ρ_{min}（%）

非抗震设计： $\rho_{min} \geq [0.2, 45f_t/f_y]_{max}$

抗震设计： $\rho_{min} \geq [0.25, 55f_t/f_y]_{max}$ （支座）

$\rho_{min} \geq [0.2, 45f_t/f_y]_{max}$ （跨中）

2）抗震设计时，梁端纵向受拉钢筋 A_s 的配筋率 ρ（计算时考虑受压钢筋 A_s'）

$$\rho = \frac{f_c}{f_y} \frac{x}{h_0} \frac{1}{1 - A_s'/A_s} \leq 2.5\%$$

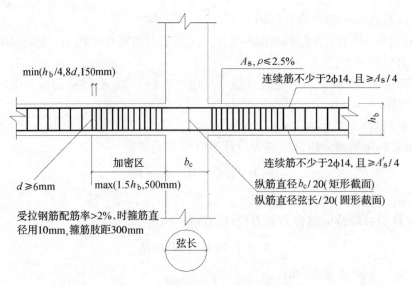

图 5-13 四级框架梁配筋构造示意

3）抗震设计时，框架梁沿梁全长箍筋的面积配箍率 $\rho_{sv} \geq 0.26 f_t/f_{yv}$。

（6）框架柱配筋构造

除各抗震等级共同要求外，尚应满足以下要求。

1）框架柱纵向钢筋最小总配筋率（%）（见表 5-12）

表 5-12 四级抗震等级柱纵向钢筋最小配筋百分率（%）

柱类型	≤C60			>C60		
	HPB300	HRB335	HRB400、RRB400	HPB300	HRB335	HRB400、RRB400
中柱、边柱	0.6	0.7	0.65	0.7	0.8	0.75
角柱	0.7	0.8	0.75	0.8	0.9	0.85

2）框架柱的箍筋构造

箍筋加密区箍筋间距取 min[$8d$，150mm]，d 为柱纵向钢筋的最小直径。在底层柱根部箍筋间距取 100mm。

箍筋最小直径取 6mm（柱根部 8mm）；柱的剪跨比不大于 2 或柱中全部纵向钢筋的配筋率大于 3% 时，箍筋直径不应小于 8mm。框架柱的截面尺寸大于 400mm 时，箍筋最小直径应允许采用 6mm。体积配箍率 $\rho_v \geq 0.4\%$。

3）框架结构和框架柱的轴压比（见表 5-13）

表 5-13 柱轴压比限值（四级）

结构类型	≤C60		C65~C70		C75~C80	
	$\lambda > 2$	$1.5 \leq \lambda \leq 2$	$\lambda > 2$	$1.5 \leq \lambda \leq 2$	$\lambda > 2$	$1.5 \leq \lambda \leq 2$
框架结构	—	—	—	—	—	—
板柱、剪力墙、框架—剪力墙、框架—核心筒、筒中筒结构	0.95	0.90	1.00	0.95	1.05	1.00

注：同表 5-3。

（7）框架及框架结构梁柱节点

四级框架节点核心区可不进行抗震验算，但应符合抗震构造措施的要求。框架节点核心区箍筋最大间距和最小直径宜符合柱端箍筋加密区的有关规定。

87. 梁柱节点区纵向受力钢筋锚固应符合哪些要求？

框架梁、柱的纵向受力钢筋均在节点核心区锚固，为了保证梁、柱纵向受力钢筋在节点核心区有可靠的锚固，不致造成纵向受力钢筋的失锚破坏先于构件的承载力破坏，规范规定了框架梁、柱的纵向受力钢筋在节点区的锚固和搭接，应符合下列要求。

（1）非抗震设计时，框架梁、柱节点纵向受力钢筋的锚固要求见图5-14。

1）非抗震设计时，梁内架立钢筋直径≥2Φ12，与纵向钢筋搭接长度取150mm。

2）直线锚固时，顶层中节点柱纵向钢筋和边节点柱内侧纵向钢筋锚固长度≥l_{ab}（l_{ab}为钢筋基本锚固长度）；折线锚固时，应向柱内或梁、板内水平弯折，当充分利用柱纵向钢筋的抗拉强度时，其锚固段弯折前的竖向投影长度≥$0.5l_{ab}$，弯折后的水平投影长度≥$12d$（d为柱纵向钢筋直径）。

3）顶层端节点处，在梁宽范围内的柱外侧纵向钢筋与梁上部纵向钢筋的搭接长度≥$1.5l_a$（l_a为受拉钢筋的锚固长度），在梁宽范围外的柱外侧纵向钢筋可伸入现浇板内，其伸入长度与伸入梁内的相同。

当柱外侧纵向钢筋的配筋率$\rho > 1.2\%$时，伸入梁内的柱纵向钢筋宜分两批截断，其截断点间的距离不宜小于$20d$（d为柱纵向钢筋直径）。

4）梁上部纵向钢筋伸入端节点的直线锚固长度≥l_a，且伸过柱中心线的长度不宜小于$5d$（d为梁纵向钢筋直径）。折线锚固时，梁上部纵向钢筋应伸至节点对边并向下弯折，锚固段弯折前的水平投影长度≥$0.4l_{ab}$。弯折后的竖直投影长度取$15d$（d为柱纵向钢筋直径）。

5）当计算中不利用梁下部纵向钢筋的强度时，其伸入节点内的锚固长度为$12d$（d为梁纵向钢筋直径）。当计算中充分利用梁下部钢筋的抗拉强度时，直线锚固时，梁下部纵向钢筋的锚固长度≥l_a；弯折锚固时，锚固段的水平投影长度≥$0.4l_{ab}$，竖直投影长度取$15d$（d为梁纵向钢筋直径）。

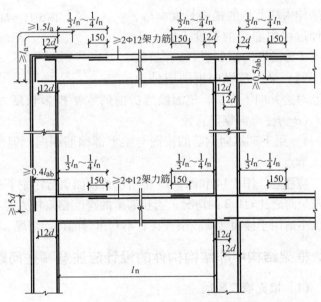

图5-14 非抗震设计时，框架梁、柱节点纵向受力钢筋的锚固示意

（2）抗震设计时，框架梁、柱节点纵向受力钢筋的锚固要求见图5-15。

1）直线锚固时，顶层中节点柱纵向钢筋和边节点柱内侧纵向钢筋锚固长度≥l_{aE}（l_{aE}为抗震时受拉钢筋的锚固长度）；弯折锚固时，锚固段弯折前的竖向投影长度≥$0.5l_{abE}$，弯折后的水平投影长度≥12d（d为柱纵向钢筋直径）。此处，l_{abE}为抗震设计的基本锚固长度，一、二级抗震等级 $l_{abE}=1.15l_{ab}$，三级抗震等级 $l_{abE}=1.05l_{ab}$，四级抗震等级 $l_{abE}=1.00l_{ab}$。

2）顶层端节点处，柱外侧纵向钢筋可与梁上部纵向钢筋搭接，搭接长度≥$1.5l_{aE}$，且伸入梁内的柱外侧纵向钢筋截面面积不宜小于 $0.65A_{cs}$（A_{cs}为柱外侧全部纵向钢筋截面面积）；在梁宽范围外的柱外侧纵向钢筋可伸入现浇板内，其伸入长度与伸入梁内的相同。

当柱外侧纵向钢筋的配筋率ρ >1.2%时，伸入梁内的柱纵向钢筋宜分两批截断，其截断点间的距离不宜小于20d（d为柱纵向钢筋直径）。

3）直线锚固时，梁上部纵向钢筋伸入端节点的锚固长度≥l_{aE}，且伸过柱中心线的长度不宜小于5d（d为梁纵向钢筋直径）。折线锚固时，梁上部纵向钢筋应伸至

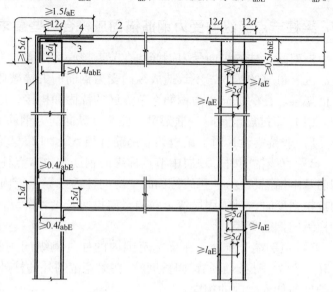

图 5-15　抗震设计时，框架梁、柱节点纵向受力钢筋的锚固要求
1—柱外侧纵向钢筋　2—梁上部纵向钢筋　3—伸入梁内的柱外侧纵向钢筋　4—不能伸入梁内的柱外侧纵向钢筋，可伸入板内

节点对边并向下弯折，锚固段弯折前的水平投影长度≥$0.4l_{abE}$。弯折后的竖直投影长度取15d（d为柱纵向钢筋直径）。

4）梁下部纵向钢筋的锚固与梁上部钢筋相同，但采用90°弯折方式时，竖直段应向上弯入节点内。

应注意，图5-14和图5-15中所示梁顶面负弯矩钢筋的延伸长度，只适用于跨度相等或长跨与短跨之比≤1.2的情况。当相邻梁的跨度相差较大时，应根据实际受力情况另行确定。一般也不适用于楼面活荷载很大且有不利组合的可能情况。

88. 框架结构中非结构构件的设计应注意哪些问题？

（1）填充墙及隔墙

由于填充墙是由建筑专业布置，并表示在建筑施工图上，结构施工图上不表示，容易被结构工程师所忽略。有些结构工程师在结构设计时，常不注意建筑的砌体填充墙（或围护墙）的布置。国内外皆有由于填充墙布置不当而造成震害的例子。

框架结构中，填充墙及隔墙竖向布置时，在上部若干层的填充墙布置较多，而底部墙体较少，形成上下刚度突变。

框架结构中，填充墙及隔墙平面布置时，偏于平面的一侧，形成刚度偏心，地震时由于扭转而产生构件的附加内力，而设计中并未考虑，因而造成破坏。

当两柱间嵌砌刚度较大的砌体填充墙而不满砌时，由于墙体的约束使框架柱有效计算长度减少，可能出现短柱，造成剪切破坏。

因此，《高层建筑混凝土结构技术规程》(JGJ 3—2010) 第6.1.3条规定，抗震设计时，框架结构如采用砌体填充墙，其布置应符合：避免形成上、下层刚度变化过大；减少因抗侧刚度偏心所造成的扭转；避免形成短柱。

此外，框架结构内力和位移计算分析时，只考虑了主要结构构件（梁、柱等）的刚度，没有考虑非承重结构的刚度，因而计算的自振周期较实际的长，按这一周期计算的地震作用偏小。为此，《高层建筑混凝土结构技术规程》(JGJ 3—2010) 第4.3.17条规定，计算各振型地震影响系数所采用的结构自振周期应考虑非承重墙体的刚度影响予以折减。

当非承重墙体为砌体墙（不包括采用柔性连接的填充墙或刚度很小的轻质砌体填充墙）时，框架结构的计算自振周期折减系数 ψ_T 的大小与填充砖墙多少有关。框架结构计算自振周期折减系数 $\psi_T = 0.6 \sim 0.7$。

同时，当两根柱子之间，嵌砌有刚度很大的砌体填充墙时，由于此墙会吸收较多的地震作用能量，使墙两端的柱子受力增大。所以，在设计时应考虑此情况，并对该柱设计适当加强。

总之，抗震设计时，对于砌体填充墙体的布置应予以充分注意，并对建筑的不利布置提出修改意见。在可能的条件下，框架结构的填充墙及隔墙宜选用轻质墙体。同时，应注意砌体填充墙及隔墙应具有自身的稳定性，并加强与框架梁（或楼板）、框架柱间的连接措施。

(2) 雨篷设计

框架结构中雨篷设计时，与砌体结构中雨篷的设计有很大的区别，因为框架结构中，砌体填充墙是非承重构件，既不能支承雨篷梁的荷载，也不能平衡雨篷板的固端弯矩，防止雨篷的整体倾覆。

框架结构中雨篷设计时，应注意以下问题：

1) 当雨篷板与框架梁标高接近时，应使两者整体浇筑。

2) 当雨篷板和框架梁标高相差较大而无法整体浇筑时，可在雨篷梁两端下设置钢筋混凝土小柱，小柱上端伸入框架梁内，雨篷梁按弯、剪、扭构件设计，小柱按偏压构件设计。也可将雨篷梁向两侧延伸至框架柱，雨篷梁按弯、剪、扭构件设计，框架柱的设计应考虑雨篷梁传来的集中弯矩和集中力。

(3) 预埋件

梁、柱中的预埋件，大多用于和其他受力构件的连接，若预埋件仅和梁（或柱）中的某根纵向受力钢筋焊接，则在其他受力构件的荷载作用下，梁（或柱）中的这根纵向受力钢筋就可能失去锚固作用而拔出或屈服，从而导致该梁（或柱）的破坏。

梁（或柱）的纵向受力钢筋与箍筋、拉筋等做十字交叉形的焊接时，容易使纵向受力钢筋变脆，对抗震不利。

综上所述，《高层建筑混凝土结构技术规程》(JGJ 3—2010) 第6.3.6和第6.4.5条规定，箍筋、拉筋及预埋件等一般不应与框架梁、柱的纵向受力钢筋焊接。

若用于防雷接地的梁（或柱）中的预埋件，其作用仅是构成电路通路，并没有什么荷载，是可以与框架梁（或柱）中的纵向受力钢筋焊接的。

89. 框架结构中的次梁是否要考虑延性？其构造与框架梁有何区别？

有抗震设计时，框架梁、柱组成抗侧力结构应具有足够的延性。次梁是指两端支承于框架梁上的梁，是楼盖的组成部分，次梁承受竖向荷载并传递给框架梁，有抗震设计与非抗震设计相比而言可不考虑其延性。

次梁与框架梁在构造上有以下不同：

1）次梁梁顶钢筋在支座的锚固长度为受拉锚固长度 l_a，而框架梁的梁顶钢筋在支座的锚固长度为抗震锚固长度 l_{aE}；次梁跨中上部可设架立筋。

2）次梁梁底钢筋在支座的锚固长度，当 $V>0.7f_tbh_0$ 时，不小于 $12d$（带肋钢筋）、$15d$（光圆钢筋），而框架梁的两端钢筋在支座的锚固长度为抗震锚固长度 l_{aE}。

3）次梁的箍筋按斜截面抗剪承载力计算确定，没有最小直径的要求，没有加密区和非加密区的要求，构造按非抗震时梁的要求，即设有 135°弯钩及 $10d$（d 箍筋直径）直段的要求。而框架梁两端箍筋加密区范围及加密区箍筋的最小直径和最大间距根据不同的抗震等级有不同的要求，不仅要满足计算要求，而且要满足构造要求。

90. 减小柱轴压比有哪些有效措施？

抗震设计时，限制框架柱的轴压比主要是为了保证柱具有一定的延性要求。应控制框架柱轴压比最大值（表5-14）。

轴压比 n 指考虑地震作用组合的轴压力设计值 N 与柱全截面面积 A_c 和混凝土轴心抗压强度设计值 f_c 乘积的比值，即 $n=\dfrac{N}{f_cA_c}$。

为满足柱轴压比限值，尽可能减小柱截面尺寸时可采取以下措施：

（1）提高混凝土强度等级

分析表明采用 C60~C80 高强混凝土可以减小柱截面面积约 30% 左右（与 C40 相比），但高强混凝土延性差，易造成柱的脆性破坏，须配置较多的箍筋约束混凝土，使其具有较好的延性和抗震性能。表 5-14 注 1 规定，当混凝土强度等级为 C65~C70 时，轴压比限值应比表中数值降低 0.05；当混凝土强度等级为 C75~C80 时，轴压比限值应比表中数值降低 0.01。这就不同程度地降低了采用高强度混凝土减小柱截面尺寸的效果。

表 5-14 柱轴压比限值

结构类型	抗震等级			
	一级	二级	三级	四级
框架	0.65	0.75	0.85	—
板柱—剪力墙、框架—剪力墙、框架—核心筒、筒中筒	0.70	0.85	0.90	0.95
部分框支剪力墙	0.60	0.70	—	—

注：1. 表内系数适用于混凝土强度等级不高于 C60 的柱。当混凝土强度等级为 C65~C70 时，轴压比限值应比表中数值降低 0.05；当混凝土强度等级为 C75~C80 时，轴压比限值应比表中数值降低 0.01。
2. 表内数值适用于剪跨比 $\lambda>2$ 的柱。剪跨比 $1.5\leq\lambda\leq2$ 的柱，其轴压比限值应比表中数值减小 0.05；剪跨比 $\lambda<1.5$ 的柱，其轴压比限值应专门研究并采取特殊构造措施。
3. 柱的轴压比限值不应大于 1.05。

（2）采用配有复合箍、复合螺旋箍、连续复合矩形螺旋箍的钢筋混凝土柱，不仅可提高其强度，还可以提高其延性

《高层建筑混凝土结构技术规程》（JGJ 3—2010）对其延性的提高有规定：当沿柱全高采用井字复合箍，箍筋间距不大于 100mm、肢距不大于 200mm、直径不小于 12mm 时，柱轴压比限值可增加 0.10；当沿柱全高采用复合螺旋箍，箍筋间距不大于 100mm、肢距不大于 200mm、直径不小于

12mm 时,柱轴压比限值可增加 0.10;当沿柱全高采用连续复合螺旋箍,且箍距不大于 80mm,肢距不大于 200mm、直径不小于 10mm 时,柱轴压比限值可增加 0.10。显然,按增大后的轴压比也可以减小柱的截面尺寸。但须注意:①柱长细比 $l_0/h<8$;②柱端箍筋加密区最小配箍特征值应按增大后的轴压比确定,即要加大配箍率,以有效约束混凝土。

(3) 采用增设芯柱的钢筋混凝土柱

核心部位配置钢筋(图 5-16)可减小柱截面尺寸,提高延性,改善高轴压比下框架柱的抗震性能。《高层建筑混凝土结构技术规程》(JGJ 3—2010)规定:当柱截面中部设置由附加纵向钢筋形成的芯柱,且附加纵向钢筋的截面面积不小于柱截面面积的 0.8% 时,柱轴压比限值可增加 0.05。当本项措施与配有复合箍、复合螺旋箍、连续复合矩形螺旋箍的措施共同采用时,柱轴压比限值可比表中数值增加 0.15,但箍筋的配箍特征值 λ_v 仍按轴压比增加 0.10 的要求确定。

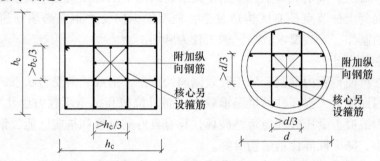

图 5-16 芯柱尺寸及配筋示意

(4) 采用钢筋混凝土分体柱

分体柱的特点是采用隔板将整截面柱沿短边柱方向分为等截面的单元柱并分别配筋,单元柱之间应有隔板作为填充材料(图 5-17)。

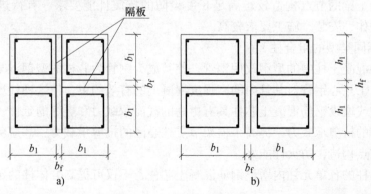

图 5-17 分体柱的截面形式
a) 方形 b) 矩形

由于分体柱的截面尺寸仅为整截面柱截面尺寸的一部分而净高不变,因此可有效地解决短柱问题,同时可一定程度上缓解上下层侧向刚度差较大的问题。因此,分体柱适合于高层建筑框架、框架—剪力墙以及框支剪力墙结构中剪跨比 $\lambda<1.5$ 的短柱。如在层高较小的设备层采用分体柱,就有可能避免形成短柱,改善设备上下层侧向刚度差异较大,避免形成结构薄弱层和软弱层。

分体柱不能减小相应整截面柱的截面尺寸,对隔板的材料、施工质量要求较高,目前工程实际应用较少。

(5) 采用型钢混凝土柱

型钢混凝土柱具有钢筋混凝土结构的特点,又具有钢结构的特点,其承载力高、刚度大,且具有良好的延性和抗震性能,同时防火性能也很好。

由于柱内配置的型钢骨架参与受压,所以型钢混凝土柱减小柱截面效果十分明显。在相同外力作用下,一般情况下当型钢混凝土柱含钢量为 4%~5% 时,柱截面面积可减少 30%~40%(与钢筋混凝土柱相比)。不仅能提高轴心受力、小偏心受力柱的承载力,还能提高大偏心受力柱的承载力,对 $\lambda \leq 2$ 的短柱的抗剪也很有效。

房屋高度大、柱距大、柱轴压力很大时,以及抗震等级为特一级的钢筋混凝土柱,宜采用型钢混凝土柱。目前,型钢混凝土柱多用于高层建筑的下层部位的柱、转换层以下的框支柱等。鉴于型钢混凝土柱节点核心区构造复杂,框架梁纵向受力钢筋必须穿过型钢骨架腹板,故型钢骨架的制作、安装要求较高,施工较为麻烦。

(6) 采用钢管混凝土柱

钢管混凝土柱可使钢管内混凝土处于有效侧向约束下,形成三向受力状态,使混凝土的抗压强度提高,因而能大大提高柱的抗压承载力,同时抗剪和抗扭承载力也几乎提高一倍。研究还表明,管内混凝土受压破坏为延性破坏,具有良好的延性和抗震性能,钢管混凝土柱的刚度大、截面小,防火性能比钢结构要好。

钢管混凝土减小柱截面尺寸的效果十分明显,如管内采用高强度混凝土浇筑,可以使柱截面减小到原截面面积的 50% 以上。

钢管混凝土柱用在房屋高度大、柱轴压力很大的高层建筑的下层部位柱时效果较好,抗震等级为特一级的钢管混凝土柱。钢管混凝土柱的不足是梁柱节点构造复杂,某些钢管混凝土柱与钢筋混凝土梁的节点构造较难满足 8 度设防的抗震性能要求,有待进一步完善和改进。对钢管的制作、安装、施工要求较高。

(7) 采用不同类型的组合柱

例如将型钢混凝土柱中的型钢改用钢管,使其成为钢管为芯柱的型钢混凝土柱,这种柱具有下列优点:①核心钢管对其管内的高强度混凝土的有效约束,使这种柱比相同截面尺寸的型钢混凝土柱或增设钢筋混凝土芯柱具有更高的截面承载力和更好的延性;②核心钢管的存在,增强了柱的抗剪承载力,提高了框架节点核心区的抗剪承载力;③避免了钢管混凝土柱框架的复杂节点构造,防火性能好。

又如在分体柱的各单元柱内增设钢筋混凝土芯柱,不仅可提高分体柱的延性,还可以减小柱的截面尺寸等。

91. 为什么框架梁柱纵向钢筋宜优先采用机械连接和绑扎搭接接头,焊接接头列后?

目前施工现场的质量状况还参差不齐,焊接质量较难保证,而机械连接技术近年来已比较成熟,并有新的《钢筋机械连接技术规程》(JGJ 107—2010)可以遵循应用,不论是不等强或等强连接,质量和性能比较稳定。因此,《高层建筑混凝土结构技术规程》(JGJ 3—2010)对于钢筋的连接要求的规定,与过去的规范相比有较大的变化,对于重要构件以及构件的关键部位，宜首先选用机械接头。

机械接头一般有等强与不等强两种，这两种接头在抗震设计中皆可应用。当接头必须设在构件受力较大的部位（例如梁端、柱端箍筋加密区），且必须在同一连接区段 50% 连接时，宜选用等强机械连接。当接头可以避开受力较大部位，并能错开接头时，一次搭接 50% 以下时，可以选用不等强机械连接（例如锥螺纹连接）。

对于搭接连接，只要选择正确的接头部位；有足够的搭接长度；搭接部位箍筋间距加密至满足规范要求；有足够的混凝土强度，则其质量是可以保证的，且很少有像机械接头或焊接接头那样出现人为失误的可能。但搭接连接也存在不足，例如在抗震构件内力较大部位，承受反复荷载时，有滑动的可能；又如在构件较密部位，采用搭接方法将使浇捣混凝土很困难；当钢筋直径较大时，搭接长度较长，不经济等。所以，搭接接头宜避开梁端、柱端箍筋加密区，对于柱子，搭接接头宜设置在柱中间 1/3 长度范围内。受力钢筋直径大于 28mm、受压钢筋直径大于 32mm 时，不宜采用绑扎搭接接头。

对于焊接连接，在施工现场进行焊接，接头质量不易保证。主要原因为：现有熟练的具有合格水平的焊工缺乏；焊接质量受气候影响较大，寒冷地区冬天焊接冷却快易发脆，南方地区雨水多，在焊接过程中突然下雨冷却也快，易发脆；钢筋的可焊性是保证焊接质量的基本要求，但现在各地钢筋质量并不都稳定等。因此，《高层建筑混凝土结构技术规程》（JGJ 3—2010），框架梁、柱的纵向受力钢筋不主张采用焊接接头。同时规定梁、柱的纵向钢筋不应与箍筋、拉筋及预埋件等焊接。

现浇钢筋混凝土框架结构梁、柱纵向受力钢筋的连接方法，应符合下列规定：

1）框架柱　一、二级抗震等级及三级抗震等级的底层宜采用机械连接接头，也可采用绑扎搭接接头或焊接接头；

　　　　　　三级抗震等级的其他部位和四级抗震等级可采用绑扎搭接接头或焊接接头。

2）框架梁　一级抗震等级宜采用机械连接接头；

　　　　　　二、三、四级抗震等级可采用绑扎搭接接头或焊接接头。

3）框支梁、框支柱宜采用机械连接。

92. 柱采用高强等级混凝土，梁、板采用较低强度等级混凝土时，梁柱节点核心区应如何处理？

（1）《高层建筑混凝土结构技术规程》（JGJ 3—2010）中没有梁、柱混凝土强度等级差允许值的规定。在实际工程中，为满足框架柱轴压比的要求，柱采用高强等级混凝土，梁、板采用较低强度等级混凝土。试验研究表明，当梁柱节点混凝土强度等级比柱低 30% ~ 40% 时，由于与节点相交梁的扩散作用能满足相应柱的轴压比要求，但目前规范、规程尚未考虑这一有利影响。因此，建议，当框架柱与梁混凝土强度等级不同时，可参照原《钢筋混凝土高层建筑结构设计与施工规程》（JGJ 3—1991）处理：核心区混凝土强度等级与柱混凝土强度等级相差不宜大于 5MPa。如超过时，可采取下列设计和施工措施。

1）提高楼盖混凝土强度等级，使框架梁、柱核心区的混凝土强度等级与柱的混凝土强度等级相同或略低，这样处理会增加造价。

2）柱核心区先浇注与柱相同等级的混凝土，在梁内留施工缝，沿施工缝设置钢丝网，在混凝土初凝前浇注楼盖混凝土（图5-18a）。

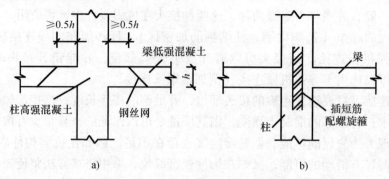

图5-18 梁柱节点不同混凝土强度等级时的做法
a）施工缝做法 b）插钢筋或钢管做法

3）在核心区内加插管，并配螺旋箍筋或加短钢管，或将柱内钢管通过节点等方法增强核心区（图5-18b），这样处理会增加施工困难，质量不易保证。

（2）节点核心区混凝土强度取值

分析表明，当核心区周围有梁相连时，节点核心区混凝土受到约束，混凝土的极限应变和强度提高，并与下列因素有关：

1）楼板和梁对柱核心区的约束程度。

2）梁宽超过1/2柱宽时，约束效果较好。

3）中柱节点区四周有梁板约束，效果最好，极限应变和强度提高最大，边柱次之，角柱较差。

4）柱混凝土强度等级与楼板混凝土强度等级的相差程度。

《美国钢筋混凝土房屋建筑规范》（ACI318—1999）规定，柱的混凝土强度等级为楼板混凝土强度等级的1.4倍，应采取增强节点核心区的措施：

①柱的竖向钢筋配筋率和梁的水平钢筋配筋率；

②柱和梁的纵向受力钢筋配筋率多，效果好；

③与柱尺寸相比，楼盖的厚度；

④楼板厚度薄。效果较好，无梁楼盖约束效果好；

⑤荷载的偏心。

美国 ACI318—1999 规定：

中柱核心区混凝土的折合强度　　$f_{ce} = 0.75 f_{cc} + 0.35 f_{cs}$　　(5-31a)

边柱核心区混凝土的折合强度　　$f_{ce} = 0.05 f_{cc} + 1.32 f_{cs}$　　(5-31b)

角柱核心区混凝土的折合强度　　$f_{ce} = 0.38 f_{cc} + 0.66 f_{cs}$　　(5-31c)

加拿大 CSAA23.3—1994 规定：

中柱核心区混凝土的折合强度　　$f_{ce} = 0.25 f_{cc} + 1.05 f_{cs}$　　(5-32)

式中　f_{ce}——核心区混凝土折合强度；

f_{cc}——柱混凝土强度；

f_{cs}——梁板混凝土强度。

根据有关研究，建议高强混凝土柱的梁柱节点处理方法如下：

1) 当柱混凝土强度与梁板混凝土强度不同时,可采用以上方法计算节点核心区混凝土的折合强度,所有抗震等级均必须按折合强度进行抗剪承载力验算,如满足抗剪承载力要求,则核心区可采用与楼盖混凝土相同等级的混凝土,并与楼盖同时浇注混凝土。

2) 对中柱,节点核心区混凝土的折合强度可按下两式计算结果中较小值验算核心区的抗剪承载力。

$$f_{ce} = 0.75f_{cc} + 0.35f_{cs} \qquad (5\text{-}33a)$$

$$f_{ce} = 0.25f_{cc} + 1.05f_{cs} \qquad (5\text{-}33b)$$

3) 对承载力不足的核心区,或梁宽度较窄时,可采用在梁两侧水平加腋的方法,以加大核心面积,并提高核心区的约束程度。

4) 若为无梁楼盖,可采用上述方法计算核心区混凝土的折合强度,如果在外柱以外有悬挑楼板,悬挑长度大于柱截面尺寸的2倍,可按中柱公式计算。

93: 梁上开洞的计算和构造有哪些规定?

1) 框架梁或剪力墙的连梁,因机电设备管道的穿行需开孔洞时,应合理选择孔洞位置,并应进行内力和承载力计算及构造措施。

2) 孔洞位置应避开梁塑性铰,尽可能设置在剪力较小的跨中 $l/3$ 区域内,必要时也可设置在梁端 $l/3$ 区域内。孔洞偏心宜偏向受拉区,偏心距 e_0 不宜大于 $0.05h$。小孔洞尽可能预留套管。当设置多个孔洞时,相邻孔洞边缘间净距不应小于 $2.5h_3$。孔洞尺寸和位置应满足表5-15的规定。孔洞长度与高度之比 l_0/l_3 应满足:跨中 $l/3$ 区域内不大于6;梁端 $l/3$ 区域内不大于3(图5-19)。

表5-15 矩形孔洞尺寸及位置

分类	跨中 $l/3$ 区域			端 $l/3$ 区域			l_2/h
	h_3/h	l_0/h	h_1/h	h_3/h	l_0/h	h_1/h	
非抗震设计	≤0.40	≤1.60	≥0.30	≤0.30	≤0.80	≥0.35	≥1.0
抗震设计							≥1.5

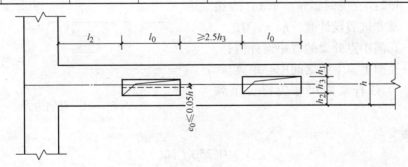

图5-19 孔洞位置图

3) 当矩形孔洞的高度小于 $h/6$ 及 $100mm$,且孔洞长度 l_3 小于 $h/3$ 及 $200mm$ 时,其孔洞周边配筋可按构造设置。上、下弦杆纵向钢筋 A_{s2}、A_{s3} 可采用 $2\phi10 \sim 2\phi12$,箍筋采用 $\phi6 \sim \phi8$,间距不应大于 $0.5h_1$ 或 $0.5h_2$ 及 $100mm$,孔洞边竖向箍筋应加密(图5-20)。

4) 当孔洞尺寸超过上项时,孔洞上、下弦杆的配筋应按计算确定,但不应小于按构造要求设置的配筋。

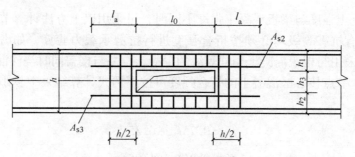

图 5-20 孔洞配筋构造

孔洞上、下弦的内力按下列公式计算（图 5-21）：

$$V_1 = \frac{h_1^3}{h_1^3 + h_2^3} V_b \eta_v + \frac{1}{2} q l_0 \quad (5\text{-}34)$$

$$V_2 = \frac{h_2^3}{h_1^3 + h_2^3} V_b \eta_v \quad (5\text{-}35)$$

$$M_1 = V_1 \frac{l_0}{2} + \frac{1}{12} q l_0^2 \quad (5\text{-}36)$$

$$M_2 = V_2 \frac{l_0}{2} \quad (5\text{-}37)$$

$$N = \frac{M_b}{z} \quad (5\text{-}38)$$

式中 V_b——孔洞边梁组合剪力设计值；
q——孔洞上弦杆均布竖向荷载；
η_v——剪力增大系数，抗震等级为一级时，$\eta_v = 1.3$；二级时，$\eta_v = 1.2$；三级时，$\eta_v = 1.1$；四级及非抗震设计时，$\eta_v = 1.0$；
M_b——孔洞中点处梁的弯矩设计值；
z——孔洞上、下弦之间中心距离。

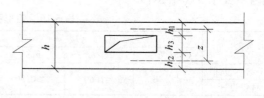

图 5-21 孔洞内力

孔洞上、下弦杆截面尺寸应符合下列要求：

无地震组合时

$$V_i \leqslant 0.25 \beta_1 f_c b h_0 \quad (5\text{-}39)$$

有地震组合时

跨高比 $l_0/h_i > 2.5$ $\quad V_i \leqslant \dfrac{1}{\gamma_{RE}}(0.20 \beta_1 f_c b h_0) \quad (5\text{-}40)$

跨高比 $l_0/h_i \leqslant 2.5$ $\quad V_i \leqslant \dfrac{1}{\gamma_{RE}}(0.15 \beta_1 f_c b h_0) \quad (5\text{-}41)$

式中 V_i——上、下弦杆剪力设计值，按式（5-34）、式（5-35）计算；

b、h_0——上、下弦杆截面宽度和有效高度；

h_i——上、下弦杆截面高度；

f_c——混凝土轴心抗压强度设计值；

γ_{RE}——承载力抗震调整系数，取 $\gamma_{RE}=0.85$；

β_1——当 C50 时，取 0.8；C80 时，取 0.74；C50~C80 时，取其内插值。

孔洞上、下弦杆的箍筋除按《混凝土结构设计规范》（GB 50010—2010）计算外，应按有无抗震设防区分构造要求。有抗震设防的框架梁和剪力墙的连梁，箍筋应按梁端部加密区要求全长（l_0）加密。在孔洞边各 $h/2$ 范围内梁的箍筋按梁端加密区设置。

孔洞上弦杆下部钢筋 A_{s2} 和下弦杆上部钢筋 A_{s3}，伸过孔洞边的长度不小于 l_a。上弦杆上部钢筋 A_{s1} 和下弦杆下部钢筋 A_{s4} 按计算所需截面面积小于整梁的计算所需钢筋截面面积时，应按整梁要求通长；当大于整梁钢筋截面面积时，可在孔洞范围局部加筋来补定所需钢筋，加筋伸过孔洞边的长度应不小于 l_a（l_a 为受拉钢筋的锚固长度）。

94. 宽扁梁框架结构设计的要点是什么？

试验和分析表明，宽扁梁的延性和变形能力较好，只要设计、构造措施得当，也具有良好的抗震性能。

1）图 5-22 中阴影部分所示混凝土使交叉线部分（即节点核心区）混凝土受到约束，使得后者抗剪承载力提高。同时，前者也参与工作，成为节点的重要组成部分。

2）宽扁梁容易实现"强柱弱梁、强剪弱弯、强节点弱构件"的抗震设计理念。

3）宽扁梁改善了节点的延性。宽扁梁框架节点破坏试验表明，在图 5-22 中阴影部分所示区域先破坏，然后才是节点核心区破坏，从而增加了抗震防线，节点的变形能力得到提高，延性得到改善。

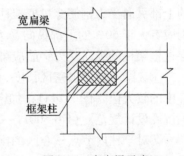

图 5-22 宽扁梁示意

采用宽扁梁时，除应满足普通框架梁的有关设计要求外，尚应符合下列规定：

1）应采用现浇楼盖，梁中线与柱中线重合，扁梁应双向布置，且不宜用于一级抗震等级的框架结构。

2）扁梁的截面高度 h_b 对非预应力混凝土扁梁可取 $h_b = l/22 \sim l/16$，对预应力混凝土扁梁可取 $h_b = l/25 \sim l/20$，其中 l 为梁的计算跨度，跨度较大时宜取较大值，跨度较小时宜取较小值，且 h_b 不宜小于 2.5 倍板厚度。

扁梁截面宽高比 b_b/h_b 不宜大于 3。

3）抗震设计时，扁梁截面尺寸应符合下列要求（图 5-23）：

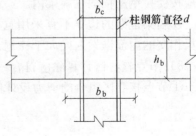

图 5-23 扁梁示意

$$b_b \leq 2b_c$$
$$b_b \leq b_c + h_b$$
$$h_b \geq 16d$$

式中 b_c——柱截面宽度,圆形截面取柱直径的 0.8 倍;
b_b、h_b——梁截面宽度和高度;
d——柱纵向钢筋直径。

4) 扁梁的混凝土强度等级:抗震等级一级时,不应低于 C30,二、三、四级和非抗震设计时,不应低于 C20,扁梁的混凝土强度等级不宜大于 C40。

5) 扁梁框架的梁柱节点核心区应根据梁上部纵向钢筋在柱宽范围内、外的截面面积比例,对柱宽以内和柱宽以外的范围分别计算受剪承载力。

计算柱外节点核心区的剪力设计值时,可不考虑节点以上柱下端的剪力作用。

6) 扁梁纵向钢筋的最小配筋率除应符合《混凝土结构设计规范》(GB 50010—2010)的规定外,尚不应小于 0.3%。纵向受力钢筋一般为单排放置,其间距不宜大于 100mm。锚入柱内的梁上部纵向钢筋宜大于其全部钢筋截面面积的 60%,扁梁跨中上部钢筋宜有支座纵向钢筋(较大端)的 1/4 ~ 1/3 通长。

扁梁两侧面应配置腰筋,每侧的截面面积不应小于梁腹板截面面积 bh_w 的 10%(h_w 为梁高减楼板厚度),直径不宜小于 12mm,间距不宜小于 200mm。

扁梁的箍筋肢距不宜大于 200mm。

7) 框架节点的内、外核心区均可视为扁梁的支座,框架扁梁端的截面内宜有大于 60% 的上部纵向受力钢筋穿过框架柱,并且可靠地锚固在柱核心区内;一级、二级抗震等级时,则应有大于 60% 的上部纵向受力钢筋穿过框架柱。对于边柱节点,框架扁梁端的截面内未穿过框架柱的纵向受力钢筋应可靠地锚固在框架边梁内。

①扁梁端箍筋加密区长度,应取自柱边算起至梁边以外 $b+h$ 范围内长度和自梁边算起 l_{aE} 中的较大值(图5-24a);加密区的箍筋最大间距和最小直径及箍筋肢距应符合现行《建筑抗震设计规范》(GB 50011—2010)的有关规定。

②对于柱内节点核心区的配箍量及构造要求同普通框架;对于扁梁中柱节点柱外核心区,可配置附加水平箍筋及拉筋,当核心区受剪承载力不能满足计算要求时,可配置附加腰筋(图5-24a);对于扁梁边柱节点核心区,也可配置附加腰筋(图5-24b)。

③当中柱节点和边柱节点在扁梁交角处的板面顶层纵向钢筋和横向钢筋间距较大时,应在板角处布置附加构造钢筋网,其伸入板内的长度不宜小于板短跨方向的计算跨度的 1/4,并应按受拉钢筋锚固在扁梁内。

④扁梁框架的边梁不宜采用宽度 b_s 大于柱截面高度 h_c 的预应力混凝土扁梁。当与框架边梁相交的内部框架扁梁大于柱宽,边梁应采取配筋构造措施考虑其受扭的不利影响。

8) 节点核心区计算除应符合一般梁柱节点的要求外,尚应符合下列要求:

①节点核心区组合的剪力设计值应符合:

$$V_j \leq \frac{1}{\gamma_{RE}}(0.30\eta_j\beta_c f_c b_j h_j) \tag{5-42}$$

式中 η_j——四周有梁的节点约束影响系数,计算柱宽范围内核心区的受剪承载力时,可取 $\eta_j = 1.5$,计算柱宽范围外核心区的受剪承载力时,宜取 $\eta_j = 1.0$;
h_j——节点核心区的截面高度,$h_j = h_c$;
b_j——节点核心区的截面有效计算宽度,可取梁宽 b_b 与柱宽 b_c 的平均值,即 $b_j =$

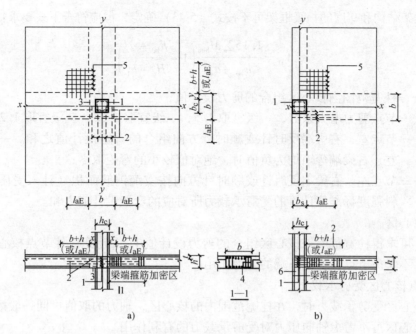

图 5-24 扁梁框架梁柱节点的配筋构造
a) 中柱节点 b) 边柱节点
1—柱核心区箍筋 2—核心区附加腰筋 3—柱外核心区附加
水平箍筋 4—拉筋 5—板面附加钢筋网片 6—边梁

$(b_b + b_c)/2$；

γ_{RE}——承载力抗震调整系数，可取用 0.85。

② 扁梁框架的梁柱节点核心区应根据梁上部纵向钢筋在柱宽范围内、外的截面面积比例，对柱宽以内和柱宽以外的范围分别计算受剪承载力（图5-25）。

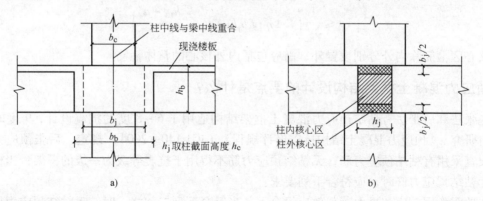

图 5-25 宽节点验算

柱内核心区：
节点核心区组合的剪力设计值

$$V_{j1} = \frac{\eta_{jb} \sum M_b}{h_{b0} - a_a'} \left(1 - \frac{h_{b0} - a_a'}{H_c - h_b}\right) \quad (5-43)$$

一级框架结构和9度的一级框架可不按式（5-43）确定，但应符合下式要求：

$$V_{j1} = \frac{1.15\sum M_{bua}}{h_{b0} - a'_a}\left(1 - \frac{h_{b0} - a'_a}{H_c - h_b}\right) \quad (5\text{-}44)$$

式中　V_{j1}——柱宽范围内核心区组合的剪力设计值；

　　　η_{jb}——节点剪力增大系数，一级宜取1.5，二级宜取1.35，三级宜取1.2；

　　　$\sum M_b$——节点左、右梁端反时针或顺时针方向组合的弯矩设计值之和。一级框架节点左、右梁端弯矩均为负值时，绝对值较小的弯矩取零；

　　　$\sum M_{bua}$——节点左、右梁端反时针或顺时针方向按实配钢筋面积（计入受压钢筋）和材料强度标准值计算的受弯承载力所对应的弯矩设计值之和。

柱外核心区：

同理，可求得柱宽范围外核心区组合的剪力设计值 V_{j2}，计算柱外节点核心区的剪力设计值时，可不考虑节点以上柱下端的剪力作用。

③ 节点核心区受剪承载力：

计算核心区受剪承载力时，在柱宽范围内的核心区，轴力的取值可同一般梁柱节点；柱宽以外的核心区可不考虑轴向压力对受剪承载力的有利作用。

柱内核心区：

$$V_{j1} \leq \frac{1}{\gamma_{RE}}\left(1.1\eta_j f_t b_j h_j + 0.05\eta_j N \frac{b_j}{b_c} + f_{yv} A_{svj} \frac{h_{b0} - a'_s}{s}\right) \quad (5\text{-}45)$$

9度的一级：

$$V_{j1} \leq \frac{1}{\gamma_{RE}}\left(0.9\eta_j f_t b_j h_j + f_{yv} A_{svj} \frac{h_{b0} - a'_s}{s}\right) \quad (5\text{-}46)$$

柱外核心区：

$$V_{j2} \leq \frac{1}{\gamma_{RE}}\left(1.1\eta_j f_t b_j h_j + f_{yv} A_{svj} \frac{h_{b0} - a'_s}{s}\right) \quad (5\text{-}47)$$

核心区箍筋除内外分别设置外，尚应包括内外核心的整体箍筋。

95. 预应力混凝土框架结构设计的要点是什么？

先张法和后张法有粘结预应力混凝土框架结构适用于6~8度的抗震设计，9度时应进行专门研究。《预应力混凝土结构抗震设计规程》（JGJ 140—2004）规定，后张预应力混凝土框架宜采用有粘结预应力筋，无粘结预应力筋不得用于抗震等级为一级的框架；当框架梁采用无粘结预应力筋时，应符合下列要求：

在地震作用效应和重力荷载效应组合下，当符合下列二款之一时，无粘结预应力筋可在二级、三级框架梁中应用；当符合第1款时，无粘结预应力筋可在悬臂梁中应用：

1）框架梁端截面及悬臂梁根部截面由非预应力钢筋承担的弯矩设计值，不应少于组合弯矩设计值的65%；或仅用于满足构件的挠度和裂缝要求。

符合1）要求采用无粘结预应力筋的二级、三级框架结构，可仍按《建筑抗震设计规范》（GB 50011—2010）中对钢筋混凝土框架的要求进行抗震设计。

2）设有剪力墙或筒体，且在基本振型地震作用下，框架承担的地震倾覆力矩小于总地震倾覆力矩的35%。

符合2)要求的二级、三级无粘结预应力混凝土框架应按《预应力混凝土结构抗震设计规程》(JGJ 140—2004)第4章要求进行抗震设计。

后张预应力混凝土框架结构设计要点如下:

(1) 材料选择

《混凝土结构设计规范》(GB 50010—2010)规定:预应力筋宜采用预应力钢丝、钢绞线和预应力螺纹钢筋。

梁、柱纵向受力非预应力筋(普通钢筋)应采用HRB400、HRB500、HRBF400、HRBF500钢筋。

预应力混凝土结构的混凝土强度等级不宜低于C40,且不应低于C30。

(2) 构件截面尺寸估算

构件截面尺寸与跨度、荷载情况以及抗裂要求等有关,预应力混凝土框架梁的截面尺寸,宜符合下列要求:

1) 梁高度与计算跨度之比(高跨比h/l)在1/12~1/22范围内选取,净跨与截面高度之比(l_n/h)不宜小于4。预应力混凝土框架梁的经济跨度15~25m。

2) 截面高度与宽度之比(高宽比h/b)不宜大于4,截面的宽度不宜小于250mm。框架梁的宽度与同一水平高度处配置的预应力筋束数有关,当截面配置一束预应力筋时,$b = 250 \sim 300$mm;当截面配置二束预应力筋时,$b = 300 \sim 400$mm。

当采用预应力混凝土扁梁时,扁梁的跨高比(l_0/h_b)不宜大于25,梁截面高度宜大于板厚度的2倍,其截面尺寸应符合下列要求,并应满足规范对挠度和裂缝宽度的规定:

$$b_b \leq 2b_c \tag{5-48a}$$

$$b_b \leq b_c + h_b \tag{5-48b}$$

$$h_b \geq 16d \tag{5-48c}$$

式中 b_c——柱截面宽度;

b_b、h_b——梁截面宽度和高度;

d——柱纵筋直径。

采用梁宽大于柱宽的预应力混凝土扁梁时,应采用现浇楼板,扁梁中线宜与柱中线重合,且应双向布置;梁宽大于柱宽的扁梁不得用于一级框架结构。

对柱宽,除与柱网尺寸有关外,应满足梁预应力筋与柱纵向钢筋的构造要求。预应力框架柱的剪跨比(λ)宜大于2,即截面高度小于柱净高的1/4。

(3) 外荷载(包括地震荷载)作用下的内力计算及内力组合

预应力混凝土框架结构按弹性计算时阻尼比取$\xi = 3\%$,按此调整水平地震影响系数曲线。

按照弹性方法计算外荷载及地震荷载作用下的内力,并求得承载力计算的基本组合;正常使用极限状态下的标准组合、准永久组合。

预应力混凝土结构构件的截面的抗震验算,采用下列设计表达式:

$$S + \gamma_p S_{pk} \leq \frac{1}{\gamma_{RE}} R \tag{5-49}$$

式中 S——地震作用效应和其他荷载效应组合的设计值;

S_{pk}——预应力标准值的作用效应,按扣除相应阶段预应力损失后的预应力钢筋的合力 N_p 计算;

γ_p——预应力分项系数,当预应力效应对结构有利时取1.0,不利时取1.2;

R——预应力结构构件的承载力设计值;

γ_{RE}——承载力抗震调整系数,按《预应力混凝土结构抗震设计规程》(JGJ 140—2004)表3.1.5取用。当仅考虑竖向地震作用时,各类预应力混凝土结构构件的承载力抗震调整系数均取 $\gamma_{RE}=1.0$。

注意:计算初步的内力组合中暂不包括次内力的影响。

(4)预应力筋的布置及配筋估算

1)预应力筋的布置 预应力筋的布置原则:

①预应力筋的外形和位置应尽可能与弯矩图一致;

②为获得较大的截面抵抗矩,控制截面处的预应力筋应尽量靠近受拉边缘布置,以提高其抗裂及承载能力;

③尽量减少预应力筋的摩擦损失和锚具损失,以提高构件的抗裂度;

④为便于施工及减少锚具,预应力筋尽量连续布置;

⑤综合考虑有关其他因素(保护层厚度、防火要求、次弯矩、构造要求等)。

在框架结构中,除跨度较大的边柱外,框架柱一般为小偏压构件,因此预应力混凝土框架结构中的柱常不需配预应力筋。

若框架跨度较大,顶层框架柱与梁刚接时,边柱弯矩较大,在柱中需要配置预应力筋。常见单跨、双跨框架梁预应力筋的布置见图5-26和图5-27。

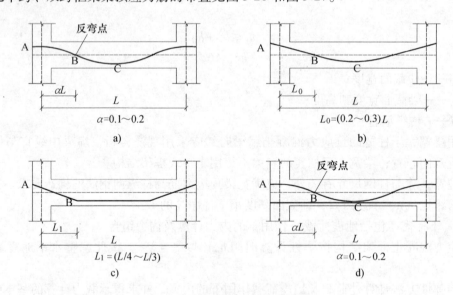

图 5-26 单跨框架梁预应力筋布置

a)正反抛物线布置(适用于支座弯矩与跨中弯矩基本相等) b)直线与抛物线相切布置(适用于支座弯矩较小的单跨框架梁及多跨框架的边跨梁外端中弯矩基本相等)
c)折线布置(适用于集中荷载作用下的框架梁) d)直线与抛物线形混合布置(使次弯矩对框架柱产生有利的影响)

2）预应力筋的配筋估算

① 按裂缝控制要求估算（广义拉应力限制系数法）

$$\sigma - \sigma_{pc} \leq \overline{\alpha}_{ct} f_{tk} \tag{5-50}$$

式中 $\overline{\alpha}_{ct}$——广义拉应力限制系数，其取值：

裂缝控制一级：荷载标准效应组合 $\overline{\alpha}_{ct}=0$

二级：荷载标准效应组合 $\overline{\alpha}_{ct}=0$；荷载准永久效应组合 $\overline{\alpha}_{ct}=\alpha_{ct}\gamma$

三级：荷载标准效应组合 $\sigma-\sigma_{pc} \leq k_h \overline{\alpha}_{ct,s} f_{tk}$

荷载准永久效应组合 $\sigma-\sigma_{pc} \leq k_h \overline{\alpha}_{ct,l} f_{tk}$

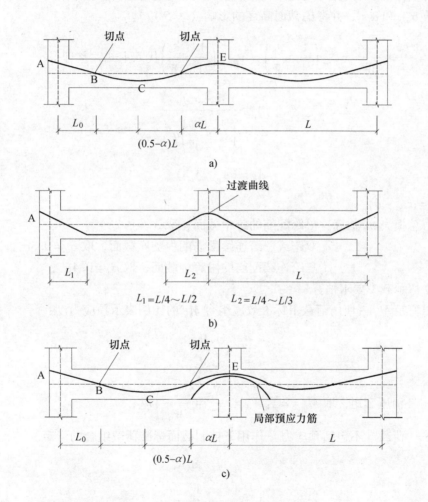

图 5-27 双跨框架梁预应力筋布置
a）直线与抛物线形 b）折线型 c）连续曲线形与局部力筋

$\overline{\alpha}_{ct}$ 的取值主要与允许裂缝宽度和构件截面高度有关，表 5-16 给出了各种裂缝宽度下的广义拉应力限制系数 $\overline{\alpha}_{ct}$ 的设计建议值，并应考虑表 5-17 的构件截面高度的修正系数。

表 5-16　广义拉应力限制系数 $\bar{\alpha}_{ct}$

允许裂缝宽度/mm	0.05	0.10	0.15	0.25
$\bar{\alpha}_{ct}$	1.5	2.0	2.5	3.0

注：裂缝闭合以残余裂缝宽度 0.025mm 作为计算指标，取 $\bar{\alpha}_{ct}=1.25$。

表 5-17　截面高度修正系数 k_h

截面高度/mm	≤200	400	600	800	≥1000
修正系数 k_h	1.2	1.1	1.0	0.9	0.8

根据荷载标准效应组合和准永久效应组合下允许裂缝宽度，查表 5-16 可得出广义拉应力限制系数 $\bar{\alpha}_{ct,s}$ 和 $\bar{\alpha}_{ct,l}$，并考虑截面高度的影响（表 5-17）。

将 $\sigma_{pc}=\dfrac{N_{pe}}{A}+\dfrac{N_{pe}e_p}{W}=N_{pe}\left(\dfrac{1}{A}+\dfrac{e_p}{W}\right)=\sigma_{pe}A_p\left(\dfrac{1}{A}+\dfrac{e_p}{W}\right)$ 代入上式，整理得：

$$A_p \geqslant \dfrac{\sigma-\bar{\alpha}_{ct}f_{tk}}{\left(\dfrac{1}{A}+\dfrac{e_p}{W}\right)\sigma_{pe}} \tag{5-51}$$

$$A_p=(A_{p,s},A_{p,l})_{max}$$

式中，$\sigma_{pe}=\sigma_{con}-\sigma_l$。

预应力总损失 σ_l 估算：单跨配筋的跨中截面，取 $\sigma_l=0.2\sigma_{con}$

双跨或三跨连续配筋的内支座截面，取 $\sigma_l=0.3\sigma_{con}$

三跨连续配筋的内跨中截面，取 $\sigma_l=0.4\sigma_{con}$

②按受弯承载力要求估算

按消压弯矩 M_0 占使用荷载下标准效应组合 M_k 的比例表示预应力度：

$$\lambda=\dfrac{M_0}{M_k} \tag{5-52}$$

式中　M_0——消压弯矩，取 $M_0=\sigma_{pcⅡ}W_0=\left(\dfrac{N_{pe}}{A}+\dfrac{N_{pe}e_p}{W_0}\right)W_0$；

M_k——荷载（不包括预应力）作用下控制截面标准荷载组合的弯矩。

$$A_p=\dfrac{\lambda\dfrac{M_k}{W_0}}{\left(\dfrac{1}{A}+\dfrac{e_p}{W_0}\right)\sigma_{pe}} \tag{5-53}$$

预应力度 λ 应根据环境条件、恒载与活载的比值确定，通常 λ 可在 0.55~0.75 范围内选用。对裂缝控制要求较高或恒载的比重较大的结构构件，应取其上限。

③按荷载平衡法估算

a) 平衡荷载选择。裂缝控制等级为一级、二级的结构构件，当准永久荷载较大时，一般可取永久荷载+准永久荷载的一部分（30%~70%）作为平衡荷载。

裂缝控制等级为三级的结构构件，预应力的配置可由正截面承载力计算确定，其中预应力筋所承受的承载力不大于总承载力的75%。

b) 预应力筋估算。均布荷载 q 作用下连续梁控制截面弯矩 $M = \beta q l^2$。

假定预应力筋采用抛物线，其垂度为 e_p，由预应力筋产生的等效荷载 $q_{eq} = \dfrac{8N_{pe}e_p}{l^2}$。

由等效荷载 q_{eq} 产生的控制截面弯矩 $M_{eq} = \beta q_{eq} l^2 = 8\beta N_{pe} e_p = 8\beta \sigma_{pe} A_p e_p$

由 $\lambda = \dfrac{M_{eq}}{M}$ 得：

$$A_p = \lambda \times \frac{ql^2}{8} \times \frac{1}{\sigma_{pe} e_p} \tag{5-54}$$

注意：

1. 控制截面弯矩设计值取值：考虑到次弯矩对支座截面的有利作用，对支座截面内力取 $0.9M_{外}$；考虑到次弯矩对跨中截面的不利作用，对跨中截面内力取 $1.1M_{外}$。

2. 《混凝土结构设计规范》（GB 50010—2010）第11.8.4条规定，在预应力混凝土框架梁中，应采用预应力筋和普通钢筋混合配筋的方式，梁端截面配筋宜符合下列要求：

$$A_s \geq \frac{1}{3}\left(\frac{f_{py}h_p}{f_y h_s}\right)A_p \tag{5-55}$$

即，

$$\lambda = \frac{f_{py}A_p h_p}{f_{py}A_p h_p + f_y A_s h_s} \leq 0.75$$

对二级、三级抗震等级的框架—剪力墙、框架—核心筒结构中的后张有粘结预应力混凝土框架，梁端截面配筋宜符合下列要求：

$$A_s \geq \frac{1}{4}\left(\frac{f_{py}h_p}{f_y h_s}\right)A_p \tag{5-56}$$

即，

$$\lambda = \frac{f_{py}A_p h_p}{f_{py}A_p h_p + f_y A_s h_s} \leq 0.80$$

《预应力混凝土结构抗震设计规程》（JGJ 140—2004）第4.2.3条规定，在预应力混凝土框架中，应采用预应力筋和非预应力筋混合配筋的方式，框架结构梁端截面预应力强度比 λ 宜符合下列要求：

一级抗震等级

$$\lambda = \frac{f_{py}A_p h_p}{f_{py}A_p h_p + f_y A_s h_s} \leq 0.60 \tag{5-57}$$

二级、三级抗震等级

$$\lambda = \frac{f_{py}A_p h_p}{f_{py}A_p h_p + f_y A_s h_s} \leq 0.75 \tag{5-58}$$

对框架—剪力墙或框架—核心筒结构中的后张有粘结预应力混凝土框架，其 λ 限值对一级抗震等级和二、三级抗震等级可分别增大0.10和0.05。

(5) 预应力作用下的内力计算

1) 确定控制截面的预应力总损失 σ_l、有效预应力 $\sigma_{pe} = \sigma_{con} - \sigma_l$;

2) 计算预应力筋的等效荷载,并按弹性理论计算出框架结构在等效荷载作用下的弯矩(综合弯矩 M_r);

3) 计算预应力筋的主弯矩 M_1;

4) 计算框架结构的次弯矩 $M_2 = M_r - M_1$、由次弯矩计算相应的次剪力 V_2。

(6) 正截面承载力计算

1) 后张法预应力混凝土超静定结构,在进行正截面受弯承载力计算时,在弯矩设计值中次弯矩 M_2 应参与组合;当参与组合的次弯矩 M_2 对结构不利时,预应力分项系数取1.2,有利时应取1.0,即

框架梁支座截面: $M_{支} = M - M_2$

框架梁跨中截面: $M_{中} = M + 1.2M_2$

2) 抗震设计时,预应力混凝土框架梁宜应采用预应力钢筋和非预应力钢筋的混合配置方式。

3) 后张有粘结预应力混凝土框架梁,其考虑受压钢筋的梁端受压区高度应符合:

一级抗震等级: $x \leq 0.25h_0$

二、三级抗震等级: $x \leq 0.35h_0$

且纵向受拉钢筋按非预应力钢筋抗拉强度折算的配筋率不应大于2.5% (HRB400级钢筋)或3.0% (HRB335级钢筋)。

4) 预应力混凝土框架梁梁端截面的底面和顶面纵向非预应力钢筋截面面积 A'_s 和 A_s 的比值,除按计算确定外,尚应满足下列要求:

一级抗震等级 $\dfrac{A'_s}{A_s} \geq \dfrac{0.5}{1-\lambda}$

二、三级抗震等级 $\dfrac{A'_s}{A_s} \geq \dfrac{0.3}{1-\lambda}$

且梁底面纵向非预应力钢筋配筋率不应小于0.2%。

5) 在与板整体浇筑的T形和L形预应力混凝土框架梁中,当考虑板中的部分钢筋对抵抗弯矩的有利作用时,宜符合下列规定:

①在内柱处,当横向由宽度与柱宽相近的框架梁时,宜取从柱两侧各4倍板厚范围内板内钢筋;

②在内柱处,当没有横向框架梁时,宜取从柱两侧各延伸2.5倍板厚范围内板内钢筋;

③在外柱处,当横向由宽度与柱相近的框架梁,而多考虑的梁中钢筋锚固在柱内时,宜取从柱两侧各延伸2倍板厚范围内板内钢筋;

④在外柱处,当没有横梁时,宜取柱宽范围内的板内钢筋;

⑤在所有情况下,考虑板中部分钢筋参与工作的过程中,受弯承载力所需的纵向钢筋至少应有75%穿过柱子或锚固于柱内;当纵向钢筋由重力荷载效应组合控制时,则仅应考虑地震作用组合的纵向钢筋的75%穿过柱子或锚固于柱内。

6) 后张法预应力混凝土框架梁,在满足规范纵向受力钢筋最小配筋率的条件($M_u \geq M_{cr}$)下,当截面相对受压区高度 $\xi = x/h_0 \leq 0.3$ 时,可考虑内力重分布,支座截面弯矩可按10%调幅,并应满足正常使用极限状态验算要求。

注意：支座次弯矩不参与调幅。

(7) 裂缝宽度验算

按裂缝控制设计建议分别验算结构控制截面在荷载标准组合和准永久组合下的名义拉应力值，即：

$$\sigma_{ct,s} = \frac{M_k}{W} - \left(\frac{N_{pe}}{A} + \frac{M_{综}}{W}\right) \leqslant \bar{\alpha}_{ct,s} f_{tk} \tag{5-59a}$$

$$\sigma_{ct,l} = \frac{M_l}{W} - \left(\frac{N_{pe}}{A} + \frac{M_{综}}{W}\right) \leqslant \bar{\alpha}_{ct,l} f_{tk} \tag{5-59b}$$

若不能满足上述要求，则需调整预应力筋的面积，重新计算。

(8) 斜截面承载力计算

在进行斜截面受剪承载力计算时，在剪力设计值中次剪力应参与组合，参与组合的次剪力的预应力分项系数应取 1.0。

$$V = V_{外} \pm V_{次} \leqslant V_u = V_{cs} + 0.05 N_{p0} + 0.8 \sum f_{py} A_{pb} \sin\alpha_p \tag{5-60}$$

当次剪力与外荷载引起的剪力相同时，取正号，即 $V = V_{外} + V_{次}$

当次剪力与外荷载引起的剪力反向时，取负号，即 $V = V_{外} - V_{次}$

(9) 反拱及挠度验算

$$f = f_q - f_l \leqslant f_{\lim} \tag{5-61}$$

式中　f_q——荷载引起的挠度；

　　　f_l——由预应力引起的反拱。

预应力引起的反拱 f_l 可按结构力学方法计算，截面刚度取 $B_s = E_c I_0$。

荷载引起的挠度 f_q 可按《混凝土结构设计规范》（GB 50010—2010）方法计算。

预应力混凝土受弯构件的短期刚度：

要求不出现裂缝的构件的短期刚度

$$B_s = 0.85 E_c I_0 \tag{5-62}$$

允许出现裂缝的构件的短期刚度，对使用阶段一出现裂缝的预应力混凝土受弯构件，假定弯矩—曲率（或弯矩—挠度）曲线是由双折直线组成，双折线的交汇点位于开裂弯矩 M_{cr} 处，则可求得短期刚度的基本公式为：

$$B_s = \frac{E_c I_0}{\dfrac{1}{\beta_{0.4}} + \dfrac{\dfrac{M_{cr}}{M} - 0.4}{0.6}\left(\dfrac{1}{\beta_{cr}} - \dfrac{1}{\beta_{0.4}}\right)} \tag{5-63}$$

式中　$\beta_{0.4}$、β_{cr}——$\dfrac{M_{cr}}{M_k}=0.4$ 和 1.0 时的刚度降低系数，对 β_{cr}，可取为 0.85；对 $\dfrac{1}{\beta_{0.4}}$，可按下式确定：

$$\frac{1}{\beta_{0.4}} = \left(0.8 + \frac{0.15}{\alpha_E \rho}\right)(1 + 0.45\gamma_f)$$

将 β_{cr}、$\dfrac{1}{\beta_{0.4}}$ 代入式（5-63），并整理可得：

$$B_s = \dfrac{0.85 E_c I_0}{\kappa_{cr} + (1-\kappa_{cr})\omega} \tag{5-64a}$$

$$\kappa_{cr} = \dfrac{M_{cr}}{M_k} \tag{5-64b}$$

$$\omega = \left(1 + \dfrac{0.21}{\alpha_E \rho}\right)(1 + 0.45\gamma_f) - 0.7 \tag{5-64c}$$

$$M_{cr} = (\sigma_{pc} + \gamma f_t) W_0 \tag{5-64d}$$

$$\gamma_f = \dfrac{(b_f - b)h_f}{bh_0} \tag{5-64e}$$

式中 ρ——纵向受拉钢筋配筋率，$\rho = \dfrac{(\alpha_1 A_p + A_s)}{bh_0}$，对灌浆的后张法预应力筋，$\alpha_1 = 1.0$；对无粘结后张法预应力筋，取 $\alpha_1 = 0.3$；

κ_{cr}——预应力混凝土受弯构件正截面开裂弯矩 M_{cr} 与弯矩 M_k 的比值，当 $\kappa_{cr} > 1.0$ 时，取 $\kappa_{cr} = 1.0$；

σ_{pc}——扣除全部预应力损失后，由预加力在抗裂验算边缘产生的混凝土余压应力；

γ——混凝土构件的截面抵抗矩塑性影响系数，$\gamma = \left(0.7 + \dfrac{120}{h}\right)\gamma_m$，$\gamma_m$ 为截面抵抗矩塑性影响系数基本值，h 为截面高度（mm），当 $h < 400$mm 时，取 $h = 400$mm，当 $h > 1000$mm 时，取 $h = 1000$mm；

I_0、W_0——换算截面的惯性矩和截面的抵抗矩。

一般来说，PPC 连续构件的挠度是能达到设计要求的。

（10）预应力混凝土框架柱

1）在地震作用组合下，当采用对称配筋的框架柱中全部纵向受力普通钢筋配筋率大于 5% 时，可采用预应力混凝土柱，其纵向受力钢筋的配置，可采用非对称配置预应力筋的配筋方式。即在截面受拉较大的一侧采用预应力筋和非预应力钢筋的混合配筋，另一侧仅配置非预应力筋。

2）在预应力混凝土框架中，与预应力混凝土梁相连接的预应力混凝土或钢筋混凝土柱除应符合《建筑抗震设计规范》（GB 50011—2010）有关调整框架柱端组合的弯矩设计值的相关规定外，对二、三级抗震等级的框架边柱，其柱端弯矩增大系数，二级应取 $\eta_c = 1.4$，三级应取 $\eta_c = 1.2$。

3）考虑地震作用组合的预应力混凝土框架柱，按式（5-65）计算的轴压比宜符合表 5-18 的规定。

$$\lambda_{Np} = \dfrac{N + 1.2 N_{pe}}{f_c A} \tag{5-65}$$

式中 λ_{Np}——预应力混凝土柱的轴压比；

N——柱考虑地震作用组合的轴向压力设计值；

N_{pe}——作用于框架柱顶预应力筋的总有效预加力。

表 5-18 预应力混凝土框架柱轴压比限值

结构类型	抗震等级		
	一级	二级	三级
框架结构、板柱—框架结构	0.60	0.70	0.80
框架—剪力墙、框架—核心筒、板柱—剪力墙	0.75	0.85	0.95

注：1. 当混凝土强度等级为 C65~C70 时，轴压比限值宜按表中数值减小 0.05。
2. 沿柱全高采用井字复合箍，且箍筋间距不大于 100mm、肢距不大于 200、直径不小于 12mm，或沿柱全高采用复合螺旋箍，箍筋的螺距不大于 100mm、肢距不大于 200mm、直径不小于 12mm，或沿柱全高采用连续复合螺旋箍，且螺距不大于 80mm、肢距不大于 200mm、直径不小于 10mm 时，轴压比限值可按表中数值增加 0.10；采用上述三种箍筋时，均应按所增大的轴压比确定其箍筋配箍特征值 λ_v。

4）预应力混凝土框架柱的截面配筋应符合下列规定：

①预应力混凝土框架柱纵向非预应力钢筋的最小配筋率应符合《混凝土结构设计规范》（GB 50010—2010）有关钢筋混凝土受压构件纵向受力钢筋最小配筋率的规定；

②预应力混凝土框架柱中全部纵向受力钢筋按非预应力钢筋抗拉强度设计值换算的配筋率不应大于 5%；

③纵向预应力筋不宜少于两束，其孔道之间的净间距不宜小于 100mm。

5）预应力混凝土框架柱柱端加密区配箍要求不低于普通钢筋混凝土框架柱的要求；对预应力混凝土框架结构，其柱的箍筋应沿柱全高加密。

6）双向预应力混凝土框架的边柱和角柱，在进行局部受压承载力计算时，可将框架柱中的纵向受力主筋和横向箍筋兼作间接钢筋网片。

（11）预应力混凝土框架梁柱节点

1）预应力混凝土框架梁柱节点核心区受剪的水平截面应符合下式要求：

$$V_j \leq \frac{1}{\gamma_{RE}}(0.30\eta_j\beta_c f_c b_j h_j) \tag{5-66}$$

式中 η_j——正交梁的约束影响系数，楼板为现浇、梁柱中线重合、四侧各梁截面宽度不小于该侧柱截面宽度的 1/2，且正交方向梁的高度不小于框架梁高度的 3/4 时，可取 $\eta_j = 1.5$，条件相同 9 度时宜取 $\eta_j = 1.25$，其他情况均采用 $\eta_j = 1.0$；

h_j——节点核心区的截面高度；

b_j——节点核心区的截面有效计算宽度；

γ_{RE}——承载力抗震调整系数，可取用 0.85。

2）预应力筋穿过节点核心区的中部有利于提高节点的受剪承载力和抗裂度，施加预应力后受剪承载力提高值 V_p 为：

$$V_p = 0.4 N_{pe} \tag{5-67}$$

式中 N_{pe}——作用在节点核心区预应力筋的总有效预加力。

对正交方向有梁约束的预应力框架中间节点，当预应力筋从一个方向或两个方向穿过节点核心区，设置在梁截面高度中部 1/3 范围内时，预应力框架节点核心区的受剪承载力应按下式计算：

$$V_j \leq \frac{1}{\gamma_{RE}}\left(1.1\eta_j f_t b_j h_j + 0.05\eta_j N \frac{b_j}{b_c} + f_{yv} A_{svj} \frac{h_{b0} - a'_s}{s} + 0.4 N_{pe}\right) \tag{5-68}$$

式中 N——对应于组合剪力设计值的上柱组合轴力设计值；当 N 为轴向受压时，$N \leqslant 0.5f_cA_c$；当 N 为拉力时，应取 $N=0$。

3）后张预应力筋的锚具不宜设置在梁柱节点核心区，并应布置在梁端箍筋加密区以外。

（12）施工阶段验算

1）施工阶段的应力验算时，应考虑荷载的不利情况。验算在预加力、自重及施工荷载（必要时应考虑动力系数）作用下，控制截面上、下边缘混凝土法向应力（预拉区混凝土拉应力 σ_{ct} 和预压区混凝土压应力 σ_{cc}）：

① 施工阶段预拉区不允许出现裂缝的构件或预压时全截面受压的构件

$$\sigma_{ct} \leqslant f'_{tk};\sigma_{cc} \leqslant 0.8f'_{ck} \tag{5-69}$$

② 施工阶段预拉区允许出现裂缝构件

$$\sigma_{ct} \leqslant 2f'_{tk};\sigma_{cc} \leqslant 0.8f'_{ck} \tag{5-70}$$

式中 f'_{tk}、f'_{ck}——与各施工阶段混凝土强度等级 f'_{cu} 相应的抗拉强度标准值、抗压强度标准值。

2）后张法预应力构件局部受压验算

局部受压区截面尺寸应满足下列要求：

$$F_l \leqslant 0.9 \times 1.5\beta_c\beta_l f_c A_{ln} \tag{5-71}$$

当配置间接钢筋（方格网式钢筋、螺旋式钢筋）且其核心面积 $A_{cor} \geqslant A_l$ 时，局部受压承载力计算公式：

$$F_l \leqslant 0.9(\beta_c\beta_l f_c + 2\alpha\rho_v\beta_{cor}f_y)A_{ln} \tag{5-72}$$

（13）绘制结构施工图

施工图包括：非预应力筋配筋图、预应力筋坐标位置图、局部承压垫板及配筋图、锚具种类及有关施工说明等。

96. 高强度混凝土框架结构设计的要点是什么？

高强度混凝土是指强度等级为 C50 及以上的混凝土，由于强度高，可以减小柱子截面尺寸，扩大柱网间距，增加使用面积，降低结构自重；由于早强，可以加快施工进度；由于徐变小，弹性模量高，可以减小柱的压缩和增大结构的刚度。但高强度混凝土也存在不足，主要表现在：受压破坏时呈高度脆性，延性差，且其脆性随强度提高而越加严重。因此，对不同设防烈度的混凝土结构，宜对高强度混凝土的强度等级予以相应的限制。如果柱的轴压比很低，或柱的实际承载力比作用效应值高得多，设计取用的混凝土强度等级也可适当提高。

由于高强混凝土的脆性，为了保证地震作用下高强度混凝土构件的延性，必须对框架梁端加密区的箍筋、柱的轴压比限值、柱的纵向钢筋和箍筋的最小配筋量等做更为严格的要求。

抗震设计的高强混凝土框架结构除应符合普通混凝土框架结构抗震设计要求外，尚应符合下列各项规定：

1) 高强混凝土的强度等级限制。抗震设计时，混凝土强度等级一般不宜超过C80。对于设防烈度为8度的钢筋混凝土结构，抗震柱的混凝土强度等级不宜高于C70，9度时不宜高于C60。

2) 框架梁端纵向受拉钢筋的配筋率不宜大于3.0%（HRB335级钢筋）和2.6%（HRB400级钢筋）。梁端箍筋加密区的箍筋最小直径应比普通混凝土梁箍筋的最小直径增大2mm。

3) 柱的轴压比限值宜按下列规定采用：不超过C60混凝土的柱可与普通混凝土柱相同；C65~C70混凝土的柱宜比普通混凝土柱减小0.05；C75~C80混凝土的柱宜比普通混凝土柱减小0.1，见表5-19。

表5-19 框架结构柱轴压比限值

混凝土强度等级	抗震等级		
	一级	二级	三级
C50~C60	0.65	0.75	0.85
C65~C70	0.60	0.70	0.80
C75~C80	0.55	0.65	0.75

4) 当混凝土强度等级大于C60时，柱纵向钢筋的最小总配筋率应比普通混凝土柱增大0.1%，见表5-20。

表5-20 框架结构柱截面纵向钢筋的最小总配筋率（%）

柱类别	抗震等级				非抗震
	一级	二级	三级	四级	
中柱、边柱	1.0 (1.1)	0.8 (0.9)	0.7 (0.8)	0.6 (0.7)	0.5 (0.6)
角柱	1.1 (1.2)	0.9 (1.0)	0.8 (0.9)	0.7 (0.8)	0.5 (0.6)
框支柱	1.1 (1.2)	0.9 (1.0)	—	—	0.7 (0.8)

注：1. 采用335MPa级、400MPa级纵向受力钢筋时，应分别按表中数值增加0.1和0.05采用。
2. 表中括号内数值适用于混凝土强度等级高于C60的情况。

5) 柱加密区的最小配箍特征值λ_v宜按下列规定采用：混凝土强度等级高于C60时，箍筋宜采用复合箍、复合螺旋箍或连续复合矩形螺旋箍。

①轴压比不大于0.6时，宜比普通混凝土柱大0.02；

②轴压比大于0.6时，宜比普通混凝土柱大0.03。

混凝土强度等级高于C60时，柱加密区的最小配箍特征值λ_v宜按表5-21确定。

表5-21 柱箍筋加密区的箍筋最小配箍特征值（大于C60）

抗震等级	箍筋形式	柱轴压比								
		≤0.3	0.4	0.5	0.6	0.7	0.8	0.9	1.0	1.05
一级	普通箍、复合箍	0.12	0.13	0.15	0.17	0.20	0.23	0.26	—	—
	螺旋箍、复合或连续复合螺旋箍	0.10	0.11	0.14	0.15	0.18	0.21	0.24	—	—

（续）

抗震等级	箍筋形式	柱轴压比								
		≤0.3	0.4	0.5	0.6	0.7	0.8	0.9	1.0	1.05
二级	普通箍、复合箍	0.10	0.11	0.14	0.15	0.18	0.20	0.22	0.25	0.27
	螺旋箍、复合或连续复合螺旋箍	0.08	0.09	0.11	0.14	0.16	0.18	0.20	0.23	0.25
三级	普通箍、复合箍	0.08	0.09	0.11	0.14	0.16	0.18	0.20	0.23	0.25
	螺旋箍、复合或连续复合螺旋箍	0.07	0.08	0.09	0.11	0.14	0.16	0.18	0.21	0.23

6) 验算要求。结构构件截面剪力设计值的限值中含有混凝土轴心抗压强度设计值（f_c）的项应乘以混凝土强度影响系数（β_c）。其值，混凝土强度等级为 C50 时，取 1.0；C80 时取 0.8，介于 C50 和 C80 之间时取其内插值。

结构构件受压区高度计算和承载力验算时，公式中含有混凝土轴心抗压强度设计值（f_c）的项也应乘以相应的混凝土强度影响系数 β_c。

第六章 剪力墙结构

97. 高层剪力墙的受力特点是什么？剪力墙是如何分类的？

（1）剪力墙的受力特点

由于各类剪力墙洞口大小、位置及数量的不同，在水平荷载作用下其受力特征也不同，这主要表现为：

① 墙肢截面正应力的分布；

② 沿墙肢高度方向上弯矩的变化规律；

③ 墙肢的侧移曲线形状。

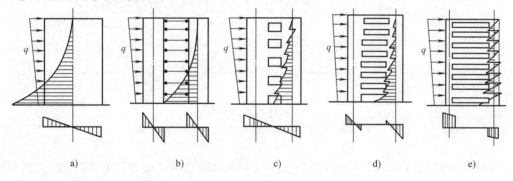

图 6-1 剪力墙弯矩及截面应力分布

1）悬臂墙弯矩沿高度都是一个方向（没有反向弯矩），弯矩图形为曲线，截面应力分布是直线（按材料力学规律，假定取为直线），如图 6-1a 所示，墙为弯曲型变形。

2）联肢墙的内力及侧移与整体系数 α 值有关，大致可分为三种情况：

①当连梁刚度很小时，整体系数 $\alpha \leqslant 1$，其约束弯矩很小而可忽略，可假定其为铰接杆，则墙肢是两个单肢悬臂墙，每个墙肢弯矩图与应力分布和悬臂墙相同，如图 6-1b 所示。

②当连梁刚度较大时，整体系数 $\alpha \geqslant 10$，则截面应力分布接近直线，由于连梁约束弯矩而在楼层处形成锯齿形弯矩图，如果锯齿不太大，大部分层墙肢弯矩没有反弯点，剪力墙接近整体悬臂墙，截面应力接近直线分布，如图 6-1c 所示，侧移曲线主要是弯曲型。

③整体系数 $1 \leqslant \alpha \leqslant 10$ 的墙为典型的联肢墙情况，连梁约束弯矩造成的锯齿较大，截面应力不再为直线分布，如图 6-1d 所示，此时墙的侧移仍然主要为弯曲型。

3）当剪力墙开洞很大时，墙肢相对较弱，这种情况的整体系数 α 值都很大（$\alpha \gg 10$），最极端的情况就是框架（视框架为洞口很大的剪力墙），如图 6-1e 所示，这时的弯矩图中各层"墙肢"（柱）都有反弯点，原因就是"连梁"（框架梁）相对于框架柱而言，其刚度较大，约束弯矩较大所致。从截面应力分布来看，墙肢拉压力较大，两个墙肢的应力图相连几乎成一条直线。具有反弯点的杆件造成层间变形较大，因此当洞口加大而墙肢减细时，其变形向剪切型靠近，框架侧移主要为剪切型。

(2) 剪力墙的分类

1) 剪力墙的墙肢截面高度(h_w)与厚度(b_w)之比 $h_w/b_w > 8$ 时为一般剪力墙;剪力墙的墙肢截面高度(h_w)与厚度(b_w)之比 $h_w/b_w = 4 \sim 8$ 时为短肢剪力墙;当墙肢的截面高度与厚度之比 $h_w/b_w \leq 4$ 时,宜按框架柱进行截面设计。

2) 剪力墙根据墙面开洞大小情况,可分为整截面墙、整体小开口墙、联肢墙(包括双肢墙和多肢墙)和壁式框架四类。分类的原则是:

①整截面墙(图 6-2a):不开门窗洞或虽开有洞口,但面积很小(洞口总面积不大于剪力墙总的立面面积的 15%),且洞口间的净距及洞口至墙边的净距都不大于洞口的长边尺寸。

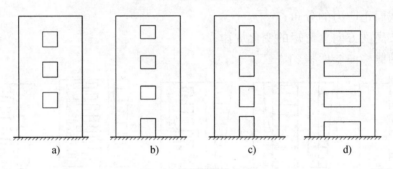

图 6-2 剪力墙的分类
a) 整截面墙 b) 整体小开口墙 c) 联肢墙 d) 壁式框架

②整体小开口墙(图 6-2b):洞口总面积超过了剪力墙总的立面面积的 15%,但总的来说,洞口仍较小,以至墙肢的总的局部弯矩较小(在总弯矩中不大于 85%),且沿墙肢高度的各个楼层,墙肢局部弯矩图形不出现反弯点。

③联肢墙(图 6-2c):洞口面积较大,墙肢总的局部弯矩已大于 $0.85M$,但沿墙肢高度的各个楼层,墙肢局部弯矩图形在大多数楼层还不出现反弯点。

④壁式框架(图 6-2d):洞口面积较大,墙肢较弱,不仅墙肢总的局部弯矩已大于 85%,且沿墙肢高度的大多数楼层已出现反弯点。壁式框架的受力特点已接近一般框架。

后三类剪力墙的具体划分可统一按整体系数 α 来判别。

整体系数 α 可按式(6-1)计算确定。

$$\alpha = H \sqrt{\frac{12}{Th\sum_{j=1}^{m+1} I_j} \sum_{j=1}^{m} \frac{I_{lj}a_j^2}{l_j^3}} \qquad (6-1)$$

式中 T——轴向变形影响系数。双肢墙取 $T = \dfrac{I_A}{I}$,I 为组合截面的惯性矩;$I_A = I - \sum_{j=1}^{m+1} I_j$,$I_j$ 为任一墙肢自身截面的惯性矩。当为 3~4 肢墙时,可取 $T = 0.8$;5~7 肢墙时,可取 $T = 0.85$,8 肢以上可取 $T = 0.9$;

I_{lj}——第 j 列连梁的折算惯性矩,$I_{lj} = I_{lj0} \bigg/ \left(1 + \dfrac{28\mu I_{lj0}}{A_{lj}l_j^2}\right)$,$I_{lj0}$ 为第 j 列连梁的截面惯

性矩；

a_j——第j列洞口两侧墙肢轴线间的距离；

l_j——第j列连梁的计算跨度，$l_j = l_{j0} + h_{lj}/2$，其中，l_{j0}是连梁的净跨，h_{lj}是连梁截面高度。

98. 柱、异形柱、短肢剪力墙及普通剪力墙是如何界定的？

（1）普通柱是指截面高度与宽度之比$h_w/b_w < 3$的柱。

（2）异形柱是指截面几何形状为L形、T形和十字形，且截面各肢的肢高度与厚度之比$h_w/b_w \leq 4$的柱，是一种介于柱与剪力墙之间的构件。异形柱截面的肢厚不应小于200mm，肢高不应小于500mm。

抗震设计时，宜采用等肢异形柱。当不得不采用不等肢异形柱时，两肢肢高比不宜超过1.6，且肢厚相差不大于50mm。

《混凝土异形柱结构技术规程》（JGJ 149—2017）中没有列入"Z""一"形柱，主要是由于这两种截面柱两个主轴方向的抗弯承载力相差很大，对受力不利。对"Z"形柱研究的不是很多，但实际工程中还是有用的。如果结构中只是个别柱为Z形，可以采用加强构造的设计。

（3）短肢剪力墙是指截面厚度不大于300mm，各肢截面高度（h_w）与厚度（b_w）之比的最大值大于4但不大于8（即$4 < h_w/b_w \leq 8$）的剪力墙。

对于L形、T形、十字形剪力墙，两个方向的墙肢高度与厚度之比最大值大于4但不大于8时，才称为短肢剪力墙。

（4）普通剪力墙是指墙肢截面高度与宽度之比$h_w/b_w > 8$的剪力墙。

1）厚度（b_w）大于300mm的墙，各肢截面高度与厚度之比的最大值大于4时，该截面属于一般剪力墙。

2）若剪力墙中，即使有几肢截面高度与厚度之比的最大值大于4但不大于8，但有一肢截面高度与厚度之比大于8，则该截面属于一般剪力墙。

3）对于采用刚度较大的连梁（连梁净跨与连梁高度之比不大于2.5，且连梁高度至少大于400mm）与墙肢形成的开洞剪力墙，不宜按单独墙肢判断其是否属于短肢剪力墙，此时属于联肢剪力墙。

99. 剪力墙截面高度与厚度之比（h_w/b_w）在4~8时应遵守哪些设计规定？

（1）短肢剪力墙的定义

《高层建筑混凝土结构技术规程》（JGJ 3—2010）第7.18条规定，短肢剪力墙是指截面厚度不大于300mm，各肢截面高度（h_w）与厚度（b_w）之比的最大值大于4但不大于8（即$4 < h_w/b_w \leq 8$）的剪力墙。

（2）短肢剪力墙设计要点

抗震设计时，短肢剪力墙设计应符合下列规定：

1）短肢剪力墙截面厚度（b_w）

底部加强部位$200mm \leq b_w \leq 300mm$；其他部位$180mm \leq b_w \leq 300mm$；

2）短肢剪力墙的轴压比限值（见表6-1）。

表 6-1　短肢剪力墙轴压比限值

抗震等级	一级	二级	三级
短肢剪力墙	0.45	0.50	0.55
短肢剪力墙（一字形）	0.30	0.40	0.45

3）短肢剪力墙剪力设计值

底部加强部位剪力增大系数（η_{vw}）：一级取 1.6、二级取 1.4、三级取 1.2。

其他各层截面的剪力增大系数（η_{vw}）：一级取 1.4、二级取 1.2、三级取 1.1。

4）短肢剪力墙全部竖向钢筋的配筋率

底部加强部位：一级、二级≥1.2%、三级、四级≥1.0%。

其他部位：一级、二级≥1.0%、三级、四级≥0.8%。

5）不宜采用一字形短肢剪力墙，不宜在一字形短肢剪力墙上布置平面外与之相交的单侧楼面梁。

6）短肢剪力墙边缘构件的设置应符合《规程》（JGJ 3—2010）第 7.2.14 条的规定。

(3) 具有较多短肢剪力墙的剪力墙结构

具有较多短肢剪力墙的剪力墙结构是指，在规定的水平地震作用下，短肢剪力墙承担的底部倾覆力矩不小于结构底部总地震倾覆力矩的 30% 的剪力墙结构。如果不符合上述范围时，不属于"具有较多剪力墙的剪力墙结构"，仍可按一般剪力墙结构进行设计。不论是否短肢剪力墙较多，所有短肢剪力墙都要满足《规程》（JGJ 3—2010）第 7.2.2 条规定，但短肢剪力墙的抗震等级不再提高。

(4) 具有较多短肢剪力墙的剪力墙结构设计要点

抗震设计时，高层建筑结构不应全部采用短肢剪力墙；B 级高度及 9 度的 A 级高度高层建筑，不宜布置短肢剪力墙，不应采用具有较多短肢剪力墙的剪力墙结构。当采用具有较多短肢剪力墙的剪力墙结构时，应符合下列规定：

1）在规定的水平地震作用下，短肢墙承担的底部地震倾覆力矩不宜大于结构底部总地震倾覆力矩的 50%。

2）房屋的适用高度应比一般剪力墙结构规定的最大适用高度适当降低，且 7 度、8 度（0.20g）和 8 度（0.30g）抗震设计时分别不应大于 100m、80m、60m。

100. 剪力墙结构布置有哪些规定？

(1) 剪力墙的布置

高层建筑应具有较好的空间工作性能，剪力墙结构应双向布置，形成空间结构。抗震设计的剪力墙结构，应避免仅单向有墙的结构布置形式，并宜使两个方向的抗侧刚度接近，即两个方向的基本自振周期宜相近。

剪力墙的抗侧刚度及承载力均较大，为充分利用剪力墙的能力，减轻结构重量，增大剪力墙结构的可利用空间，墙不宜布置太密，使结构具有适宜的侧向刚度。

剪力墙的平面布置应尽量均匀、对称，尽量使结构的刚度中心和质量中心重合，以减少扭转。

剪力墙布置对结构的抗侧刚度有很大的影响，剪力墙沿高度不连续，将造成结构沿高度发生刚度突变。因此,剪力墙宜自下而上连续布置。允许沿高度改变墙厚和混凝土强度等级或减少部分墙肢,使抗侧刚度沿高度逐渐减小。

(2) 剪力墙洞口的布置

1) 剪力墙洞口的布置,会极大地影响剪力墙的力学性能。规则开洞,洞口成列、成排布置,能形成明确的墙肢和连梁,应力分布比较规则,又与当前普遍应用的程序的计算简图较为符合,设计结果安全可靠。

2) 错洞墙和叠合错洞墙都是不规则开洞剪力墙,其应力分布复杂,计算、构造较为复杂和困难。错洞墙的洞口错开,洞口之间距离较大 (图6-3a、b),叠合错洞墙是洞口错开距离很小,甚至叠合 (图6-3c),不仅墙肢不规则,洞口之间形成薄弱部位,叠合错洞墙比错洞墙更为不利。

剪力墙底部加强部位是塑性铰出现及保证剪力墙安全的重要部位,抗震等级一级、二级和三级不宜采用错洞布置。如无法避免错洞墙,则宜控制错洞墙洞口间的水平距离不小于2m,设计时应仔细计算分析,并在洞口周边采取有效的构造措施 (图6-3a、b)。

抗震等级一、二和三级的剪力墙不宜采用叠合错洞墙,当无法避免叠合错洞布置时,应按有限元方法仔细计算分析并在洞口周边采取加强措施 (图6-3c) 或采用其他轻质材料填充将叠合洞口转化为规则洞口 (图6-3d,其中阴影部分表示轻质填充墙体) 的剪力墙或框架结构。

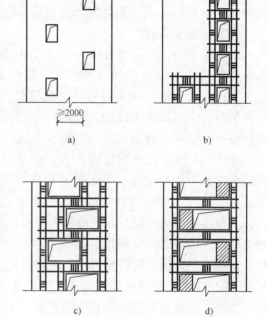

图6-3 剪力墙洞口不对齐时的构造措施
a) 一般错洞墙 b) 底部局部错洞墙
c) 叠合错洞墙构造之一 d) 叠合错洞墙构造之二

3) 剪力墙开洞后宜在洞口顶部设置连梁,当建筑布置要求设置无连梁的剪力墙时,其数量:一级抗震等级不应超过全部剪力墙数量的20%,二级抗震等级不应超过全部剪力墙数量的30%。此类剪力墙不应采用短肢剪力墙,其底部加强部位的墙肢轴压比,一级不应小于0.4,二级不应小于0.5。墙肢两端应设置约束边缘构件,应加强墙肢上楼板板带的配筋和构造措施,如设置联系墙肢的暗梁,以保证板带在竖向荷载作用下具有足够的抗弯承载力。

4) 剪力墙开转角窗

B级高度及9度设防A级高度的高层建筑不应在角部剪力墙上开设转角窗。抗震设计和8度及8度以下抗震设防的A级高度高层建筑在角部剪力墙上开设转角窗时,应采取下列措施:

① 洞口应上下对齐,洞口宽度不宜过大,过梁高度不宜过小。

② 洞口附近应避免采用短肢剪力墙和单片剪力墙,宜采用"T""L""槽"形等截面的墙体,墙体厚度宜适当加大,并应沿墙肢全高按要求设置约束边缘构件。

③ 宜提高洞口两侧墙肢的抗震等级，并按提高后的抗震等级满足轴压比限值的要求。

④ 加强转角窗上转角梁的配筋及构造。

⑤ 转角处楼板应局部加厚，配筋宜适当加大，并配置双层的直通受力钢筋；必要时，可在转角处板内设置连接两侧墙体的暗梁。

⑥ 若内角墙体开洞，楼板凹进尺寸不应过深，否则应在角部设置拉梁。

⑦ 进行结构电算时，转角梁的负弯矩调幅系数、扭矩折减系数均应取 1.0。抗震设计时，应考虑扭转耦联影响。

5）抗震设计的剪力墙上开设门窗等孔洞时，应避免 3 个以上洞口集中于同一十字交叉墙附近（图6-4）。无法避免时，开洞后形成的十字交叉墙应按仅承受轴向力的柱子设计。

(3) 墙肢高宽比

由试验可知，高宽比 $H/h_w \geq 2$ 的剪力墙，以弯矩作用为主，容易实现弯曲破坏，延性较好。抗震设计的剪力墙结构应具有足够的延性，《高层建筑混凝土结构技术规程》（JGJ 3—2010）规定，每个独立墙段的总高度与其截面高度之比不应小于 2。当墙的长度很长时，为了满足每个墙段高宽比大于 2 的要求，可通过开设洞口将长墙分成长度较小、均匀的独立墙段，每个独立墙段

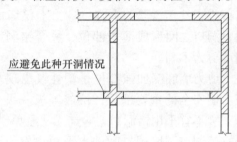

图6-4 墙体开洞平面位置示意图

可以是整体墙，也可以是联肢墙。为了可以忽略连梁对墙肢内力的影响，近似视每个墙段为独立墙段，墙段之间宜采用弱连梁连接。所谓弱连梁是指连梁刚度小、约束弯矩很小的连梁，但很难给定设计时容易判别的量化指标，因此，《高层建筑混凝土结构技术规程》（JGJ 3—2010）中未给出弱连梁的定义，可大致将跨高比大于 6 的连梁作为弱连梁。

此外，墙段长度较小时，受弯产生的裂缝宽度较小，墙体的配筋能够较充分地发挥作用，因此墙段的长度（即墙段截面高度）不宜大于 8m。

(4) 控制剪力墙平面外弯矩的措施

剪力墙的特点是平面内刚度和承载力大，而平面外刚度及承载力都很小。当剪力墙与平面外方向的梁连接时，会造成墙肢平面外弯矩，而一般情况下并不验算墙肢的平面外的刚度和承载力。当梁高度大于 2 倍墙厚时，梁端弯矩对墙平面外的安全不利，因此应至少采取以下措施中的一个措施，减小梁端部弯矩对墙的不利影响。

1）沿梁轴线方向设置与梁相连的剪力墙，抵抗该墙肢平面外弯矩（图6-5a）。

2）当不能设置与梁轴线方向相连的剪力墙时，宜在墙与梁相交处设置扶壁柱（图6-5b），扶壁柱宜按计算确定截面及配筋。

3）当不能设置扶壁柱时，应在墙与梁相交处设置暗柱（图6-5c），并宜按计算确定配筋。

4）必要时，剪力墙内可设置型钢（图6-5d）。

此外，还可以采取其他减小墙肢平面外弯矩的措施，如对截面较小的楼面梁，可通过弯矩调幅或梁变截面设计为铰接或半刚接，此时应相应加大梁的跨中弯矩。

(5) 楼面梁与剪力墙、楼面梁与连梁的连接

1）楼面梁与剪力墙的连接。当梁和墙在同一平面内时，楼面梁与墙多为刚接，梁钢筋

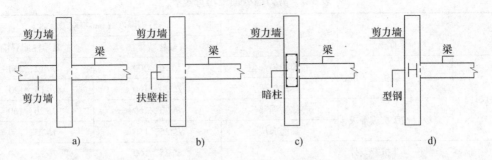

图 6-5 梁与墙相交时的措施
a) 加墙 b) 加扶壁柱 c) 加暗柱 d) 加型钢

在墙内的锚固长度应与梁、柱连接时相同。当梁与墙不在同一平面内时，多数为半刚接，梁钢筋锚固应符合锚固长度的要求；当墙截面厚度较小时，可适当减小梁的钢筋锚固的水平段，但总长度应满足非抗震或抗震锚固长度要求。

2) 楼面梁与连梁的连接。由于剪力墙的连梁刚度较弱，不宜将楼面主梁支承在剪力墙之间的连梁上。这是因为，一方面主梁端部约束达不到要求；连梁没有足够的抗扭刚度来抵抗平面外弯矩；另一方面连梁自身剪切应变较大，再增加主梁传来的内力容易使连梁产生裂缝，对连梁不利，因此要尽量避免。楼板次梁支承在连梁或框架梁上时，次梁可按铰接处理。

101. 剪力墙的截面尺寸应满足哪些要求？不满足时应怎样处理？

（1）剪力墙的截面尺寸应满足下列要求：

1) 一级、二级抗震等级。底部加强部位剪力墙的截面厚度（b_w）不应小于200mm；其他部位剪力墙的截面厚度（b_w）不应小于160mm。

一字形独立剪力墙底部加强部位剪力墙的截面厚度（b_w）不应小于220mm，其他部位不应小于180mm。

2) 三级、四级剪力墙。三级、四级剪力墙的截面厚度（b_w）不应小于160mm，一字形独立剪力墙底部加强部位截面厚度（b_w）尚不应小于180mm。

3) 非抗震设计时，剪力墙截面厚度（b_w）不应小于160mm。

4) 剪力墙井筒中，分隔电梯井或管道井的墙肢截面厚度可适当减小，但不宜小于160mm。

剪力墙截面厚度除了满足墙体稳定性验算要求和剪力墙截面最小厚度的规定外，尚应满足剪力墙受剪截面限制条件、剪力墙正截面受压承载力以及剪力墙轴压比限值要求。

由于墙体稳定性验算公式能合理地反映楼层墙体顶部轴向压力以及层高或无肢长度对墙体平面外稳定的影响，并具有适宜的安全储备，所以《高层建筑混凝土结构技术规程》（JGJ 3—2010）第7.2.1条不再规定墙厚与层高或剪力墙无肢长度比值的限值条件。设计人员可利用计算机软件进行墙体稳定验算，可按设计经验、轴压比限值及剪力墙最小厚度的规定初步选定剪力墙的厚度，也可参考《高层建筑混凝土结构技术规程》（JGJ 3—2002）第7.2.2条的规定初选（表6-2）。

表 6-2　剪力墙截面最小厚度 b_w

剪力墙部位		最小厚度（mm，取较大者）	
		有端柱或翼墙	无端柱或翼墙
抗震设计 一级、二级抗震等级	底部加强部位	$H/16$，200	$h/12$，200
	其他部位	$H/20$，160	$h/15$，180
抗震设计 三级、四级抗震等级	底部加强部位	$H/20$，160	$H/20$，160
	其他部位	$H/25$，160	$H/25$，160
非抗震设计		$H/25$，160	$H/25$，160

注：H 为层高或无肢长度二者中的较小值；h 为层高。无肢长度是指沿剪力墙长度方向没有平面外横向支承墙的长度。

（2）剪力墙轴压比限值

重力荷载作用下，一级、二级、三级剪力墙墙肢的轴压比不宜超过表6-3的限值。

表 6-3　剪力墙墙肢轴压比限值

轴压比	一级（9度）	一级（6度、7度、8度）	二级、三级
$N/f_c A$	0.4	0.5	0.6

注：N 为重力荷载代表值作用下剪力墙墙肢的轴向压力设计值；A 为剪力墙墙肢截面面积；f_c 为混凝土轴心抗压强度设计值。

（3）剪力墙剪压比要求

剪力墙受剪截面应符合下列要求：

无地震作用组合时

$$V_w \leq 0.25\beta_c f_c b_w h_{w0} \tag{6-2}$$

有地震作用组合时

剪跨比 $\lambda > 2.5$ 时，
$$V_w \leq \frac{1}{\gamma_{RE}}(0.20\beta_c f_c b_w h_{w0}) \tag{6-3a}$$

剪跨比 $\lambda \leq 2.5$ 时，
$$V_w \leq \frac{1}{\gamma_{RE}}(0.15\beta_c f_c b_w h_{w0}) \tag{6-3b}$$

式中　V_w——剪力墙截面剪力设计值；

　　　h_{w0}——剪力墙截面有效高度；

　　　β_c——混凝土强度影响系数；

　　　λ——计算截面处的剪跨比，即 $\lambda = M^c/(V^c h_{w0})$，其中 M^c、V^c 应分别取与 V_w 同一组合的、未按《高层建筑混凝土结构技术规程》（JGJ 3—2010）有关规定进行调整的弯矩和剪力计算值。

（4）剪力墙墙肢稳定验算

1）当剪力墙墙肢的截面厚度小于上述规定时，应满足下列稳定要求：

$$q = \frac{E_c t^3}{10 l_0^2} \tag{6-4}$$

式中　q——作用于墙顶组合的等效竖向均布荷载设计值；

　　　E_c——剪力墙混凝土弹性模量；

　　　t——剪力墙墙肢截面厚度；

l_0——剪力墙墙肢计算长度,应按式(6-5)确定

$$l_0 = \beta h \tag{6-5}$$

h——墙肢所在楼层的层高;

β——墙肢计算长度系数,应根据墙肢的支承条件按式(6-6)~(6-8)式确定。

①单片独立墙肢(两边支承)

$$\beta = 1.00 \tag{6-6}$$

②T形、L形、槽形和工字形剪力墙的翼缘墙肢(三边支承)应按下式计算,当计算值小于0.25时,取0.25。

$$\beta = \frac{1}{\sqrt{1+\left(\dfrac{h}{2b_{\mathrm{f}}}\right)^{2}}} \tag{6-7}$$

式中 b_{f}——T形、L形、槽形和工字形剪力墙的单侧翼缘截面高度,取图6-6中各b_{fi}的较大值或最大值;

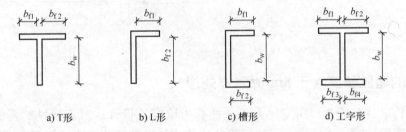

图6-6 剪力墙腹板与单侧翼缘截面高度示意

③T形剪力墙的腹板墙肢(三边支承),应按式(6-7)计算,但应将式(6-7)中的b_{f}代以b_{w}。

④槽形和工字形剪力墙的腹板墙肢(四边支承)应按式(6-8)计算,当计算值小于0.20时,取0.20。

$$\beta = \frac{1}{\sqrt{1+\left(\dfrac{3h}{2b_{\mathrm{w}}}\right)^{2}}} \tag{6-8}$$

式中 b_{w}——槽形、工字形剪力墙的腹板截面高度。

2)当T形、L形、槽形和工字形剪力墙的翼缘截面高度或T形、L形剪力墙的腹板高度与翼缘截面厚度之和小于截面厚度的2倍和800mm时,尚宜按下式验算剪力墙的整体稳定:

$$N \leqslant \frac{1.2 E_{\mathrm{c}} I}{h^{2}} \tag{6-9}$$

式中 N——作用于墙顶组组合的竖向荷载设计值;

I——剪力墙整体截面的惯性矩,取两个方向的较小值。

102. 翼墙、端柱、一字墙如何界定？

剪力墙的端部有相互垂直的墙时，作为翼墙其长度不应小于墙厚的 3 倍，作为端柱其截面边长不小于墙厚的 2 倍（图 6-7）。

剪力墙墙肢两边均为跨高比（l_n/h）小于 5 的连梁或一边为 $l_n/h<5$ 的连梁而一边为 $l_n/h \geqslant 5$ 的非连梁时，此墙肢不作为一字墙；当墙肢两边均为 $l_n/h \geqslant 5$ 的非连梁或一边为连梁而另一边无翼墙或端柱时，此墙肢作为一字墙（图 6-8）。

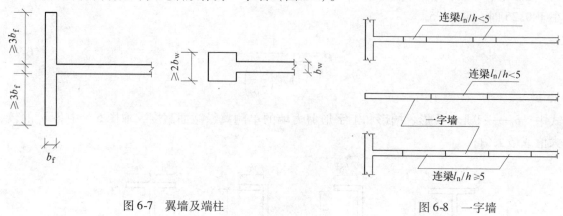

图 6-7 翼墙及端柱　　　　　　　　图 6-8 一字墙

103. 剪力墙的墙肢长度大于 8m 时怎样处理？

剪力墙结构应具有延性，高宽比大于 3 的剪力墙容易设计成具有延性的弯曲破坏剪力墙。当墙的长度较长时，可通过开设洞口将长墙分成长度较小的墙段，使每个墙段成为高宽比大于 3 的独立的墙肢或联肢墙，分段宜均匀，用以分隔墙段的洞口上可设置约束弯矩较小的弱连梁（其高跨比一般宜大于 6）。此外，当墙肢长度很长时，受弯后产生的裂缝宽度会较大，墙体的配筋容易拉断，因此墙段的长度不宜过大，即不宜大于 8m。

当墙肢长度超过 8m 时，应采用施工时墙上的留洞，施工结束时砌填充墙的结构洞方法，把墙肢分成短墙肢（图 6-9），或仅在计算简图开洞处理。计算简图开洞处理是指结构计算时没有洞，施工时仍为混凝土墙，当一个结构单元中仅有一段墙的墙肢长度超过 8m 或接近 8m 时，墙的水平分布钢筋和竖向钢筋按整墙设置，混凝土整浇；当

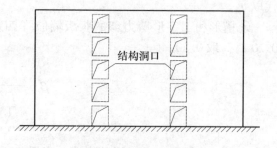

图 6-9 长墙肢留结构洞

一个结构单元中有两个及两个以上长度超过 8m 的大墙肢时，在计算洞处连梁及洞口边缘构件要求设置，在洞范围仅设置竖向 $\phi 8@250$、水平 $\phi 6@250$ 的构造筋，伸入连梁及边缘构件满足锚固长度，混凝土与整墙一起浇筑。这样处理可避免洞口因填充墙与混凝土墙不同材料因收缩出现裂缝。一旦地震按前一种处理大墙肢开裂不会危及安全，按后一种处理大墙肢的开裂控制在计算洞范围内。

104. 剪力墙结构底部加强部位的意义是什么？其高度怎样确定？

抗震设计时，为了保证剪力墙底部出现塑性铰后具有足够大的延性，应对可能出现塑性铰的加强部位加强抗震措施，包括提高其抗剪破坏承载力、设置约束边缘构件等，该加强部位称为"底部加强部位"。

剪力墙底部塑性铰出现有一定范围，一般情况下单个塑性铰发展高度约为墙肢截面高度 h_w，为安全起见，《高层建筑混凝土结构技术规程》（JGJ 3—2010）第 7.1.4 条、第 10.2.2 条的规定：

1）一般剪力墙结构底部加强部位的高度可取底部两层和墙体总高度的 1/10 二者的较大值。

2）部分框支剪力墙底部加强部位的高度宜取至转换层以上两层且不宜小于房屋高度的 1/10。

3）底部加强部位的高度应从地下室顶板算起。当地下室整体刚度不足以作为结构嵌固端，而计算嵌固部位不能设在地下室顶板时，剪力墙底部加强部位的设计要求宜延伸至计算嵌固部位。

105. 什么情况下的墙肢要考虑设置约束边缘构件？剪力墙的约束边缘构件有哪些规定？

（1）研究表明，剪力墙的边缘构件（暗柱、明柱、翼柱）配置横向箍筋，可约束混凝土，提高剪力墙的屈服后变形能力和耗能能力，提高其延性和抗震性能。为了保证在地震作用下的钢筋混凝土剪力墙具有足够的延性，《高层建筑混凝土结构技术规程》（JGJ 3—2010）规定，重力荷载代表值作用下，一级、二级、三级剪力墙对墙肢的轴压比作了限制，对短肢剪力墙墙肢的轴压比限制更严，见表 6-4。

表 6-4 剪力墙墙肢的轴压比限值

类别		一级（9度）	一级（6度、7度、8度）	二级	三级
剪力墙		0.40	0.50	0.60	0.60
短肢剪力墙	有翼缘或端柱		0.45	0.50	0.55
	无翼缘或端柱（一字形截面）		0.35	0.40	0.55

注：墙肢轴压比（μ_N）是指重力荷载代表值作用下，墙肢承受的轴压力设计值（N）与墙肢的全截面面积（A）和混凝土轴心抗压强度设计值（f_c）的乘积之比值。

一级、二级、三级剪力墙底层墙肢的轴压比大于表 6-5 的规定时，以及部分框支剪力墙结构的剪力墙，应在底部加强部位和相邻的上一层设置约束边缘构件。

表 6-5 剪力墙可不设约束边缘构件的最大轴压比限值

抗震等级及烈度	一级（9度）	一级（6度、7度、8度）	二级、三级
轴压比	0.1	0.2	0.3

（2）剪力墙约束边缘构件的设计应符合下列要求：

1）约束边缘构件沿墙肢的长度 l_c 和箍筋特征值 λ_v 宜符合表 6-6 的要求。箍筋的配筋范围如图 6-10 中阴影面积所示，其体积配箍率 ρ_v 按下式计算：

$$\rho_v = \lambda_v \frac{f_c}{f_{yv}} \tag{6-10}$$

式中 ρ_v——箍筋体积配箍率,可计入箍筋、拉筋以及符合构造要求的水平分布钢筋,计入水平分布钢筋的体积配箍率不应大于总体积配箍率的 30%;

λ_v——约束边缘构件配箍特征值,按表 6-6 取用;

f_c——混凝土轴心抗压强度设计值,混凝土强度等级低于 C35 时,应取 C35 的混凝土轴心抗压强度设计值;

f_{yv}——箍筋、拉筋或水平分布钢筋的抗拉强度设计值。

表 6-6 约束边缘构件沿墙肢的长度 l_c 及其配箍特征值 λ_v

项 目	一级(9度)		一级(7、8度)		二、三级	
	$\mu_N \leq 0.2$	$\mu_N > 0.2$	$\mu_N \leq 0.3$	$\mu_N > 0.3$	$\mu_N \leq 0.4$	$\mu_N > 0.4$
l_c(暗柱)	$0.20h_w$	$0.25h_w$	$0.15h_w$	$0.20h_w$	$0.15h_w$	$0.20h_w$
l_c(翼墙或端柱)	$0.15h_w$	$0.20h_w$	$0.10h_w$	$0.15h_w$	$0.10h_w$	$0.15h_w$
λ_v	0.12	0.20	0.12	0.20	0.12	0.20

注:1. μ_N 为墙肢在重力荷载代表值作用下的轴压比,h_w 为墙肢的长度。
2. 剪力墙的翼墙长度小于翼墙厚度的 3 倍或端柱截面边长小于墙厚的 2 倍墙厚时按无翼墙、无端柱查表。
3. l_c 为约束边缘构件沿墙肢的长度(图 6-10)。对暗柱不应小于墙厚(b_w)和 400mm 的较大值;有翼墙或端柱时,不应小于翼墙厚度或端柱沿墙肢方向截面高度加 300mm。

这里需要说明的是,"符合构造要求的水平分布钢筋",一般是指水平分布钢筋伸入约束边缘构件,在墙端有 90°弯折后延伸到另一排分布钢筋并勾住其竖向钢筋,内、外排水平分布钢筋之间设置足够的拉筋,从而形成复合箍,可以起到有效约束混凝土的作用。

2) 约束边缘构件竖向钢筋的配筋范围不应小于图 6-10 中的阴影面积,其竖向钢筋最小截面面积应符合表 6-7 的规定。

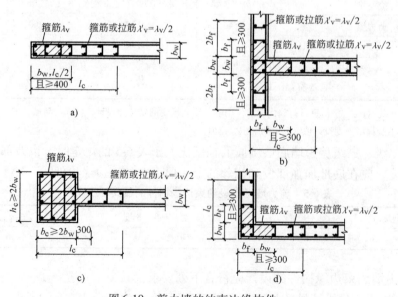

图 6-10 剪力墙的约束边缘构件
a) 暗柱 b) 有翼墙 c) 有端柱 d) 转角墙(L 形墙)

表 6-7 约束边缘构件竖向钢筋构造配筋要求

抗震等级	特一级	一级	二级	三级
竖向钢筋最小量（取较大值）	$0.014A_c$，$8\phi18$	$0.012A_c$，$8\phi16$	$0.010A_c$，$6\phi16$	$0.010A_c$，$6\phi14$

注：A_c 为图 6-10 中的阴影面积；ϕ 表示钢筋直径。

（3）剪力墙约束边缘构件非阴影部分箍筋及拉筋的配置方式

《高层建筑混凝土结构技术规程》（JGJ 3—2010）规定，约束边缘构件的配箍特征值，阴影部分不小于 λ_v，非阴影部分不小于 $\lambda_v/2$。对约束边缘构件内箍筋或拉筋沿竖向的间距，特一级和一级时不宜大于 100mm，二级、三级时不宜大于 150mm；箍筋、拉筋沿水平方向的肢距不宜大于 300mm，不应大于竖向钢筋间距的 2 倍，无论阴影区或非阴影区，其要求是相同的。这样的配箍特征值和间距要求，有时是很小的。若在墙体水平钢筋之外再按要求配置箍筋或拉筋，往往会造成箍筋或拉筋过密，竖向间距过小。特别是对约束边缘构件的非阴影部分，设计和施工上难度较大。

约束边缘构件箍筋配置，区分阴影区和非阴影区两部分。在阴影区内应有封闭箍筋，可部分采用拉筋，拉筋可计入体积配箍率计算（如同框架柱中的拉筋）。在非阴影区内，可采用箍筋和拉筋相结合的方式，也可完全采用拉筋，拉筋计入体积配箍率计算。当剪力墙水平分布钢筋在约束边缘构件内确有可靠锚固时，才可与其他封闭箍筋、拉筋一起作为约束箍筋计算。

由中国建筑设计研究院结构专业主编的国家标准图集（04SG330）给出了两种箍筋或拉筋的配置方式：

①外圈设置封闭箍筋，该封闭箍筋伸入阴影区域内一倍纵向钢筋间距，并箍住该纵向钢筋（图 6-11），封闭箍筋内设置拉筋。

②当水平分布钢筋的锚固及布置同时满足下列条件时，水平分布钢筋可取代相同位置（相同标高）处的封闭箍筋，见图 6-12。

a. 当墙内水平分布钢筋在阴影区域内有可靠锚固时；

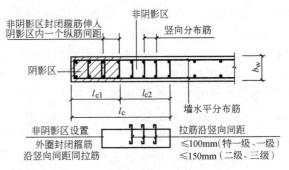

图 6-11 非阴影区箍筋及拉筋做法

b. 当墙内水平分布钢筋的强度等级及截面面积均不小于封闭箍筋时；

c. 当墙内水平分布钢筋的位置（标高）与箍筋位置（标高）相同时。

当墙体水平钢筋在阴影部分有可靠锚固，且非阴影部分两端的拉筋同时牢牢钩住墙体水平筋和竖向筋时，可以代替一部分约束边缘构件非阴影部分的箍筋或拉筋，另一部分则配置封闭箍筋或拉筋，两部分之和满足配箍特征值的要求。这样做既可以达到约束混凝土、提高延性的目的，又不致造成非阴影部分的水平方向钢筋过密，施工难以布置的问题。

106. 哪些剪力墙应设置构造边缘构件？剪力墙构造边缘构件有哪些规定？

（1）《高层建筑混凝土结构技术规程》（JGJ 3—2010）第 7.2.14 条第 2 款规定，除了一级、二级、三级剪力墙加强部位及相邻上一层外，剪力墙两端应设置构造边缘构件，即一

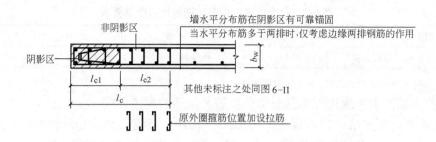

图 6-12 非阴影区考虑墙水平分布筋作用时的拉筋做法

级、二级、三级的其他部位以及四级抗震设计、非抗震设计的剪力墙墙肢的端部均应按构造要求设置剪力墙构造边缘构件。

《建筑抗震设计规范》（GB 50011—2010）第 6.4.5 条规定，对于剪力墙结构，底层墙肢底截面的轴压比不大于表 6-8 规定的一级、二级、三级剪力墙及四级剪力墙，墙肢两端可设置构造边缘构件。

表 6-8 剪力墙设置构造边缘构件的最大轴压比限值

抗震等级及烈度	一级（9度）	一级（7度、8度）	二、三级
轴压比	0.1	0.2	0.3

可见，《高层建筑混凝土结构技术规程》（JGJ 3—2010）第 7.2.14 条的规定比《建筑抗震设计规范》（GB 50011—2010）要严格，除了高层建筑结构的重要性相对较高外，主要考虑到一般高层建筑中，剪力墙的轴压比小于《建筑抗震设计规范》（GB 50011—2010）表 6.4.5 规定的情况不多。对于这种情况，仍应按《高层建筑混凝土结构技术规程》（JGJ 3—2010）第 7.2.14 条的规定进行边缘构件设计，但约束边缘构件的箍筋配箍特征值 λ_v 可取 0.1，并且箍筋直径不小于 8mm、箍筋间距不大于 100mm（特一级和一级）或 150mm（二级、三级），约束边缘构件阴影范围内的纵向钢筋最低配置要求同第 7.2.14 条第 2 款的要求。

对于多层建筑结构，剪力墙边缘构件的设计可仅符合《建筑抗震设计规范》（GB 50011—2010）的要求。

（2）剪力墙构造边缘构件应符合下列要求。

剪力墙构造边缘构件的范围宜按图 6-13、图 6-14 中阴影部分采用，其最小配筋应满足表 6-7 的规定，并应符合下列规定：

1）构造边缘构件的竖向配筋应满足正截面受压（受拉）承载

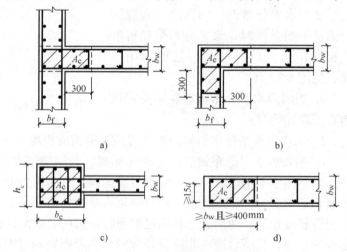

图 6-13 抗震设计时剪力墙底部加强
部位构造边缘构件配筋构造
a)、b) 翼柱　c) 端柱　d) 暗柱

力的要求。也就是说,剪力墙构造边缘构件中的竖向钢筋按承载力计算和构造要求二者中的较大值设置。构造边缘构件的竖向钢筋宜采用高强度钢筋。

2)当剪力墙端柱承受集中荷载时,其竖向钢筋、箍筋直径和间距应满足框架柱的相应要求。

3)抗震设计时,构造边缘构件的最小配筋应符合表6-9的规定,箍筋、拉筋沿水平方向的肢距不宜大于300mm,不应大于竖向钢筋间距的2倍。

4)抗震设计时,对于连体结构、错层结构以及B级高度的剪力墙结构中的剪力墙(筒体),其构造边缘构件的最小配筋应符合下列要求:

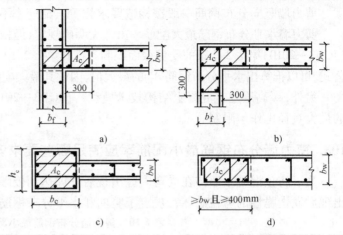

图6-14 抗震设计时剪力墙底部非加强部位构造边缘构件配筋构造
a)、b)翼柱 c)端柱 d)暗柱

①竖向钢筋最小量应比表6-9中的数值提高$0.001A_c$;
②箍筋的配筋范围宜取图6-13、6-14中阴影部分,其配箍特征值λ_v不宜小于0.1。

表6-9 剪力墙构造边缘构件的配筋要求

抗震等级	底部加强部位			其他部位		
	竖向钢筋最小量(取较大值)	箍筋		竖向钢筋最小量(取较大值)	拉筋	
		最小直径/mm	竖向最大间距/mm		最小直径/mm	竖向最大间距/mm
特一级	$0.012A_c$、$6\phi18$	8	100	$0.010A_c$、$6\phi16$	8	150
一级	$0.010A_c$、$6\phi16$	8	100	$0.008A_c$、$6\phi14$	8	150
二级	$0.008A_c$、$6\phi14$	8	150	$0.006A_c$、$6\phi12$	8	200
三级	$0.005A_c$、$4\phi12$	6	150	$0.004A_c$、$4\phi12$	6	200
四级	$0.005A_c$、$4\phi12$	6	200	$0.004A_c$、$4\phi12$	6	250

注:1. A_c为构造边缘构件的截面面积,即图6-14剪力墙截面的阴影面积。
2. 符号ϕ表示钢筋直径。
3. 其他部位的转角处宜采用箍筋。

5)非抗震设计时,剪力墙端部应按构造配置不少于4根12mm的竖向钢筋,箍筋直径不应小于6mm、间距不宜大于250mm。

107. 是否要限制剪力墙分布钢筋和边缘构件内竖向钢筋的最大配筋率?

约束边缘构件和构造边缘构件阴影区(分别见《高层建筑混凝土结构技术规程》(JGJ 3—2010)图7.2.15和图7.2.16)内竖向钢筋的最大配筋率,因为尚没有充分的研究成果,在相关规范中没有明确规定。目前可参考《高层建筑混凝土结构技术规程》(JGJ 3—2010)第6.4.4条第3款关于框架柱的规定,以保证钢筋混凝土构件的基本性能。当纵向钢筋直径较大、配筋率较高时，约束箍筋的配置应与之相配套。

剪力墙竖向分布钢筋一般按构造要求配置，配筋率不会太大。

剪力墙水平分布钢筋最大配筋率虽然无明确规定，但根据《高层建筑混凝土结构技术规程》（JGJ 3—2010）第 7.2.7 条的受剪截面限制条件和第 7.2.10 条、7.2.11 条的截面受剪承载力计算公式，可以推算出水平分布钢筋 A_{sh} 的最大值，因此其最大配筋率实际上是有限制的。

另外，《高层建筑混凝土结构技术规程》（JGJ 3—2010）第 7.2.18 条对剪力墙分布钢筋的最大直径也作了限制。

108. 剪力墙分布钢筋最小配筋率应满足哪些要求？

为了防止混凝土墙体在受弯裂缝出现后立即达到极限抗弯承载力，同时为了防止斜裂缝出现后发生脆性的剪拉破坏，规定了竖向和水平分布钢筋的最小配筋率（表6-10）。

表 6-10 剪力墙分布钢筋最小配筋率

项 目	抗震等级	最小配筋率	最大间距/mm	最小直径/mm
一般剪力墙	特一级	0.35% 0.40%（底部加强部位）	300	8
	一、二、三级	0.25%	300	8
	四级，非抗震	0.20%	300	8
部分框支剪力墙结构中，剪力墙底部加强部位墙体	抗震	0.30%	200	8
	非抗震	0.25%	250	8
1. 房屋顶层剪力墙 2. 长矩形平面房屋的楼、电梯间剪力墙 3. 端开间的纵向剪力墙 4. 端山墙	抗震，非抗震	0.25%	200	8

为了保证分布钢筋具有可靠的混凝土握裹力，剪力墙竖向、水平分布钢筋的直径不宜大于墙肢截面厚度的1/10，如果要求的分布钢筋直径过大，则应加大墙肢截面厚度。

高层建筑剪力墙中竖向和水平分布钢筋不应采用单排配筋，宜根据墙厚按表6-11采用适当的配筋方式。

表 6-11 宜采用的分布钢筋配筋方式

截面厚度/mm	配筋方式	截面厚度/mm	配筋方式
$b_w \leq 400$	双排配筋	$b_w > 700$	四排配筋
$400 < b_w \leq 700$	三排配筋		

各排分布钢筋之间的拉筋可参考表6-12设置。

表 6-12 拉筋间距 （mm）

剪力墙部位	非抗震设计	抗震设计			
		特一级	一级	二级	三、四级
底部加强部位	600	300	400	500	600
其他部位	600	400	500	600	600

109. 剪力墙墙面和连梁开洞有哪些构造要求？

（1）当剪力墙墙面开有非连续小洞口（其各边长度小于800mm），且在整体计算中不考虑其影响时，应将洞口处被截断的分布钢筋集中在洞口边缘补足（图6-15），以保证剪力墙截面的承载力。补强钢筋的直径不应小于12mm，截面面积应分别不小于被截断的水平分布钢筋和竖向分布筋的面积。

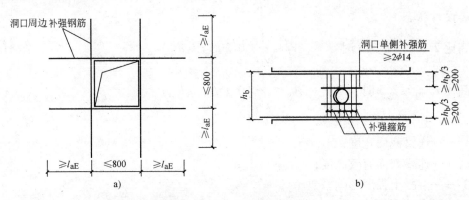

图 6-15 洞口补强配筋示意
a）剪力墙洞口补强　b）连梁洞口补强
（图中，非抗震设计时，锚固长度 l_{aE} 取 l_a）

管道穿过连梁时，其洞口宜预埋套管，洞口上、下的有效高度不小于梁高的1/3，且不小于200mm，洞口处宜配置补强钢筋（图6-16）。被洞口削弱的部分应进行承载力验算，洞口处应配置补强纵向钢筋和箍筋，补强纵向钢筋的直径不应小于12mm。

（2）当梁中部有较大洞口时，洞口设置应满足图6-17要求，并应进行截面承载力的验算。

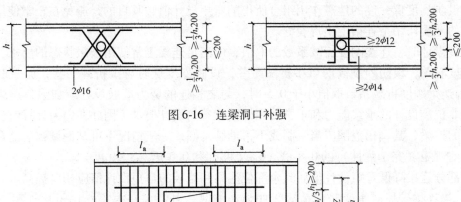

图 6-16 连梁洞口补强

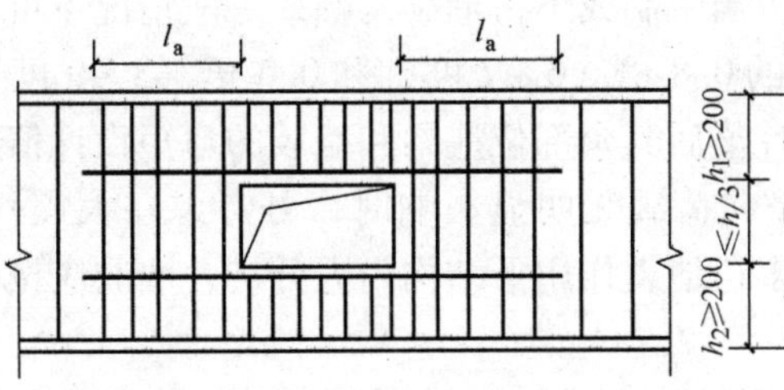

图 6-17 开洞口的梁

110. 剪力墙的连梁截面不满足抗剪验算要求时应怎样处理？

（1）当连梁的跨高比 $l_l/h_b > 5$ 时，其承载力应按一般受弯构件的要求计算；当跨高比 $l_l/h_b \leqslant 5$ 时，连梁的截面尺寸应符合下列要求：

永久、短暂设计状况

$$V_b \leqslant 0.25\beta_c f_c b_b h_{b0} \tag{6-11}$$

地震设计状态

跨高比 $2.5 < l_l/h_b \leqslant 5$ 时：
$$V_b \leqslant \frac{1}{\gamma_{RE}}(0.20\beta_c f_c b_b h_{b0}) \tag{6-12a}$$

跨高比 $l_l/h_b \leqslant 2.5$ 时：
$$V_b \leqslant \frac{1}{\gamma_{RE}}(0.15\beta_c f_c b_b h_{b0}) \tag{6-12b}$$

式中 V_b——连梁剪力设计值；

b_b——连梁截面宽度；

h_{b0}——连梁截面有效高度；

β_c——混凝土强度影响系数。

（2）剪力墙的连梁截面不满足抗剪验算要求时可采取的措施

剪力墙的连梁对剪切变形十分敏感，其名义剪应力限制比较严格，当剪力墙的连梁不满足截面控制条件的要求时，可做如下处理：

1）减小连梁截面高度。注意连梁名义剪应力超过限制值时，加大截面高度会承受更多剪力，结果更为不利，减小截面高度或加大截面宽度有效，而后者一般很难实现。

2）抗震设计的剪力墙中连梁弯矩及剪力可进行塑性调幅，以降低其剪力设计值。连梁塑性调幅可采用两种方法：① 在内力计算前就将连梁刚度进行折减；② 在内力计算之后，将连梁弯矩及剪力组合值乘以折减系数。两种方法的效果都是减小连梁内力和配筋。

无论用什么方法，连梁调幅后的弯矩及剪力设计值都不应低于使用状况下的值，也不宜低于比设防烈度低一度的地震作用组合所得的弯矩设计值，其目的是避免在正常使用条件下或较小的地震作用下连梁上出现裂缝。

抗震设计时，连梁刚度折减系数的取值，应满足连梁正常使用极限状态的要求，一般与设防烈度有关，设防烈度高时可多折减一些，设防烈度低时可少折减一些，但一般不小于 0.5。当连梁刚度折减系数取值小于 0.5 时，与之相连的剪力墙肢设计应加强，连梁本身必须满足非抗震设计的承载能力和正常使用极限状态的设计要求。因此在内力计算时已经降低了刚度的连梁，其调幅范围应当限制或不再继续调幅，一般情况下可掌握调幅后的弯矩不小于调幅前弯矩（完全弹性）的 0.8 倍（6~7 度）和 0.5 倍（8~9 度）。

当部分连梁降低弯矩设计值后其余部位连梁和墙肢的弯矩设计值应相应提高。

3）当连梁破坏对承受竖向荷载无明显影响时，可考虑在大震作用下该连梁不参与工作，按独立墙肢进行第二次多遇地震作用下结构内力分析，墙肢应按两次计算所得的较大内力进行配筋设计。

当第1）、2）款的措施不能解决问题时，允许采用第3）款的方法处理，即假定连梁在大震下破坏，不再能约束墙肢。因此可考虑连梁不参与工作，而按独立墙肢进行第二次结构内力分析，这时就是剪力墙的第二道防线，此时剪力墙的刚度降低，侧移允许增大，这种情况往往使墙肢的内力及配筋加大，以保证墙肢的安全。

111. 连梁受弯纵向钢筋构造配筋率如何取用？

为实现连梁的"强剪弱弯"，《高层建筑混凝土结构技术规程》（JGJ 3—2010）规定了按强剪弱弯要求计算的连梁剪力设计值（采用乘以剪力增大系数 η_{vb} 的方法）和连梁名义剪应力的上限值，即式（6-11）、式（6-12）。这两条规定共同使用，就相当于限制了连梁的受弯配筋率。

假定连梁上、下受弯钢筋相同，忽略连梁在竖向荷载下产生的剪力，近似按下式计算连梁的剪力：

$$V_b = \frac{2M_{bu}}{l_l} = \frac{2A_s f_y (h_{b0} - a'_s)}{l_l} \approx 2A_s f_y \frac{h_b}{l_l} \tag{6-13}$$

为满足剪压比要求，将式（6-13）分别代入式（6-12a）、式（6-12b），可得连梁的受弯钢筋配筋率应小于下式右边所列的值：

高跨比大于 2.5 时：
$$\frac{A_s}{b_b h_{b0}} \leq \frac{0.2}{\gamma_{RE}} \beta_c \frac{f_c}{f_y} \frac{l_l}{h_b} \tag{6-14a}$$

高跨比不大于 2.5 时：
$$\frac{A_s}{b_b h_{b0}} \leq \frac{0.15}{\gamma_{RE}} \beta_c \frac{f_c}{f_y} \frac{l_l}{h_b} \tag{6-14b}$$

连梁最大受弯配筋率与跨高比和材料强度有关，假定混凝土强度等级 C50，$\beta_c = 1.0$、$f_c = 12.2 f_t$、$\gamma_{RE} = 0.85$，则

高跨比大于 2.5 时：
$$\frac{A_s}{b_b h_{b0}} \leq 144 \frac{l_l}{h_b} \frac{f_t}{f_y} (\%) \tag{6-15a}$$

高跨比不大于 2.5 时：
$$\frac{A_s}{b_b h_{b0}} \leq 108 \frac{l_l}{h_b} \frac{f_t}{f_y} (\%) \tag{6-15b}$$

因此，只要连梁的受弯配筋率不超过式（6-15）就会满足剪压比的要求（如果混凝土强度等级与 C50 相差较大，可用式（6-14）计算）。

此外，当剪跨比较小时，连梁受弯最小配筋率不能采用一般梁的最小配筋率。原因是：连梁对剪切变形敏感，剪压比的限制严格，如果按我国规范规程规定的一般框架梁的最小配筋率，那么在跨高比小于 1 的连梁中，有可能不满足剪压比的要求。

《高层建筑混凝土结构技术规程》（JGJ 3—2010）第 7.2.2 条、第 7.2.25 条，分别给出了连梁的最小、最大受弯配筋率的限值，防止连梁的受弯钢筋配置过多。

1) 在任何情况下，连梁受弯配筋率不超过式（6-15）给出的值。非抗震设计时，顶面及底面单侧纵向钢筋的最大配筋率不宜大于 2.5%；抗震设计时，顶面及底面单侧纵向钢筋的最大配筋率宜符合表 6-13 的要求；如不满足，则应按实配钢筋进行连梁强剪弱弯的验算。

表 6-13　抗震设计时连梁纵向钢筋的最大配筋率（%）

跨高比	最大配筋率
$l_l/h_b \leqslant 1.0$	0.6
$1.0 < l_l/h_b \leqslant 2.0$	1.2
$2.0 < l_l/h_b \leqslant 2.5$	1.5

2）跨高比不大于 1.5 的连梁，非抗震设计时，其纵向钢筋最小配筋率可取为 0.2%；抗震设计时，其纵向钢筋的最小配筋率宜符合表 6-14 的要求；跨高比大于 1.5 的连梁，其纵向钢筋的最小配筋率可按框架梁的要求采用。

表 6-14　抗震设计时跨高比小于 1.5 的连梁纵向钢筋的最小配筋率（%）

跨高比	最小配筋率〔采用较大值〕
$l_l/h_b \leqslant 0.5$	0.20，$45f_t/f_y$
$0.5 < l_l/h_b \leqslant 1.5$	0.25，$55f_t/f_y$

第七章 框架—剪力墙结构

112. 框架—剪力墙结构的受力和变形特点是什么?

框架—剪力墙结构是由框架和剪力墙两种不同抗侧力结构组成的结构体系,兼有框架结构布置灵活,延性好的优点和剪力墙结构刚度大,承载力大等的优点。框架—剪力墙结构是由延性框架和剪力墙两个分体系组成,具有多道抗震防线和良好的抗震性能,应用范围较为广泛。

框架—剪力墙结构可采用下列形式:
① 框架与剪力墙(单片墙、联肢墙或较小井筒)分开布置;
② 在框架结构的若干跨内嵌入剪力墙(带边框剪力墙);
③ 在单片抗侧力结构内连续分别布置框架和剪力墙;
④ 上述两种或三种形式的混合。

(1) 框架—剪力墙结构的变形特点

框架—剪力墙结构中的框架和剪力墙的受力特点和变形性质是不同的。在水平荷载作用下,剪力墙是竖向悬臂结构,其变形曲线呈弯曲型(图7-1a),楼层越高水平位移增长速度越快,顶点位移与高度是四次方关系:

均布荷载作用下
$$\Delta = \frac{qH^4}{8EI} \tag{7-1}$$

倒三角形荷载作用下
$$\Delta = \frac{11q_{max}H^4}{120EI} \tag{7-2}$$

式中 H——总高度;
EI——弯曲刚度。

在一般剪力墙结构中,由于所有抗侧力结构都是剪力墙,在水平荷载作用下各片墙的侧移相似,所以楼层剪力在各片墙之间是按其等效刚度 EI_{eq} 比例进行分配的。

框架结构在水平荷载作用下,其变形曲线呈剪切型(图7-1b),楼层越高水平位移增长越慢。在纯框架结构中,各榀框架的变形曲线相似,所以,楼层剪力按框架柱的抗侧刚度 D 值进行分配。

框架—剪力墙结构中的框架和剪力墙之间通过平面内刚度为无穷大的楼板连接在一起,在水平荷载作用下,使框架和剪力墙协同工作,两者变形协调,在不考虑扭转影响的情况下,在同一楼层的水平位移必须相同。框架—剪力墙结构在水平荷载作用下的变形曲线呈反S形的弯剪型位移曲线(图7-1c)。

分析表明,框架—剪力墙结构的侧移曲线,随着结构刚度特征值 $\lambda\left(\lambda = H\sqrt{\dfrac{C_f}{EI_w}}\right)$ 的变化

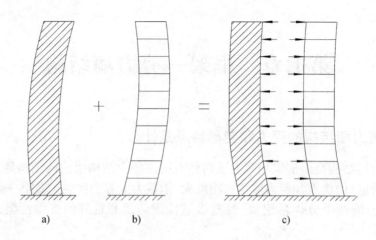

图 7-1 框架—剪力墙结构的变形特点

而变化,当 $\lambda \leq 1$ 时,综合框架的抗侧移刚度(C_f)比总剪力墙的等效抗弯刚度(EI_w)小很多,结构侧移曲线比较接近于剪力墙结构的侧移曲线,即曲线凸向原始位置。反之,当 $\lambda \geq 6$ 时,综合框架的抗侧移刚度(C_f)比综合剪力墙的等效抗弯刚度(EI_w)大很多,结构侧移曲线比较接近于框架结构的侧移曲线,即曲线凹向原始位置,如图 7-2 所示。

(2)框架—剪力墙结构的受力特点

在水平荷载作用下,框架—剪力墙结构中框架和剪力墙协同工作,在下部楼层,因为剪力墙位移小,它限制框架变形,使剪力墙承担了大部分剪力,两者之间产生压力,剪力墙帮框架的忙,使框架的层间位移减小;在上部楼层则相反,剪力墙位移越来越大,而框架的位移逐渐变小,两者之间产生拉力,框架帮剪力墙的忙,即框架除了要承担原来的那部分剪力外,还要承担拉回剪力墙变形的附加剪力。框架—剪力墙结构在水平荷载作用下,框架和剪力墙之间楼层剪力的分配比例和框架各楼层剪力分布情况,是随着楼层所处高度而变化,与结构刚度特征值 λ 直接相关(图 7-3)。

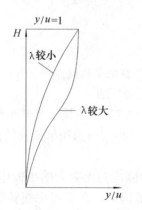

图 7-2 框架—剪力墙结构侧移曲线

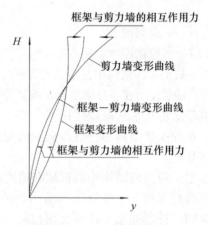

图 7-3 力的重分布

图 7-4 表示在均布荷载作用下,综合剪力墙和综合框架承受的剪力 V_w、V_f 随结构刚度特征值 λ 的变化规律。值得注意的是,在框架—剪力墙结构中的框架底部剪力为零,剪力

控制部位房屋高度的中部甚至在上部，而纯框架最大剪力在结构底部。因此，当实际布置有剪力墙（如楼梯间墙、电梯井道墙、设备管道井墙等）的框架结构，必须按框架—剪力墙结构协同工作计算内力，不应简单按纯框架分析，否则不能保证框架部分上部楼层结构的安全。

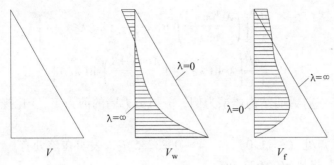

图 7-4 均布荷载作用下 V_w、V_f 随 λ 值的变化

113. 如何分析框架—剪力墙结构顶端效应？

（1）框架—剪力墙结构顶端效应分析

框架—剪力墙结构在水平荷载作用下的计算简图如图 7-5 所示，图中剪力墙及框架为总剪力墙及总框架，楼盖简化为铰接连杆。这样，总剪力墙相当于置于弹性地基上的梁，同时承受外荷载 $p(x)$ 和"弹性地基"—总框架对它的弹性反力 $q_f(x)$。总框架相当于一个弹性地基梁，承受着总剪力墙传给它的力 $q_f(x)$。

把总剪力墙当作悬臂梁，其内力与弯曲变形之间存在如下微分关系：

$$\frac{d^4y}{d\xi^4} - \lambda^2 \frac{d^2y}{d\xi^2} = \frac{H^4}{EI_w} p(\xi) \tag{7-3}$$

式中　λ——结构刚度特征值，$\lambda = H\sqrt{\dfrac{C_f}{EI_w}}$；

　　　ξ——相对高度，$\xi = x/H$，H 为房屋总高度。

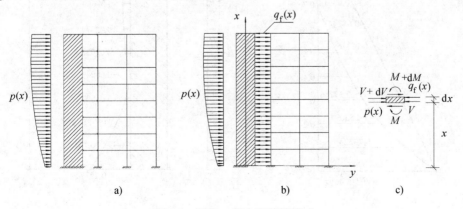

图 7-5 框架—剪力墙计算模式
a) 原型　b) 离散化模型　c) 剪力墙微分单元

微分方程（7-3）的解尚与荷载项有关，有关文献都有解答。这里仅以 $p(\xi)=q$ 的均布荷载为例，该方程的解为

$$y = \frac{qH^4}{\lambda^4 EI_w}\left[\left(\frac{\lambda\,\text{sh}\lambda+1}{\text{ch}\lambda}\right)(\text{ch}(\lambda\xi)-1) - \lambda\,\text{sh}(\lambda\xi) + \lambda^2\left(\xi - \frac{1}{2}\xi^2\right)\right] \tag{7-4}$$

$$M_w = \frac{qH^2}{\lambda^2}\left[\left(\frac{\lambda\,\text{sh}\lambda+1}{\text{ch}\lambda}\right)\text{ch}(\lambda\xi) - \lambda\,\text{sh}(\lambda\xi) - 1\right] \tag{7-5}$$

$$V_w = \frac{qH}{\lambda}\left[\lambda\,\text{ch}(\lambda\xi) - \left(\frac{\lambda\,\text{ch}\lambda+1}{\text{ch}\lambda}\right)\text{sh}(\lambda\xi)\right] \tag{7-6}$$

以 $\lambda=3$ 的框架—剪力墙结构体系为例，分析剪力墙的剪力 V_w 变化规律（图7-6a），可以得到以下结论：

1）在剪力墙顶点处（$\xi=1.0$），$V_w=-0.23235qH$，表明在该处有一个相当可观的集中力作用，占全部水平荷载 qH 的 23.2%；

2）在上部约 2/3 的高度范围内，剪力图与 $\lambda=0$ 时大致平行，表明在这个范围内的水平荷载直接由剪力墙承担，框架介入不多。为了用同一个比例表达，将框架反力改用楼盖处集中力表示（图7-6b），可以看出：与剪力墙顶点处集中力 $-0.23235qH$ 相比，他们大多是高阶微量。

同理可得 $\lambda=6$ 的框架—剪力墙结构体系的剪力墙的剪力图见图7-7a，除了在顶点处有相当大的集中力作用外，在其下相当的范围内，剪力图为近似靠近 $V_w=0$ 的竖向线，如果相应于该剪力图求楼盖处的集中反力，见图7-7b，在竖向线范围内，各楼层处反力约为 $0.05qH\sim0.07qH$，约为各该层水平荷载的 50%～70%，再加上集中力，半数以上的总水平荷载几乎全部由框架承担，剪力墙对它无扶持作用或者扶持作用不大。

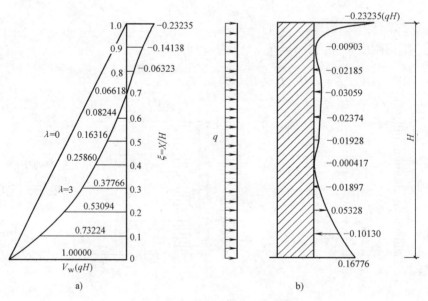

图 7-6　$\lambda=3$ 时剪力墙剪力图
a）剪力图　b）等效作用

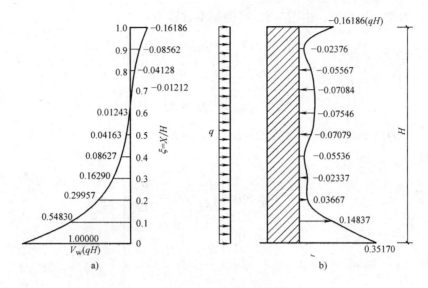

图 7-7 λ=6 时剪力墙剪力图
a) 剪力图 b) 等效作用

不同值时框架结构顶端处协同工作的杆力见表 7-1。

表 7-1 顶端效应杆力（qH）

刚度特征 λ	0	1.5	2.0	2.5	3.0	4.0	5.0	6.0
顶端杆力	0	0.17830	0.21620	0.23156	0.23235	0.21322	0.18710	0.16186

注：表中杆力以 qH 为单位且为受压。

当 λ=3 时，压杆力之和为 $0.34134qH$，顶端效应 $0.23235qH$，占其中的 68.1%。

当 λ=6 时，压杆力之和等于 $0.53710qH$，顶端效应 $0.16186qH$，占其中的 30.1%。

当 λ=0 时，剪力墙为无穷刚，压杆力之和为零，框架无任何负担；反之，当 λ=∞ 时，为纯框架，压杆力之和等于 $1.0qH$；仅当 λ=0 或 λ=∞ 时，顶端效应为零。

从剪力墙的剪力图来看，λ≤3 时是一个类型，可称为刚型；λ=5~6 时，是一个类型，可称为柔型；λ=4 时，是一个界限，可称为刚柔型。结构设计时剪力墙设置得应使 λ<3，最好不要超过 4。

（2）框架—剪力墙结构顶端效应简化计算方法

对于 λ≤3 的框架—剪力墙结构体系，基于以上分析，忽略其中的高阶微量，仅保留三个未知量 x_1、x_2 及 x_n，图 7-5 便简化为图 7-8 离散型杆力分析计算简图。x_i 以受拉为正。

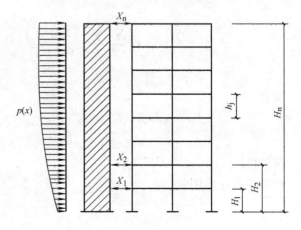

图 7-8 简化计算简图

按照结构力学力法原则,由图 7-8,可得基本方程为:

$$\left.\begin{array}{l} x_1\delta_{11} + x_2\delta_{12} + x_n\delta_{1n} + \Delta_{1p} = 0 \\ x_1\delta_{21} + x_2\delta_{22} + x_n\delta_{2n} + \Delta_{2p} = 0 \\ x_1\delta_{n1} + x_2\delta_{n2} + x_n\delta_{nn} + \Delta_{np} = 0 \end{array}\right\} \tag{7-7}$$

式中 δ_{ij}——剪力墙项 δ_{ij}^w 与框架项 δ_{ij}^f 之和,$\delta_{ij} = \delta_{ij}^w + \delta_{ij}^f$。

剪力墙:

$$\left.\begin{array}{l} \delta_{11}^w = \dfrac{H_1^3}{3EI_w},\delta_{22}^w = \dfrac{H_2^3}{3EI_w},\delta_{nn}^w = \dfrac{H_n^3}{3EI_w} \\[2mm] \delta_{12}^w = \delta_{21}^w = \dfrac{H_1^2}{2EI_w}\left(H_2 - \dfrac{1}{3}H_1\right) \\[2mm] \delta_{1n}^w = \delta_{n1}^w = \dfrac{H_1^2}{2EI_w}\left(H_n - \dfrac{1}{3}H_1\right) \\[2mm] \delta_{2n}^w = \delta_{n2}^w = \dfrac{H_2^2}{2EI_w}\left(H_n - \dfrac{1}{3}H_2\right) \end{array}\right\} \tag{7-8}$$

式中 H_1、H_2 及 H_n——第 1 层、第 2 层及第 n 层的总高。

框架:

$$\left.\begin{array}{l} \delta_{11}^f = \delta_{21}^f = \delta_{n1}^f = \delta_{12}^f = \delta_{1n}^f = \dfrac{1}{12}\sum^i \dfrac{h_{ji}^2}{\alpha i_{ci}}, j = 1 \\[2mm] \delta_{22}^f = \delta_{2n}^f = \delta_{n2}^f = \dfrac{1}{12}\sum\limits_{j=1}^{2}\sum^i \dfrac{h_{ji}^2}{\alpha i_{cij}}, j = 1,2 \\[2mm] \delta_{nn}^f = \dfrac{1}{12}\sum\limits_{j=1}^{n}\sum^i \dfrac{h_{ji}^2}{\alpha i_{cji}}, j = 1,2,\cdots\cdots,n \end{array}\right\} \tag{7-9}$$

式中 h_{ji}——第 j 层内第 i 柱的层高。

综合:

$$\left.\begin{array}{l} \delta_{11} = \delta_{11}^w + \delta_{11}^f,\delta_{22} = \delta_{22}^w + \delta_{22}^f,\delta_{nn} = \delta_{nn}^w + \delta_{nn}^f \\ \delta_{12} = \delta_{21} = \delta_{12}^w + \delta_{12}^f,\delta_{1n} = \delta_{n1} = \delta_{1n}^w + \delta_{1n}^f,\delta_{2n} = \delta_{n2} = \delta_{2n}^w + \delta_{2n}^f \end{array}\right\} \tag{7-10}$$

荷载项:

均布荷载 q 作用时

$$\left.\begin{aligned}\Delta_{1P} &= \frac{qH_n^4}{24EI_w}[3-4(1-\xi_1)+(1-\xi_1)^4] \\ \Delta_{2P} &= \frac{qH_n^4}{24EI_w}[3-4(1-\xi_2)+(1-\xi_2)^4] \\ \Delta_{nP} &= \frac{qH_n^4}{8EI_w}\end{aligned}\right\} \quad (7-11)$$

倒三角形均布荷载 q 作用时

$$\left.\begin{aligned}\Delta_{1p} &= \frac{qH_n^4}{120EI_w}[11-15(1-\xi_1)+5(1-\xi_1)^4-(1-\xi_1)^5] \\ \Delta_{2p} &= \frac{qH_n^4}{120EI_w}[11-15(1-\xi_2)+5(1-\xi_2)^4-(1-\xi_2)^5] \\ \Delta_{np} &= \frac{11qH_n^4}{120EI_w}\end{aligned}\right\} \quad (7-12)$$

顶点集中水平力 P 作用时

$$\left.\begin{aligned}\Delta_{1p} &= \frac{PH_n^3}{6EI_w}[2-3(1-\xi_1)+(1-\xi_1)^3] \\ \Delta_{2p} &= \frac{PH_n^3}{6EI_w}[2-3(1-\xi_2)+(1-\xi_2)^3] \\ \Delta_{np} &= \frac{PH_n^3}{3EI_w}\end{aligned}\right\} \quad (7-13)$$

剪力墙基础转动 θ 角时

$$\left.\begin{aligned}\Delta_{1p} &= \theta H_1 \\ \Delta_{2p} &= \theta H_2 \\ \Delta_{np} &= \theta H_n\end{aligned}\right\} \quad (7-14)$$

在荷载项内，水平荷载以向右为正，θ 以顺时针向为正，$\xi_1 = H_1/H_n$，$\xi_2 = H_2/H_n$。求得 x_1、x_2 及 x_n 之后，继续求剪力墙的弯矩 M_w、剪力 V_w 以及框架的层间剪力 V_f。

114. 框架—剪力墙结构中，框架部分抗震等级、房屋高度和高宽比如何调整？

框架—剪力墙结构在规定的水平荷载作用下，结构底层框架部分承受的地震倾覆力矩与结构总地震倾覆力矩的比值不尽相同，结构性能有较大的差别。在结构设计时，应据此比值确定该结构相应的适用高度和构造措施，计算模型及分析均按框架—剪力墙结构进行实际输入和计算分析。

(1) 当框架部分承担的倾覆力矩不大于结构总倾覆力矩的10%时，意味着结构中框架承担的地震作用较小，绝大部分均由剪力墙承担，工作性能接近于纯剪力墙结构，此时结构中的剪力墙抗震等级可按剪力墙结构的规定执行；其最大适用高度仍按框架—剪力墙结构的要求执行；其中框架部分应按框架—剪力墙结构的框架进行设计，也就是说需要进行《高层建筑混凝土结构技术规程》（JGJ 3—2010）第8.1.4条的剪力进行调整。其侧向位移控制指标按剪力墙结构采用。

(2) 当框架部分承担的倾覆力矩大于结构总倾覆力矩的10%但不大于50%时，属于典型的框架—剪力墙结构。

(3) 当框架部分承担的倾覆力矩大于结构总倾覆力矩的50%但不大于80%时，意味着结构中剪力墙的数量偏少，框架承担较大的地震作用，此时框架部分的抗震等级和轴压比宜按框架结构的规定执行，剪力墙部分的抗震等级和轴压比按框架—剪力墙结构的规定采用；其最大适用高度不宜再按框架—剪力墙结构的要求执行，但可比框架结构的要求适当提高，提高的幅度可视剪力墙承担的地震倾覆力矩来确定。

(4) 当框架部分承担的倾覆力矩大于结构总倾覆力矩的80%时，意味着结构中剪力墙的数量极少，此时框架部分的抗震等级和轴压比应按框架结构的规定执行，剪力墙部分的抗震等级和轴压比按框架—剪力墙结构的规定采用；其最大适用高度宜按框架结构采用。对于这种少墙框剪结构，由于其抗震性能较差，不主张采用，以避免剪力墙受力过大、过早破坏。当不可避免时，宜采取将此种剪力墙减薄、开竖缝、开结构洞、配置少量单排钢筋等措施，减小剪力墙的作用。

对于第(3)、(4)规定的情况下，为避免剪力墙过早开裂或破坏，其位移相关控制指标按框架—剪力墙结构的规定采用。对第(4)规定情况，如果最大层间位移角不能满足框架—剪力墙结构的限值要求，可按《高层建筑混凝土结构技术规程》（JGJ 3—2010）第3.11节的有关规定，进行结构抗震性能分析论证。

表7-2 框架—剪力墙结构的设计方法

| 项目 | 抗震等级 | | 轴压比 | | 最大适用高度 | 侧向位移控制指标 |
	框架部分	剪力墙部分	框架柱	剪力墙		
$\dfrac{M_f}{M_{f-s}} \leq 10\%$	框架—剪力墙结构的框架	剪力墙结构	框架—剪力墙结构的框架	剪力墙结构	框架—剪力墙结构	剪力墙结构
$10\% < \dfrac{M_f}{M_{f-s}} \leq 50\%$	框架—剪力墙结构的框架	框架—剪力墙结构的剪力墙	框架—剪力墙结构的框架	剪力墙结构	框架—剪力墙结构	框架—剪力墙结构
$50\% < \dfrac{M_f}{M_{f-s}} \leq 80\%$	框架结构	框架—剪力墙结构的剪力墙	框架结构	框架—剪力墙结构	框架结构①	框架—剪力墙结构
$\dfrac{M_f}{M_{f-s}} > 80\%$	框架结构	框架—剪力墙结构的剪力墙	框架结构	框架—剪力墙结构	框架结构	框架—剪力墙结构②

注：1. 最大适用高度比框架结构的要求适当提高，提高的幅度可视剪力墙承担的地震倾覆力矩来确定。
2. 若最大层间位移角不能满足框架—剪力墙结构的限值要求，可按《高层建筑混凝土结构技术规程》（JGJ 3—2010）第3.11节的有关规定，进行结构抗震性能分析论证。
3. M_f 为框架部分承担的地震倾覆力矩，按式（7-15）计算；M_{f-s} 为框架—剪力墙结构总地震倾覆力矩。

对于竖向布置比较规则的框架—剪力墙结构，框架部分承担的地震倾覆力矩可按下式计算：

$$M_{\mathrm{f}} = \sum_{i=1}^{n} \sum_{j=1}^{m} V_{ij} h_i \tag{7-15}$$

式中　M_{f}——框架承担的在基本振型地震作用下的地震倾覆力矩；
　　　n——房屋层数；
　　　m——框架第 i 层的柱根数；
　　　V_{ij}——第 i 层第 j 根柱的计算地震剪力；
　　　h_i——第 i 层层高。

115. 框架—剪力墙结构中剪力墙的布置有哪些规定？

（1）框架—剪力墙结构应设计成双向抗侧力体系。抗震设计时，结构两主轴方向应布置剪力墙，且剪力墙的布置宜使结构各主轴方向的侧向刚度接近。

（2）框架—剪力墙结构中剪力墙的布置宜符合下列要求：

1）剪力墙宜均匀布置在建筑物的周边附近、楼梯间、电梯间、平面形状变化及恒载较大的部位。变形缝（伸缩缝、沉降缝、防震缝）两侧不宜同时设置剪力墙。剪力墙间距不宜过大，应符合楼盖平面刚度的需要，否则应考虑楼盖平面变形的影响。

2）平面形状凹凸较大时，宜在凸出部分的端部附近布置剪力墙。

3）框架—剪力墙结构中的剪力墙宜设计成周边有梁柱（或暗梁柱）的带边框剪力墙。纵、横向相邻的剪力墙宜组成 L 形、T 形和口形等形式（图 7-9），以增大剪力墙的刚度和抗扭能力。

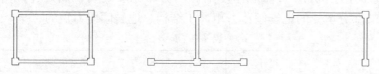

图 7-9　相邻剪力墙的布置

4）单片剪力墙底部承担的水平剪力不应超过结构底部总水平剪力的 30%。

5）剪力墙的布置宜分布均匀，单片墙肢的刚度宜接近，长度较长的剪力墙宜设置洞口和连梁形成双肢墙或多肢墙，单肢墙或多肢墙的墙肢长度不宜大于 8m。单片剪力墙底部承担水平剪力不宜超过结构底部总水平剪力的 40%。

6）剪力墙宜贯通建筑物的全高，宜避免刚度突变；剪力墙开洞时，洞口宜上下对齐。

7）楼、电梯间等竖井宜尽量与靠近的抗侧力结构结合布置。

8）剪力墙布置时，如因建筑使用需要，纵向或横向一个方向无法设置剪力墙时，该方向可采用壁式框架或支撑等抗侧力构件，但是，两方向在水平力作用下的位移值应接近。壁式框架的抗震等级应按剪力墙的抗震等级考虑。

（3）长矩形平面或平面有一部分较长的建筑中，剪力墙的布置尚宜符合下列要求：

1）横向剪力墙沿长方向的间距宜满足表 7-3 的要求，当这些剪力墙之间的楼盖有较大开洞时,剪力墙的间距应适当减小。

表7-3 剪力墙间距 (m)

楼盖形式	非抗震设计（取较小值）	抗震设防烈度			
		6度、7度（取较小值）	8度（取较小值）	9度（取较小值）	
现浇	≤5.0B, 60	≤4.0B, 50	≤3.0B, 40	≤2.0B, 30	
装配整体	≤3.5B, 50	≤3.0B, 40	≤2.5B, 30	—	
板柱—剪力墙	≤3.0B, 36	≤2.5B, 30	≤2.0B, 24	—	
框支层	≤3.0B, 36	≤2.0B, 24（底部1～2层） ≤1.5B, 20（3层及3层以上）		—	

注:1. B 为剪力墙之间的楼面宽度(m)。
  2. 装配整体式楼盖的现浇层应符合《高层建筑混凝土结构技术规程》(JGJ 3—2010)第3.6.2条的规定。
  3. 现浇层厚度大于60mm的叠合楼板可作为现浇板考虑。
  4. 当房屋端部未布置剪力墙时,第一片剪力墙与房屋端部的距离,不宜大于表中剪力墙间距的1/2。

2) 纵向剪力墙不宜集中布置在两尽端,否则在平面中适当部位应设置施工后浇缝以减少混凝土硬化过程中的收缩应力影响,同时应加强屋面保温以减少温度变化产生的影响。

116. 框架—剪力墙结构中剪力墙合理数量怎样确定?

在框架结构中,应当使剪力墙承担大部分由水平作用产生的剪力。但是,剪力墙设置过多,使结构刚度过大,会加大地震效应,对结构也是不合理不经济的。

在框架—剪力墙结构设计时,可采用下列简化的方法确定剪力墙的合理数量。

(1) 假定条件和适用范围

框架梁与剪力墙连接为铰接;结构基本周期考虑非承重砌体墙影响的折减系数 $\psi_T = 0.75$;结构高度不超过50m,质量和刚度沿高度分布比较均匀;满足弹性阶段层间位移比 $\Delta u/h$ 限值;框架部分承受的地震倾覆力矩大于结构总地震倾覆力矩的50%。

表7-4 ψ 值

设防烈度	$\Delta u/h$	α_{max}	设计地震分组	场地类别			
				I	II	III	IV
7	1/300	0.08	第一组	0.341	0.252	0.201	0.144
			第二组	0.290	0.224	0.168	0.127
			第三组	0.250	0.201	0.144	0.108
		0.12	第一组	0.228	0.168	0.134	0.096
			第二组	0.193	0.149	0.112	0.085
			第三组	0.168	0.134	0.096	0.072
8	1/800	0.16	第一组	0.171	0.126	0.101	0.072
			第二组	0.145	0.112	0.084	0.063
			第三组	0.126	0.101	0.072	0.054
		0.24	第一组	0.114	0.084	0.067	0.048
			第二组	0.097	0.075	0.056	0.042
			第三组	0.084	0.067	0.048	0.036

(续)

设防烈度	Δu/h	α_{max}	设计地震分组	场地类别			
				I	II	III	IV
9	1/800	0.32	第一组	0.085	0.063	0.050	—
			第二组	0.072	0.056	0.042	—
			第三组	0.063	0.050	0.036	—

表7-5 β值

λ	β	λ	β	λ	β
1.00	2.454	1.50	3.258	2.00	3.788
1.05	2.549	1.55	3.321	2.05	3.829
1.10	2.640	1.60	3.383	2.10	3.873
1.15	2.730	1.65	3.440	2.15	3.911
1.20	2.815	1.70	3.497	2.20	3.948
1.25	2.897	1.75	3.550	2.25	3.985
1.30	2.977	1.80	3.602	2.30	4.020
1.35	3.050	1.85	3.651	2.35	4.055
1.40	3.122	1.90	3.699	2.40	4.085
1.45	3.192	1.95	3.746		

(2) 已知建筑物总高度 H，总重力荷载代表值 G_E，场地类别，设防烈度，地震影响系数最大值 α_{max}，设计地震分组，层间位移比 $\Delta u/h$ 限值，框架总刚度为 C_f 时，可由表7-4查得参数 ψ，按下式计算参数 β：

$$\beta = \psi H^{0.45} \left(\frac{C_f}{G_E} \right)^{0.55} \tag{7-16}$$

已知 β 值后查表7-5得结构刚度特征值 λ。

已知 λ、H、C_f 时可由下式求得所需剪力墙平均总刚度 EI_w（kN·m²）：

$$EI_w = \frac{H^2 C_f}{\lambda^2} \tag{7-17}$$

式中 C_f——框架平均总刚度，$C_f = \overline{D}\,\overline{h}$；

$\overline{D}$——各层框架柱平均抗推刚度 D 值，可取结构（0.5~0.6）H 间楼层的 D 值作为 $\overline{D}$；

$\overline{h}$——平均层高（m），$\overline{h} = H/n$，n 为层数；

G_E——总重力荷载代表值（kN）；

λ——框架—剪力墙结构刚度特征值，$\lambda = H\sqrt{\dfrac{C_f}{EI_w}}$；

Δu——弹性阶段层间位移。

(3) 为满足剪力墙承受的地震倾覆力矩不小于结构总地震倾覆力矩的50%，应使结构刚度特征值 $\lambda \leq 2.4$。为了使框架充分发挥作用，达到框架最大楼层剪力 $V_f \geq 0.2V_0$，剪力墙刚度不宜过大，应使 λ 值不小于1.15。

(4) 将式 (7-17) 计算的剪力墙刚度 EI_w 与实际结构布置的剪力墙刚度进行比较, 当两者接近或求得的 EI_w 稍大时, 则满足结构侧向位移值的要求, 可往下进行内力计算。如果求得的 EI_w 小于结构实际布置的剪力墙刚度, 或 EI_w 比实际布置的剪力墙刚度大很多, 此时应将结构实际布置的剪力墙进行调整。

剪力墙刚度 EI_w 计算时, 可以考虑纵、横墙间的有效翼缘, 其翼缘宽度取值可按图 7-10 和表 7-6 确定。

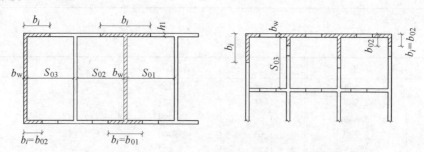

图 7-10 剪力墙的翼缘有效宽度

表 7-6 剪力墙的翼缘有效宽度

项次	所考虑的情况	T 形截面翼缘有效宽度	L 形截面翼缘有效宽度
1	按剪力墙的间距 S_0	$b_w + \dfrac{S_{01}}{2} + \dfrac{S_{02}}{2}$	$b_w + \dfrac{S_{03}}{2}$
2	按翼缘墙厚 h_1	$b_w + 12h_1$	$b_w + 6h_1$
3	按门窗洞净距 b_0	b_{01}	b_{02}
4	按剪力墙总高度 H	0.15H	

117. 框架—剪力墙结构中为何要对框架总剪力进行调整?

1) 抗震设计的框架—剪力墙结构中, 框架部分承担的地震剪力满足式 (7-18) 要求的楼层, 其框架总剪力不必调整; 不满足式 (7-18) 要求的楼层, 其框架总剪力应按 $0.2V_0$ 和 $1.5V_{f,max}$ 二者的较小值采用;

$$V_f \geqslant 0.2V_0 \qquad (7\text{-}18)$$

式中 V_0——对框架柱数量从下至上基本不变的规则结构, 应取对应于地震作用标准值的结构底部总剪力; 对框架柱数量从下至上分段有规律变化的结构, 应取每段底层结构对应地震作用标准值的总剪力;

V_f——对应于地震作用标准值且未经调整的各层 (或某一段内各层) 框架承担的地震总剪力;

$V_{f,max}$——对框架柱数量从下至上基本不变的规则结构, 应取对应于地震作用标准值且未经调整的各层框架承担的地震总剪力中的最大值; 对框架柱数量从下至上分段有规律变化的结构, 应取每段中对应于地震作用标准值且未经调整的各层框架承担的地震总剪力中的最大值。

框架—剪力墙结构在水平地震作用下, 框架部分计算所得的剪力一般都较小。按多道防线的概念设计要求，剪力墙为第一道防线，在设防地震、罕遇地震下先于框架破坏，由于塑性内力重分布，框架部分按侧向刚度分配的剪力会比多遇地震下加大，为保证第二道防线的框架具有一定的抗侧能力，需要对框架承担的剪力予以调整，并将该值规定为：取基底总剪力的20%（即$0.2V_0$）和各层框架承担的地震总剪力中的最大值的1.5倍（即$1.5V_{f,max}$）二者中的较小值。

《钢筋混凝土高层建筑结构设计与施工规程》（JGJ 3—1991）的规定对于框架柱沿竖向的数量变化不大的情况是合适的。随着建筑形式的多样化，框架柱的数量沿竖向有时会有较大的变化，这种情况按原来规定的调整方法会使某些楼层的柱承担过大的剪力而难以处理。因此，《高层建筑混凝土结构技术规程》（JGJ 3—2010）补充了对框架柱的数量沿竖向有规律分段变化时可分段调整的规定，即当某楼层段柱根数减少时，则以该段为调整单元，取该层段底一层的地震剪力为其该段的底部总剪力；该段内各层框架承担的地震总剪力中的最大值为该段的$V_{f,max}$。

对框架柱数量沿竖向变化更复杂的情况，设计时应专门研究框架柱剪力的调整方法。对有加强层的结构，框架承担的最大剪力不包括加强层及相邻上、下层的剪力。

2）各层框架所承担的地震总剪力按第1款调整后，应按调整前、后总剪力的比值调整每根柱以及与之相连框架梁的剪力及端部弯矩标准值，框架柱的轴力标准值可不予调整。

3）按振型分解反应谱法计算地震作用时，为便于操作，框架柱地震剪力的调整可在振型组合之后进行。

框架剪力的调整应在剪力满足《高层建筑混凝土结构技术规程》（JGJ 3—2010）第4.3.12条关于楼层最小地震剪力系数（剪重比）的前提下进行。

118. 带边框剪力墙有哪些构造要求？

带边框剪力墙的构造应满足下列要求。

1）带边框剪力墙的截面厚度应符合《高层建筑混凝土结构技术规程》（JGJ 3—2010）附录D的墙体稳定计算要求，且应符合下列要求：

抗震设计时，一、二级剪力墙的底部加强部位均不应小于200mm。其他情况下不应小于160mm。

当剪力墙截面的厚度不满足上述要求时，应计算墙体的稳定。

2）剪力墙的水平钢筋应全部锚入边框柱内，锚固长度不应小于l_a（非抗震设计）或l_{aE}（抗震设计）。

3）带边框剪力墙的混凝土强度等级宜与边框柱相同。

4）框架—剪力墙结构在楼层标高处，与剪力墙平面重合的框架梁宜通过剪力墙，或在剪力墙内设置暗框架梁；与框架平面不重合的剪力墙内不是必须设置暗框架梁。

暗梁截面宽度与墙厚相同，梁截面高度可取墙厚的2倍或与该片框架梁截面等高，暗梁的配筋可按构造配置且符合一般框架梁相应抗震等级的最小配筋要求。

5）在单片剪力墙的边框柱，墙平面内是墙体的组成部分，不再按框架柱考虑，剪力墙截面宜按工字形设计，其端部的纵向受力钢筋应配置在边框柱截面内。

需要注意的是：剪力墙的平面外框柱属于框架柱，支承框架梁并共同组成抗侧力结构。边框柱在墙平面内按墙计算确定纵向钢筋，平面外按框架柱计算确定纵向钢筋，并满足构造所需最小配筋率。特一级、一级、二级抗震等级的剪力墙，在底部加强部位的边柱，尚应满足约束边缘构件的箍筋和纵向钢筋的构造要求。

6）边框柱截面宜与该榀框架其他柱的截面相同，边框柱截面宽度不小于 $2b_w$，截面高度不小于柱的宽度。非抗震设计的剪力墙端柱纵向钢筋除应满足计算要求外，其配筋率还应满足框架柱的有关规定。剪力墙端柱箍筋不应少于 $\phi6@200$，并应满足框架柱配箍的有关要求。剪力墙底部加强部位边柱的箍筋宜沿全高加密。当带边框剪力墙上的洞口紧邻边框柱时，边框柱的箍筋宜沿全高加密。

7）带边框剪力墙的端柱和横梁与剪力墙的轴线宜重合在同一平面内，剪力墙与端柱、框架梁与框架轴线间的偏心距不宜大于 1/4 柱宽。

119. 框架—剪力墙结构中的剪力墙部分配筋构造要求与剪力墙结构中的剪力墙配筋构造要求是否相同？

框架—剪力墙结构中的剪力墙承担着很大的水平剪力，作用更为重要。因此，《高层建筑混凝土结构技术规程》（JGJ 3—2010）规定：剪力墙竖向和水平分布钢筋的配筋率，抗震设计时均应不小于 0.25%，非抗震设计时均应不小于 0.20%，并应至少双排布置。同时，各排分布钢筋之间应设置拉筋，拉筋直径不应小于 6mm，间距不应大于 600mm。

而剪力墙结构中，一般剪力墙结构竖向和水平分布筋的配筋率，一级、二级、三级抗震设计时均不应小于 0.25%，四级和非抗震设计时均不应小于 0.20%。

可见，框架—剪力墙结构中的剪力墙比剪力墙结构中的剪力墙构造要求更严。

120. 框架柱与剪力墙相连的梁是否均作为连梁设计？

框架—剪力墙结构中的梁有三种（图 7-11）：

第一种是两端均与框架柱相连的梁，这种梁按框架梁进行设计。

第二种是两端均与墙肢相连的梁，这种梁按双肢或多肢剪力墙的连梁设计。

第三种是一端与墙肢相连，另一端与框架柱相连的梁，这种梁在水平荷载作用下，会由于弯曲变形很大而出现很大的弯矩和剪力，首先开裂、屈服，进入弹塑性工作状态。因此，框架柱与剪力墙平面内相连且跨高比小于 5 的梁界定为连梁，其刚度折减系数不小于 0.5。框架柱与剪力墙平面外相连的梁，可不作为连梁，并与剪力墙相交支座按铰接。

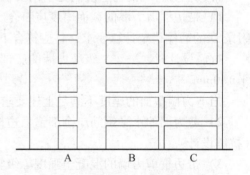

图 7-11　框架—剪力墙结构中的梁

第八章 板柱—剪力墙结构

121. 板柱—剪力墙结构的受力特点是什么？

板柱结构是由水平构件——楼盖和竖向构件——柱组成的抗侧力结构，在水平荷载作用下的受力特性与框架类似，只不过是无梁，以柱上板带代替了框架梁，是框架结构的一种特殊情况。板柱结构由于楼盖没有梁，可以减小楼层高度，对使用和管道安装都较方便，因而板柱结构在工程中时有采用。但板柱结构的抗侧刚度比梁柱结构差，板柱节点的抗震性能也不如梁柱节点的抗震性能。楼板对柱的约束弱，不像框架梁那样，既能较好地约束框架节点，做到强节点，又能使塑性铰出现在梁端，做到强柱弱梁。此外，地震作用产生的不平衡弯矩要由板柱节点传递，在柱边将产生较大的附加剪应力，当剪应力很大而又缺乏有效的抗剪措施时，有可能发生冲切破坏，甚至导致结构连续破坏。因此，单独的板柱结构不能用于抗震设计的结构，非抗震设计时，建筑物高度有严格限制（表8-1）。

板柱—剪力墙结构体系指楼层平面除周边框架柱间有梁，楼梯间有梁，内部多数柱之间不设梁，主要抗侧力构件为剪力墙或核心筒组成。板柱—剪力墙结构的受力特点与框架—剪力墙结构类似，变形特性属弯剪型，接近弯曲型，侧向刚度由层间位移与层高的比值（$\Delta u/h$）控制。在水平地震作用下，剪力墙承担结构的大部分水平荷载，控制结构的水平侧移，提高结构的延性和抗震性能，是板柱—剪力墙结构最主要的抗侧力构件。但由于板柱部分结构延性差、抗震性能不好，故抗震设计时，板柱—剪力墙结构的建筑物高度也有严格的限制（表8-1）。

表8-1 房屋建筑的最大适用高度　　　　　　　　（m）

结构类型	非抗震设计	抗震设计				
		6度	7度	8度		9度
				0.20g	0.30g	
板柱结构	20	—	—	—	—	—
板柱—剪力墙结构	110	80	70	55	40	不应采用

从结构性能上说，板柱—剪力墙结构适用于非抗震设计以及抗震设防烈度不超过8度的建筑。比较经济的跨度：采用平板时，跨度不宜大于7m，有柱帽时不宜大于9m，采用预应力时不宜大于12m；密肋板时为7~10m。其最大适用高度应符合表8-1的规定。

板柱—剪力墙高层建筑结构的高宽比不宜超过表8-2的规定。

表8-2 板柱—剪力墙结构的高宽比

结构类型	非抗震设计	抗震设计	
		6度、7度	8度
板柱—剪力墙结构	6	5	4

注：1. 建筑结构高宽比指房屋高度与结构平面最小投影宽度之比；房屋高度指室外地面到主要屋面板顶的高度（不包括局部凸出屋顶部分）。

2. 当主体结构与裙房相连时，高宽比可按裙房以上建筑的高度和宽度计算。

122. 板柱—剪力墙结构布置有哪些规定？

板柱—剪力墙结构的布置应符合下列要求。

1) 板柱结构、板柱—剪力墙结构的平面布置宜均匀、对称，刚度中心与质量中心宜重合。抗震设计时，必须采用板柱—剪力墙结构。结构应同时布置筒体或两个主轴方向均应布置剪力墙，形成双向抗侧力体系。板柱—剪力墙结构中剪力墙或核心筒是主要抗侧力构件，如果仅在一个主轴方向布置剪力墙，则会造成两个主轴方向的抗侧刚度悬殊，无剪力墙的一个方向刚度不足且带有纯板柱结构的性质，与有剪力墙的另一方向不协调，而板柱—剪力墙结构中的板柱框架比梁柱框架更弱，更容易造成结构整体扭转，因而这个要求显得更为重要。

2) 地震作用下，房屋的周边（尤其是角点）是受力的主要部位，故要求应设置框架梁形成梁柱框架。同时，为保证关键部位的可靠性，要求房屋的顶层、地下一层的顶板要设置框架梁或边梁。《高层建筑混凝土结构技术规程》(JGJ 3—2010)规定：抗震设计时，房屋的周边应设置边梁形成周边框架，房屋的顶层及地下室顶板宜采用梁板结构。

3) 有楼、电梯间等较大开洞时，洞口周围宜设置框架梁或边梁。

4) 无梁板可根据承载力和变形要求采用无柱帽（柱托）板或有柱帽（柱托）板形式。柱托板的长度和厚度应经计算确定，且每方向长度不宜小于板跨度的 1/6，其厚度不宜小于板厚度的 1/4。7 度时宜采用有柱托板，8 度时应采用有柱托板，此时托板每方向长度尚不宜小于同方向柱截面宽度和 4 倍板厚之和。为了保证板柱节点的抗弯刚度，托板总厚度尚不应小于柱纵向钢筋直径的 16 倍。当无柱托板且无梁板抗冲切承载力不足时，可采用型钢剪力架（键），此时板的厚度不应小于 200mm。

5) 双向无梁楼板厚度与长跨之比，不宜小于表 8-3 的规定。

表 8-3 双向无梁板厚度与长跨的最小比值

非预应力楼板		预应力楼板	
无柱托板	有柱托板	无柱托板	有柱托板
1/30	1/35	1/40	1/45

123. 板柱—剪力墙结构计算的要点是什么？

(1) 一般规定

1) 内力调整

① 剪力墙总剪力的调整。抗震设计时，板柱—剪力墙结构中各层筒体或剪力墙应能承受各层全部相应方向该层承担的地震剪力，即

$$V_s \geq 1.0 V_j \tag{8-1}$$

式中　V_j——结构楼层地震剪力标准值；

　　　V_s——调整后楼层抗震墙部分承担的地震剪力。

抗风设计时，板柱—剪力墙结构中各层筒体或剪力墙，应能承受不小于 80% 相应方向该层承担的风荷载作用下的剪力，即

$$V_s \geq 0.8 V_j \tag{8-2}$$

式中　V_j——结构楼层风荷载作用下的剪力；

V_s——调整后楼层承担的风荷载作用下的剪力。

② 板柱总剪力的调整。抗震设计时,各层板柱部分尚应能承担不少于该层相应方向地震剪力的 20%,且应符合有关抗震剪构造要求。即

$$V_f \geqslant 0.2V_j \tag{8-3}$$

式中 V_f——调整后楼层板柱部分承担的地震剪力。

③ 构件内力调整。调整后,相应调整每一方向剪力墙、柱、板带的剪力 V 和弯矩 M 标准值,轴力标准值可不予以调整。

注意这里和框架—剪力墙结构楼层地震剪力调整的区别:对板柱—剪力墙结构要求其剪力墙结构承担该方向 100% 地震作用以保证结构安全,柱子再承担各层相应方向 20% 的地震作用为多道防线,加起来就是不少于各层相应方向 120% 的地震作用。这是因为板柱—剪力墙结构抗震性能差,抗震设计时应予以特别加强。

2)板柱结构、板柱—剪力墙结构应具有足够的抗侧刚度,在地震作用下其层间位移和薄弱层(部位)的弹塑性层间位移均应符合现行国家标准《建筑抗震设计规范》(GB 50011—2010)中框架结构或框架—剪力墙结构的有关规定。

3)板面有集中荷载时,其配筋应由计算确定。当楼板上某区格内的集中荷载设计值大于该区格内均布活荷载设计值总量的 10% 时,可按荷载折算总量为 F_l 的折算均布活荷载设计值进行计算。

$$F_l = 1.1(F + F_q) \tag{8-4}$$

式中 F——某区格内的集中荷载设计值;

F_q——某区格内均布活荷载设计值总量。

4)结构分析中规则的板柱结构可用等代框架法,其等代梁的宽度宜采用垂直于等代框架方向两侧柱距各 1/4。由于等代框架法是近似的简化方法,尤其对不规则布置的结构,因此有条件时,宜采用连续体有限元空间模型进行更准确的计算分析。

5)楼板在柱周边临界截面的冲切应力,不宜超过 $0.7f_t$,超过时应配置抗冲切钢筋或抗剪栓钉(图 8-1),当地震作用导致柱上板带支座弯矩反号时还应对反向作复核(图 8-2)。

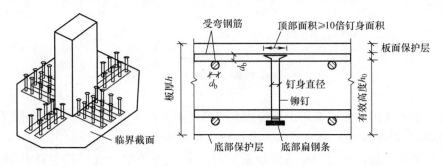

图 8-1 典型抗剪栓钉布置示意

板柱节点冲切承载力可按《混凝土结构设计规范》(GB 50010—2010)的有关规定进行验算,并考虑节点不平衡弯矩作用的影响。

6)板截面的抗弯刚度 $E_c I_s$

$$E_c I_s = E_c \times \left(\frac{1}{12}h_f^3 \times 板宽\right) \tag{8-5}$$

式中 h_f——板厚度，板宽视所遇情况而定。

梁截面的抗弯刚度 $E_c I_b$

边缘梁截面的抗弯刚度 $E_c I_b$ 可考虑部分翼缘，计算截面惯性矩 I_b 时的翼板有效宽度 b_E 按图 8-3 及以下规定取用：

边梁（图 8-3a）：$\qquad b_E = b_w + h_w \leqslant b_w + 4h_f \qquad$ (8-6a)

中间梁（图 8-3b）：$\qquad b_E = b_w + 2h_w \leqslant b_w + 8h_f \qquad$ (8-6b)

式中 b_w——梁肋宽度；

h_w——板下或板上梁截面高度，取其中较大者。

梁截面抗扭刚度 $G_c I_t = 0.5 E_c I_t$

梁的抗扭刚度 $G_c I_t$ 也可考虑翼缘的影响，对 T 形截面可以划分为若干个矩形单元，然后按矩形截面受扭惯性矩的力学公式计算各个单元矩形截面的受扭惯性矩并求和。

$$I_t = \sum \left(1 - 0.63 \frac{b}{h}\right)\left(\frac{1}{3}b^3 h\right) \qquad (8-7)$$

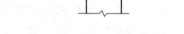

图 8-2 冲切截面验算示意

式中 b——单元矩形的短边边长；

h——单元矩形的长边边长。

因计算公式偏于保守，规范规定，采用不同截面划分方案按式（8-7）算得的不同的 I_t 值可取其中较大者。

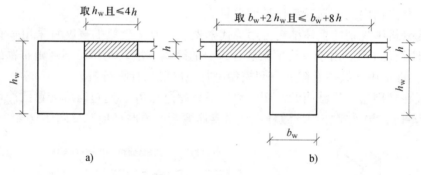

图 8-3 梁的截面
a）边梁 b）中间梁

7）边缘框架梁因等代框架跨中板带边支座负弯矩而产生的扭转，应按《混凝土结构设计规范》（GB 50010—210）第 6 章 6.4 节进行扭曲截面承载力计算。

8）板柱结构、板柱—剪力墙结构楼板较厚，其平面外刚度在结构整体计算时不能忽略，否则会对结构的整体分析带来较大影响。

（2）竖向荷载作用下的计算

1）弯矩系数法。符合下列条件时，承受均布荷载的板柱结构的平板的内力可采用弯矩系数法计算：

①每个方向至少有三个连续跨；

②任一区格板的长边与短边之比 $l_x/l_y \leqslant 1.5$；

③同方向相邻跨度不同时,最大跨度与最小跨度之比不应大于1.2;

④可变荷载和永久荷载之比值 $q/g \leqslant 3$。

按弯矩系数法计算时,先计算一个区格板中两个方向的总弯矩设计值,然后按表8-4确定柱上板带和跨中板带的弯矩设计值。

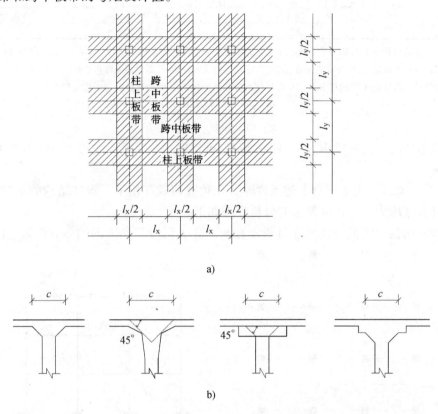

图8-4 无梁双向板的板带和柱帽有效宽度
a) 板带的划分 b) 柱帽的有效宽度

X方向
$$M_{0x} = \frac{1}{8}ql_y\left(l_x - \frac{2}{3}c\right) \tag{8-8a}$$

Y方向
$$M_{0y} = \frac{1}{8}ql_x\left(l_y - \frac{2}{3}c\right) \tag{8-8b}$$

式中 l_x、l_y——两个方向的柱距(m),见图8-4a;

q——板单元面积上作用的永久荷载和可变荷载设计值(kN/m²);

c——柱帽在计算弯矩方向的有效宽度(m),按图8-4b确定。

柱上板带的弯矩设计值
$$M_c = \beta_c M_{0x}(M_{0y}) \tag{8-9a}$$

跨中板带的弯矩设计值
$$M_m = \beta_m M_{0x}(M_{0y}) \tag{8-9b}$$

式中 β_c、β_m——柱上板带和跨中板带弯矩系数,见表8-4。

按弯矩系数法计算时,板柱节点处上柱和下柱弯矩设计值之和 M_c 可采用以下数值。

表 8-4 柱上板带和跨中板带弯矩系数

部 位	截面位置	β_c	β_m
端跨	边支座	−0.48	−0.05
	跨中	+0.22	+0.18
	内支座	−0.50	−0.17
内跨	跨中	+0.18	+0.15
	支座	−0.50	−0.17

注：1. 表中系数可用于长跨和短跨之比小于 1.5 的情况下。
　　2. 端跨外有悬臂板，且悬臂板端部的负弯矩大于端跨边支座弯矩时，需考虑悬臂弯矩对边支座和内跨弯矩的影响。
　　3. 在保持总弯矩值不变的情况下，允许将柱上板带负弯矩的 10% 分配给跨中板带负弯矩。

中柱：$\qquad\qquad\qquad M_c = 0.25 M_{0x}(M_{0y})$ \hfill (8-10)

边柱：$\qquad\qquad\qquad M_c = 0.40 M_{0x}(M_{0y})$ \hfill (8-11)

中柱或边柱的上柱弯矩 M_{ct} 和下柱弯矩 M_{cb} 可根据式（8-10）或式（8-11）的 M_c 值按其线刚度分配。

2）等代框架法。当不符合上述条件时，在垂直荷载作用下，板柱结构的平板可采用等代框架法计算其内力。等代框架法的分析步骤如下：

①将板柱结构的平板沿柱列方向划分为纵、横（X、Y）两方向的等效框架（图 8-5a）；

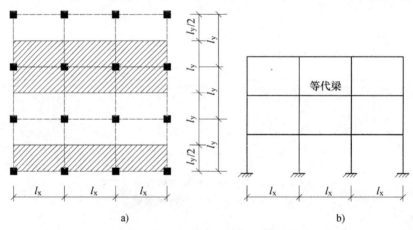

图 8-5 无梁双向板体系的等效框架分析
a) 楼层和等效框架平面　b) X 方向框架分层计算图

②等代框架截面的宽度取板跨中心线间的距离（l_x 或 l_y），高度取板厚，跨度取 $\left(l_y - \dfrac{2}{3}c\right)$ 或 $\left(l_x - \dfrac{2}{3}c\right)$；

③等代框架柱的截面即为原柱截面，柱的计算高度取为层高减柱帽的高度，底层柱高取为基础顶面至楼板底面的高度减柱帽高度；

④等代梁、柱的截面惯性矩按毛截面计算；

⑤仅有竖向荷载作用时，可采用分层计算法，假定柱远端固定（图 8-5b），进行内力分析。

⑥计算所得的等效框架控制截面总弯矩值，按照划分的柱上板带和跨中板带（图 8-4a）分别确定支座和跨中弯矩设计值，即将总弯矩乘以表 8-5 或表 8-6 中所列的分配系数。

表 8-5　$l_y/l_x = 1$ 柱上板带和跨中板带弯矩分配系数

部　位	截面位置	β_c	β_m
端跨	边支座	-0.90	-0.10
	跨中	+0.55	+0.45
	内支座	-0.75	-0.25
内跨	跨中	+0.55	+0.45
	支座	-0.75	-0.25

注：适用于周边连续板。

表 8-6　$l_y/l_x = 0.5 \sim 2.0$ 柱上板带和跨中板带弯矩分配系数

l_y/l_x	$-M$		$+M$	
	β_c	β_m	β_c	β_m
0.50～0.60	0.55（0.60）	0.45（0.40）	0.50（0.45）	0.50（0.55）
0.60～0.75	0.65（0.70）	0.35（0.30）	0.55（0.50）	0.45（0.50）
0.75～1.33	0.70（0.75）	0.30（0.25）	0.60（0.55）	0.40（0.45）
1.33～1.67	0.80（0.85）	0.20（0.15）	0.75（0.70）	0.25（0.30）
1.67～2.0	0.85（0.90）	0.15（0.10）	0.85（0.80）	0.15（0.20）

注：1. 适用于周边连续板。
　　2. 括号内数值系用于有柱帽的无梁楼板，即有柱帽的双向板的柱上板带：$-M+0.05$，$+M-0.05$；跨中板带：$-M-0.05$，$+M+0.05$。
　　3. 在保持总弯矩值不变的情况下，允许在板带之间，或支座弯矩与跨中弯矩之间相应调幅10%。

⑦可变荷载的不利位置的影响。当采用等代框架法计算时宜考虑可变荷载的不利位置的影响。可变荷载的存在和位置是随机的，有时所在的位置还是不利位置，当永久荷载 g 与可变荷载 q 之比小于 2.0 时，对内跨及端跨所规定的弯矩系数有时会偏于不安全；而另一方面柱子刚度在可变荷载不利分布时又起了积极的制约效应，可以缓和可变荷载不利分布时的超应力后果。

令永久荷载 g 与可变荷载 q 之比为 β_a，$\beta_a = \dfrac{g}{q}$；可变荷载不利布置时的弯矩 $M_{p,不利}$ 对整个板系满布可变荷载时的弯矩 $M_{p,满}$ 之比为 γ_1，$\gamma_1 = \dfrac{M_{p,不利}}{M_{p,满}}$。

则在永久荷载与可变荷载共同作用下不考虑可变荷载不利布置影响后板格的综合超应力系数 γ 为

$$\gamma = \frac{M_{p,不利} + M_{g,满}}{M_{p,满} + M_{p,满}} = \frac{\gamma_1 + \beta_a}{1 + \beta_a} \tag{8-12}$$

式中　$M_{g,满}$——永久荷载在整个板系满布时的板格弯矩；

　　　γ_1——可变荷载超应力系数，$\gamma_1 = \dfrac{M_{p,不利}}{M_{p,满}}$；

　　　β_a——永久荷载与可变荷载的比值，$\beta_a = \dfrac{g}{q}$。

图 8-6 表示柱的相对抗弯刚度 α_c 对可变荷载不利布置影响的抑制作用。当柱的相对抗弯刚度 α_c 较大时（图 8-6a），尽管可变荷载隔跨不利布置，由于柱的约束作用，节点转角仍然不大，荷载跨的跨中截面正弯矩比板系满布可变荷载时大得有限。当柱的相对抗弯刚度 α_c 很小时（图 8-6b），荷载跨的跨中截面正弯矩要比板系满布可变荷载时大很多，板格的挠度也明显增大，可变荷载不利位置的影响十分显著。

如果荷载跨的截面配筋已满足极限平衡条件,跨中截面正弯矩的超应力只是意味着跨中截面处先出现塑性铰线,而后的荷载作用下则开始发生塑性变形及内力重分布,使得弯矩往支座截面转移,直至支座截面屈服而达到跨内极限平衡为止。因此,可变荷载不利位置对跨中截面的极限承载力有时是没有影响的。至于对使用阶段,因为结构基本属于弹性体,过度的正弯矩超应力会导致板格在使用阶段挠度过大和裂缝过宽以至不能满足正常使用极限状态要求。因此,在满足正常使用要求的前提下,跨中截面正弯矩超应力幅度应该有个限度。基于这一事实,《美国混凝土房屋建筑规范》(ACI 318—89)规定正弯矩超应力限度为33%。而后对综合超应力系数 $\gamma = 1.33$ 通过大量电算确定了需要柱子提供的最低限度的相对抗弯刚度 $\alpha_{c,min}$(表8-7)。当所设计柱的相对抗弯刚度 $\alpha_c \geq \alpha_{c,min}$,那么 $\gamma \leq 1.33$,正常使用极限状态要求也就基本上得到满足。如果所设计的板系,其柱子的 $\alpha_c < \alpha_{c,min}$,则所给出的正弯矩设计值应再乘以增大系数 δ_s:

$$\delta_s = 1 + \frac{2-\beta_a}{4+\beta_a}\left(1 - \frac{\alpha_c}{\alpha_{c,min}}\right) \tag{8-13}$$

式中 β_a——永久荷载 g 与可变荷载 q 的比值;

α_c——柱子的相对抗弯刚度;

$\alpha_{c,min}$——柱子的最低限度的相对抗弯刚度。

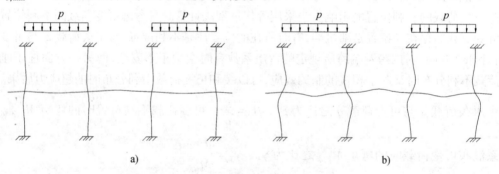

图 8-6 柱对可变荷载不利布置影响的抑制作用示意
a) 刚性柱 b) 柔性柱

表 8-7 $\alpha_{c,min}$ 值

β_a	l_2/l_1	梁的相对抗弯刚度 α				
		0	0.5	1.0	2.0	4.0
2.0	0.5~2.0	0	0	0	0	0
1.0	0.5	0.6	0	0	0	0
	0.8	0.7	0	0	0	0
	1.0	0.7	0.1	0	0	0
	1.25	0.8	0.4	0	0	0
	2.0	1.2	0.5	0.2	0	0
0.5	0.5	1.3	0.3	0	0	0
	0.8	1.5	0.5	0.2	0	0
	1.0	1.6	0.6	0.2	0	0
	1.25	1.9	1.0	0.5	0	0
	2.0	1.9	1.6	0.8	0.3	0

（续）

β_a	l_2/l_1	梁的相对抗弯刚度 α				
		0	0.5	1.0	2.0	4.0
0.33	0.5	1.8	0.5	0.1	0	0
	0.8	2.0	0.9	0.3	0	0
	1.0	2.3	0.9	0.4	0	0
	1.25	2.8	1.5	0.8	0.2	0
	2.0	13.0	2.6	1.2	0.5	0

124. 板柱—剪力墙结构中，板的构造有哪些规定？

（1）防止无梁板脱落的措施

在地震作用下，无梁板与柱的连接是最薄弱的部位。在地震的反复作用下易出现梁柱交接处的裂缝，严重时发展成为通缝，板失去支承而脱落。为防止板的完全脱落而下坠，沿两个主轴方向布置通过柱截面的板底连续钢筋不应过小，以便把趋于下坠的楼板吊住而不至于倒塌。

沿两个主轴方向均应布置通过柱截面的板底连续钢筋，且钢筋的总面积应符合下式要求：

$$A_s \geq \frac{N_G}{f_y} \tag{8-14}$$

式中 A_s——通过柱截面的板底连续钢筋的总截面面积；

N_G——在该层楼面重力荷载代表值作用下的柱轴向压力设计值，8度时尚宜计入竖向地震作用；

f_y——通过柱截面的板底连续钢筋的抗拉强度设计值。

（2）抗震设计时，应在柱上板带中设置构造暗梁，暗梁宽度可取柱宽及两侧各1.5倍板厚之和，暗梁配筋应符合下列要求：

1）暗梁支座上部钢筋截面面积不宜小于柱上板带钢筋截面面积的50%，并应全跨拉通；暗梁下部钢筋应不小于上部钢筋的1/2。

2）暗梁的箍筋，当计算不需要时，直径不应小于8mm，间距不宜大于$3h_0/4$，肢距不宜大于$2h_0$；当计算需要时应按计算确定，且直径不应小于10mm，间距不宜大于$h_0/2$，肢距不宜大于$1.5h_0$。

（3）设置柱托板时，应加强托板与平板的连结使之成为整体。非抗震设计时托板底部宜布置构造钢筋；抗震设计时，托板在柱边处的弯矩可能发生变号，托板底部钢筋应按计算确定，并应满足抗震锚固要求。由于托板与平板成了整体，故计算柱上板带的支座钢筋时，可考虑托板厚度的有利影响。

（4）无梁楼板允许开局部洞口，但应验算满足承载力及刚度要求。若在同一部位开多个洞时，则在同一截面上各个洞宽之和不应大于该部位单个洞的允许宽度。所有洞边均应设置补强钢筋。无梁板开洞应遵循的规定见本书第127问。

（5）无梁板的冲切计算，洞口补强措施应符合现行国家标准《混凝土结构设计规范》（GB 50010—2010）的有关部门规定。见本书第125问。

125. 如何计算板柱节点考虑受剪传递不平衡弯矩的受冲切承载力？

（1）板与柱之间的传递弯矩（节点不平衡弯矩 M_{unb}）

在竖向荷载作用下，板将其不平衡弯矩传递给柱子，见图 8-7a；有侧移框架在水平荷载作用时，柱子将其柱端弯矩传递给板，见图 8-7b。板柱节点中传递弯矩应该充分考虑，以保证整个节点的内力平衡。

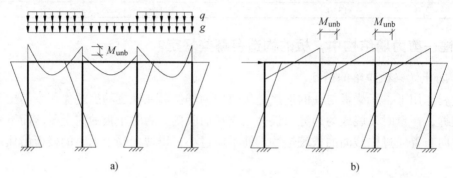

图 8-7 等效框架的传递弯矩 M_{unb}
a) 竖向荷载作用下　b) 水平荷载作用下

平板与柱之间一部分传递弯矩可取与柱在跨度方向直接连结的宽度为 $(b_c + 2 \times 1.5h)$ 的板条为板内暗梁，见图 8-8，h 为板厚。暗梁与柱在跨度方向形成暗框架。由暗框架承受的这部分传递弯矩称为由板受弯传递给柱子的弯矩 M_f。

除了由暗框架传递弯矩外，板与柱之间的连结关系还要靠柱对板冲切临界截面上的受剪来维持。由于板与柱之间相对转角变形的效应，在冲切临界截面上竖向剪应力的分布是不均匀的，见图 8-9。由不均匀分布的剪应力构成了另一部分传递弯矩，称为不均匀冲切受剪传递给柱的弯矩 M_v。

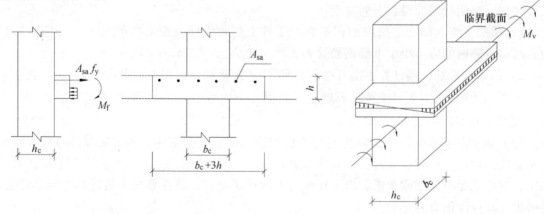

图 8-8 承受传递弯矩的暗梁　　图 8-9 临界截面上承受 M_v 后的不均匀受剪

M_f 与 M_v 之和应等于 M_{unb}，即：

$$M_{unb} = M_f + M_v \tag{8-15}$$

M_f、M_v 和 M_{unb} 中各自应占的比例应该由变形协调条件决定，根据 Hanson 等学者研究：

$$M_\mathrm{f} = \gamma_\mathrm{f} M_\mathrm{unb} \tag{8-16}$$

$$M_\mathrm{v} = (1 - \gamma_\mathrm{f}) M_\mathrm{unb} = \gamma_\mathrm{v} M_\mathrm{unb} \tag{8-17}$$

式中 $\gamma_\mathrm{f} = \dfrac{1}{1 + \dfrac{2}{3}\sqrt{\dfrac{a_\mathrm{t}}{a_\mathrm{m}}}}; \gamma_\mathrm{v} = 1 - \dfrac{1}{1 + \dfrac{2}{3}\sqrt{\dfrac{a_\mathrm{t}}{a_\mathrm{m}}}}$

式中 a_t——临界截面在弯矩作用方向的尺寸；

a_m——临界截面在垂直于弯矩方向的尺寸。

（2）在竖向荷载、水平荷载作用下的板柱节点，其受冲切承载力计算中所用的等效集中反力设计值 F_{le} 可按下列情况确定：

①在侧向力作用下，由节点受剪传递的不平衡弯矩 $\gamma_\mathrm{v} M_\mathrm{unb}$ 引起的受压区位于图 8-10 的 AB 边时，等效集中反力设计值可按下列公式计算：

无地震作用组合时

$$F_{le} = V + \dfrac{\gamma_\mathrm{v} M_\mathrm{unb} a_\mathrm{AB}}{J_\mathrm{c}} u_\mathrm{m} h_0 \tag{8-18}$$

有地震作用组合时

$$F_{le} = V + \left(\dfrac{\gamma_\mathrm{v} M_\mathrm{unb} a_\mathrm{AB}}{J_\mathrm{c}} u_\mathrm{m} h_0\right) \eta_\mathrm{vb} \tag{8-19}$$

$$M_\mathrm{unb} = M_\mathrm{unb,h} - V e_\mathrm{g} \tag{8-20}$$

②在侧向力作用下，由节点受剪传递的不平衡弯矩 $\gamma_\mathrm{v} M_\mathrm{unb}$ 引起的受压区位于图 8-10 的 CD 边时，等效集中反力设计值可按下式的计算取值：

无地震作用时

$$F_{le} = V + \dfrac{\gamma_\mathrm{v} M_\mathrm{unb} a_\mathrm{CD}}{J_\mathrm{c}} u_\mathrm{m} h_0 \tag{8-21}$$

有地震作用时

$$F_{le} = V + \left(\dfrac{\gamma_\mathrm{v} M_\mathrm{unb} a_\mathrm{CD}}{J_\mathrm{c}} u_\mathrm{m} h_0\right) \eta_\mathrm{vb} \tag{8-22}$$

$$M_\mathrm{unb} = M_\mathrm{unb,c} + V e_\mathrm{g} \tag{8-23}$$

式中 V——竖向荷载 F_l 产生的剪力设计值，可取 $V = F_l$；

γ_v——计算系数；

M_unb——竖向荷载、水平荷载引起对临界截面周长重心轴处的不平衡弯矩设计值；

$M_\mathrm{unb,c}$——竖向荷载、水平荷载引起对柱截面重心轴处的不平衡弯矩设计值；

a_AB、a_CD——临界截面周长重心轴至 AB、CD 边缘的距离；

J_c——按临界截面计算的类似极惯性矩；

e_g——在弯矩作用平面内柱截面重心轴至临界截面周长重心轴的距离。

η_vb——板柱节点处剪力增大系数，一级取 1.3，二级取 1.2，三级取 1.1。

③当考虑不同的荷载组合下会产生上述两种情况时，应取其中的较大值作为板柱节点受冲切承载力计算用等效集中反力设计值。

（3）板柱节点考虑受剪传递单向不平衡弯矩的受冲切承载力计算中，与等效集中反力设计值有关的参数确定。

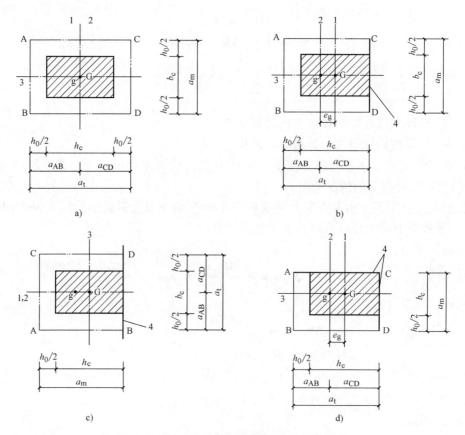

图 8-10 矩形柱及冲切破坏截面的几何参数
a) 中柱截面 b) 边柱截面（弯矩作用平面垂直于自由边） c) 边柱截面（弯矩作用平面平行于自由边） d) 角柱截面
1—柱截面重心 G 的轴线 2—临界截面周长重心 g 的轴线 3—不平衡弯矩作用平面 4—自由边

1) 中柱截面极惯性矩 J_c 及计算系数 a_{AB}、a_{CD}、e_g 的确定

假定临界截面的各边面上的剪应力呈线性变化（图 8-11），用叠加原理就可以推导出在冲切剪力 V 及不均匀受剪传递弯矩 $\gamma_v M_{unb}$ 作用下临界截面上的剪应力公式。

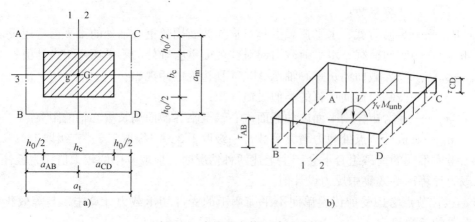

图 8-11 中柱节点偏心冲切受剪
a) 临界截面 b) 剪应力分布

$$\tau_{AB} = \frac{V}{A} + \frac{\gamma_v M_{unb} a_{AB}}{J_c} \tag{8-24}$$

$$\tau_{CD} = \frac{V}{A} - \frac{\gamma_v M_{unb} a_{CD}}{J_c} \tag{8-25}$$

式中　V——竖向荷载 F_l 产生的剪力设计值，取值为 $V = F_l$；

A——临界截面的周围面积，$A = u_m h_0 = (2a_t + 2a_m) h_0$；

a_{AB}、a_{CD}——临界截面周长重心轴至 AB、CD 边缘的距离；

J_c——按临界截面计算的类似极惯性矩，

$$J_c = 2 \times \frac{1}{12} h_0 a_t^3 + 2 \times \frac{1}{12} a_t h_0^3 + 2 \times (h_0 a_m) \left(\frac{a_t}{2}\right)^2$$

即

$$J_c = \frac{1}{6} h_0 a_t^3 + \frac{1}{6} a_t h_0^3 + 2 \times (h_0 a_m) \left(\frac{a_t}{2}\right)^2 \tag{8-26}$$

在式（8-26）中，第一项是 AC 竖面及 BD 竖面的 I_x，第二项是它们的 I_y，第三项是距离 O 轴为 $\frac{a_t}{2}$ 的 AB 竖面及 CD 竖面的集中面积 $h_0 a_m$ 绕 O 轴的惯性矩。

a_{AB}、a_{CD}——临界截面周长重心轴至 AB、CD 边缘的距离，$a_{AB} = a_{CD} = \frac{h_c + h_0}{2} = \frac{a_t}{2}$；

e_g——在弯矩作用平面内柱截面重心轴至临界截面周长重心轴的距离，$e_g = 0$。

γ_v——计算系数，$\gamma_v = 1 - \dfrac{1}{1 + \dfrac{2}{3}\sqrt{\dfrac{h_c + h_0}{b_c + h_0}}}$。

2）边柱截面（弯矩作用平面垂直于自由边）类似极惯性矩 J_c 及计算系数 a_{AB}、a_{CD}、e_g 的确定

由图 8-12 可得：

$$\tau_{AB} = \frac{V}{A} + \frac{\gamma_v (M_{unb} - V e_g) a_{AB}}{J_c} \tag{8-27}$$

$$\tau_{CD} = \frac{V}{A} - \frac{\gamma_v (M_{unb} - V e_g) a_{CD}}{J_c} \tag{8-28}$$

式中，$A = u_m h_0 = (2a_t + a_m) h_0$

$$J_c = 2 \times \frac{1}{12} h_0 a_t^3 + 2 \times \frac{1}{12} a_t h_0^3 + 2 \times (a_t h_0) \times \left(\frac{a_t}{2} - a_{AB}\right)^2 + (h_0 a_m) a_{AB}^2$$

即

$$J_c = \frac{1}{6} h_0 a_t^3 + \frac{1}{6} a_t h_0^3 + 2 a_t h_0 \left(\frac{a_t}{2} - a_{AB}\right)^2 + (h_0 a_m) a_{AB}^2 \tag{8-29}$$

$$a_{AB} = \frac{(a_t h_0) \times a_t}{A} = \frac{a_t^2}{2a_t + a_m}; \quad a_{CD} = a_t - a_{AB} \tag{8-30}$$

$$e_g = a_{CD} - \frac{h_c}{2} \tag{8-31}$$

$$\gamma_v = 1 - \cfrac{1}{1 + \cfrac{2}{3}\sqrt{\cfrac{h_c + h_0/2}{b_c + h_0}}} \tag{8-32}$$

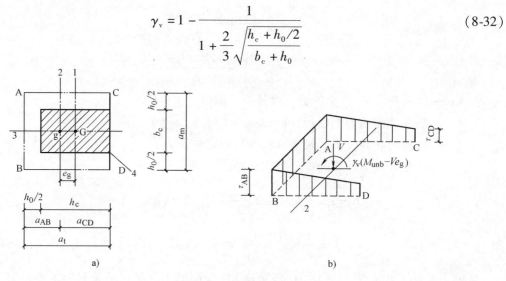

图 8-12　边柱节点偏心冲切受剪
a) 临界截面　b) 剪应力分布

3) 边柱截面（弯矩作用平面平行于自由边）类似极惯性矩 J_c 及计算系数 α_{AB}、α_{CD}、e_g 的确定

由图 8-13 可得：

$$\tau_{AB} = \frac{V}{A} + \frac{\gamma_v M_{unb}\alpha_{AB}}{J_c} \tag{8-33}$$

$$\tau_{CD} = \frac{V}{A} - \frac{\gamma_v M_{unb}\alpha_{CD}}{J_c} \tag{8-34}$$

式中，$A = u_m h_0 = (a_t + 2a_m)h_0$

$$J_c = \frac{1}{12}h_0 a_t^3 + \frac{1}{12}a_t h_0^3 + 2(h_0 a_m)a_{AB}^2 \tag{8-35}$$

$$a_{AB} = a_{CD} = \frac{a_t}{2} \tag{8-36}$$

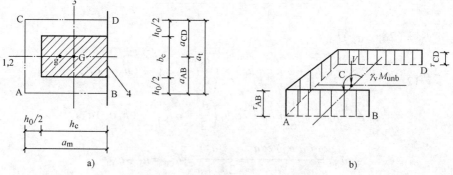

图 8-13　边柱节点偏心冲切受剪
a) 临界截面　b) 剪应力分布

$$e_g = 0 \tag{8-37}$$

$$\gamma_v = 1 - \cfrac{1}{1 + \cfrac{2}{3}\sqrt{\cfrac{h_c + h_0}{b_c + h_0/2}}} \tag{8-38}$$

4）角柱截面类似极惯性矩 J_c 及计算系数 a_{AB}、a_{CD}、e_g 的确定

由图 8-14 可得：

$$\tau_{AB} = \frac{V}{A} + \frac{\gamma_v (M_{unb} - Ve_g) a_{AB}}{J_c} \tag{8-39}$$

$$\tau_{CD} = \frac{V}{A} - \frac{\gamma_v (M_{unb} - Ve_g) a_{CD}}{J_c} \tag{8-40}$$

式中，$A = u_m h_0 = (a_t + a_m) h_0$

$$J_c = \frac{1}{12} h_0 a_t^3 + \frac{1}{12} a_t h_0^3 + (h_0 a_m) a_{AB}^2 + (h_0 a_t)\left(\frac{a_t}{2} - a_{AB}\right)^2 \tag{8-41}$$

$$a_{AB} = \frac{(a_t h_0) \times a_t/2}{A} = \frac{a_t^2}{2(a_t + a_m)}; a_{CD} = a_t - a_{AB} \tag{8-42}$$

$$e_g = a_{CD} - \frac{h_c}{2} \tag{8-43}$$

$$\gamma_v = 1 - \cfrac{1}{1 + \cfrac{2}{3}\sqrt{\cfrac{h_c + h_0/2}{b_c + h_0/2}}} \tag{8-44}$$

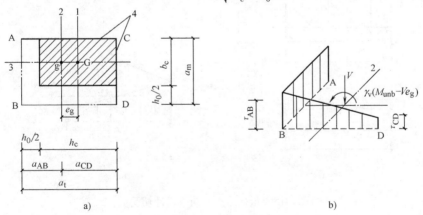

图 8-14 角柱节点偏心冲切受剪
a）临界截面　b）剪应力分布

(4) 传递双向不平衡弯矩的板柱节点

当节点受剪传递的两个方向不平衡弯矩为 $\gamma_{vx} M_{unb,x}$、$\gamma_{vy} M_{unb,y}$ 时，等效集中反力设计值可按下列公式计算。

无地震作用组合时

$$F_{le} = F_l + \tau_{unb,max} u_m h_0 \tag{8-45}$$

有地震作用组合时

$$F_{le} = F_l + (\tau_{unb,max} u_m h_0) \eta_{vb} \tag{8-46}$$

式中 $\tau_{unb,max}$——双向不平衡弯矩在临界截面上产生的最大剪应力设计值；

$M_{unb,x}$、$M_{unb,y}$——竖向荷载、水平荷载引起对临界截面周长重心处 x 轴、y 轴方向的不平衡弯矩设计值；

γ_{vx}、γ_{vy}——x 轴、y 轴的计算系数；

J_{cx}、J_{cy}——对 x 轴、y 轴按临界截面计算的类似极惯性矩；

a_x、a_y——最大剪应力 τ_{max} 作用点至 x 轴、y 轴的距离；

η_{vb}——板柱节点处剪力增大系数，一级取 1.3，二级取 1.2，三级取 1.1。

以角柱节点为例说明传递双向不平衡弯矩的板柱节点 J_{cx}、J_{cy}、a_x、a_y、γ_{vx}、γ_{vy} 的确定方法。

由图 8-15 可得：

$$\tau_A = \frac{V}{A} + \frac{\gamma_{vx}(M_{unb,x} - Ve_x)\alpha_{AB}}{J_{cx}} - \frac{\gamma_{vy}(M_{unb,y} - Ve_y)\alpha_{AC}}{J_{cy}} \tag{8-47}$$

$$\tau_B = \frac{V}{A} + \frac{\gamma_{vx}(M_{unb,x} - Ve_x)\alpha_{AB}}{J_{cx}} + \frac{\gamma_{vy}(M_{unb,y} - Ve_y)\alpha_{BD}}{J_{cy}} \tag{8-48}$$

$$\tau_D = \frac{V}{A} - \frac{\gamma_{vx}(M_{unb,x} - Ve_x)\alpha_{CD}}{J_{cx}} + \frac{\gamma_{vy}(M_{unb,y} - Ve_y)\alpha_{BD}}{J_{cy}} \tag{8-49}$$

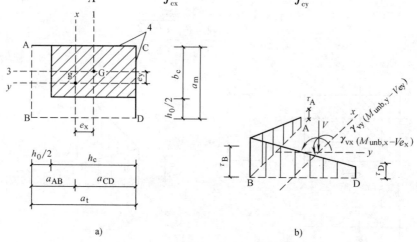

图 8-15 角柱节点双向偏心冲切受剪
a) 临界截面 b) 剪应力分布

式中，$A = (h_c + b_c + h_0)h_0$

$$J_{cx} = \frac{1}{12}h_0\left(h_c + \frac{h_0}{2}\right)^3 + \frac{1}{12}\left(h_c + \frac{h_0}{2}\right)h_0^3 + \left(h_c + \frac{h_0}{2}\right)h_0\left(\frac{h_c + \frac{h_0}{2}}{2} - a_{AB}\right)^2 + \left(b_c + \frac{h_0}{2}\right)h_0 a_{AB}^2$$

$$\tag{8-50}$$

$$J_{cy} = \frac{1}{12}h_0\left(b_c + \frac{h_0}{2}\right)^3 + \frac{1}{12}\left(b_c + \frac{h_0}{2}\right)h_0^3 + \left(b_c + \frac{h_0}{2}\right)h_0\left(\frac{b_c + \frac{h_0}{2}}{2} - a_{BD}\right)^2 + \left(h_c + \frac{h_0}{2}\right)h_0 a_{BD}^2$$

(8-51)

$$a_{AB} = \frac{\left(b_c + \frac{h_0}{2}\right)h_0}{A}; \quad a_{CD} = \left(h_c + \frac{h_0}{2}\right) - a_{AB} \tag{8-52}$$

$$a_{BD} = \frac{\left(h_c + \frac{h_0}{2}\right)h_0}{A}; \quad a_{AC} = \left(b_c + \frac{h_0}{2}\right) - a_{BD} \tag{8-53}$$

$$e_x = \frac{\left(b_c + \frac{h_0}{2}\right)\left(h_c + \frac{h_0}{2}\right) + \frac{1}{2}\left(h_c + \frac{h_0}{2}\right)^2}{h_c + b_c + h_0} - \frac{h_c}{2} \tag{8-54}$$

$$e_y = \frac{\left(h_c + \frac{h_0}{2}\right)\left(b_c + \frac{h_0}{2}\right) + \frac{1}{2}\left(b_c + \frac{h_0}{2}\right)^2}{h_c + b_c + h_0} - \frac{b_c}{2} \tag{8-55}$$

$$\gamma_{vx} = 1 - \frac{1}{1 + \frac{2}{3}\sqrt{\frac{h_c + h_0/2}{b_c + h_0/2}}} \tag{8-56}$$

$$\gamma_{vy} = 1 - \frac{1}{1 + \frac{2}{3}\sqrt{\frac{b_c + h_0/2}{h_c + h_0/2}}} \tag{8-57}$$

126. 板柱节点采用型钢剪力架时，应满足哪些规定？

板柱节点当采用型钢剪力架时，应符合下列规定。

1）型钢剪力架每个伸臂末端可削成与水平呈30°~60°的斜角。

2）型钢剪力架每个伸臂的刚度与混凝土组合板换算截面刚度的比值 α_a 应符合下列要求：

$$\alpha_a = \frac{E_a I_a}{E_c I_{0CR}} \geq 0.15 \tag{8-58}$$

式中 I_a——型钢截面惯性矩；

I_{0CR}——混凝土组合板裂缝截面的换算截面惯性矩；

E_a、E_c——剪力架和混凝土的弹性模量。

计算惯性矩 I_{0CR} 时，按型钢和钢筋的换算面积以及混凝土受压区的面积计算确定，此时组合板截面宽度取垂直于所计算弯矩方向的柱宽 b_c 与板有效高度 h_0 之和。

型钢的全部受压翼缘应位于距混凝土板的受压边缘 $0.3h_0$ 范围内；剪力架的型钢高度不应大于其腹板厚度的70倍。

3) 工字钢焊接剪力架伸臂长度可由下列近似公式确定（图8-16a）：

$$l_a = u_{md}/(3\sqrt{2}) - b_c/6 \tag{8-59}$$

$$u_{md} \geq F_{le}/(0.7f_t\eta h_0) \tag{8-60}$$

上式中的系数 η 应按下列两个公式计算，并取其中较小值：

$$\eta = 0.4 + 1.2/\beta_s \tag{8-61}$$

$$\eta = 0.5 + \alpha_s/(4u_{md}) \tag{8-62}$$

式中 β_s——集中反力作用面积为矩形时的长边与短边尺寸的比值，β_s 不宜大于4，当 $\beta_s < 2$ 时，取 $\beta_s = 2$；

α_s——板柱结构的柱类型影响系数，对中柱取 $\alpha_s = 40$；对边柱取 $\alpha_s = 30$，对角柱取 $\alpha_s = 20$；

u_{md}——设计截面周长；

F_{le}——距柱周边 $h_0/2$ 处的等效集中反力设计值；

b_c——柱计算弯矩方向的边长。

槽钢焊接剪力架的伸臂长度可按图8-16b所示的设计截面周长，用与工字钢焊接剪力架相似的方法确定。

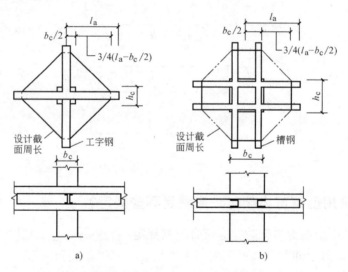

图8-16 剪力架及其计算冲切面
a）工字钢焊接剪力架 b）槽钢焊接剪力架

127. 无梁板开洞应满足哪些规定？

无梁板开洞会使板内钢筋被截断，影响板的抗弯承载力，而在柱四周开洞还会降低板对柱的抗冲切承载力。

（1）无梁楼板允许开局部洞口，但应验算是否满足承载力及刚度要求。在无梁楼板中，凡符合下列规定的孔洞，可不作专门的分析。若在同一部位开多个洞时，则在同一截面上各个洞宽之和不应大于该部位单个洞的允许宽度。所有洞边均应设置补强钢筋。

1）在柱上板带相交共有区域内开洞（图8-17中洞1）时，洞口长边尺寸 $a \leq a_c/4$ 且 $a < t/2$，$b \leq b_c/4$ 且 $b \leq t/2$（其中，a 为洞口短边尺寸，b 为洞口长边尺寸，a_c 为相应于洞口

短边方向的柱宽，b_c 为相应于洞口长边方向的柱宽，t 为板厚）；

2）在柱上板带和中间板带所共有的区域内开洞（图 8-17 中洞 2）时，洞口尺寸 $a \leqslant A_2/4$ 且 $b \leqslant B_1/4$；

3）在中间板带相交共有的区域内开洞（图 8-17 中洞 3）时，洞口尺寸 $a \leqslant A_2/4$ 且 $b \leqslant B_2/4$。

抗震等级为一级时，暗梁范围内不应开洞，柱上板带相交的共有区域尽量不开洞，一个柱上板带与一个中间板带共有区域也不宜开较大洞口。

（2）当板中孔洞位置距集中冲切荷载或反力作用面的距离不大于 $6h_0$，或无梁楼盖中的孔洞位于柱上板带内时，在确定板的冲切受剪临界截面时，应作如下修正：

对于不设剪力架的板，通过反力作用面的中心点作切线与孔洞外轮廓线相切，则原临界截面位于两切线间包围的周边部分应认为是无效的，即受冲切承载力计算中取用的临界截面周长 u_m，应扣除局部荷载或集中反力作用面积中心至孔外边画出两条切线之间所包含的长度（图 8-18）。

对于设置了剪力架的板，其周边无效部分应为上述规定的一半。

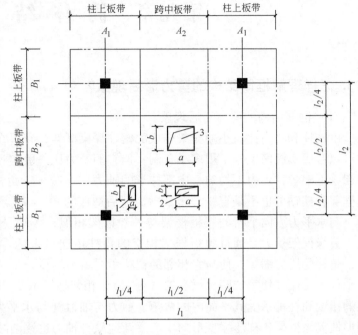

图 8-17 无梁楼板开洞要求

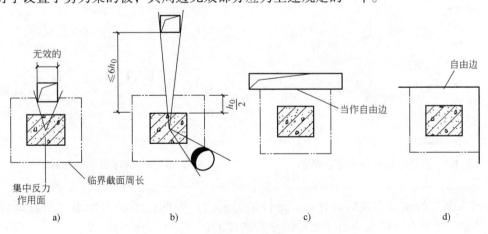

图 8-18 孔洞与自由边的影响
a)、b) 孔洞　c、d) 自由边

第九章 筒体结构

128. 怎样理解框筒结构的剪力滞后现象？

（1）框筒结构的剪力滞后现象

由密柱和跨高比较小的裙梁构成的密柱深梁框架，布置在建筑物的周围形成框筒，框筒也可以看成实腹筒上开了很多小孔洞，但它的受力比一般实腹筒要复杂得多。剪力滞后现象使翼缘框架各柱受力不均匀，中部柱子的轴力应力减少，角柱轴向应力增大，见图 9-1，腹板框架各柱轴力也不是直线分布（剪力滞后造成的）。

与水平力方向平行的腹板框架与一般框架相似，一端受拉，另一端受压，角柱受力最大。翼缘框架受力是通过腹板框架相交的角柱传递过来的，图 9-2 给出了翼缘框架变形示意，角柱受压力缩短，使与它相邻的裙梁承受剪力（受弯），因此相邻柱承受轴向压力；第二个柱子受压又使第二跨裙梁受剪（受弯），相邻柱又承受轴向压力，如此传递，使翼缘框架的裙梁和柱都承受其平面内的弯矩、剪力与轴力（与水平力作用方向相垂直）。由于梁的变形使翼缘框架各柱压缩变形向中心逐渐递减，轴力也逐渐减小，这就是剪力滞后现象。同理，受拉的翼缘框架也产生轴向拉力滞后现象。

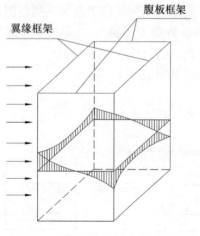
图 9-1 框筒结构的剪力滞后现象

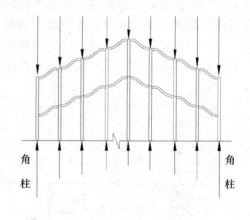
图 9-2 翼缘框架变形示意

腹板框架的柱轴力也成曲线分布，角柱轴力最大，中部柱子轴力较小（与直线分布相比），腹板框架剪力滞后也是由于裙梁的变形造成的，使角柱的轴力加大。

由于翼缘框架各柱和裙梁内力是由角柱传来，其内力和变形都在翼缘框架平面内，腹板框架的内力和变形也在它的平面内，这是框筒在水平荷载作用下内力分布形成的"筒"的空间特性。

（2）影响框筒结构的剪力滞后现象的因素

设计时要采取措施减小翼缘框架的剪力滞后，以增大翼缘框架中柱轴力，提高结构的抗倾覆力矩和抗侧刚度，最大程度地提高结构所用材料的效率。影响框筒剪力滞后的因素很多，影响较大的因素有：

1) 裙梁剪切刚度 S_b 与柱轴向刚度 S_c 的比值 S_b/S_c

裙梁剪切刚度
$$S_b = \frac{12(EI)_b}{l_n^3} \tag{9-1}$$

柱轴向刚度
$$S_c = \frac{(EA)_c}{h_n} \tag{9-2}$$

式中 l_n、I_b——裙梁的净跨及梁截面惯性矩；

h_n、A_c——柱净高及柱截面面积；

E——裙梁、柱混凝土弹性模量。

分析表明，随着裙梁高度和 S_b/S_c 比值增大，剪力滞后现象得到改善，但当裙梁的高度增加到一定程度后，剪力滞后现象改善不大，也就是说，裙梁高度没必要太大。

如果裙梁高度受到限制，深梁效果不足，可以结合设备层、避难层设置沿框筒周围的环向桁架（一般做成一层楼高）加以弥补可减小翼缘框架和腹板框架的剪力滞后。

2) 角柱面积。角柱面积越大，其承受的轴力也越大，同时也可相应提高其相邻柱的轴力，增大翼缘框架的抗倾覆力矩，但会加大角柱与中柱轴力差。

角柱面积增加也会使水平荷载作用下角柱拉力加大，需要更多的竖向荷载平衡角柱的拉力，柱出现拉力是非常不利的，因此角柱面积也不宜太大。

3) 框筒结构高度。分析表明，剪力滞后现象沿框筒高度是变化的，底部剪力滞后现象相对严重些，越向上柱的轴力绝对值减小，剪力滞后现象缓和，轴力分布趋于平均。因此框筒结构要达到相当的高度，才能充分发挥框筒结构的作用，高度不大的框筒，剪力滞后影响相对较大。

4) 框筒平面形状。翼缘框架越长，剪力滞后也越大，翼缘框架中部的柱子轴力会很小。因此框筒平面尺寸过大或长方形平面都是不利的，框筒结构最理想的平面形状是正方形、圆形和正多边形。

129. 筒体结构核心筒或内筒设计应符合哪些规定？

筒体结构核心筒或内筒设计应符合下列要求：

1) 墙肢宜均匀、对称布置。

2) 筒体角部附近不宜开洞，当不可避免时，筒角内壁至洞口的距离不应小于500mm 和开洞墙的截面厚度的较大者。

3) 核心筒外墙的截面厚度不应小于200mm，内墙的厚度不应小于160mm，必要时可增设扶壁柱或扶壁墙。

当核心筒或内筒的截面厚度不满足上述要求时，应验算剪力墙墙体的稳定性，验算方法见本书第101题。

4) 为提高核心筒各墙肢自身平面外的承载力和抗裂度，筒体墙的水平、竖向配筋不应少于两排，其竖向和水平分布钢筋的最小配筋率：一级、二级、三级抗震等级时均不应小于0.25%，四级抗震等级和非抗震设计时均不应小于0.20%。

5) 抗震设计时，核心筒、内筒的连梁宜通过配置对角斜向钢筋或交叉暗撑、设置水平缝或减小梁截面的高宽比等措施来提高连梁的延性,其构造要求见本书第137题。

6) 筒体墙加强部位高度、轴压比限值、边缘构件设置及截面设计,应符合《高层建筑结构技术规程》(JGJ 3—2010)第7章剪力墙结构设计的有关规定。

130. 框架—核心筒结构设计的要点是什么？

(1) 核心筒设计

核心筒为框架—核心筒结构的主要抗侧力结构,宜贯通建筑物全高,并要求具有较大的侧向刚度。一般而言,当核心筒的宽度不小于筒体总高度的1/12时,结构的层间位移就能满足规定;当筒体结构设置角筒、剪力墙或增强结构整体刚度的构件时,核心筒的宽度可适当减小。

抗震设计时,核心筒是框架—核心筒结构的主要抗侧力结构,对其底部加强部位水平和竖向分布钢筋的配筋率、边缘构件设置应比一般剪力墙结构具有更高的要求。核心筒墙体设计尚应满足下列规定:

1) 底部加强部位主要墙体的水平和竖向分布钢筋的配筋率均不宜小于0.30%。

2) 底部加强部位约束边缘构件沿墙肢的长度(l_c)宜取墙肢截面高度的1/4,约束边缘构件范围内应主要采用箍筋,即采用箍筋与拉筋相结合的配箍方法。

3) 底部加强部位以上宜设置构造边缘构件。

(2) 框架设计

抗震设计时,对框架—核心筒结构,如果各层框架部分承担的地震剪力不小于结构底部总地震剪力的20%,则框架部分地震剪力可不进行调整;否则,框架部分按侧向刚度分配楼层地震剪力标准值应按下列规定:

1) 设计恰当的框架—核心筒结构可以形成外周框架与核心筒协同工作的双重抗侧力结构体系。由于外周框架柱的柱距过大、梁高过小,造成其刚度过低、核心筒刚度过高,结构底部剪力主要由核心筒承担。在强烈地震作用下,核心筒墙体可能损伤严重,经内力重分布后,外周框架会承担较大的地震作用。因此,框架部分分配的楼层地震剪力标准值的最大值不宜小于结构底部总地震剪力标准值的10%。

2) 通常,框架—核心筒结构外周框架剪力的调整方法与框架—剪力墙结构中框架剪力调整方法相同,即当框架部分分配的楼层地震剪力标准值的最大值小于结构底部总地震剪力标准值的20%,但其最大值不小于结构底部总地震剪力标准值的10%时,应按结构底部总地震力标准值(V_0)的20%和框架部分楼层地震剪力标准值中最大值($V_{f,max}$)的1.5倍二者的较小值进行调整。

$$V_f \geqslant 0.2V_0 \tag{9-3}$$

式中 V_0——地震作用产生的结构底部总剪力标准值;
$V_{f,max}$——地震作用产生的各层框架总剪力标准值中的最大值。

3) 框架部分分配的楼层地震剪力标准值的最大值小于结构底部总地震剪力标准值的10%时,意味着筒体结构的外周框架刚度过弱,若仍按上述方法进行剪力调整,框架部分承担的剪力最大值的1.5倍可能过小,因此,各层框架部分承担的地震剪力标准值应增大到结构底部总地震剪力标准值的15%进行调整,同时要求核心筒的设计剪力和抗震构造措施予以加强,即各层核心筒的地震剪力标准值宜乘以增大系数1.1,但可不大于结构底部总地震剪力标准值，墙体的抗震构造措施应按抗震等级提高一级后采用，已为特一级的可不再提高。

按第2）、3）调整框架柱的地震剪力后，框架柱端弯矩及与之相连的框架梁端弯矩、剪力进行相应调整。

有带加强层的筒体结构，框架部分分配的楼层地震剪力标准值的最大值不应包括加强层及其相邻上、下楼层框架剪力。

由于框架—核心筒结构外围框架的柱距较大，为了保证其整体性，外围框架柱间必须要设置框架梁，形成周边框架。实践表明，纯无梁楼盖会明显降低框架—核心筒结构的整体抗扭刚度，影响结构的抗震性能，因此在采用无梁楼盖时，更应在各层楼盖沿周边框架柱设置框架梁。

（3）框架—筒体结构的计算要点

框架—核心筒结构的内力分析可按一般框架—剪力墙结构的计算方法进行。核心筒可按门洞、施工洞或计算洞划分为若干个薄壁杆单元，与框架协同按空间杆—薄壁杆系模型进行结构内力分析。

支承在核心筒外墙上的框架梁的支承条件可按以下情况分别确定：

1）沿着梁的轴线方向与墙相接时可按刚接。

2）核心筒外墙厚度大于 $0.4l_{aE}$（l_{aE} 为梁的纵向主筋锚固长度）且梁端内侧楼板无洞口时，可按刚接。

3）梁支承处另设附墙柱时，可按刚接。

4）不满足以上条件的梁端支承宜按铰接。

对高度不超过 60m 的框架—核心筒结构可按框架—剪力墙结构进行设计，适当降低核心筒和框架的构造要求。

在框架—核心筒结构中，大部分水平剪力由核心筒承担，框架柱所受剪力远小于框架结构中的柱剪力，剪跨比明显增大，因此，抗震设计时框架柱的轴压比限值可比框架结构适当放宽，可按框架—剪力墙结构的要求控制柱轴压比。

核心筒外墙门洞的连梁的刚度折减系数不宜小于 0.5；当墙肢受弯承载能力很强且连梁的过早屈服或破坏对其承受竖向荷载影响不大时，可取较小的刚度折减系数，并按内力分析结果，对墙肢进行截面设计。

131. 内筒偏置框架—核心筒结构有哪些设计要点？

（1）内筒偏置的框架—核心筒结构，其质心与刚心的偏心距较大，导致结构在地震作用下的扭转反应增大。对这类结构，应特别关注结构的扭转特性，控制结构的扭转反应。《高层建筑混凝土结构技术规程》（JGJ 3—2010）第 9.2.5 条规定，内筒偏置的框架—核心筒结构，应控制结构在考虑偶然偏心影响的规定地震力作用下，最大楼层水平位移和层间位移不应大于该楼层平均值的 1.4 倍，结构扭转为主的第一自振周期 T_t 与平动为主的第一自振周期 T_1 之比（T_t/T_1）不应大于 0.85，且 T_1 的扭转成分不宜大于 30%。

可见，核心筒偏置的框架—核心筒结构的位移比、周期比均按 B 级高度高层建筑从严控制。内筒偏置时，结构的第一自振周期 T_1 中会含有较大的扭转成分，为了改善结构抗震的基本性能，除控制结构扭转为主的第一自振周期 T_t 与平动为主的第一自振周期 T_1 之比

(T_t/T_1)不应大于0.85外,尚需控制T_1的扭转成分不宜大于30%。

(2) 当内筒偏置、长宽比大于2时,宜采用框架—双筒结构,以增强其结构的扭转刚度,减小结构在水平地震作用下的扭转效应。但是考虑到双筒间的楼板因传递双筒间的力偶会产生较大的平面剪力,应加强双筒间开洞楼板的构造要求,其有效楼板宽度不宜小于楼板典型宽度的50%,洞口附近楼板应加厚,并应采取双层双向配筋,每层单向配筋率不应小于0.25%;双筒间开洞楼板宜按弹性板进行细化分析。

132. 高度小于60m的框架—核心筒结构可否按框架—剪力墙结构确定抗震等级?

《高层建筑混凝土结构技术规程》(JGJ 3—2010)中,框架—核心筒结构是结构布置相对固定的一种结构形式,是框架—剪力墙结构的一种特例,其房屋高度一般比较高(大于60m),而一般框架—剪力墙结构的布置形式比较灵活,房屋高度适用范围比较宽(可小于60m)。因此,在《高层建筑混凝土结构技术规程》(JGJ 3—2010)表3.9.3(即本书表9-1)中,框架—剪力墙结构按房屋高度60m为界线区分了不同的抗震等级,框架—核心筒结构的抗震等级没有按房屋高度区分。实际上,当房屋高度大于60m时,表9-1中框架—核心筒结构和框架—剪力墙结构的抗震等级是相同的。

对于房屋高度小于60m的框架—核心筒结构,可按框架—剪力墙结构设计,适当降低核心筒和框架的构造要求。若按框架—剪力墙结构确定其抗震等级,则除应满足核心筒的有关设计要求外,同时应满足规程对框架—剪力墙结构的其他要求,如剪力墙所承担的结构底部地震倾覆力矩的规定等。

表9-1 框架—剪力墙与框架—核心筒结构抗震等级(A级高度)

结构类型		烈度						
		6度		7度		8度		9度
	高度/m	≤60	>60	≤60	>60	≤60	>60	≤50
框架—剪力墙	框架	四	三	三	二	二	一	一
	剪力墙	三		二		一		一
框架—核心筒	框架	三		二		一		一
	核心筒	二		二		一		一

注:当框架—核心筒的高度不超过60m时,其抗震等级应允许按框架—剪力墙结构采用。

133. 框架—核心筒结构的周边柱间为何要求设置框架梁?

《高层建筑混凝土结构技术规程》(JGJ 3—2010)第9.2.3条的规定,框架—核心筒结构的周边柱间必须设置框架梁。这条规定主要是为了避免出现《高层建筑混凝土结构技术规程》(JGJ 3—2010)第8章所述的板柱—剪力墙结构。实践证明,纯无梁楼盖会影响框架—核心筒结构的整体刚度和抗震性能,因此,在无梁楼盖中,必须在各层楼盖周边设置框架梁,增加结构的整体刚度尤其是抗扭刚度,尽量避免纯板柱节点,提高节点的抗剪、抗冲切性能。该条是强制性条文,必须严格执行。

对核心筒外围有两圈框架柱的框架—核心筒结构,如果内圈框架柱设计上以承受楼面竖向荷载为主,则允许不设置框架梁;否则也应符合《高层建筑混凝土结构技术规程》(JGJ 3—2010)第9.2.3条的要求。

134. 筒中筒结构设计的要点是什么?

(1) 平面外形

研究表明,筒中筒结构在侧向荷载作用下,其结构性能与外框筒的平面外形也有关系。对正多边形而言,边数越多,剪力滞后现象越不显著,结构的空间作用越大;反之,边数越少,结构的空间作用越差。因此《高层建筑混凝土结构技术规程》(JGJ 3—2010)规定,筒中筒结构的平面外形宜选用圆形、正多边形、椭圆形或矩形等,内筒宜居中。

表9-2为圆形、正六边形、正方形、正三角形及矩形(长度L/宽度B=2.0)平面框筒的性能比较。假定5种外形的平面面积和筒壁混凝土用量均相同。在相同水平荷载作用下,以圆形的侧向刚度和受力性能最佳,矩形最差;在相同基本风压作用下,圆形平面的风载体型系数和风荷载最小,优点更为明显;矩形平面相对更差,由于正方形和矩形平面的利用率较高,仍具有一定的实用性,但对矩形平面的长宽比需要加以限制。矩形的长宽比越接近1,框筒翼缘框架角柱和中间柱的轴力比$N_{角柱}/N_{中柱}$越小。一般而言,当长宽比$L/B=1$(即正方形)时,$N_{角柱}/N_{中柱}=2.5\sim5$;当$L/B=2$时,$N_{角柱}/N_{中柱}=6\sim9$;当$L/B=3$时,$N_{角柱}/N_{中柱}>10$,此时,中间柱已不能发挥作用,说明在设计筒中筒结构中,矩形平面的长宽比不宜大于2。

由表9-2可知,正三角形平面的结构性能也较差,应通过切角使其成为六边形来改善外框筒的剪力滞后现象,提高结构的空间作用。外框筒的切角长度不宜小于相应边长的1/8,其角部可设置刚度较大的角柱或角筒;内筒的切角不宜小于相应边长的1/10,切角处的筒壁宜适当加厚,见图9-3。

表9-2 规则平面框筒的性能比较

	平面形状	圆形	正六边形	正方形	正三角形	矩形(长宽比为2)
水平荷载相同	筒顶位移	0.90	0.96	1.0	1.0	1.72
	最不利柱的轴向力	0.67	0.96	1.0	1.54	1.47
基本风压相同	筒顶位移	0.48	0.83	1.0	1.63	2.46
	最不利柱的轴向力	0.35	0.83	1.0	2.53	2.69

(2) 内筒设计

内筒是筒中筒结构抗侧力的主要子结构,宜贯通建筑物全高,竖向刚度宜均匀变化,以免结构的侧移和内力发生急剧变化。为了使筒中筒结构具有足够的侧向刚度,内筒的刚度不宜过小,其边长可取筒体结构高度的1/12~1/15;当外框筒内设置刚度较大的角筒或剪力墙时,内筒平面尺寸可适当减小。

(3) 外框筒设计

1) 框筒的开孔率。开洞率是框筒结构的重要参数之一,当框筒孔洞的双向尺寸分别等于柱距和层高的40%(即开孔率为16%)时,截面应力分布接近实体墙,在侧向荷载作用下,框筒同一横截

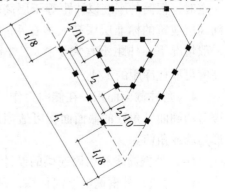

图9-3 正三角形平面切角示意

面的竖向应力分布接近平截面假定；当孔洞的双向尺寸分别等于柱距和层高的80%（即开孔率为64%）时，框筒的剪力滞后现象相当明显，角柱与中柱轴力比 N_c/N_m 已大于9，用料指标相当于开孔率25%的4倍以上（图9-4），说明开孔率应适当控制，为满足实用需要，框筒的开孔率不宜大于60%。

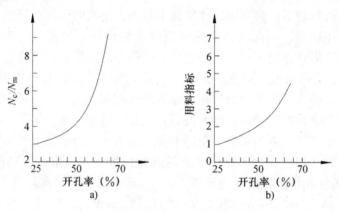

图9-4 开孔率与框筒空间作用的关系
a) 与轴力比的关系 b) 与用料指标的关系

2) 孔洞的形状。框筒的刚度与孔洞的形状也有很大的关系，图9-5表示框筒开孔率为36%时，孔洞形状参数 γ_s 与框筒结构顶端侧移 Δ 的关系。孔洞形状参数 γ_s 可用下式表示：

$$\gamma_s = \frac{\gamma_1}{\gamma_2} \tag{9-4}$$

式中 γ_1——孔洞的高宽比；

γ_2——层高与柱距之比。

由图9-5可知，当 $\gamma_s = 1$ 时，框筒顶部侧移 Δ 最小，刚度最大，说明洞口高宽比 γ_1 宜尽量与层高与柱距之比 γ_2 相近。

3) 柱距和梁高。从理论上讲，框筒采用密柱和深梁有利于结构的空间作用，但实用上尚需满足使用要求。计算分析表明，当孔洞的开孔率和形状一定时，框筒的刚度以柱距等于层高时最佳，考虑到高层建筑的标准层层高大多在4m以内，因此在一般情况下，柱距不宜大于4m。外框筒梁的截面高度可取柱净距的1/4。

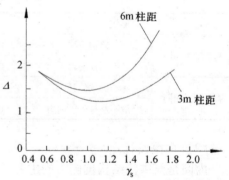

图9-5 孔洞形状参数 γ_s 与筒体顶部侧移 Δ 的关系（框筒开孔率为36%）

4) 角柱截面面积。在侧向力作用下，框筒角柱的轴向力明显大于端柱，为了减小各层楼盖的翘曲，角柱的截面面积可适当放大，可取中柱截面面积的1~2倍，必要时可采用L形角墙或角筒。

(4) 外框筒梁和内筒连梁的设计

1) 为改善外框筒的空间作用，避免框筒梁和内筒连梁在地震作用下产生脆性破坏，外框筒梁和内筒连梁的截面尺寸应符合下列要求：

持久、短暂设计状况：
$$V_b \leqslant 0.25\beta_c f_c b_b h_{b0} \tag{9-5}$$

抗震设计状况：

① 跨高比 > 2.5 时
$$V_b \leqslant \frac{1}{\gamma_{RE}}(0.20\beta_c f_c b_b h_{b0}) \tag{9-6}$$

② 跨高比 ≤ 2.5 时
$$V_b \leqslant \frac{1}{\gamma_{RE}}(0.15\beta_c f_c b_b h_{b0}) \tag{9-7}$$

式中 V_b——外框筒梁或内筒连梁剪力设计值；

b_b——外框筒梁或内筒连梁截面宽度；

h_{b0}——外框筒梁或内筒连梁截面的有效高度；

γ_{RE}——承载力抗震调整系数。

2) 外框筒梁和内筒连梁的构造配筋应符合下列要求：

①非抗震设计时，箍筋直径不应小于8mm，箍筋间距不应大于150mm；抗震设计时，框筒梁和内筒梁的端部反复承受正、负弯矩和剪力，箍筋必须加强，箍筋直径不应小于10mm，箍筋间距不应大于100mm，由于梁跨高比较小，箍筋间距沿梁长不变。

②框筒梁上、下纵向钢筋直径均不应小于16mm。为了避免混凝土收缩以及温差等间接作用导致梁腹部过早出现裂缝，当梁腹板高度大于450mm时，梁的两侧应增设腰筋，其直径不应小于10mm，间距不应大于200mm。

3) 筒中筒结构计算要点。框筒宜按带刚域的杆件（壁式框架）进行分析。内筒按门洞、计算洞所划分的开口薄壁杆的最大肢长小于总高度的1/10时，可与框筒协同按空间杆（带刚域）—薄壁杆系模型进行三维整体分析；否则宜按空间杆（带刚域）—墙板元模型进行三维整体分析。

由于裙梁的存在，框筒柱的实际轴向变形将比按纯杆计算的轴向变形小，国内的一些模型试验结果分析表明，如不考虑其影响，在侧向荷载作用下，外框筒的计算内力值将偏小；图9-6 为裙梁对柱的轴向刚度的影响示意，在轴向力作用下，柱的层间变形为 $\Delta_N = \Delta_b + \Delta_c$，其中 Δ_c 为裙梁以下部分柱的变形，Δ_b 为裙梁部分在轴力作用下的变形，Δ_b 可按平面应力问题求得，并以系数 β 对柱的单元轴向刚度进行修正

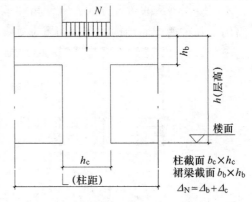

图9-6 裙梁对柱的轴向刚度的影响示意

$$K_c = \frac{E_c b_c h_c}{\beta h} \tag{9-8}$$

$$\beta = \left(1 - \frac{h_b}{h} + \frac{h_c}{L} \times \frac{h_b}{h} \times \frac{b_c}{b_b} + \frac{8Lb_c}{3\pi^2 h b_b}\sum_{n=1}^{3}\sum_{m=1}^{\infty}\frac{A_m A_n}{m}\text{sh}^2(\alpha h_b)\right) \tag{9-9}$$

$$A_m = \frac{\sin(\alpha h_c)}{m(\operatorname{sh}(2\alpha h_b) + 2\alpha h_b)}$$

$$A_n = \cos(\alpha h_c (2-n))$$

$$\alpha = \frac{m\pi}{L}$$

当框筒的基本参数确定后,由式(9-9)算出修正系数 β,β 值小于1。表9-3 为框筒参数为某些确定值时的 β 系数值。

表9-3 修正系数 β 值

层高 h/m			3.2		3.6		3.8	
裙梁截面($b_b \times h_b$)/mm×mm			400×600	400×800	400×600	400×800	400×600	400×800
柱距(L)/m、柱截面($b_c \times h_c$)/mm×mm	3.0	400×800	0.940	0.919	0.946	0.928	0.932	0.914
	3.3	400×800	0.940	0.919	0.946	0.928	0.932	0.914
	3.6	400×800	0.940	0.919	0.946	0.948	0.932	0.914
	4.0	400×1000	0.939	0.920	0.946	0.929	0.932	0.915

从表9-3可以看出,裙梁高度的加大,柱的轴向刚度提高较明显。β 值与 h_b 及 h_b/h 的变化相关性比柱距 L 的变化要大。

内筒外围墙门洞的连梁刚度折减系数不宜小于0.5;当其与相连的墙肢受弯承载能力很强且连梁的过早屈服或破坏对其承受竖向荷载影响不大时,可取较小的刚度折减系数。

135. 筒体结构楼盖梁系布置及主梁与筒体连接时应注意什么?

1)楼盖梁系的布置方式,宜使角柱承受较大的竖向荷载,以平衡角柱中的拉力。图9-7给出了几种筒中筒结构的楼盖布置形式。

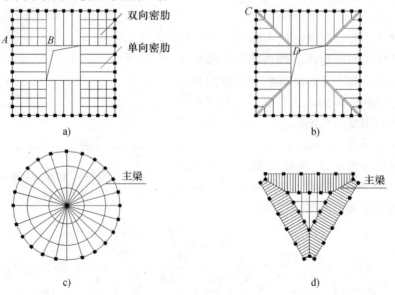

图9-7 筒中筒结构楼盖布置示例

外框架（或框筒）柱与核心筒（或内筒）外墙的中距不宜过大，以免增加楼盖高度和造价。一般而言，非抗震设计的中距不宜大于 12m，抗震设计的中距不宜大于 10m，超过上述规定时，宜采用预应力混凝土梁或增设内柱以减小楼盖梁的跨度。

2) 由于框筒各个柱承受的轴力不同，轴向变形也不同，角柱轴力及轴向变形最大（拉伸或压缩），中部柱子轴向力及轴向变形减小，这就使楼板产生翘曲。楼板平面外受荷载后的翘曲受到竖向构件的约束等原因，楼板角区常出现斜裂缝。因此楼盖的楼板和梁构件除了进行竖向荷载下的抗弯承载力计算外，还要考虑楼板翘曲，楼板四角要配置抗翘曲的板面斜向钢筋或配置钢筋网，见图 9-8。

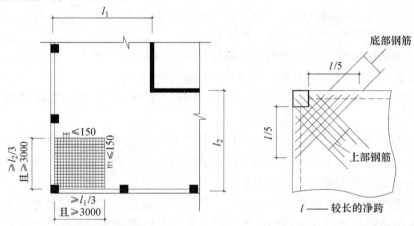

图 9-8 楼板四角上下双面配置钢筋

单向单层配筋率不宜小于 0.3%，钢筋直径不应小于 8mm，间距不应大于 150mm，配筋范围不宜小于外框架（或外筒）至内筒外墙中距的 1/3 和 3m。

3) 楼盖主梁搁置在核心筒外围墙的连梁上会使连梁产生较大的剪力和扭矩，容易导致脆性破坏，应尽量避免，可按图 9-9 将梁稍斜放，直接支承在墙上，并且相邻层错开，使墙体受力均衡。

楼盖主梁支承到核心筒外围墙的连梁上时，为了避免与筒体墙角部边缘钢筋交接过密而影响混凝土浇筑质量，可把梁端边偏离 250~200mm（图 9-9）。

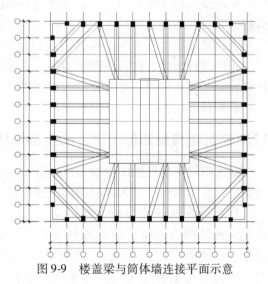

图 9-9 楼盖梁与筒体墙连接平面示意

136. 带转换层筒中筒结构设计的要点是什么？

在框架—筒体、筒中筒及束筒结构中，外框筒柱距（一般柱距为 3~4m）较小，无法为建筑物提供较大的出入口，为了布置大的出入口，就要求在底部布置水平转换构件以扩大柱距，形成底部带转换层的筒体结构。此时，转换构件沿建筑平面周边柱列或角筒布置，见

图 9-10。

框架—核心筒结构、筒中筒结构的上部密柱转换为下部稀柱时转换构件可采用大梁（或墙梁）、斜杆桁架、空腹桁架、合柱以及拱等进行。

转换斜杆桁架宜满层设置，其斜杆的交点宜作为上部密柱的支点。转换空腹桁架宜满层设置，应有足够的刚度保证其整体受力作用。

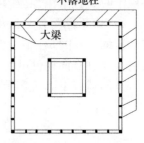

抽柱位置应均匀对称，从角柱对筒中筒结构的重要性考虑，整层抽柱时，应遵循"保留角柱（8度宜保留角柱与相邻柱）、隔一抽一"的原则；局部抽柱时，不应连续抽柱多于二根以上柱，且其位置应在建筑物中部（对称主轴附近）。

图 9-10 转换结构构件的平面布置

考虑到底部带转换层且外围为框架的筒体结构的侧向刚度突变比部分框支剪力墙结构有所改善，其转换层位置可适当提高。

9 度抗震设计时不应采用带转换层的结构。7 度（0.15g）、8 度转换层结构应考虑竖向地震作用。

在结构受力性质与变形方面，框架—核心筒结构与框架—剪力墙结构基本上是一致的，尽管框架—核心筒结构由于剪力墙组成筒体而大大提高了抗侧力能力，但周边稀柱较弱，设计上的处理与框架—剪力墙结构仍基本相同。对其抗震等级的要求不应降低，个别情况要求更严。A 级高度的底部带转换层的筒体结构，其框支框架的抗震等级应按框支剪力墙结构的规定采用。B 级高度底部带转换层的筒体结构，其框支框架和底部加强部位筒体的抗震等级应按框支剪力墙结构的规定。

带转换层的筒中筒结构一般应进行不抽柱的三维空间整体分析和抽柱后的三维空间整体分析，并对其侧向变形与主要杆件内力进行比较，其侧向层间变形不应有突变，框筒柱组合的轴力设计值增加不宜小于 80%，其组合的剪力设计值不宜增大 30%。

采用斜杆桁架、拱转换层结构时，宜采用抽柱前最大组合轴力设计值对其进行简化补充计算，并与整体空间三维计算结果相比较。

框筒转换层及以下层柱的柱端弯矩增大系数 η_c、剪力增大系数 η_{vc} 宜增大 20%。

137. 交叉暗撑配筋连梁设计的要点是什么？

交叉暗撑配筋连梁的延性很好，它是由新西兰坎伯雷大学 T. Pauly 教授提出，经过多次实验，并在工程中已经加以应用的一种连梁。

在普通配筋的连梁中，要依靠混凝土传递剪力，反复荷载作用下混凝土挤压破碎，连梁便失去承载力；而交叉配筋的连梁中，连梁的剪力全部由交叉暗撑承担，交叉暗撑起拉杆、压杆作用，形成桁架传力途径，混凝土虽然破碎，桁架仍然能继续受力，对墙肢的约束弯矩仍起作用，见图 9-11。

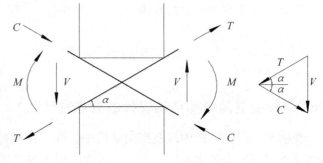

图 9-11 交叉暗撑连梁受力简图

交叉配筋连梁的构造要求高,其配筋构造见图9-12,为防止斜筋屈服,必须用矩形箍筋或螺旋箍筋与两个方向斜撑的纵向钢筋绑在一起,成为既受拉、又受压的暗撑杆,箍筋直径不应小于8mm,箍筋间距不应大于150mm及梁截面宽度的一半。交叉暗撑还必须伸入墙体并有足够的锚固长度,纵筋伸入竖向构件的长度不应小于l_{a1},非抗震设计时l_{a1}可取l_a;抗震设计时l_{a1}宜取$1.15l_a$。

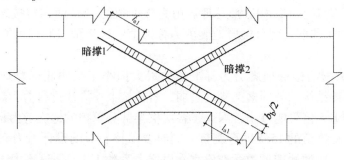

图9-12 梁内交叉暗撑的配筋

对于延性要求高的框筒或内筒连梁,可采用这种特殊配筋的连梁。《高层建筑混凝土结构技术规程》(JGJ 3—2010)规定,跨高比不大于2的框筒梁和内筒连梁宜增配对角斜向钢筋,跨高比不大于1的框筒梁和内筒连梁宜采用交叉暗撑。

每根暗撑应由4根纵向钢筋组成,纵筋直径不应小于14mm,其总面积应按下列公式计算:

持久、短暂设计状况:

$$A_s \geq \frac{V_b}{2f_y \sin\alpha} \tag{9-10}$$

地震设计状况:

$$A_s \geq \frac{\gamma_{RE} V_b}{2f_y \sin\alpha} \tag{9-11}$$

式中 V_b——连梁经内力调整的组合剪力设计值;

γ_{RE}——承载力抗震调整系数;

α——暗撑与水平线的夹角,可近似取 $\alpha = \arctan\left(\dfrac{h_b - 0.35b_b - 100}{l_b}\right)$;

b_b——连梁截面宽度。

138. 筒体结构截面设计时内力应如何调整?

(1) 筒体结构的框架部分内力的调整

抗震设计时,对筒中筒结构,如果各层框架部分承担的地震剪力不小于结构底部总地震剪力的20%,则框架部分地震剪力可不进行调整;否则,筒体结构的框架部分按侧向刚度分配楼层地震剪力标准值应按下列规定调整:

1) 框架部分分配的楼层地震剪力标准值的最大值不宜小于结构底部总地震剪力标准值的10%。

对于满足《高层建筑混凝土结构技术规程》（JGJ 3—2010）规定的房屋最大适用高度范围的筒体结构，经过合理设计，多数情况下可以达到上述要求。一般情况下，房屋高度越高时，越不容易满足上述条件。

2) 通常，筒中筒结构外周框架剪力的调整方法与框架—剪力墙结构中框架剪力调整方法相同，即当框架部分分配的楼层地震剪力标准值的最大值小于结构底部总地震剪力标准值的 20%，但其最大值不小于结构底部总地震剪力标准值的 10% 时，应按结构底部总地震力标准值（V_0）的 20% 和框架部分楼层地震剪力标准值中最大值（$V_{f,max}$）的 1.5 倍二者的较小值进行调整。

3) 框架部分分配的楼层地震剪力标准值的最大值小于结构底部总地震剪力标准值的 10% 时，意味着筒体结构的外周框架刚度过弱，若仍按上述方法进行剪力调整，框架部分承担的剪力最大值的 1.5 倍可能过小，因此，各层框架部分承担的地震剪力标准值应增大到结构底部总地震剪力标准值的 15% 进行调整，同时要求核心筒的设计剪力和抗震构造措施予以加强，即各层核心筒的地震剪力标准值宜乘以增大系数 1.1，但可不大于结构底部总地震剪力标准值，墙体的抗震构造措施应按抗震等级提高一级后采用，已为特一级的可不再提高。

按第 2)、3) 调整框架柱的地震剪力后，框架柱端弯矩及与之相连的框架梁端弯矩、剪力进行相应调整。

有带加强层的筒体结构，框架部分分配的楼层地震剪力标准值的最大值不应包括加强层及其相邻上、下楼层框架剪力。

(2) 筒中筒结构的框筒（外筒）柱除柱轴压比小于 0.15 者外，其梁柱节点应满足强柱弱梁的条件，即其柱端（壁框的刚域边缘，梁端同）组合的弯矩设计值符合下式要求：

$$\sum M_c = \eta_c \sum M_b \tag{9-12}$$

一级框筒（外筒）柱尚应符合：

$$\sum M_c = 1.2 \sum M_{bua} \tag{9-13}$$

式中 $\sum M_c$ ——壁柱刚域上下边处截面顺时针（或反时针）方向组合的弯矩设计值之和，一般情况可按弹性分析分配；

$\sum M_b$ ——刚域左右边处截面顺时针（或反时针）方向组合的弯矩设计值之和；

$\sum M_{bua}$ ——刚域左右边处截面顺时针（或反时针）方向实际配筋（考虑受压钢筋）和材料强度标准值计算的抗震受弯承载力所对应的弯矩设计值之和；

η_c ——柱在刚域上下边处截面弯矩增大系数，取 1.4（一级）、1.2（二级）、1.1（三级）、1.1（四级）。

(3) 框筒底层柱的下端组合弯矩设计值尚应分别乘以增大系数 1.7（一级）、1.5（二级）、1.3（三级）。

(4) 框筒柱端截面组合剪力设计值应符合下式要求：

$$V = \eta_{vc} (M_c^t + M_c^b) / H_n \tag{9-14}$$

一级框筒的柱尚应符合

$$V = 1.2 (M_{cua}^t + M_{cua}^b) / H_n \tag{9-15}$$

式中 M_c^t、M_c^b ——柱上下刚域边缘处截面顺时针（或反时针）方向组合的弯矩设计值；

M_{cua}^t、M_{cua}^b ——柱上下刚域边缘处截面顺时针（或反时针）方向按实际配筋（考虑受压钢筋）和材料强度标准值计算的抗震受弯承载力所对应的弯矩设计值；

η_{vc}——框筒柱剪力增大系数，取 1.4（一级）、1.2（二级）、1.1（三级）、1.1（四级）。

(5) 框筒的角柱及与其相邻的每侧各两根中柱经上述调整后的组合弯矩设计值、剪力设计值尚应乘以不小于 1.10 的增大系数。

(6) 框筒的裙梁当其高跨比大于 2.5 时，在刚域边缘处截面组合剪力设计值应符合下式要求：

$$V = \eta_{vb}(M_b^l + M_b^r)/l_n + V_{Gb} \tag{9-16}$$

一级框筒裙梁尚应满足

$$V = 1.1(M_{bua}^l + M_{bua}^r)/l_n + V_{Gb} \tag{9-17}$$

式中 V_{Gb}——裙梁在重力荷载代表值作用下，按简支梁分析的梁端截面剪力设计值；

M_b^l、M_b^r——裙梁左右刚域边缘处截面顺时针（或反时针）方向组合的弯矩设计值；

M_{bua}^l、M_{bua}^r——裙梁左右刚域边缘处截面顺时针（或反时针）方向实际配筋（考虑受压钢筋）和材料强度标准值计算的抗震受弯承载力所对应的弯矩设计值，当裙梁跨高比不大于 2.5 时，宜按深梁确定其受弯承载力；

η_{vb}——裙梁剪力增大系数，取 1.3（一级）、1.2（二级）、1.1（三级）。

(7) 核心筒、内筒在底部加强部位的墙肢截面组合剪力设计值应符合下式要求：

$$V = \eta_{vw}V_w \tag{9-18}$$

9 度时尚应符合：

$$V = 1.1\frac{M_{wua}}{M_w}V_w \tag{9-19}$$

式中 V——底部加强部位墙肢截面组合的剪力设计值；

V_w——底部加强部位墙肢截面组合的剪力设计值，其位置不一定在墙底处，应在底部加强部位的各楼层中选取最大值；

M_{wua}——底部加强部位墙肢截面按实际配筋的抗震受弯承载力所对应的弯矩值；

M_w——底部加强部位在墙底处的墙肢截面组合的弯矩设计值；

η_{vw}——墙肢剪力增大系数，取 1.6（一级）、1.4（二级）、1.2（三级）。

(8) 核心筒、内筒在底部加强部位及以上一层的墙肢截面采用墙底处的组合弯矩设计值，其上部位按各层墙肢截面组合的弯矩设计值乘以增大系数 1.2；但交接处相邻楼层按实配纵向钢筋面积、材料强度标准值与相应轴力计算的抗震受弯承载力所对应的弯矩值应接近，以避免形成薄弱层。

(9) 核心筒、内筒常因开设洞口而形成双肢墙肢，当任一墙肢为大偏心受拉时，另一墙肢的剪力设计值、弯矩设计值应乘以增大系数 1.25。

(10) 核心筒、内筒跨高比大于 2.5 的连梁截面组合剪力设计值宜按下式调整：

$$V = \eta_{vb}V_b \tag{9-20}$$

式中 V——核心筒、内筒底部加强部位连梁截面组合的剪力设计值；

V_b——连梁截面组合剪力设计值；

η_{vb}——连梁剪力增大系数，取 1.4（一级）、1.3（二级）、1.2（三级）。

(11) 抗震设计时，外框筒梁和内筒连梁的截面应符合下列要求：

跨高比大于 2.5 时

$$V_b \leq \frac{1}{\gamma_{RE}}(0.20\beta_c f_c b_b h_{b0}) \tag{9-21}$$

跨高比不大于 2.5 时

$$V_b \leq \frac{1}{\gamma_{RE}}(0.15\beta_c f_c b_b h_{b0}) \tag{9-22}$$

式中　V_b——外框筒梁或内筒连梁剪力设计值；

　　　b_b——外框筒梁或内筒连梁截面宽度；

　　　h_{b0}——外框筒梁或内筒连梁截面的有效高度；

　　　γ_{RE}——承载力抗震调整系数。

（12）抗震设计时，框筒裙梁、核心筒及内筒连梁斜截面受剪承载力应按下式计算：

跨高比大于 2.5 时

$$V \leq \frac{1}{\gamma_{RE}}\left(0.42 f_t b_b h_{b0} + f_{yv}\frac{A_{sv}}{s}h_{b0}\right) \tag{9-23}$$

跨高比不大于 2.5 时

$$V \leq \frac{1}{\gamma_{RE}}\left(0.38 f_t b_b h_{b0} + 0.9 f_{yv}\frac{A_{sv}}{s}h_{b0}\right) \tag{9-24}$$

式中　V——按调整后的连梁截面剪力设计值。

第十章 转换层结构

139. 转换结构构件的主要形式有哪些？

一般而言，当高层建筑下部楼层竖向结构体系或形式与上部楼层差异较大，或者下部楼层竖向结构轴线距离扩大或上部结构与下部结构轴线错位时，就必须在结构改变的楼层布置结构转换层（Structure Transfer Story），在结构转换层布置转换结构构件（Transfer Member）。鉴于目前高层建筑多功能发展的需要，带转换层的高层建筑结构的工程应用较多，已成为现代高层建筑发展的趋势之一。

（1）结构转换层的分类

从结构角度看，结构转换层主要实现以下结构转换：

1）上层和下层结构类型的转换。转换层将上部剪力墙转换为下部框架，以创造一个较大的内部自由空间。这种转换层广泛用于剪力墙结构和框架—剪力墙结构中，称这种类型的转换层为第Ⅰ类转换层（图10-1中的转换层①）。

2）上层和下层柱网、轴线的改变。转换层上、下层的结构形式没有改变，通过转换层使下部柱的柱距扩大，形成大柱网。这种转换层常用于框架—核心筒结构和外围密柱框架的筒中筒结构在底部形成大入口的情况，这种类型的转换层称为第Ⅱ类转换层（图10-1中的转换层②）。

3）同时转换结构形式和结构轴线位置。上部楼层剪力墙结构通过转换层改变为框架的同时，柱网轴线与上部楼层的轴线错开，形成上、下结构错位的布置，称这种类型的转换层为第Ⅲ类转换层。

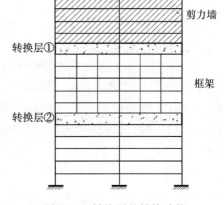

图10-1 转换层的结构功能

（2）转换结构构件的主要形式

转换结构构件的主要形式有：梁—柱体系（图10-2a）；桁架体系：空腹桁架（图10-2b）、斜杆桁架（图10-2c）、混合桁架（图10-2d）；墙梁体系（图10-2e、f）等。它们可以是常规的平面体系，也可以是刚度很大的空间体系：格构式体系（图10-2g）；筒体体系（图10-2h、i）；箱梁体系（图10-2j）等。

梁式转换层应用最广泛，它设计和施工简单，受力明确，一般广泛应用于底部大空间剪力墙结构体系中。转换梁可沿纵向或横向平行布置；当需要纵、横向同时转换时，可采用双向梁的布置。

单向托梁、双向托梁连同上、下层较厚的楼板共同工作，可以形成刚度很大的箱形转换层（图10-2k）。箱形转换层在铁路工程中是常见的结构形式，用于房屋结构则很少。

当上、下柱网轴线错开较多，难以用梁直接承托时，则需要做成厚板，形成板式转换层（图10-2l）。板式转换层的下层柱网可以灵活布置，无须与上层结构对齐，但自重很大，材料耗用较多。

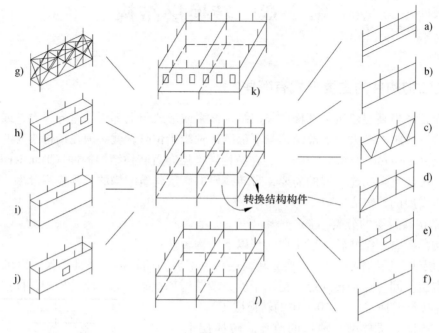

图 10-2 转换结构构件

对于底部带有转换层的框架—核心筒结构和外围为密柱框架的筒中筒结构，为了布置大的入口，要求在底部布置水平转换构件以扩大柱距。外筒的转换主要通过转换梁（或墙梁）（图 10-3a）、转换桁架（图 10-3b）、转换空腹桁架（图 10-3c）、多梁转换层（图 10-3d）、合柱（图 10-3e）以及转换拱（图 10-3f）等进行。目前国内最常见的做法是转换梁或转换桁架。

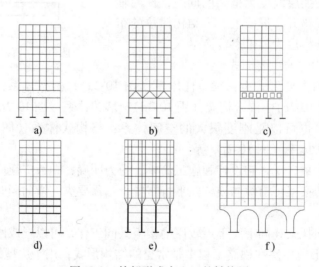

图 10-3 外部形成大入口的转换层
a) 转换梁（转换墙） b) 转换桁架 c) 转换空腹桁架 d) 多梁转换 e) 合柱 f) 转换拱

高层建筑上部立面收进时，上层柱、下层柱不在同一轴线上，转换构件常用的是斜柱式的转换构件。图 10-4 列出了多种形式的平面和空间斜柱式转换构件。

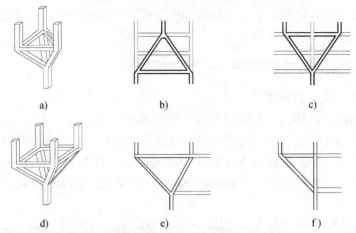

图 10-4 平面和空间斜柱式转换

140. 带转换层的高层建筑结构设计时应遵循哪些原则？

带转换层的高层建筑结构是一种受力复杂、不利于抗震的高层建筑结构，9 度抗震设计不应采用。结构设计需遵循的一般原则如下：

(1) 减少转换布置

对于转换层上、下主体竖向结构，要注意尽可能多地布置成上、下主体竖向结构连续贯通，尤其是在框架—核心筒结构中，核心筒宜尽量设计成上、下贯通。

(2) 传力直接

布置转换层上、下主体竖向结构时，要注意尽可能使水平转换结构传力直接，尽量避免多级复杂转换，更应尽量避免传力复杂、抗震不利、质量大、耗材多、不经济、不合理的厚板转换。

(3) 强化下部、弱化上部

为保证下部大空间整体结构有适宜的刚度、强度、延性和抗震能力，应尽量强化转换层下部主体结构刚度，弱化转换层上部主体结构刚度，使转换层上、下部主体结构的刚度及变形特征尽量接近。

对于下部核心筒框架、上部剪力墙的带转换层高层商住楼结构，应强化下部核心筒，如加大筒体尺寸、加厚筒壁厚度、加高混凝土强度等级，必要时可在房屋周边增置部分剪力墙；同时弱化上部剪力墙，如剪力墙开洞、开口、短肢、薄墙等，并尽量避免高位转换。

(4) 优化转换结构

抗震设计时，当建筑功能需要不得已高位转换时，转换结构还宜优先选择不致引起框支柱（边柱）柱顶弯矩过大、柱剪力过大的结构形式，如斜腹杆桁架（包括支撑）、空腹桁架和宽扁梁等，同时要注意其需满足承载力、刚度要求，避免脆性破坏。

(5) 计算全面准确

必须将转换结构作为整体结构中的一个重要组成部分，采用符合实际受力变形状态的正确计算模型进行三维空间整体结构计算分析。采用有限元方法对转换结构进行局部补充计算时，转换结构以上至少取 2 层结构进入局部计算模型，同时应计及转换层及所有楼层楼盖平面内刚度，计及实际结构三维空间盒子效应，采用比较符合实际边界条件的正确计算模型。

整体结构宜进行弹性时程分析补充计算和弹塑性时程分析校核，还应注意对整体结构进行重力荷载下准确的施工模拟计算。

141. 带转换层的高层建筑结构布置有哪些规定？

（1）底部转换层的设置高度

在高层建筑结构的底部，当上部楼层部分竖向构件（剪力墙、框架柱）不能直接贯通落地时，应设置结构转换层，在结构转换层布置转换结构构件。结构转换层可根据其建筑功能和结构传力的需要，沿高层建筑高度方向一处或多处灵活布置（也可根据建筑功能的要求，在楼层局部布置转换层），且自身的这个空间既可作为正常使用楼层，也可作为技术设备层。

转换层位置较高时，易使框支剪力墙结构在转换层附近的刚度、内力发生突变，并易形成薄弱层，其抗震设计概念与底层框支剪力墙结构有一定的差别。转换层位置较高时，转换层下部的落地剪力墙及框支结构易于开裂和屈服，转换层上部几层墙体易于破坏。转换层位置较高的高层建筑不利于抗震。因此，《高层建筑混凝土结构技术规程》（JGJ 3—2010）规定，对部分框支剪力墙结构，转换层设置高度，抗震设防烈度为 8 度时不宜超过 3 层，7 度时不宜超过 5 层，6 度时其层数可适当增加。

对底部带转换层的框架—核心筒结构和外筒为密柱框架的筒中筒结构，由于其转换层上、下部结构的刚度突变不明显，转换层上、下内力传递途径的突变也小于框支剪力墙结构，转换层设置高度对这种结构虽有影响，但不如框支剪力墙结构严重，因此这种结构的转换层位置可比框支剪力墙结构适当提高。

当底部带转换层的筒中筒结构的外筒为由剪力墙组成的壁式框架时，其转换层上、下的刚度突变及内力传递途径突变的程度与框支剪力墙结构比较接近，其转换层设置高度的限制宜与框支剪力墙结构相同。

对大底盘多塔楼的商住建筑，塔楼的转换层宜设置在裙房的屋面层，并加大屋面梁、板尺寸和厚度，以避免中间出现刚度特别小的楼层，减小震害。

沿高层建筑高度方向的结构转换层可以是分段布置，形成大框架套小框架的巨型框架结构（Mega-Frame Structures）（图 10-5a）；可以间隔布置，形成错列墙梁（或桁架）式框架结构（Staggered Wall-Beam or Truss Structures）（图 10-5b、c）；错列剪力墙结构（Staggered Shear Panel Systems）（图 10-5d）；迭层承托桁架结构（图 10-5e）及多梁承托结构（图 10-5f）；转换层位置也可设置于建筑物的上部，悬挂下部结构的荷载，但由于竖向不规则加之高振型的影响，使结构设计难度加大。

（2）转换层上、下刚度突变的控制

带转换层高层建筑结构应使转换层下部结构的抗侧刚度接近转换层上部邻近结构的抗侧刚度，不发生明显的刚度突变，转换层结构不应设计成为柔弱层。在水平荷载作用下，当转换层上、下部结构侧向刚度相差较大时，会导致转换层上、下结构构件内力突变，促使部分构件提前破坏；当转换层位置相对较高时，这种内力突变会进一步加剧。因此，设计时应控制转换层上、下层结构的等效刚度比。

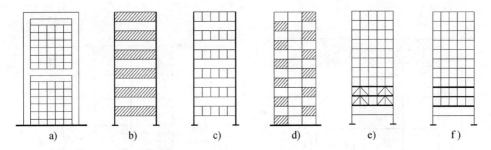

图 10-5 任意层形成大空间或改变柱列的转换层
a）巨型框架结构 b）错列墙梁结构 c）错列桁架结构 d）错列剪力墙结构
e）迭层承托桁架结构 f）多梁承托结构

1）当转换层设置在 1、2 层时，可近似采用转换层与其相邻上层结构的等效剪切刚度比（γ_{e1}）表示转换层上、下结构刚度的变化，γ_{e1} 宜接近 1，非抗震设计时 γ_{e1} 不应小于 0.4，抗震设计时 γ_{e1} 不应小于 0.5。

非抗震设计时： $0.4 \leq \gamma_{e1} \leq 1.0$

抗震设计时： $0.5 \leq \gamma_{e1} \leq 1.0$

也就是说，转换层的刚度尽可能与标准层相等（这一般很难实现），最低限度不应小于标准层的 0.4（非抗震设计）和 0.5（抗震设计）。

其中 γ_{e1} 可按下式计算：

$$\gamma_{e1} = \frac{G_1 A_1}{G_2 A_2} \times \frac{h_2}{h_1} \tag{10-1a}$$

$$A_i = A_{w,i} + \sum_j C_{i,j} A_{ci,j}, \quad (i = 1, 2) \tag{10-1b}$$

$$C_{i,j} = 2.5 \left(\frac{h_{ci,j}}{h_i} \right)^2, \quad (i = 1, 2) \tag{10-1c}$$

式中 G_1、G_2——转换层和转换层上层的混凝土剪切模量；

A_1、A_2——转换层和转换层上层的折算抗剪截面面积，可按式（10-1b）计算；

$A_{w,i}$——第 i 层全部剪力墙在计算方向的有效截面面积（不包括翼缘面积）；

$A_{ci,j}$——第 i 层第 j 根柱的截面面积；

$C_{i,j}$——第 i 层第 j 根柱截面面积折减系数，按式（10-1c）计算，当计算值大于 1 时取 1；

h_i——第 i 层的层高；

$h_{ci,j}$——第 i 层第 j 根柱沿计算方向的截面高度。

当第 i 层各柱沿计算方向的截面高度不相等时，可分别计算各柱的折算抗剪截面面积。

2）当转换层设置在第 2 层以上时，其转换层下部框架—剪力墙结构的等效刚度与相同或相近高度的上部剪力墙结构的等效侧向刚度比（γ_{e2}）宜接近 1.0，非抗震设计时不应小于 0.5，抗震设计时不应小于 0.8。即

非抗震设计时： $0.5 \leq \gamma_{e2} \leq 1.0$

抗震设计时： $0.8 \leq \gamma_{e2} \leq 1.0$

等效侧向刚度比 γ_{e2} 可采用图 10-6 所示的计算模型按式（10-2）计算：

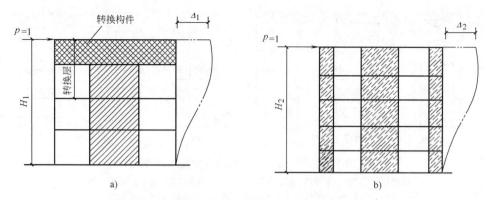

图 10-6 转换层上、下等效侧向刚度计算模型
a) 计算模型 1—转换层及下部结构 b) 计算模型 2—转换层上部结构

$$\gamma_{e2} = \frac{\Delta_2/H_2}{\Delta_1/H_1} \tag{10-2}$$

式中 γ_{e2}——转换层下部结构与上部结构的等效侧向刚度比；

H_1——转换层及其下部结构（计算模型 1）的高度；

Δ_1——转换层及其下部结构（计算模型 1）的顶部在单位水平力作用下的位移；

H_2——转换层上部若干层结构（计算模型 2）高度，其值应等于或接近计算模型 1 的高度 H_1，且不大于 H_1；

Δ_2——转换层上部若干层结构（计算模型 2）的顶部在单位水平力作用下的位移。

当采用式（10-2）计算 γ_{e2} 时，要注意使转换层上部若干层结构（计算模型 2）的高度 H_2 接近或等于转换层下部结构（计算模型 1）的高度 H_1，且 H_2 不能大于 H_1，否则等效刚度比 γ_{e2} 的计算结果偏于不安全的。

3) 为防止出现转换层下部楼层刚度较大，而转换层本层的侧向刚度较小，此时，等效刚度比虽能满足限值的要求，但转换层本层的侧向刚度过于柔软。《高层建筑混凝土结构技术规程》（JGJ 3—2010）规定，转换层结构除应满足上述等效剪切刚度或等效侧向刚度比要求外，还应满足楼层侧向刚度比的要求：当转换层设置在 2 层以上时，按式（10-3）计算的转换层与其相邻上层的侧向刚度比 γ_1 不应小于 0.6。

$$\gamma_1 = \frac{V_i/\Delta_i}{V_{i+1}/\Delta_{i+1}} \tag{10-3}$$

式中 γ_1——楼层侧向刚度比；

V_i、V_{i+1}——转换层和转换层相邻上层的地震剪力标准值（kN）；

Δ_i、Δ_{i+1}——转换层和转换层相邻上层在地震作用标准值作用下的层间位移（m）。

这里应注意：等效侧向刚度比（γ_{e2}）是反映整个转换层以下结构（多于一层）与上部相同（或相近）高度剪力墙结构的刚度关系；转换层设置在 1、2 层时要求转换层与其相邻上层结构的等效剪切刚度比（γ_{e1}）不应小于 0.5，转换层设置在 2 层以上时要求侧向刚度比 γ_{e1} 不应小于 0.6，反映的是转换层与其相邻上层之间的侧向刚度关系。二者定义和算法不同需同时满足。

上述控制转换层上、下刚度比的两种方法不容易统一，特别是当底层的层高较大时，如果楼层侧向刚度比满足"不应小于相邻上部楼层侧向刚度的60%"时,等效侧向刚度则下部还大于上部,很难接近1。抗震设计时,等效侧向刚度比γ_{e2}不应小于0.8即可,若大于1.0,表明更有利于结构抗震,《高层建筑混凝土结构技术规程》(JGJ 3—2010)中的"宜接近1"主要指不要大于1.0太多。

(3) 转换构件的布置

转换层结构中转换构件的布置必须与相邻层柱网统一考虑。扩大底层入口,过渡上、下层柱列的疏密不一,把转换构件布置在平面周边柱列或角筒上(图10-7a、b)。内部要求尽量敞开自由空间,转换构件可沿横向平行布置(图10-7c);转换构件可沿纵向平行布置(图10-7d);当需要纵、横向同时转换时,转换构件可采用双向布置(图10-7e);间隔布置,并与相邻层错开布置(图10-7f);顺建筑平面柱网变化而合理布置(图10-7g);相邻层互相垂直布置(图10-7h)。围绕巨大芯筒在底层四周自由敞开时,转换构件布置在两个方向的剪力墙上,并向两端悬挑(图10-7i);必要的话可对角线布置(图10-7j);建筑平面及芯筒为圆形时,可放射性布置(图10-7k)。

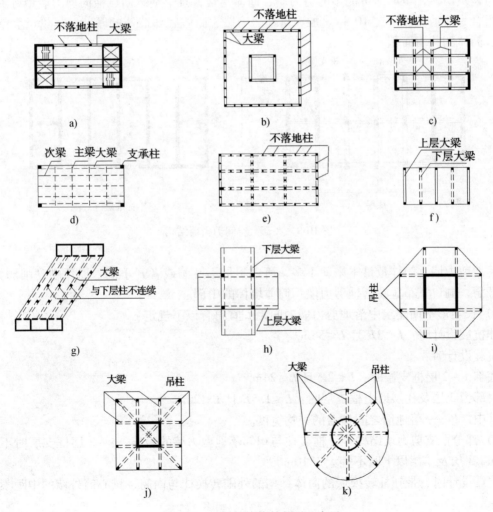

图10-7 转换结构构件的平面布置

转换层上部的竖向抗侧力构件（墙、柱）宜直接落在转换层的主要结构上，且转换层上部结构应尽可能地落到转换梁的中面上，以避免转换梁受到很大的扭矩。

转换构件布置时，应尽量避免出现框支主梁承托剪力墙并承托转换次梁及次梁上的剪力墙的方案。考虑到框支主梁除承受其上部剪力墙的作用外，还需承受次梁传给的剪力、扭矩和弯矩，框支柱易受剪破坏。因此，B级高度部分框支剪力墙结构不宜采用框支主、次梁方案；A级高度部分框支剪力墙结构可以采用，但设计中应对框支剪力墙进行应力分析，按应力校核配筋，并加强配筋构造措施。

（4）剪力墙、筒体和框支柱的布置

落地剪力墙、筒体和框支柱的布置对于防止转换层下部结构在地震中发生严重破坏或倒塌将起着十分重要的作用。必须特别注意落地剪力墙、筒体和框支柱的布置。为此，应采取措施防止转换层下部结构发生破坏。

1）带转换层的筒体结构的内筒应全部上、下贯通落地并按刚度要求增加墙厚度；框支剪力墙结构要有足够的剪力墙上、下贯通落地并按刚度要求增加墙厚度。

与建筑协调，争取尽可能多的剪力墙、筒体落地，且落地纵向、横向剪力墙最好成组布置，组合为落地筒体（图10-8）。加大落地剪力墙、筒体底部墙体的厚度，尽量增大落地剪力墙、筒体的截面面积。

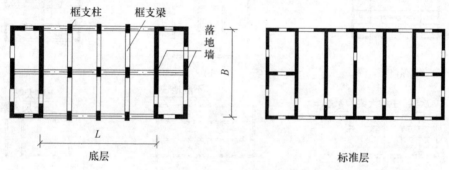

图10-8 底部大空间剪力墙结构

落地剪力墙、筒体数量本来就不多，所以尽量不开洞或者开小洞，以免刚度削弱太大。若需开洞，洞口宜布置在落地剪力墙、筒体墙体的中部。

2）长矩形平面建筑中落地剪力墙的间距L宜符合以下规定：

非抗震设计时：$L \leq 3B$ 且 $L \leq 36m$

抗震设计时：

底部1~2层框支层时：$L \leq 2B$ 且 $L \leq 24m$

底部为3层及3层以上框支层时：$L \leq 1.5B$ 且 $L \leq 20m$

其中，B——落地墙之间楼盖的平均宽度。

3）部分框支剪力墙结构中，框支柱与相邻落地剪力墙的距离，1~2层框支层时不宜大于12m，3层及3层以上时不宜大于10m。

抗震设计时，带托柱转换层的筒体结构的外围转换柱与内筒、核心筒外墙的中距不宜大于12m。

4）框支层周围楼板不应错层布置，以防止框支柱因楼盖错层发生破坏。

5）转换层上部结构与下部结构的等效剪切刚度（等效侧向刚度）比应满足《高层建筑混凝土结构技术规程》（JGJ 3—2010）要求，以控制刚度突变，减小内力突变程度，缩短转换层上、下结构内力传递途径。

142. 如何确定带转换层高层建筑结构的抗震等级？

抗震设计的复杂高层建筑结构，根据设防烈度、结构类型、房屋高度区分为不同的抗震等级，采用相应的计算和构造措施。

A 级高度的高层建筑结构，应按表 10-1 确定其抗震等级。B 级高度的高层建筑，其抗震等级应有更严格的要求，应按表 10-2 采用。

底部带转换层的高层建筑结构的抗震等级应符合表 10-1 和表 10-2 的规定。

表 10-1　A 级高度的高层建筑结构抗震等级

结构类型		设防烈度					
		6 度		7 度		8 度		9 度
	高度/m	≤80	>80	≤80	>80	≤80	>80	≤60
部分框支剪力墙	非底部加强部位剪力墙	四	三	三	二	二	不应采用	
	底部加强部位剪力墙	三	二	二	一	一		
	框支框架	二	二	一	一	一		

注：1. 接近或等于高度分界时，应结合房屋不规则程度及场地、地基条件适当确定抗震等级。
　　2. 底部带转换层的筒体结构，其转换框架的抗震等级应按表中框支剪力墙结构的规定采用。
　　3. 部分框支剪力墙结构是指首层或底部两层框支剪力墙结构。

表 10-2　B 级高度的高层建筑结构抗震等级

结构类型		设防烈度		
		6 度	7 度	8 度
部分框支剪力墙	非底部加强部位剪力墙	二	一	一
	底部加强部位剪力墙	一	一	特一
	框支框架	一	特一	特一

注：底部带转换层的筒体结构，其转换框架和底部加强部位筒体的抗震等级应按表中框支剪力墙结构的规定采用。

1）考虑到高位转换对结构抗震不利，特别是部分框支剪力墙结构。因此，部分框支剪力墙结构转换层的位置设置在 3 层及 3 层以上时，其框支柱、剪力墙底部加强部位的抗震等级尚宜按表 10-1 和表 10-2 的规定提高一级采用（已经为特一级时可不再提高），提高其抗震构造措施。

2）对于带托柱转换层的筒体结构（底部带有转换层的框架—核心筒结构和外围为密柱框架的筒中筒结构），因其受力和抗震性能比部分框支剪力墙有利，故其抗震等级不必提高。因此，带托柱转换的筒体结构，其转换柱和转换梁的抗震等级应按表中部分框支剪力墙结构中的框支框架采纳。

3）转换层构件上部二层剪力墙属底部加强部位，其抗震等级采用底部加强部位剪力墙的抗震等级。

143. 框支梁与一般转换梁有何区别和联系？

习惯上，框支梁一般指部分框支剪力墙结构中支承上部不落地剪力墙的梁，是有了"框支剪力墙结构"，才有了框支梁。《高层建筑混凝土结构技术规程》（JGJ 3—2010）第10.2.1条所说的转换构件中，包括转换梁，转换梁具有更确切的含义，包含了上部托柱和托墙的梁，因此，传统意义上的框支梁仅是转换梁中的一种。

框支剪力墙中的框支梁部分墙体一般开设大洞口，形成大空间，以上部分为实体剪力墙或在适当位置开有小洞的剪力墙。而一般转换结构在转换梁以下部分抽去了柱子，形成大空间，以上则为框架柱或短肢剪力墙。框支梁和一般转换梁两者虽都为转换构件，但受力性能很不一样，内力及配筋计算和构造设计上也有很大的区别。

（1）从受力角度看，在竖向荷载作用下，框支剪力墙转换层以上的墙体有拱效应，两支座处竖向应力大，同时有水平向应力（推力），中间则会出现拉应力。框支梁在竖向荷载作用下除了有弯矩、剪力外，还有轴向拉力。沿梁全长拉应力不均匀，跨中拉力大，支座处减小，有洞口处拉力更小。框支柱除了有弯矩、轴力外，还承受较大的剪力（图10-9）。

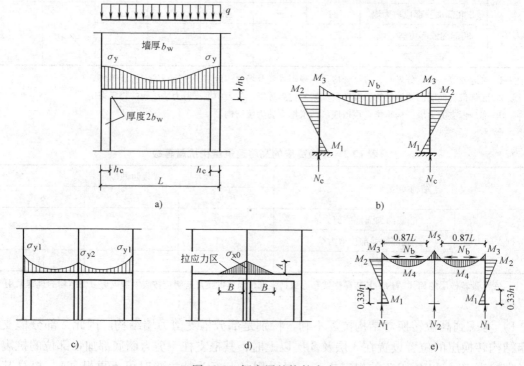

图10-9 框支层的构件内力
a) 单跨框支层上部墙体应力 b) 单跨框支梁、柱内力 c) 双跨框支层上部墙体应力 σ_y
d) 双跨框支层上部墙体应力 σ_x e) 双跨框支梁、柱内力

一般转换梁在竖向荷载下的受力和一般跨中有集中力作用的框架梁相同，仅仅由于跨度大，跨中又有很大的集中荷载，故梁端和跨中的弯矩、剪力都很大，但无轴向拉力。柱子的剪力较小。节点的不平衡弯矩完全按相交于该节点的梁、柱的刚度分配。柱为偏压构件。

分析表明，无论框支梁上部墙体的形式如何，只要墙体存在一定长度，框支梁中的弯矩就会较不考虑上部墙体作用的要小，相应墙体下的框支梁就有一段范围出现受拉区。出现框支梁这一受力现象的主要原因有：

1）墙、框支梁作为一个整体共同弯曲变形，框支梁处于这整体弯曲的受拉翼缘，若单独分析框支梁，其所受的弯矩由于剪力墙的共同工作而大大降低，同时，由于处于受拉翼缘，应力积分后框支梁中就会出现轴向拉力。这种整体弯曲会随着上部墙肢长度变短而影响范围迅速缩小，当上部墙体为小墙肢时，这种影响只限于小墙肢下较小的范围内。

2）形成框支梁内力特点的另一主要原因是拱的传力作用（图10-10）。由于竖向传力拱作用的存在，使得上部墙体上的竖向荷载传到转换梁时，很大一部分荷载以斜向荷载的形式作用于梁上（图10-10b），若将这斜向荷载分解为垂直和水平等效荷载形式（图10-10c、d），则垂直荷载作用下的弯矩肯定要比不考虑墙体作用时要小（图10-10a），在水平荷载作用下，就形成了框支梁跨中一定区域受轴向拉力而支座区域受轴向压力的现象。

框支梁的最终受力状态是由于上述两个因素综合影响的结果。

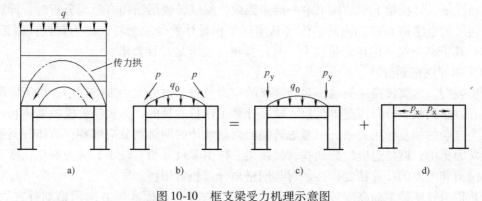

图 10-10 框支梁受力机理示意图

（2）从竖向刚度变化看，框支剪力墙转换层框支梁以上为抗侧力刚度很大的剪力墙，与下面的框支柱抗侧力刚度差异很大，而一般转换梁上下层仅柱子根数略有变化，其竖向刚度差异不大，故在水平荷载下框支剪力墙转换层和一般转换层两者的内力差异很大。

（3）从转换层楼板的作用看，框支转换层楼板传递水平力，协助框支梁受拉；一般转换梁楼板仅加大水平刚度，传递水平力。

（4）从构件配筋看，两者的最大区别是：框支梁为拉、弯、剪构件，正截面承载力按偏心受拉计算，斜截面承载力按拉、剪计算。而一般转换梁为弯、剪构件，正截面承载力按纯弯计算，斜截面承载力按受剪计算。框支梁以上墙体与一般剪力墙的配筋构造也不同。

（5）框支梁和一般转换梁在构造做法上也有很大的区别。

综上所述，部分框支剪力墙结构应遵守《高层建筑混凝土结构技术规程》（JGJ 3—2010）关于底部转换层设置高度的规定，但对一般转换梁，特别是仅为局部转换时，结构竖向刚度变化不大，转换层上、下内力传递途径的突变也小于部分框支剪力墙结构，故不应受《高层建筑混凝土结构技术规程》（JGJ 3—2010）关于底部转换层的设置高度的规定的限制。

还应注意，当结构在两个主轴方向的转换类型不同时，在一个方向为框支转换，另一方向为抽柱转换，此时应分别处理：在一个方向为框支柱，另一方向为落地墙的端柱，计算框支柱数量时，两个方向应区别对待。

144. 如何确定转换梁内力计算的有限元模型？

梁有限元模型是在整体空间分析程序的计算基础上，考虑转换梁与上部墙体共同工作，将转换梁上部部分墙体及下部部分结构取出，合理地确定其荷载和边界条件，采用高精度有限元分析方法进行分析。

(1) 有限元分析范围

分析表明，计算模型的选取与转换梁的跨度有关，当转换梁的跨度较大时，上部墙体参加工作的层数多些；当转换梁的跨度较小时，上部墙体参加工作的层数就少些。实际工程中转换梁的常用跨度为 6~12m，而高层建筑结构标准层常用层高为 2.8~3.2m，在此跨度和层高范围内，托墙形式的梁式转换层结构内力有限元分析可取其上部墙体 3~4 层，视这部分墙体连同转换梁组成的倒 T 形深梁。转换梁下部结构层数对其控制截面的内力影响不大，在一般情况下，转换梁下部结构可取一层。因此，梁式转换层结构有限元分析时，计算简图可取转换梁附近净跨 l_n 范围内的墙体（从实际工程设计的经验来看，约为转换梁附近 3~4 层墙体）和下部一层结构作分析模型，其计算精度已满足设计要求。

(2) 单元网格划分

分析表明，远离转换梁的墙体对转换梁的应力分布和内力大小影响很小，可考虑网格划分粗些，以达到减少分析模型单元数，减轻计算工作量的目的；为较精确模拟墙体和转换梁之间较为复杂的相互作用关系，可考虑转换梁附近墙体的网格划分应细些；墙体开洞部位由于产生应力集中，网格也应划分细些；转换梁、柱由于尺寸相对较小，应力变化幅度大，为提高其应力和内力的计算精度，必须对其网格划分得相对细些。

为获得沿转换梁截面高度较为准确的应力分布规律，截面高度方向网格划分宜取 6~8 个等分。若按式（10-4）~（10-6）计算转换梁的内力，则沿截面高度方向网格划分只需取 3~5 个等分即可。

当 $m=3$ 时
$$N = \frac{1}{6} b_b h_b [(\sigma_1 + \sigma_4) + 2(\sigma_2 + \sigma_3)] \tag{10-4a}$$

$$M = \frac{1}{18} b_b h_b^2 \left[\frac{5}{4}(\sigma_1 - \sigma_4) + (\sigma_2 - \sigma_3)\right] \tag{10-4b}$$

$$V = \frac{1}{6} b_b h_b [(\tau_1 + \tau_4) + 2(\tau_2 + \tau_3)] \tag{10-4c}$$

当 $m=4$ 时
$$N = \frac{1}{8} b_b h_b [(\sigma_1 + \sigma_5) + 2(\sigma_2 + \sigma_3 + \sigma_4)] \tag{10-5a}$$

$$M = \frac{1}{16} b_b h_b^2 \left[\frac{7}{8}(\sigma_1 - \sigma_5) + (\sigma_2 - \sigma_4)\right] \tag{10-5b}$$

$$V = \frac{1}{8} b_b h_b [(\tau_1 + \tau_5) + 2(\tau_2 + \tau_3 + \tau_4)] \tag{10-5c}$$

当 $m=5$ 时
$$N = \frac{1}{10} b_b h_b [(\sigma_1 + \sigma_6) + 2(\sigma_2 + \sigma_3 + \sigma_4 + \sigma_5)] \tag{10-6a}$$

$$M = \frac{1}{50} b_b h_b^2 \left[\frac{9}{4}(\sigma_1 - \sigma_6) + 3(\sigma_2 - \sigma_5) + (\sigma_3 - \sigma_4)\right] \tag{10-6b}$$

$$V = \frac{1}{10}b_b h_b [(\tau_1 + \tau_6) + 2(\tau_2 + \tau_3 + \tau_4 + \tau_5)] \tag{10-6c}$$

式中 $\sigma_i (i=1 \sim m)$ ——计算条带边缘正应力;
$\tau_i (i=1 \sim m)$ ——计算条带边缘剪应力;
b_b ——转换梁截面宽度;
h_b ——转换梁截面高度。

(3) 计算荷载

转换梁有限元分析都是在结构整体三维空间分析后进行的,有限元分析的荷载可以直接取用结构整体空间分析的内力计算结果。

荷载的取用原则:

竖向荷载:计算简图顶部墙体上的竖向荷载取该层上部垂直荷载的累计值,其余各层的竖向荷载采用各层的垂直荷载(图10-11a)。

水平荷载:计算简图顶部墙体上的剪力作为该层的水平节点荷载(式(10-7)),该层墙体的弯矩 M 换算成三角形分布的垂直荷载(式(10-8))作用于计算简图顶部墙体上;其余各层则作用于相应的水平节点荷载(图10-11b),其数值分别取本层墙体剪力与上层墙体剪力的差值(式(10-9))。

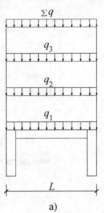 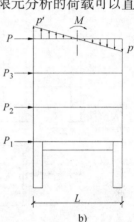

图 10-11 计算荷载
a) 竖向荷载 b) 水平荷载

$$P = V_i \tag{10-7}$$
$$p' = M/W \tag{10-8}$$
$$P_i = V_{i+1} - V_i, \quad (i=1 \text{ 或 } 2) \tag{10-9}$$

竖向荷载主要指重力荷载,7度(0.15g)、8度抗震设计时转换构件应考虑竖向地震作用的影响。水平荷载包括风荷载和水平地震作用。

在确定上述计算荷载后,转换梁模型有限元分析时,一般采用以下两种荷载组合:

1)将重力荷载、风荷载和地震作用各工作情况分别作用于分析模型上,将有限元分析出的转换梁内力按《高层建筑混凝土结构技术规程》(JGJ 3—2010)中基本组合的要求,对各种工况进行内力组合,求出各组内力最大值并进行相应的截面设计。

2)直接取用结构整体分析中的组合内力最大值(包括弯矩最大、轴力最大和剪力最大三组内力)作为有限元分析的计算荷载,分析中水平荷载和竖向荷载一次作用,算出三组转换梁内力分别进行截面设计,转换梁的配筋取用各相应部位的抗剪、抗弯最不利配筋。

(4) 支撑与侧向边界的简化

当转换梁一侧或两端支撑在筒体上时,采用空间三维实体有限元模型分析时能正确模拟侧向边界条件,而采用平面有限元模型分析时就不能体现转换梁在筒体一侧的支撑情况。采用平面有限元模型分析时可将筒体的影响用等效约束来表示,约束的处理方法如下:

1)当转换梁布置在筒体墙的中间时(图10-12a),则可按图10-12b进行计算简化,其中等效约束处理后的侧向弹性支撑的弹簧劲度系数可按式（10-10）计算。

$$K = \frac{48E_c I_{w1}}{n L_{w1}^3} \tag{10-10}$$

式中　E_c——墙体混凝土弹性模量；
　　　I_{w1}、L_{w1}——墙体 W_1 对其本身中和轴的惯性矩和墙长；
　　　n——计算时每一层墙侧向约束个数。

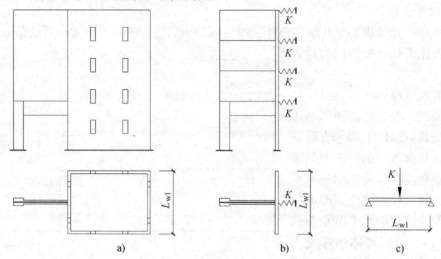

图 10-12　支撑与侧向边界的简化（一）
a）计算模型　b）简化计算模型　c）弹簧劲度系数计算示意

2）当转换梁布置在筒体端部墙体上时（图 10-13a），则可按图 10-13b 进行简化，其中等效约束处理后的侧向弹性支撑的弹簧劲度系数可按式（10-11）计算。

$$K = \frac{6E_c I_{w2}}{n L_{w2}^3} \tag{10-11}$$

式中　I_{w2}、L_{w2}——墙体 W_2 对其本身中和轴的惯性矩和墙长；

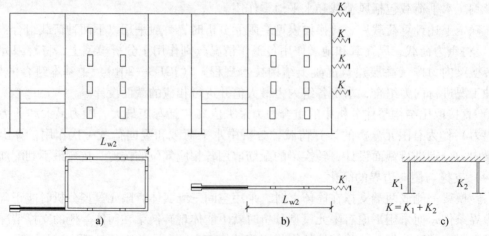

图 10-13　支撑与侧向边界的简化（二）
a）计算模型　b）简化计算模型　c）弹簧劲度系数计算示意

其余符号同前。

(5) 支撑约束条件的简化

分析表明，梁式转换层结构有限元分析时，下部结构支柱下端的约束条件选取铰接或固接对转换梁应力及内力的计算结果有较大的影响。在梁式转换层结构进行有限元分析时，具体选用何种约束条件为宜，这主要与转换梁下部框支层层数有关。实际结构设计时，当转换梁下部框支层仅有一层时，可考虑支柱下部取为固接；当转换梁下部框支层有二层或二层以上时，可考虑支柱下部取为铰接。

145. 转换梁设计中有哪些规定？

转换梁受力复杂，为保证转换梁安全可靠，在框支梁和托柱转换梁设计时，必须注意其构造要求。

(1) 转换梁的截面尺寸

转换梁与转换柱截面中线宜重合。

转换梁的截面尺寸可按下列构造要求确定：

转换梁的截面高度不宜小于 $L/8$（L 为转换梁计算跨度）。

托柱转换梁的截面宽度不应小于其上所托柱在梁宽方向的截面宽度。

框支梁的截面宽度 $\geqslant \begin{cases} 2b_w \ (b_w \text{ 为上部剪力墙厚度}) \\ 400\text{mm} \end{cases}$，且不宜大于框支柱相应方向的截面宽度。

转换梁的截面尺寸是根据其抗剪承载力要求决定的，抗弯对截面的要求并不是控制因素。转换梁截面组合的最大剪力设计值应符合下列要求：

持久、短暂设计状况： $\qquad V_b \leqslant 0.20\beta_c f_c b_b h_{b0}$ \hfill (10-12)

地震设计状况： $\qquad V_b \leqslant \dfrac{1}{\gamma_{RE}}(0.15\beta_c f_c b_b h_{b0})$ \hfill (10-13)

式中 V_b——转换梁端部剪力的设计值；

b_b、h_{b0}——转换梁截面宽度、截面有效高度；

f_c——转换梁混凝土抗压强度设计值；

γ_{RE}——转换梁受剪承载力抗震调整系数，$\gamma_{RE} = 0.85$。

在估算转换梁截面时，考虑到转换梁上部受力的不对称性以及其他一些不利因素的影响，梁端部剪力设计值可按下列原则选取：

1) 当框支梁上部墙体满跨不开洞或开洞较少时，可取
$$V_b = (0.25 \sim 0.35)G$$

2) 当框支梁上部墙体一侧满跨、另一侧不满跨时，可取
$$V_b = (0.35 \sim 0.45)G$$

3) 当框支梁上部墙体两侧都不满跨时，可取
$$V_b = (0.5 \sim 0.6)G$$

其中，G——框支梁上所受的全部竖向荷载设计值。

当框支梁端部剪压比不满足规定时，可采用加腋梁，一方面可保证转换梁的抗剪承载力，另一方面也可有效地降低其截面尺寸，增加建筑物的使用空间。工程结构中转换梁可采

用水平加腋（图10-14a）及垂直加腋（图10-14b）两种形式。

（2）框支层一般梁的剪力增大系数同一般框架梁，即特一级、一级、二级、三级抗震设计时，梁端部截面组合剪力增大系数 η_{vb} 分别取1.56、1.3、1.2和1.1。

（3）转换梁不宜开洞。若需开洞，洞口边离开支座柱边的距离不宜小于梁截面高度；被洞口削弱的截面应进行承载力计算，因开洞形成的上、下弦杆应加强纵向钢筋和抗剪箍筋的配置。

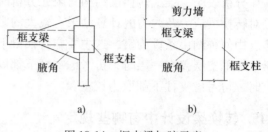

图10-14 框支梁加腋示意
a）水平腋角 b）垂直腋角

（4）转换梁的纵向钢筋

转换梁纵向钢筋应按以下要求配置：

1）转换梁上、下部纵向钢筋的最小配筋率，非抗震设计时不应小于0.30%；抗震设计时，特一级、一级和二级抗震等级分别不应小于0.60%、0.50%、0.40%。

2）转换梁纵向钢筋不宜有接头；有接头时，宜采用机械连接，且同一连接区段内接头钢筋截面面积不宜超过全部钢筋截面面积的50%。接头位置应避开上部剪力墙体开洞部位、梁上托柱部位及受力较大部位。

3）偏心受拉的转换梁（一般为框支梁），截面受拉区域较大，甚至全截面受拉，因此，除了按偏心受拉构件承载力计算配置钢筋外，加强梁跨中区段顶面纵向钢筋以及两侧面腰筋的最低构造要求非常必要。

偏心受拉的转换梁的支座上部纵向钢筋至少应有50%沿梁全长贯通，下部纵向钢筋应全部贯通伸入柱内；沿梁腹板高度应配置间距不大于200mm、直径不小于16mm的腰筋，即 $\geqslant 2\phi16@200$。

4）非偏心受拉转换梁应沿腹板高度配置腰筋，其直径不宜小于12mm，间距不宜大于200mm，即 $\geqslant 2\phi12@200$。

5）对托柱转换梁在托柱部位承受较大的剪力和弯矩，其箍筋硬加密配置（图10-15a）。框支梁多数情况下为偏心受拉构件，并承受较大剪力；框支梁上墙体开有边门洞时，往往形成小墙肢，此小墙肢的应力集中尤为突出，而边门洞部位框支梁应力急剧加大。在水平荷载作用下，上部有边门洞框支梁的弯矩约为上部无边门洞框支梁弯矩的3倍，剪力也约为3倍，因此，除小墙肢应加强外，边门洞墙边部位对应的框支梁的抗剪能力也应加强，箍筋应加密配置（图10-15b）。

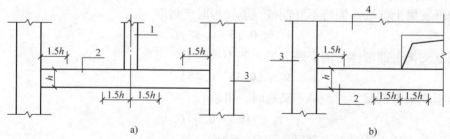

图10-15 托柱转换梁、框支梁箍筋加密区示意
1—梁上托柱 2—转换梁 3—转换柱 4—框支剪力墙

离柱边 1.5 倍梁截面高度范围内的梁箍筋应加密，加密区箍筋直径不应小于 10mm，间距不应大于 100mm。加密区箍筋的最小面积配筋率，非抗震设计时不应小于 $0.9f_t/f_{yv}$；抗震设计时，特一级、一级和二级分别不应小于 $1.3f_t/f_{yv}$、$1.2f_t/f_{yv}$ 和 $1.1f_t/f_{yv}$。

6) 对于托柱转换梁，在转换层宜在托柱位置设置承担正交方向柱底弯矩的楼面梁或框架梁，避免转换梁承受过大的扭矩作用。

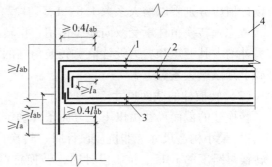

图 10-16 框支梁主筋和腰筋的锚固
(注：抗震设计时图中 l_a、l_{ab} 应取为 l_{aE}、l_{abE})
1—梁上部纵向钢筋 2—梁腰筋 3—梁下部纵向钢筋 4—上部剪力墙

7) 框支剪力墙结构中的框支梁上、下纵向钢筋和腰筋（图 10-16）应在节点区可靠锚固，水平段应伸至柱边，且非抗震设计时不应小于 $0.4l_{ab}$，抗震设计时不应小于 $0.4l_{abE}$，梁上部第一排纵向钢筋应向柱内弯折锚固，且应延伸过梁底不小于（非抗震设计）或（抗震设计）；当梁上部配置多排纵向钢筋时，其内排钢筋锚入柱内的长度可适当减小，但水平段长度和弯下段长度之和不应小于钢筋锚固长度 l_a（非抗震设计）或 l_{aE}（抗震设计）。

8) 转换梁混凝土强度等级。转换梁的混凝土强度等级不应低于 C30。

146. 转换柱设计中有哪些规定？

(1) 地震作用下转换柱内力调整

1) 剪力调整。按"强剪弱弯"的设计概念，对转换柱的截面剪力设计值应予以调整增大。《高层建筑混凝土结构技术规程》（JGJ 3—2010）第 10.2.11 款第 4 条规定，特一级、一级、二级抗震等级与转换构件相连的柱上端和底层柱下端的剪力组合值分别乘以增大系数 (η_{vc}) 1.68、1.4、1.2；其他层转换柱剪力组合设计值应分别乘以增大系数 (η_{vc}) 1.68、1.4、1.2。

转换柱截面剪力增大是在柱端弯矩增大的基础上再增大，实际增大系数可取弯矩增大系数和剪力增大系数的乘积，即

特一级、一级、二级抗震等级与转换构件相连的柱上端和底层柱下端的剪力实际增大系数分别为 $1.8 \times 1.68 = 3.02$、$1.5 \times 1.4 = 2.1$、$1.3 \times 1.2 = 1.56$；其他层转换柱剪力实际增大系数分别为 $1.68 \times 1.68 = 2.82$、$1.4 \times 1.4 = 1.96$、$1.2 \times 1.2 = 1.44$。

2) 弯矩调整。按"强柱弱梁"的设计概念，转换柱柱端弯矩设计值应予以调整增大。《高层建筑混凝土结构技术规程》（JGJ 3—2010）第 10.2.11 款第 3 条规定，特一级、一级、二级抗震等级与转换构件相连的柱上端和底层柱下端截面的弯矩组合值分别乘以增大系数 (η_c) 1.8、1.5、1.3，其他层转换柱柱端弯矩设计值按下列公式予以调整：

$$\sum M_c = \eta_c \sum M_b \tag{10-14}$$

式中 $\sum M_c$——节点上下柱端截面顺时针或逆时针方向组合弯矩设计值之和；

$\sum M_b$——节点左右梁端截面逆时针或顺时针方向组合弯矩设计值之和；

η_c——柱端弯矩增大系数，特一级、一级、二级抗震等级分别取 1.68、1.4、1.2。

3) 轴力调整。抗震设计时，转换柱截面主要由轴压比控制并要满足剪压比的要求。为

增大转换柱的安全性，有地震作用组合时，特一级、一级、二级转换柱由地震作用产生的轴力设计值应分别乘以增大系数1.8、1.5、1.2，但计算柱轴压比 n 时不宜考虑该增大系数。

考虑到转换角柱承受双向地震作用，扭转效应对内力影响较大，且受力复杂，在设计中宜另外增大其弯矩和剪力设计值。转换角柱的弯矩设计值和剪力设计值应分别在前述转换柱基础上乘以增大系数1.1。

（2）转换柱的截面尺寸

转换柱的截面尺寸由以下三方面条件确定：

1）最小构造尺寸。非抗震设计时，转换柱截面宽度不宜小于400mm，截面高度不宜小于转换梁跨度的1/15；抗震设计时，转换柱截面宽度不宜小于450mm，截面高度不宜小于转换梁跨度的1/12。

2）转换柱要求比一般框架柱有更大的延性和抗倒塌能力，所以对轴压比 n 有更严格的要求。转换柱的截面尺寸一般由轴压比 n 计算确定，其限值见表10-3。

表10-3 转换柱轴压比 n 限值

轴压比	一级			二级		
	≤C60	C65~C70	C75~C80	≤C60	C65~C70	C75~C80
N_{max}/f_cA_c	0.60	0.55	0.50	0.70	0.65	0.60

注：1. 轴压比指考虑地震作用组合的轴压力设计值与全截面面积和混凝土轴心抗压强度设计值乘积的比值；
2. 表内数值适用于剪跨比 $\lambda > 2$ 的柱。$1.5 \leq \lambda \leq 2.0$ 的柱，其轴压比限值应比表中数值减小0.05；$\lambda < 1.5$ 的柱，其轴压比限值应专门研究并采取特殊构造措施。

当转换柱沿全高箍筋采用井字复合箍、复合螺旋箍、连续复合螺旋箍形式，或在柱截面中部设置配筋芯柱，且配筋满足一定要求时，柱的延性性能有不同程度的提高，此时柱的轴压比限值可适当放宽。但转换柱经采用上述加强措施后，其最终的轴压比限值不应大于1.05。

在估算转换柱截面尺寸时，可取 $N_{max} = (1.05 \sim 1.10)N_{CG}$。

其中，N_{CG}——重力荷载产生的轴力设计值；

系数（1.05~1.10）——考虑水平地震作用（或风载）产生的轴向力的附加值。

3）抗剪承载力要求

持久、短暂设计状况：
$$V_c \leq 0.20\beta_c f_c b_c h_{c0} \tag{10-15a}$$

地震设计状况：
$$V_c \leq \frac{1}{\gamma_{RE}}(0.15\beta_c f_c b_c h_{c0}) \tag{10-15b}$$

式中 V_c——转换柱端部剪力的设计值；

b_c、h_{c0}——转换柱截面宽度、截面有效高度；

其余符号同前。

如果转换柱不满足轴压比限值或抗剪承载力要求，则应加大截面尺寸或提高混凝土强度等级。

转换柱的混凝土强度等级不应低于C30。

（3）纵向钢筋

特一级转换柱宜采用型钢混凝土柱、钢管混凝土柱。转换柱的内全部纵向钢筋配筋率应符合表10-4的规定。

第十章 转换层结构

表 10-4 转换柱纵向受力钢筋最小配筋率百分数（%）

抗震等级	特一级		一级		二级		非抗震设计	
混凝土强度等级	≤C60	>C60	≤C60	>C60	≤C60	>C60	≤C60	>C60
最小配筋率	1.6	1.7	1.1	1.2	0.9	1.0	0.7	0.8

注：采用 335MPa 级、400MPa 级纵向受力钢筋时，应分别按表中数值增加 0.1 和 0.05 采用。

抗震设计时，柱内全部纵向钢筋配筋率不宜大于 4.0%。

纵向钢筋的间距，抗震设计时不宜大于 200mm；非抗震设计时不大于 250mm，且均不应小于 80mm。

转换柱纵筋在框支层内不宜设接头，若需设置，其接头率≤25%，且接头位置离开节点区≥500mm，接头宜采用机械连接。

部分框支剪力墙结构中的框支柱在上部墙体范围内的纵向钢筋应伸入上部墙体内不少于一层，其余柱纵筋应锚入转换层梁内或板内。锚入梁内、板内的钢筋长度，从柱边算起不应小于 l_{aE}（抗震设计）或 l_a（非抗震设计）。

框支柱钢筋在柱顶锚固要求见图 10-17，能伸入上部墙体的钢筋尽量伸入墙体，不能伸入墙体的钢筋在梁内锚固。

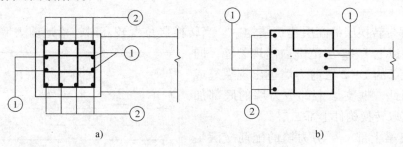

图 10-17 框支柱纵向钢筋锚固要求

注：①号筋应尽量伸入上层墙内作为上一层墙体的端部筋；②号筋锚入底层楼板内长度≥l_{aE}。当上层墙带翼缘时，②号筋也应尽量伸入上层墙体内（图 10-17b）

（4）箍筋

抗震设计时，转换柱箍筋应采用复合螺旋箍筋或井字复合箍筋，并沿全高加密，箍筋直径不应小于 10mm，箍筋间距不应大于 100mm 和 6d（d 为纵向钢筋直径）的较小值。

非抗震设计时，转换柱箍筋宜采用复合螺旋箍筋或井字复合箍筋，箍筋的体积配筋率不宜小于 0.8%，箍筋直径不宜小于 10mm，箍筋间距不宜大于 150mm。

柱箍筋加密区箍筋的体积配筋率应符合下列要求：

$$\rho_v = \lambda_v \frac{f_c}{f_{yv}} \tag{10-16}$$

式中 λ_v——柱最小配箍特征值；

f_c——混凝土轴心抗压强度设计值，当混凝土强度等级低于 C35 时，应按 C35 计算；

f_{yv}——柱箍筋或拉筋的抗拉强度设计值。

抗震设计时，特一级转换柱加密区的配箍特征值 λ_v 应比框架柱加密区的配箍特征值增加 0.03，且柱箍筋体积配箍率 ρ_v 不应小于 1.6%。转换柱的箍筋配箍特征值 λ_v 应比普通框架柱的箍筋配箍特征值增加 0.02，且箍筋体积配箍率 ρ_v 不应小于 1.5%。

(5) 转换梁、柱节点区水平箍筋

抗震设计时,转换梁、柱节点核心区应进行抗震验算,节点应符合构造措施要求。

转换梁、柱节点核心区应设置水平箍筋,一级、二级、三级转换梁、柱节点核心区配箍特征值分别不宜小于 0.12、0.10、和 0.08,且箍筋体积配箍率分别不宜小于 0.6%、0.5% 和 0.4%。

147. 部分框支剪力墙结构框支梁上部剪力墙、筒体设计中有哪些规定?

(1) 上部剪力墙、筒体布置时,应注意其整体空间的完整性和延性,注意外墙尽量设置转角翼缘,注意门窗洞尽量居于框支梁跨中,应尽量避免无连梁相连的延性较差的秃墙。满足上述条件的上部剪力墙、筒体轴压比限值见表10-5。

表 10-5 上部剪力墙、筒体轴压比限值

轴压比	抗震设计			非抗震设计
	一级	二级	三级	
$N_{max}/f_c A_c$	0.55	0.60	0.65	0.70

注: N_{max} 为重力荷载作用下上部剪力墙承受的轴压力设计值; A_c 为上部剪力墙截面面积; f_c 为混凝土轴心抗压强度设计值。

(2) 底部带转换层的高层建筑结构中,当转换层位置较高时,落地剪力墙往往从其墙底部到转换层以上 1~2 层范围内出现裂缝,同时转换构件上部的 1~2 层剪力墙也出现裂缝或局部破坏。因此,框支梁上部剪力墙的底部加强部位范围宜取转换构件上部二层。

(3) 框支梁上部一层剪力墙的配筋应满足式 (10-17)~式 (10-19) 的要求 (图 10-18):

1) 柱上墙体的端部竖向钢筋 A_s:

$$A_s = h_c b_w (\sigma_{01} - f_c)/f_y \quad (10\text{-}17)$$

2) 柱边 $0.2l_n$ 宽度范围内的竖向分布钢筋 A_{sw}:

$$A_{sw} = 0.2 l_n b_w (\sigma_{02} - f_c)/f_{yw} \quad (10\text{-}18)$$

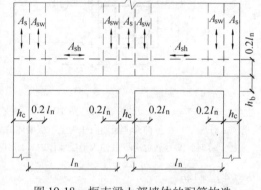

图 10-18 框支梁上部墙体的配筋构造

3) 框支梁上方 $0.2l_n$ 高度范围内水平钢筋 A_{sh}:

$$A_{sh} = 0.2 l_n b_w \sigma_{xmax}/f_{yh} \quad (10\text{-}19)$$

式中 l_n——框支梁净跨;

h_c——框支柱截面高度;

b_w——墙截面厚度;

σ_{01}——柱上墙体 h_c 范围内考虑风荷载、地震作用组合的平均压应力设计值;

σ_{02}——柱边墙体 $0.2l_n$ 范围内考虑风荷载、地震作用组合的平均压应力设计值;

σ_{xmax}——框支梁与墙体交接面上考虑风荷载、地震作用组合的拉应力设计值。

有地震作用组合时,式 (10-17)~式 (10-19) 中的 σ_{01}、σ_{02}、σ_{xmax} 均应乘以 γ_{RE}, $\gamma_{RE} = 0.85$。

(4) 框支梁上部的墙体开有边门洞时,洞边墙体宜设置翼缘墙、端柱或加厚 (图 10-19),并应按《高层建筑混凝土结构技术规程》(JGJ 3—2010) 有关约束边缘构件的要求进

行配筋设计。

当洞口靠近框支梁端部且梁的受剪承载力不满足要求时，可采取框支梁加腋或增大墙洞口连梁刚度等措施。

（5）框支梁上墙体竖向钢筋在转换梁内的锚固长度，抗震设计时不应小于 l_{aE}，非抗震设计时不应小于 l_a。锚固长度自框支梁顶面起计，且末端另加水平弯脚 $10d$。

（6）转换梁与其上部墙体的水平施工缝处的抗滑移能力宜符合下列要求：

$$V_{wj} \leq \frac{1}{\gamma_{RE}}(0.6f_y A_s + 0.8N) \tag{10-20}$$

式中 V_{wj}——水平施工缝处考虑地震作用组合的剪力设计值；
　　　A_s——水平施工缝处剪力墙腹板内竖向分布钢筋、竖向插筋和边缘构件（不包括两侧翼墙）纵向钢筋的总截面面积；
　　　f_y——竖向钢筋抗拉强度设计值；
　　　N——水平施工缝处考虑地震作用组合的不利轴向力设计值，压力取正值，拉力取负值。

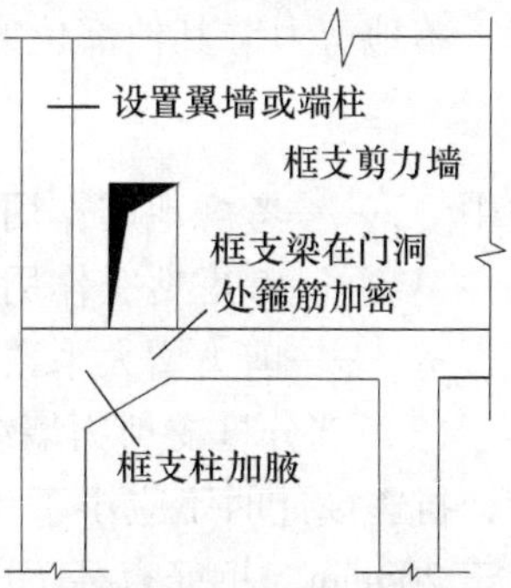

图 10-19　框支梁上墙体有边门洞时洞边墙体的构造

148. 部分框支剪力墙结构中落地剪力墙、筒体设计有哪些规定？

（1）振动台试验表明，底部带转换层的高层建筑结构，当转换层位置较高时，落地剪力墙往往从其墙底部到转换层以上 1~2 层范围内出现裂缝，同时转换构件上部的 1~2 层剪力墙也出现裂缝或局部破坏。因此，落地剪力墙、筒体底部加强部位的高度可取框支层加上框支层以上二层及墙肢总高度的 1/10 二者的较大值。

（2）地震作用下落地剪力墙、筒体内力调整

为保证底层大空间层不首先发生破坏，应保证落地剪力墙、筒体有较高的承载力和延性，使其有较大的安全储备。

1）落地剪力墙弯矩调整。抗震设计时，落地剪力墙、筒体底部加强部位的弯矩设计值应按下式调整。

$$M = \eta_w M_w \tag{10-21}$$

式中 M——考虑地震作用组合的剪力墙底部加强部位截面的弯矩设计值；
　　　M_w——考虑地震作用组合的剪力墙底部截面弯矩设计值；
　　　η_w——弯矩增大系数，特一级为 1.8、一级为 1.5、二级为 1.3、三级为 1.1。

落地剪力墙、筒体其他部位的弯矩设计值应按下式调整。

$$M = \eta_w M_w \tag{10-22}$$

式中 M——考虑地震作用组合的剪力墙其他部位截面的弯矩设计值；
　　　M_w——考虑地震作用组合的剪力墙各截面弯矩设计值；
　　　η_w——弯矩增大系数，特一级为 1.3、一级为 1.2、二级为 1.0。

2）落地剪力墙剪力调整。抗震设计时，落地剪力墙、筒体底部加强部位的剪力设计值应按下式调整。

$$V = \eta_{vw} V_w \tag{10-23}$$

式中 V——考虑地震作用组合的剪力墙底部加强部位截面的剪力设计值；

V_w——考虑地震作用组合的剪力墙底部截面剪力设计值；

η_{vw}——剪力增大系数，特一级为1.9、一级为1.6、二级为1.4、三级为1.2。

落地剪力墙其他部位的剪力设计值按下式调整。

$$V = \eta_{vw} V_w \tag{10-24}$$

式中 V——考虑地震作用组合的剪力墙其他部位截面的剪力设计值；

V_w——考虑地震作用组合的剪力墙各截面剪力设计值；

η_{vw}——剪力增大系数，特一级为1.4、一级为1.0、二级为1.0。

（3）部分框支剪力墙结构，剪力墙底部加强部位墙体的水平和竖向分布钢筋最小配筋率，抗震设计时不应小于0.3%，非抗震设计时不应小于0.25%；抗震设计时钢筋间距不应大于200mm，钢筋直径不应小于8mm。

（4）落地剪力墙、筒体截面限制条件

部分框支剪力墙结构的落地剪力墙的墙肢不宜出现偏心受拉。落地剪力墙、筒体截面一般由其轴压比确定，其限值见表10-6。

表10-6 落地剪力墙、筒体轴压比限值

轴压比	抗震设计			非抗震设计
	一级	二级	三级	
$N_{max}/f_c A_c$	0.45	0.50	0.55	0.60

注：N_{max}——重力荷载代表值作用下落地剪力墙、筒体承受的轴压力设计值；

A_c——落地剪力墙、筒体整体截面总净面积；

f_c——混凝土轴心抗压强度设计值。

落地剪力墙、筒体截面的受剪承载力应符合下列要求：

持久、短暂设计状况

$$V_w \leq 0.25 \beta_c f_c b_w h_{w0} \tag{10-25}$$

地震设计状况

剪跨比 $\lambda > 2.5$ 时

$$V_w \leq \frac{1}{\gamma_{RE}} (0.20 \beta_c f_c b_w h_{w0}) \tag{10-26a}$$

剪跨比 $\lambda \leq 2.5$ 时

$$V_w \leq \frac{1}{\gamma_{RE}} (0.15 \beta_c f_c b_w h_{w0}) \tag{10-26b}$$

式中 V_w——剪力墙截面剪力设计值；

h_{w0}——剪力墙截面有效高度；

β_c——混凝土强度影响系数；

λ——计算截面处的剪跨比，即 $\lambda = M^c/(V^c h_{w0})$，其中 M^c、V^c 应分别取与 V_w 同一组合的、未按《高层建筑混凝土结构技术规程》（JGJ 3—2010）有关规定进行调整的弯矩和剪力计算值。

（5）落地剪力墙、筒体宜均匀设置。长矩形平面建筑中落地剪力墙的间距 L 宜符合以下规定：

$L \leq 3B$ 且 $L \leq 36m$（非抗震设计）

$L \leq 2B$ 且 $L \leq 24m$（抗震设计、底部为1~2层框支层）

$L \leq 1.5B$ 且 $L \leq 20m$（抗震设计、底部为3层及3层以上框支层）

其中，B——落地剪力墙之间楼盖的平均宽度。

(6) 落地剪力墙、筒体的构造要求

部分框支剪力墙结构的剪力墙底部加强部位，墙体两端宜设置翼墙或端柱，尚应按表 10-7 的规定设置约束边缘构件。

约束边缘构件内箍筋或拉筋沿竖向的间距，特一级和一级时不宜大于 100mm，二级、三级时不宜大于 150mm；箍筋、拉筋盐水平方向的肢距不宜大于 300mm，不应大于竖向钢筋间距的 2 倍。

表 10-7　约束边缘构件沿墙肢的长度 l_c 及其配箍特征值 λ_v

项　　目	一级(9度)		一级(7度、8度)		二级、三级	
	$\mu_N \leq 0.2$	$\mu_N > 0.2$	$\mu_N \leq 0.3$	$\mu_N > 0.3$	$\mu_N \leq 0.4$	$\mu_N > 0.4$
l_c (翼墙或端柱)	$0.15h_w$	$0.20h_w$	$0.10h_w$	$0.15h_w$	$0.10h_w$	$0.15h_w$
λ_v	0.12	0.20	0.12	0.20	0.12	0.20

注：1. μ_N 为墙肢在重力荷载代表值作用下的轴压比，h_w 为墙肢的长度。
2. 剪力墙的翼墙长度小于翼墙厚度的 3 倍或端柱截面边长小于墙厚的 2 倍时按无翼墙、无端柱查表。
3. l_c 为约束边缘构件沿墙肢方向的长度，不应小于表中的数值、$1.5b_w$ 和 450mm 三者的较大值，有翼墙或端柱时尚不应小于翼墙厚度或端柱沿墙肢方向截面高度加 300mm。

约束边缘构件阴影部分的竖向钢筋除应满足正截面受压（拉）承载力计算要求外，其配筋率一级、二级、三级抗震设计时分别不应小于图 6-10 中阴影面积的 1.2%、1.0% 和 1.0%，并分别不应小于 $8\phi16$、$6\phi16$ 和 $6\phi14$（ϕ 表示钢筋直径）。约束边缘构件中的纵向钢筋宜采用 HRB335 或 HRB400 钢筋。

(7) 当地基土较弱或基础刚度和整体性较差，在地震作用下剪力墙基础可能产生较大的转动，对框支剪力墙结构的内力和位移均会产生不利的影响。因此部分框支剪力墙结构的落地剪力墙基础应具有良好的整体性和抗转动的能力。

149. 如何选择转换梁的截面设计方法？

(1) 转换梁的截面设计方法

目前国内结构设计工作者普遍采用的转换梁截面设计方法主要有：

1) 普通梁截面设计方法。直接取用高层建筑结构三维空间分析软件（空间杆系、空间杆—薄壁杆系、空间杆—墙元及其他组合有限元等）计算出的转换梁内力结果，按普通梁进行受弯构件承载力计算。

2) 偏心受拉构件截面设计方法。按偏心受拉构件进行截面设计的关键是如何将有限元分析得到的转换梁截面上的应力换算成截面内力，但这是一种比较麻烦的事情。分析表明，可按式（10-4）~式（10-6）将转换梁的截面应力换算成截面内力。根据转换梁的截面内力（M，N）按偏心受拉构件进行正截面承载力计算，根据剪力 V 进行斜截面受剪承载力计算。

3) 深梁截面设计方法　实际工程中转换梁的高跨比 $h_b/l = 1/8 \sim 1/6$，因此转换梁是一种介于普通梁和深梁之间的梁，尤其是框支转换梁，其受力和破坏特征类似于深梁。

当转换梁承托的上部墙体满跨或基本满跨时，转换梁与上部墙体之间共同工作的能力较强，此时上部墙体和转换梁的受力如同一倒 T 形深梁，转换梁为该组合深梁的受拉翼缘，跨中区存在很大的轴向拉力，此时转换梁就不能按普通梁进行截面设计，但如果将倒 T 形深梁的受拉区部分划出来按偏心受拉构件进行截面设计，计算出的纵向受力钢筋的配筋量偏少，不满足承载力要求。

分析表明：当转换梁承托的上部墙体满跨或基本满跨时，转换梁与上部墙体之间共同工作的能力较强，此时上部墙体和转换梁的受力特征如同一倒 T 形深梁，转换梁为该组合深梁的受拉翼缘，跨中区存在很大的轴向拉力，此时转换梁宜按倒 T 形深梁进行截面设计。

深梁截面设计方法的关键是如何选取倒 T 形深梁的截面高度以及如何确定截面的内力臂。确定深梁截面高度的步骤如下：

①转换梁顶以上 l_n 范围内的墙体（从实际工程设计的经验来看，约为转换梁附近 3~4 层墙体）与转换梁一起组成倒 T 形深梁。

②根据有限元计算结果，取转换梁与上部墙体所组成的卸载拱的高度为深梁的截面高度，其中卸载拱上部墙体中的应力分布基本上与标准层墙体中的应力分布相同。

③取上述①、②两项的较大值作为深梁的截面高度。

计算出作用于倒 T 形深梁截面上的弯矩、剪力后，按深梁进行正截面及斜截面承载力计算。

4）应力截面设计方法。对转换梁进行有限元分析得到的结果是应力及其分布规律，为能直接应用转换梁有限元法分析后的应力大小及其分布规律进行截面的配筋计算，假定：

①不考虑混凝土的抗拉作用，所有拉力由钢筋承担；

②钢筋达到其屈服强度设计值 f_y；

③受压区混凝土的强度达轴心抗压强度设计值 f_c。

由前面计算假定及图 10-20 可得正截面配筋计算公式为

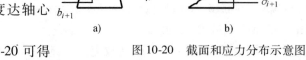

图 10-20　截面和应力分布示意图
a）截面　b）正应力分布　c）剪应力分布

受拉区条带：
$$f_y A_s = (\sigma_i + \sigma_{i+1}) b_i \frac{\Delta h_i}{2} \qquad (10\text{-}27)$$

受压区条带：
$$f_y A_s + f_c b_i \Delta h_i = (\sigma_i + \sigma_{i+1}) b_i \frac{\Delta h_i}{2} \qquad (10\text{-}28)$$

式中　b_i——所计算条带的截面宽度；

　　　Δh_i——所计算条带的高度；

　　　σ_i、σ_{i+1}——所计算条带边缘的正应力。

斜截面受剪承载力计算时，截面的设计剪力 V 按下式计算：

$$V = \sum_{i=1}^{m} (\tau_i + \tau_{i+1}) b_i \frac{\Delta h_i}{2} \qquad (10\text{-}29)$$

式中　τ_i、τ_{i+1}——所计算条带边缘的剪应力；

　　　m——截面划分的条带总数；

其余符号同前。

应力截面设计法的步骤如下：

①采用高精度有限元法计算转换梁截面沿高度方向的应力（σ_i、τ_i）；

②分别按式（10-27）、式（10-28）及式（10-29）计算出各条带中拉力或压力以及剪力；

③对每一个条带进行截面的配筋计算。

（2）转换梁截面设计方法的选择

转换梁截面设计方法的选择与其受力性能及转换层结构形式相关。

1）托柱形式转换梁截面设计。当转换梁承托上部普通框架时，在转换梁常用截面尺寸范围内，转换梁的受力基本和普通梁相同，可按普通梁截面设计方法进行配筋计算。但当转换梁承托上部斜杆框架时，转换梁将承受轴向拉力，此时应按偏心受拉构件进行截面设计。

2）托墙形式转换梁截面设计。当转换梁承托上部墙体满跨不开洞时，转换梁与上部墙体共同工作，其受力特征与破坏形态表现为深梁，此时转换梁截面设计方法宜采用深梁截面设计方法或应力截面设计方法，且计算出的纵向钢筋应沿全梁高适当分布配置。由于此时转换梁跨中较大范围内的内力比较大，故底部纵向钢筋不宜截断和弯起，应全部伸入支座。

当转换梁承托上部墙体满跨且开较多门窗洞或不满跨但剪力墙的长度较大时，转换梁截面设计也宜采用深梁截面设计方法或应力截面设计方法，纵向钢筋的布置则沿梁下部适当分布配置，且底部纵向钢筋不宜截断和弯起，应全部伸入支座。

当转换梁承托上部墙体为小墙肢时，转换梁基本上可按普通梁的截面设计方法进行配筋计算，纵向钢筋可按普通梁集中布置在转换梁的底部。

150. 《规程》(JGJ 3—2010)中带转换层结构底部加强部位结构内力调整增大系数与《规程》(JGJ 3—2002)、《规程》(JGJ 3—1991)相比较有哪些不同？

底部加强部位结构内力调整增大的各项规定汇总于表 10-8 中，并与《钢筋混凝土高层建筑结构设计与施工规程》（JGJ 3—1991）、《高层建筑混凝土结构技术规程》（JGJ 3—2002）的规定作了比较。

表 10-8 底部加强部位结构内力调整增大系数

项　目	JGJ 3—2010	JGJ 3—2002	JGJ 3—1991
底部加强部位的范围	[第 10.2.2 条] 剪力墙底部加强部位的高度应从地下室顶板算起，转换层以上两层且不宜小于房屋高度的 1/10	[第 10.2.4 条] 框支层加上框支层以上两层的高度及墙肢总高度的 1/8 二者的较大值	[第 5.4.10、5.3.15 条] 框支层加上框支层以上一层的高度及墙肢总高度的 1/8 二者的较大值
薄弱层的地震剪力增大	[第 3.5.8 条] 转换层的地震剪力乘以 1.25 的增大系数	[第 10.2.6 条] 转换层的地震剪力乘以 1.15 的增大系数	无此规定
框支柱承受的地震剪力标准值增大	[第 10.2.17 条] 与 JGJ 3—2002 的规定相同	[第 10.2.7 条] 框支层为 1~2 层：框支柱的数目少于 10 根时，每根柱所受的剪力至少取基底剪力的 2%；框支柱的数目多于 10 根时，柱子承受的剪力之和至少取基底剪力的 20%	[第 4.6.1 条] 框支柱的数目少于 10 根时，每根柱所受的剪力至少取基底剪力的 2%；框支柱的数目多于 10 根时，柱子承受的剪力至少取基底剪力的 30%
	[第 10.2.17 条] 与 JGJ 3—2002 的规定相同	[第 10.2.7 条] 框支层为 3 层及 3 层以上 框支柱的数目少于 10 根时，每根柱所受的剪力至少取基底剪力的 3%；框支柱的数目多于 10 根时，柱子承受的剪力至少取基底剪力的 30%	无此规定

(续)

项　目	JGJ 3—2010	JGJ 3—2002	JGJ 3—1991
底部加强部位抗震等级	[表3.9.4] B级高度高层建筑结构： 8度特一级； 7度框支框架特一级，剪力墙一级； 6度一级	[表4.8.3] B级高度房屋的抗震等级： 8度特一级； 7度框支框架特一级，剪力墙一级； 6度一级	无此规定
	[第10.2.6条] 转换层在3层及3层以上时，抗震等级均比《规程》表3.9.3和表3.9.4的规定提高一级采用，已为特一级时可不提高	[第10.2.5条] 转换层在3层及3层以上时，抗震等级均比《规程》表4.8.2和表4.8.3的规定提高一级，已为特一级的不再提高	无此规定
	转换层以上二层剪力墙属底部加强部位，其抗震等级采用底部加强部位剪力墙的抗震等级	转换层构件上部二层剪力墙属底部加强部位，其抗震等级采用底部加强部位剪力墙的抗震等级	无此规定。原规程规定转换梁上部的剪力墙抗震等级按一般剪力墙的抗震等级采用
按"强柱弱梁"的设计概念，框支柱柱端弯矩设计值乘以增大系数	[第3.10.4、10.2.11(3)条] 底层柱下端弯矩以及与转换构件相连的柱的上端弯矩 特一级：1.8 一级：1.5 二级：1.3	[第4.9.2、10.2.12(3)条] 底层柱下端弯矩以及与转换构件相连的柱的上端弯矩 特一级：1.8 一级：1.5 二级：1.25	[第5.2.8条] 底层框支结构，底层框支柱上、下端弯矩 无特一级 一级：1.5 二级：1.25
	[第3.10.4、6.2.3条] 其他层框支柱柱端弯矩 特一级：1.68 一级：1.4 二级：1.2	[第4.9.2、6.2.1条] 其他层框支柱柱端弯矩 特一级：1.68 一级：1.4 二级：1.2	[第5.2.6条] 其他层框支柱柱端弯矩 无特一级 一级：$1.1\lambda_1$ ⊖ 二级：1.1
框支柱由地震产生的轴力乘以增大系数	[第3.10.4、10.2.11(2)条] 特一级：1.8 一级：1.5 二级：1.2	[第4.9.2、10.2.12(6)条] 特一级：1.8 一级：1.5 二级：1.2	[第5.4.4条] 框支柱轴力组合设计值乘以增大系数1.2
按"强剪弱弯"的设计概念，对框支柱的剪力设计值乘以增大系数	[第3.10.4、6.2.3、10.2.11(4)条] 底层柱以及与转换构件相连柱： 特一级：$1.8 \times 1.68 = 3.02$ 一级：$1.5 \times 1.4 = 2.1$ 二级：$1.3 \times 1.2 = 1.56$	[第4.9.2、6.2.3、10.2.12(4)条] 底层柱以及与转换构件相连柱： 特一级：$1.8 \times 1.68 = 3.02$ 一级：$1.5 \times 1.4 = 2.1$ 二级：$1.25 \times 1.2 = 1.5$	[第5.2.9条] 底层柱 无特一级 一级：$1.5 \times 1.1\lambda_1 = 1.65\lambda_1$ 二级：$1.25 \times 1.1 = 1.38$
	[第3.10.4、6.2.3、10.2.11(4)条] 其他层柱 特一级：$1.68 \times 1.68 = 2.82$ 一级：$1.4 \times 1.4 = 1.96$ 二级：$1.2 \times 1.2 = 1.44$	[第4.9.2、6.2.3、10.2.12(4)条] 其他层柱 特一级：$1.68 \times 1.68 = 2.82$ 一级：$1.4 \times 1.4 = 1.96$ 二级：$1.2 \times 1.2 = 1.44$	[第5.2.9条] 其他层柱 无特一级 一级：$1.25 \times 1.1\lambda_1 = 1.375\lambda_1$ 二级：$1.1 \times 1.1 = 1.21$

⊖ λ_1 为同一节点左右梁端弯矩实配增大系数，可取梁端纵向受拉钢筋实配面积之和与计算配筋面积之和比值的1.1倍，或经分析比较后确定。

第十章 转换层结构

（续）

项　　目	JGJ 3—2010	JGJ 3—2002	JGJ 3—1991
转换构件内力增大系数	［第10.2.4条］ 水平地震作用产生的计算内力： 　特一级：1.9 　一级：1.6 　二级：1.3 ［第4.3.2、4.3.15条］ 7度(0.15g)、8度抗震设计时应计入竖向地震作用，不宜小于结构或构件承受的重力荷载代表值乘以竖向地震作用系数［7度(0.15g)：0.08；8度(0.20g)：0.10；8度(0.30g)：0.15］	［第10.2.6条］ 水平地震作用产生的计算内力： 　特一级：1.8 　一级：1.5 　二级：1.25 ［第3.3.2、3.3.15条］ 8度设防时，可取结构或构件承受的重力荷载代表值乘以竖向地震作用系数1.1	无此规定 无此规定
框支层一般梁的剪力增大系数	［第3.10.4、6.2.1条］ 　特一级：1.43 　一级：1.3 　二级：1.2	［第4.9.2、6.2.5条］ 　特一级：1.43 　一级：1.3 　二级：1.2	［第5.2.26条］ 无特一级 　一级：$1.05\gamma_b^\ominus$ 　二级：1.05
落地剪力墙底部加强部位弯矩调整	［第10.2.18条］ 取底部截面组合弯矩设计值乘以增大系数 　特一级：1.8 　一级：1.5 　二级：1.3 　三级：1.1	［第10.2.14条］ 取底部截面组合弯矩设计值乘以增大系数 　特一级：1.8 　一级：1.5 　二级：1.25	［第5.4.6条］ 取底部截面组合弯矩设计值乘以增大系数 无特一级 一级：$\left(\dfrac{M_{2wua}}{M_2}, 1.5\right)_{max}^\ominus$ 二级：$\left(\dfrac{M_{2wua}}{M_2}, 1.5\right)_{max}^\ominus$
落地剪力墙其他部位弯矩调整	［第3.10.5、7.2.5条］ 取底部截面组合弯矩设计值乘以增大系数 　特一级：1.3 　一级：1.2 　二级：1.0	［第4.9.2、7.2.6条］ 取底部截面组合弯矩设计值乘以增大系数 　特一级：1.3 　一级：1.2 　二级：1.0	无此规定
落地剪力墙底部加强部位剪力调整	［第3.10.5、7.2.6、10.2.18条］ 按各截面的剪力计算值乘以增大系数 　特一级：1.9 　一级：1.6 　二级：1.4	［第4.9.2、7.2.10、10.2.14条］ 按各截面的剪力计算值乘以增大系数 　特一级：1.9 　一级：1.6 　二级：1.4	［第5.4.9条］ 按各截面的剪力计算值乘以增大系数 无特一级 一级：1.25 二级：1.25
落地剪力墙其他部位剪力调整	［第3.10.5条］ 按各截面的剪力计算值乘以增大系数 　特一级：1.4 　一级：1.0 　二级：1.0	［第4.9.2条］ 按各截面的剪力计算值乘以增大系数 　特一级：1.2 　一级：1.0 　二级：1.0	无此规定

注：框支角柱在一般框支柱弯矩和剪力增大的基础上再乘以1.1的增大系数。

⊖ γ_b 为梁的实配增大系数，可取梁的左右端纵向受拉钢筋实配面积之和与计算配筋面积之和的比值1.1倍，或经分析比较后确定。

⊜ M_{2wua} 为落地剪力墙在转换层以上一层墙体底部截面按实配钢筋计算的正截面抗震受弯承载力对应的弯矩值；M_2 为落地剪力墙在转换层以上一层墙体底部截面的弯矩设计值。

151. 《规程》(JGJ 3—2010)中带转换层结构底部加强部位结构构造措施与《规程》(JGJ 3—2002)、《规程》(JGJ 3—1991)相比较有哪些不同？

底部加强部位结构的构造措施分别汇总于表 10-9 中，并与《钢筋混凝土高层建筑结构设计与施工规程》(JGJ 3—1991)、《高层建筑混凝土结构技术规程》(JGJ 3—2002)的规定作了比较。

表 10-9　底部加强部位结构构造措施

项　目	JGJ 3—2010	JGJ 3—2002	JGJ 3—1991
转换柱	[第 10.2.11(6)条] 截面的组合最大剪力设计值应符合： 持久、短暂设计状况： $V \leqslant 0.2\beta_c f_c b h_0$ 地震设计状况： $V \leqslant \dfrac{1}{\gamma_{RE}}(0.15\beta_c f_c b h_0)$	[第 10.2.12(1)条] 截面的组合最大剪力设计值应符合： 无地震作用： $V \leqslant 0.2\beta_c f_c b h_0$ 有地震作用： $V \leqslant \dfrac{1}{\gamma_{RE}}(0.15\beta_c f_c b h_0)$	[第 5.2.5 条] 截面的组合最大剪力设计值应符合： 无地震作用： $V \leqslant 0.25 f_c b h_0$ 有地震作用： $V \leqslant \dfrac{1}{\gamma_{RE}}(0.20 f_c b h_0)$
转换柱	[第 3.10.4(1)(3)条] 特一级：框支柱宜采用型钢混凝土或钢管混凝土，全部纵向钢筋最小构造配筋率取 1.6%；箍筋体积配筋不应小于 1.6%	[第 4.9.2(3)条] 特一级：宜采用型钢混凝土或钢管混凝土，纵向钢筋最小配筋率 1.6%；箍筋最小体积配筋率 1.6%	无此规定
转换柱	[第 6.4.3、第 10.2.10(1)~(3)条] 一级：全部纵向钢筋最小配筋率 1.1%；箍筋体积配筋率不应小于 1.5% 二级：全部纵向钢筋最小配筋率 0.9%；箍筋体积配筋率不应小于 1.5%	[第 6.4.3、10.2.11(1)~(3)条] 一级：纵向钢筋最小配筋率 1.2%；箍筋最小体积配筋率 1.5%； 二级：纵向钢筋最小配筋率 1.0%；箍筋最小体积配筋率 1.5%	[第 5.4.4、第 5.2.17 条] 一级：全部纵向钢筋最小配筋率 1.0%；箍筋最小体积配筋率按 5.2.17 条采用； 二级：全部纵向钢筋最小配筋率 0.9%；箍筋最小体积配筋率按 5.2.17 条采用
转换柱	[第 10.2.10(9)条] 框支柱纵向钢筋在上部墙体范围内的应伸入上部墙体内不少于 1 层，其余柱纵筋应锚入转换层梁内或板内，符合锚固长度 l_a（非抗震）或 l_{aE}（抗震）	[第 10.2.12(8)条] 框支柱纵向钢筋在上部墙体范围内的应伸入上部墙体不少于 1 层，其余柱应锚入梁内或板内，符合 l_a（非抗震）或 l_{aE}（抗震）	无此规定
转换梁	[第 10.2.8(3)条] 截面的组合最大剪力设计值应符合： 持久、短暂设计状况： $V \leqslant 0.2\beta_c f_c b h_0$ 地震设计状况： $V \leqslant \dfrac{1}{\gamma_{RE}}(0.15\beta_c f_c b h_0)$	[第 10.2.9(3)条] 截面的组合最大剪力设计值应符合： 无地震作用： $V \leqslant 0.2\beta_c f_c b h_0$ 有地震作用： $V \leqslant \dfrac{1}{\gamma_{RE}}(0.15\beta_c f_c b h_0)$	[第 5.2.25 条] 截面的组合最大剪力设计值应符合： 无地震作用： $V \leqslant 0.25 f_c b h_0$ 有地震作用： $V \leqslant \dfrac{1}{\gamma_{RE}}(0.20 f_c b h_0)$

(续)

项　目	JGJ 3—2010	JGJ 3—2002	JGJ 3—1991
转换梁	[第10.2.7条] 特一级：上、下纵筋配筋率分别不应小于0.6%；加密区箍筋最小面积含箍率$1.3f_t/f_{yv}$，直径不小于$\phi10$，间距不大于100mm；托墙转换梁（框支梁）的腰筋直径不小于$\phi16$，间距不大于200mm，托柱转换梁腰筋直径不宜小于$\phi12$，间距不宜大于200mm	[第10.2.8条] 特一级：上、下纵筋配筋率分别不应小于0.6%；加密区箍筋最小面积含箍率$1.3f_t/f_{yv}$，直径不小于$\phi10$，间距不大于100mm；腰筋直径不小于$\phi16$，间距不大于200mm	无此规定
	[第10.2.7条] 一级：上、下纵筋配筋率分别不应小于0.5%，加密区箍筋最小面积含箍率$1.2f_t/f_{yv}$，直径不小于$\phi10$，间距不大于100mm；托墙转换梁（框支梁）的腰筋直径不小于$\phi16$，间距不大于200mm，托柱转换梁腰筋直径不宜小于$\phi12$，间距不宜大于200mm	[第10.2.8条] 一级：上、下纵筋配筋率分别不应小于0.5%，加密区箍筋最小面积含箍率$1.2f_t/f_{yv}$，直径不小于$\phi10$，间距不大于100mm；腰筋直径不小于$\phi16$，间距不大于200mm	[第5.4.3条] 一级：上、下纵筋配筋率分别不应小于0.3%，加密区箍筋直径不小于$\phi10$，间距不大于100mm，腰筋直径不小于$\phi16$，间距不大于200mm
	[第10.2.7条] 二级：上、下纵筋配筋率分别不应小于0.4%；加密区箍筋最小面积含箍率$1.1f_t/f_{yv}$，直径不小于$\phi10$，间距不大于100mm；托墙转换梁（框支梁）的腰筋直径不小于$\phi16$，间距不大于200mm，托柱转换梁腰筋直径不宜小于$\phi12$，间距不宜大于200mm	[第10.2.8条] 二级：上、下纵筋配筋率分别不应小于0.4%，加密区箍筋最小面积含箍率$1.1f_t/f_{yv}$，直径不小于$\phi10$，间距不大于100mm；腰筋直径不小于$\phi16$，间距不大于200mm	[第5.4.3条] 二级：上、下纵筋配筋率分别不应小于0.3%，加密区箍筋直径不小于$\phi10$，间距不大于100mm，腰筋直径不小于$\phi10$，间距不大于200mm
底部加强部位剪力墙分布钢筋配筋率	[第10.2.19条] 剪力墙底部加强部位墙体的水平和竖向分布钢筋最小配筋率： 非抗震设计：0.25% 抗震设计：0.30%，钢筋间距不应大于200mm，直径不小于8mm 底部加强部位墙体包括落地剪力墙和转换构件上部2层剪力墙	[第10.2.15条] 剪力墙底部加强部位墙体的水平和竖向分布钢筋最小配筋率： 非抗震设计：0.25% 抗震设计：0.30%，钢筋间距不应大于200mm，直径不小于8mm 底部加强部位墙体包括落地剪力墙和转换构件上部2层剪力墙	[第5.4.8条] 落地剪力墙及其转换层以上一层墙体的水平和竖向分布钢筋最小配筋率： 非抗震设计：0.25% 抗震设计：0.30% 对转换构件上部墙体无规定
转换层楼板	[第3.2.2(4)、10.2.23条] 转换层楼板混凝土强度等级不应低于C30；框支转换层楼板厚度不宜小于180mm，应双层双向配筋，且每层每方向配筋率不宜小于0.25%	[第10.2.20条] 混凝土强度等级不应低于C30，转换层楼板厚度不宜小于180mm，应双层双向配筋，且每层每方向配筋率不宜小于0.25%	[第5.4.2条] 混凝土强度等级不宜低于C30，楼板厚度不宜小于180mm，应双层上、下层配筋，每层每一方向配筋率不宜小于0.25%

(续)

项目	JGJ 3—2010	JGJ 3—2002	JGJ 3—1991
转换层楼板	[第10.2.24条] 抗震设计的矩形平面建筑框支转换层楼板，其截面简历设计值应符合： $V_f \leq \dfrac{1}{\gamma_{RE}}(0.1\beta_c f_c b_f t_f)$ $V_f \leq \dfrac{1}{\gamma_{RE}}(f_y A_s)$	[第10.2.18条] 抗震设计的长矩形平面建筑框支层楼板，其截面简历设计值应符合： $V_f \leq \dfrac{1}{\gamma_{RE}}(0.1\beta_c f_c b_f t_f)$ $V_f \leq \dfrac{1}{\gamma_{RE}}(f_y A_s)$	无此规定

152. 当框支层同时含有框支柱和框架柱时，如何执行《规程》（JGJ 3—2010）第10.2.17条的框架剪力调整要求？

首先应按《高层建筑混凝土结构技术规程》（JGJ 3—2010）第8.1.4条框架—剪力墙结构的要求进行地震剪力调整，然后再按《高层建筑混凝土结构技术规程》（JGJ 3—2010）第10.2.17条的规定复核框支柱的剪力要求。

《高层建筑混凝土结构技术规程》（JGJ 3—2010）第8.1.4条规定，抗震设计的框架—剪力墙结构中，框架部分承担的地震剪力满足式（10-30）要求的楼层，其框架总剪力不必调整；不满足式（10-30）要求的楼层，其框架总剪力应按 $0.2V_0$ 和 $1.5V_{f,max}$ 二者的较小值采用；

$$V_f \geq 0.2V_0 \tag{10-30}$$

式中 V_0——对框架柱数量从下至上基本不变的规则结构，应取对应于地震作用标准值的结构底部总剪力；对框架柱数量从下至上分段有规律变化的结构，应取每段底层结构对应地震作用标准值的总剪力；

V_f——对应于地震作用标准值且未经调整的各层（或某一段内各层）框架承担的地震总剪力；

$V_{f,max}$——对框架柱数量从下至上基本不变的规则建筑，应取对应于地震作用标准值且未经调整的各层框架承担的地震总剪力中的最大值；对框架柱数量从下至上分段有规律变化的结构，应取每段中对应于地震作用标准值且未经调整的各层框架承担的地震总剪力中的最大值。

《高层建筑混凝土结构技术规程》（JGJ 3—2010）第10.2.17条规定，带转换层的高层建筑结构，其框支柱承受的地震剪力标准值应按下列规定采用：

1) 每层框支柱的数目不多于10根的场合，当框支层为1~2层时，每根柱所受的剪力应至少取基底剪力的2%；当框支层为3层及3层以上时，每根柱所受的剪力至少取基底剪力的3%。

2) 每层框支柱的数目多于10根的场合，当框支层为1~2层时，每层框支柱承受剪力之和应取基底剪力的20%；当框支层为3层及3层以上时，每层框支柱承受剪力之和应取基底剪力的30%。

框支柱剪力调整后，应相应调整框支柱的弯矩及柱端框架梁的剪力和弯矩，但框支梁的剪力、弯矩、框支柱轴力可不调整。

表 10-10　框支柱地震剪力标准值

框支柱数 n_c	框支层数	
	1~2 层	≥3 层
≤10	≥0.02V	≥0.03V
>10	$\dfrac{0.2}{n_c}V$	$\dfrac{0.3}{n_c}V$

注：表中 V 为基底剪力；n_c 为框支柱的数目。

153. 部分框支剪力墙结构的框支转换层楼板设计有哪些规定？

部分框支剪力墙结构中，框支转换层楼板是重要的传力构件，不落地剪力墙需要通过转换层楼板传递到落地剪力墙，为了保证楼板能可靠传递面内相当大的剪力（弯矩），规定转换层楼板截面尺寸要求、抗剪截面验算、楼板平面内受弯承载力验算以及构造配筋要求。

(1) 转换层楼板截面尺寸要求

转换层楼板混凝土强度等级不应低于 C30。

部分框支剪力墙结构中，框支转换层楼板厚度不宜小于 180mm。应双层双向配筋，且每层每方向的配筋率不宜小于 0.25%，楼板中钢筋应锚固在边梁或墙体内。

与转换层相邻楼层的楼板也应适当加强。楼板厚度不宜小于 150mm，并宜双层双向配筋，每层每方向贯通钢筋配筋率不宜小于 0.25%，且需在楼板边缘结合纵向框架梁或底部外纵墙予以加强。

落地剪力墙和筒体外围的楼板不宜开洞。楼板边缘和较大洞口周边应设置边梁，其宽度不宜小于板厚的 2 倍，全截面纵向钢筋配筋率不应小于 1.0%。

(2) 转换层楼板抗剪截面验算

部分框支剪力墙结构中，抗震设计的矩形平面建筑框支层楼，其截面剪力设计值应符合下列要求：

$$V_f \leqslant \frac{1}{\gamma_{RE}}(0.1\beta_c f_c b_f t_f) \tag{10-31}$$

式中　V_f——由不落地剪力墙传到落地剪力墙处按刚性楼板计算的框支层楼板组合的剪力设计值，8 度时应乘以增大系数 2.0，7 度时应乘以增大系数 1.5；验算落地剪力墙时不考虑此项增大系数；

β_c——混凝土强度影响系数，当 $f_{cu,k} \leqslant 50\text{N/mm}^2$ 时，取 $\beta_c = 1.0$；当 $f_{cu,k} = 80\text{N/mm}^2$ 时，取 $\beta_c = 0.8$，其间按直线内插法取用；

b_f、t_f——框支转换层楼板的验算截面宽度和厚度；

γ_{RE}——承载力抗震调整系数，可采用 0.85。

部分框支剪力墙结构的框支转换层楼板与落地剪力墙交接截面（图 10-21）的受剪承载力，应按下列公式验算：

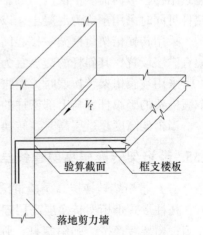

图 10-21　框支层楼板与落地剪力墙相交截面示意图

$$V_f \leqslant \frac{1}{\gamma_{RE}}(f_y A_s) \quad (10\text{-}32)$$

式中 A_s——穿过落地剪力墙的框支转换层楼盖（包括梁和板）的全部钢筋的截面面积。

(3) 转换层楼板平面内受弯承载力验算

部分框支剪力墙结构中，抗震设计的矩形平面建筑框支转换层楼板，当平面较长或不规则及各剪力墙内力相差较大时，可采用简化方法验算楼板平面内的受弯承载力。

154. 转换桁架的结构形式有哪些？

抗震设计时应避免高位转换，当建筑功能需要不得已高位转换时，转换结构还宜优先选择不致引起框支柱（边柱）柱顶弯矩过大、柱剪力过大的结构形式，采用桁架转换层结构是一种有效的方法。

转换桁架可采用等节间空腹桁架（图10-22a）、不等节间空腹桁架（图10-22b）、混合空腹桁架（图10-22c）、斜杆桁架（图10-22d）、迭层桁架（图10-22e）等形式。

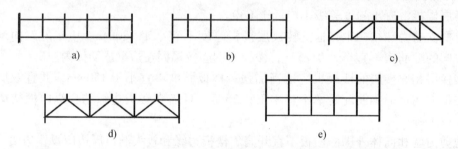

图 10-22 转换桁架的结构形式
a) 等节间空腹桁架 b) 不等节间空腹桁架 c) 混合空腹桁架 d) 斜杆桁架 e) 迭层桁架

当采用空腹桁架、斜杆桁架或迭层桁架作转换构件时，桁架下弦宜施加预应力，形成预应力混凝土桁架转换构件，以减小因桁架下弦轴向变形过大而引起桁架及带桁架转换层高层建筑结构在竖向荷载下次内力的影响和提高转换桁架的抗裂度和刚度。必要时，桁架上、下弦杆可同时采用预应力混凝土，以改善上弦节点的受力状态，提高节点的抗剪承载力。

采用转换桁架将框架—核心筒结构、筒中筒结构的上部密柱转换为下部稀柱时，转换桁架宜满层设置，其斜杆的交点宜为上部密柱的支点。

采用空腹桁架转换层时，空腹桁架宜满层设置，应有足够的刚度保证其整体受力作用。空腹桁架的竖腹杆宜与上部密柱的位置重合。

当桁架高度超过层高时，转换构件宜采用迭层桁架。

155. 带桁架转换层高层建筑结构的设计原则有哪些？

(1) 带桁架转换层高层建筑结构设计原则

托柱形式带桁架转换层高层建筑结构按"强化转换层及其下部、弱化转换层上部"的原则；桁架转换按"强斜腹杆、强节点"的原则；桁架转换上部框架结构按"强柱弱梁、强边柱弱中柱"的原则。

试验结果表明，满足上述原则设计的带桁架转换层高层建筑结构具有较好的延性，能够满足工程抗震的要求。

（2）转换桁架上部框架结构按"强柱弱梁、强边柱弱中柱"的原则进行设计，确保塑性铰在梁端出现，使柱比梁有更大的安全储备。上部结构的柱按普通钢筋混凝土框架结构的设计方法确定截面尺寸，满足轴压比要求、抗剪要求及构造要求。为满足"强边柱弱中柱"的原则，中柱截面尺寸一般较小。如果由于构造要求而不能加大中柱刚度时，可以采用内埋型钢的方法。上部结构梁的截面设计同普通钢筋混凝土框架结构，应尽量使其先屈服，满足"强柱弱梁"的要求。

（3）满足转换层上、下层等效剪切刚度（等效侧向刚度）比要求的带桁架转换层的结构，转换桁架上层是结构的薄弱层，破坏比较严重。设计时应保证转换桁架上层柱的柱底尽可能避免边柱出现塑性铰，同时加强上层柱与转换桁架的连接构造，以保证桁架转换层框架结构有更好的延性。

一级、二级与转换桁架相连的下部柱上端截面及上部柱下截面的弯矩组合值分别乘以增大系数 1.5、1.3，并且根据放大后的弯矩设计值进行配筋。

对于薄弱层柱的混凝土也应进行特别约束，箍筋间距不得大于 100mm，箍筋直径不得小于 10mm，并且箍筋接头应焊接或作 135°弯钩，必要时可采用内埋型钢的方法来提高柱截面的抗弯承载力。

（4）转换桁架下层柱的轴压比必须严格控制，宜符合表 10-11 的要求。当很难满足轴压比的要求时，转换桁架以下柱可采用高强混凝土柱、钢骨混凝土柱等有效方法来调整截面尺寸、刚度及其延性。

表 10-11　转换桁架下层柱的轴压比

轴压比	抗震设计			非抗震设计
	一级	二级	三级	
$N_{max}/f_c bh_0$	0.70	0.75	0.80	0.85

注：N_{max}——转换桁架下层柱的最大组合轴力设计值（包括地震作用下轴力调整）；
　　f_c——转换桁架下层柱混凝土抗压强度设计值；
　　b、h_0——转换桁架下层柱截面的宽度、截面的有效高度。

156. 转换斜杆桁架设计和构造要求有哪些规定？

（1）斜杆桁架设计

1）对桁架转换层而言，应保证强受压斜腹杆和强节点。受压斜腹杆的截面尺寸一般应由其轴压比 n 控制计算确定，以确保其延性，其限值见表 10-12。如果不满足要求，可配置螺旋箍筋或采用内埋型钢或内埋空腹钢桁架的钢骨混凝土。

表 10-12　桁架受压斜腹杆的轴压比限值

抗震等级	一级	二级	三级
轴压比限值	0.7	0.8	0.9

受压斜腹杆轴压比
$$n = \frac{N_{max}}{f_c A_c} \tag{10-33}$$

式中　N_{max}——受压斜腹杆最大组合轴力设计值；

f_c——受压斜腹杆混凝土抗压强度设计值；
A_c——受压斜腹杆截面的有效面积。

初步确定受压斜腹杆截面尺寸时，可取 N_{max} 为

$$N_{max} = 0.8G \qquad (10\text{-}34)$$

式中 G——转换桁架上按简支状态计算分配传来的所有重力荷载作用下受压斜腹杆轴向压力设计值。

2）斜腹杆桁架上、下弦节点（如图 10-23、图 10-24 所示）的截面应满足抗剪的要求，以保证整体桁架结构具有一定延性不发生脆性破坏。

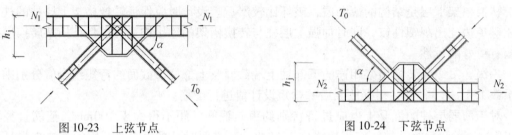

图 10-23　上弦节点　　　　　图 10-24　下弦节点

上弦节点截面抗剪要求：

$$\begin{cases} V_j \leq \dfrac{1}{\gamma_{RE}} \left[0.1\left(1 + \dfrac{N_1}{f_c b_j h_j}\right) f_c b_j h_{j0} + \dfrac{f_{yv} A_{sv}}{s} h_{j0} \right] \\ \text{且满足 } V_j \leq \dfrac{1}{\gamma_{RE}} (0.2 f_c b_j h_j) \end{cases} \qquad (10\text{-}35)$$

下弦节点截面抗剪要求：

$$\begin{cases} V_j \leq \dfrac{1}{\gamma_{RE}} \left[0.05 f_c b_j h_{j0} + \dfrac{f_{yv} A_{sv}}{s} h_{j0} - 0.16 N_2 \right] \\ \text{且满足 } V_j \leq \dfrac{1}{\gamma_{RE}} (0.15 f_c b_j h_j) \end{cases} \qquad (10\text{-}36)$$

式中 α——受力斜腹杆与上、下弦杆的夹角；
　　V_j——斜腹杆桁架节点剪力设计值，其中 V_j 按式（10-37）计算；

$$V_j = \begin{cases} 1.25 A_s f_{yk} \sin\alpha & \text{一级抗震等级} \\ 1.05 T_0 \sin\alpha & \text{二级抗震等级} \\ T_0 \sin\alpha & \text{三级抗震等级、非抗震设计} \end{cases} \qquad (10\text{-}37)$$

式中 T_0——受拉腹杆组合轴力设计值；
　　A_s——受拉腹杆实配受拉纵向钢筋总面积；
　　f_{yk}——受拉腹杆实配受拉纵向钢筋抗拉强度标准值；
　　γ_{RE}——考虑地震作用组合时截面抗震承载力调整系数，$\gamma_{RE} = 0.85$；
　　N_1——计算节点处上弦杆所受到的组合轴向压力设计值（取大者）；当 $N_1 > 0.5 f_c b_c h_c$ 时，取 $N_1 = 0.5 f_c b_c h_c$；
　　f_c——混凝土抗压强度设计值；
　　b_c、h_c——上弦杆截面宽度和高度；

b_j、h_j——节点截面宽度和高度；

f_{yk}——节点区抗剪箍筋抗拉设计强度；

A_{sv}——节点区同一截面内箍筋各肢截面面积之和；

s——节点区箍筋水平间距；

h_{j0}——节点截面有效高度；

N_2——计算节点处下弦杆所受到的组合轴向拉力设计值（取小者）。

(2) 斜杆桁架构造要求

1) 受压弦杆非预应力纵向钢筋宜对称沿周边均匀布置，其含钢率要求见表10-13，且宜全部贯通桁架，非预应力纵向钢筋进入边节点区起计锚固长度，且需伸至节点边≥10d（d为非预应力纵向钢筋直径）。

表10-13 弦杆非预应力纵向钢筋和箍筋构造要求

抗震等级		一级	二级	三级	非抗震设计
受压弦杆	纵筋含钢率	1.4%	1.0%	0.8%	0.8%
	体积配箍率	1.0%	0.8%	0.6%	0.6%
受压弦杆	面积配箍率	0.5%	0.4%	0.3%	0.3%

受压弦杆箍筋全杆段加密，其体积配箍率的要求见表10-13。

2) 受拉弦杆非预应力纵向钢筋宜对称沿周边均匀布置，且应按正常使用状态下裂缝宽度0.2mm控制。非预应力纵向钢筋至少有50%全部贯通桁架，其余跨中非预应力纵向钢筋均应伸过节点区在不需要该钢筋处受拉锚固长度后方可切断，非预应力纵向钢筋进入边节点区锚固，以过边节点中心起计锚固长度，且末端伸至节点边向上弯≥15d（d为非预应力纵向钢筋直径）。

受拉弦杆箍筋最小面积配箍率的要求见表10-13。

桁架受拉、受压弦杆的非预应力受力钢筋的接头宜采用焊接接头，并优先采用闪光接触对焊，焊接接头的质量应符合国家现行标准《混凝土结构工程施工质量验收规范》(GB 50204—2015)的要求。同时，桁架弦杆的非预应力钢筋宜与支承锚具的钢垫板焊接。

3) 受压腹杆非预应力纵向钢筋配置构造要求同受压弦杆，其纵向钢筋进入边节点区起计锚固长度，且需末端伸至节点边≥10d（d为非预应力纵向钢筋直径）。

4) 受拉腹杆非预应力纵向钢筋、箍筋配置构造要求同受力弦杆，其纵向钢筋全部贯通，进入边节点区锚固，以过边节点中心起计锚固长度，且末端伸至节点边向上弯≥15d（d为非预应力纵向钢筋直径）。

5) 所有杆件的纵向非预应力钢筋支座锚固长度均为l_{aE}（抗震设计）、l_a（非抗震设计）。

6) 桁架上、下弦节点配筋构造原则上参考屋架图配置节点钢筋。桁架节点采用封闭式箍筋，箍筋要加密，且垂直于弦杆的轴线位置，并增加拉筋，以确保节点约束混凝土的性能。桁架节点区截面尺寸及其箍筋数量应满足截面抗剪承载力的要求（式(10-35)、式(10-36)），且构造上要求满足节点斜面长度≥腹杆截面高度+50mm。节点区内侧附加元宝钢筋直径不宜小于φ16，间距不宜大于150mm。节点区内箍筋的体积配箍率要求同受压弦杆（表10-13）。

当桁架节点尺寸很大时，桁架节点可按剪力墙配筋方式配置水平箍筋（ρ_{sh}）和垂直箍筋（ρ_{sv}），箍筋直径不小于 10mm，间距不大于 100mm，同时在箍筋交点处隔点设置拉筋。桁架节点要配边筋，边筋要垂直于腹杆轴线且边筋直径不应小于同一截面处弦杆内的最大纵筋直径，根数可取同一截面内其纵筋总根数的一半。

157. 转换空腹桁架设计和构造要求有哪些规定？

（1）空腹桁架设计要求

1）空腹桁架腹杆的截面尺寸一般应由其剪压比控制计算来确定，以避免脆性破坏，其限值见表 10-14。

表 10-14 腹杆剪压比 μ_v 限值

混凝土强度等级	抗 震 等 级			非抗震设计
	一级	二级	三级	
C30	0.10	0.13	0.15	0.15
C40	0.09	0.11	0.13	0.13
C50	0.08	0.10	0.11	0.14

腹杆剪压比

$$\mu_v = V_{max}/f_c b h_0 \tag{10-38}$$

式中 V_{max}——空腹桁架腹杆最大组合剪力设计值；

f_c——空腹桁架腹杆混凝土抗压强度设计值；

b、h_0——空腹桁架腹杆截面宽度和截面有效高度。

空腹桁架竖腹杆应按强剪弱弯进行配筋设计，加强箍筋配置，并加强与上、下弦杆的连接构造措施。

2）空腹桁架的上、下弦杆宜考虑相连楼板有效翼缘作用按偏心受压或偏心受拉构件设计，其中轴力可按上、下弦杆及相连楼板有限翼缘的轴向刚度比例分配。

3）空腹桁架上、下弦节点（如图 10-25、图 10-26 所示）的截面应满足抗剪的要求，以保证空腹桁架结构具有一定的延性不发生脆性破坏。

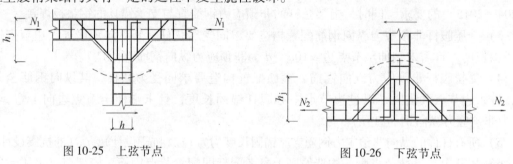

图 10-25 上弦节点　　　图 10-26 下弦节点

上弦节点截面抗剪要求：

$$\begin{cases} V_j \leqslant \dfrac{1}{\gamma_{RE}} \left[0.1\left(1 + \dfrac{N_1}{f_c b_j h_j}\right) f_c b_j h_{j0} + \dfrac{f_{yv} A_{sv}}{s}(h_{j0} - a'_s) \right] \\ \text{且满足 } V_j \leqslant \dfrac{1}{\gamma_{RE}}(0.2 f_c b_j h_j) \end{cases} \tag{10-39}$$

下弦节点截面抗剪要求：

$$\begin{cases} V_j \leqslant \dfrac{1}{\gamma_{RE}}\left[0.05f_c b_j h_{j0} + \dfrac{f_{yv}A_{sv}}{s}(h_{j0}-a_s') - 0.16N_2\right] \\ 且满足 \ V_j \leqslant \dfrac{1}{\gamma_{RE}}(0.15f_c b_j h_j) \end{cases} \quad (10\text{-}40)$$

式中 V_j——空腹桁架节点剪力设计值，其中 V_j 按式(10-41)计算。

$$V_j = \begin{cases} 1.05M_{0u}/(h_0 - a_s') & 一级抗震等级 \\ 1.05M_0/(h_0 - a_s') & 二级抗震等级 \\ M_0/(h_0 - a_s') & 三级抗震等级、非抗震设计 \end{cases} \quad (10\text{-}41)$$

M_{0u}——空腹桁架腹杆考虑承载力调整系数的正截面受弯承载力；

M_0——空腹桁架腹杆节点边截面处组合弯矩设计值；

h、h_0——空腹桁架腹杆截面高度、截面有效高度；

a_s'——空腹桁架腹杆受压区纵向钢筋合力中心至受压区边缘的距离；

N_1——计算节点处上弦杆所受到的组合轴向压力设计值（取最小值），当 $N_1 > 0.5f_c b_c h_c$ 时，取 $N_1 = 0.5f_c b_c h_c$；

N_2——计算节点处下弦杆所受到的组合轴向拉力设计值（取最大值）；

符号 f_c、b_c、h_c、b_j、h_j、h_{j0}、f_{yv}、A_{sv}、s、γ_{RE} 的意义同斜杆桁架。

（2）空腹桁架构造要求

1）受压、受拉弦杆的纵向非预应力钢筋、箍筋的构造要求均同斜腹杆桁架受压受拉弦杆的构造要求。

2）竖腹杆的纵向钢筋、箍筋的构造要求均同斜腹杆桁架受拉腹杆的构造要求。

3）所有杆件的纵向非预应力钢筋支座锚固长度均为 l_{aE}（抗震设计）、l_a（非抗震设计）。

4）桁架节点区截面尺寸及其箍筋数量应满足截面抗剪承载力的要求（式（10-39）、(10-40)），且构造上要求满足断面尺寸≥腹杆断面宽度、高度 +50mm。节点区内侧附加元宝钢筋直径不宜小于Φ20，间距不宜大于100mm。节点区内箍筋的体积配箍率要求同受压弦杆（表10-13）。

5）空腹桁架应加强上、下弦杆与框架柱的锚固连接构造。

158. 转换厚板设计有哪些规定？

（1）厚板转换层结构的设计

1）体型较复杂的商住楼，当上部住宅剪力墙结构布置很不规则，而下部商场等要求布置大柱网时，采用厚板转换是一种好的结构形式。

转换构件采用厚板的高层建筑结构不宜用于7度及7度以上的高层建筑，但对于大空间地下室，因周围有约束作用，地震反应不明显的情况下，7度、8度抗震设计的地下室的转换构件可采用厚板转换层。

2）实际工程中转换板的厚度可达 2.0 ~ 2.8m，约为柱距的 1/3 ~ 1/5。转换板的厚度可由抗弯、抗剪、抗冲切截面验算确定。

3）为提高钢筋混凝土板受冲切承载力而配置的箍筋或弯起钢筋，应符合下列构造要求

①按计算所需的箍筋及相应的架立钢筋应配置在冲切破坏锥体范围内，并布置在从柱边向外不小于 $1.5h_0$ 的范围内；箍筋宜为封闭式，箍筋直径不应小于 6mm，其间距不应大于 $h_0/3$。

②按计算所需的弯起钢筋应配置在冲切破坏锥体范围内，弯起角度可根据板的厚度在 30°~45°之间选取；弯起钢筋的倾斜段应与冲切破坏斜截面相交，其交点应在离柱边以外 $h/2 \sim h/3$ 的范围内，弯起钢筋直径不应小于 12mm，且每一方向不应少于三根。

③为提高钢筋混凝土板的受冲切承载力，当有可靠依据时，也可配置工字钢、槽钢、抗剪锚栓、扁钢 U 形箍等有效形式的配筋方法。

4）厚板转换层结构的内力计算方法。带厚板转换层的高层建筑结构可采用三维空间分析程序进行整体结构的内力分析。由于在杆件分析图形中，厚板不能直接考虑，宜将实体厚板转化为等效交叉梁系。梁高可取转换板厚度，梁宽可取为支承柱的柱网间距（图10-27），即每一侧的宽度取其间距之半，但不超过转换板厚度的 6 倍。

当带厚板转换层结构采用三维空间分析程序进行整体结构内力分析时，实体厚板转化为等效交叉梁系，在杆件分析图形中，厚板不直接考虑。此时应采用实体三维单元对厚板进行局部应力分析。

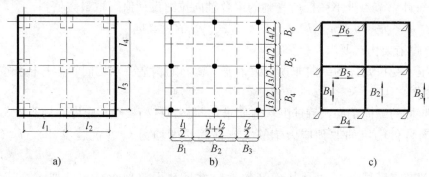

图 10-27 转换厚板的计算图形
a）实际结构 b）等效板宽 c）计算图形

5）厚板转换层结构的局部计算方法。当带厚板转换层结构采用三维空间分析程序进行整体结构内力分析时，实体厚板转化为等效交叉梁系，在杆件分析图形中，厚板不直接考虑。此时应采用实体三维单元对厚板进行局部应力分析。

厚板采用实体有限元计算时宜采用计入剪切变形的厚板单元或八节点板弯曲单元。

6）从实际工程厚板位移、内力等直线图上可以看出，位移和内力在板上的分布是极不均匀的，在有较大荷载作用的区域内力很大，但在另一些荷载作用较小的区域中内力则相应较小。在这些内力较小的区域，转换厚板可局部做成薄板，薄板与厚板交界处可加腋；也可局部做成夹心板，以节省材料，同时也可以减小自重荷载。

（2）厚板转换层结构的构造要求

1）厚板混凝土强度等级不应低于 C30。

2）受弯纵向钢筋可沿转换板上、下部双层双向配置，每一方向总配筋率不宜小于 0.6%。

这里应注意：厚板总配筋率不宜小于0.6%，如何在厚板底面和顶面分配？如果是构造配筋，则板顶面和板底面每个方向的最小构造配筋率可分别取0.3%。

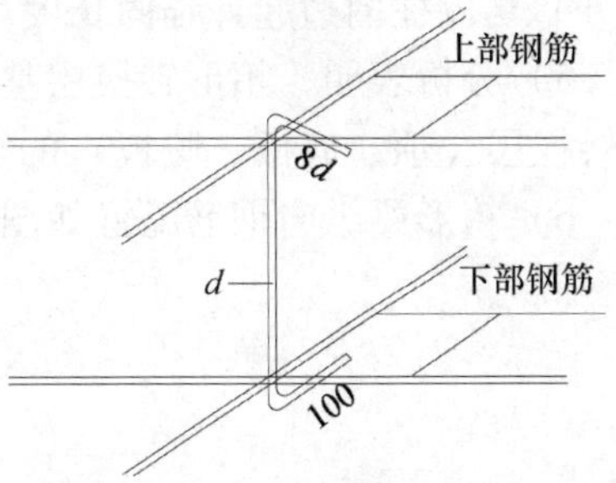

3）转换板内暗梁抗剪箍筋的面积配筋率不宜小于0.45%。

4）为防止转换厚板的板端沿厚度方向产生层状水平裂缝，宜在厚板外围周边配置钢筋骨架网进行加强，且≥Φ16@200，双向配置。

5）厚板在上部集中力和支座反力作用下应按《混凝土结构设计规范》（GB 50010—2010）进行抗冲切验算并配置必须的抗冲切钢筋。抗冲切钢筋的形式可以如图10-28所示，做成直钩形式，兼作架立筋。

图10-28 直钩形式的抗冲切钢筋

6）厚板中部不需要抗冲切钢筋区域，应配置≥Φ16@400直钩形式的双向抗剪兼架立筋。

7）转换厚板上、下一层的楼板应适当加强，楼板厚度不宜小于150mm。

8）转换厚板上、下部的剪力墙、柱的纵向钢筋均应在转换厚板内可靠锚固。

159. 箱形转换层设计和构造要求有哪些规定？

（1）箱形转换层结构的设计

1）箱形梁作转换结构时，一般宜沿建筑周边环通构成"箱子"，满足箱形梁刚度和构造要求。

2）箱形转换结构可根据转换层上、下部竖向结构布置情况沿单向或双向布置主梁（主肋）。主梁腹板截面宽度一般由剪压比控制计算确定，其限值同框支梁的剪压比限值，且不宜小于400mm；截面高度可取跨度的1/5~1/8。

3）带箱形转换层的高层建筑结构宜根据其主梁的布置方式采用墙板模型或梁模型将箱形梁离散后参与三维整体分析。

4）箱形转换层宜采用板单元或组合有限元方法进行局部应力分析。

5）箱形转换层顶、底板设计应以箱形整体模型分析结果为依据，除进行局部受弯设计外，尚应按偏心受拉或偏心受压构件进行配筋设计。

箱形转换层的腹板（肋梁）的设计，应对梁元模型计算结果和墙（壳）元模型计算结果进行比较和分析，综合考虑纵向钢筋和腹部钢筋的配置。

（2）箱形转换层结构的构造要求

1）箱形梁混凝土强度等级、开洞构造要求、纵向钢筋、箍筋构造同框支梁。

2）箱形梁腰筋构造同转换梁。

3）箱形转换构件设计时要具有足够的平面刚度，保证其整体受力作用，箱形转换结构上、下楼板厚度均不宜小于180mm，应根据转换柱的布置和建筑功能要求设置双向横隔板；横隔板宜按深梁进行设计。

箱形转换层的顶、底板，除产生局部弯曲外，还会产生因箱形结构整体变形引起的整体弯曲，截面承载力设计时，要同时考虑这两种弯曲变形在截面内产生的拉应力、压应力。

4) 箱形梁纵向钢筋边支座构造、锚固要求同框支梁，所有纵向钢筋（包括梁翼缘柱外部分）均以柱内边起计锚固长度。

5) 分析表明，箱形转换层整体性较好可使得框支柱受力更均匀。框支柱设计应考虑箱形转换层（顶、底板、腹板）的空间整体作用，使设计更合理，减少不必要的浪费。

6) 箱形梁纵向钢筋配置如图 10-29 所示。

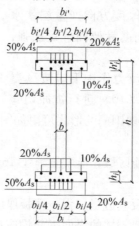

图 10-29 箱形梁纵向钢筋配筋形式

A_s——箱形梁底部总配筋　A_s'——箱形梁顶部总配筋　b_i——箱形梁底部总宽度
h_i——箱形梁底板厚度　b_i'——箱形梁顶部总宽度　h_i'——箱形梁顶板厚度
b——箱形梁腹板厚度　h——箱形梁高度

160. 预应力混凝土转换结构设计的要点是什么？

采用预应力技术可带来许多结构和施工上的优点，如减小截面尺寸、控制裂缝和挠度，控制施工阶段的裂缝及减轻支撑负担等。因此，预应力混凝土结构非常适合于建造承受重荷载、大跨度的转换结构和悬挑构件，且有自重轻、节省钢材和混凝土的优点。

(1) 预应力混凝土转换梁

预应力混凝土转换梁可分为托墙和托柱两种形式。托柱形式的转换梁内力计算可采用杆系有限元法，截面设计与一般框架梁相同。托墙形式的转换梁需进行局部应力分析，并按应力进行设计校核。

转换梁的截面尺寸常常由抗剪承载力控制，施加预应力能够提高其受剪承载力，但截面尺寸减小的幅度要比普通框架梁要小。预应力混凝土转换梁的设计步骤可归纳为：

①选择截面形式和截面尺寸；

②采用现有结构分析软件计算各截面在各工况下的内力；

③预应力钢筋数量的估算及其形状的确定；

预应力钢筋数量的估算可利用荷载平衡法来设计，即选择需要被预应力钢筋产生的等效荷载"平衡"掉的荷载。一般地说，当活荷载较小时，平衡荷载宜选"全部或部分恒载"；当活荷载较大时，宜选"全部恒载+部分活载"。

④计算预应力损失，校正初始假定值，得到预应力钢筋的有效预应力；

⑤计算等效荷载，利用计算机程序计算各截面次内力；

⑥验算各控制截面的极限承载力,确定非预应力钢筋的数量;
⑦使用阶段抗裂、变形验算;
⑧局部受压承载力验算。

(2) 预应力混凝土转换桁架设计

采用桁架替代转换梁来承托上部结构传来的巨大竖向荷载不仅使充分利用该转换层的建筑空间成为可能,同时也使结构设计更为合理。它可以避免将较大的内力集中于一根大梁上,也可避免大梁造成的"强柱弱梁"的后果,对提高结构的抗震性能有利。但当转换桁架的跨度或承担的竖向荷载较大时,势必会造成下弦杆的轴向拉力进一步增大,采用普通钢筋混凝土不能满足转换结构抗裂要求时,一般可以考虑在桁架下弦杆施加预应力,形成预应力混凝土桁架。

在转换桁架中采用预应力技术概念类似于屋架受拉的下弦杆中施加预应力(图10-30)。由于转换桁架的上、下弦杆与刚度极大的楼面整浇,使桁架斜腹杆传递下来的水平推力由楼面分配到建筑物的各抗侧力构件上,这些"附加力"的影响范围主要是集中在角区,如果能随着建筑物不断增加的施工荷载,在力 N 的形成、增大过程中,同步张拉配置于桁架下弦的预应力筋,在该处提供一对与推力 N 大小相等方向相反的力,就可以在角区就地完成力的平衡,中断或减小通过楼面向外传递的荷载。

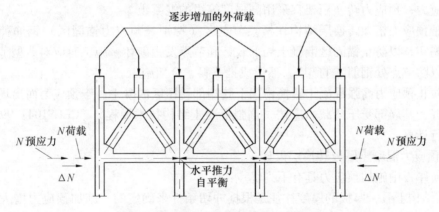

图 10-30 预应力转换桁架的工作机理

在受拉的腹杆中也可施加预应力,若能在受拉腹杆中形成折线形预应力钢筋布置则更为合理。

为减小桁架在施工张拉阶段与使用阶段之间受力状态的差异,解决超静定结构受力状态变化且内力变幅过大时,构件间变形难以协调,以致开裂的问题,预应力桁架转换层结构宜采用分阶段张拉工艺施工。分阶段张拉技术是指分期分批施加预应力或选取经计算合适的施工楼层进行张拉,在此之前转换桁架下的支撑必须加强。

采用分阶段张拉技术施工时,为避免因转换桁架下弦长度大,预应力筋长时波纹管破损而导致漏浆和孔道堵塞的现象,预应力钢筋可在下弦混凝土浇筑前就穿入金属波纹管中,但此时必须采取有效的措施保护孔道内预应力钢筋在施工期间不生锈。

1) 转换桁架下弦预应力钢筋的估选

转换桁架下弦杆的预应力度的取值不宜过高,以避免因张拉预应力给桁架及上、下层框架带来较大的次内力。考虑到桁架转换层是整个结构受力的关键部位，对裂缝的控制要求较高，而且转换桁架恒载的比重较大。因此，建议转换桁架按式（10-42）和式（10-43）确定桁架下弦的预应力钢筋。

即
$$\sigma_{sc} - \sigma_{pc} \leq \overline{\alpha}_{ct} f_{tk} \tag{10-42}$$

$$\sigma_{lc} - \sigma_{pc} \leq 0.0 \tag{10-43}$$

式中 $\overline{\alpha}_{ct}$——广义拉应力限制系数，当结构属中等侵蚀环境时，$\overline{\alpha}_{ct} = 2.0$，此时相应裂缝宽度限值为 0.2mm；

σ_{sc}、σ_{lc}——荷载标准效应组合和荷载准永久效应组合在混凝土中产生的拉应力，且 $\sigma_{sc} = \frac{M_s}{W} + \frac{N_s}{A}$，$\sigma_{lc} = \frac{M_l}{W} + \frac{N_l}{A}$；

σ_{pc}——有效预应力在混凝土中产生的压应力，且 $\sigma_{pc} = N_{pe}/A$；

N_{pe}——有效预应力，且 $N_{pe} = \sigma_{pe} A_p$；

σ_{pe}——预应力筋的有效预应力值，且 $\sigma_{pe} = \sigma_{con} - \sigma_l$；

σ_l——总预应力损失值。

2）预应力转换桁架的构造要求

①混凝土强度等级对预应力桁架转换层来说是至关重要的，因为斜腹杆是受压构件和下弦施加预应力，预应力转换桁架宜采用高强度等级的混凝土。

②由于预应力桁架转换层结构在桁架节点区（特别是预应力锚固区）钢筋稠密，混凝土应充分捣实，以防止锚固区混凝土局部破坏和节点发生破坏。施工时应对典型节点钢筋按图试绑，以防节点处钢筋"打架"，然后成批下料，全面施工。

③为防止预应力高强混凝土转换桁架下弦端部受压区混凝土由于预应力而出现沿构件长度方向裂缝，其局部受压承载力应按《高强混凝土结构技术规程》（CECS104：99）中的有关规定进行计算。

（3）预应力混凝土厚板转换层设计

在转换厚板中施加预应力具有下列优点：

1）从结构上看，厚板的厚度往往是根据冲切条件来确定的，施加预应力增大了板的抗裂性、抗冲切能力。根据有关文献的分析结果，采用预应力技术后，板厚可降低 10% ~ 15%。

2）从施工角度看，施加预应力可减少暗梁的钢筋密度，方便施工，能保证混凝土的密实性；同时施加预应力可抵抗大体积混凝土收缩产生的拉应力和浇捣混凝土时由于水化热大引起的裂缝。

3）在局部高应力区域（如转换板中开洞的凹角、柱端和剪力墙过渡区域等），使用预应力可以较好地解决应力集中引起的开裂问题。

预应力筋的数量的确定，以在转换板中产生的有效预压力 0.7 ~ 1.0MPa 为宜，它对抗裂或控制裂缝而言已足够，如从替换钢筋角度而言预应力钢筋数量可适当增加。

161. 搭接柱转换结构设计的要点是什么？

（1）搭接柱转换结构的特点

框架—核心筒结构外围框架柱上、下不连续时，需要设置转换结构加以过渡，实际结构中常用的转换结构形式有：转换梁（图10-31a）、转换桁架、斜撑等，也可采用搭接柱转换形式，图10-31b为框架—核心筒结构采用搭接柱转换柱网示意图。

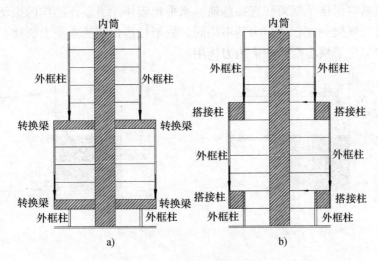

图10-31 框架—核心筒结构采用转换梁与搭接柱转换示意图
a) 梁式转换 b) 搭接柱转换

当框架—核心筒结构外围框架柱网错开时，若采用梁式转换结构，楼板受力较小，转换梁承受很大的内力（弯矩和剪力），将造成转换梁截面大，用钢量大，施工复杂，同时转换层可利用空间较少。此外，由于转换梁刚度大、自重大，转换层附近刚度和质量分布不均匀，当转换层为高位转换时，对抗震尤为不利。

采用搭接柱作为转换构件，混凝土用量较少、造价低、自重小，转换层本层建筑空间可充分利用，上、下层刚度突变较小，外围框架柱的轴力较小。

搭接柱转换是一种新型转换结构，在立面收进变化的高层建筑中的应用具有十分广阔的前景。

(2) 搭接柱转换结构工作机理

在竖向荷载作用下，搭接柱转换结构的受力机理较为简洁，搭接柱上、下柱偏心产生的力偶由与搭接柱相连楼盖的拉、压力形成的反向力偶所平衡。

在竖向荷载作用下搭接柱向下发生位移 δ（图10-32），搭接柱相连楼盖梁板承受水平拉力或压力 T，根据平衡条件可得：

$$T \approx \frac{c}{h} N_\text{上} \tag{10-44}$$

$$\delta \approx \frac{L N_\text{上} c^2}{1/EA_\text{上} + 1/EA_\text{下}} \tag{10-45}$$

式中 $EA_\text{上}$、$EA_\text{下}$——搭接柱上、下层楼盖梁板的轴向刚度；
c——上、下柱中心距；

其他符号含义见图10-32。

分析表明，与搭接柱相连楼盖的梁板承受水平拉力或压力 T，设计时与搭接柱相连楼盖的梁板应按偏心受力构件设计。搭接柱上方受拉楼盖也承受拉力或压力，当受拉楼盖计算拉应力较大时应施加预应力,预应力应尽量平衡正常使用荷载引起的楼板拉应力。

在竖向荷载下,搭接柱向下位移 δ 会引起其上、下柱附加弯矩,设计时应考虑其影响。

搭接柱转换基本保证了框架柱直接落地,水平地震作用下整体结构的振动特性及地震作用下的工作状态与框架—核心筒结构基本相同。框架柱搭接转换本质上弱化了框架的抗侧力作用,更进一步强化了核心内筒的抗侧力作用。

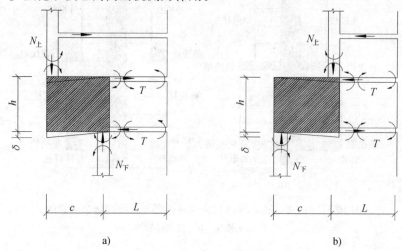

图 10-32 搭接柱转换结构的受力示意
a) 外悬搭接 b) 内收搭接

(3) 搭接柱转换结构的设计

1) 搭接柱截面控制条件

①搭接柱的斜裂缝控制条件。在竖向荷载作用下搭接柱将产生剪切裂缝,且随着荷载增大,剪切斜裂缝增多、宽度增大。应要求搭接柱在正常使用中不致因混凝土所受斜向压力过大而出现斜裂缝。因此搭接柱应以正常使用极限状态下不出现斜裂缝作为截面的控制条件,即搭接柱正常使用状态竖向剪力标准值应满足下式条件:

$$V_k \leq \beta f_{tk} bh \tag{10-46}$$

式中 V_k——搭接柱正常使用状态竖向剪力标准值;

β——裂缝控制系数,当对搭接柱楼盖施加预应力时,取 0.85;

f_{tk}——搭接柱混凝土轴心抗拉强度标准值;

b——搭接柱厚度;

h——搭接柱竖向高度。

②搭接柱斜截面抗剪的截面控制条件

除满足裂缝控制要求外,搭接柱斜截面受剪控制条件为

$$V \leq \frac{1}{\gamma_{RE}}(0.15 f_c bh) \tag{10-47}$$

式中 V——搭接柱竖向剪力设计值,可取搭接柱上层柱考虑罕遇地震作用组合的轴力设计值;

f_c——搭接柱混凝土轴心抗压强度设计值;

γ_{RE}——承载力抗震调整系数，取 0.85；

b、h——含义同前。

③搭接柱宽高比。搭接柱及其附近构件受力大小与搭接柱宽高比有关，搭接柱悬臂长度宜满足下列条件：

$$\frac{a}{h} \leqslant 0.7 \qquad (10-48)$$

式中 h——搭接柱竖向高度；

a——搭接柱悬臂长度（图 10-33）。

当 $\frac{a}{h} \leqslant 0.45$ 时，搭接柱上方受拉楼盖可不施加预应力。

2）搭接柱配筋设计

搭接柱竖向及水平钢筋按照抗剪要求配置，不考虑混凝土抗剪作用，按罕遇地震作用下弹性计算结果组合配筋。

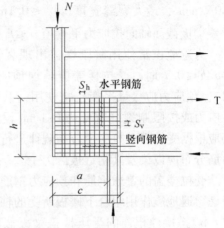

图 10-33 搭接柱及其附近构件示意

①竖向钢筋。竖向钢筋需满足下式要求：

$$V_1 \leqslant \frac{1}{\gamma_{RE}}\left(f_y \frac{A_{sv}}{s_h} h\right) \qquad (10-49)$$

式中 V_1——罕遇地震组合的搭接柱竖向剪力设计值，$V_1 = N$（图 10-33）；

f_y——钢筋受拉强度设计值；

γ_{RE}——承载力抗震调整系数，取 0.85；

A_{sv}——配置在同一截面内竖向钢筋的截面面积；

s_h——竖向钢筋间距。

②水平钢筋。水平钢筋需满足下式要求：

$$V_2 \leqslant \frac{1}{\gamma_{RE}}\left(f_y \frac{A_{sh}}{s_v} c\right) \qquad (10-50)$$

式中 V_2——罕遇地震组合的搭接柱水平剪力设计值，$V_2 = T$（图 10-33）；

f_y——钢筋受拉强度设计值；

γ_{RE}——承载力抗震调整系数，取 0.85；

A_{sh}——配置在同一截面内水平钢筋的截面面积；

s_v——水平钢筋间距；

c——搭接柱宽度。

除计算配筋外，要求搭接柱竖向钢筋均要有拉筋拉结，拉筋的间距同搭接柱水平钢筋。为限制搭接柱产生温度、收缩裂缝，并使其具有一定的抗剪强度，要求搭接柱中的水平钢筋及竖向钢筋配筋率满足：

$$\frac{A_{sv}}{bs_h} \geqslant 0.7\% \ ; \ \frac{A_{sh}}{bs_v} \geqslant 0.7\% \qquad (10-51)$$

式中 A_{sv}、A_{sh}——配置在同一截面内的钢筋面积。

3）搭接柱附近构件设计

①搭接柱相连楼盖设计。搭接柱相连楼面结构是搭接柱转换结构的关键组成部分，设计时应采取措施保证与搭接柱相连的上层楼盖梁板承载力和轴向刚度。

a. 搭接柱相连受拉楼盖应按偏心受拉构件进行设计，纵向受力钢筋最大应力 $\sigma_{max} \leqslant 150N/mm^2$，最大裂缝宽度 $w_{max} \leqslant 0.1mm$，受拉层楼盖梁板截面轴向拉应力平均值 $\bar{\sigma} \leqslant f_{tk}$。

为避免正常使用阶段楼盖出现裂缝，当 $0.45 \leqslant a/h \leqslant 0.7$ 时，受拉楼盖应施加预应力（图10-34）。预应力应尽量平衡正常使用荷载引起的楼板拉应力或按限制裂缝宽度为 0.1mm 设计；预应力筋应根据受拉楼盖拉应力分布规律进行布置，预应力筋分布应以梁及其附近板区为主。

受拉楼盖的普通钢筋和预应力钢筋的设计，应考虑罕遇地震作用组合下楼板所受的轴力和弯矩。

b. 搭接柱相连的受压楼盖梁板截面轴向拉应力平均值 $\bar{\sigma} \leqslant 0.1 f_{ck}$。

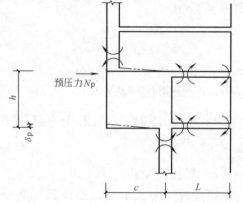

图10-34 预应力搭接柱原理

②搭接柱上、下层柱。搭接柱上、下层柱设计时应考虑搭接柱位移引起的附加弯矩的影响，其设计弯矩、剪力和轴力的计算可分为两个步骤：

a. 考虑罕遇地震作用组合下进行整体结构弹性分析求得 M_1、V_1、N_1。

b. 在搭接柱上层柱作用轴力 N_1，对搭接柱局部结构按有限元分析计算，求得搭接柱上、下层柱端产生的附加弯矩 M_2。

c. 搭接柱上、下层柱的设计轴力 $N = N_1$，设计剪力 $V = V_1$，设计弯矩 $M = M_1 + M_2$。

③内筒构造要求。上、下层楼盖的内侧与内筒相连，与搭接柱同层的筒体受到由楼盖传来的很大的水平拉力或压力。若筒体内部开洞过大，筒体墙身将产生较大的局部变形。因此，筒体内除楼电梯间和必要的管道井外，筒体内楼面应尽量避免过多开洞，并适当加强楼板，使楼板在筒体内基本连续。

162. 宽扁梁转换结构设计的要点是什么？

普通钢筋混凝土宽扁梁作为介于普通梁与无梁楼盖之间的一种过渡形式，有利于减小结构高度所占空间，减小楼板厚度，有利于实现强柱弱梁、强剪弱弯，具有明显的综合技术经济效益。深圳皇岗花园、深圳五洲宾馆、深圳翠海花园 B 型住宅等工程采用宽扁梁这种转换结构形式。

（1）宽扁梁转换梁承载力与延性控制

宽扁梁转换梁与普通转换梁一样，应满足剪压比、受压区高度比、强剪弱弯三项延性要求。另外，极限承载力尚应能满足大震组合内力的要求。

小震作用下抗震设计的普通转换梁首先应满足剪压比的限值 $\mu_v \leqslant 0.15$，受压区高度比限值 $\xi \leqslant 0.25$，以控制避免大震发生时混凝土压溃、压屈的脆性破坏，同时为确保弯曲受拉破坏先于剪切破坏，还应进一步要求强剪弱弯，即要求截面极限受剪承载力大于截面极限抗弯承载力。宽扁梁转换梁同样要遵循这些原则，并宜适当加严，合理选择宽扁梁材料和截面尺寸，适当增加配箍率。

(2) 宽扁梁转换梁支座节点承载力与延性控制

为确保宽扁梁转换梁支座节点承载力与延性性能满足大震要求，特别要注意应双向设置宽扁梁，以扩大外核心区范围，保证外核心区受扭承载力，并应按梁端实配纵筋复核其受扭极限承载力满足要求，避免外核心扭转出现脆性破坏。同时应控制宽扁梁的柱外宽度≤(3/4)宽扁梁截面高度，避免脆性冲切破坏。

(3) 宽扁梁转换梁的刚度、变形和裂缝控制

由于转换梁受力巨大而又特别重要，控制裂缝出现后弹性刚度退化影响及重力荷载长期作用下混凝土徐变变形影响，对于整体结构正常工作更显重要。工程实际中，控制宽扁梁跨高比 $L/h_b \leqslant 10$，宽高比 $b_b/h_b \leqslant 2.5$，见图 10-35，适当增加配筋率，控制重力荷载正常工作状态下最大裂缝宽度 $w_{max} \leqslant 0.2mm$，竖向长期变形 $f \leqslant L/400$（L 为宽扁梁转换梁的跨度），可控制重力荷载作用下刚度退化转换梁变形增大对整体结构的影响，整体结构可以正常工作。

(4) 宽扁梁转换梁弯拉扭剪复杂应力控制

宽扁梁中线宜与柱中线重合，并应采用整体现浇楼盖，以避免或减小扭转的不利影响。但在主次梁多级转换时，在重力荷载和地震作用下转换梁处于弯拉扭剪复杂应力状态。宽扁梁转换梁相比普通转换梁受楼板约束大，扭转刚度有所增大，但是对于多级转换的主转换梁及上部墙、柱与转换梁偏心等情况，转换梁受扭不可避免。同时由于上部结构刚度的存在，与转换梁的变形协调一般都使转换梁跨中受到较大的拉力。针对转换梁复杂弯拉扭剪应力状态，宽扁梁转换梁应按偏心受拉、受扭剪构件设计，特别要注意外周箍筋加强及腰筋的下密上疏布置。上部墙、柱集中荷载作用处尚应设抗冲切箍筋及吊筋。

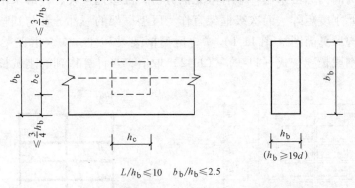

图 10-35 宽扁柱转换梁截面尺寸（d 为柱纵向钢筋直径）

第十一章 巨型框架结构

163. 如何进行巨型框架结构的内力分析？

（1）巨型框架结构的内力计算方法

巨型框架结构体系是把结构体系中的框架部分设计成主框架和次框架。主框架是一种大型的跨层框架，每隔 6～10 层设置一根巨型框架梁，每隔 3～4 个开间设置一根巨型框架柱（图 11-1b）。巨型框架梁之间的几个楼层，则另设置柱网尺寸较小的次框架。次框架的主要作用是将各楼层的竖向荷载可靠地传递给主框架的巨型梁和巨型柱（当次框架采用有柱方案时），或将竖向荷载直接传递给巨型柱（当次框架采用无柱方案时）。

巨型柱可采用由电梯井和楼梯间井筒构成，也可采用矩形截面巨型柱。而巨型梁可采用一般矩形截面或箱形截面梁，有时则可采用桁架。巨型框架梁本身就构成了结构转换层，因此，巨型框架结构是一种复杂的转换层结构。

从受力角度来看，巨型框架结构可被看作竖向力作用下的转换层结构和水平力作用下的刚性层结构的复合体。其虽名为"框架"，但由于巨型框架梁柱节点处很大的刚性域区段的存在和巨型柱剪切变形的不可忽略性，使巨型框架结构的受力性能与普通框架结构有很大的不同。

巨型框架结构的内力可采用杆系有限元法分析，巨型框架梁、柱应采用带刚域杆件考虑剪切变形时的单元刚度矩阵。而次级框架宜作为巨型框架的一部分参与到整体中计算。

巨型框架结构计算简图（图 11-1）中，巨型框架梁和柱、次级框架梁和柱的轴线均取其截面形心线，刚域长度按式（11-1）～（11-2）取值，当计算得到的刚域长度为负值，则取等于零。

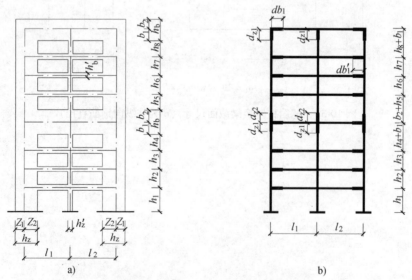

图 11-1 巨型框架结构计算简图
a）实际结构　b）计算简图

巨型框架梁：$db_1 = Z_2 - h_b/4$ (11-1a)

　　柱：$dz_1 = b_1 - h_z/4$；$dz_2 = b_2 - h_z/4$ (11-1b)

次级框架梁：$db_1' = Z_2 - h_b'/4$ (11-2a)

　　柱：$dz_1' = b_1 - h_z'/4$；$dz_2' = b_2 - h_z'/4$； (11-2b)

式中　h_b、h_z——巨型框架梁、柱的截面高度；

　　　h_b'、h_z'——次级框架梁、柱的截面高度。

（2）巨型框架结构的施工过程模拟分析

过去对模拟施工过程计算的对比分析，均未涉及结构中同时存在着强梁和弱梁、强柱和弱柱的问题，分析的结果均为：梁的弯矩、剪力差别较大，柱子的轴力差别不大，而梁又可以考虑塑性内力重分布进行内力调整。因此，不考虑模拟施工的计算并未构成结构多大的安全问题。而对同时存在着强梁和弱梁、强柱和弱柱的结构，存在柱子轴力的差别，而且差别很大，这就涉及到结构的安全问题。

图 11-2a 所示的结构，可认为是巨型框架的一部分，且 $I_{强梁} \gg I_{弱梁}$，$A_{强柱} \gg A_{弱柱}$。若按整体分析，一次施加全部竖向荷载，如图 11-2b 所示，则中柱的轴力将如图 11-2c 所示。但实际上在第 10 层完成以前，刚性大梁并不存在，刚性大梁下部楼层荷载无法实现通过中柱传到刚性大梁再传的边柱。若按模拟施工过程进行计算，则中柱的轴力将如图 11-2d 所示。对中柱，风载和地震作用均不产生轴力，因此图 11-2c、11-2d 所示的轴力，也是中柱的不利设计轴力。

对比可知，一次加载的整体分析，使下部中柱的轴力大为减小，致使施工过程中就开始出现安全问题。而上部中柱的轴力为拉力，将导致很多无实际意义的受拉钢筋。因此，同时存在着强梁和弱梁、强柱和弱柱的结构应考虑施工模拟、使用阶段以及施工实际支撑情况进行计算，以体现结构内力和变形的真实情况。

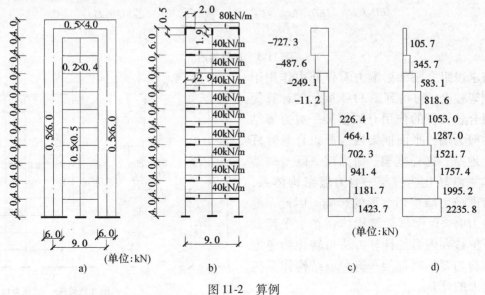

图 11-2　算例

a) 实际结构　b) 计算简图　c) 中柱轴力（一次加载）　d) 中柱轴力（模拟施工）

（3）框架—剪力墙—巨型框架结构的内力分析

在巨型框架结构中,主框架的柱、梁通常采用实心截面。从经济、合理的角度考虑,梁、柱的截面尺寸又不可能做得很大。因此,这种框架抵抗水平荷载的能力有限,用于强台风或较高烈度地震区的高层建筑时,必须与剪力墙或筒体相配合,组成类似于框架—剪力墙体系或内筒—外框架体系的巨型框架结构体系。

在选定计算简图时,作如下假定:

①楼板在自身平面内的刚度为无穷大,出平面的刚度忽略不计;

②框架、剪力墙、巨型框架在自身平面内有刚度,出平面的刚度忽略不计;

③假定次框架梁、柱的刚度很小。

若巨型框架的两柱均由同一块楼板连接,在假定①和②下,此框架—剪力墙—巨型框架结构体系在水平荷载作用下,同一楼层的标高处,框架、剪力墙和巨型框架有相同的侧移和转角,一般计算简图如图 11-3a 所示。将综合剪力墙和巨型框架合并成为一组合刚架,可建立图 11-3b 所示的计算简图。图中 C_w 为剪力墙的抗剪刚度之和,C_f 为框架抗推刚度之和,C_z 为巨型框架柱抗剪刚度之和。

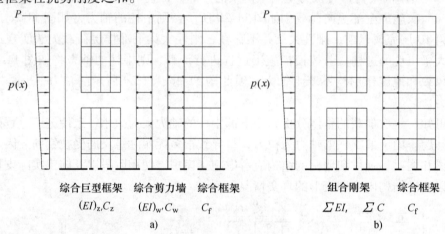

图 11-3 计算简图

将求得组合刚架梁端力看作外力作用于组合刚架柱上,可得到图 11-4 所示的计算简图。组合悬臂杆的作用有如框架—剪力墙结构中的剪力墙,平面框架视为此组合悬臂杆的弹性地基。这样框架—剪力墙—巨型框架结构体系就转化为框架—剪力墙结构体系,此时考虑剪力墙剪切变形的影响。因此,框架—剪力墙—巨型框架结构体系在水平荷载作用下位移和内力的计算方法可转化为考虑剪力墙剪切变形时框架—剪力墙结构体系位移和内力的计算。

164. 巨型框架结构的构造要求有哪些?

(1) 巨型框架结构的适用高度

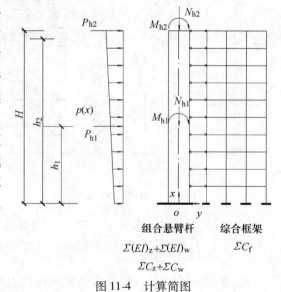

图 11-4 计算简图

根据已建成的巨型框架结构房屋的高度，并参照有关规范和规程，建议巨型框架结构的适用高度按表 11-1 取用。

表 11-1 巨型框架结构房屋的最大适用高度（m）

结构体系		非抗震设计	抗震设计				
			6 度	7 度	8 度		9 度
					0.20g	0.30g	
钢结构巨型框架		360	300	280	260	240	180
混合结构	钢梁—钢筋混凝土筒体柱	210	200	160	120	100	70
	巨型钢框架—钢筋混凝土筒体	240	220	190	150	130	70
钢筋混凝土巨型框架		120	115	115	100	80	70
钢筋混凝土巨型框架—芯筒体系		170	160	150	120	100	80

（2）巨型框架结构的抗震等级

巨型框架结构的抗震设计，应根据抗震设防分类、结构类型和房屋高度按表 11-2 采用相应的抗震等级，进行相应的计算并采取相应的构造措施。

表 11-2 巨型框架中钢筋混凝土结构的抗震等级

结构体系类型		抗震设防烈度							
		6 度		7 度		8 度			9 度
房屋高度/m		≤60	>60			≤35	>35		
钢梁—混凝土筒体柱		三	二			二	一		一
房屋高度/m		≤60	>60			≤35	>35		
巨型钢框架—钢筋混凝土芯筒		三	二			二	一		一
房屋高度/m		≤50	>50	≤60	>60	≤50	>50		
钢筋混凝土巨型框架		三	三	二	二	一	一		一
房屋高度/m		≤60	>60	≤80	>80	<35	35~80	>80	≤25	>25
巨型框架—芯筒体系	巨型框架	四	三	三	二	三	二	二	二	一
	芯筒	三	二	二	一	二	一	一	一	一

注：1. 各种情况的次框架抗震等级均按四级考虑。
  2. 钢结构巨型框架、钢—混凝土混合结构中的钢部件的抗震等级参见《高层民用建筑钢结构技术规程》（JGJ 99—2015）和《建筑抗震设计规范》（GB 50011—2010）。

（3）巨型框架结构的高宽比限值

根据各种结构特点，并参照有关规范和规程，高宽比限值可按表 11-3 采用。

（4）材料选用

预应力混凝土巨型框架梁和框架柱的混凝土强度等级不宜低于 C40；次框架梁、柱混凝土强度等级可采用 C30、C35，但不宜低于 C30；现浇次梁及楼面板所用混凝土强度等级不应低于 C20。

表 11-3　巨型框架结构房屋的高宽比限值

结构体系		非抗震设计	抗震设计		
			6、7度	8度	9度
钢结构巨型框架		7.0	6.5	6.0	5.5
钢—混凝土混合结构	钢梁—钢筋混凝土筒体柱	5.0	5	4.0	3.0
	巨型钢框架—混凝土芯筒	6.0	5.5	5.0	4.0
钢筋混凝土巨型框架		5.5	5.0	4.0	3.0
钢筋混凝土巨型框架—芯筒体系		8.0	7.0	6.0	4.0

（5）结构布置

巨型框架结构用于强台风或较高烈度地震区高层建筑时，必须与抗震墙或筒体相配合，组成类似于框架—剪力墙体系或内筒—外框架体系的巨型框架体系。

1）结构的平面布置。巨型框架结构的建筑平面布置应简单、规则、合理。平面形状应符合《高层建筑混凝土结构技术规程》（JGJ 3—2010）的规定。

同时巨型框架结构应力求结构对称、刚度中心和质量中心重合，将巨型框架结构沿房屋四周对称布置，以防引起过大的扭转效应，同时也使结构具有较大的抗倾覆能力。

巨型框架、次框架、砌体填充墙的轴线宜重合在同一平面内，梁柱轴线偏心距不宜大于柱截面在该方向边长的1/4。

2）结构的竖向布置。竖向体型应力求规则、均匀，避免有过大的外挑和内收，结构的抗侧刚度沿竖向变化要均匀，避免出现软弱层，以防形成塑性变形集中。

①巨型框架柱不得中断和突变，以避免造成传力途径不明确和刚度、承载力的剧变和应力的集中。大柱截面每边尺寸的变化，一次不得超过25%。

②为使各楼层的屈服强度系数大致相等，达到既耐震又经济的目的，巨型框架柱由底到顶应均匀逐渐减小，或以巨型框架层为界，分级减小。同一楼层次框架柱和各巨型框架柱分别具有大致相同的刚度、承载力和延性，以防受力悬殊而被各个击破。

（6）基础埋置深度

采用桩基时，基础埋深不宜小于楼房高度的1/8，桩长不计入基础埋置深度内。当基础落在基岩上时，埋置深度可根据工程具体情况确定，但应采用岩石锚杆等措施。

165. 巨型框架结构的设计要点是什么？

（1）巨型框架结构体系抗震设计原则

理论和分析表明，总体屈服机制是巨型框架结构体系的最佳破坏机制，即次结构应优于主结构屈服，将次结构推至抗震的第一道防线，其中为避免次结构倒塌，次结构中梁的屈服先于柱的屈服；主结构中巨型梁的屈服先于巨型柱的屈服。

为实现巨型框架结构的上述总体屈服机制，需符合以下三个条件：
①在薄弱层处对巨型柱的纵向受力钢筋和箍筋进行加强，并采取一定的构造措施。
②主结构构件的强度储备富裕于次结构构件的强度储备。
③主、次结构均分别遵循"强柱弱梁"的设计原则。

1）三阶段设计方法

为使巨型框架结构体系满足《建筑抗震设计规范》（GB 50011—2010）三水准的设防要求，并保证其发生总体屈服机制，巨型结构体系应满足如下"三阶段设计法"：

①第一阶段设计。采用第一水准烈度的地震动参数，先计算出次结构在弹性状态下的地震作用效应，与风、重力等荷载效应组合，并引入承载力抗震调整系数进行次结构构件截面设计，从而使次结构满足第一水准的强度要求。

②第二阶段设计。采用第二水准烈度的地震动参数，计算出主结构在弹性状态下的地震作用效应，与风、重力等荷载效应组合，并引入承载力调整系数进行主结构截面设计，从而使主结构满足第一、第二水准的强度要求。同时，采用第一水准烈度措施，保证结构具有足够的延性、变形能力，从而满足第二水准的抗震要求。

③第三阶段设计。采用第三水准烈度的地震动参数，用时程分析法计算出结构的弹塑性层间位移角，使之小于《建筑抗震设计规范》（GB 50011—2010）规定的限值；并结合采取必要的抗震构造措施，从而满足第三水准的防倒塌要求。

2）主结构着重承载力，次结构着重延性

主结构构件的承载力储备应当富裕于次结构构件的承载力储备，因此，对主结构的设计应强调构件的承载力，这样才能保证次结构的屈服先于主结构的屈服，在遭遇第二水准烈度的地震时，次结构的某些构件逐渐进入屈服状态，若次结构具有足够的延性，则对整个结构的耗能和消减地震反应十分有利，从而提高了整个结构抗御强烈地震的能力。而次结构梁一般较易使之具有良好的延性，加之次结构的层数较少，次结构柱也不难具备一定的延性性能。

3）增大次结构的相对刚度

巨型框架结构在遭遇第一水准烈度的地震时，主、次结构均处于弹性状态，水平地震力按实际的弹性刚度进行分配，由于主结构的刚度远大于次结构，将分得大部分的水平力，而次结构分得的水平力所占比例较少，从而影响次结构消耗地震能量的能力。另一方面，一旦次结构逐渐进入屈服状态，则次结构的刚度还会进一步退化，此时主结构所承担的水平力逐渐增加，次结构所承担的份额进一步减小，因此在一定程度上提高次结构相对于主结构的刚度，可以增加次结构分担水平力的份额，并有利于利用次结构的延性发挥其耗能能力。实际工程中可以通过填充墙等非结构构件增加次结构的刚度。

4）主、次结构均分别遵循"强柱弱梁"的设计原则

这是保证次结构不倒塌以及使整个结构发生总体屈服机制的必要条件。

5）提高薄弱层的刚度和强度，并加强构造措施

由于巨型结构体系存在着若干转换层，其所在的楼层的刚度比相邻的上、下楼层的刚度大得多，这种刚度突变使相邻的上、下楼层变成了薄弱层，从而不可避免地造成结构在大震下的塑性变形集中。因此在经过第一阶段和第二阶段设计的巨型框架结构还需要借助时程分析进行大震烈度下的弹塑性变形验算。对薄弱层应增大刚度和提高配筋率，并加强构造措施。

(2) 巨型框架结构梁、柱截面尺寸的选择

由于巨型框架本身既承受很大的重力荷载，又承受较大的水平荷载，在大梁中施加预应力增加结构横梁刚度和巨型框架节点的抗剪能力。试验研究表明，巨型框架中采用预应力混凝土大梁，在水平及竖向荷载作用下的结构性能都有所改善，在极限承载力阶段，位移延性

也较好。

当巨型框架梁采用预应力大梁时，对巨型框架柱应有更严格的轴压比限值，建议巨型框架柱的轴压比限值按表11-4取用。

表11-4 巨型框架柱轴压比限值

抗震等级	一级	二级	三级
巨型框架柱	0.6	0.7	0.8

巨型框架梁高度宜取$(1/6 \sim 1/8)L$（L为巨型框架梁的计算跨度），截面高宽比不宜大于3，同时，截面宽度也不宜小于上部楼层次框架柱宽度的1.5倍。另外，因为巨型框架梁的截面尺寸由抗剪承载力要求所决定，在方案设计阶段，可按下式确定：

持久、短暂设计状况　　　　　$V_b \leq 0.20\beta_c f_c b h_0$　　　　　(11-3a)

地震设计状况　　　　　$V_b \leq \dfrac{1}{\gamma_{RE}}(0.15\beta_c f_c b h_0)$　　　　　(11-3b)

式中　V_b——巨型框架梁的剪力设计值。

(3) 巨型框架结构梁的设计

1) 次框架梁的正截面受弯承载力和斜截面受剪承载力计算同一般框架梁，详见《高层建筑混凝土结构技术规程》（JGJ 3—2010）。但紧靠巨型框架梁上面的3层次框架梁宜按偏心受压构件计算；紧靠巨型框架梁下面的3层次框架梁宜按偏心受拉构件计算。

2) 巨型框架梁的设计

①巨型框架梁除承受弯矩、剪力外，还承受不可忽略的轴力作用，因此应视情况按偏心受拉和偏心受压构件分段进行截面设计，最后取用纵筋最大值。

②巨型框架梁截面受压区相对刚度应满足$\xi = x/h_0 \leq 0.3$。

③在施工阶段，当没有形成巨型框架时，巨型框架梁是局部受力，与结构整体受力不同，所以设计时应分阶段按实际情况进行计算和设计。

④主筋最小配筋率$\rho_{min} = 0.2\%$。纵向钢筋一般全部直通伸入支座。如果上部钢筋的一部分在跨中切断，则至少保留50%伸入支座，下部钢筋应全部伸入支座。伸入支座的全部钢筋都应在柱内可靠锚固，负钢筋应伸入梁下皮以下$l_a + 10d$。

⑤巨型框架梁两侧应布置间距不大于200mm，直径不小于$2\phi14$的腰筋，并每隔一根用拉筋加以约束、固定。

⑥巨型框架梁箍筋由受剪承载力计算。箍筋加密区长度取$(1.5h, 0.2L_0)_{max}$，L_0为巨型框架梁计算跨度。加密区内，箍筋间距不宜大于$0.2h$，并不得超过100mm，直径不得小于10mm。非加密区箍筋的间距不宜大于200mm。

⑦其余规定同框支梁的规定。

(4) 巨型框架结构柱的设计

1) 次框架柱的设计。当次框架柱与上层巨型框架梁相连时，在竖向荷载作用下，上部几层小柱会出现拉应力，计算时应采用相应的公式。但应注意，在其上面的巨型框架梁尚未充分承担其上面各层次框架传下来的竖向荷载之前，次框架柱不宜与上面的巨型框架梁连接，以免造成竖向荷载传力不明确，以及下部次框架柱还需承担巨型框架梁以上次框架的一部分竖向荷载的不利状态。次框架柱可以待上面的巨型框架梁充分承担竖向荷载和产生相应挠曲变形后再与巨型框架梁连接。

次框架柱承受的剪力值较大,必须按次框架柱实际受力计算其配箍量,以切实保证强剪弱弯。

其余规定同一般框架柱。

2)巨型框架柱的设计

①巨型框架柱抗剪要求:

持久、短暂设计状况 $\quad V_c \leqslant 0.20\beta_c f_c bh_0$ (11-4a)

地震设计状况 $\quad V_c \leqslant \dfrac{1}{\gamma_{RE}}(0.15\beta_c f_c bh_0)$ (11-4b)

式中 V_c——巨型框架柱的剪力设计值。

如果柱不满足轴压比或受剪承载力要求时,应采取措施加大柱截面尺寸、提高混凝土强度等级。

②不宜采用短柱,柱净高与柱截面高度之比不宜小于4。否则要求采用构造措施或加高层高。当柱为短柱或轴压比较大时,应采用高强混凝土柱、钢骨混凝土柱和钢管混凝土柱。

③柱内全部纵向钢筋最小配筋率为:一级抗震,$\rho_{min}=1.2\%$;二级抗震,$\rho_{min}=1.1\%$;三、四级抗震,$\rho_{min}=0.9\%$。

④全部纵向钢筋的最大配筋率 $\rho_{max}=3.5\%$,超过时,箍筋应焊成封闭式。

⑤纵向钢筋间距:抗震设计时,不宜大于200mm;非抗震设计时,不宜大于250mm。而且均不宜小于80mm。

⑥纵向钢筋的接头宜留在巨型框架梁所在楼板面700mm以上区段,宜用机械连接接头。

⑦巨型框架柱宜优先采用螺旋箍。采用复合箍时,加密区长度范围应不低于规范中关于转换层相邻柱的有关规定。且箍筋接头应焊接或做135°弯钩。对柱截面较大者,可在箍筋内增设内切螺旋箍。箍筋最小直径、最大间距应不低于现行规范有关框支柱和框架柱的规定。当要求抗震设计时,巨型框架柱的加密区箍筋要求,且不少于4φ10@100。当非抗震设计时,巨型框架柱箍筋配箍率为0.4%,且不少于4φ10@100。

⑧其他规定详见规范有关框支柱和框架柱的要求。若巨型框架柱为筒体或其他形式,可参见有关规范条文。

(5)巨型框架结构节点的设计

1)次框架节点

次框架节点设计同普通框架节点。

2)巨型框架节点

①一级、二级、三级抗震时,节点应进行抗震验算,验算内容符合《建筑抗震设计规范》(GB 50011—2010)附录D的有关规定;四级抗震和非抗震设计时,节点可不进行抗震验算,但应符合构造措施的要求。

②巨型框架节点受剪的水平截面应符合下列条件:

$$V_j \leqslant \dfrac{1}{\gamma_{RE}}(0.3\eta_j \beta_c f_c b_j h_j)$$ (11-5)

式中 h_j——框架节点核心区的截面高度;

b_j——框架节点核心区的截面有效验算宽度;

η_j——正交梁的约束影响系数;楼板为现浇、梁柱中线重合、四侧各梁截面宽度不小于该侧柱截面宽度的1/2,且正交方向梁高度不小于框架梁高度的3/4时,可采用1.5,9度的一级宜采用1.25;其他情况均采用1.0。

③框架节点的受剪承载力应按下式计算

9度设防烈度的一级抗震等级框架:

$$V_j \leq \frac{1}{\gamma_{RE}} \left(0.9\eta_j f_t b_j h_j + \frac{f_{yv} A_{svj}}{s} (h_{b0} - a_s') + 0.4 N_{pe} \right) \tag{11-6}$$

其他情况

$$V_j \leq \frac{1}{\gamma_{RE}} \left(1.1\eta_j f_t b_j h_j + 0.05 \eta_j N \frac{b_j}{b_c} + \frac{f_{yv} A_{svj}}{s} (h_{b0} - a_s') + 0.4 N_{pe} \right) \tag{11-7}$$

式中 N——对应于组合剪力设计值的上柱组合轴向压力较小值,当 $N > 0.5 f_c b_c h_c$ 时,取 $N = 0.5 f_c b_c h_c$,当 N 为拉力时,取 $N = 0$ 且不计预应力筋预加力的有利作用;

A_{svj}——核心区有效验算宽度范围内同一截面验算方向箍筋的总截面面积;

s——箍筋间距;

N_{pe}——作用在节点核心区预应力钢筋的总有效预加力;

其余符号含义见《建筑抗震设计规范》(GB 50011—2010)附录 D。

在式(11-5)、式(11-6)和式(11-7)中,当确定 b_j、h_j 值时,尚应考虑预应力孔道削弱核心区截面有效面积的影响。

④节点内配置的箍筋不宜小于柱端箍筋加密区的实际配箍量。巨型框架梁宽度不宜小于巨型框架柱宽度的一半,也不宜大于柱宽。

⑤条件允许的话,可在节点区域配置斜向交叉钢筋,以大大改善节点的抗震性能。

⑥其余规定见有关规范。

第十二章 加强层结构

166. 水平伸臂、环向构件、腰桁架和帽桁架分别有哪些作用？

当框架—筒体结构、筒中筒结构的侧向刚度不能满足要求时，可利用建筑避难层、设备层空间，设置适宜刚度的水平伸臂构件，形成带加强层的高层建筑结构。必要时，加强层也可同时设置周边水平环带构件。水平伸臂构件、周边环带构件可采用斜腹杆桁架、实体梁、箱形梁、空腹桁架等形式。加强层是水平伸臂、环向构件、腰桁架和帽桁架等加强构件所在层的总称，水平伸臂、环向构件、腰桁架和帽桁架等构件的作用不同，不一定同时设置，但如果设置，它们一般在同一层，凡是具有三者之一时，都可简称为加强层或刚性层。

（1）水平伸臂构件

加强层采用的水平伸臂构件一般可归纳为实体梁（或整层或跨若干层高的箱形梁）、斜腹杆桁架和空腹桁架三种基本形式，如图 12-1。通常水平伸臂构件高度都取一层楼高，需要刚度更大时，也可设置两层楼高的水平伸臂构件。

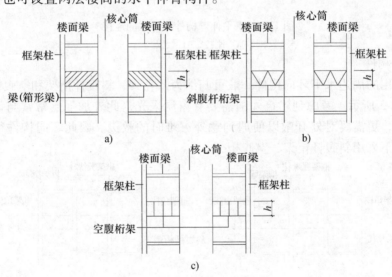

图 12-1 加强层水平外伸构件
a) 梁（箱形梁） b) 斜腹杆桁架 c) 空腹桁架

斜腹杆桁架和空腹桁架有较大的抗弯刚度，杆件截面小，特别是利于避免上、下柱端出铰，是伸臂的常用形式。

水平伸臂所在的楼层无论是设备层，还是避难层，都要布置通道，也就是在水平伸臂杆件中要允许开洞。如采用实腹梁，则必须开较大的洞口，而斜腹杆桁架和空腹桁架便于设置通道。但钢筋混凝土斜腹杆桁架和空腹桁架的模板制作和浇筑混凝土都比较困难，因此混凝土结构中经常采用钢桁架作伸臂，既可减小重量，又可工厂制作后现场拼装，自然形成通道，是一种较为理想的水平伸臂结构形式。

如果水平伸臂在安置后立即与竖向构件完全连接，则由于施工过程中外柱和内筒的竖向压缩变形不同，竖向变形差会使水平伸臂构件产生初始应力，这对水平伸臂构件后期受力是很不利的，为了减小这种初始应力，可将水平伸臂构件的一端与竖向构件不完全固定（临时固定或做椭圆孔连接），在整个结构施工完成后，大部分在自重下的竖向变形已基本稳定时，再将连接点完全固定。

水平伸臂构件与周边框架外柱的连接（图12-2）宜采用铰接或半刚接，也可采用刚接。当水平伸臂构件与外柱为刚接时，整个结构截面可看作保持平截面假定。

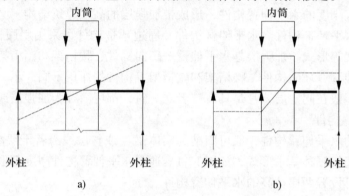

图12-2 水平伸臂构件与外柱的连接
a）刚接 b）铰接

（2）环向构件

加强层采用的周边水平环向构件一般可归纳为开孔梁、斜腹杆桁架和空腹桁架三种基本形式，如图12-3所示。考虑到建筑外围需要有窗洞采光，此外加强层常常与设备层、避难层结合在一起，更需要对外开敞以便遇到意外灾难时的救援。因此环向构件很少采用实腹梁，多数情况下采用斜腹杆桁架、空腹桁架。

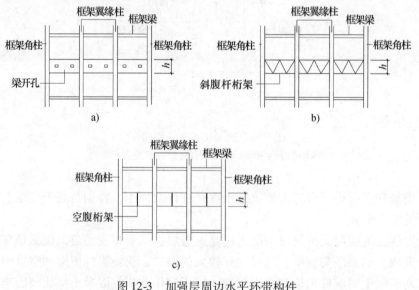

图12-3 加强层周边水平环带构件
a）梁（开孔） b）斜腹杆桁架 c）空腹桁架

环向构件是指沿结构周圈布置一层（或二层）楼高的桁架，其作用是：

①环向构件相当于在结构上加了一道"箍"，可加强结构外圈各竖向构件的联系，加强结构的整体性。

②由于它们的刚度很大，也可协调周圈各竖向构件的变形，减小竖向变形差，使竖向构件受力均匀。在框架—核心筒结构中，环向桁架可加强深梁的作用，可减少剪力滞后。也可以加强外圈柱子的联系，减小稀柱之间的剪力滞后并增大翼缘框架柱的轴向力，从而减少侧移，但其作用不如设置伸臂时直接。

③在框架—核心筒—伸臂结构中，环向桁架的作用是使相邻框架柱轴力均匀化。通常伸臂只和一根柱子相连接，环向桁架将伸臂产生的轴力分散在其他柱子，使较多的柱子共同承受轴力，因此环向桁架常常和伸臂结合使用。环梁本身对减小侧移也有一定作用，设置环向桁架后可以减小伸臂的刚度，环向桁架与伸臂结合有利于减小框架柱和内筒的内力突变。

（3）腰桁架和帽桁架

由于在重力荷载下的轴向应力不同，或由于温度差别、徐变差别等，常常导致内筒和外柱的竖向变形不同，竖向变形差异随着结构高度加大而累积增大，在较高的高层建筑中不容忽视。内、外构件竖向变形差使楼盖大梁产生变形和相应的内力（见图 12-4），如果变形引起的内力较大，会减小它们承受使用荷载和抵抗地震作用的能力，甚至较早出现裂缝。在内筒和外柱之间的刚度很大的桁架（或大梁），可以缩小上述各种因素引起的内外竖向变形差，从而减小楼盖大梁的变形。

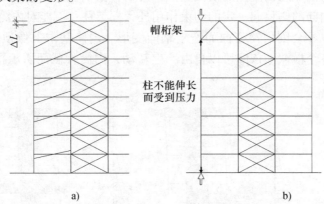

图 12-4　竖向变形差异引起楼盖大梁内力
a) 内外柱变形差引起弯矩　b) 屋顶设帽桁架

一般在高层建筑高度较大时，就需要设置腰桁架和帽桁架，限制内外竖向变形差。如果仅仅考虑减少重力荷载、温度、徐变产生的竖向变形差，在 30～40 层的结构中，一般在顶层设置一道桁架效果最为明显，称其为帽桁架。当结构高度很大时，也可同时在中间某层设置，称其为腰桁架。

167. 水平伸臂为什么可以加大框架—核心筒结构的刚度，减小侧移？

为弄清框架—核心筒结构设置水平加强层减小结构侧移的机理，首先来分析一下框架—核心筒结构的侧移 Δ 的组成成分。在水平荷载作用下，结构的总侧移 Δ 由内筒的弯曲型侧移 Δ_c 和外框架的剪切型侧移 Δ_f 两部分组成。Δ_c 的大小主要取决于内筒弯矩的大小，Δ_f 则是由框架柱上下端的剪切和弯曲变形所引起的垂直于柱轴线的位移 δ_1 和框架梁的竖向弯曲变形引起框架节点的转动 φ 所间接引起的框架侧移 δ_2 组成，即 $\Delta_\mathrm{f} = \delta_1 + \delta_2$。要减小结构总侧移 Δ，必须减小 Δ_c 和 Δ_f，要减小 Δ_c 和 Δ_f，在筒体、柱、梁的刚度保持不变的情况下，就必须使引起 Δ_c 的筒体的弯矩和引起 Δ_f 的框架梁柱的弯矩、剪力等内力减小。

在水平荷载 F 作用下，框架—核心筒结构体系中的内筒各截面引起的弯矩 M，使内筒发生弯曲而产生位移。在内筒顶部增设加强层后（图 12-5），迫使外柱参与整体抗弯，一侧外柱受压，一侧外柱受拉，压力 C 和拉力 T 形成一个反弯矩 M_1，作用于内筒的顶部。这一反向弯矩 M_1 部分抵消了内筒各水平截面所受到的水平荷载弯矩，改善了内筒和框架的楼层剪力的竖向分布状况，使它进一步均匀化，因此结构的侧移也得到减小。

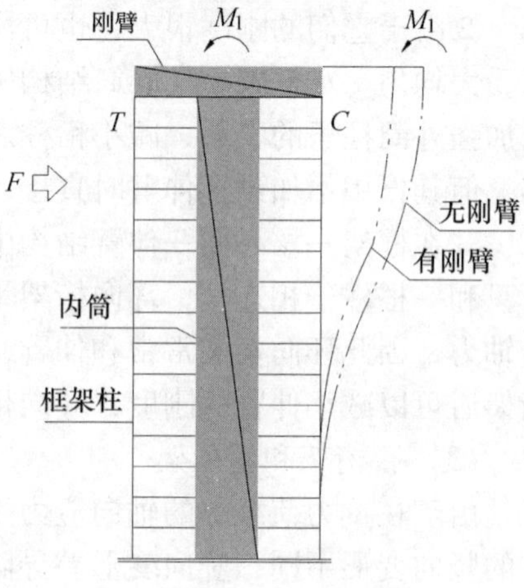

图 12-5 伸臂对核心筒引起的反弯矩

（1）无加强层的情况

在框架—核心筒结构体系中，内筒侧边至外柱的距离一般为 $8 \sim 14\mathrm{m}$，因使用要求，内筒与外柱间横梁截面尺寸受到限制，横梁的抗弯刚度较小，特别是扁梁或平板结构对内筒在水平荷载作用下因弯曲变形而发生的横截面倾斜转动，基本上不能起制约作用。除框架与内筒形成的并联体对内筒的侧移起一定的约束作用外，框架柱并不能对内筒的竖向拉、压变形产生影响，框架柱也不会因内筒弯曲而产生轴向变形。内筒基本上像顶端自由的伸臂杆一样，受荷弯曲后，各个横截面依旧可以自由产生转动，内筒各截面所承担的弯矩如图 12-6a 所示。

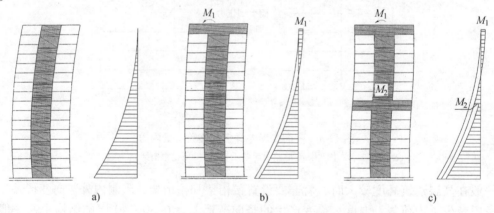

图 12-6　框架—核心筒结构体系中内筒承担的弯矩
a）无加强层　b）设置一个加强层　c）设置两个加强层

（2）设置一个加强层的情况

在房屋顶端设置加强层后，将内筒和外柱连成整体，使内筒和外柱因受荷而产生的竖向变形得到协调，内筒弯曲时各个横截面不能再自由转动，而受到外柱轴向变形的限制。外柱对内筒变形的约束，就是由于外柱弹性轴向变形产生拉、压抗力所形成的反向弯矩 M_1，于加强层所在位置（即核心筒的顶端）施加给内筒，M_1 的数值大体上等于一侧外柱的受压抗力与另一侧外柱的受拉抗力形成的抵抗力矩。内筒由于顶部作用了一个反向弯矩 M_1，所以各个截面的实际弯矩也都相应减小，各截面弯矩减小的数量都等于内筒顶端的反向弯矩。内筒各截面实际承担的弯矩值如图 12-6b 中带横线的面积。

由于内筒顶端相当于作用一个反向弯矩使内筒原来的单向弯曲侧移曲线在顶部一段改变了方向，整个内筒的侧向变形近似于一条平缓的反 S 形曲线。在变形曲线的反弯点处，内筒的横截面弯矩等于零。反弯点高度与外柱轴向刚度的大小密切相关，外柱轴向抗压（拉）刚度较小时，反弯点的位置偏上；随着外柱轴向抗压刚度的加大，反弯点将逐步下移；当外柱轴向刚度达到很大时，反弯点将靠近它的极限位置 $0.5H$（H 为结构的总高度）。

（3）设置两个加强层的情况

当框架—核心筒结构的高宽比较大时，除在结构顶端设置加强层外，还可在房屋半高处设置加强层。由于内筒与外柱之间又多一道加强层，内筒所承担弯矩中的一部分再一次转化为外柱的轴力，使半高处加强层以下内筒各截面的弯矩进一步减小，减小的数值等于外柱轴向拉、压变形所提供抗力而产生的抗力矩 M_2（如图 12-6c 所示）。此外，整个结构侧移也将得以进一步减小。

168. 如何合理选择加强层的数量、刚度和设置位置？

（1）在地震作用下，框架—核心筒结构宜采用"适宜刚度"的加强层

框架—核心筒结构在地震作用下，若结构整体刚度不能满足设计要求时，提高结构整体刚度的途径有：

1）采用刚度很大的"刚性"加强层。

2）在调整增强原结构刚度的基础上，设置"适宜刚度"加强层。

前者从概念上强调"刚性"加强层增强整体结构刚度，往往还希望使整体刚度越大越感觉安全，其结果反而会使结构刚度突变，内力剧增，在罕遇地震作用下结构在加强层附近容易形成薄弱层而破坏。后者从概念上强调尽可能调整增强原结构的刚度，采用"适宜刚度"加强层只是弥补整体刚度的不足，而且只希望结构整体刚度满足规范的最低要求，以减少非结构构件的破损。采用"适宜刚度"加强层的目的是尽量减少结构刚度突变和内力的剧增，仍希望结构在罕遇地震作用下还能呈现"强柱弱梁""强剪弱弯"的延性屈服机制，避免结构在加强层附近形成薄弱层。

（2）水平伸臂构件刚度的选择

图 12-7 所示为水平伸臂构件刚度变化与结构顶点位移、加强层上、下外框架柱弯矩、核心筒弯矩的关系曲线。由图 12-7 可见，水平伸臂构件刚度当大于某一值 J_2 后，如继续增加其刚度，则对结构顶点位移及柱和核心筒的内力影响均很小；当水平伸臂构件刚度小于某一值 J_1 时，其刚度的减少将比较明显地影响结构位移和内力。水平伸臂构件的

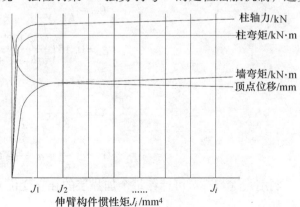

图 12-7　水平伸臂构件刚度变化的影响

"有限刚度"将尽可能选择在小于 J_1 的范围内,以减小整体结构刚度的突变和内力剧增。

将实际的空间高层建筑等效为如图12-8所示的平面框架结构,它由内筒、外柱和加强层伸臂构成。设每一加强层 i,需要给出内筒等效截面惯性矩 I_i;伸臂构件等效截面惯性矩 J_i;单侧外柱的等效截面惯性矩 $K_i = a^2 A_i$(这里 A_i 是单侧各外柱的截面面积之和);加强层层高 H_i(指第 i 加强层与第 $i-1$ 加强层之间的高差);等效水平力 P_i 及等效弯矩 M_i(指所有位于第 i 加强层以上的水平荷载在第 i 加强层处等效力的总和)。值得注意的是在计算内筒及伸臂的等效截面惯性矩时,应当考虑剪切变形的影响。

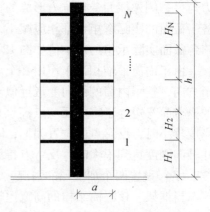

图12-8 等效平面框架结构

在结构初步设计时,可按式(12-1)估算结构顶部位移 U_T:

$$U_T = \sum_{i=1}^{N} [u_i + (h - h_i)\theta_i] \tag{12-1}$$

式中 N——加强层个数;

h——结构总高度;

h_i——第 i 加强层的标高;

u_i、θ_i——第 i 加强层的独立侧移和转角,按下列公式计算:

$$\begin{aligned}
u_i &= C_{pi} P_i + C_{Mi} M_i \\
\theta_i &= \xi_i (T_{pi} P_i + T_{Mi} M_i) \\
C_{pi} &= \frac{H_i^3 X_i + 1.5}{3 E I_i Y_i} \\
C_{Mi} &= \frac{H_i^2}{2 E I_i} \frac{X_i}{Y_i} \\
T_{pi} &= \frac{H_i^2}{2 E I_i} \frac{X_i}{Y_i} \\
T_{Mi} &= \frac{H_i}{E I_i} \frac{X_i}{Y_i} \\
\xi_i &= 0.15 \left(\frac{17}{a_i K_i / J_i + 3} + 1 \right) \\
a_i &= a / H_i \\
X_i &= 3 \frac{I_i}{K_i} + a_i \frac{I_i}{J_i} \\
Y_i &= 3 \frac{I_i}{K_i} + a_i \frac{I_i}{J_i} + 6
\end{aligned} \tag{12-2}$$

利用式(12-2)可计算每个加强层的独立变位 u_i、θ_i,然后用式(12-1)求得结构顶部的位移 U_T。

(3)"适宜刚度"加强层的结构布置

在地震作用下，沿整个结构高度加强层的设置部位不需强调最佳位置，如建筑上允许，沿高度可设置多道（2~3道）加强层，而每道加强层的刚度应尽量小。《高层建筑混凝土结构技术规程》（JGJ 3—2010）第10.3.2条规定，当布置一个加强层时，加强层位置可在 $0.6H$（H 为房屋高度）附近。当布置两个加强层时，加强层位置可在顶层和 $0.5H$ 附近。当布置多个加强层时，加强层宜沿竖向从顶层向下均匀布置。

加强层宜利用建筑避难层、设备层空间。加强层内水平伸臂构件宜布置在核心筒墙与外围框架柱之间，这种布置方式要比沿加强层外围柱设置周边环带构件对减少结构整体位移有利一些。如水平伸臂构件与周边环带构件同时布置，则对减小结构整体位移的作用不明显，但可使水平伸臂构件所受剪力和弯矩减小，加强层上、下楼板的翘曲影响将减少。

加强层采用的水平伸臂构件、周边环带构件宜采用桁架形式，可通过调整桁架腹杆的刚度，使加强层既能适当弥补结构整体刚度的不足，又能尽量减少结构的内力突变。在罕遇地震作用下，宜使加强层桁架腹杆先屈服破坏，避免加强层附近的外围框架柱和核心筒墙肢发生破坏。加强层若采用实体梁，仅可通过改变梁的厚度以调整加强层的刚度，其调整幅度比较小，且实体梁很难做到"强剪弱弯"。

169. 如何确定带加强层高层建筑结构的抗震等级？

加强层区间的框架柱、核心筒是带加强层高层建筑结构的关键构件，应确保加强层区间框架柱、核心筒的安全，《高层建筑混凝土结构技术规程》（JGJ 3—2010）规定：加强层及其相邻层的框架柱和核心筒剪力墙的抗震等级应提高一级采用，一级提高至特一级，但抗震等级已经为特一级时应允许不再提高。

带加强层高层建筑结构抗震设计，应根据设防烈度、构件种类和房屋高度按表12-1采用相应的抗震等级，进行相应的计算并采取相应的构造措施。

表 12-1 带加强层高层建筑结构的抗震等级

结构类型		烈 度								
		6度			7度			8度		
非加强层区间	高度/m	≤80	80~150	>150	≤80	80~130	>130	≤80	80~100	>100
	核心筒	二	二	二	二	二	一	一	一	特一
	框架	三	三	二	三	二	一	二	一	一
加强层区间	核心筒	一	一	一	一	一	特一	特一	特一	特一
	框架	二	二	一	二	一	特一	一	特一	特一
	水平外伸构件	二	二	一	二	一	特一	一	特一	特一
	水平环带构件	二	二	一	二	一	特一	一	特一	特一

注：加强层区间指加强层及其相邻各1层的竖向范围。

170. 带加强层高层建筑结构设计有哪些规定？

（1）加强层水平伸臂构件

水平伸臂采用桁架会造成核心筒墙体承受很大的剪力，上下弦杆的拉力也需可靠地传递到核心筒上，所以要求加强层水平伸臂构件宜贯通核心筒。水平伸臂构件宜位于核心筒的转角、T字节点处。当实体梁（或整层或跨若干层高的箱形梁）作为加强层水平伸臂构件时，一般宜满层设置，利用加强层楼板作为有效翼缘，以有效提高其抗弯刚度，其设计要求同其用作转换结构时的要求。

实体梁腹板截面厚度不宜小于300mm，且宜由其剪压比控制计算确定，其适宜值如表12-2所示。

箱形梁抗弯刚度应计入相连层楼板作用，楼板有效翼缘宽度为：$12h_i$（中梁）；$6h_i$（边梁），h_i为箱形梁上下翼缘相连楼板厚度，不宜小于150mm。

表12-2 箱形梁腹板适宜剪压比

抗震等级		一级	二级	三级	非抗震设计
混凝土强度等级	C30	0.10	0.13	0.15	0.15
	C40	0.09	0.11	0.13	0.13
	C50	0.08	0.10	0.11	0.12

注：梁腹板剪压比 = $V_{max}/f_c b h_0$，
V_{max}—梁最大组合设计剪力值；f_c—梁的混凝土抗压设计强度；b—梁腹板厚度；h_0—梁断面的有效高度。

当采用斜腹杆桁架、空腹桁架作为加强层外伸构件时，其设计要求同其用作相应转换结构时的要求。

（2）加强层区间核心筒体

加强层区间的核心筒是带加强层高层建筑结构的关键构件，分析表明，在带加强层的框架—核心筒结构中，核心筒墙肢弯矩和剪力在加强层的上、下几层大幅度的增大。因此，为确保加强层区间核心筒的安全，加强层区间核心筒剪力墙的抗震等级应提高一级采用，但抗震等级已经为特一级时应允许不再提高（表12-1）。加强层区间核心筒大轴压比不宜超过表12-3。

表12-3 加强层区间核心筒体轴压比限值

轴压比	抗震等级		
	特一级	一级	二级
$N/f_c A_c$	0.4	0.5	0.6

注：N为加强层区间核心筒体重力荷载代表值作用轴力设计值；f_c为加强层区间核心筒混凝土抗压强度设计值；A_c为加强层区间核心筒体水平截面净面积。

加强层区间核心筒体截面尚需满足适宜剪压比限值的要求，如表12-4所示。

表12-4 加强层区间核心筒体适宜剪压比限值

抗震等级		一级	二级	三级	非抗震设计
混凝土强度等级	C30	0.10	0.11	0.13	0.14
	C40	0.09	0.09	0.11	0.12
	C50	0.08	0.08	0.09	0.11

注：梁腹板剪压比 = $V_{max}/f_c t h_0$，V_{max}为加强层区间核心筒体最大水平剪力组合设计值；f_c为加强层区间核心筒体混凝土抗压设计强度；t为水平剪力方向加强层区间核心筒体墙肢厚度；h_0为水平剪力方向加强层区间核心筒体墙肢有效高度。

（3）加强层区间框架柱

加强层区间的框架柱是带加强层高层建筑结构的关键构件，分析表明，在带加强层的框架—核心筒结构中，框架柱的轴力在加强层的下层突然增大；框架柱的弯矩和剪力在加强层的上、下层均急剧增加。为确保加强层区间框架柱的安全，抗震设计时，加强层区间框架柱应提高一级采用，一级应提高至特一级，但抗震等级已经为特一级时应允许不再提高（表12-1），其轴压比限值应按其他楼层框架柱的数值减少0.05，即加强层区间框架柱最大轴压比不宜超过表12-5。

表 12-5　加强层区间框架柱轴压比限值

轴压比(N/f_cA_c)		抗震等级				
		特一级	一级	二级	三级	四级
带加强层框架—核心筒、带加强层筒中筒结构	其他楼层框架柱	0.65	0.75	0.85	0.90	0.95
	加强层框架柱	0.60	0.70	0.80	0.85	0.90

注：1. N 为加强层区间框架柱地震作用组合轴力设计值；f_c 为加强层区间框架柱混凝土抗压强度设计值；A_c 为加强层区间框架柱截面面积。
2. 表中数值适用于混凝土强度等级不高于 C60 的柱。
3. 表中数值适用于剪跨比大于 2 的柱。

(4) 加强层周边水平环带构件
各类加强层周边水平环带构件设计要求均同相应各类加强层水平伸臂构件。

(5) 加强层区间楼板
加强层的上、下楼面结构承担着协调内筒和外框架的作用，存在很大的平面内应力，所以结构内力和位移计算中，设置水平伸臂桁架的楼层宜考虑楼板平面内的变形。

分析表明，加强层上、下楼板存在翘曲现象。在加强层周边设置环带构件可减小楼板的翘曲影响。因此加强层上、下的楼板厚度宜加厚，其厚度不宜小于 150mm，配筋设计中要考虑楼板的翘曲影响，宜在板中配置双向、双层构造钢筋。

(6) 非加强层区间结构
非加强层区间结构可按照普通框架—核心筒结构设计要求执行。

171. 带加强层高层建筑结构的构造要求有哪些？

(1) 加强层水平伸臂构件设置后浇块
由于加强层的伸臂构件强化了内筒与周边框架的联系，内筒与周边框架的竖向变形差将产生很大的次应力，因此需要采取有效措施减小这些变形差。为消除施工阶段重力荷载作用下竖向构件轴向变形对加强层水平伸臂构件的不利影响，加强层水平伸臂构件一般宜设置后浇块（图 12-9），待主体结构施工完成后再行封闭。

在施工程序及连接构造上采取减小结构竖向温度变形及轴向压缩差的措施时，结构分析模型应能反映施工措施的影响。

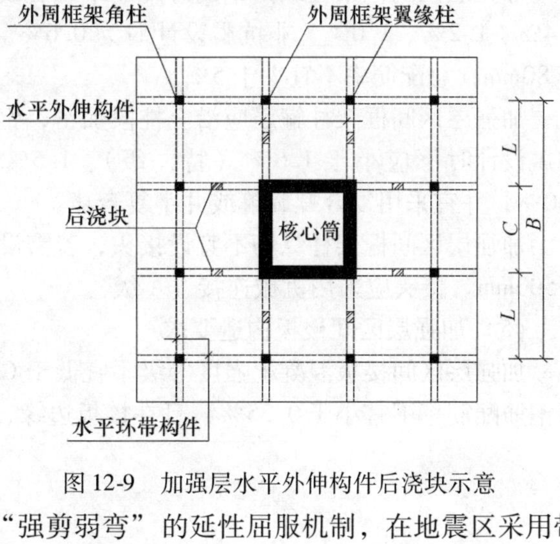

(2) 加强层水平伸臂构件的构造要求
在风荷载作用下，设置加强层可使周边框架柱有效地发挥作用，以增强整个结构的抗侧刚度。但在水平地震作用下会引起结构刚度、内力突变，并易形成薄弱层，结构的破坏机制难以呈现"强柱弱梁""强剪弱弯"的延性屈服机制，在地震区采用带加强层的框架—核心筒结构宜慎重，并应采取有效措施。

图 12-9　加强层水平外伸构件后浇块示意

1) 加强层采用水平伸臂实体梁（或整层或跨若干层高的箱形梁）的高层建筑结构一般仅适用于非地震区。

实体梁上下主筋最小配筋率为 0.3%；梁上下部主筋至少应有 50% 沿梁全长贯通，且不宜有接头。若需设置接头时，应采用机械连接（A 级），且同一截面内钢筋接头面积不应超过全部主筋截面面积的 50%。

梁腹筋应沿梁全高配置，且 ≥2Φ12@200，并按充分受拉要求锚固于柱、核心筒。

梁箍筋宜沿全梁段加密，直径不小于 φ10，间距不大于 150mm，最小面积配箍率为 $0.5f_c/f_{yv}$。

梁上、下部纵筋进入核心筒支座均按受拉锚固，顶层梁上部纵筋至少需有 50% 贯通核心筒拉通；顶层梁下部纵筋及其他层梁上、下部纵筋至少各需 4 根贯穿核心筒拉通。

梁上、下部纵筋进入框架柱均按充分受拉锚固。

2) 当斜腹杆桁架作为加强层水平外伸构件时，其构造要求同其作为转换结构时的要求，其上下弦主筋进入核心筒支座的贯通构造要求同实体梁。

3) 当空腹桁架作为加强层水平外伸构件时，其构造要求同其作为转换结构时的要求，其上下弦主筋进入核心筒支座的贯通构造要求同实体梁。

水平伸臂构件的混凝土强度等级不应低于 C30。

（3）加强层区间筒体构造要求

加强层区间筒体墙身竖向分布钢筋、水平分布钢筋的最小含筋率为：抗震等级一级时 ≥0.4%，抗震等级二级时 ≥0.3%，非抗震设计时 ≥0.25%，且钢筋间距 ≤200mm，直径 ≥φ10。

加强层区间核心筒剪力墙应设置约束边缘构件，其构造要求同带转换层高层建筑结构底部加强区设置的约束边缘构件要求，即应按《高层建筑混凝土结构技术规程》（JGJ 3—2010）第 7.2.15 条的规定设置约束边缘构件。

（4）加强层区间框架柱构造要求

加强层区间框架柱纵向钢筋总配筋率抗震设计为特一级、一级、二级抗震等级时分别为 1.4%、1.2%、1.0%，非抗震设计时为 0.6%。纵筋钢筋间距不应大于 200mm，且不应小于 80mm，总配筋率不宜大于 5%。

加强层区间框架柱箍筋应沿全柱段加密，钢筋直径 ≥φ10，间距 ≤200mm。体积配箍率抗震设计时不应小于 1.6%（特一级）、1.5%（一级、二级），非抗震设计时不应小于 1.0%，并宜采用复合螺旋箍或井字复合箍。

加强层区间框架柱纵筋不宜设接头，若需设置，其接头率 ≤50%，且接头位置离节点区 ≥500mm。接头应采用机械连接（A 级）。

（5）加强层区间楼板构造要求

加强层区间楼板混凝土强度等级不宜低于 C30，并应采用双层双向配筋，每层每方向贯通钢筋配筋率不宜小于 0.25%，且在楼板边缘、孔洞边缘应结合边梁设置予以加强。

第十三章 错层、错列结构

172. 什么是错层结构？其适用范围是什么？

（1）错层结构的定义

关于错层结构的定义，目前没有一致的意见，主要因为实际结构中错层的类型太多、太复杂。

相邻楼盖结构高差超过梁高范围的，宜按错层结构考虑。结构中仅局部存在错层构件不属于错层结构，但这些错层构件宜按《高层建筑混凝土结构技术规程》（JGJ 3—2010）10.4条有关规定进行设计。

至于住宅中个别位置楼板跃层等错层情况，比较复杂，应根据实际情况个别判断。但是，即便不作为《高层建筑混凝土结构技术规程》（JGJ 3—2010）的错层结构（主要是最大适用高度限制），在一些关键部位仍应采取必要的加强措施，例如错层部位的框架柱和剪力墙宜符合《高层建筑混凝土结构技术规程》（JGJ 3—2010）第10.4.4和10.4.6条的要求。

（2）错层高层建筑结构的适用范围

错层结构属于竖向布置不规则结构；错层附近的竖向抗侧力结构受力复杂，难免会形成众多应力集中部位；错层结构的楼板有时会受到较大的削弱；剪力墙结构错层后会使部分剪力墙的洞口布置不规则，形成错洞剪力墙或叠洞剪力墙；框架结构错层则更为不利，往往形成许多短柱与长柱混合的不规则体系。因此，高层建筑宜避免错层。当房屋两部分因功能不同而使楼层错开时，宜首先采用防震缝或伸缩缝分为两个独立的结构单元。

错层而又未设置伸缩缝、防震缝分开，结构各部分楼层柱（墙）高度不同，形成错层结构，应视为对抗震不利的复杂高层建筑，在计算和构造上必须采取相应的加强措施。抗震设防烈度9度区不应采用错层结构。

抗震设计时，如建筑设计中遇到错层结构，其房屋的高度应满足：7度和8度抗震设计时，剪力墙结构错层高层建筑的房屋高度分别不宜大于80m和60m；框架—剪力墙结构错层高层建筑的房屋高度分别不应大于80m和60m。

173. 错层结构设计的要点是什么？

（1）错层结构的布置原则

错层结构应尽量减少扭转效应，错层两侧的结构宜设计成侧向刚度和结构布置相近的结构体系，以减小错层处墙、柱内力，避免错层处结构形成薄弱部位。若错层两侧结构的侧向刚度和结构布置差别较大，必定加重结构的不规则程度，而且往往会使结构平面布置不规则，从而引起较大的扭转效应。如错层结构两侧的结构侧向刚度和结构布置差别较大，也难以满足《高层建筑混凝土结构技术规程》（JGJ 3—2010）有关竖向或平面不规则的各项规定。

对高层错层建筑在错层处应在纵横向布置剪力墙，并使其相互形成扶壁。

错层不宜沿建筑通高设置，错层中应设置一定数量的贯通层，将错层分为几个区段，且每个错层区段包含的错层层数也不宜太多，贯通层要重点加强。

（2）错层结构错层处的框架柱受力复杂，易发生短柱受剪破坏，因此要求其满足设防烈度地震（中震）作用下性能水准2的设计要求。

错层处框架柱的截面承载力应符合式（13-1）的规定：

$$S_{GE} + S_{Ehk}^* + 0.4 S_{Evk}^* \leq R_k \tag{13-1}$$

式中　R_k——截面承载力标准值，按材料强度标准值计算；

　　　S_{GE}——重力荷载代表值的构件内力；

　　　S_{Ehk}^*——水平地震作用标准值的构件内力，不需考虑与抗震等级有关的增大系数；

　　　S_{Evk}^*——竖向地震作用标准值的构件内力，不需考虑与抗震等级有关的增大系数。

（3）错层结构采取的加强措施

1）抗震设计时，错层高层建筑结构错层处框架柱的抗震等级应提高一级采用，一级提高至特一级，但抗震等级已经为特一级时允许不再提高。

抗震设计时，错层处平面外受力的剪力墙的抗震等级应提高一级采用。

2）错层结构在错层处的构件（图13-1）要采取加强措施：

错层处框架柱的截面高度不应小于600mm，混凝土强度等级不应低于C30，箍筋应沿全柱段加密。

错层处平面外受力的剪力墙，其截面厚度，非抗震设计时不应小于200mm，抗震设计时不应小于250mm，并均应设置与之垂直的墙肢或扶壁柱。

错层处剪力墙的混凝土强度等级不应低于C30，水平和竖向分布钢筋的配筋率：非抗震设计时不应小于0.3%，抗震设计时不应小于0.5%。

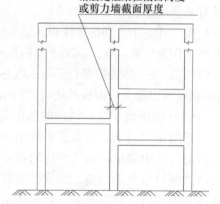

图13-1　错层结构加强部位示意图

当错层处混凝土构件不能满足设计要求时，需要采取有效措施。框架柱采用型钢混凝土柱或钢管混凝土柱，剪力墙内设置型钢，可改善构件的抗震性能。

174. 错列桁架结构设计有哪些规定？

（1）错列桁架结构的内力分析

在错列桁架结构体系中取出相邻两榀错列桁架结构（图13-2中A型、B型）。从平面上来看，桁架层相对于敞开层来说，其水平内的刚度很大，类似于排架结构中的屋架，侧向变形主要发生在敞开层的柱子上，平面上的总体变形属于剪切变形，其层间位移为下大上小（图13-2a、b）。

由于相邻两榀错列桁架结构通过自身平面内刚度为无穷大的楼板系统相互连接，则在水平荷载作用下任何一层楼面上所有的点将有相等的水平位移，即敞开层的柱子与桁架层的腹杆（包括斜腹杆、竖腹杆）一起共同抵抗侧向变形。在水平荷载作用下带有斜腹杆的混合空腹桁架其水平剪切刚度非常大，其空间工作的结果使其整体变形为弯曲形。在水平荷载作用下空腹桁架层的腹杆可以看成各层柱，这样考虑空间工作后的总变形为剪切形，但此时的顶点水平位移和层间位移比单独错列桁架结构要小得多（图13-2c）。

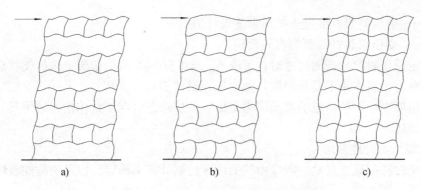

图 13-2 水平荷载下错列桁架的变形示意
a) A 型 b) B 型 c) A 型与 B 型共同工作

因此，错列桁架结构体系的空间工作可简化为平面问题来分析，但采用计算机方法分析结构内力时，桁架各杆件应采用考虑轴向变形的杆系有限元分析程序。上、下弦杆的轴向刚度、弯曲刚度中应计入楼板的作用，即楼板作为弦杆的翼缘参加工作。楼板的有效翼缘宽取：$12h_i$（中桁架）、$6h_i$（边桁架），h_i 为与上、下弦杆相连楼板的厚度。

错列空腹桁架结构内力的实用计算方法：采用迭代法计算兼有水平和垂直位移的错列空腹桁架的内力；采用 D 值法计算水平荷载作用下错列空腹桁架结构的内力。

(2) 在错列等节间空腹桁架结构中，弯矩、剪力和轴力对各构件承载力的影响，主要是各桁架层的端部节间的各杆件，它们都是偏心受力构件，且主要由弯矩及剪力起控制作用（除边柱以外），若按照内力的大小来选定各杆的截面，将会是靠两端节间截面最大，中间节间小（图 13-3）。随着桁架层跨度和荷载的增大，这个问题就很突出，甚至造成构造和施工上的问题。而解决这一问题可以采用调整节间长度或在节间

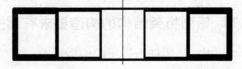

图 13-3 根据内力大小变化各杆截面尺寸

设置斜腹杆的方法来减小桁架层的内力，使杆件的内力分布比较均匀，减少构件的类型，达到经济的目的。

(3) 当结构的侧移不是主要控制指标时，可采用错列不等节间空腹桁架结构体系。由于没有斜腹杆，施工方便，且其受力性能也较错列等节间空腹桁架结构要好。但当房屋超过某一高度（可参考框架结构体系）后，采用错列空腹桁架结构已难以满足侧移的控制要求或造成材料大量浪费时，可考虑采用错列混合空腹桁架结构，这种结构形式具有较好的受力性能，且更适合于较大跨度的情况，但结构中斜杆和上、下弦杆的轴力较大，这也将给设计和构造处理带来一定的困难。

(4) 斜杆桁架层的设计

受压斜腹杆的截面尺寸一般应由其轴压比 n 控制计算确定，以确保其延性，其限值见表 10-13。

受压斜腹杆轴压比

$$n = \frac{N_{max}}{f_c A_c} \tag{13-2}$$

式中　N_{max}——受压斜腹杆最大组合轴力设计值；

f_c——受压斜腹杆混凝土抗压强度设计值；

A_c——受压斜腹杆截面的有效面积。

初步确定受压斜腹杆截面尺寸时，可取 $N_{max}=0.8G$（G 为桁架层上按简支状态计算分配传来的所有重力荷载作用下受压斜腹杆轴向压力设计值）。

斜腹杆桁架上、下弦节点的截面应满足抗剪的要求，以保证整体桁架结构具有一定延性不发生脆性破坏。

（5）空腹桁架设计要求

空腹桁架腹杆的截面尺寸一般应由其剪压比控制计算来确定，以避免脆性破坏，其限值见表 10-15。

腹杆剪压比：
$$\mu_v = \frac{V_{max}}{f_c b h_0} \tag{13-3}$$

式中 V_{max}——空腹桁架腹杆最大组合剪力设计值；

f_c——空腹桁架腹杆混凝土抗压强度设计值；

b、h_0——空腹桁架腹杆截面宽度和有效高度。

空腹桁架腹杆应满足强剪弱弯的要求，可按纯弯构件设计。

空腹桁架上、下弦杆应计入相连楼板有效翼缘作用按偏心受压或偏心受拉构件设计，其中轴力可按上、下弦杆及相连楼板有效翼缘的轴向刚度比例分配。

空腹桁架上、下弦节点的截面应满足抗剪的要求，以保证空腹桁架结构具有一定延性，不发生脆性破坏。

175. 错列桁架结构的构造要求有哪些规定？

（1）斜腹杆桁架层的构造要求

斜腹杆桁架层的受压、受拉弦杆的纵向钢筋、箍筋的构造要求同斜腹杆桁架转换层。桁架受拉、受压弦杆的受力钢筋的接头宜采用焊接接头，并优先采用闪光对焊，焊接接头的质量应符合国家现行标准《混凝土结构工程施工及验收规范》（GB 50204—2015）的要求。

受压腹杆的纵向钢筋配置构造要求同受压弦杆；受拉腹杆的纵向钢筋、箍筋配置构造要求同受压弦杆。

所有杆件的纵向钢筋支座锚固长度均为 l_{aE}（抗震设计）、l_a（非抗震设计）。

桁架上、下弦节点配筋构造原则上参考屋架图配置节点钢筋。桁架节点采用封闭式箍筋，箍筋要加密，且垂直于弦杆的轴线位置，并增加拉筋，以确保节点约束混凝土的性能。桁架节点区截面尺寸及其箍筋数量应满足截面抗剪承载力的要求［式（10-35）、式（10-36）］，且构造上要求满足节点斜面长度≥腹杆截面高度 +50mm。节点区内侧附加元宝钢筋直径不宜小于Φ16，间距不宜大于 150mm。节点区内箍筋的体积配箍率要求同受压弦杆（见表 10-14）。

（2）空腹桁架层的构造要求

受压、受拉弦杆的纵向钢筋、箍筋构造要求均同斜腹杆桁架受压、受拉弦杆的构造要求。

直腹杆的纵向钢筋、箍筋的构造要求均同斜腹杆桁架受拉腹杆的构造要求。

桁架节点区截面尺寸及其箍筋数量应满足截面抗剪承载力的要求［式（10-39）、式

(10-40)]，且构造上要求满足截面尺寸≥腹杆断面宽度、高度+50mm。节点区内侧附加元宝钢筋直径不宜小于Φ20，间距不宜大于100mm。节点区内箍筋的体积配箍率要求同受压弦杆（见表10-13）。

（3）水平荷载作用下错列桁架结构中，桁架层边柱的剪力和弯矩较敞开层边柱相应的内力减小很多，且边柱的受力与一般框架结构不同（图13-4）。结构的这一特性对桁架层弦杆与边柱节点是有利的。因此，桁架层弦杆与边柱节点的抗震构造要求可按框架结构中梁与柱边节点来处理。

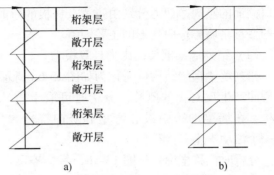

图 13-4　侧向荷载下边柱弯矩比较
a）错列桁架结构　b）一般框架结构

176. 错列墙梁结构设计和构造有哪些规定？

（1）在错列墙梁结构体系中取出相邻两榀错列墙梁框架，即图1-8中的A型和B型。从平面上来看，墙梁层相对于敞开层来说，其平面内的刚度很大，类似于排架结构上的屋面梁，侧向变形主要发生在敞开层的柱子上，其单榀错列墙梁框架的变形如图13-5a和图13-5b所示，此时侧向荷载由柱的弯曲来承受。

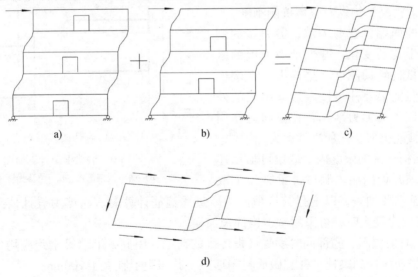

图 13-5　侧向荷载作用下墙梁框架结构体系的变形示意
a）A型　b）B型　c）A型和B型共同工作　d）墙梁的变形

由于相邻两榀错列墙梁框架通过自身平面内刚度为无穷大的楼板系统相互连接，则在侧向荷载作用下任何一层楼面上所有的点将有相等的水平侧移，即敞开层的柱子与墙梁一起共同抵抗侧向变形。在侧向荷载作用下考虑空间工作后的错列墙梁结构的变形如图13-5c所示，此时侧向荷载主要是由墙梁来承担。

墙梁的变形如图13-5d所示。作用于墙梁上的荷载有：从一个墙梁的顶部楼板传到相邻墙梁底部楼板的水平剪力及墙梁端部的竖向剪力。墙梁端部的竖向剪力引起边柱的轴向力。洞口截面的竖向净剪力分别由过梁及楼板的弯曲来承担，而不是由整个洞口截面承担，其引起的变形是墙梁挠曲变形的主要因素。

(2) 错列墙梁框架的内力计算模型

错列墙梁框架结构可简化为如图13-6a所示的等效框架结构。对称结构在侧向荷载作用下弯曲产生反对称的侧移，分析时可取半边结构。在墙梁的跨中没有弯矩和竖向挠度，用一个滚动支座来代替。

分析时位移坐标系见图13-6b，每个楼层有一个水平位移和两个竖向位移（A型、B型框架各一个）。

(3) 错列墙梁结构体系的构造要求

1) 为保证结构在纵向具有足够的刚度，可采取下列两种措施：

①楼板边缘设置具有一定高度的纵向边梁，其可与错列墙梁框架的外柱形成两道纵向抗侧力框架，最好在顶层楼板边缘设置刚度较大的边梁，使其具有类似顶层加强层的作用，可有效提高结构纵向整体抗侧刚度。

②结构的两端设置剪力墙，剪力墙的刚度沿高度向上均匀变化，并保证剪力墙的基础有足够的抵抗转动刚度。这样纵向由端部剪力墙、横向框架外柱与楼板边梁组成的外纵向框架构成了抗侧力结构，在纵向力作用下，其受力性能类似于一般框架剪力墙结构。

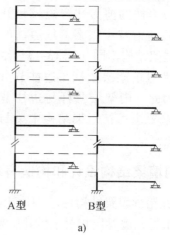

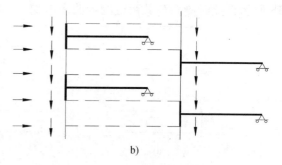

图13-6 墙梁框架计算简图
a) 墙梁框架简图 b) 位移坐标系

2) 在结构允许的限度内，墙梁可根据建筑功能的要求开设门洞。洞口过梁必须采取加强措施，箍筋要加密，以增强其抗剪能力。过梁箍筋计算时宜将剪力设计值乘放大系数1.2。当洞口内力较大时，可采用型钢构件来加强。

3) 由于墙梁顶部、底部同时承受楼板传来的荷载，因此，沿墙梁全跨应均匀设置竖向附加吊筋。吊筋应伸到梁顶，并宜做成封闭形式，其间距不宜大于200mm。

为控制悬吊作用引起的裂缝宽度，吊筋的受拉能力不宜充分利用，在计算附加吊筋总截面面积时，吊筋设计强度f_{yv}应乘以承载力计算附加系数0.8。

4) 墙梁纵向钢筋边支座构造、锚固要求同框支梁，所有纵向钢筋均以柱内边起计锚固长度。

5) 墙梁的混凝土强度等级、纵向钢筋、腰筋、箍筋构造要求同框支梁。

(4) 错列结构中楼板构造

在错列结构中，楼板不仅要承受竖向荷载，而且纵、横两向的水平剪力也要通过楼板传递，且越往底层楼板传递的剪力越大，所以结构底部楼板要加强，应有足够的强度和刚度保证其能够传递所要求的水平剪力。因此，楼板应采用现浇，板厚要适当增大，一般底部各层

取 $h = 180 \sim 200\text{mm}$，上部各层取 $h = 150 \sim 180\text{mm}$，并配置不少于 $\phi 8@200$ 的双向双面分布钢筋，混凝土强度等级不应低于 C30。

177. 错列剪力墙结构的受力特征是什么？

在传统的框架—剪力墙结构中，沿建筑物高度方向剪力墙是连续布置的，这种剪力墙的布置方式，即使在中等高度（20 层）的结构中，结构的侧向变形和剪力墙底部的弯矩都很大。与传统框架—剪力墙结构体系不同，错列剪力墙结构体系（Staggered Shear Panels Structures System）是将一系列与楼层等高和开间等宽的墙板沿框架高度隔层错跨布置（图 13-7），这种布置方式可使整个结构体系成为几乎对称均质，具有优异的抵抗水平荷载的能力。只要墙板合理布置，错列剪力墙结构可提高结构的横向抗侧刚度，同时可大大地降低剪力墙的底部弯矩，这对剪力墙的基础设计是有益的。

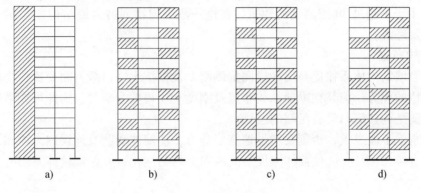

图 13-7 错列剪力墙结构
a）传统框架—剪力墙结构 b）类型 1 c）类型 2 d）类型 3

错列剪力墙结构也是一种复杂的转换层结构，能为建筑设计提供大的空间，在提高结构横向抗侧刚度及抵抗水平地震作用方面要比传统框架—剪力墙结构有独特的优势，不过它在纵向结构布置及刚度上显得相对薄弱，应采取相应的措施。

若图 13-7b 所示的错列剪力墙结构（类型 1）中两子结构间没有梁联系，则刚性墙板使单跨框架的侧向变形呈弯曲型，如图 13-8a 和 13-8b 所示。当两子结构在楼层处用梁连接起

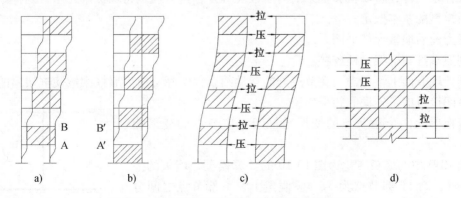

图 13-8 侧向荷载下错列剪力墙结构的共同工作
a）、b）、c）为类型 1 d）为类型 2、3

来后，错列剪力墙结构将共同工作，其侧向变形如图 13-8c 所示。在侧向荷载的作用下，由于两个子结构的相互作用，使梁中交替产生拉力、压力。A 点和 A′点向内相对移动，梁 AA′受压力；B 点和 B′点向外相对移动，梁 BB′受拉力。

图 13-7c、d 所示的错列剪力墙结构（类型 2 和 3），在侧向荷载作用下，同一跨内的梁将承受相同向的拉力或压力，如图 13-8d 所示。

从上述分析可以看出，错列剪力墙结构中的梁承受拉力或压力，在结构设计时必须考虑梁的这一受力特性。

178. 错列剪力墙结构设计中有哪些规定？

（1）适用范围

错列剪力墙结构（类型 1）适用于 4~13 层中等高度的建筑，而错列剪力墙结构（类型 2、3）可适用于不超过 30 层高度的建筑。在这一范围内错列剪力墙结构比采用传统框架—剪力墙结构要经济。

（2）结构布置

错列剪力墙结构体系在提高结构横向抗侧刚度及抵抗水平荷载方面要比传统框架—剪力墙结构有独特的优势，但其在纵向结构布置及刚度上显得较为薄弱，为此可在结构两端设置端筒，以保证结构在纵向具有足够的刚度。

端筒的刚度不能过大，否则会增加地震层剪力，使筒体墙肢及连梁内力增加，除配筋困难外，延性也难以保证，应使筒体刚度沿高度向上均匀变化，并保证筒体基础有足够的抵抗转动刚度。

在结构底部，应加强端筒塑性铰区墙肢和横墙边框柱的抗剪配筋及构造，使各构件呈强剪弱弯型。此外，一个搭接面切断的钢筋不宜超过 1/2，墙中明、暗柱纵筋应焊接，以使端筒底部出现弯曲屈服，并具有延性，使各构件为压弯延性破坏。

（3）计算方法

错列剪力墙结构内力简化计算方法可采用杆件有限元模型、高精度有限元方法。

1）杆件有限元模型。类似于框架—剪力墙结构内力和位移的计算机分析方法，采用图 13-9 所示的一种墙板单元的计算模型来模拟错列剪力墙结构中的墙板。这种计算模式将墙板置换成杆系构件，将墙板和框架的力学性能分开，可方便地将墙板单元组合到框架中去。

分析模型的基本假定：

①受力前后墙板保持平面。

②刚域端部与框架梁柱铰接。

这样处理表面上不考虑墙在节点处的转动约束，实际上由于墙柱刚域使框架梁的刚度提高，也就间接考虑了转动的约束作用。

③墙板单元四个角节点的变形与框架对应节点的变形相协调。

将图 13-9 中的墙板转化为图 13-10 的计算模型，墙板的上部节点为 1、2，下部节点为 3、4。假定上、下部节点之间分别由刚性杆连接，两刚性杆中点 i、j 为完全刚节点。图 13-10 所示的符号为节点力和位移的正号方向。杆件 ij 的截面面积、

图 13-9 墙板单元

惯性矩和构件常数,采用对墙板竖轴有关的数值。节点在 x 方向变位时产生的剪力由弹簧传给构件 ij。ij 杆件具有包括墙板塑性系数在内的各个特征系数,其中 α、α''、α' 分别为弯曲刚度、剪切刚度和轴向刚度的降低系数。墙板四角点的变位用 (u_1, v_1)、(u_2, v_2)、(u_3, v_3) 及 (u_4, v_4) 表示。墙板的弯曲、剪切和轴向的变形效应,按图中的弹簧模型考虑,节点 i 和 j 变形后的角度,应与上、下杆的轴线保持垂直相交。

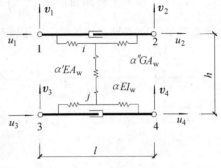

图 13-10 墙板单元计算模型

2) 高精度有限元分析

①矩形单元与线单元的组合。梁、柱线单元并不直接与墙板联系,而允许延伸支承在矩形单元节点处的滚轴上,如图 13-11a 所示。因此,与矩形单元连接的线单元具有 2 个自由度,这避免了线单元端部扭转的不连续性问题。在线单元边界和矩形单元间的一般节点处的位移分量是相同的。只有线单元考虑扭转自由度,骨架构件扭转的连续性是通过线单元支承在几个节点处的滚轴上来考虑。

②两种矩形单元的组合。角区单元采用 9 节点的矩形单元,其余采用 8 节点的矩形单元,如图 13-11b 所示。9 节点的矩形单元在线单元相遇的节点具有三个自由度,即两个位移自由度 (u, v) 和一个转角自由度 $\left[\dfrac{1}{2}\left(\dfrac{\partial v}{\partial x} - \dfrac{\partial u}{\partial y}\right)\right]$,其余节点仅有两个位移自由度 (u, v)。在划分为 4 个或 4 个以上单元的墙板中,将有一个四角具有转角自由度的单元。板中其他单元为 8 节点的矩形单元,每个节点具有两个位移自由度。尽管这种单元布置提供了与线单元受弯相匹配的平面内扭转,但为获得满意的结果需要很细的单元划分。为此,可采用 16 自由度的矩形单元替代 8 自由度的矩形单元,15 自由度的矩形单元替代 9 自由度的矩形单元。前者单元的每个节点具有 4 个自由度,即两个位移自由度 (u, v) 和两个转角自由度 $\left(\dfrac{\partial v}{\partial x}, -\dfrac{\partial u}{\partial y}\right)$。后者单元在与骨架构件相遇的节点具有 3 个自由度,即 2 个位移自由度

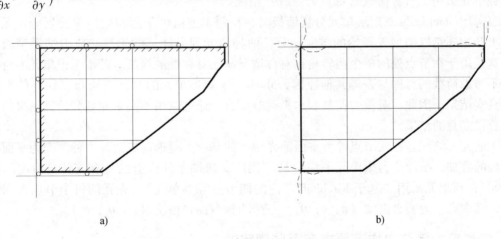

图 13-11 不同类型单元的墙板单元划分
a) 矩形单元与线单元的组合 b) 具有 9 自由度的矩形单元

(u, v) 和 1 个转角自由度 $\left[\frac{1}{2}\left(\frac{\partial v}{\partial x}-\frac{\partial u}{\partial y}\right)\right]$，其余节点均有 4 个自由度。

③Macleod's 双矩形单元。Macleod's 矩形单元的每个节点具有 3 个自由度，即 2 个位移自由度 (u, v) 和 1 个转角自由度 $\left(\frac{\partial v}{\partial x}\right)$ 或 $\left(-\frac{\partial u}{\partial y}\right)$。在节点交替转角自由度 $\left(\frac{\partial v}{\partial x}\right)$ 和 $\left(-\frac{\partial u}{\partial y}\right)$，两种类型单元要求具有连续性，所以相邻单元属于不同的类型，见图 13-12。

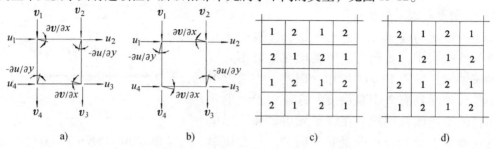

图 13-12 Macleod's 矩形单元和布置
a) 类型 1 b) 类型 2 c) 布置 1 d) 布置 2

矩形单元的位移函数满足完全的边界协调，取为

$$u = a_1 + a_2 x + a_3 y + a_4 xy + a_5 y^2 + a_6 xy^2$$
$$v = a_7 + a_8 x + a_9 y + a_{10} xy + a_{11} x^2 + a_{12} x^2 y$$

这种双矩形单元具有收敛速度快，且不需要更多的计算机内存。

采用高精度有限元分析墙板单元应力时，墙板单元的数量和布置对其应力结果有影响。分析表明：墙板单元划分数量越多，水平荷载侧移的收敛性就越好。每块墙板单元至少划分为 4×4 个单元。为获得墙板角区的应力集中，每块墙板单元划分为 24×13 个单元。

除了墙板中单元的数量外，沿宽度方向单元数量的奇、偶性对分析结果也有影响。传统的连续剪力墙对单元数量的奇、偶性不十分敏感，但错列剪力墙结构对单元数量的奇、偶性恰十分敏感。沿宽度方向奇数单元适用于反对称荷载（如风荷载或水平地震荷载）情况，而偶数单元适用于对称荷载（如重力荷载）情况。

当采用 Macleod's 双矩形单元分析墙板时，在两个方向可采用相同的单元划分，无论以类型 1 开始还是以类型 2 开始的单元划分，两种单元划分计算的侧移和应力结果稍微有差别。这是由于在节点处的单个扭转角在对称情况缺乏对称性的缘故。若不考虑单元的奇、偶数及不考虑荷载的对称与否等其他原因，Macleod's 矩形单元的两种不同布置计算的平均值接近真实结果。因此，对重力荷载和水平荷载而言，通过取用不同单元划分计算结果的平均值可获得满意的结果。

④墙元。墙元是在四节点等参平面薄壳单元的基础上凝聚而成的，这种薄壳为平面应力膜与板的叠加，平面应力膜单元采用的是"用广义协调条件构造的具有旋转自由度的四边形膜元"；板单元采用"基于 Kirchhoff 理论的四节点等参单元"。壳元的每个节点有六个自由度，其中三个为膜自由度 (u, v, θ)，三个为板弯曲自由度 (w, θ_x, θ_y)。

179. 错列剪力墙结构构造要求有哪些规定？

（1）截面尺寸要求

1) 墙板。墙板的厚度（t_w）不应小于 160mm，且不应小于墙板净高的 1/20。墙板的中心线应与柱的中心线重合，防止偏心。

2) 梁。梁的截面宽度不应小于 $2t_w$（t_w 为墙板的厚度），梁的截面高度不应小于 $3t_w$。

3) 柱。柱的截面宽度不应小于 $2.5t_w$，柱的截面高度不应小于柱的宽度。

(2) 梁的构造要求

与传统的框架—剪力墙结构相比，在错列剪力墙结构中梁存在较大的轴向力（轴向拉力或压力），且越往底部楼层梁的轴力就越大。因此，梁的正截面和斜截面承载力计算时应考虑轴向力的影响。梁的纵向钢筋在支座内的锚固、搭接应按受拉钢筋的要求执行。

抗震分析表明，与端筒相连边跨的纵向框架梁，在纵向地震作用下变形较大，易进入屈服，它们在支座（端筒）处将受到较大的正负弯矩和剪力，为使其不发生突然破坏或坏而不垮，梁上、下纵向钢筋在支座内的锚固长度不宜小于 45d，并按出现塑性铰要求配置钢筋，以确保其满足延性的要求。

(3) 柱的构造要求

在一定层高范围内，错列剪力墙结构外柱的固端弯矩比传统的框架—剪力墙结构中相应柱的固端弯矩要大得多。一般来说错列剪力墙结构内柱的固端弯矩比传统框架—剪力墙结构中相应柱的内力要大。

柱的抗震构造要求同框架柱。强震设计时，应将弹性计算的柱平面外地震剪力乘以增大系数 η_v 后作为其设计剪力，并以此求出其平面外的设计弯矩。

(4) 墙板的构造要求

分析表明，错列剪力墙结构中墙板的固端弯矩（M_{sb}）要比传统框架—剪力墙结构中剪力墙的固端弯矩（M_{cb}）小得多，即 $M_{sb}/M_{cb} < 1$，这将对其基础设计是有利的。但上、下墙板连接节点处存在应力集中，易发生剪坏或斜向裂缝破坏，因此节点除设置柱、梁（图 13-13）外，尚应配置补强斜筋以保证节点的强度和延性，且在上、下墙板相交处采用圆角过渡外形。为保证墙板组成的 X 斜撑充分发挥作用，并有足够的强度和延性，在墙板中配置不小于 4φ18 的双向 X 形斜向钢筋，并加配箍筋（图 13-13）。

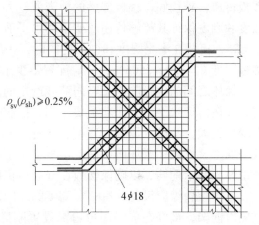

图 13-13 墙板钢筋构造

计算 X 斜撑钢筋面积时，假设墙板的全部剪力均由墙板中的 X 斜撑来承担。计算时，考虑拉压相等，计算简图如 13-14 所示，其总面积 A_s 应按下列公式计算：

1) 持久、短暂设计状况

$$A_s \geq \frac{V_b}{2f_y \sin\alpha} \quad (13-4)$$

2) 地震设计状况

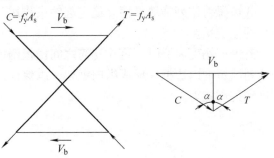

图 13-14 X 斜撑剪力墙板受力简图

$$A_s \geq \frac{\gamma_{RE} V_b}{2 f_y \sin\alpha} \tag{13-5}$$

式中 α——X 斜撑与竖直向的夹角；

V_b——剪力墙墙板承受的剪力。

墙板的水平、竖向分布钢筋的最小配筋率不低于 0.25%。水平及竖向分布钢筋应分别贯穿柱、梁或可靠地锚固在柱、梁内。

在墙板和楼板连接处要特别加强抗剪构造，应将墙中钢筋分别伸入上、下楼板中并按有关规范保证有一定的锚固长度，使二者有效地连接在一起保证其抗剪承载力，有效地传递水平剪力。

由于楼板与横向墙体在纵向形成板墙框架，在抗震设计时，应考虑横墙墙体在平面外的受力性能，并考虑在平面外的抗震设计和构造措施。强震设计时，应将弹性计算的横墙平面外地震剪力乘以增大系数 η_v 后作为其设计剪力，并以此求出其平面外的设计弯矩。

墙板的其他抗震构造要求应满足框架—剪力墙结构中剪力墙的规定要求。

(5) 楼板的构造要求

在错列剪力墙结构体系中，由于墙板层层断开，水平剪力不能直接传到底，而是要通过楼板传递，越往底层楼板传递的剪力就越大，所以结构底部楼层的楼板要加强，应有足够的强度和刚度保证其能够传递所要求的水平剪力。楼板应采用现浇，其混凝土强度等级不应小于 C25，板厚在满足强度和变形的同时，一般底部各层楼板厚度 $h = 150 \sim 180mm$，上部各层楼板厚度 $h = 130 \sim 150mm$，并应配置不少于 $\phi 8@200$ 的双向双层分布钢筋。

筒体之间的楼板除承受竖向荷载产生的内力外，还要承受纵向水平荷载产生的弯矩和剪力，并在传递水平力方面起重要作用。抗震分析表明，与端筒相连的楼板，在纵向地震作用下变形较大，易进入屈服，它们在支座（端筒）处将受到较大的正、负弯矩和剪力，为使其不发生突然破坏或坏而不垮，楼板上、下钢筋在支座内的锚固长度不宜小于 $30d$，并按出现塑性铰要求配筋，以确保楼板在开裂后仍能传递水平剪力并具有设计所要求的延性。

在楼板边缘应设置具有一定高度的纵向边梁，与错列剪力墙的外边框柱形成两道外纵向抗侧力框架，最好在顶层楼板边缘设置刚度较大的边梁，使其具有类似于顶层加强层的作用，可有效地提高结构纵向整体抗侧刚度。

在楼板纵向外边缘设置连续边梁的作用：

①与错列横墙边框柱形成纵向框架，以增大结构纵向抗侧刚度。

②楼板在承受竖向荷载时，可使其为四边支承的双向板，降低楼板厚度。

③边梁对错列横墙平面外稳定起约束作用，并提高横墙抗扭能力，边梁还可作为外挑阳台板的端支承。

若纵向刚度需要时，可在端筒之间楼板两内纵轴线处加设 $250mm \times 450mm$ 的纵向肋梁，与错列墙板的内边框柱形成纵向框架，以保证纵向框架以及整个结构在纵向具有足够的抗侧刚度和抗震能力。

第十四章 连 体 结 构

180. 强连接体结构分析时应注意哪些方面？

当连接体结构包含多层楼盖，且连接体结构刚度足够，能将主体结构连接为整体协调受力、变形时，称为强连接体结构（图 1-15a、b、c），两端刚接、两端铰接的连体结构属于强连接结构。当建筑立面开洞时，也可归为强连接方式。

两个主体结构一般采用对称的平面形式，在两个主体结构的顶部若干层连接成整体楼层，连接体的宽度与主体结构的宽度相等或接近。当连接体与两端塔楼刚接或铰接时，连接体可与塔楼结构整体协调，共同受力。此时，连接体除承受重力荷载外，主要是协调连接体两端的变形及振动所产生的作用效应。

由计算分析及同济大学等单位进行的振动台试验表明：连体结构自振振型较为复杂，前几个振型与单体建筑有明显的不同，除顺向振型外，还出现反向振型，因此要进行详细的计算分析；连体结构总体为一开口薄壁构件，扭转性能较差，扭转振型丰富，当第一扭转频率与场地卓越频率接近时，容易引起较大的扭转反应，易使结构发生脆性破坏。连体结构中部刚度小，而此部位混凝土强度等级又低于下部结构，从而使结构薄弱部位由结构的底部转换为连体结构中塔楼的中下部，这是连体结构设计时应注意的问题。

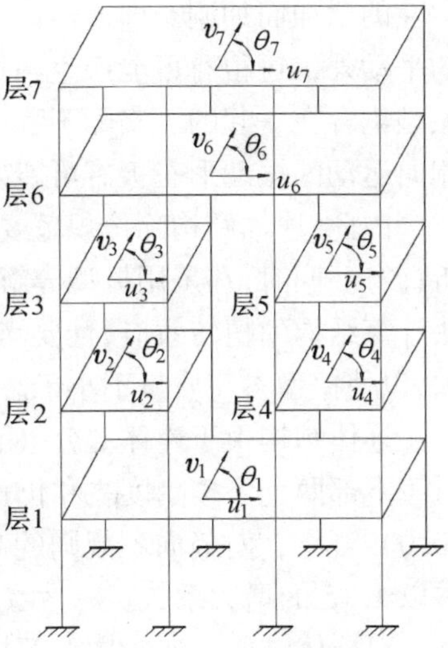

连体建筑洞口两侧的楼面有相互独立的位移和转动，不能按一个整体楼面考虑。因此连体结构的计算不能再引进楼面内刚度为无穷大的假定，通常的高层建筑结构分析程序不再适用。采用分块刚性的假定，可以反映立面开洞和连体建筑的受力特点。

图 14-1 楼层的编号示意（TBSA5.0）

假定连体高层建筑中，每一个保持平面内刚度为无穷大特性的楼面部分为刚性楼面块（也称广义楼层）。这些刚性块各具有 3 个独立的自由度（u_i、v_i、θ_i），它们通过可变形的、有限刚度的水平构件（梁和柔性楼板）和竖向构件（柱、墙）相互连接，这样既减少了自由度，又能考虑楼面变形的特性。由此编制的复杂立面体型高层建筑结构分析设计程序 STBSA 已纳入 TBSA5.0 版本中。

TBSA 分析时，楼层编号见图 14-1，各独立层均有各自的位移和转角。因此不论开洞大小、连体情况，都可以进行详细的计算。

连体结构属于复杂高层建筑结构，其计算应符合《高层建筑混凝土结构技术规程》（JGJ 3—2010）对复杂高层建筑结构计算的要求，此外，对连体结构进行分析时，应重点侧重于以下几个方面：

（1）应注意风荷载作用下各塔楼之间的狭缝效应给结构带来的影响

连体结构的两塔楼间距一般都很近,高度一般也相当,应考虑建筑物相互之间的影响。对连体结构,相邻建筑相互干扰增大系数 μ_β 可参考表 14-1 采用。

表 14-1 相互干扰增大系数 μ_β

d/B	d/H	地面粗糙度	μ_β
≤3.5	≤0.7	A、B	1.15
		C、D	1.10
≥7.5	≥1.5	A、B、C、D	1.0

注:1. d 为两塔楼之间距离;B 为所分析建筑物的迎风面平面尺寸;H 为所分析建筑物的高度。
2. d/B 或 d/H 为表中间值时,可用插入法确定,条件 d/B 或 d/H 取影响大者计算。

另外,连体结构的连体部位结构的风荷载分布也比较复杂,如有条件,该部位附近的体型系数宜通过风洞试验确定。

(2) 水平地震作用计算时,要考虑偶然偏心的影响,并宜进行双向地震作用验算,重点关注结构因特有的体型带来的扭转效应。

水平地震作用时,结构除产生平动外,还将会产生扭转振动,其扭转效应随两塔楼不对称性的增加而加剧。即使连体结构的两个双塔对称,由于连接体楼板变形,两塔楼除有同向的平动外,还很有可能产生两塔楼的相向振动的振动形态,该振动形态是与整体结构的扭转振型耦合在一起的。实际工程中,由于地震在不同塔楼之间的振动差异是存在的,两塔楼的相向运动的振动形态极有可能发生响应,此时连体部分结构受力复杂。

因此,连体结构除按规范要求进行振型分解反应谱方法计算外,还应补充进行弹性时程分析计算。同时,在采用振型分解反应谱方法进行连体结构计算分析时,应采用考虑平扭耦联方法计算结构的扭转效应,且要考虑偶然偏心的影响,振型数至少应按多塔结构的振型数量选取,以使振型参与质量不小于总质量的 90%。

连体结构由于连体部分(包括连接体及塔楼)刚度较大,连体部分的楼层侧向刚度相对于下部两个塔楼刚度之和仍可能较大,根据《高层建筑混凝土结构技术规程》(JGJ 3—2010)规定,对竖向不规则的高层建筑结构的薄弱层对应于地震作用标准值的地震剪力应乘以 1.15 的增大系数。

对连体结构,连接体下部楼层经验算如为薄弱层,应根据上述规定对地震作用剪力乘以 1.15 的放大系数。

(3) 对 7 度 (0.15g)、8 度抗震设防的连接体结构应考虑竖向地震作用

连接体部分是连体结构受力的关键部位,当连接体跨度较大时,竖向地震作用影响较为明显。因此,《高层建筑混凝土结构技术规程》(JGJ 3—2010)规定:7 度 (0.15g)、8 度抗震设计时,连体结构的连接体应考虑竖向地震作用的影响。同时《高层建筑混凝土结构技术规程》(JGJ 3—2010)第 4.3.15 条规定了高层建筑连体结构的连接体的竖向地震作用标准值,不宜小于结构或构件承受的重力荷载代表值 (G_E) 与竖向地震作用系数 (η) 的乘积,7 度 (0.15g) 时取 $\eta=0.08$,8 度 (0.20g) 时取 $\eta=0.10$,8 度 (0.30g) 取 $\eta=0.15$。

6 度和 7 度 (0.10g) 抗震设计时,高层建筑连体结构连接体高度超过 80m 时,连接体宜考虑竖向地震的影响。

连体结构地震作用组合尚应增加考虑竖向地震作用为主的组合项,即

$$S = 1.3S_{GE} + 0.6S_{Ehk} + 1.4S_{Evk} + 1.4\psi_w S_{wk} \tag{14-1}$$

式中 S_{GE}——重力荷载代表值的效应;
S_{Ehk}——水平地震作用标准值的效应,尚应乘以相应的增大系数或调整系数;
S_{Evk}——竖向地震作用标准值的效应,尚应乘以相应的增大系数或调整系数;
S_{wk}——风荷载效应标准值;
ψ_w——风荷载的组合值系数,应取 0.2。

(4) 连体结构的计算

刚性连接体的连体部分结构在地震作用下需要协调两侧塔楼的变形,因此需要进行连体部分楼板的验算,楼板的受剪截面和受剪承载力按转换层楼板的计算方法进行验算,计算剪力可取连接体楼板承担的两侧塔楼楼层地震作用力之和的较小值。

刚性连接体的连接体楼板截面的剪力设计值应符合下式要求:

$$V_f < \frac{1}{\gamma_{RE}}(0.1\beta_c f_c b_f t_f) \tag{14-2}$$

式中 V_f——连体楼板承担的两侧塔楼楼层地震作用力之和的较小值的剪力设计值,8 度时应乘以增大系数 2.0,7 度时应乘以增大系数 1.5;验算落地剪力墙时不考虑此项增大系数;
β_c——混凝土强度影响系数,当 $f_{cu,k} \leq 50N/mm^2$ 时,取 $\beta_c = 1.0$,当 $f_{cu,k} = 80N/mm^2$ 时,取 $\beta_c = 0.8$,其间按直线内插法取用;
b_f、t_f——连接体楼板的验算截面宽度和厚度;
γ_{RE}——承载力抗震调整系数,可采用 0.85。

刚性连接体的连接体楼板截面的受剪承载力,应按下式验算:

$$V_f \leq \frac{1}{\gamma_{RE}}(f_y A_s) \tag{14-3}$$

式中 A_s——穿过塔楼的连接体楼盖(包括梁和板)的全部钢筋的截面面积。

当连体部分楼板较弱时,在强烈地震作用下可能发生破坏,因此建议补充两侧分塔楼的计算分析,确保连体部分失效后两侧塔楼可以独立承担地震作用而不致发生严重破坏或倒塌。

(5) 连接体部分的振动往往较为明显,舒适度验算应引起关注

由于连接体跨度较大,连体结构的连体部位结构楼层需要考虑在日常使用中由于人的走动引起的楼板振动。

楼板振动限制取决于人对振动的感觉。人对楼板振动的感觉取决于楼盖振动的大小和持续时间,取决于人所处的环境和人所从事的活动,取决于人的生理反应。

不同环境、不同振动频率下人对舒适度可接受的楼板振动峰值加速度如图 14-2 所示。一般民用建筑设计常用的楼板结构自振频率为 4~8Hz。

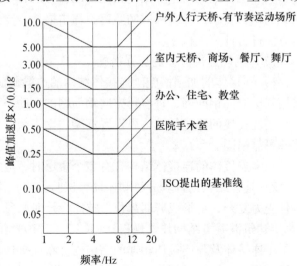

图 14-2 不同环境人舒适度所能接受的峰值加速度水平

181. 强连接体结构布置有哪些规定？

（1）结构布置

《高层建筑混凝土结构技术规程》(JGJ 3—2010) 规定，连体结构各独立部分宜有相同或相近的体型、平面布置和刚度。7 度、8 度抗震设计时，层数和刚度相差悬殊的建筑不宜采用连体结构。特别是对于强连接体的连体结构，其两个主体宜采用双轴对称的平面形式。

连体结构的连接体部位易发生严重震害，房屋高度越高，震害加重，因此 B 级高度高层建筑不宜采用连体结构。

连接体结构自身的重量一般较大，对结构抗震很不利，因此应优先采用钢结构，也可采用型钢混凝土结构等。一般情况下连接体部位的层数不宜超过该建筑总层数的 20%，当连接体包含多个楼层时，最下面一层宜采用桁架结构形式。

立面开大洞的建筑也容易形成竖向刚度突变。立面开大洞后，对周边的构件受力极为不利，洞口越大，结构的抗震性能越差，一般情况下洞口尺寸不宜大于整个建筑面积的 30%。

（2）连接体结构与主体结构的连接

连体结构中连接体与主体结构的连接方案是采用刚性连接还是非刚性连接，是一个关键问题。对架空连廊式连体结构如采用刚性连接，则结构设计及构造比较容易实现；抗震设计时，要防止架空连廊在罕遇地震作用下不坠落，无论采用刚性连接还是非刚性连接，《高层建筑混凝土结构技术规程》(JGJ 3—2010) 均提出了比较严格的原则性要求。对凯旋门式连体结构，若采用刚性连接方案，如设计合理，结构的安全是能得到保证的；若采用非刚性连接，则结构设计及构造相当困难，要使若干层高、体量颇大的连接体具有安全可靠的支座，并满足 X、Y 两个方向在罕遇地震作用下的位移要求，这是很难实现的。

因此，《高层建筑混凝土结构技术规程》(JGJ 3—2010) 规定，连接体结构与主体结构宜采用刚性连接。刚性连接时，连接体结构的主要结构构件应至少伸入主体结构一跨并可靠连接；必要时可延伸至主体部分的内筒，并与内筒可靠连接。

当连接体结构与主体结构采用滑动连接时，支座滑移量应能满足两个方向在罕遇地震作用下的位移要求，并应采取防坠落、撞击措施。罕遇地震作用下的位移要求，应采用时程分析方法进行计算复核。

（3）刚性连接方案的加强措施

1）连接体的加强措施。连接体结构的边梁截面宜加大，楼板厚度不宜小于 150mm，宜采用双层双向钢筋网，每层每方向钢筋网的配筋率不宜小于 0.25%。

刚性连接的连接体结构可设置钢梁、钢桁架、型钢混凝土梁，型钢伸入主体结构至少一跨并可靠锚固。

当强连接体的连接体结构含有多个楼层时，应特别加强其最下面一个楼层的构造设计。

2）连体结构的计算分析和振动台试验表明，连体结构的连接体及与连接体相连的结构构件受力复杂，易形成薄弱部位，抗震设计时必须予以加强，以提高其抗震承载力和延性。《高层建筑混凝土结构技术规程》(JGJ 3—2010) 第 10.5.6 条规定：

① 连接体及与连接体相连的结构构件在连接体高度范围及其上、下层，抗震等级应提高一级采用，一级提高到特一级，但抗震等级已经为特一级时应允许不再提高。

② 与连接体相连的框架柱在连接体高度范围及其上、下层，箍筋应全柱段加密配置，轴

压比限值应按其他楼层框架柱的数值减小0.05采用。

③与连接体相连的剪力墙连接体高度范围及其上、下层应设置约束边缘构件。

182. 弱连接体结构设计的要点是什么？

当在两个建筑之间设置一个或多个架空连廊时，连接体结构较弱，无法协调连体两侧的结构共同工作时，成为弱连接体结构（图1-15d、e），即连接体一端与结构铰接，一端做成滑动支座；或两端均做成滑动支座。架空连廊的跨度有的几米长，还有的长达几十米。其宽度一般都在10m之内。

当连接体低位跨度小时，可采用一端与主体结构铰接，一端与主体结构滑动连接；或可采用两端滑动连接，此时两塔楼结构独立工作，连接体受力较小。两端滑动连接的连接体在地震作用下，当两塔楼相对振动时，要注意避免连接体滑落及连接体同塔楼碰撞对主体结构造成的破坏。实际工程中可采用橡胶垫或聚四氟乙烯板支承，塔楼与连接体之间设置限位装置。

当采用阻尼器作为限位装置时，也可归为弱连接方式。这种连接方式可以较好地处理连接体与塔楼的连接，既能减轻连接体及其支座受力，又能控制连接体的振动在允许的范围内，但此种连接仍要进行详细的整体结构分析计算，橡胶垫支座等支承及阻尼器的选择要根据计算分析确定。

原则上，弱连接连体结构的计算分析与强连接连体结构相似。但应根据弱连接连体结构自身的特点进行设计。

（1）水平荷载作用计算

当连接体与塔楼之间的连接方式为两端均采用滑动支座时，在水平荷载作用下连接体部分对主体结构影响较小；当一端为滑动支座，另一端为铰接支座时，计算时要考虑连接体对铰接一端的影响。当采用带阻尼器的连接方式，计算时需要考虑连接体—阻尼器与塔楼之间的共同工作。

（2）竖向地震作用计算

即使弱连接连体结构采用滑动支座或弹性支座，连接体的竖向地震作用依然存在。因此，7度（$0.15g$）、8度抗震设防的弱连接连体结构也应考虑竖向地震的影响，并宜进行竖向地震作用下的时程分析。

（3）弱连接体结构（架空连廊）设计

根据弱连接体结构的震害的调查和其他分析工作，提出弱连接连体结构（连廊结构）设计建议如下：

1）连廊部分结构宜采用轻型结构。连廊部分结构宜优先选用钢结构及轻型围护结构，连廊部分重量越轻，连廊部分构件及连廊支承构件受力越小，对抗震越有利。

2）7度（$0.15g$）、8度抗震设计时，连廊结构及连廊支座应考虑竖向地震的影响，连廊宜按中震弹性进行设计。

3）加强连廊与主体结构之间的连接。连廊支座、连接支座构件要有较高的可靠度，支座部位是连廊结构的关键，设计时要有所加强。宜按大震不屈服设计，即保证大震下连廊不坠落。因此连体支座除常规组合内力进行计算外，还应进行大震下的验算。

架空连廊与两侧主体结构的连接多采用滑动支座。抗震设计时，支座的设计要留出足够的滑移量，应能满足在罕遇地震作用下的位移要求。滑动支座宜采用由主体结构伸出一段悬臂支座的方法，当采用将连廊的梁搁置在主体结构牛腿上的方案时，应慎重设计，牛腿应设在主体结构的柱上，牛腿之间要有梁拉结，支承连廊的传力路径尽可能减少转折。

当位移较小时，可以直接设置板式橡胶支座（图14-3）。该支座的优点是：构造简单，价格低，易于更换，具有一定的弹性，有一定的防震作用。

通过设置板式橡胶支座或夹层钢板橡胶支座传递竖向荷载，如竖向荷载较大，可选用板式橡胶支座；也可选用夹层钢板橡胶支座，或采用多个橡胶垫的方式。

当连廊跨度较大，位置较高，采用滑动连接位移量较大，不容易控制时，可考虑采用橡胶支座加阻尼器的方式。加设阻尼器可耗散振动能量，减小主体结构的地震反应。阻尼器可选用液体黏滞阻尼器（图14-4），这种阻尼器耗能性能较好，没有初始刚度，不影响结构性能，精确性好。根据具体情况和分析结果，也可以采用较为经济的阻尼器，如刚弹塑性阻尼器等。

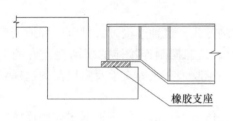

图14-3　板式橡胶支座

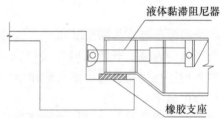

图14-4　橡胶支座及阻尼器

对各种连接支座形式均宜进行时程分析，必要时应进行非线性时程分析，根据计算结果，确定支座各部位内力、位移的大小，选用经济合适的支座及阻尼器。

（4）考虑次生灾害

架空连廊抗震设计中，如考虑降低抗震设防要求，不防止架空连廊在罕遇地震作用下坠落，则需要考虑架空连廊坠落引起的次生灾害以及连廊连接的主体结构部分破坏产生的结构连续破坏性问题。

（5）连廊及相连构件抗震等级应提高

抗震设计时，连接体及与连接体相连的结构构件在连接体高度范围及其上、下层，抗震等级应提高一级采用，一级提高到特一级，但抗震等级已为特一级时应允许不再提高。

第十五章　多塔楼结构

183. 多塔楼结构是如何定义的？

多塔楼结构的主要特点是，在多个高层建筑的底部有一个连成整体的大裙房，形成大底盘，即大底盘多塔楼结构。当一幢高层建筑的底部设有较大面积的裙房时，称为带底盘的单塔结构，这种结构是多塔楼结构的一个特殊情况。对于多个塔楼仅通过地下室连为一体，地上无裙房或有局部小裙房但不连为一体的情况，一般不属于《高层建筑混凝土结构技术规程》(JGJ 3—2010) 所指的大底盘多塔楼结构。此时，若由于某些原因（如 ±0.000 上下层剪切刚度比不满足要求或 ±0.000 层楼板有过大的降板等）将结构嵌固部位设在地下一层底板上，一般也不属于《高层建筑混凝土结构技术规程》(JGJ 3—2010) 所指的大底盘多塔楼结构。因此，这种情况不必执行《高层建筑混凝土结构技术规程》(JGJ 3—2010) 10.6 节的有关规定，但地下室顶板设计应符合《高层建筑混凝土结构技术规程》(JGJ 3—2010) 第 3.6.3 条的相关规定。

单塔或多塔楼与大底盘的质心偏心距大于底盘相应边长 20% 的高层建筑属于特别不规则的高层建筑，属于超限高层建筑工程，应进行超限高层建筑工程抗震设防专项审查。

184. 大底盘多塔楼结构的抗震设计方法有哪些？

（1）振型分解反应谱法

1) 大底盘多塔楼结构振型分解反应谱法的特点。对于传统的单串联刚片体系，在刚度和质量分布较为均匀时，其振型参与系数随振型阶数的增加而迅速减小，即高阶振型比低阶振型对结构的地震作用要小得多，一般取前几阶振型即能满足地震作用计算精度的要求。但对于多塔结构，此规律不复存在，某些甚至较多的低阶振型的参与系数很小甚至为零，而某些高阶振型的参与系数却很大，这对计算多塔结构的地震作用时的振型选择有很大的关系。

2) 振型组合方法。对于对称多塔楼结构，虽然存在平扭耦联振型，但由于其参与系数为零，在地震作用下，只会激励 x、y 方向上的平动，在计算地震作用效应时，可采用 SRSS 方法进行振型组合。

对于单轴对称的多塔结构，当仅考虑单向地震作用时，在对称轴方向由于存在平动振动，可采用 SRSS 方法进行组合，在非对称轴方向由于存在平扭耦联振动，且其参与系数不为零，应采用 CQC 方法进行振型组合。

对于非对称多塔结构，由于存在双向偏心，在 x、y 方向皆存在平扭耦联振动，则必须采用 CQC 方法进行振型组合。

3) 振型选取的原则和方法。传统结构振型组合时，采用 SRSS 方法取前 3~6 阶振型，采用 CQC 方法取前 9~15 阶振型一般即能满足精度要求。然而对于多塔结构，由于在低阶模态中存在很多参与系数很小或等于零的振型，其在振型的选取原则和方法上与传统结构有很大区别。从理论上讲，振型的选取应依据振型的贡献即振型的参与系数而定，对于多塔结构，必须先根据振型参与系数的大小对振型进行排序，然后选取序列中靠前的振型进行组合，选取的振型数目可根据所选振型的等效振型质量百分比之和大于90%确定。

鉴于目前结构设计所采用的 TAT、SATWE、TBSA 等软件中还没有振型选择的功能，因而设计人员又很难自己进行振型的选取并组合，所以对于多塔结构，在现有设计软件的基础上只有通过选择足够多的振型来满足设计的精度要求。对于多塔结构，采用 SRSS 方法计算地震效应时，需取前 $3m \sim 6m$ 个周期对应的振型（m 为塔楼个数）。

对于非对称多塔结构，应采用 CQC 方法进行振型组合，但由于其振型的形态与参与系数无规律可言（与塔楼数目和不对称程度有关），故给不出振型数目的确定表达式，而应以基底地震剪力和振型的等效质量百分比之和为振型数目的参考指标，选取的振型数目应满足：

①当振型数目有较大的增加时，基底地震剪力增加不多。
②所选振型的等效振型质量百分比之和大于90%。

（2）动力时程分析法

由于构件及楼层的屈服模型和退化规律非常复杂，高层结构的弹塑性时程分析还处于研究阶段。目前工程设计中应用较多的是结构的弹性时程分析，对于多塔楼这种复杂结构，由于自由度很多，加之在进行逐步积分时积分次数很多，按空间模型进行动力积分计算量比较大，目前只有一些结构的通用分析软件（如 SAP84、SAP2000 等）可用，而结构工程设计软件（如 TAT、SATWE 等）则采用的是基于"平面分块无限刚假定的层模型，层模型刚度矩阵的阶数很低，相应的计算量也很小，每步的积分计算速度很快"。

在弹性阶段，可采用基于振型分解的时程分析方法，SAP2000 即采用了这种方法。对于多塔结构，由于存在大量参与系数很小的低阶振型，在采用这种分析方法时，应选择足够多的振型进行积分。

185. 多塔楼结构布置有哪些规定？

带大底盘的高层建筑，结构在大底盘上一层突然收进，属于竖向不规则结构；大底盘上有 2 个或多个塔楼时，结构振动复杂，并会产生复杂的扭转振动；如结构布置不当，竖向刚度突变、扭转振动反应及高振型影响将会加剧。因此，多塔楼结构（含单塔楼）设计中应遵守下列结构布置要求。

1）中国建筑科学研究院建筑结构研究所等单位的试验研究和计算分析也表明，塔楼在底盘上部突然收进已造成结构竖向刚度和抗力突变，如结构布置上又使塔楼与底盘偏心则更加剧了结构的扭转振动反应。因此，结构布置上应注意尽量减少塔楼与底盘的偏心。

《高层建筑混凝土结构技术规程》（JGJ 3—2010）规定：塔楼对底盘宜对称布置，上部塔楼结构的综合质心与底盘结构质心的距离不宜大于底盘相应边长的 20%（图 15-1），即

$$\frac{e_L}{L} \leq 0.2$$

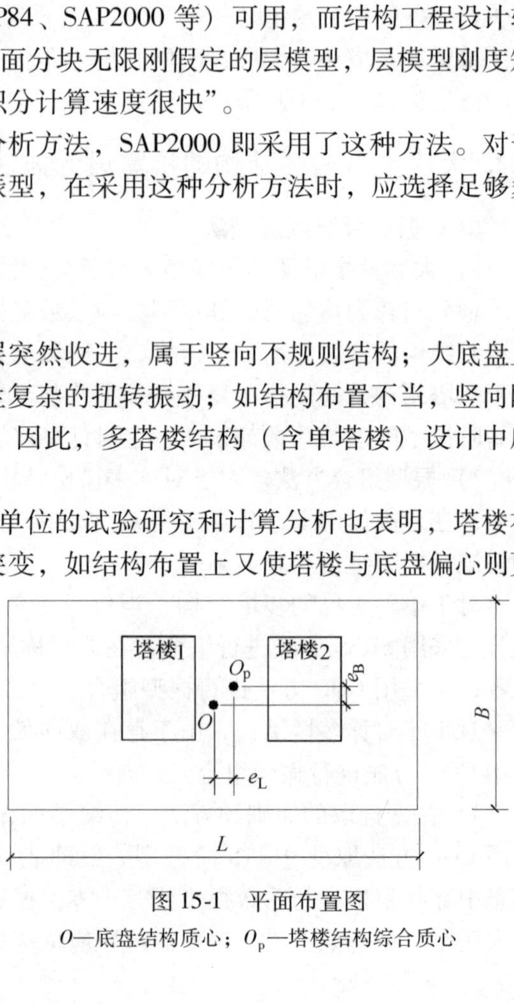

图 15-1 平面布置图
O—底盘结构质心；O_p—塔楼结构综合质心

$$\frac{e_B}{B} \leqslant 0.2$$

2）在抗震设计时，多塔楼高层建筑的转换层不宜设置在底盘屋面的上层塔楼内（图 15-2），否则应采取有效的抗震措施。

多塔楼结构中同时采用带转换层结构，这已经是两种复杂结构在同一工程中采用，结构的竖向刚度、抗力突变加之结构内力传递途径突变，要使这种结构的安全能有基本保证已相当困难，如再把转换层设置在大底盘屋面的上层塔楼内，仅按《高层建筑混凝土结构技术规程》（JGJ 3—2010）和各项规定设计也很难避免该楼层在地震中破坏，因此设计者必须提出有效的抗震措施。

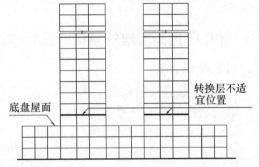

图 15-2　多塔楼结构转换层不适宜位置示意

3）多塔楼结构的有机玻璃模型试验和计算分析表明：当各塔楼的质量和刚度不同、分布不均匀时，结构的扭转振动反应大，高振型对内力的影响更为突出。如各塔楼层数和刚度相差较大时，宜将裙房用防震缝分开。因此，《高层建筑混凝土结构技术规程》（JGJ 3—2010）规定：多塔楼建筑结构的各塔楼的层数、平面和刚度宜接近。

186. 多塔楼结构应有哪些加强措施？

（1）为保证多塔楼结构底盘与塔楼的整体作用，竖向体型突变部位的楼板（裙房屋面板）应加厚并加强配筋，楼板厚度不宜小于 150mm，宜双向双层配筋，每层每方向钢筋网的配筋率不宜小于 0.25%。板面负弯矩配筋宜贯通；底盘屋面的上、下层结构的楼板也应加强构造措施。

当底盘楼层为转换层时，其底盘屋面楼板的加强措施应符合有关转换层楼板的规定。

（2）为了保证多塔建筑中塔楼与底盘整体工作，塔楼之间裙房连接体的屋面梁以及塔楼中与裙房连接体相连的外围柱、剪力墙，从固定端至出裙房面上一层的高度范围内，在构造上应予以加强（图 15-3）。

塔楼中与裙房连接体相连的外围柱、剪力墙，从固定端至出裙房面上一层的高度范围内，柱纵向钢筋的最小配筋多塔楼结构设计除需符合《高层建筑混凝土结构技术规程》（JGJ 3—2010）的各项规定外，尚应满足下列补充加强措施：

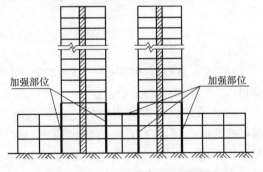

图 15-3　多塔楼结构加强部位示意

配筋率宜适当提高，柱箍筋宜在裙楼屋面上、下层的范围内全高加密。剪力墙宜按《高层建筑混凝土结构技术规程》（JGJ 3—2010）第 7.2.15 条的规定设置约束边缘构件。当塔楼结构相对于底盘结构偏心收进时，应加强底盘周边竖向构件的配筋构造措施。

（3）对于多塔楼结构，宜按整体模型和各塔楼分开的模型分别计算，并采用较不利的结果进行结构分析。当塔楼周边的裙房超过两跨时，分塔楼模型宜至少附带两跨的裙楼结构。

大底盘多塔楼结构,可按上述整体和分塔楼计算模型分别验算整体结构和各塔楼结构扭转为主的第一周期(T_t)与平动为主的第一周期(T_1)的比值,并应符合T_t/T_1不应大于0.85。

187. 体型收进高层建筑结构的设计和构造有哪些要求?

(1) 结构布置

1) 体型收进高层建筑结构的平面布置应力求简单、规则,减少偏心。

塔楼结构的质心与底盘结构的质心的距离不宜大于底盘相应边长的20%(图15-4),即

$$\frac{e_L}{L} \leqslant 0.2; \quad \frac{e_B}{B} \leqslant 0.2$$

大底盘的长度(或宽度)与塔楼结构的长度(或宽度)之比不宜大于2.5,即

$$\frac{L}{l} \leqslant 2.5; \quad \frac{B}{b} \leqslant 2.5$$

2) 抗震设计时,转换层宜设置在底盘楼层范围内,不宜设置在底盘以上的塔楼内(图15-5)。若转换层设置在底盘屋面的上层塔楼内时,易形成薄弱部位,不利于结构抗震,设计中应尽量避免;否则应采取增大构件内力、提高抗震等级等有效的抗震措施。

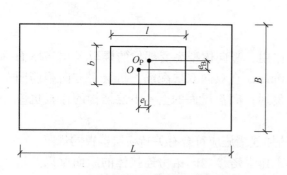

图 15-4 平面布置图

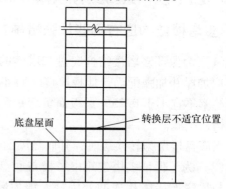

图 15-5 大底盘单塔楼结构转换层不适宜位置示意

3) 大底盘内剪力墙应均匀、分散、对称、周边布置。宜在竖向荷载集中处、楼梯、电梯间以及角部布置剪力墙。

(2) 抗震设计时,当结构上部楼层收进部位到室外地面的高度(H_1)与房屋高度(H)之比大于0.2时,上部楼层收进后的水平尺寸(B_1)不宜小于下部楼层水平尺寸(B)的75%(图15-6a、b)。当超过上述限值的体型收进高层建筑结构应遵循《高层建筑混凝土结构技术规程》(JGJ 3—2010)第10.6条的规定。

(3) 体型收进高层建筑结构、底盘高度超过房屋高度20%的多塔结构的设计应符合下列

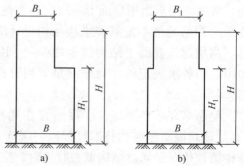

图 15-6 结构竖向收进示意

规定：

1) 收进程度过大、上部结构刚度过小时，结构的层间位移角增加较多，收进部位称为薄弱部位，对结构抗震不利。因此限制上部楼层层间位移角不大于下部结构层间位移角的 1.15 倍。当结构分段收进时，控制上部收进结构的底部楼层层间位移角不宜大于相邻下部区段最大层间位移角的 1.15 倍（图 15-7）。

2) 结构体型收进较多或收进位置较高时，因上部结构刚度突然降低，其收进部位形成薄弱部位，因此，在收进处相邻部位采取更高的抗震措施。抗震设计时，体型收进部位上、下各 2 层塔楼周边竖向结构构件（图 15-8）的抗震等级宜提高一级采用，一级提高至特一级，抗震等级已经为特一级时，允许不再提高。

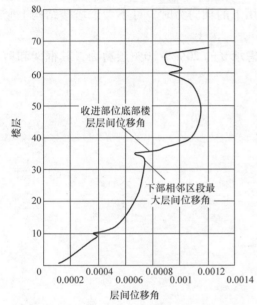

图 15-7 结构收进部位楼层层间位移角分布　　图 15-8 体型收进结构的加强部位示意

3) 当结构偏心收进（图 15-8）时，受结构整体扭转效应的影响，收进部位以下 2 层结构周边竖向构件的内力增加较多，其配筋构造措施应予以加强。

(4) 体型收进高层建筑结构的计算方法

在结构整体计算中，竖向收进结构（含多塔楼结构），应选用合适的计算模型进行分析。当塔楼结构布置简单规则时，可采用空间协同工作程序进行内力、位移分析；当塔楼结构平面布置复杂时，应采用三维空间分析程序进行内力、位移分析。当大底盘及塔楼结构布置不对称时，计算中均应考虑塔楼结构及底盘的质量中心及刚度中心不一致而产生的扭转影响。

体型收进高层建筑结构简化计算方法：

1) 小底盘。当 $L/l \leqslant 1.25$，$B/b \leqslant 1.25$ 时，底盘对塔楼结构受力性能的影响较小，计算时可不考虑裙房质量与刚度的影响，对塔楼结构进行内力、位移计算。

2) 大底盘。当 $L/l = 1.25 \sim 2.5$，$B/b = 1.25 \sim 2.5$，且底盘高度（H_1）与塔楼结构高度（H）之比大于 0.65 时，底盘对整个结构的受力性能起控制作用，计算时可将上部塔楼结构视为底盘上凸出的建筑物。按简化方法计算地震作用时，可将转换层楼面上塔楼结构底部的剪力放大 3~4 倍，作用于底盘的顶部，然后对底盘结构进行内力、位移计算。

当 $L/l = 1.25 \sim 2.5$，$B/b = 1.25 \sim 2.5$，且底盘高度（H_1）与塔楼结构高度（H）之比大于 0.25 时，可根据具体工程的特点按下列规定进行内力、位移计算：

①考虑裙房的质量与刚度加入到塔楼结构中，以塔楼结构计算地震作用，然后将 80% 的地震作用加在塔楼结构上并进行内力计算。另将 20% 的地震作用加于裙房上，单独进行裙房的内力、位移计算。

②当裙房刚度小于等于塔楼结构刚度的 0.3 时，可仅考虑将裙房的质量加入塔楼结构中，以塔楼结构计算地震作用，然后将 100% 的地震作用施加于塔楼结构上，20% 的地震作用加在底盘的裙房上进行内力、位移计算。

3）计算大底盘裙房本身墙、柱在竖向荷载作用下的轴向力时，可不考虑塔楼结构上竖向荷载的影响。

4）大底盘裙房的框架和剪力墙在底部各层考虑承受的 20%~30% 层剪力，其框架和剪力墙可按一般框架—剪力墙结构的要求进行设计。

第十六章 悬挑结构

188. 高层建筑悬挑结构的受力特点是什么？

（1）悬挑结构的特征

采用核心筒平面布置方案的高层建筑，有条件在结构上采用竖筒加挑托体系，将楼层平面核心部位做成圆形、矩形或多边形的钢筋混凝土竖筒，沿高度每隔6~10层由竖筒上伸出一道水平承托构件，来承托其间若干楼层的重力荷载（图1-17）。这样，整个建筑的外围就可以做成稀柱式框架，且梁、柱的截面尺寸均可以做得很小，创造出一个比较开敞的视野和一个明亮的立面效果。

（2）悬挑结构的受力特征

悬挑结构体系的主体结构是竖向内筒和水平承托构件，整个结构的抗侧刚度全部由竖向内筒提供，水平承托构件并无任何贡献。因此，在风荷载或地震作用下，整个结构体系的侧移曲线等于竖向内筒的侧移曲线，属于弯剪型，并偏向于弯曲型。

从建筑功能看，悬挑结构体型独特，外观新颖，在建筑艺术上有特色，加之外柱截面很小，四周开敞，受到建筑师的欢迎。在多数场合下，为求得最佳建筑效果，底部还可以取消几层楼面，仅保留中心竖筒落地，以创造出一个"金鸡独立"的奇特外观。

从结构受力看，悬挑结构体系存在以下弱点。

1）由于整个结构如同独立单悬臂结构，没有多余的约束，缺少多道设防，安全储备较小，一旦结构在水平荷载作用下在底部形成塑性铰，整个结构就形成机构，发生倒塌。

2）整个建筑的体型上大下小，形成了上层质量大、刚度大，下层质量小、刚度小的不合理分布，因而上部楼层产生很大的水平地震作用，使底部中央筒体受力很大。

上部结构刚度大于下部结构的刚度，意味着下部结构可能形成薄弱层，设计中应加强结构的侧向刚度和构件的承载力，满足规范对结构竖向规则性的要求。

上部结构质量大于下部结构，意味着高振型的影响比较严重，计算分析时应选用足够数量的振型数，并应补充进行时程分析，对结构的层间剪力和层间位移进行对比，校核反应谱法计算结果是否安全，并发现结构的薄弱部位。

悬挑结构上部结构的质量大，扭转惯性矩就大，而结构下部的平面尺寸小，造成结构整体的抗扭刚度相对较小，扭转效应一般会比较显著，设计时应注意提高结构的扭转刚度，限制扭转效应。

对不对称的悬挑结构，上部结构的质量偏心严重，会造成更严重的扭转效应，在设计中应通过合理的结构布置，满足规范关于平面规则性的规定。

3）水平承托构件承受非常大的竖向荷载，加之外伸长度较大，因而受到较大的竖向地震作用。

189. 高层建筑悬挑结构设计的要点是什么？

抗震设计时，当上部结构楼层相对于下部楼层外挑时，上部楼层水平尺寸（B_1）不宜大于下部楼层的水平尺寸（B）的1.1倍，且水平外挑尺寸（a）不宜大于4m（图16-1a、b）。当悬挑程度超过上述限值的规定时，属于竖向不规则的高层建筑结构，应遵循《高层建筑混凝土结构技术规程》（JGJ 3—2010）第10.6节相应的规定。

（1）在悬挑结构中，多道设防机制的实现

在宏观上高层建筑悬挑结构是一个竖向悬臂构件，在水平荷载作用下，底部弯矩、剪力和轴力均为最大，一旦底部形成塑性铰，将会失去抵抗水平力的功能而导致建筑物倒塌。因此，在高层建筑悬挑结构中，形成多道设防机制，以保证结构在罕遇地震作用下不倒塌。

多道设防设计可通过采用组合核心筒的方法实现。核心筒由多个独立小筒体或剪力墙用连梁连接而成（图16-2）。当地震力较小时，组合核心筒作为一个整体工作，具有较大的刚度。地震力增大后，连梁出现裂缝，甚至出现塑性铰，而使核心筒具有较大的延性。在强震作用下，连梁破坏，但核心筒变为多个单独筒工作，不会发生倒塌。

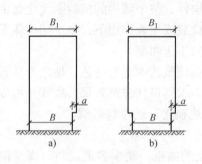

图16-1 结构外挑示意

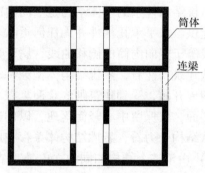

图16-2 组合核心筒

（2）筒体

筒体承受全部竖向荷载和水平荷载（风荷载或水平地震作用），底部产生很大的轴力、剪力和弯矩。因此，筒体要有足够的平面尺寸。高宽比过大的悬挑结构对其位移、倾覆等问题，要进行专门考虑。

筒体承受全部竖向荷载，为保证在地震中有足够的延性，宜加强墙肢轴压比的控制。为此，墙肢的厚度不宜过小，可以由下至上逐渐减薄。墙体的外侧内收，内壁保持不变。为增大筒体的承载力和延性，可以在墙体内设置型钢柱，在连梁中放置型钢梁，由钢梁、钢柱形成内藏暗框架。型钢柱可以布置在纵横墙相交处或门洞边，型钢梁在连梁水平处布置。为了方便施工，较少采用斜撑。

在抗震设计时，内筒在底部塑性铰区范围内（底部两层和墙体总高度的1/10二者中的较大值），应提高配筋率以防止塑性铰过早发生。为此，底部塑性铰区进行截面设计时，弯矩和剪力的设计值宜乘以放大系数1.5。

筒体混凝土强度等级不宜低于C30。

（3）承托构件

承托构件的水平悬挑长度常达6～8m，上面承托6～10个楼层的重力荷载，弯矩和剪力都很大，承托构件上部会出现较大的拉应力。因此，为增强承托构件的抗裂度，减小其挠度，常在承托构件的上部布置预应力钢筋，形成预应力混凝土承托构件。必要时，还可以在承托构件内布置钢梁，形成型钢混凝土承托构件，以增强其承载力。

1) 承托构件形式及选型。悬挑部分的结构的冗余度不高，因此需要采取措施增加结构冗余度。悬挑部位结构宜采用冗余度较高的结构形式。承托构件可以采用悬挑深梁（图 16-3a、b）、悬挑空腹桁架（图 16-3c）、悬挑箱形构件（图 16-3d）以及竖向空腹桁架（图 16-3e），对圆形筒体还可以采用倒锥壳（图 16-3f）。

2) 承托构件的根部是悬挑结构的关键部位，因为承托构件的冗余度很低，没有多道防线，一旦发生承托构件根部破坏，悬挑部分的结构会塌落。所以，对于承托构件的根部以及承托构件中受拉的斜撑宜进行罕遇地震（大震）作用下的承载力验算，保证大震不破坏。

支撑承托构件根部的竖向构件也是主体结构的关键构件，应适当提高安全度。

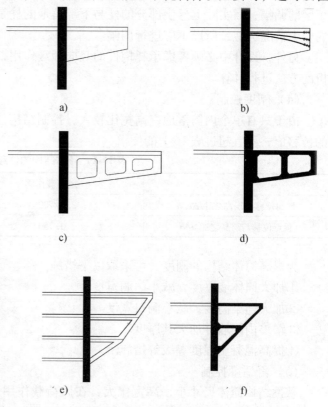

图 16-3 承托构件
a) 深梁（RC） b) 深梁（PC） c) 桁架 d) 环向箱形构件
e) 竖向空腹桁架 f) 倒锥壳

①抗震设计时，悬挑结构的关键构件以及与之相连的主体结构关键构件的抗震等级宜提高一级采用，一级提高至特一级，抗震等级已经为特一级时，允许不再提高。

②在预估罕遇地震作用下，悬挑结构关键构件的截面承载力应符合不屈服的要求，即宜符合式 (16-1) 的要求：

$$S_{GE} + 0.4 S_{Ehk}^* + S_{Evk}^* \leq R_k \tag{16-1}$$

式中 S_{GE}——重力荷载代表值的构件内力；

S_{Ehk}^*——水平地震作用标准值的构件内力，不需考虑与抗震等级有关的增大系数；

S_{Evk}^*——竖向地震作用标准值的构件内力，不需考虑与抗震等级有关的增大系数；

R_k——截面承载力标准值，按材料强度标准值计算。

3) 7 度（0.15g）和 8 度、9 度抗震设计时，悬挑结构应考虑竖向地震的影响；6 度、7 度（0.10g）抗震设计时，悬挑结构宜考虑竖向地震的影响。结构竖向地震作用效应标准值宜采用时程分析方法或振型分解反应谱法进行计算。

4) 悬挑结构上、下层楼板承受较大的面内作用，因此在结构内力和位移计算时，悬挑部分的楼层宜考虑楼板平面内的变形，结构分析模型应能反映水平地震对悬挑部位可能产生的竖向振动效应。

5）承托构件根部承受主要竖向荷载的梁不应进行梁端调幅。对于承托构件悬挑较大的结构，承托构件可能会是多跨结构，设计人员容易将根部的梁按一般框架梁设计，进行负弯矩区的调幅，而实际上悬挑部分的柱与下部落地的柱是不同的，悬挑部分根部的梁与悬挑梁的受力情况类似，所以不应进行调幅。

另外，设计中必须考虑承托构件的竖向地震作用，可以采用竖向反应谱法或竖向时程分析的方法进行计算。

（4）刚度控制

由于只有单个内筒落地，高宽比较大，控制结构位移显得更为重要。按结构分析计算出的位移值，不宜超过表 16-1 的要求。

表 16-1　悬挑结构的位移限值

位　移	风荷载作用	地震作用
层间位移与层高之比 $\Delta u/h$	1/700	1/600
顶点位移与层高之比 u/H	1/750	1/650

为提高筒体结构的刚度，可采取以下措施。

①加大筒体墙厚度，减小门洞宽度。
②加大连梁高度，减小洞口宽度。
③增多内隔墙并加大其厚度。
④提高混凝土强度等级等措施。

（5）舒适度控制

悬挑结构筒体尺寸小，高宽比大，在风荷载作用下有较大的晃动，影响结构使用的质量。所以，一般要求在风荷载作用下横风向和顺风向的加速度不应超过下列限值：

住宅、公寓建筑　　　　　　　　　$a_w \leq 0.15 \mathrm{m/s^2}$
办公、旅馆建筑　　　　　　　　　$a_w \leq 0.25 \mathrm{m/s^2}$

1）顺风向风振加速度 $a_{D,z}$ 按下式计算：

$$a_{D,z} = \frac{2gI_{10}w_R\mu_s\mu_z B_z \eta_a B}{m} \tag{16-2}$$

式中　$a_{D,z}$——高层建筑 z 高度顺风向风振加速度（$\mathrm{m/s^2}$）；

g——峰值因子，可取 2.5；

I_{10}——10m 高度名义湍流度，对应 A、B、C 和 D 类地面粗糙度，可分别取 0.12、0.14、0.23 和 0.39；

w_R——重现期为 R 年的风压（$\mathrm{kN/m^2}$），取重现期 10 年的风压；

B——迎风面宽度（m）；

m——结构单位高度质量（t/m）；

μ_s——风荷载体型系数；

μ_z——风压高度变化系数；

B_z——脉动风荷载的背景分量因子；

η_a——顺风向风振加速度的脉动系数，可根据结构阻尼比 ζ_1 和系数 x_1，按表 2-18 确定。

2) 横风向风振加速度 $a_{L,z}$ 按下式计算：

$$a_{L,z} = \frac{2.8 g w_R \mu_H B}{m} \phi_{L1}(z) \sqrt{\frac{\pi S_{FL} C_{sm}}{4(\zeta_1 + \zeta_{a1})}} \quad (16\text{-}3)$$

式中 $a_{L,z}$——高层建筑 z 高度横风向风振加速度（m/s^2）；
μ_H——结构顶部风压高度变化系数；
S_{FL}——无量纲横风向广义风力功率谱，可按 GB 50009—2012 附录 H 第 H.2.4 条的规定采用；
C_{sm}——横风向风力谱的角沿修正系数，可按 GB 50009—2012 附录 H 第 H.2.5 条的规定采用；
$\phi_{L1}(z)$——结构横风向第 1 阶振型系数；
ζ_1——结构横风向第 1 阶振型阻尼比；
ζ_{a1}——结构横风向第 1 阶振型气动阻尼比，可按 GB 50009—2012 附录 H 公式（H.2.4-3）计算。

其余符号同前。

悬挑部分结构的竖向刚度比一般结构要小，因此需要采取措施降低结构自重，同时需要验算正常使用条件下楼板振动情况，保证使用的舒适度。

190. 避免上、下层悬挑梁长期挠度不等引起裂缝的措施是什么？

悬挑梁在荷载长期作用下，由于混凝土的徐变，梁将产生较大的后期挠度，如果相邻层悬挑梁的长期挠度不等，就可能使悬挑的最下一层（一般为二层）外墙的窗间墙在窗台或过梁水平处出现水平裂缝。引起外墙裂缝的主要原因是上、下层悬挑梁的长期挠度不等所致。

为避免上述裂缝现象，可在各层悬挑梁的端部设置一个通长的立柱将各层梁自上而下连接在一起，迫使上、下各层梁的后期挠度同步发展。

在悬挑梁端部设置通长的立柱后，使得上、下层悬挑梁连在一起，构成一个体系而协同工作，其工作机理可用图 16-4 解释。

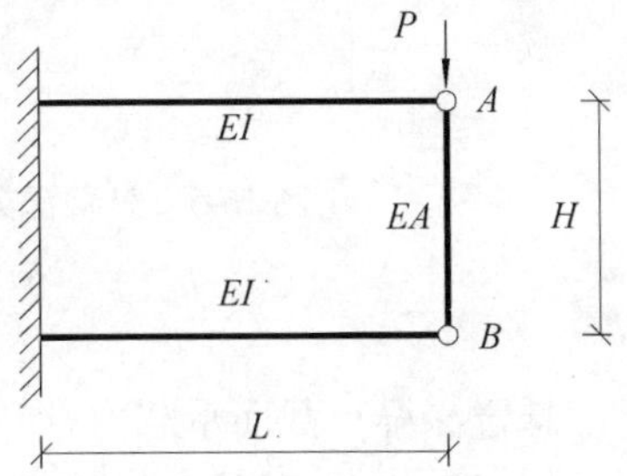

根据变形协调条件可得

$$f_A - f_B = \frac{NH}{EA} \quad (16\text{-}4)$$

将 $f_A = \frac{PL^3}{3EI} - \frac{NL^3}{3EI}$、$f_B = \frac{NL^3}{3EI}$ 代入式（16-4），并整理得：

$$N = \frac{L^3/3EI}{H/EA + 2L^3/3EI} P \quad (16\text{-}5)$$

图 16-4 悬挑梁端部设置柱的工作机理

则，A 端的挠度 f_A

$$f_A = \frac{(P-N)L^3}{3EI} = \frac{H/EA + L^3/3EI}{H/EA + 2L^3/3EI} \cdot \frac{PL^3}{3EI} \quad (16\text{-}6)$$

B 端的挠度 f_B

$$f_B = \frac{NL^3}{3EI} = \frac{L^3/3EI}{H/EA + 2L^3/3EI} \cdot \frac{PL^3}{3EI} \quad (16\text{-}7)$$

当 $EA = \infty$ 时，$N = \dfrac{P}{2}$，$f_A = f_B$。可见，设置了小立柱后，发生了内力重分布。在使用阶段，所有各悬挑层活荷载之和可以按各梁的刚度分配给各层悬挑梁；在极限状态下，所有各悬挑层的总荷载之和可以按各梁的根部截面及配筋实行塑性铰内力重分布，从而大大减轻了重荷下悬挑梁的负担，使得该梁的截面及配筋更为合理。

在悬挑梁截面的受压区配置一定数量的受压钢筋后，后期挠度可以减小，所以在悬挑梁下部应该配置适量的受压钢筋。

但应注意：设置通长的立柱后，施工时设置临时支撑就显得更为重要，且在拆除临时支撑时更要谨慎，如处理不当，悬挑梁在混凝土为流态时的自重以及填砌墙的自重将会逐层地、部分地累积到底层挑梁上。所以施工时底层悬挑梁的临时支撑一定要极为可靠地落地，并且要在所有以上各层悬挑构件和立柱竣工后方可拆除。

191. 悬挑深梁设计和构造的要点是什么？

高层建筑结构中，由于悬挑梁要承托其上面若干楼层的重力荷载，挑梁的截面高度往往比较大，有时甚至形成深梁。悬臂深梁受力情况较一般挑梁要复杂，因而其配筋也与跨高比 (l_n/h) 有关（图16-5）。

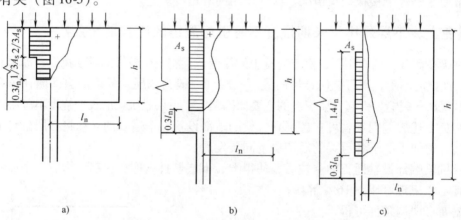

图 16-5 悬臂深梁的正应力（σ_x）的分布及受拉钢筋 A_s 的配置范围
a) $l_n/h = 1.0$ b) $l_n/h = 0.7$ c) $l_n/h < 0.5$

悬臂深梁正截面承载力计算的纵向受拉钢筋（A_s），应按深梁悬臂长度（l_n）和截面高度（h）之比（l_n/h）分别按图16-5的要求布置。

悬臂深梁端部作用有集中力 F 时，应配置吊筋和斜筋（图16-6）来承受集中力。吊筋的数量按剪力 $V = 0.6F$ 计算确定

$$V = m \cdot n A_{sv1} f_{yv} \tag{16-8}$$

式中　V——附加吊筋承受的剪力设计值，取 $V = 0.6F$；

f_{yv}——附加吊筋抗拉强度设计值；

A_{sv1}——一根附加吊筋的截面面积；

m——附加吊筋的排数；

n——同一截面内附加吊筋的肢数。

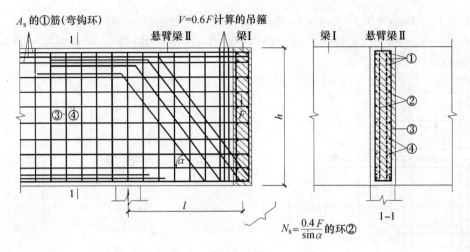

图 16-6 受力较大时悬臂梁的配筋示意

斜筋的总截面面积按下式计算：

$$A_{s1} = \frac{0.4F}{f_y \sin\alpha} \tag{16-9}$$

式中 F——悬臂深梁端部作用的集中力设计值；

f_y——斜筋的抗拉强度设计值；

A_{s1}——斜筋的截面面积；

α——斜筋与梁轴线间的夹角。

悬臂深梁的传力模型可假定为图 16-7 所示的桁架模型，悬臂深梁的配筋可以桁架模型作为依据。

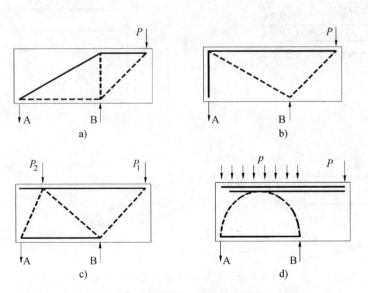

图 16-7 作为配筋依据的悬臂深梁桁架模型

a）荷载仅作用于悬臂（模型1） b）荷载仅作用于悬臂（模型2）

c）临近有集中荷载 d）临近有均布荷载

当悬挑长度较小（$0.5 < a/h < 1$）时，演变为支托或牛腿，用以支承上部楼层。牛腿的计算和配筋按《混凝土结构设计规范》（GB 50010—2010）进行，也可参照国外的一些构造做法（图16-8）。

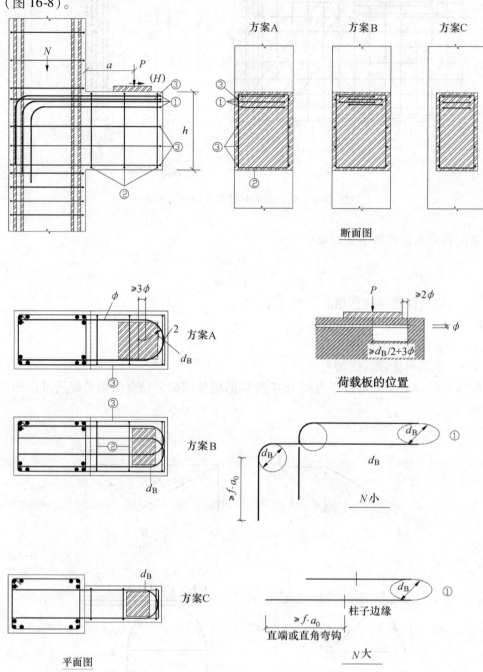

图16-8 牛腿的各种合理配筋方案
（当拉力较小时，配一层①号筋即可）

第十七章 混合结构

192. 混合结构体系有哪些形式？

"混合结构"和"组合结构"是两个不同的概念。所谓"组合结构"，其实确切地说应该是"组合构件"，就是由多种材料组合在一起共同承受外力的构件。如型钢混凝土梁、柱，型钢混凝土组合梁，钢管混凝土柱等。所谓"混合结构"，就是由不同材料的构件共同组成的结构，如钢（或其他组合构件）与钢筋混凝土组成的钢—混凝土混合结构等。

《高层建筑混凝土结构技术规程》（JGJ 3—2010）"混合结构"是指由钢框架或型钢混凝土、钢管混凝土框架与钢筋混凝土核心筒体所组成的框架—核心筒结构，以及由外围钢框筒或型钢混凝土、钢管混凝土框筒与钢筋混凝土核心筒组成的筒中筒结构。

混合结构主要是以钢梁、钢柱［或型钢（钢管）混凝土梁、型钢（钢管）混凝土柱］代替混凝土梁柱，因此原则上除板柱—剪力墙结构外，《高层建筑混凝土结构技术规程》（JGJ 3—2010）第 3 章所列出的结构体系都可以设计成混合结构体系，但考虑到工程实际中使用最多的还是框架—核心筒结构和筒中筒混合结构体系。因此，《高层建筑混凝土结构技术规程》（JGJ 3—2010）中仅列入了框架—核心筒混合结构［钢框架—钢筋混凝土核心筒、型钢（钢管）混凝土框架—钢筋混凝土核心筒］和筒中筒混合结构［钢外筒—钢筋混凝土核心筒、型钢（钢管）混凝土外筒—钢筋混凝土核心筒］两种结构体系。

型钢混凝土（钢管混凝土）框架可以是型钢混凝土梁与型钢混凝土柱（钢管混凝土柱）组成的框架，也可以是钢梁与型钢混凝土柱（钢管混凝土柱）组成的框架；外围的筒体可以是框筒、桁架筒和交叉网格筒。外围的钢筒体可以是钢框筒、桁架筒或交叉网格筒。

钢筋混凝土核心筒的某些部位，可按有关规定或根据实际需要配置型钢或钢板，形成型钢混凝土剪力墙或钢板混凝土剪力墙。

但应注意，为减少柱子尺寸或增加延性而在混凝土柱中设置构造型钢，而框架梁仍为钢筋混凝土梁时，该体系不宜视为混合结构；此外对于体系中局部构件（如框支梁柱）采用型钢混凝土柱（型钢混凝土梁柱）也不应视为混合结构。

193. 混合结构的适用范围是什么？

混合结构是近年来在我国迅速发展起来的一种新型结构体系。由于其承载力高，刚度大及抗震性能好以及降低结构自重、减少结构断面尺寸、加快施工进度等优点，已经越来越多地应用于众多高层及超高层建筑中。目前已经建成了一批高度在 150~200m 的建筑，如上海森茂大厦、国际航运大厦、世界金融大厦、新金桥大厦、深圳发展中心、北京京广中心等。还有一些高度超过 300m 的高层建筑也采用或部分采用了混合结构。除设防烈度为 7 度的地区，8 度区也开始建造。近几年来采用筒中筒体系的混合结构建筑也逐渐增多，如上海环球中心、广州西塔、北京国贸三期、大连世贸等。

混合结构高层建筑的适用高度（表 17-1）是根据现有的试验结果，结合我国现有的钢

—混凝土混合结构的工程实践,并参考国外的一些工程经验偏于安全地确定的。其中钢框架—混凝土筒体结构比 B 级高度的混凝土高层建筑的适用高度略低,而型钢混凝土框架—混凝土筒体结构则比 B 级高度的高层建筑的适用高度略高。

表 17-1 混合结构高层建筑适用的最大高度(m)

结构体系		非抗震设计	抗震设防烈度				
			6 度	7 度	8 度		9 度
					0.2g	0.3g	
框架—核心筒	钢框架—钢筋混凝土核心筒体	210	200	160	120	100	70
	型钢(钢管)混凝土框架—钢筋混凝土核心筒体	240	220	190	150	130	70
筒中筒	钢外筒—钢筋混凝土核心筒	280	260	210	160	140	80
	型钢(钢管)混凝土外筒—钢筋混凝土核心筒	300	280	230	170	150	90

注:平面和竖向均不规则的结构,最大适用高度应适当降低。

混合结构高层建筑的高宽比限值(表 17-2)及混合结构在风荷载或多遇地震作用下,按弹性方法计算的最大层间位移与层高的比值 $\Delta u/h$(表 17-3),考虑到其主要的抗侧力体系仍然是钢筋混凝土筒体,其限值均参照钢筋混凝土结构体系的要求进行个别调整。

表 17-2 混合结构高层建筑适用的最大高宽比

结构体系	非抗震设计	抗震设防烈度		
		6 度、7 度	8 度	9 度
框架—核心筒体	8	7	6	4
筒中筒	8	8	7	5

表 17-3 $\Delta u/h$ 的限值

结构体系		$H \leqslant 150m$	$150m < H < 250m$	$H \geqslant 250m$
框架—核心筒	钢框架—钢筋混凝土核心筒体	1/800	1/800 ~ 1/500 线性插入	1/500
	型钢(钢管)混凝土框架—钢筋混凝土核心筒体			
筒中筒	钢外筒—钢筋混凝土核心筒	1/1000	1/1000 ~ 1/500 线性插入	1/500
	型钢(钢管)混凝土外筒—钢筋混凝土核心筒			

194. 混合结构体系的受力特点是什么?

混合结构由于是由钢结构或型钢混凝土框架与钢筋混凝土筒体形成整体,共同受力,其力学性能优于这两种结构的简单叠加。从已有的试验结果看,混合结构体系高层建筑受力存在如下特点:

1)钢框架—混凝土筒体混合结构体系中,在地震作用下,由于混凝土筒体抗侧力刚度较钢框架大很多,因而承担了绝大部分的水平剪力,钢框架承受的剪力小于楼层总剪力的5%,但钢筋混凝土筒体的弹性极限变形很小,约为 1/2000,在达到规程限定的变形时,钢筋混凝土抗震墙已经开裂,而此时钢框架尚处于弹性阶段,地震作用在抗震墙和钢框架之间会进行再分配,钢框架承受的地震力会增加,而且钢框架是重要的承重构件,它的破坏和竖向承载力的降低,将危及房屋的安全,因而有必要对钢框架承受的地震力作更严格的要求,以使钢框架能适应强地震时的大变形且保有一定的安全度。因此,《高层建筑混凝土结构技术规程》(JGJ 3—2010)第 11.1.6 条规定,混合结构框架所承担的地震剪力应符合《高层建筑混凝土结构技术规程》(JGJ 3—2010)第 9.1.11 条的规定,即

①框架部分分配的楼层地震剪力标准值的最大值不宜小于结构底部总地震剪力标准值的 10%。

②当框架部分分配的地震剪力标准值的最大值小于结构底部总地震剪力标准值的 10% 时,各层框架部分承担的地震剪力标准值应增大到结构底部总剪力标准值的 15%。

③当框架部分分配的地震剪力标准值小于结构底部总地震剪力标准值的 20%,但其最大值不小于结构底部总地震剪力标准值的 10% 时,应按结构底部总地震剪力标准值的 20% 和框架部分楼层地震剪力标准值中最大值的 1.5 倍二者的较小值进行调整。

2)混合结构高层建筑随地震强度的加大,损伤加剧,阻尼增大,结构破坏主要集中在混凝土筒体,表现为底层混凝土筒体的混凝土受压破坏、暗柱和角柱纵向钢筋屈服,而钢框架没有明显的破坏现象,结构整体破坏属于弯曲型。

3)混合结构体系建筑的抗震性能在很大程度上取决于混凝土筒体,为此必须采取有效措施保证混凝土筒体的延性,一般可采取下列一些措施来提高混凝土筒体的延性:

①保证混凝土筒体角部的完整性,并加强角部的配筋,特别是底部的筒体角部更应加强。

②筒体角部设置型钢柱,四周配以纵向钢筋及箍筋形成暗柱。

③通过增加墙厚控制筒体剪力墙的剪应力水平。

④筒体剪力墙配置多层钢筋,必要时在楼层标高处设置钢筋混凝土暗梁。

⑤连梁采用交叉配筋方式。

⑥有可能的话,可采用型钢混凝土剪力墙或带竖缝剪力墙。

⑦在连梁中设置水平缝。

⑧筒体剪力墙的开洞位置尽量对称均匀。

4)钢框架梁和混凝土筒体连接区受力复杂,预埋件与混凝土之间的粘结容易遭到破坏,当采用楼面无限刚度假定进行分析时,梁只承受剪力和弯矩,但试验表明,这些梁实际上还存在轴力,而且由于轴力的存在,往往在节点处引起早期破坏,因此节点设计必须考虑水平力的有效传递。由于钢梁与混凝土筒体连接处仍存在弯矩,所以建议在筒体内部与钢梁连接对应部位布置一些混凝土梁,或设置型钢构造柱,以抵抗由此产生的弯矩。

195. 混合结构布置有哪些要求?

由于混合结构中梁柱为钢结构(型钢混凝土结构),故结构布置也应遵循钢结构布置的一些基本要求。同时,对于平面及竖向规则性的要求,应符合《高层建筑混凝土结构技术规程》(JGJ 3—2010)第 3.4~3.5 节的有关规定。

1）建筑平面的外形宜简单、规则、对称，具有足够的整体抗扭刚度，平面宜采用方形、矩形、多边形、圆形、椭圆形等规则对称的平面，并尽量使结构的抗侧力中心与水平合力中心重合。为方便制作，减少构件类型，建筑的开间、进深宜统一。

2）国内外的震害表明，结构沿竖向刚度或抗侧力承载力变化过大，会导致薄弱层的变形和构件应力过于集中，造成严重震害。竖向刚度变化时，不但刚度变化的楼层受力增大，而且上下临近楼层的内力也会增大，所以加强时，应包括相邻楼层在内。对于型钢钢筋混凝土框架与钢框架交接的楼层及相邻楼层的顶层柱子，应设置剪力栓钉，加强连接。另外，钢—混凝土混合结构的顶层型钢混凝土柱也需要设置栓钉，因为一般来说，顶层柱子的弯矩较大。

偏心支撑的设置应能保证塑性铰出现在梁端，在支撑点与梁柱节点之间的一段梁能形成耗能梁段，其在地震荷载作用下，会产生塑性剪切变形，因而具有良好的耗能能力，同时保证斜杆及柱子的轴向承载力不至于降低很多。偏心支撑一般以双向布置为好，并且应伸至基础。还有另外一些耗能支撑，主要通过增加结构的阻尼来达到使地震力很快衰减的目的，这种支撑对于减少建筑物顶部加速度及减少层间变形较为有利。

为此，《高层建筑混凝土结构技术规程》（JGJ 3—2010）第11.2.3条规定，混合结构的竖向布置宜符合下列要求。

①结构的侧向刚度和承载力沿竖向宜均匀变化、无突变，构件截面宜由下至上逐渐减小。

②混合结构的外围框架柱沿高度宜采用同类结构构件；采用不同类型结构构件时，应设置过渡层，且单柱的抗弯刚度变化率不宜超过30%。

③对于刚度变化较大的楼层，如转换层、加强层、空旷的顶层、顶部凸出部分、型钢混凝土框架与钢框架的交接层及临近楼层应采取可靠的过渡加强措施。

④钢框架部分采用支撑时，宜采用偏心支撑和耗能支撑，支撑宜双向连续布置，框架支撑宜延伸至基础。

3）钢框架—混凝土筒体结构体系中的混凝土筒体一般均承担了85%以上的水平剪力，所以必须保证混凝土筒体具有足够的延性，配置了型钢的混凝土筒体墙在弯曲时，能避免发生平面外的错断，同时也能减少钢柱与混凝土筒体之间的竖向变形差异产生的不利影响。

型钢柱的设置可放在楼面钢梁与混凝土筒体的连接处，混凝土筒体的四角及混凝土筒体剪力墙的大开口两侧。试验表明，钢梁与混凝土筒体的交接处，由于存在一部分弯矩及轴力，而筒体剪力墙的平面外刚度又较小，很容易出现裂缝。因而在筒体剪力墙中设置型钢柱为好，同时型钢柱能方便钢结构的安装，混凝土筒体的四角因受力较大，设置型钢柱能使筒体剪力墙开裂后的承载力下降不多，防止结构的迅速破坏。因为筒体剪力墙的塑性铰一般出现在高度的1/10范围内，所以在此范围内，筒体剪力墙四角的型钢宜设置栓钉。

因此，《高层建筑混凝土结构技术规程》（JGJ 3—2010）第11.2.4条规定，8度、9度抗震设计时，应在楼面钢梁或型钢混凝土梁与混凝土筒体交接处及混凝土筒体四角墙内设置型钢柱；7度抗震设计时，宜在楼面钢梁或型钢混凝土梁与混凝土筒体交接处及混凝土筒体四角墙内设置型钢柱。

4）混合结构中，为了能提高外框架平面内的刚度及抵抗水平荷载的能力，外围框架平面内梁与柱应采用刚性连接；如在混凝土筒体墙中设置型钢并需要增加整体结构刚度时，宜采用楼面钢梁与混凝土筒体刚接；当混凝土筒体墙中无型钢柱时，宜采用铰接。刚度发生突变的楼层，梁柱、梁墙采用刚接可以增加结构的空间刚度，使层间变形有效减小。

5）筒中筒结构体系中，当外围钢框架柱采用 H 形截面柱时，为了增加框架平面内的刚度，减少剪力滞后，宜将柱截面强轴方向布置在外围筒体平面内；角柱为双向受力构件，宜采用十字形、方形或圆形截面。

6）在混合结构中，可采用伸臂桁架加强层以减少结构的侧移，必要时可配合布置周边带状桁架。伸臂桁架平面宜与抗侧力墙体的中心线重合。伸臂桁架应与抗侧力墙体刚接且宜伸入并贯通抗侧力墙体，伸臂桁架与外围框架柱的连接宜采用铰接或半刚接。当布置有伸臂桁架加强层时，应采取措施，减少由于外柱与混凝土筒体竖向变形差异引起的桁架内力的变化。

采用伸臂桁架主要是将筒体剪力墙的弯曲变形转换成框架柱的轴向变形，以减小水平荷载下结构的侧移，所以必须保证伸臂桁架与核心筒墙刚接。为了增强伸臂桁架的抗侧力效果，必要时，周边可配合布置带状桁架。布置周边带状桁架，除了可增大结构侧向刚度外，还可增强加强层结构的整体性，同时，也可减少周边柱子的竖向变形差异。外柱承受的轴向力要传到基础，故外柱必须上、下连续，不得中断。由于外柱与混凝土内筒存在的轴向变形往往不一致，会使伸臂桁架产生很大的附加内力，因而伸臂桁架宜分段拼装。在设置多道伸臂桁架时，本伸臂桁架在施工上层伸臂桁架时，可在主体结构完成后再安装封闭，形成整体。

核心筒墙体与伸臂桁架连接处宜设置构造型钢柱，型钢柱宜至少延伸至伸臂桁架高度范围外上、下各一层。

当布置有外伸桁架加强层时，应采取有效措施减少由于外框柱与混凝土筒体竖向变形差异引起的桁架杆件内力。

7）楼盖体系应具有良好的水平刚度和整体性，其布置应符合下列规定：

①楼面宜采用压型钢板现浇混凝土组合楼板、现浇混凝土楼板或预应力叠合楼板，压型钢板与钢梁应可靠连接，可采用剪力栓钉，栓钉数量应通过计算确定。

②机房设备层、避难层及外伸臂桁架上下弦杆所在楼层的楼板宜采用钢筋混凝土楼板，并应采取加强措施。

③对于建筑物楼面有较大开洞或为转换楼层时，应采用现浇混凝土楼板；对楼板大开洞部位宜设置刚性水平支撑等加强措施。

196. 高层混合结构体系的设计要求是什么？

（1）混合结构框架所承担的地震剪力应符合《高层建筑混凝土结构技术规程》（JGJ 3—2010）第 9.1.11 条的规定，即

1）框架部分分配的楼层地震剪力标准值的最大值不宜小于结构底部总地震剪力标准值的 10%。

2）当框架部分分配的地震剪力标准值的最大值小于结构底部总地震剪力标准值的 10%时，各层框架部分承担的地震剪力标准值应增大到结构底部总剪力标准值的 15%。

3）当框架部分分配的地震剪力标准值小于结构底部总地震剪力标准值的 20%，但其最大值不小于结构底部总地震剪力标准值的 10%时，应按结构底部总地震剪力标准值的 20%

和框架部分楼层地震剪力标准值中最大值的1.5倍二者的较小值进行调整。

（2）混合结构体系的高层建筑，应由钢筋混凝土筒体承受主要的水平力，并应采取有效措施，保证钢筋混凝土筒体的延性。

（3）对型钢混凝土构件，实际设计一般先确定型钢尺寸，然后按型钢混凝土构件进行配筋。整体计算分析时，型钢混凝土构件可采用刚度叠加的方法，同时也可采用将型钢折算成混凝土后进行计算，再按型钢混凝土构件进行配筋。

钢—混凝土混合结构在进行弹性阶段的内力和位移计算时，对钢梁及钢柱可采用钢材的截面计算，对型钢混凝土构件的刚度可采用型钢部分刚度与钢筋混凝土部分的刚度之和。

$$EI = E_c I_c + E_a I_a \quad (17\text{-}1\text{a})$$

$$EA = E_c A_c + E_a A_a \quad (17\text{-}1\text{b})$$

$$GA = G_c A_c + G_a A_a \quad (17\text{-}1\text{c})$$

式中 $E_c I_c$、$E_c A_c$、$G_c A_c$——钢筋混凝土部分的截面抗弯刚度、轴向刚度及抗剪刚度；

$E_a I_a$、$E_a A_a$、$G_a A_a$——型钢部分的截面抗弯刚度、轴向刚度及抗剪刚度。

（4）从国内外工程的经验来看，一般主梁均考虑楼板的组合作用，而次梁则不予考虑，原因主要是经济性及安全性。次梁作为直接受力构件应有足够的安全储备，而且次梁的栓钉一般较稀，所以一般不考虑楼板的组合作用。

在进行结构弹性分析时，宜考虑钢梁与现浇混凝土楼面的共同作用，梁的刚度可取钢梁刚度的1.5~2.0倍，但应保证钢梁与楼板有可靠的连接。弹塑性分析时，可不考虑楼板与梁的共同作用。

（5）混合结构在内力和位移计算中，如采用楼板平面内无限刚假定，则伸臂桁架的弦杆轴向力无法得出，弦杆的轴向变形也无法计算，对伸臂桁架而言是偏于不安全的。因此，内力和位移计算中，设置伸臂桁架的楼层应考虑楼板在平面内的变形。

（6）由于内筒与外柱的轴向变形不一致，在长期荷载作用下，会使顶部楼面梁产生很大的支座位移，由此而在楼面梁产生的附加内力不宜忽略。因此，竖向荷载作用计算时，宜考虑柱、型钢混凝土（钢管混凝土）柱与钢筋混凝土核心筒竖向变形差异引起的结构附加内力，计算竖向变形时宜考虑混凝土收缩、徐变、沉降及施工调整等因素的影响。

（7）当混凝土筒体先于外围框架结构施工时，应考虑施工阶段混凝土筒体在风力及其他荷载作用下的不利受力状态；应验算在浇筑混凝土之前外围型钢结构在施工荷载及可能的风荷载作用下的承载力、稳定及变形，并据此确定钢结构安装与浇筑楼层混凝土的间隔层数。

（8）柱间支撑两端与柱或钢筋混凝土筒体的连接可作为铰接计算。

（9）钢筋混凝土结构的阻尼比约为5%，带填充墙的高层钢结构的阻尼比约为2%，因此钢—混凝土混合结构的阻尼比应介于2%~5%之间，考虑到钢—混凝土混合结构抗侧刚度主要来自混凝土核心筒，故阻尼比取为0.04，偏向于混凝土结构。混合结构在多遇地震下的阻尼比可取为0.04。

风荷载作用下，结构塑性变形一般较设防烈度地震作用下为小，故抗风设计时的阻尼比应比抗震设计时为小。一般情况下，风荷载作用下楼层位移验算和构件设计时，阻尼比可取为0.02~0.04，结构顶部加速度验算时的阻尼比可取0.01~0.015。

（10）丙类建筑混合结构的抗震等级应由表17-4确定，并应符合相应的计算和构造措施。

表 17-4 钢—混凝土混合结构抗震等级

结构类型		6		7		8		9
房屋高度/m		≤150	>150	≤130	>130	≤100	>100	≤70
钢框架—钢筋混凝土核心筒	钢筋混凝土核心筒	二	一	一	特一	一	特一	特一
型钢（钢管）混凝土框架—钢筋混凝土核心筒	钢筋混凝土核心筒	二	二	二	一	一	特一	特一
	型钢（钢管）混凝土框架	三	二	二	一	一	一	一
房屋高度/m		≤150	>150	≤130	>130	≤100	>100	≤70
钢外筒—钢筋混凝土核心筒	钢筋混凝土核心筒	二	一	一	特一	一	特一	特一
型钢（钢管）混凝土外筒—钢筋混凝土核心筒	钢筋混凝土核心筒	二	二	二	一	一	特一	特一
	型钢（钢管）混凝土外筒	三	二	二	一	一	一	一

注：钢结构构件的抗震等级，抗震设防烈度为 6、7、8、9 度时应分别取四、三、二、一级。

（11）钢—混凝土混合结构中的钢构件应按国家现行标准《钢结构设计规范》（GB 50017—2017）及《高层民用建筑钢结构技术规程》（JGJ 99—2015）进行设计。

钢筋混凝土构件应按国家现行标准《混凝土结构设计规范》（GB 50010—2010）及《高层建筑混凝土结构技术规程》（JGJ 3—2010）中的第 7 章的有关规定进行设计。

型钢混凝土构件可按现行行业标准《组合结构设计规范》（JGJ 138—2016）进行截面设计。

（12）地震设计状况下，型钢（钢管）混凝土构件和钢构件的承载力抗震调整系数 γ_{RE} 应按表 17-5 和表 17-6 选用。

表 17-5 型钢（钢管）混凝土构件承载力抗震调整系数 γ_{RE}

正截面承载力计算				斜截面承载力计算
型钢混凝土梁	型钢混凝土柱及钢管混凝土柱	剪力墙	支撑	各类构件及节点
0.75	0.80	0.85	0.85	0.85

表 17-6 钢构件承载力抗震调整系数 γ_{RE}

强度破坏（梁、柱、支撑、节点板件、螺栓、焊缝）	屈曲稳定（柱、支撑）
0.75	0.80

197. 型钢混凝土梁、柱有哪些构造要求？

（1）试验表明，由于混凝土以及腰筋、箍筋对型钢的约束作用，在型钢混凝土中的型钢的宽厚比可较纯钢结构适当放宽。型钢混凝土构件中，型钢钢板的宽厚比满足表 17-7 的要求时，可不进行局部稳定验算（图 17-1）。

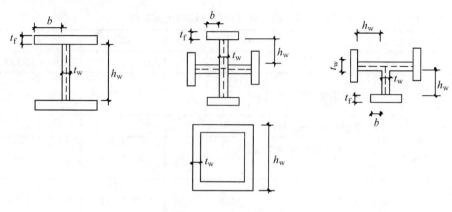

图 17-1 型钢钢板示意

表 17-7 中,型钢混凝土中型钢翼缘的宽厚比可取为纯钢结构的 1.5 倍,腹板可取纯钢结构的 2.0 倍,填充式箱型钢管混凝土可取为纯钢结构的 1.5~1.7 倍。

表 17-7 型钢钢板宽厚比限值

钢 号	梁		柱		
			H、十、T形截面		箱形截面
	b/t_f	h_w/t_w	b/t_f	h_w/t_w	h_w/t_w
Q235	23	107	23	96	72
Q345	19	91	19	81	61
Q390	18	83	18	75	56

注:表中 Q390 级钢材型钢钢板的宽厚比取 Q235 级钢材规定数值乘以 $\sqrt{235/f_y}$ 得到。

(2) 型钢混凝土梁的构造要求

1) 为保证外包混凝土与型钢有较好的粘结性能和方便混凝土的浇筑,型钢混凝土梁的混凝土强度等级不宜低于 C30,混凝土粗骨料最大直径不宜大于 25mm。型钢宜采用 Q235 及 Q345 级钢材,也可采用 Q390 或其他符合结构性能要求的钢材。

2) 为了保证型钢混凝土构件的耐久性以及型钢与混凝土的粘结性能,同时也为了方便混凝土的浇筑,梁中型钢的混凝土保护层厚度不宜小于 100mm,梁纵向钢筋净距及梁纵向钢筋与型钢骨架的最小净距不应小于 30mm,且不小于粗骨料最大粒径的 1.5 倍及梁纵向钢筋直径的 1.5 倍。

3) 型钢混凝土梁纵向钢筋配筋率不宜小于 0.30%,梁的纵向钢筋宜避免穿过柱中型钢的翼缘。考虑到型钢混凝土梁中钢筋超过二排时,钢筋绑扎及混凝土浇筑将产生困难,因此梁的纵向受力钢筋不宜超过二排;配置两排钢筋时,第二排钢筋宜配置在型钢截面外侧。

4) 型钢混凝土梁中纵向钢筋直径一般较大,应避免梁纵向钢筋穿过翼缘,如穿过腹板时,应考虑进行补强,如果需锚固在柱中,为满足锚固长度,钢筋应伸过柱中心线并弯折在柱内。

如纵向钢筋需贯穿型钢柱腹板并以 90°弯折固定在柱截面内时,抗震设计的弯折前直段长度不应小于 $0.4l_{abE}$ (l_{abE} 为钢筋抗震基本锚固长度),弯折直段长度不应小于 15d (d 为纵向钢筋直径);非抗震设计的弯折前直段长度不应小于 $0.4l_{ab}$ (l_{ab} 钢筋非抗震基本锚固长度),弯折直段长度不应小于 $12d$ (d 为纵向钢筋直径)。

5) 型钢混凝土梁上开洞高度按梁截面高度和型钢尺寸双重控制,对钢梁开洞超过 0.7 倍钢梁高度时,抗剪能力会急剧下降;对混凝土梁同样应限制开洞高度为梁截面高的 0.3 倍,同时进一步限制开洞位置不应位于梁端剪力较大的位置。因此,梁上开洞不宜大于梁截面高度的 0.4 倍,且不宜大于内含型钢截面高度的 0.7 倍,并应位于梁高及型钢高度的中间区域。

6) 型钢混凝土悬臂梁端无约束,而且挠度也较大;转换梁受力大且复杂,为了保证混凝土与型钢的共同变形,应在型钢梁的上翼缘设置栓钉,以抵抗混凝土与型钢之间的纵向剪力。栓钉的最大间距不宜大于 200mm,栓钉的最小间距不应小于 4 倍的栓钉直径,且栓钉中心至型钢板件边缘的距离不应小于 50mm。栓钉顶面的混凝土保护层厚度不应小于 15mm。

7) 型钢混凝土梁沿梁全长箍筋的配置应满足下列要求:

①抗震设计时,型钢混凝土梁沿梁全长箍筋的面积配筋率应符合下列要求

一级 $\rho_{sv} \geq 0.30 f_t / f_{yv}$

二级 $\rho_{sv} \geq 0.28 f_t / f_{yv}$

三、四级 $\rho_{sv} \geq 0.26 f_t / f_{yv}$

非抗震设计时,当型钢混凝土梁的剪力设计值大于 $0.7 f_t b h_0$ 时,其箍筋面积配筋率应符合下式要求: $\rho_{sv} \geq 0.24 f_t / f_{yv}$

且箍筋面积配筋率不应小于 0.15%。

②抗震设计时,梁箍筋的直径和间距应符合表 17-8 的要求。抗震设计时,梁端箍筋应加密,箍筋加密区范围,一级时取 $2.0h$ (h 为梁截面高度),二、三、四级时取 $1.5h$;当梁净跨小于梁截面高度的 $4h$ 时,梁全跨箍筋应加密设置。

表 17-8 梁箍筋直径和间距 (mm)

抗震等级	箍筋直径	非加密区箍筋间距	加密区箍筋间距
一	≥12	≤180	≤120
二	≥10	≤200	≤150
三	≥10	≤250	≤180
四	≥8	250	200

注:非抗震设计时,箍筋直径不应小于 8mm,箍筋间距不应大于 250mm。

(3) 型钢混凝土柱的构造要求

1) 型钢混凝土柱轴压比可按下式计算:

$$n = \frac{N}{f_c A + f_a A_a} \tag{17-2}$$

式中 N——考虑地震组合的柱轴向力设计值;

     A——扣除型钢后的混凝土截面面积;

     f_c——混凝土的轴心抗压强度设计值;

     f_a——型钢的抗压强度设计值;

     A_a——型钢的截面面积。

当考虑地震作用组合时，混合结构中型钢混凝土柱的轴压比不宜大于表 17-9 的限值。

表 17-9 型钢混凝土柱的轴压比限值

抗震等级	一	二	三
轴压比限值	0.7	0.8	0.9

注：1. 转换柱的轴压比限值应比表中数值减少 0.10 采用。
2. 剪跨比不大于 2 的柱，其轴压比限值应比表中数值减少 0.05 采用。
3. 当混凝土强度等级大于 C60 时，表中数值宜减少 0.05。

型钢混凝土柱的轴向力大于 0.5 倍柱子的轴向承载力时，柱子的延性也将显著降低，但型钢混凝土柱有其特殊性，在一定轴力的长期作用下，随着轴向塑性的发展以及长期荷载作用下混凝土的徐变收缩会产生内力重分布，钢筋混凝土部分承担的轴力逐渐向型钢部分转移，根据型钢混凝土柱的试验结果，考虑长期荷载下徐变的影响，得出 $N_k = n_k (f_{ck} A_c + 1.28 f_{ak} A_a)$（$n_k$ 为界限轴压比，f_{ck} 为混凝土轴心抗压强度标准值，f_{ak} 为型钢抗压强度标准值），将轴压承载力标准值换算成设计值且将材料强度换算成设计值后，得出型钢混凝土柱的轴压比大约为 0.83 左右，考虑钢筋未必能全部发挥作用，且强柱弱梁的要求未作规定以及钢筋的有利作用未计入，因此对一、二、三级抗震等级的框架柱分别取为 0.7、0.8、0.9，按此轴压比要求，可保证型钢混凝土柱的延性系数大于 3。

如采用 Q235 钢作为型钢混凝土柱中的内含型钢，则轴压比限值表达式有所差异，轴压比限值应较采用 Q345 钢的柱轴压比限值有所降低。

2）考虑到型钢混凝土柱的耐久性、防火性、良好的黏结性及方便混凝土浇筑，型钢混凝土柱的混凝土强度等级不宜低于 C30，混凝土粗骨料的最大粒径不宜大于 25mm；型钢柱中型钢的保护层厚度不宜小于 150mm；柱纵向钢筋的净距不宜小于 50mm，且不应小于柱纵向钢筋直径的 1.5 倍；柱纵向钢筋与型钢的最小净距不应小于 30mm，且不应小于粗骨料最大粒径的 1.5 倍。

3）型钢混凝土柱的纵向钢筋最小配筋率不宜小于 0.8%，且在四角应各配置一根直径不小于 16mm 的纵向钢筋；柱中纵向受力钢筋的间距不宜大于 300mm，间距大于 300mm 时，宜附加配置直径不小于 14mm 的纵向构造钢筋。

4）试验表明，当柱的型钢含钢率小于 4% 时，其承载力和延性与钢筋混凝土柱相比，没有明显提高。根据目前我国钢结构发展水平及型钢混凝土构件的浇筑可能，一般型钢混凝土构件的总含钢率也不宜大于 8%，一般来说比较常用的含钢率为 4% 左右。型钢混凝土柱的型钢含钢率不宜小于 4%。

5）房屋的底层、顶层以及型钢混凝土与钢筋混凝土交接层的型钢混凝土柱宜设置栓钉，型钢截面为箱形的柱子也宜设置栓钉，竖向及水平栓钉间距均不宜大于 250mm。

6）抗震设计时，柱端箍筋应加密，加密区范围取矩形截面柱长边尺寸（或圆形截面直径）、柱净高的 1/6 和 500mm 三者的最大值；对剪跨比不大于 2 的柱，其箍筋均应全高加密，箍筋间距不应大于 100mm。

抗震设计时，型钢混凝土柱箍筋的直径和间距应符合表 17-10 的规定。加密区箍筋最小体积配箍率尚应符合式（17-3）的要求，非加密区箍筋最小体积配箍率不应小于加密区箍筋最小体积配箍率的一半；对剪跨比不大于 2 的柱，其箍筋体积配箍率尚不应小于 1.0%，9

度抗震设计时尚不应小于 1.3%。

$$\rho_v \geqslant 0.85\lambda_v f_c/f_y \tag{17-3}$$

式中 λ_v——柱最小箍筋配箍特征值，宜按《高层建筑混凝土结构技术规程》（JGJ 3—2010）表 6.4.7 采用。

柱箍筋宜采用 HRB335 和 HRB400 级热轧钢筋，箍筋应做成 135°的弯钩，非抗震设计时弯钩直段长度不应小于 $5d$（d 为箍筋直径），抗震设计时弯钩直段长度不宜小于 $10d$（d 为箍筋直径）。在某些情况下，箍筋弯钩直段长度取 $10d$ 会与内置型钢相碰，此时也可考虑采用焊接箍筋。

表 17-10 型钢混凝土柱箍筋直径和间距（mm）

抗震等级	箍筋直径	非加密区箍筋直径	加密区箍筋直径
一	≥12	≤150	≤100
二	≥10	≤200	≤100
三、四	≥8	≤200	≤150

注：1. 箍筋直径除应符合表中要求外，尚不应小于纵向钢筋直径的 1/4。
　　2. 非抗震设计时，箍筋直径不应小于 8mm，箍筋间距不应大于 200mm。

(4) 型钢混凝土梁柱节点构造要求

型钢混凝土梁柱节点应满足下列的构造要求：

1) 型钢柱在梁水平翼缘处应设置加劲肋，其构造不应影响混凝土的浇筑密实。

2) 箍筋间距不宜大于柱端加密区间距的 1.5 倍，箍筋直径不宜小于柱端箍筋加密区的箍筋直径。

3) 梁中钢筋穿过梁柱节点时，不宜穿过柱型钢翼缘；需穿过柱腹板时，柱腹板截面损失率不宜大于 25%，当超过 25% 时，则需要进行补强；梁中主筋不得与柱型钢直接焊接。

198. 型钢混凝土柱框架节点有哪些构造要求？

混合结构设计的一个主要难点就是各种不同构件的连接。型钢混凝土柱与型钢混凝土梁、钢筋混凝土梁、钢梁的连接，柱内型钢宜采用贯通形，柱内型钢的拼接构造应满足钢结构的连接要求。

型钢混凝土柱与钢筋混凝土梁或型钢混凝土梁的梁柱节点应采用刚性连接，梁的纵向钢筋应伸入柱节点，且应满足钢筋锚固的要求。

(1) 型钢混凝土柱与型钢梁的连接

型钢混凝土柱与型钢混凝土梁或钢梁连接时，其柱内型钢与梁内型钢或钢梁的连接应采用刚性连接，且梁内型钢翼缘与柱内型钢翼缘应采用全熔透焊缝连接；梁腹板与柱宜采用摩擦型高强螺栓连接；悬臂梁段与柱应采用全焊连接（图 17-2）。

(2) 型钢混凝土柱与型钢混凝土梁的连接

型钢柱沿高度方向，在对应于型钢混凝土梁内型钢的上、下翼缘处应设置水平加劲肋，加劲肋厚度应与两端型钢翼缘相等，且不小于 12mm。为避免浇筑混凝土时水平加劲肋的角部因空气不易排除而出现空洞，在水平加劲肋上应设置排气孔（图 17-3）。

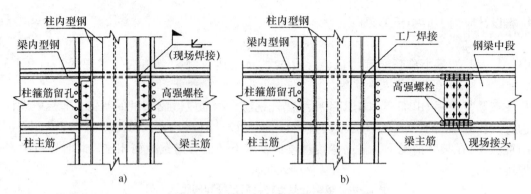

图 17-2 梁、柱型钢的连接方式
a) 工地焊接 b) 工地栓接

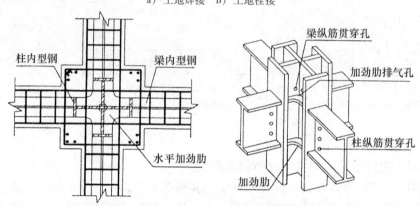

图 17-3 型钢混凝土框架的梁柱节点

柱内型钢芯柱截面形式和纵向钢筋的配置,宜便于梁纵向钢筋贯穿节点区,设计上应减少梁纵向钢筋穿过柱内型钢的数量,且不宜穿过型钢的翼缘,也不应与柱内型钢直接焊接连接;当必须在柱内型钢腹板上预留贯穿孔时,柱型钢腹板截面损失率宜小于25%,超过25%时应采取补强措施,当必须在柱内型钢翼缘上预留贯穿孔时,宜按柱端最不利组合的、验算留孔截面的承载力,不满足承载力时,应进行补强。

(3) 型钢混凝土柱与钢筋混凝土梁的连接

型钢混凝土柱与钢筋混凝土梁的连接可采用以下三种方式,其中梁上、下纵筋贯穿节点的连接方式宜优先采用。

1) 梁纵筋贯通式(图17-4)。柱内采用较窄翼缘的型钢,在型钢腹板上开孔,让梁的上、下纵筋全部穿过节点。

2) 梁纵筋与短梁搭接式(图17-5)。在柱内型钢上焊一段工字形钢梁,并在钢梁上焊接栓钉。保证1/3以上的梁纵向钢筋贯穿节点,其余纵筋与短钢梁搭接。

短钢梁的设置使梁端塑性铰外移,故短钢梁

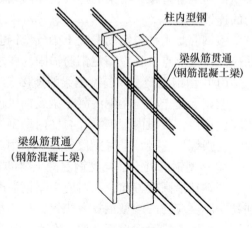

图 17-4 梁纵筋贯通式连接

外侧 1.5 倍梁高范围内，箍筋应按梁端加密区的要求配置。

3）梁纵筋与牛腿焊接式（图 17-6）。在柱内型钢上加焊工字型钢牛腿，其长度满足纵筋焊接长度要求。梁的部分纵筋贯穿节点，其余纵筋焊于钢牛腿上。

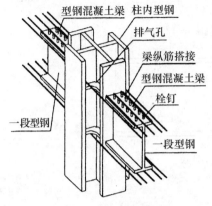 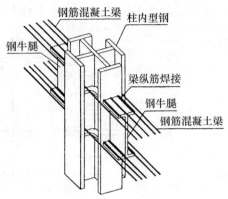

图 17-5　梁纵筋与短梁搭接式连接　　　　图 17-6　梁纵筋与钢牛腿焊接式连接

钢牛腿的设置使梁端塑性铰外移，故牛腿外侧 1.5 倍梁高范围内，箍筋应按梁端加密区的要求配置。

199. 钢梁与钢管混凝土柱的连接构造有哪些要求？

（1）钢梁与钢管混凝土柱的连接

钢管混凝土柱的直径较小时，钢梁与钢管混凝土柱之间可采用外加强环连接（图 17-7），外加强环应是环绕钢管混凝土柱的封闭的满环（图 17-8）。外加强环与钢管外壁应采用全熔透焊缝连接，外加强环与钢梁应采用栓焊连接。外加强环的厚度不应小于钢梁翼缘的厚度，最小厚度 c 不应小于钢梁翼缘宽度的 70%。

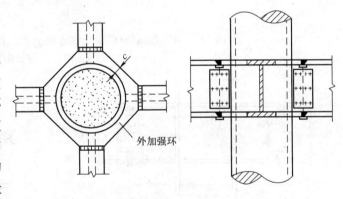

图 17-7　钢梁与钢管混凝土柱采用外加强环连接构造

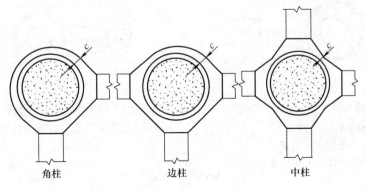

图 17-8　外加强环构造

钢管混凝土柱的直径较大时，钢梁与钢管混凝土柱之间可采用内加强环连接。内加强环与钢管内壁应采用全熔透坡口焊缝连接。梁与柱可采用现场直接连接，也可用带有悬臂梁端的柱在现场进行梁的拼接。悬臂梁端可采用等截面（图 17-9）或变截面（图 17-10、图 17-11）；采用变截面梁端时，其坡度不宜大于 1/6。

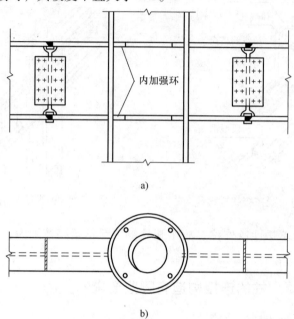

图 17-9　等截面悬臂钢梁与钢管混凝土柱采用内加强环连接构造
a）立面图　b）平面图

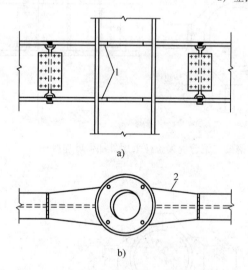

图 17-10　翼缘加宽的悬臂钢梁与钢管混凝土柱连接构造
a）立面图　b）平面图
1—内加强环　2—翼缘加宽

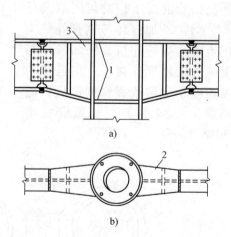

图 17-11　翼缘加宽、腹板加腋的悬臂钢梁与钢管混凝土柱连接构造
a）立面图　b）平面图
1—内加强环　2—翼缘加宽
3—变高度（腹板加腋）悬臂梁端

第十七章 混合结构

(2) 钢筋混凝土梁与钢管混凝土柱的连接

钢筋混凝土梁与钢管混凝土柱的连接构造应同时满足管外剪力传递及弯矩传递的要求。

钢筋混凝土梁与钢管混凝土柱连接时,钢管外剪力传递可采用环形牛腿或承重销;钢筋混凝土无梁楼板或井字密肋楼板与钢管混凝土柱连接时,钢管外剪力传递可采用台锥式环形深牛腿。也可采用其他符合计算受力要求的连接方式传递管外剪力。

1) 环形牛腿、台锥式环形深牛腿可由放射状均匀分布的肋板和上、下加强环组成(图17-12)。肋板应与钢管壁外的肋板和上、下加强环采用角焊缝焊接,上、下加强环可分别与钢管壁外表面采用角焊缝焊接。环形牛腿的上、下加强环以及台锥式深牛腿的下加强环应预留直径不小于50mm的排气孔。台锥式环形牛腿下加强环的直径可由楼板的冲切承载力计算确定。

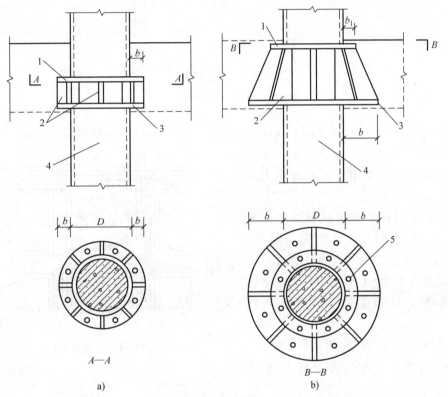

图 17-12 环形牛腿的构造

a) 环形牛腿 b) 台锥式深牛腿

1—上加强环 2—腹板或肋板 3—下加强环 4—钢管混凝土柱 5—排气孔

2) 钢管混凝土柱的外径不小于600mm时,可采用承重销传递剪力。由穿心腹板和上、下翼缘板组成的承重销(图17-13),其截面高度宜取框架梁截面高度的50%,其平面位置应根据框架梁的位置确定。翼缘板在穿过钢管壁不少于50mm后可逐渐收窄。钢管与翼缘板之间、钢管与穿心腹板之间应采用全熔透坡口焊缝焊接,穿心腹板与对面的钢管壁之间应采用全熔透坡口焊缝焊接,穿心腹板与对面的钢管壁之间(图17-13a)或与另一方向的穿心腹板之间(图17-13b)应采用角焊缝。

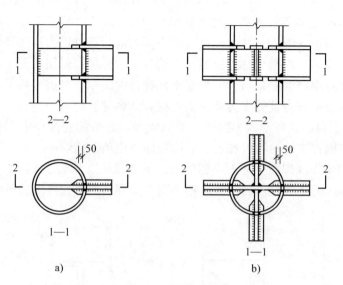

图 17-13 承重销构造
a）边柱 b）中柱

3）钢筋混凝土梁与钢管混凝土柱的管外弯矩传递可采用井式双梁、环梁、穿筋短梁和变宽梁，也可采用其他符合受力分析要求的连接方式。

井式双梁的纵向钢筋可从钢管侧面平行通过，并宜增设斜向构造钢筋（图 17-14）；井式双梁与钢管之间应浇筑混凝土。

钢筋混凝土环梁（图 17-15）的配筋应由计算确定。环梁的构造应符合下列规定：

①环梁截面高度宜比框架梁高 50mm；

②环梁的截面宽度宜不小于框架梁宽度；

③框架梁的纵向钢筋在环梁内的锚固长度应符合《混凝土结构设计规范》（GB 50010—2010）的规定；

④环梁上、下环筋的截面面积，应分别小于框架梁上、下纵向钢筋截面面积的 70%；

⑤环梁内、外侧应设置环向腰筋，腰筋直径不宜大于 16mm，间距不宜大于 150mm；

⑥环梁按构造设置的腰筋直径不宜小

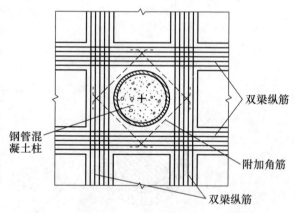

图 17-14 井式双梁构造

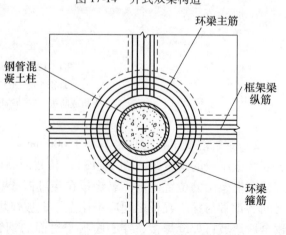

图 17-15 钢筋混凝土环梁构造

于 10mm，外侧间距不宜大于 150mm。

采用穿筋单梁构造（图 17-16）时，在钢管开孔的区段应采用内衬管段或外套管段与钢管壁紧贴焊接，衬（套）管的壁厚不应小于钢管的壁厚，穿筋孔的环向净距 s 不应小于孔的长径 b，衬（套）管端面至孔边的净距 w 不应小于孔长径 b 的 2.5 倍，宜采用双筋并股穿筋（图 17-16）。

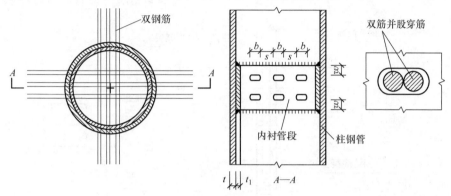

图 17-16 穿筋单梁构造

钢管直径较小或梁宽较大时，可采用梁端加宽的变宽梁传递管外弯矩的构造措施（图 17-17）。变宽度梁一个方向的 2 根纵向钢筋可穿过钢管，其余纵向钢筋可连续绕过钢管，绕筋的斜度不应大于 1/6，并应在梁变宽度处设置附加箍筋。

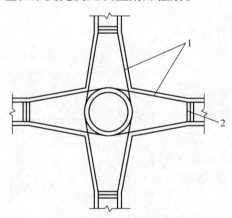

图 17-17 变宽度梁构造
1—框架梁纵向钢筋 2—框架梁附加箍筋

200. 不同结构构件之间的连接和转换时应注意什么问题？

《高层建筑混凝土结构技术规程》（JGJ 3—2010）第 11.2.3 条第 2 款规定，混合结构的外围框架柱沿高度宜采用同类结构构件，当采用不同类型构件时，应设置过渡层，且单柱的抗弯刚度变化不宜超过 30%。

（1）型钢混凝土柱与钢筋混凝土柱的连接

当结构下部采用型钢混凝土柱，上部采用钢筋混凝土柱时，在两种结构类型间应设置结构过渡层，过渡层应满足下列要求。

1)从设计计算上确定某层柱可由型钢混凝土柱改为钢筋混凝土柱时,下部型钢混凝土柱中的型钢应向上延伸一层或二层作为过渡层,过渡层柱中的型钢截面可根据梁的具体配筋情况适当变化,过渡层柱的纵向钢筋配置应按钢筋混凝土柱计算,且箍筋应沿全高加密。

2)结构过渡层内的型钢应设置栓钉,栓钉的直径不应小于19mm,栓钉水平及竖向间距不宜大于200mm,栓钉至型钢钢板边缘距离不宜小于50mm(图17-18)。

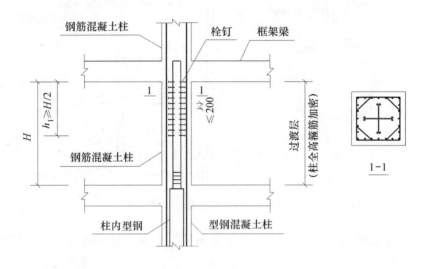

图17-18 型钢混凝土柱与钢筋混凝土柱的连接

(2)型钢混凝土柱与钢柱的连接

当结构下部采用型钢混凝土柱,上部采用钢柱时,在两种结构类型间应设置结构过渡层,过渡层应满足下列要求。

1)从设计计算上确定某层柱可由型钢混凝土柱改为钢柱时,下部型钢混凝土柱中的型钢应向上延伸一层作为过渡层,过渡层柱中的型钢应按上部钢结构设计要求的截面配置,且向下一层延伸至梁下部至2倍型钢截面高度止。

2)结构过渡层至过渡层以下2倍柱型钢截面高度范围内应设置栓钉,栓钉的水平及竖向间距不宜大于200mm,栓钉至型钢板边缘距离不宜小于50mm,箍筋沿柱应全高加密。

3)十字形柱与箱形柱连接处,十字形柱腹板宜深入箱形柱内,其深入长度不宜小于型钢截面高度(图17-19)。

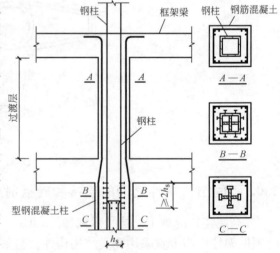

图17-19 型钢混凝土柱与钢柱的连接

(3)钢管混凝土柱与钢筋混凝土柱的连接

当上层钢筋混凝土柱直径大于下层钢管混凝土柱时,上层柱的纵筋无法插入下层柱钢管内,需要在下层钢管内焊接竖向钢筋,与上层柱纵筋搭接(图17-20)。

第十七章 混合结构 365

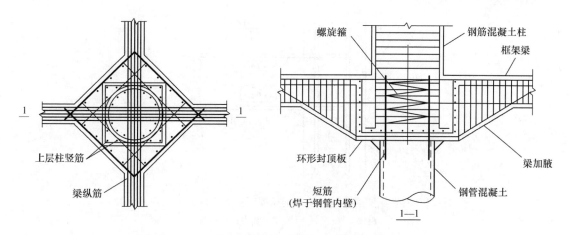

图 17-20 上层钢筋混凝土柱与下层钢管混凝土柱连接

201. 钢筋混凝土剪力墙与钢梁的连接构造有哪些要求？

楼面梁与核心筒（或剪力墙）的连接节点是非常重要的节点。当采用楼面无限刚度假定进行分析时，梁只承受剪力和弯矩。试验研究表明，这些梁实际上还存在着轴力，试验中往往在节点处引起早期损失，因此节点设计必须考虑轴向力的有效传递。

钢梁或型钢混凝土梁与钢筋混凝土筒体应可靠连接，能传递竖向剪力及水平力；当钢梁通过预埋件与钢筋混凝土筒体连接时，预埋件应有足够的锚固长度。连接做法如下。

（1）铰接连接

型钢梁与钢筋混凝土剪力墙垂直铰接时，可在钢筋混凝土墙中设置预埋件，预埋件上应焊接连接板，连接板与型钢梁腹板用高强螺栓连接。也可在钢筋混凝土剪力墙中设置型钢柱，钢梁与型钢柱连接（图17-21）。

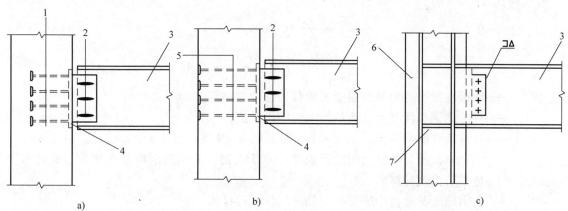

图 17-21 钢梁、型钢混凝土梁与混凝土核心筒的铰接连接构造示意
1—栓钉 2—高强度螺栓及长圆孔 3—钢梁 4—预埋件端板 5—穿筋 6—混凝土墙 7—墙内预埋钢骨柱

（2）刚性连接

当型钢混凝土梁与墙需要刚接时，可采用在钢筋混凝土墙中设置型钢柱，钢梁与墙中型钢柱形成刚性连接（图17-22）。

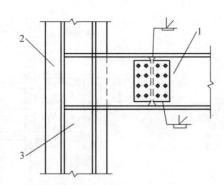

图 17-22　钢梁、型钢混凝土梁与钢筋混凝土剪力墙的刚接连接示意
1—钢梁　2—混凝土墙　3—墙内预埋钢骨柱

202. 钢板混凝土剪力墙设计和构造措施有哪些？

混合结构中，核心筒墙体承受的弯矩、剪力和轴力均较大时，核心筒可采用型钢混凝土剪力墙或钢板混凝土剪力墙。钢板混凝土剪力墙设计和构造要求如下：

（1）钢板混凝土剪力墙的受剪截面应符合下列要求：

持久、短暂设计状况

$$V_{cw} \leqslant 0.25 f_c b_w h_{w0} \tag{17-4}$$

$$V_{cw} = V - \left(\frac{0.3}{\lambda} f_a A_{a1} + \frac{0.6}{\lambda - 0.5} f_{sp} A_{sp} \right) \tag{17-5}$$

地震设计状况

剪跨比 $\lambda > 2.5$ 时：

$$V_{cw} \leqslant \frac{1}{\gamma_{RE}} (0.20 f_c b_w h_{w0}) \tag{17-6}$$

剪跨比 $\lambda \leqslant 2.5$ 时：

$$V_{cw} \leqslant \frac{1}{\gamma_{RE}} (0.15 f_c b_w h_{w0}) \tag{17-7}$$

$$V_{cw} = V - \frac{1}{\gamma_{RE}} \left(\frac{0.25}{\lambda} f_a A_{a1} + \frac{0.5}{\lambda - 0.5} f_{sp} A_{sp} \right) \tag{17-8}$$

式中　V——钢板混凝土剪力墙截面受剪承载力设计值；

V_{cw}——仅考虑钢筋混凝土截面承担的剪力设计值；

λ——计算截面的剪跨比。当 $\lambda < 1.5$ 时，取 $\lambda = 1.5$；当 $\lambda > 2.2$ 设计，取 $\lambda = 2.2$；当计算截面与墙底之间的距离小于 $0.5 h_{w0}$ 时，λ 应按距离墙底 $0.5 h_{w0}$ 处的弯矩值与剪力值计算。

f_a——剪力墙端部暗柱中所配型钢的抗压强度设计值；

A_{a1}——剪力墙一端所配型钢的截面面积，当两端所配型钢截面面积不同时，取较小一端的面积；

f_{sp}——剪力墙墙身所配钢板的抗压强度设计值；

A_{sp}——剪力墙墙身所配钢板的横截面面积。

（2）钢板混凝土剪力墙偏心受压时的斜截面受剪承载力验算

试验表明，两端设置型钢、内藏钢板的混凝土组合剪力墙，在合理构造要求时，其型钢和钢板可以充分发挥抗剪作用。因此截面受剪承载力计算时应考虑两端型钢和内藏钢板的抗剪作用。

1）持久、短暂设计状况：

$$V \leqslant \frac{1}{\lambda - 0.5}\left(0.5 f_t b_w h_{w0} + 0.13 N \frac{A_w}{A}\right) + f_{yv} \frac{A_{sh}}{s} h_w + \frac{0.3}{\lambda} f_a A_{a1} + \frac{0.6}{\lambda - 0.5} f_{sp} A_{sp} \quad (17\text{-}9)$$

2）地震设计状况：

$$V \leqslant \frac{1}{\gamma_{RE}}\left[\frac{1}{\lambda - 0.5}\left(0.4 f_t b_w h_{w0} + 0.1 N \frac{A_w}{A}\right) + 0.8 f_{yv} \frac{A_{sh}}{s} h_w + \frac{0.25}{\lambda} f_a A_{a1} + \frac{0.5}{\lambda - 0.5} f_{sp} A_{sp}\right]$$

$$(17\text{-}10)$$

式中　N——剪力墙承受轴向压力设计值，当大于 $0.2 f_c b_w h_w$ 时，其 $0.2 f_c b_w h_w$。

（3）钢板混凝土剪力墙应符合下列构造要求

1）抗震设计时，一、二级抗震等级的钢板混凝土剪力墙底部加强部位，其重力荷载代表值作用下墙肢的轴压比不宜超过表 17-11 的限值，其轴压比 μ_N 可按下式计算：

表 17-11　钢板混凝土剪力墙轴压比限值 μ_N

抗震等级	一级（9 度）	一级（6、7、8 度）	二、三级
轴压比限值 μ_N	0.4	0.5	0.6

$$\mu_N = \frac{N}{f_c A_c + f_a A_a + f_{sp} A_{sp}} \quad (17\text{-}11)$$

式中　N——重力荷载代表值作用下墙肢的轴压力设计值；

　　　A_c——剪力墙墙肢混凝土截面面积；

　　　A_a——剪力墙所配型钢的全部截面面积；

　　　A_{sp}——剪力墙墙身所配钢板的横截面面积。

2）钢板混凝土剪力墙的楼层标高处宜设置暗梁。

3）为了使钢筋混凝土墙具有足够的刚度，对墙身钢板形成有效的侧向约束，从而使钢板与混凝土能协同工作，应控制内置钢板的厚度不宜过大；同时，为了达到钢板剪力墙应用的性能和便于施工，内置钢板的厚度也不宜过小。钢板混凝土剪力墙墙体中的钢板厚度不宜小于 10mm，也不宜大于墙厚度的 1/15。

4）考虑到下列两个方面的要求：①钢筋混凝土墙与钢板共同工作，混凝土部分的承载力不宜过低，宜适当提高混凝土部分的承载力，使钢筋混凝土与钢板两者协调，提高整个墙体的承载力；②钢板组合墙可以充分发挥钢和混凝土的优点，混凝土可以防止钢板的屈曲失稳，为满足这一要求，宜适当提高墙身的配筋。因此钢筋混凝土墙体的分布钢筋配筋率不宜太小。钢板混凝土剪力墙的墙身分布钢筋配筋率不宜小于 0.4%，分布钢筋的间距不宜大于 200mm，且应与钢板可靠连接。

5）钢板与周围构件的连接越强，则墙体的承载力越大，四周焊接的钢板组合剪力墙可显著提高剪力墙受剪承载力，并具有与普通钢筋混凝土剪力墙基本相当或略高的延性系数。为了充分发挥钢板的强度，钢板与周围型钢构件宜采用焊接。

6）钢板与混凝土墙体之间连接件的构造要求可按《钢结构设计规范》（GB 50017—2017）中有关组合梁抗剪连接件构造要求执行，栓钉间距不宜大于 300mm。

7）在钢板墙角部 1/5 板跨且不小于 10000mm 范围内，钢筋混凝土剪力墙分布钢筋、抗剪栓钉间距宜适当加密。

203. 混合结构中，钢筋混凝土核心筒、内筒的设计有哪些规定？

混合结构中钢筋混凝土核心筒、内筒的设计应符合《高层建筑混凝土结构技术规程》（JGJ 3—2010）第9.1.7条的规定外，尚应符合下列规定：

1）考虑到钢框架—钢筋混凝土核心筒混合结构中核心筒的重要性，其墙体的配筋较钢筋混凝土框架—核心筒结构中的核心筒的配筋率适当提高，以提高其构造承载力和延性要求。抗震设计时，钢框架—钢筋混凝土核心筒结构的筒体底部加强部位分布钢筋的最小配筋率不宜小于0.35%，筒体其他部位的分布钢筋不宜小于0.30%。

2）抗震设计时，框架—钢筋混凝土核心筒混合结构的筒体底部加强部位约束边缘构架沿墙肢的长度宜取墙肢截面高度的1/4，筒体底部加强部位以上墙体宜按《高层建筑混凝土结构技术规程》（JGJ 3—2010）第7.2.15条的规定设置约束边缘构件。

3）当连梁抗剪截面不足时，可采取在连梁中设置型钢或钢板等措施。

第十八章 高层建筑钢结构

204. 高层钢结构房屋结构体系的适用范围是什么？

10层以下、总高度小于28m住宅建筑以及总高度小于24m的其他民用建筑和6层以下、总高度小于40m的工业建筑定义为多层钢结构。超过上述高度的定义为高层钢结构，《高层民用建筑钢结构技术规程》（JGJ 99—2015）将10层及10层以上或房屋高度大于28m的住宅建筑，以及房屋高度大于24m的其他高层民用建筑定义为高层钢结构。

（1）高层建筑钢结构的结构体系分类

根据不同建筑高度所采用的各种不同抗侧力结构对水平荷载效应的适应性，高层建筑钢结构可采用下列结构体系（图1-20）：

1）框架结构体系：包括半刚接及刚接框架。

2）框架—支撑结构体系：包括框架—中心支撑、框架—偏心支撑、框架—屈曲约束支承。

3）框架—延性墙板结构体系：延性墙板主要指钢板剪力墙、无黏结内藏钢板支撑剪力墙板、内嵌竖缝混凝土剪力墙板等。

4）筒体结构体系：包括框筒、桁架筒、筒中筒、束筒等。

5）巨型框架结构：巨型柱和巨型梁（桁架）组成的结构。

《钢结构设计标准》（GB 50017—2017）附录A.2给出了多高层钢结构常用结构体系，见表18-1。

表18-1 多高层钢结构常用体系

结 构 体 系		支撑、墙体和筒形式
框架结构		
支撑结构	中心支撑	普通钢支撑、屈曲约束支撑
框架—支撑	中心支撑	普通钢支撑、屈曲约束支撑
	偏心支撑	普通钢支撑
框架—剪力墙板		钢板墙、延性墙板
筒体结构	筒体	普通桁架筒
	框架—筒体	密柱深梁筒
	筒中筒	斜交网格筒
	束筒	剪力墙板筒
巨型结构	巨型框架	—
	巨型框架—支撑	

注：为了增加结构刚度，高层钢结构可设置伸臂桁架或环带桁架，伸臂桁架设置处宜同时设置环带桁架。伸臂桁架应贯穿整个楼层，伸臂桁架与环带桁架构件的尺度相协调。

消能支撑一般用于中心支撑的框架—支撑结构中，也可用于组成筒体结构的普通桁架筒或斜交网格筒中，在偏心支撑的结构中由于与消能梁段的功能重叠，一般不同时采用。

全部由交叉斜杆编织而成的斜交网格筒具有很大的刚度，已在广州电视塔和广州西塔等 400m 以上结构中应用。以钢板填充框架而形成的剪力墙板筒，已在 300m 以上的天津塔中应用。

筒体结构可根据筒体与框架间或筒体间的位置关系进行细分，筒与筒为内外位置关系的为筒中筒；筒与筒为相邻组合位置关系的为束筒；外周为筒体与内部为框架组合成的为外筒内框结构；周边为框架和内部为筒体的为外框内筒结构；多个筒体在框架中自由布置的为框架多筒结构。

由巨型柱和巨型梁（桁架）组成巨型框架结构；在巨型框架的"巨型梁""巨型柱"节点间设置支撑，形成巨型框架—支撑结构；当框架为普通尺度，而支撑的布置以建筑的面宽度为尺度时，成为巨型支撑结构。

所列体系分类中，框架—偏心支撑结构、采用消能支撑的框架—中心支撑结构、采用钢板墙的框架—抗震墙结构，不采用斜交网格筒的筒中筒结构和束筒结构，一般具有较高的延性；支撑结构和全部采用斜交网格筒的筒体结构，一般延性较低。屈曲约束支撑可以提高结构的延性，且相比较框架—偏心支撑结构，其延性的提高更为可控。

伸臂桁架和周边桁架可以提高周边框架的抗侧贡献度，当二者同时设置时，效果更为明显，一般用于框筒结构，也可用于需要提高周边构件抗侧贡献度的各种结构体系中。

为促进多层钢结构的发展，使小高层钢结构设计较为方便，又不违背防火规范关于高度划分的规定，对不超过 50m 的建筑抗震设计适当放宽要求，在《建筑抗震设计规范》（GB 50011—2010）中采用不超过 50m 和超过 50m 的划分方法。

房屋高度不超过 50m 的高层民用建筑可采用框架结构、框架—中心支撑或其他体系的结构。超过 50m 的高层民用建筑，8 度、9 度时，宜采用框架—偏心支撑、框架—延性墙板或屈曲约束支承等结构。高层民用建筑钢结构不应采用单跨框架结构。

（2）房屋的最大适用高度和高宽比

1）最大适用高度。非抗震设计和抗震设防烈度为 6 度～9 度的乙类和丙类高层民用建筑钢结构适用的最大高度应符合表 18-2 的规定。

钢框架结构体系的经济高度为 30 层，若取高层建筑平均层高 3.6m，则高度为 110m，考虑到框架体系抗震性能好，规范对 6 度、7 度（0.10g）设防和非抗震设防的结构均规定不超过 110m，7 度（0.15g）、8 度、9 度设防时适当减小。

框架—延性墙板体系中，可采用延性较好的带竖缝墙板、内藏钢支撑混凝土墙板和钢抗震墙板等，北京京城大厦（地上 52 层、高 183.5m）、京广中心（地上 53 层、高 208m），《建筑抗震设计规范》（GB 50011—2010）规定：8 度（0.20g）地区高限为 200m，对 6 度、7 度设防地区适当放宽，8 度（0.30g）、9 度设防地区适当减小。

各类筒体在超高层建筑中的应用较多，例如纽约世界贸易中心（框筒，110 层，高 411m/413m）、芝加哥西尔斯大厦（束筒，110 层，高 443m）、芝加哥约翰·汉考克大厦（桁架筒，100 层，高 243m）。考虑到我国超高层建筑经验不多，规定筒体结构和巨型框架结构的最大适用高度为 6 度、7 度（0.10g）地区为 300m，高烈度地区适当减小。

表 18-2 高层民用建筑钢结构适用的最大高度（m）

结构体系	6度 (0.05g) 7度 (0.10g)	7度 (0.15g)	8度		9度 (0.40g)	非抗震设计
			0.20g	0.30g		
框架	110	90	90	70	50	110
框架—中心支撑	220	200	180	150	120	240
框架—偏心支撑 框架—屈曲约束支撑 框架—延性墙板	240	220	200	180	160	260
筒体（框筒、筒中筒、桁架筒、束筒） 巨型框架	300	280	260	240	180	360

注：1. 房屋高度指室外地面到主要屋面板板顶的高度（不包括局部凸出屋顶部分）。
2. 超过表内高度的房屋，应进行专门的研究和论证，采取有效的加强措施。
3. 表中筒体不包括混凝土筒。
4. 框架柱包括全钢柱和钢管混凝土柱。
5. 甲类建筑，6度、7度、8度时宜按本地区抗震设防烈度提高1度后符合本表要求，9度时应专门研究。

2）高宽比。国外在20世纪70年代及以前建造的高层钢结构，高宽比较大，如纽约世界贸易中心双塔（2001年9.11事件被毁）高宽比为6.6，其他建筑很少超过此值。考虑到高宽比太大会使高层钢结构在大风中的位移过大，舒适度难以满足要求，一般不宜放得过宽，特殊情况尚可专门研究。另一方面，在确定合理高宽比方面，随结构体系不同如何确定尚缺乏根据。考虑到我国市场经济发展的现实，在合理的前提下《建筑抗震设计规范》（GB 50011—2010）暂按抗震设防烈度大致划分，不同结构体系采用统一值，见表18-3。

表 18-3 钢结构民用房屋适用的最大高宽比

烈　　度	6、7度	8度	9度
最大高宽比	6.5	6.0	5.5

注：塔形建筑的底部有大底盘时，高宽比可按大底盘以上计算。

205. 如何确定钢结构房屋的抗震等级？

钢结构房屋应根据设防分类、烈度和房屋高度采用不同的抗震等级，并应符合相应的计算和构造措施要求。丙类建筑的抗震等级应按表18-4确定。

表 18-4 钢结构房屋的抗震等级（丙类建筑）

房屋高度	烈　　度			
	6度	7度	8度	9度
≤50m		四	三	二
>50m	四	三	二	一

注：高度接近或等于高度分界时，应允许结合房屋不规则程度和场地、地基条件确定抗震等级。

对于6度高度不超过50m的钢结构，其"作用效应调整系数"和"抗震构造措施"可按非抗震设计执行。

一般情况，构件的抗震等级应与结构相同；当某个部位各构件的承载力均满足 2 倍地震作用组合下的内力要求时，7～9 度的构件抗震等级应允许按降低一度确定。这是由于按照抗震设计等能量的概念，当构件的承载力明显提高，能满足烈度高一度的地震作用的要求时，延性要求可以适当降低的缘故。

当建筑场地为Ⅲ、Ⅳ类时，对设计基本地震加速度为 $0.15g$ 和 $0.30g$ 的地区，宜分别按抗震设防烈度 8 度（$0.20g$）和 9 度（$0.40g$）时各类建筑的要求采取抗震构造措施。

甲、乙类设防的建筑结构，其抗震设防标准的确定，可按《建筑工程抗震设防分类标准》（GB 50223—2008）的规定执行。

206. 高层钢结构的结构布置有哪些规定？

（1）结构平面布置

高层钢结构的平面应尽量满足下列要求：

1）建筑平面宜简单规则，并使结构各层的抗侧力刚度中心与质量中心接近或重合，同时各层刚心与质心接近在同一直线上。

2）建筑的开间、进深宜统一，其常用平面尺寸关系应符合表 18-5 的要求。

表 18-5　L、l、l'、B' 限值

L/B	L/B_{max}	l/b	l'/B_{max}	B'/B_{max}
≤5	≤4	≤1.5	≥1	≤0.5

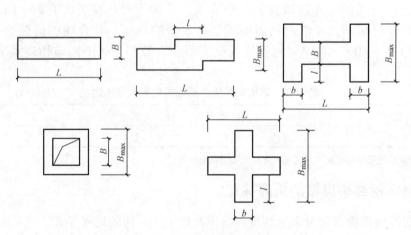

图 18-1　表 18-5 中变量的意义

3）高层建筑钢结构不宜设置防震缝；体型复杂、平立面不规则的建筑，应根据不规则程度、地基基础等因素，确定是否设防震缝；在适当部位设置防震缝时，宜形成多个较规则的抗侧力结构单元。

防震缝应根据抗震设防烈度、结构类型、结构单元的高度和高差情况，留有足够的宽度，其上部结构应完全分开；防震缝的宽度不应小于钢筋混凝土框架结构缝宽的 1.5 倍。

4）宜避免结构平面不规则布置。高层民用建筑存在表 18-6 所列的某项平面不规则类型及类似的不规则类型时，应属于平面不规则的建筑。

表 18-6 平面不规则的主要类型

不规则类型	定义和参考指标
扭转不规则	在规定的水平力及偶然偏心作用下,楼层两端弹性水平位移(或层间位移)的最大值与其平均值的比值大于 1.2
偏心布置	任一层的偏心率(ε_x 或 ε_y)大于 0.15(偏心率按式(18-1)~式(18-3)计算)或相邻层质心相差大于相应边长的 15%
凹凸不规则	结构平面凹进的尺寸,大于相应投影方向长度总尺寸的 30%
楼板局部不连续	楼板的尺寸和平面刚度急剧变化,如有效楼板宽度小于该层楼板典型宽度的 50%,或开洞面积大于该层楼面面积的 30%,或有较大的楼层错层

$$\varepsilon_x = \frac{e_y}{r_{ex}}; \varepsilon_y = \frac{e_x}{r_{ey}} \tag{18-1}$$

$$r_{ex} = \sqrt{\frac{k_T}{\sum k_x}}; r_{ey} = \sqrt{\frac{k_T}{\sum k_y}} \tag{18-2}$$

$$k_T = \sum(k_x \cdot y^2) + \sum(k_y \cdot x^2) \tag{18-3}$$

式中 ε_x、ε_y——所计算楼层在 x、y 方向的偏心率;

e_x、e_y——x、y 方向水平作用合力线至结构刚度中心的距离;

r_{ex}、r_{ey}——x、y 方向的弹性半径;

$\sum k_x$、$\sum k_y$——所计算楼层各抗侧力构件在 x、y 方向的侧向刚度之和;

k_T——所计算楼层的扭转刚度;

x、y——以刚度中心为原点的抗侧力构件坐标。

(2)宜避免结构竖向不规则布置

高层民用建筑表 18-7 所列的某项竖向不规则类型以及类似的不规则类型,应属于竖向不规则的建筑。

表 18-7 竖向不规则的主要类型

不规则类型	定义和参考指标
侧向刚度不规则	该层的侧向刚度小于相邻上一层的 70%,或小于其上相邻三个楼层侧向刚度平均值的 80%(图 18-2);除顶层或出屋面小建筑外,局部收进的水平尺寸大于相邻下一层的 25%(图 18-3)
竖向抗侧力构件不连续	竖向抗侧力构件(柱、支撑、剪力墙)的内力由水平转换构件(梁、桁架等)向下传递
楼层承载力突变	抗侧力结构的层间受剪承载力宜小于相邻上一楼层的 80%

(3)不规则结构的水平地震作用计算和内力调整

规则高层民用建筑应按下列要求进行水平地震作用计算和内力调整,并应对薄弱部位采取有效的抗震构造措施:

1)平面不规则而竖向规则的建筑,应采用空间结构计算模型,并应符合下列规定:

①扭转不规则或偏心布置时,应计入扭转影响,在规定的水平力和偶然偏心作用下,楼层两端弹性水平位移(层间位移)的最大值与其平均值的比值不宜大于 1.5,当最大层间位移角远小于规程限值时,可适当放宽。

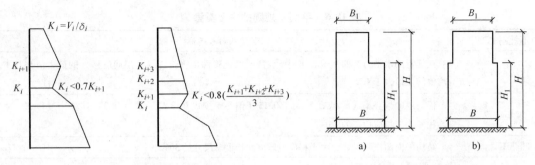

图 18-2 侧向刚度的突变　　图 18-3 竖向刚度及立面收进
　　　　　　　　　　　　　　　　　　的竖向不规则

②凹凸不规则或楼板局部不连续时，应采用符合楼板平面内实际刚度变化的计算模型；高烈度或不规则程度较大时，宜计入楼板局部变形的影响。

③平面不对称且凹凸不规则或局部不连续时，可根据实际情况分块计算扭转位移比，对扭转较大部位应采用局部的内力增大。

2) 平面规则而竖向不规则的高层民用建筑，应采用空间计算模型，侧向刚度不规则、竖向抗侧力构件不连续、楼层承载力突变的楼层，其对应于地震作用标准值的剪力应乘以不小于 1.15 的增大系数，应按《高层民用建筑钢结构技术规程》（JGJ 99—2015）有关规定进行弹塑性变形分析，并应符合下列规定：

①竖向抗侧力构件不连续时，该构件传递给水平转换构件的地震内力应根据烈度高低和水平转换构件的类型、受力情况、几何尺寸等，乘以 1.25～2.0 的增大系数；

②侧向刚度不规则时，相邻层的侧向刚度比应根据其结构类型符合下列规定：

A. 对框架结构，楼层与其相邻上层的侧向刚度比 γ_1 可按式 (18-4) 计算，且本层与相邻上层的比值不宜小于 0.7，与相邻上部三层刚度平均值的比值不宜小于 0.8。

$$\gamma_1 = \frac{V_i/\Delta_i}{V_{i+1}/\Delta_{i+1}} \tag{18-4}$$

式中　γ_1——楼层侧向刚度比；

V_i、V_{i+1}——第 i 层和第 $i+1$ 层的地震剪力标准值（kN）；

Δ_i、Δ_{i+1}——第 i 层和第 $i+1$ 层在地震作用标准值作用下的层间位移（m）。

B. 对框架—支撑结构、框架—延性墙板结构、筒体结构和巨型框架结构，楼层与其相邻上层的侧向刚度比 γ_2 可按式 (18-5) 计算，且本层与相邻上层的比值不宜小于 0.9；当本层层高大于相邻上层层高的 1.5 倍时，该比值不宜小于 1.1；对结构底部嵌固层，该比值不宜大于 1.5。

$$\gamma_2 = \frac{V_i/\Delta_i}{V_{i+1}/\Delta_{i+1}} \cdot \frac{h_i}{h_{i+1}} \tag{18-5}$$

式中　γ_2——考虑层高修正的楼层侧向刚度比；

h_i、h_{i+1}——第 i 层和第 $i+1$ 层的层高（m）。

③楼层承载力突变时，薄弱层的抗侧力结构的受剪承载力不应小于相邻上一楼层的 65%。

3）平面不规则且竖向不规则的高层民用建筑，应根据不规则类型的数量和程度，有针对性地采取低于本条1、2款要求的各项抗震措施。特别不规则时，应经专门研究，采取更为有效的加强措施或对薄弱部位采用相应的抗震性能化设计方法。

（4）采用框架—支撑结构时，应符合下列规定：

①支撑框架在两个方向的布置均宜基本对称，支撑框架之间楼盖的长宽不宜大于3。

②三、四级且不大于50m的钢结构宜采用中心支撑框架，也可采用偏心支撑、屈曲约束支撑等消能支撑。超过50m的钢结构采用偏心支撑框架时，顶层可采用中心支撑。

屈曲约束支撑框架中的屈曲约束支撑是由芯材、约束芯材屈曲的套管或位于芯材各套管间的无粘结材料及填充材料组成的一种支撑构件。是一种受拉时同普通支撑而受压时承载力与受拉时相当且具有某种消能机制的支撑，采用单斜杆布置时宜成对设置。屈曲约束支撑在多遇地震下不发生屈曲，可按中心支撑设计；与 V 形、∧ 支撑相连的框架梁可不考虑支撑屈曲引起的竖向力不平衡。此时，需要控制屈曲约束支撑轴力设计值：

$$N \leqslant 0.9 N_{ysc}/\eta_y \tag{18-6}$$

$$N_{ysc} = \eta_y f_{ay} A_1 \tag{18-7}$$

式中　N——屈曲约束支撑轴力设计值；

N_{ysc}——芯板的受拉或受压屈服承载力，根据芯材约束屈服段的截面面积来计算；

A_1——约束屈曲段的钢材截面面积；

f_{ay}——芯板钢材的屈服强度标准值；

η_y——芯板钢材的超强系数，Q235 取 1.25，Q195 取 1.15，低屈服点（$f_{ay} < 160 \text{MPa}$）取 1.1，其实测值不应大于上述数值的 15%。

③中心支撑框架宜采用交叉支撑，也可采用人字支撑或单斜杆支撑，不宜采用 K 形支撑。支撑的轴线应交汇于梁柱构件轴线的交点，确有困难时偏离中心不应超过支撑杆件宽度，并应计入由此产生的附加弯矩。当中心支撑采用只能受拉的单斜杆体系时，应同时设置不同倾斜方向的两组斜杆，且每组中不同方向单斜杆截面面积在水平方向的投影面积之差不应大于10%。

④偏心支撑框架的每根支撑应至少有一端与框架梁连接，并在支撑与梁交点和柱之间或同一跨内另一支撑与梁交点之间形成消能梁段。

大量研究表明，偏心支撑具有弹性阶段刚度接近中心支撑框架，弹塑性阶段的延性和消能能力接近于延性框架的特点，是一种良好的抗震结构。常用的偏心支撑形式如图18-4所示。

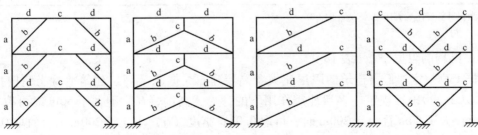

图 18-4　偏心支撑示意
a—柱　b—支撑　c—消能支撑　d—其他梁段

偏心支撑框架的设计原则是强柱、强支撑和弱消能梁段，即在大震时消能屈服形成塑性铰，且具有稳定的滞回性能，即使消能梁段进入应变硬化阶段，支撑斜杆、柱和其余梁段仍保持弹性。因此，每根斜杆只能在一端与消能梁段连接，若一端消能梁段不屈服，将使偏心支撑的承载力和消能降低。

(5) 结构布置的其他要求

1) 楼板。超过50m的钢结构房屋，宜采用压型钢板现浇钢筋混凝土组合楼板、现浇钢筋桁架混凝土楼板或钢筋混凝土楼板，楼板与钢梁有可靠连接；6度、7度时房屋高度不超过50m的高层民用建筑，尚可采用装配式楼盖或其他轻型楼盖，应将楼板预埋件与钢梁焊接，或采取其他措施保证楼板的整体性。

2) 地下室设置。《建筑抗震设计规范》（GB 50011—2010）规定，超过50m的钢结构房屋应设置地下室，对50m以下的则不作限定。另外，钢结构房屋设置地下室时，规定钢框架柱应至少伸至地下一层；框架—支撑（抗震墙板）结构中，竖向连续布置的支撑（抗震墙板）应延伸至基础。

3) 基础埋深。当采用天然地基时，不宜小于房屋高度的1/15；采用桩基时，承台埋深不宜小于房屋总高度的1/20。

4) 超过50m的钢框架—筒体结构，在必要时可设置有筒体外伸臂桁架或外伸臂桁架和周边桁架组成的加强层。伸臂桁架的上下弦杆必须在筒体范围内拉通，同时在弦杆间的筒体内设置充分的斜撑或抗剪墙以利于上下弦杆轴力在筒体内的自平衡。设置伸臂桁架的数量和位置既要考虑其总抗侧效率，同时也要兼顾与其相连构件及节点的承受能力。

207. 多高层钢结构的计算要点有哪些？

(1) 钢结构的非抗震设计应符合《钢结构设计规范》（GB 50017—2017），而高层钢结构构件和连接的抗震设计应同时使用《建筑抗震设计规范》（GB 50011—2010）和《高层民用建筑钢结构技术规程》（JGJ 99—2015）。

抗震设计时的地震作用效应，考虑到它的短时间作用，除以小于1的承载力抗震调整系数。钢结构的承载力抗震调整系数 γ_{RE}，对不同类型钢结构采用统一的数值，见表18-8。

表18-8 钢结构承载力抗震调整系数 γ_{RE}

结构构件	受力状态	γ_{RE}
柱、梁、支撑、节点板件、螺栓、焊缝	强度	0.75
柱、支撑	稳定	0.80

注：当仅计算竖向地震作用时，γ_{RE} 取1.0。

(2) 结构的阻尼比 ζ（表18-9）

根据ISO规定，低层建筑的阻尼比大于高层建筑，据此《高层建筑混凝土结构技术规程》（JGJ 3—2010）规定，多遇地震作用下的计算，高度（H）不大于50m时可取0.04；高度（H）大于50m且小于200m时，可取0.03；高度（H）不小于200m时，宜取0.02。

当偏心支撑框架部分承担的地震倾覆力矩大于结构总地震倾覆力矩的50%时，其阻尼比可比上述相应增加0.05。

在罕遇地震作用下的弹塑性分析，阻尼比可取0.05。

(3) 层间位移角

《高层民用建筑钢结构技术规程》(JGJ 99—2015)、《建筑抗震设计规范》(GB 50011—2010) 均取多、高层钢结构弹性层间位移角限值 $[\theta_e]=1/250$。

《高层民用建筑钢结构技术规程》(JGJ 99—2015)、《建筑抗震设计规范》(GB 50011—2010) 均取弹塑性层间位移角限值 $[\theta_p]=1/50$。

表 18-9 结构阻尼比

	阻尼比 ζ		
	$H \leqslant 50m$	$50m < H < 200m$	$H \geqslant 200m$
多遇地震作用	0.04	0.03	0.02
罕遇地震作用	0.05		

注：当偏心支撑框架部分承担的地震倾覆力矩大于结构总地震倾覆力矩的 50% 时，其阻尼比可比表中数值相应增加 0.05。

(4) 钢框架在地震下的内力和变形分析应符合下列要求：

1) 节点域剪切变形的影响 高层钢结构的节点域剪切变形对框架位移影响较大，可达 10%~20%，通常不能忽略。《建筑抗震设计规范》(GB 50011—2010) 规定，对工字形截面柱，宜计入梁柱节点域剪切变形对结构位移的影响；对箱形柱框架、中心支撑框架和不超过 50m 的钢结构，其层间位移计算可不计入梁柱节点域剪切变形的影响，近似按框架轴线进行分析。这是因为，箱型柱有两个腹板，而且每个腹板的厚度一般均较工字形截面柱的腹板厚，其对框架位移的影响相对较小。同时，为了适应小高层钢结构住宅的发展，考虑到层数较少时影响不大，对不超过 50m 的钢结构其层间位移计算可不计入梁柱节点域剪切变形。节点域剪切变形对中心支撑框架的影响较小，研究表明可以忽略不计。

2) 双重体系中钢框架的剪力分配 钢框架—支撑结构的斜杆可按端部铰接杆计算。框架部分按计算得到的地震剪力应乘以调整系数，达到不小于结构底部总地震剪力的 25% 和框架部分地震剪力最大值的 1.8 倍二者中的较小值。这一规定体现了多道设防的原则，抗震分析时可通过框架部分的楼层剪力调整系数来实现，也可采用删去支撑框架进行计算实现。

3) 中心支撑框架的斜杆轴线偏离梁柱轴线交点不超过支撑杆件的宽度时，仍可按中心支撑框架分析，但应计及由此产生的附加弯矩。

(5) 消能梁段指偏心支撑框架中斜杆与梁交点和柱之间的区段或同一跨内相邻两个斜杆与梁交点之间的区段，地震时消能梁段屈服而使其余区段仍处于弹性受力状态。

为使偏心支撑框架尽可能在耗能梁段屈服，支撑斜杆、柱和非耗能梁段的内力设计值应根据耗能梁段屈服时的内力确定并考虑耗能梁段的实际有效超强系数，再根据各构件的承载力抗震调整系数，确定斜杆、柱和非耗能梁段保持弹性所需的承载力。偏心支撑框架构件的内力设计值，应按下列要求调整：

1) 支撑斜杆的轴力设计值，应取与支撑斜杆相连接的消能梁段达到受剪承载力时支撑斜杆轴力与增大系数的乘积，其增大系数，一级不应小于 1.4，二级不应小于 1.3，三级不应小于 1.2。

2) 位于消能梁段同一框架梁内力设计值，应取消能梁段达到受剪承载力时框架梁内力与增大系数的乘积，其增大系数，一级不应小于 1.3，二级不应小于 1.2，三级不应小于 1.1。

3) 框架柱的内力设计值,应取消能梁段达到受剪承载力时柱内力与增大系数的乘积,其增大系数,一级不应小于 1.3,二级不应小于 1.2,三级不应小于 1.1。

消能梁段指偏心支撑框架中斜杆与梁交点和柱之间的区段或同一跨内相邻两个斜杆与梁交点之间的区段,地震时消能梁段屈服而使其余区段仍处于弹性受力状态。

(6) 内藏钢支撑钢筋混凝土墙板和带竖缝钢筋混凝土墙板应按有关规定计算,带竖缝钢筋混凝土墙板可仅承受水平荷载产生的剪力,不承受竖向荷载产生的压力。

(7) 钢结构转换层下的钢框架柱,地震内力应乘以增大系数 1.5。

(8) 钢框架梁的上翼缘采用抗剪连接件与组合楼板连接时,可不验算地震作用下的整体稳定。

208. 钢框架结构设计和构造有哪些要求?

(1) 强柱弱梁验算

强柱弱梁要求满足下列条件:

$$\sum W_{pc}\left(f_{yc} - \frac{N}{A_c}\right) \geqslant \eta \sum W_{pb} f_{yb} \tag{18-8}$$

式中 W_{pc}、W_{pb}——交汇于节点的柱和梁的塑性截面模量;

N——地震组合的柱轴向压力;

A_c——框架柱截面面积;

f_{yc}、f_{yb}——柱和梁的钢材屈服强度;

η——强柱系数,一级取 1.15,二级取 1.10,三级取 1.05,四级取 1.0。

式 (18-8) 要求,交汇于节点的框架柱受弯承载力之和,应大于梁的受弯承载力之和,并乘以强柱系数 η。

下列情况可不进行强柱弱梁验算:

①当柱所在楼层的受剪承载力比相邻上一层的受剪承载力高出 25%;

②柱轴向力设计值与柱全截面面积和钢材抗拉强度设计值乘积的比值(轴压比)不超过 0.4,或 $N_2 \leqslant \varphi f A_c$($N_2$ 为 2 倍地震作用下的组合轴力设计值);

③与支撑斜杆相连的节点。

单层房屋和多层房屋的顶层,不需要符合强柱弱梁,因为他们在非弹性阶段出现薄弱层没有什么意义。

(2) 框架节点域的验算

节点域验算包括节点域的稳定性验算、承载力验算和屈服承载力验算。

1) 节点域的稳定性验算

高层钢结构柱节点域的腹板厚度 t_w 不小于梁腹板高度 h_b 和柱腹板高度 h_c 之和的 1/90,即

$$t_w \geqslant (h_b + h_c)/90 \tag{18-9}$$

当钢结构柱节点域的腹板厚度 t_w 不小于梁腹板高度 h_b 和柱腹板高度 h_c 之和的 1/70 时,可不验算节点域的稳定性,即

$$t_w \geqslant (h_b + h_c)/70 \tag{18-10}$$

式中 h_b、h_c——梁腹板高度和柱腹板高度；
t_w——柱在节点域的腹板厚度。

2）节点域的屈服承载力验算（图18-5）

板域的剪力由下式表述：

$$\frac{M_{b1} + M_{b2}}{h_b} - V_{c1} = \tau t_w h_c$$

所以，

$$\tau = \frac{M_{b1} + M_{b2}}{h_b t_w h_c} - \frac{V_{c1}}{t_w h_c} \leq f_v \quad (18\text{-}11)$$

试验表明，当板域的剪力为 $\frac{4}{3}\tau_y$ 时，板域仍保持稳定，日本钢结构设计规范将板域的设计剪应力提高到 $\frac{4}{3}\tau_y$。另外在板域的设计中，弯矩的影响最大，当仅考虑弯矩，而取上式 $V_{c1} = 0$，则可偏于安全地将上式改写为

$$\tau = \frac{M_{b1} + M_{b2}}{h_b t_w h_c} = \frac{M_{b1} + M_{b2}}{V_p} \leq \frac{4}{3} f_v / \gamma_{RE}$$

（18-12a）

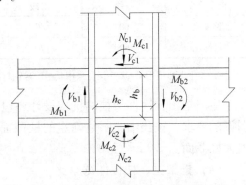

图18-5 节点板域处的剪力和弯矩

按7度及以上抗震设防的结构，为不使节点板域厚度太大，影响地震能量的吸收，尚应符合下式要求：

$$\tau = \frac{\psi(M_{pb1} + M_{pb2})}{V_p} \leq \frac{4}{3} f_{yv} \quad (18\text{-}12b)$$

式中 M_{pb1}、M_{pb2}——节点域两侧梁的全塑性受弯承载力；
f_v——钢材的抗剪强度设计值；
f_{yv}——钢材的屈服抗剪强度，取钢材屈服强度的0.58倍；
M_{b1}、M_{b2}——节点域两侧梁的弯矩设计值；
ψ——折减系数，GB 50011—2010：一、二级取0.7，三、四级取0.6；JGJ 99—2015：一、二级取0.85，三、四级取0.75；
γ_{RE}——节点域承载力抗震调整系数，取0.75。
V_p——节点域的体积，按下列公式确定：

工字形截面柱： $V_p = h_{b1} h_{c1} t_w$ （18-13a）

箱形截面柱： $V_p = \left(\frac{16}{9}\right) h_{b1} h_{c1} t_w$ （18-13b）

圆管截面柱： $V_p = \left(\frac{\pi}{2}\right) h_{b1} h_{c1} t_w$ （18-13c）

式中 h_{b1}、h_{c1}——梁翼缘厚度中点间的距离和柱翼缘（或钢管直径线上管壁）厚度中点间的距离。

(3) 框架柱的长细比

框架柱的长细比关系到钢结构的整体稳定,与材料的屈服强度有关。限制钢框架柱的最大长细比是为了保证结构在计算中未考虑的作用力,特别是大震时的竖向地震作用下的安全,是至关重要的。《建筑抗震设计规范》(GB 50011—2010)规定,一级不应大于 60 $\sqrt{235/f_{ay}}$,二级不应大于 80 $\sqrt{235/f_{ay}}$,三级不应大于 100 $\sqrt{235/f_{ay}}$,四级不应大于 120 $\sqrt{235/f_{ay}}$。钢结构高度加大时,轴力加大,竖向地震对框架柱的影响很大,因此《高层民用建筑钢结构技术规程》(JGJ 99—2015)对框架柱的长细比的规定比《建筑抗震设计规范》(GB 50011—2010)的规定严格,详见表 18-10。

表 18-10 钢框架柱的长细比

抗震等级	一级	二级	三级	四级	备注
长细比	60	80	100	120	GB 50011—2010
长细比	60	70	80	100	JGJ 99—2015

注:表中数值适用于 Q235 钢,采用其他牌号钢材时,应乘以 $\sqrt{235/f_{ay}}$。

应当指出,钢框架柱的抗震设计还包括应满足强柱弱梁的要求,在很多情况下根据强柱弱梁的要求,按长细比限值确定的柱截面很可能不够,特别是对 50m 以下房屋,此时必须增大柱截面。

(4)框架梁、柱板件宽厚比

钢框架梁、柱板件宽厚比的规定,考虑了强柱弱梁的要求,即塑性铰通常发生在梁上,框架柱一般不出现塑性铰。因此,在强震区,梁的板件宽厚比要求满足塑性设计要求,而柱的规定可适当放宽,但当强柱弱梁不能保证时,应适当从严。框架梁、柱板件宽厚比应符合表 18-11 的规定。

表 18-11 框架的梁、柱板件宽厚比限值

板件名称		抗震等级				非抗震设计
		一级	二级	三级	四级	
柱	工字形截面翼缘外伸部分	10	11	12	13	13
	工字形截面腹板	43	45	48	52	52
	箱形截面壁板	33	36	38	40	40
	冷成型方管壁板	32	35	37	40	40
	圆管(径厚比)	50	55	60	70	70
梁	工字形截面和箱形截面翼缘外伸部分	9	9	10	11	11
	箱形截面翼缘在两腹板间的部分	30	30	32	36	36
	工字形截面和箱形截面腹板	$72-120N_b/(Af)$ ≤60	$72-100N_b/(Af)$ ≤65	$80-110N_b/(Af)$ ≤70	$85-120N_b/(Af)$ ≤75	$85-120N_b/(Af)$ ≤75

注:1. $N_b/(Af)$ 为梁轴压比。

2. 表中数值适用于 Q235 钢,采用其他牌号钢材时,应乘以 $\sqrt{235/f_{ay}}$,圆管应乘以 $235/f_{ay}$。

3. 冷成型方管适用于 Q235GJ 或 Q345GJ。

209. 钢框架—中心支撑结构的设计和构造有哪些要求？

（1）《建筑抗震设计规范》（GB 50011—2010）规定，三、四级且高度不超过 50m 的钢结构宜采用中心支撑，也可以采用偏心支撑、屈曲约束支撑等消能支撑。因为此时地震作用一般不大，中心支撑简单。

抗震设防的中心支撑框架宜采用十字交叉斜杆（图 18-6a），也可采用单斜杆支撑（图 18-6b）、人字斜杆支撑（图 18-6c）或 V 形斜杆（图 18-6d）体系。在地震作用下，K 形支撑体系可能因受压斜杆屈曲或受拉斜杆屈曲，引起较大的侧向变形，使柱发生压曲甚至造成倒塌，因此抗震设计的结构体系不得采用 K 形斜杆体系（图 18-6e）。当中心支撑采用只能受拉的单斜杆体系时，应同时设置不同倾斜方向的两组斜杆（图 18-7），且每组中不同方向单斜杆的截面面积在水平方向的投影面积之差不应大于 10%。

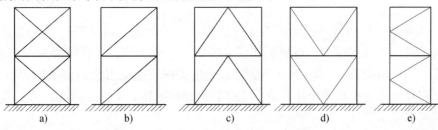

图 18-6 中心支撑类型
a) 十字交叉斜杆 b) 单斜杆 c) 人字斜杆 d) V 形斜杆 e) K 形斜杆

（2）中心支撑斜杆的轴线应交汇于框架梁柱轴线的交点，偏离交点时的偏心距不应超过斜杆支撑宽度。中心支撑框架的斜杆轴线偏离柱轴线交点不超过支撑杆件的宽度时，仍可按中心支撑框架分析，但应计及由此产生的附加弯矩。

支撑斜杆宜采用双轴对称截面。当采用单轴对称截面时，应采取防止绕对称轴屈曲的构造措施。

（3）中心支撑的计算图形是两端铰接，但在多层和高层钢结构中在构造上一般做成刚接（图 18-8）。

（4）中心支撑的抗震计算，应考虑在循环荷载作用下承载力的降低，采用与长细比有关的强度降低系数 ψ。在多遇地震效应组合作用下，支撑斜杆的受压承载力应按下式验算：

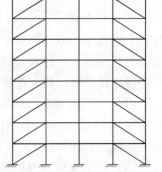

图 18-7 单斜杆支撑的布置

$$\frac{N}{\varphi A_{\mathrm{br}}} \leqslant \psi \frac{f}{\gamma_{\mathrm{RE}}} \qquad (18\text{-}14)$$

式中 N——支撑斜杆的轴向力设计值；

A_{br}——支撑斜杆的截面面积；

φ——轴心受压构件的稳定系数；

ψ——受循环荷载时的强度降低系数，$\psi = \dfrac{1}{1 + 0.35\lambda_{\mathrm{n}}}$

其中 λ_{n}——支撑斜杆的正则化长细比，$\lambda_{\mathrm{n}} = \dfrac{\lambda}{\pi}\sqrt{\dfrac{f_{\mathrm{ay}}}{E}}$，$E$ 为支撑斜杆材料的弹性模量；f_{ay} 为

钢材屈服强度；

γ_{RE}——支撑屈服稳定承载力抗震调整系数。

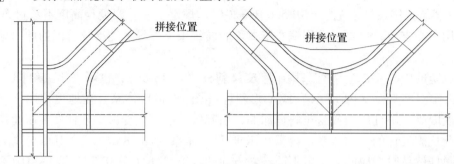

图 18-8　支撑端部刚接构造示意图

（5）当人字形支撑的腹杆在大震下受压屈服后，其承载力将下降，导致横梁在支撑连接处出现向下的不平衡集中力，可能引起横梁破坏和楼板下陷，并在横梁两端出现塑性铰；此不平衡集中力可取受拉支撑的竖向分量减去受压支撑屈曲压力竖向分量的 30%。人字形支撑在受压斜杆屈曲时楼板要下陷，V 形支撑斜杆屈曲时楼板要向上隆起，为了防止这种情况出现，横梁设计很重要。

人字支撑各 V 形支撑的框架梁在支撑连接处应保持连续，并按不计入支撑支点作用的梁验算重力荷载和支撑屈曲时不平衡作用的承载力。不平衡力应按受拉支撑的最小屈曲承载力（Af_y）和受压支撑最大屈曲承载力的 0.3 倍（$0.3\varphi Af_y$）计算。为了减小竖向不平衡力引起的梁截面过大，可采用跨层 X 形支撑（图 18-9a）或采用拉链柱（图 18-9b）。

（6）中心支撑杆件的长细比，按压杆设计时，不应大于 $120\sqrt{235/f_{ay}}$；一、二、三级中心支撑斜杆不得采用拉杆设计，非抗震设计和四级采用拉杆设计时，其长细比不应大于 180。

（7）中心支撑杆件的板件宽厚比，不应大于表 18-12 的规定限值。采用节点板连接时，应注意节点板的强度和稳定。

（8）中心支撑节点的构造应符合下列要求：

1）一、二、三级，支撑宜采用 H 型钢制作，两端与框架可采用刚接构造，梁柱与支撑连接处应设置加劲肋。一级和二级采用焊接工字形截面的支承时，其翼缘与腹板宜采用全熔透焊缝连接。

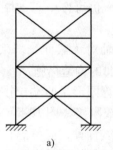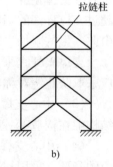

图 18-9　人字支撑的布置
a）人字和 V 形支撑交替布置　b)"拉链柱"

表 18-12　中心支撑杆件的板件宽厚比限值

板件名称	一级	二级	三级	四级、非抗震设计
翼缘外伸部分 b/t	8	9	10	13
工字形截面腹板 h_0/t_w	25	26	27	33
箱形截面壁板 b_0/t	18	20	25	30
圆管外径与壁厚比 D/t	38	40	40	42

注：表中数值适用于 Q235 钢，采用其他牌号钢材时，应乘以 $\sqrt{235/f_{ay}}$，圆管应乘以 $235/f_{ay}$。

2）支撑与框架连接处，支撑杆端宜做成圆弧。

3）梁在其与 V 形支撑或人字支撑相交处，应设置侧向支承；该支承点与梁端支承点间的侧向长细比（λ_y）以及支承力应符合《钢结构设计规范》（GB 50017—2017）关于塑性设计的规定。

①该支承点与其相邻支承点间构件的长细比（λ_y）应符合下列要求：

当 $-1 \leq \dfrac{M_1}{\gamma_x W_x f} \leq 0.5$ 时

$$\lambda_y \leq \left(60 - 40 \dfrac{M_1}{\gamma_x W_x f}\right) \sqrt{\dfrac{235}{f_{yk}}} \tag{18-15a}$$

当 $0.5 \leq \dfrac{M_1}{\gamma_x W_x f} \leq 1$ 时

$$\lambda_y \leq \left(45 - 10 \dfrac{M_1}{\gamma_x W_x f}\right) \sqrt{\dfrac{235}{f_{yk}}} \tag{18-15b}$$

式中　λ_y——弯矩作用平面外的长细比，$\lambda_y = \dfrac{l_1}{i_y}$，$l_1$ 为侧向支承点间距离，i_y 为截面绕弱轴的回转半径；

M_1——与塑性铰相距为 l_1 的侧向支承点处的弯矩；当长度 l_1 内为同向曲率时，$\dfrac{M_1}{W_{x1} f}$ 为正，当反向曲率时，$\dfrac{M_1}{W_{x1} f}$ 为负；

W_x——对强轴 x 的主截面模量。

对不出现塑性铰的构件区段，其侧向支承点间距应由《钢结构设计标准》（GB 50017—2017）第 7 章和第 8 章内有关弯矩作用平面外的整体稳定计算确定。

②该支承应设计成能承受在数值上等于 0.02 倍的相应翼缘承载力 $f_y b_f t_f$ 的侧向力的作用，f_y、b_f、t_f 分别为钢材的屈服强度、翼缘板的宽度和厚度。当梁上为组合楼盖时，梁的上翼缘可不必验算。

（9）框架—中心支撑结构的框架部分，当房屋高度不高于 100m 且框架部分承担的地震作用不大于结构底部总地震剪力的 25% 时，一、二、三级的抗震构造措施可按框架结构降低一级的相应要求采用；其他抗震构造措施，应符合框架结构抗震构造措施的规定。

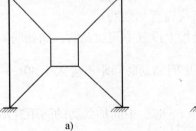

图 18-10　耗能中心支撑体系
a）塑性耗能　b）摩擦耗能

（10）一、二、三级抗震等级的钢结构，可以采用带有消能装置的中心支撑体系（图 18-10）。此时，支撑斜杆的承载力应为消能装置滑动或屈服时承载力的 1.5 倍。

210. 钢框架—偏心支撑结构的设计和构造有哪些要求？

（1）偏心支撑框架的每根支撑应至少有一端与框架梁连接，并在支撑与梁交点和柱之间或同一跨内另一支撑与梁交点之间形成消能梁段。超过50m的钢结构采用偏心支撑框架时，顶层可采用中心支撑。常用的偏心支撑形式如前图18-4所示。

(2) 偏心支撑框架的消能梁段

1) 偏心支撑框架的消能梁段净长与其截面特性有关。为使框架刚度较大，通常采用较短的消能梁段。

当 $N \leqslant 0.16Af$ 时，消能梁段的净长 a 不宜大于 $1.6M_{lp}/V_l$。

当 $N > 0.16Af$ 时，消能梁段的净长 a 应符合下列规定：

当 $\rho\left(\dfrac{A_w}{A}\right) < 0.3$ 时， $\qquad a < 1.6\dfrac{M_{lp}}{V_l}$ (18-16)

当 $\rho\left(\dfrac{A_w}{A}\right) \geqslant 0.3$ 时， $\qquad a \leqslant \left[1.15 - 0.5\rho\left(\dfrac{A_w}{A}\right)\right] 1.6\dfrac{M_{lp}}{V_l}$ (18-17)

式中 ρ——消能梁段轴向力设计值与剪力设计值之比，即 $\rho = N/V$；

M_{lp}——消能梁段的全塑性受弯承载力，$M_{lp} = W_p f$。

2) 为构造方便，支撑的夹角通常应为 35°～50°。夹角太小会使支撑内力增大，并使消能梁段产生很大的轴向分量。

3) 为保证在塑性变形过程中偏心梁段的腹板不发生局部屈曲，应按下列规定在梁腹板两侧设置横向加劲肋（图18-11）。

①消能梁段与支撑连接处，应在其腹板两侧配置加劲肋，加劲肋的高度应为梁腹板高度，一侧的加劲肋宽度不应小于 ($b_f/2 - t_w$)，厚度不应小于 $0.75t_w$ 和 10mm 的较大值。

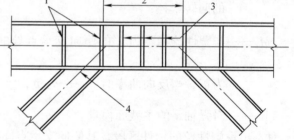

图 18-11 消能梁段的腹板加劲肋设置
1—双面全高设加劲肋　2—消能梁段上下翼缘均设置侧向支撑
3—腹板高大于640mm时设双面中间加劲肋　4——支撑中心线与消能梁段中心线交于消能梁段内

②在距偏心梁段端部 b_f（b_f为偏心梁段翼缘宽度）处，应设置加劲肋。

③消能梁段在其腹板上设置中间加劲肋，加劲肋间距应根据偏心梁段长度 a 确定。

当 $a \leqslant 1.6\dfrac{M_{lp}}{V_l}$ 时，中间加劲肋间距不应大于 $30t_w - h/5$；

当 $1.6\dfrac{M_{lp}}{V_l} < a \leqslant 2.6\dfrac{M_{lp}}{V_l}$ 时，中间加劲肋的间距宜用线性插入法确定；

当 $2.6\dfrac{M_{lp}}{V_l} < a \leqslant 5\dfrac{M_{lp}}{V_l}$ 时，应距消能梁段的端部 $1.5b_f$ 处配置中间加劲肋，且中间加劲肋间距不应大于 $52t_w - h/5$；

当 $a > 5\dfrac{M_{lp}}{V_l}$ 时，可不配置中间加劲肋。

4) 中间加劲肋应与消能梁段的腹板等高，当消能梁段截面高度不大于640mm时，可配置单侧加劲肋；消能梁段截面高度大于640mm时，应在两侧配置加劲肋，一侧的加劲肋宽

度不应小于 ($b_f/2 - t_w$)，厚度不应小于 t_w 和 10mm 的较大值。

(3) 消能梁段的承载力计算

1) 消能梁段的受剪承载力计算

消能梁段的承载力应区分轴力较小和较大两种情况。当它的轴力较小时，受剪承载力可不计轴力的影响；但当轴力较大时，必须计入轴力的影响。消能梁段的受剪承载力应按下列公式验算：

当 $N \leqslant 0.15Af$ 时：

$$V \leqslant \phi V_l / \gamma_{RE} \tag{18-18a}$$

当 $N > 0.15Af$ 时：

$$V \leqslant \phi V_{lc} / \gamma_{RE} \tag{18-18b}$$

式中 V、N——消能梁段的剪力设计值和轴力设计值；

V_l——消能梁段不计轴力影响的受剪承载力，取下列两式的较小值

$$V_l = A_w f_{yv} \quad 或 \quad V_l = 2M_{lp}/a$$

V_{lc}——消能梁段计入轴力影响的受剪承载力，取下列两式的较小值；

$$V_{lc} = 2.4 M_{lp}[1 - N/(Af)]/a \quad 或 \quad V_{lc} = A_w f_{yv} \sqrt{1 - [N/(Af)]^2}$$

A_w——消能梁段腹板截面面积，$A_w = (h - 2t_f)t_w$，h 为消能梁段截面高度，t_w 为腹板厚度，t_f 为翼缘厚度；

f——消能梁段钢材抗压屈服强度设计值；

f_{yv}——钢材的屈服抗剪强度，可取钢材屈服强度的 0.58 倍，即 $f_{yv} = 0.58 f_y$；

M_{lp}——消能梁段的全塑性受弯承载力，$M_{lp} = fW_{np}$；

W_{np}——消能梁段对其截面水平轴的塑性净截面模量；

a——消能梁段的净长；

ϕ——系数，可取 0.9；

γ_{RE}——消能梁段承载力抗震调整系数，取 0.75。

2) 消能梁段的受弯承载力计算

消能梁段的受弯承载力应符合下列公式的规定：

当 $N \leqslant 0.15Af$ 时：

$$\frac{M}{W} + \frac{N}{A} \leqslant \frac{f}{\gamma_{RE}} \tag{18-19a}$$

当 $N > 0.15Af$ 时：

$$\left(\frac{M}{h} + \frac{N}{2} \right) \frac{1}{b_f t_f} \leqslant \frac{f}{\gamma_{RE}} \tag{18-19b}$$

式中 M——消能梁段的弯矩设计值；

N——消能梁段的轴力设计值；

W——消能梁段的截面模量；

A——消能梁段的截面面积；

h、b_f、t_f——消能梁段的截面高度、翼缘宽度和翼缘厚度；

f——消能梁段钢材的抗压强度设计值；

γ_{RE}——消能梁段承载力抗震调整系数，取 0.75。

（4）偏心支撑框架构件内力设计值

为保证偏心支撑框架中，支撑斜杆、柱和其余梁段在消能梁段曲屈并进入应变硬化时保持弹性，对这些构件的设计内力必须进行调整。各杆件的承载力抗震调整系数取 0.75，见表 18-8。有地震作用组合时，偏心内支撑框架中除消能梁段外的构件内力设计值应按下列规定调整：

1）支撑的轴力设计值 N_{br}

$$N_{br} = \eta_{br} \frac{V_l}{V} N_{br,com} \quad (18-20)$$

2）位于消能梁段同一跨的框架梁的弯矩设计值 M_b

$$M_b = \eta_b \frac{V_l}{V} M_{b,com} \quad (18-21)$$

3）柱的弯矩设计值 M_c、轴力设计值 N_c

$$M_c = \eta_c \frac{V_l}{V} M_{c,com} \quad (18-22a)$$

$$N_c = \eta_c \frac{V_l}{V} N_{c,com} \quad (18-22b)$$

式中 V_l——消能梁段不计入轴力影响的受剪承载力，取 $V_l = (0.58A_w f_y, 2M_{lp}/a)_{max}$；

V——消能梁段的剪力墙设计值；

$N_{br,com}$——对应于消能梁段剪力设计值 V 的支承组合的轴力设计值；

η_{br}——偏心支撑框架支撑内力设计值增大系数 u，一级时不应小于 1.4，二级时不应小于 1.3，三级时不应小于 1.2，四级时不应小于 1.0；

$M_{b,com}$——对应于消能梁段剪力设计值 V 的位于消能梁段同一跨框架梁组合的弯矩设计值；

η_b、η_c——位移消能梁段同一跨的框架梁的弯矩设计值增大系数，一级时不应小于 1.3，二、三、四级时不应小于 1.2；

$M_{c,com}$、$N_{c,com}$——对应于消能梁段剪力设计值 V 的组合弯矩设计值、轴力设计值；

（5）消能梁段的构造要求

1）考虑到钢材屈服强度太高将降低钢材的延性，不能保证屈服，因此偏心支撑框架消能梁段的钢材屈服强度不应大于 345MPa。因此，消能梁段钢材应采用 Q235、Q345 或 Q355GJ。

2）消能梁段及与消能梁段同一跨内的非消能梁段的板件宽厚比不应大于表 18-13 规定的限值。

表 18-13 偏心支撑框架梁板柱宽厚比限值

板件名称		宽厚比限值
翼缘外伸部分		8
腹板	当 $N/(Af) \leq 0.14$ 时	$90[1 - 1.65N/(Af)]$
	当 $N/(Af) > 0.14$ 时	$33[2.3 - N/(Af)]$

注：表中数值适用于 Q235 钢，采用其他牌号钢材时，应乘以 $\sqrt{235/f_{ay}}$；$N_b/(Af)$ 为梁轴压比。

3) 消能梁段的腹板不得贴焊补强板，也不得开洞（图 18-12）。

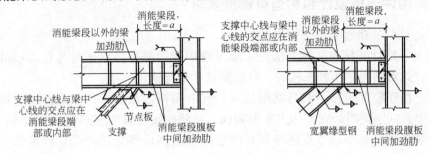

图 18-12 偏心支撑构造

4) 偏心支撑框架中的支撑斜杆，因为保持弹性，它对长细比和板件宽厚比要求不高。《建筑抗震设计规范》（GB 50011—2010）规定，支撑斜杆的长细比不应大于 $120\sqrt{235/f_{ay}}$；支撑杆件的板件宽厚比不应超过国家标准《钢结构设计规范》（GB 50017—2017）规定的轴心受压构件在弹性设计时的宽厚比限值（表 18-14）。

表 18-14 轴心受压构件截面板件宽厚比限值

		截面板件宽厚比限值	备 注
H 形截面	翼缘 b/t_f	$(10+0.1\lambda)\varepsilon_k$	b、t_f 分别为 H 形截面翼缘板自由外伸宽度和厚度
	腹板 h_0/t_w	$(25+0.5\lambda)\varepsilon_k$	h_0、t_w 分别为 H 截面腹板计算高度和厚度。构件长细比 $30\leqslant\lambda\leqslant 100$
箱形截面	壁板 b/t	$40\varepsilon_k$	b、t 为箱形截面壁板的净宽度和厚度
T 形截面	翼缘 b/t_f	$(10+0.1\lambda)\varepsilon_k$	b、t_f 分别为 T 形截面翼缘板自由外伸宽度和厚度
	腹板 h_0/t_w	热轧部分 T 形钢：$(15+0.2\lambda)\varepsilon_k$ 焊接 T 形钢：$(13+0.17\lambda)\varepsilon_k$	h_0、t_w 分别为 T 截面腹板计算高度和厚度。对焊接构件，$h_0=$ 腹板高度 h_w；对热轧构件，$h_0=h_w-t_f\geqslant(h_w-20)$mm
等边角钢	角钢肢宽厚比 w/t	$\lambda\leqslant 80\varepsilon_k$，$15\varepsilon_k$ $\lambda>80\varepsilon_k$，$5\varepsilon_k+0.125\lambda$	w、t 分别为角钢的平板宽度和厚度，简化计算时 $w=$ 角钢宽度 $b-2t$；λ 按角钢绕非对称主轴回转半径计算的长细比
圆钢管截面	径厚比 D/t	$100\varepsilon_k^2$	D 为圆钢管截面外径；t 为钢管截面厚度

(6) 消能梁段与支撑连接处，其上、下翼缘应设置侧向支撑，支撑的轴力设计值不应小于消能梁段翼缘轴向承载力设计值的 6%，即 $0.06b_f t_f f_y$。f_y 为消能梁段钢材的屈服强度，b_f、t_f 分别为消能梁段翼缘的宽度和厚度。

(7) 与消能梁段同一跨框架梁的稳定不满足要求时，梁的上、下翼缘应设置侧向支撑，支撑的轴力设计值不应小于梁翼缘轴向承载力设计值的 2%，即 $0.02b_f t_f f$。f 为框架梁钢材的抗拉强度设计值，b_f、t_f 分别为框架梁翼缘的宽度和厚度。

(8) 框架—偏心支撑结构的框架部分，当房屋高度不高于 100m 且框架部分承担的地震作用不大于结构底部总地震剪力的 25% 时，一、二、三级的抗震构造措施可按框架结构降低一级的相应要求采用；其他抗震构造措施，应符合框架结构抗震构造措施的规定。

211. 钢结构构件连接设计和构造有哪些要求？

（1）梁与柱的连接宜采用柱贯通型。

（2）梁与柱刚性连接的两种方法在实际工程中应用都很多。通过与柱焊接的梁悬臂段进行连接的方式对结构制作要求较高，可根据具体情况选用。

柱在两个相互垂直的方向都与梁刚接时，宜采用箱形截面，并在梁翼缘连接处设置隔板。当仅一个方向刚接时，宜采用工字形截面，并将柱腹板置于刚接框架平面内。

（3）研究表明，钢框架节点破坏首要因素是关键部位焊缝的冲击韧性太低，因此对焊缝的冲击韧性提出要求。考虑到过去没有要求检验焊缝冲击韧性以及我国钢材标准规定检验 $-20 \sim -40°C$ 的冲击韧性，《建筑抗震设计规范》（GB 50011—2010）规定，梁翼缘与柱翼缘间应采用全熔透坡口焊缝，抗震等级为一、二级时，应检验焊缝的 V 形切口的冲击韧性，其夏比冲击韧性在 $-20°C$ 时不低于 27J。

（4）柱在梁翼缘对应位置设置横向加劲肋（隔板），且加劲肋（隔板）厚度不应小于梁翼缘厚度，强度与梁翼缘相同。震害表明，梁翼缘对应位置的柱加劲肋与梁等厚是十分必要的。6 度时加劲肋厚度可适当减小，但应通过承载力计算确定，且不得小于梁翼缘厚度的一半。

（5）为防止梁—柱混合连接的腹板螺栓数量偏少，参考美国和日本的规定，《建筑抗震设计规范》（GB 50011—2010）规定，当梁翼缘的塑性截面模量小于梁全截面塑性截面模量的 70% 时，梁腹板与柱的连接螺栓不得少于二列；当计算仅需一列时，仍应布置二列，且此时螺栓总数不得少于计算值的 1.5 倍。

除上述规定外，还规定了腹板抗剪连接不得小于腹板的屈服受剪承载力，即此时要求

$$V_u \geqslant 1.3\left(\frac{2M_p}{l_n}\right) \text{且} V_u \geqslant 0.58 h_w t_w f_{ay} \tag{18-23}$$

式中　V_u——梁腹板连接的极限受剪承载力；垂直于角焊缝受剪时，可提高 1.22 倍；

　　　M_p——梁的全塑性受弯承载力；

　　　l_n——梁的净跨；

　　　h_w、t_w——梁腹板的高度和厚度。

（6）当梁与柱在现场焊接时，梁与柱连接的过焊孔，可采用常规型（图 18-13a）和改进型（图 18-13b）两种形式。采用改进型时，梁翼缘与柱的连接焊缝应采用气体保护焊。

为了消除梁翼缘焊缝焊接衬板边缘缺口效应的危害，上翼缘因有楼板加强，震害较少，不作处理，仅对梁下翼缘焊接衬板边缘施焊。

（7）框架梁采用悬臂梁段与柱刚性连接构造（图 18-14）时，悬臂梁段与柱应采用全焊接连接，此时上、下翼缘焊接孔的形式宜相同；梁的现场拼接可采用翼缘焊接腹板栓接（图 18-14a）或全部螺栓连接（图 18-14b）。

（8）为防止梁端与柱的连接处发生脆性破坏，可利用梁端附近截面局部消弱的骨式连接（图 18-16），这种骨式连接具有优越的抗震性能，可将框架的屈服控制在消弱的梁端截面处，但要求多用钢材。根据我国的国情，《建筑抗震设计规范》（GB 50011—2010）规定，抗震等级为一、二级时，宜采用能将塑性铰自梁端外移的端部扩大形连接（图 18-15）、梁端加盖板连接（图 18-16）或骨形式连接（图 18-17）。

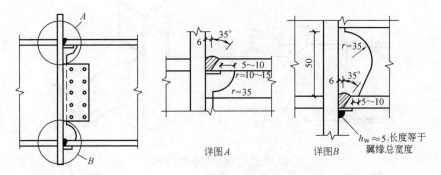

a) 常规型过焊孔

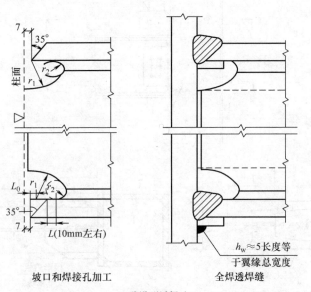

b) 改进型过焊孔

图 18-13 钢框架梁与柱的现场连接

$r_1 = 35\text{mm}$ 左右；$r_2 = 20\text{mm}$ 以上；（ ）点位置：$t_f < 22\text{mm}$，L_0（mm）$= 0$；
$t_f \geq 22\text{mm}$，L_0（mm）$= 0.75 t_f - 15$，t_f 为下翼缘板厚。

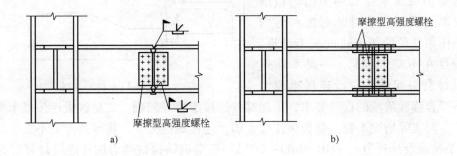

图 18-14 钢框架梁与柱通过梁悬臂段的连接

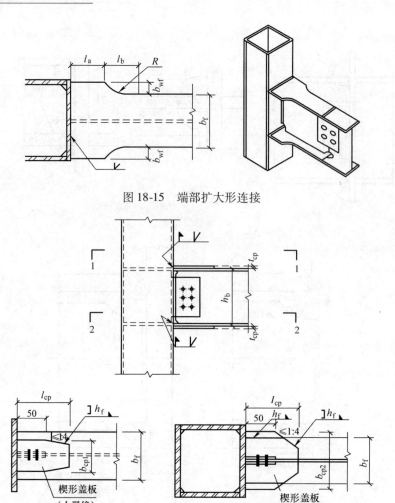

图 18-15 端部扩大形连接

图 18-16 盖板式连接

(9) 梁—柱连接弹性阶段抗震设计

梁—柱连接的抗震设计常用设计法是采用弯矩由翼缘承受和剪力由腹板承受,按梁端出现塑性铰时的弯矩和剪力设计。不作弹性阶段下连接的抗震计算,计算方法存在不安全因素:一是不作连接弹性设计会引起弹性阶段连接承载力

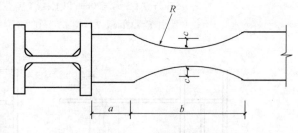

图 18-17 骨形式连接

不足,不符合弹性阶段的设计要求,出现螺栓连接滑移等问题。二是腹板连接仅承受剪力不承受弯矩,与实际情况不符,使腹板连接太弱,连接螺栓太少,将导致严重不安全。

《建筑抗震设计规范》(GB 50011—2010) 规定钢结构抗侧力构件连接计算应符合下列要求:

1) 钢结构抗侧力构件的连接承载力设计值,不应小于相连构件的承载力设计值。高强度螺栓连接不得有滑移。

2）钢结构抗侧力构件的连接极限承载力应大于相连构件的屈服承载力。
3）梁与柱刚性连接的极限承载力，应按下列公式验算：

$$M_u^j \geqslant \alpha M_p \tag{18-24a}$$

$$V_u^j \geqslant \alpha \left(\frac{\sum M_p}{l_n} \right) + V_{Gb} \tag{18-24b}$$

4）支撑与框架连接和梁、柱、支撑的拼接极限承载力，应按下列公式验算：

支撑连接和拼接

$$N_{ubr}^j \geqslant \alpha A_{br} f_y \tag{18-25}$$

梁的拼接

$$M_{ub,sp}^j \geqslant \alpha M_p \tag{18-26a}$$

$$V_{ub,sp}^j \geqslant \alpha \left(\frac{2M_p}{l_n} \right) V_{Gb} \tag{18-26b}$$

柱的拼接

$$M_{uc,sp}^j \geqslant \alpha M_{pc} \tag{18-27}$$

式中 M_u^j、V_u^j——梁与柱连接的极限受弯、受剪承载力；

M_p、M_{pc}——梁的塑性受弯承载力和考虑轴力影响时柱的塑性受弯承载力；

$\sum M_p$——梁连段塑性受弯承载力之和；

V_{Gb}——梁在重力荷载代表值作用下，按简支梁分析的梁端截面剪力效应；

l_n——梁的净跨；

f_y——支撑斜杆钢材的屈服强度；

A_{br}——支撑杆件的截面面积；

N_{ubr}^j、$M_{ub,sp}^j$、$M_{uc,sp}^j$——支撑连接和拼接、梁、柱拼接的极限受压（拉）、受弯承载力；

α——连接系数，按表 18-15 采用。

表 18-15　钢结构抗震设计的连接系数取值

母材牌号	梁柱连接		支撑链接、构件拼接		柱脚	
	焊接	螺栓连接	焊接	螺栓连接		
Q235	1.40	1.45	1.25	1.30	埋入式	1.2（1.0）
Q345	1.30	1.35	1.20	1.25	外包式	1.2（1.0）
Q345GJ	1.25	1.30	1.15	1.20	外露式	1.1

注：1. 屈服强度高于 Q345 的钢材，按 Q345 的规定采用。
　　2. 屈服强度高于 Q345GJ 的 GJ 钢材，按 Q345GJ 的规定采用。
　　3. 括号内的数字用于箱形柱和圆管柱。
　　4. 外露式柱脚是指刚接柱脚，只适用于房屋高度 50m 以下。

H 形截面（绕强轴）和箱形截面

当 $N/N_y \leqslant 0.13$ 时

$$M_{pc} = M_p \tag{18-28a}$$

当 $N/N_y > 0.13$ 时

$$M_{pc} = 1.15 \left(1 - \frac{N}{N_y} \right) M_p \tag{18-28b}$$

H 形截面（绕弱轴）

当 $N/N_y \leqslant A_w/A$ 时

$$M_{pc} = M_p \tag{18-29a}$$

当 $N/N_y > A_w/A$ 时

$$M_{pc} = 1.15 \left[1 - \left(\frac{N - A_w f_y}{N_y - A_w f_y} \right)^2 \right] M_p \tag{18-29b}$$

式中　N——构件轴力设计值；

N_y——构件轴向屈服承载力，取 $N_y = A_n f_{ay}$；

A——H 形截面或箱形截面构件的截面面积；

A_w——构件腹板截面面积；

f_y——构件腹板钢材的屈服强度。

212. 多层钢结构厂房抗震设计中有哪些规定？

多层钢结构厂房的抗震设计，在不少方面与多层钢结构民用建筑是相同的，而后者又与高层钢结构的抗震设计有很多共同之处。

（1）多层钢结构厂房的布置

多层钢结构厂房的布置除了应符合多层钢结构民用建筑的相关要求外，还应符合下列规定。

1）平面形状复杂、各部分构架高度差异大或楼层荷载相差悬殊时，应设防震缝或采取其他措施。当设置防震缝时，缝宽不应小于相应混凝土结构房屋的 1.5 倍。

2）重型设备宜低位布置。

3）当设备重量直接由基础承受，且设备竖向需要穿过楼层时，厂房楼层应与设备分开。设备与楼层之间的缝宽，不得小于防震缝的宽度。

4）楼层上的设备不应跨越防震缝布置。

5）厂房内的工作平台结构与厂房框架结构宜采用防震缝脱开布置。当与厂房结构连接成整体时，平台结构的标高宜与厂房框架的相应楼层标高一致。

（2）多层钢结构厂房支撑布置

1）厂房纵向的柱间支撑对提高厂房的纵向抗震能力很重要，柱间支撑宜布置在荷载较大的柱间，且在同一柱间上下贯通，不贯通时应错开开间后连续布置并宜适当增加相近楼层、屋面的水平支撑，确保支撑承担的水平地震作用能传递至基础。

2）有抽柱的结构，宜适当增加相近楼层、屋面的水平支撑并在相邻柱间设置竖向支撑。

3）当各榀框架侧向刚度相差较大、柱间支撑布置又不规则时，采用钢铺板的楼盖，应设楼盖水平支撑；其他情况，楼层水平支撑的设置应按表 18-16 确定。

4）各柱列的纵向刚度宜相等或接近。

表 18-16　楼层水平支撑设置要求

项次	楼面结构类型		楼面荷载标准值 ≤10kN/m²	楼面荷载标准值 >10kN/m² 或较大集中荷载
1	钢与混凝土组合楼面、现浇装配整体式楼板与钢梁有可靠连接	仅有小孔楼板	不需设水平支撑	不需设水平支撑
		有大孔楼板	应在开孔周围柱网区格内设水平支撑	应在开孔周围柱网区格内设水平支撑
2	铺金属板（与主梁有可靠连接）		宜设水平支撑	应设水平支撑
3	铺活动格栅板		应设水平支撑	应设水平支撑

注：1. 楼面荷载系指除自重外的活荷载、管道及电缆等。

　　2. 各行业楼层面板开孔不尽相同，大小孔的划分宜结合工程具体情况确定。

　　3. 6 度、7 度设防时，铺金属板与主梁有可靠连接，可不设置水平支撑。

(3) 多层钢结构厂房楼盖

厂房楼盖宜采用现浇钢筋混凝土的组合楼板，也可采用装配整体式楼盖或钢铺板。混凝土楼盖应与钢梁有可靠的连接。当楼板开孔洞时，应有可靠的措施保证楼板传递地震作用。

(4) 多层钢结构厂房的地震作用计算

1) 一般情况下，宜采用空间结构模型分析。当结构布置规则、质量分布均匀时，也可分别沿结构横向和纵向进行验算。现浇钢筋混凝土楼板，当板面开孔较小且用抗剪连接件与钢梁连接成为整体时，可视为刚性楼盖。

2) 在多遇地震下，结构阻尼比可采用 0.03 ~ 0.04；在罕遇地震下，阻尼比可采用 0.05。

3) 确定重力荷载代表值时，可变荷载应根据厂房用途的特点，对楼面检修荷载、成品或原料堆积楼面荷载、设备和料斗及管道内的物料等，采用相应的组合值系数。

4) 震害调查表明，设备或料斗的支承结构的破坏，将危及下层的设备和人身安全，所以直接支承设备和料斗的结构必须考虑地震作用。设备与料斗对支承构件及其连接产生的水平地震作用的标准值可按下式确定：

$$F_s = \alpha_{max} \lambda G_{eq} \quad (18\text{-}30)$$

$$\lambda = 1.0 + H_x/H_n \quad (18\text{-}31)$$

式中 F_s——设备或料斗重心处的水平地震作用标准值；

α_{max}——水平地震影响系数最大值；

G_{eq}——设备或料斗的重力荷载代表值；

λ——放大系数，按式 (18-31) 计算；

H_x——建筑基础至设备或料斗重心的距离；

H_n——建筑基础底至建筑物顶部的距离。

实测与计算表明，楼层加速度反应比输入的地面加速度大，且在同一座建筑内高部位反应要大于低部位的反应，所以置于楼层的设备底部水平地震作用相应地要增大。当不用动力分析时，以放大系数 λ 值来反应楼层 F_s 值变化的近似规律。

水平地震作用 F_s 对支承构件产生的弯矩、扭矩，取设备或料斗重心至支承构件形心距离计算。

(5) 多层钢结构厂房构件和节点的抗震承载力验算

多层钢结构厂房构件和节点的抗震承载力验算，尚应符合下列规定：

1) 按式 (18-8) 验算节点左右梁端和上下柱端全塑性承载力时，框架柱的强柱系数，一级和地震作用控制时，取 1.25；二级和 1.5 倍地震作用控制时，取 1.20；三级和 2 倍地震作用控制时，取 1.10。

2) 下列情况可不满足式 (18-8) 的要求：

单层框架的柱顶或多层框架顶层的柱顶；

不满足式 (18-8) 的框架柱沿验算方向的受剪承载力总和小于该楼层框架受剪承载力的 20%；且该楼层每一柱不满足式 (18-8) 的框架柱的受剪承载力总和小于本柱列全部框架柱受剪承载力总和的 33%。

3) 柱间支撑杆件设计内力与其承载力设计值之比不宜大于 0.8；当柱间支撑承担不小于 70% 的楼层剪力时，不宜大于 0.65。

(6) 多层钢结构厂房的基本抗震构造措施

1) 框架柱的长细比不宜大于 150；当轴压比大于 0.2 时，不宜大于 $125(1-0.8N/Af)\sqrt{235/f_y}$。

2) 厂房框架柱、梁的板件宽厚比，应符合下列要求：

单层部分和总高度不大于 40m 的多层部分，可按《建筑抗震设计规范》（GB 50011—2010）第 9.2 节规定执行。

多层部分总高度大于 40m 时，可按《建筑抗震设计规范》（GB 50011—2010）第 8.3 节规定执行。

3) 框架梁、柱的最大应力区，不得突然改变翼缘截面，其上下翼缘均应设置侧向支撑，此支承点与相邻支承点之间距应符合《钢结构设计规范》（GB 50017—2017）中塑性设计的有关要求。

4) 柱间支撑构件宜符合下列要求：

多层框架部分的柱间支撑，宜与框架横梁组成 X 形或其他有利于抗震的形式，其长细比不宜大于 150。

支撑杆件的板件宽厚比应符合《建筑抗震设计规范》（GB 50011—2010）第 9.2 节的要求。

5) 框架梁采用高强度螺栓摩擦型拼接时，其位置宜避开最大应力区（1/10 梁净跨和 1.5 倍梁高的较大值）。梁翼缘拼接时，在平行于内力方向的高强度螺栓不宜少于 3 排，拼接板的截面模量应大于被拼接截面模量的 1.1 倍。

6) 厂房柱脚应能保证传递柱的承载力，宜采用埋入式、插入式或外包式柱脚。

第十九章 高层住宅结构

213. 高层住宅建筑的结构体系有哪些?

我国高层住宅建筑的大量兴建始于 20 世纪 70 年代,采用的结构体系根据各地情况也不尽相同,目前高层住宅建筑的结构体系主要有以下几种形式。

(1) 大开间剪力墙结构

高层居住建筑一般要求在有效的占地范围内争取更多的建筑面积,为此采用大开间剪力墙结构有明显的优越性。采用现浇大开间剪力墙结构可以使房间内不露梁柱,简洁明快,承重墙与分隔墙结合,有效使用空间大,隔声效果好等特点。此类结构具有整体性强、侧向刚度大、抗侧性能好,用钢量少,施工周期短,造价低等优点。

工程实践表明,高层居住建筑大开间剪力墙结构,在设防烈度为 8 度,当层数 20 层以内时,墙体配筋一般按构造要求配筋即可。

为适应高层居住建筑底部较大使用空间的需要,可把部分剪力墙不落地,形成底部大空间框支剪力墙结构。

(2) 短肢剪力墙结构

短肢剪力墙是指墙肢截面高度与厚度之比 $h_w/b_w=5\sim8$ 的剪力墙。当剪力墙结构中由短肢剪力墙所承担的第一振型底部地震倾覆力矩不小于结构总底部地震倾覆力矩的 50% 时,认为是短肢剪力墙较多的剪力墙结构。短肢剪力墙主要布置在房间分隔墙的交点处,根据抗侧力的需要及分隔墙相交的形式而确定适当数量,并在各墙肢间设置连系梁形成整体。

(3) 异型柱框架结构

异型柱框架结构,与常规矩形柱框架的区别就在于柱的截面形式。异型柱的形式有:"T""L""一""十"等,取柱厚同墙厚,一般柱肢长小于 4 倍墙厚,即各肢的肢长与肢宽之比不大于 4,柱的净高与截面长边之比不宜小于 4 且不宜大于 8。梁采用与墙同宽的框架梁,可采用新型墙体材料以减轻自重。异型柱框架的结构设计应重视结构布置中异型柱的设置,宜使结构的平面和刚度对称,避免产生局部材料应力集中,避免扭转对结构受力的不利影响,保证结构的整体抗震性能,使整个结构有足够的承载力、刚度和延性。同时加强构造措施以确保结构具有良好的抗震性能及足够的刚度、可靠度。设计中应尽量均匀布置结构体系,使刚度、质量尽可能对称,墙体交接柱肢长做到基本相同且均匀,以满足竖向承载力及抗侧力的要求,同时还必须满足结构的变形等要求。

异型框架柱在中高层住宅设计中有以下优点:①解决了砖混结构的超高、超层问题,避免了建筑与结构之间的矛盾。②可方便用户重新分隔组合空间,居住环境得到改善。③框架施工顺序的改进,使施工方便,进度加快,省时省料,同时结构整体性提高,刚度增大,使结构更安全可靠。④具有良好的综合经济效益。

(4) 扁柱 + 异型柱 + 内筒结构

"扁柱"是由"一字形"短墙肢厚度适当加厚形成的,其截面高度与厚度比值为 3.0 ~

4.0，厚度取 500~600mm，高度在 1500~2000mm 范围内。"扁柱"受力状况介于矩形柱和墙肢之间。

在扁柱+异型柱+内筒结构方案中，异型柱可以布置在卧室和客厅等主要位置，扁柱可以布置在厕所、厨房、阳台、凹槽口等次要位置，以大大改善在房厅用柱会露柱角的弊病，从而有利于住户使用。

从受力角度看，短墙肢组成的异型柱可布置在外墙转角处，扁柱可作为中柱布置。扁柱和异型柱主要承受竖向荷载，水平荷载则由内筒单元承担。

若建筑轴线距离较大（例如9m跨度），只需把扁柱和异型柱的长边方向顺填充墙布置，调整其长方向尺寸的变化，同样可以达到不设柱减少主梁跨度的目的。楼盖结构也可按常规设计。

扁柱和异型柱按一定规律布置可以使底层柱网整齐，从上到下主梁直接传力到柱，避免设置转换层。

（5）多层剪力墙结构

由于《建筑抗震设计规范》（GB 50011—2010）对多层砌体结构房屋抗震设计在层数、总高度以及平、立面布置等方面有较严格的规定，使得许多有特殊要求或体型较复杂的多层砌体结构住宅建筑，不得不改用钢筋混凝土多层剪力墙结构或多层短肢剪力墙结构，在设防烈度为8度的地区，这种情况更为突出。近年来，在北京地区，钢筋混凝土剪力墙结构不仅广泛应用于高层住宅建筑中，而且在多层住宅建筑中也开始获得越来越多的应用，但对多层剪力墙结构的设计仍有待进一步研究。

（6）框架—壁式框架结构

对层数为9层及9层以下或房屋高度不超过28m但层高较大的房屋，采用框架—剪力墙结构也许有点小题大做。由于9度及9度以下的房屋，剪力墙的抗侧刚度相当大，结构自振周期小，地震反应大，同时剪力墙又把这些侧力作用吸引到自身上来，使得剪力墙的基础受到较大的弯矩和剪力，给结构设计带来一定难度。在这种情况下，采用一种刚度略逊于剪力墙的"壁式框架"，形成框架—壁式框架结构体系。壁式框架的刚度虽不如剪力墙但仍比柱刚度大很多，它承担了大部分的水平荷载，框架也要承担一部分，框架和壁式框架又都是以剪切变形为主，所以整个结构体系受力比较均匀协调。壁式框架在布置上也要比剪力墙灵活，可以布置在房屋外侧，也可开窗开洞。

214. 如何判别短肢剪力墙？短肢剪力墙设计有哪些规定？

（1）短肢剪力墙结构的判别

短肢剪力墙是指墙肢截面高度与厚度之比 $h_w/b_w = 5~8$ 的剪力墙，一般剪力墙是指墙肢截面高度与厚度之比大于8的剪力墙。对于L形、T形、十字形等形状的截面，只有当每个方向的墙肢截面高度与厚度之比均为 5~8 时，才能视为短肢剪力墙。

近几年来，在非抗震地区以及6度、7度抗震设防地区的高层住宅建筑中逐渐被应用的短肢剪力墙较多的剪力墙结构，主要是指结构平面中部为剪力墙构成的薄壁筒体（常用作楼梯间、电梯间等），其余部位基本为短肢剪力墙的一种结构布置形式。要提出更具体的量化判断指标是困难的，一般情况下，当剪力墙结构中由短肢剪力墙所承担的第一振型底部地震倾覆力矩不小于结构总底部地震倾覆力矩的50%时，才认为是短肢剪力墙较多的剪力墙结构。如果结构中仅有少量的短肢剪力墙,不应判定为短肢剪力墙较多的剪力墙结构,不必遵循《高层建筑混凝土结构技术规程》(JGJ 3—2010)有关短肢剪力墙较多的剪力墙结构的规定。

在筒中筒结构中,虽然外框筒的墙肢截面高度与厚度之比可能为 5~8,但这些墙肢不是独立墙肢,他们并不是各自独立发挥作用,而是与裙梁一起,构成了抗侧力刚度很大的外框筒,因此,也不应判定为短肢剪力墙较多的剪力墙结构,也不必遵循《高层建筑混凝土结构技术规程》(JGJ 3—2010)有关短肢剪力墙较多的剪力墙结构的规定。

壁式框架的墙肢截面高度与厚度之比可为 5~8,但这些墙肢也不是独立墙肢,他们并不是各自独立发挥作用,而是和连梁一起共同工作,只是由于开洞较大,且墙体没有围圈封闭,不具备筒体结构的受力性能。

当墙肢两侧均与较强的连梁(连梁净跨与连梁截面高度之比 $l_b/h_b \leq 2.5$)相连时或有翼墙相连的短墙肢(翼墙长度不小于翼墙厚度的 3 倍),不应判定为短肢剪力墙。

(2) 短肢剪力墙结构的有关规定

短肢剪力墙结构,有利于住宅建筑的布置,又可进一步减轻结构自重,但是在高层住宅中,剪力墙不宜过少、墙肢不宜过短,因此,不应设计成全部为短肢剪力墙的剪力墙结构。短肢剪力墙较多时,应布置剪力墙筒体(或一般剪力墙),形成短肢剪力墙与筒体(或一般剪力墙)的共同抵抗水平力的剪力墙结构,并应符合下列规定。

1) 最大适用高度应比《高层建筑混凝土结构技术规程》(JGJ 3—2010)表 3.3.1-1 中剪力墙结构的规定值适当降低,且 7 度、8 度 (0.20g) 和 8 度 (0.30g) 时分别不应大于 100m、80m 和 60m。

2) 抗震设计时,短肢剪力墙的抗震等级应比《高层建筑混凝土结构技术规程》(JGJ 3—2010)表 3.9.3 规定的剪力墙的抗震等级提高一级采用。

3) 抗震设计时,筒体和一般剪力墙承受的第一振型底部地震倾覆力矩不宜小于结构总底部地震倾覆力矩的 50%。

4) 抗震设计时,各层短肢剪力墙在重力荷载代表值作用下产生的轴力设计值的轴压比,抗震等级为一、二、三级时分别不宜大于 0.45、0.5、0.55;一字形截面短肢剪力墙的轴压比限值应相应减少 0.1。

注意:应按提高后的短肢剪力墙的抗震等级确定其轴压比的要求。

5) 抗震设计时,短肢剪力墙底部加强部位剪力设计值按下式进行调整

$$V = \eta_{vw} V_w \tag{19-1}$$

式中 V——考虑地震作用组合的剪力墙墙肢底部加强部位截面的剪力计算值;

V_w——考虑地震作用组合的剪力墙墙肢底部加强部位截面的剪力计算值;

η_{vw}——剪力增大系数,一级为 1.6、二级为 1.4、三级为 1.2。

其他各层短肢剪力墙的剪力设计值,一、二、三级时剪力设计值应分别乘以增大系数 (η_{vw}) 1.4、1.2 和 1.1。

6) 抗震设计时,短肢剪力墙截面的全部纵向钢筋的配筋率,底部加强部位一、二级不宜小于 1.2%;三、四级不宜小于 1.0%;其他部位一、二级不宜小于 1.0%,三级、四级不宜小于 0.8%。

7) 底部加强部位短肢剪力墙截面厚度不应小于 200mm,其他部位不应小于 180mm。

8）不宜采用一字形短肢剪力墙，不宜在一字形短肢剪力墙上布置平面外与之相交的单侧楼面梁。

9）设计中，对于具有较多短肢剪力墙的剪力墙结构，结构布置上宜使两个主要受力方向的刚度和承载力相差不多。

10）带有短肢剪力墙的剪力墙结构的混凝土强度等级不宜低于C30。

11）抗震设计时，高层建筑结构不应全部采用短肢剪力墙；B级高度高层建筑和抗震设防烈度为9度的A级高度高层建筑，不宜布置短肢剪力墙，不应采用具有较多短肢剪力墙的剪力墙结构。具有较多短肢剪力墙的剪力墙结构是指，在规定的水平地震作用下，短肢剪力墙承担的底部倾覆力矩不小于结构底部总地震倾覆力矩的30%的剪力墙结构。

215. 异形柱结构的设计要点是什么？

异形柱结构是指异形柱框架结构、异形柱框架—剪力墙结构，可用于非抗震设计以及6度、7度及8度（0.20g）抗震设计的房屋建筑。

异形柱框架结构，与常规矩形柱框架的区别就在于柱截面形式。异形柱截面几何形状采用"T""L""十"形等形式，且截面各肢的肢高肢厚比不大于4，柱的净高与截面长边之比不宜小于4且不宜大于8。

根据建筑布置及结构受力的需要，异形柱结构中的框架柱，可全部采用异形柱，也可部分采用一般框架柱。受力复杂部位的异形柱，宜采用一般框架柱。

（1）异形柱结构适用的房屋最大高度和最大高宽比

异形柱结构适用的房屋最大高度应符合表19-1的要求。异形柱结构适用的最大高宽比不宜超过表19-2的限值。

表 19-1　异形柱结构适用的房屋最大高度（m）

结 构 体 系	非抗震设计	抗震设计			
		6度(0.05g)	7度		8度(0.20g)
			0.10g	0.15g	
框架结构	24	24	21	18	12
框架—剪力墙结构	45	45	40	35	28

注：1. 房屋高度指室外地面至主要屋面板板顶的高度（不包括局部凸出屋顶部分）。
　　2. 框架—剪力墙结构在基本振型地震作用下，当框架部分承受的地震倾覆力矩大于结构总地震倾覆力矩的50%时，其适用的房屋高度可比框架结构适当增加。
　　3. 平面和竖向均不规则的异形柱结构或Ⅳ类场地上的异形柱结构，适用的房屋最大高度应适当降低。
　　4. 底部抽柱带转换层的异形柱结构，适用的房屋最大高度应按表19-1规定的限值降低不少于10%，且框架结构不应超过6层。框架—剪力墙结构，非抗震设计不应超过12层，抗震设计不应超过10层。
　　5. 房屋高度超过表内规定数值时，结构设计应有可靠依据，并采取有效的加强措施。

表 19-2　异形柱结构适用的最大高宽比

结 构 体 系	非抗震设计	抗震设计			
		6度(0.05g)	7度		8度(0.20g)
			0.10g	0.15g	
框架结构	4.5	4.0	3.5	3.0	2.5
框架—剪力墙结构	5.0	5.0	4.5	4.0	3.5

（2）异形柱结构的抗震等级

抗震设计时，异形柱结构应根据结构体系、抗震设防烈度和房屋高度，按表19-3的规定采用不同的抗震等级，并应符合相应的计算和构造措施要求。

表 19-3　异形柱结构的抗震等级

结构体系		抗震设防烈度						
		6度		7度				8度
		0.05g		0.10g		0.15g		0.20g
框架结构	高度/m	≤21	>21	≤21	>21	≤18	>18	≤12
	框架	四	三	三	二	三(二)	二(二)	二
框架—剪力墙结构	高度/m	≤30	>30	≤30	>30	≤30	>30	≤28
	框架	四	三	三	二	三(二)	二(二)	二
	剪力墙	三	三	二	二	二(二)	二(一)	一

注：1. 房屋高度指室外地面至主要屋面板板顶的高度（不包括局部凸出屋顶部分）。
  2. 建筑场地为Ⅰ类时，除6度外，应允许按本地区抗震设防烈度降低一级所对应的抗震等级采取抗震构造措施，但相应的计算要求不应降低。
  3. 对7度（0.15g）时建于Ⅲ、Ⅳ类场地的异形柱框架结构和异形柱框架—剪力墙结构，应按表中括号内所示的抗震等级采取抗震构造措施。
  4. 接近或等于高度分界线时，应结合房屋不规则程度及场地、地基条件确定抗震等级。

框架—剪力墙结构在基本振型地震作用下，当框架部分承受的地震倾覆力矩大于结构总地震倾覆力矩的50%时，其框架部分的抗震等级按框架结构确定。

当异形柱结构的地下室顶层作为上部结构的嵌固端时，地下一层结构的抗震等级应按上部结构的相应等级采用，地下一层以下的抗震等级可根据具体情况采用三级或四级。

（3）异形柱结构平面布置

1）异形柱结构的一个独立单元内，结构的平面形状宜简单、规则、对称，减少偏心，刚度和承载力分布宜均匀。

异形柱结构的框架纵、横柱网轴线宜分别对齐拉通；异形柱截面肢厚中心线宜与框架梁及剪力墙中心线对齐。

2）异形柱截面形状的选择要综合考虑，从施工角度看，截面形式多，尺寸规格变化大，模板种类和规格也随之增加，经济效益不好。从设计角度看，当横向荷载通过杆件截面的剪力中心作用时，构件只产生弯曲而不产生扭转，L形、T形两种截面柱，其两肢中心线的交点即为剪力中心，框架梁均顺柱肢方向布置，当框架受横向荷载作用时，横向力均通过剪力中心，框架柱可按偏心受压进行计算。十字形柱主要作中柱，梁柱钢筋交叉较密，节点布筋较为困难，宜尽量不用。

异形柱的厚度一般与隔墙厚度相近，目的在于墙面与柱持平，粉饰后不露柱角。异形柱截面的肢厚（b、h_f 或 h_f'）不应小于200mm，截面肢高（h、b_f 或 b_f'）不应小于500mm，且截面各肢的肢高与肢厚之比不大于4.0。

（4）异形柱结构竖向布置

异形柱结构的竖向布置应符合下列要求：

1）建筑的立面和竖向剖面宜规则、均匀，避免过大的外挑和内收。

2）结构的侧向刚度沿竖向宜均匀变化，避免抗侧力结构的侧向刚度和承载力沿竖向的突变，竖向结构构件的截面尺寸和材料强度不宜在同一楼层变化。

3）异形柱框架—剪力墙结构体系的剪力墙应上下对齐连续贯通房屋全高。

不规则的异形柱结构，其抗震设计时尚应符合下列要求：

1）扭转不规则时，楼层竖向构件的最大水平位移和层间位移与该楼层两端弹性水平位移和层间位移平均值的比值不应大于1.45。

2）楼层承载力突变时，其薄弱层地震剪力应乘以1.20的增大系数；楼层受剪承载力不应小于相邻上一楼层的65%。

3）竖向抗侧力构件不连续（底部抽柱带转换层异形柱结构）时，该构件传递给水平转换构件的地震内力应乘以1.25~1.50的增大系数。

（5）异形柱结构设计

1）异形柱结构内力分析方法

考虑到异形柱结构的实际受力状况，异形柱结构的内力和位移分析应采用空间分析模型，可选择空间杆系模型、空间杆—薄壁杆系模型、空间杆—墙元模型或其他组合有限元等分析模型。当规则结构初步设计时，也可采用平面结构空间协同模型估算。

异形柱肢高肢厚比不大于4，与矩形柱相比，其柱肢一般相对较薄，这样尺度比例的异形柱内力和变形性能具有一般杆件的特征，并不满足划分为薄壁杆件的基本条件。因此，计算分析中，异形柱应按杆系模型分析，剪力墙可按薄壁杆系或墙板元模型分析。

2）一般规定

异形柱框架的结构设计应重视结构布置中异形柱的设置，保证结构的整体抗震性能，使整个结构具有足够的承载力、刚度和延性。

根据结构的平面布置和受力特点，可综合采用异形柱和矩形截面柱，以充分发挥异形柱在建筑使用上和结构受力上的优点。

抗震设计时，异形柱的轴压比不宜大于表19-4规定的限值。

表19-4 异形柱的轴压比限值

结构体系	截面形式	抗震等级		
		二级	三级	四级
框架结构	L形	0.50	0.60	0.70
	T形	0.55	0.65	0.75
	十字形	0.60	0.70	0.80
框架—剪力墙结构	L形	0.55	0.65	0.75
	T形	0.60	0.70	0.80
	十字形	0.65	0.75	0.85

注：1. 轴压比 $n = N/(f_c A)$ 指考虑地震作用组合的异形柱轴向压力设计值 N 与柱全截面面积和混凝土轴心抗压强度设计值 f_c 乘积的比值。

2. 剪跨比不大于2的异形柱，轴压比限值应按表内相应数值减小0.05。

3. 框架—剪力墙结构，在基本振型地震作用下，当框架部分承担的地震倾覆力矩大于结构总地震倾覆力矩的50%时，异形柱轴压比限值应按框架结构采用。

3) 异形柱正截面承载力计算

①轴向力作用于 T 形截面对称轴上的单向偏心受压柱可按《混凝土结构设计规范》(GB 50010—2010) 计算其正截面受压承载力。当沿截面腹部配置纵向受力钢筋时，可考虑该部分钢筋的受力作用。

②异形柱双向偏心受压的正截面承载力计算可按《混凝土异形柱结构技术规程》(JGJ 149—2006) 第 5.1 条规定进行计算。对于 T 形截面或 L 形截面双向受压柱的正截面承载力也可按下列方法计算：

对 T 形截面双向偏心受压柱，当翼缘高度与腹板宽度相等 ($h_f = b$ 或 $h_f' = b$)，翼缘宽度与截面高度相等 ($b_f = h$ 或 $b_f' = h$) 时，且 $b_f \leq 4b$ (或 $b_f' \leq 4b$) 时，可将双向偏心受压弯矩近似化为轴向作用于对称轴上的当量弯矩计算其正截面承载力。

当量弯矩按下列公式计算：

当 $\left|\dfrac{M_x}{M_y}\right| \geq \alpha$ 时 $\qquad M_{v0} = |M_x| + \alpha \dfrac{1-\beta}{\beta}|M_y|$ (19-2a)

当 $\left|\dfrac{M_x}{M_y}\right| < \alpha$ 时 $\qquad M_{v0} = \dfrac{1-\beta}{\beta}|M_x| + \alpha|M_y|$ (19-2b)

式中 M_x——x 向的弯矩设计值，$M_x = Ne_{ix}$；

M_y——y 向的弯矩设计值，$M_y = Ne_{iy}$；

e_{ix}、e_{iy}——轴向力对 y 轴、x 轴的初始偏心距；

M_{v0}——当量弯矩设计值，由式 (19-2a) 或式 (19-2b) 计算后取 M_x 的正负号；

ζ——高宽比，$\zeta = h/b$；

α、β——计算参数，按下列情况取值：

a. 当轴向力位于第 I、IV 象限，即 $M_x \geq 0$ 时 (图 19-1)：

$$\left.\begin{aligned}\alpha &= 0.25(\zeta+1)\left(0.9 - \dfrac{|N|}{f_cA}\right) + 1.0 \\ \beta &= 0.125(\zeta-1)\left(\dfrac{|N|}{f_cA} - 0.1\right) + 0.5\end{aligned}\right\} \quad (19\text{-}3)$$

b. 当轴向力位于第 II、III 象限，即 $M_x < 0$ 时 (图 19-1)：

$$\left.\begin{aligned}\alpha &= 0.25(\zeta+1)\left(\dfrac{|N|}{f_cA} - 0.1\right) + 1.0 \\ \beta &= 0.125(\zeta-1)\left(0.9 - \dfrac{|N|}{f_cA}\right) + 0.5\end{aligned}\right\} \quad (19\text{-}4)$$

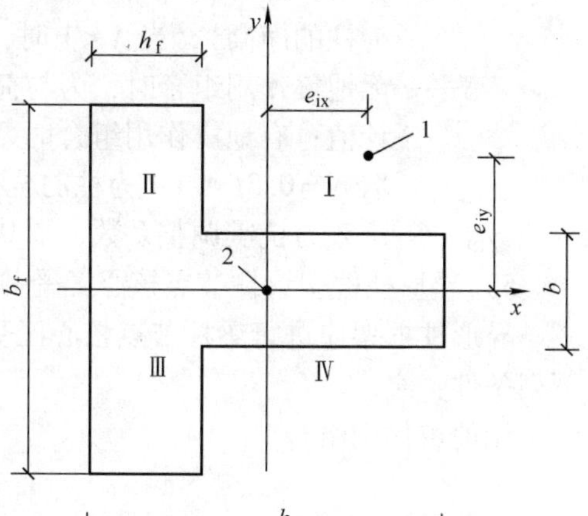

③等肢 L 形截面双向偏心受压柱，可将双向偏心受压弯矩近似化为轴向力作用于对称轴 (v 轴) 上的当量弯矩计算其正截面承载力。

当量弯矩按下列公式计算：

$$M_{v0} = 1.2 M_0 \sqrt{\dfrac{0.45 + \tan^2\theta}{1 + \tan^2\theta}} \quad (19\text{-}5)$$

当 $e_{iy} + e_{ix} = 0$ 时，取 $M_{v0} = M_0$。

图 19-1 T 形截面的计算坐标与象限的划分
1—轴向力的计算位置　2—截面形心

式中 M_0——轴向力设计值对截面形心的弯矩，$M_0 = N\sqrt{e_{ix}^2 + e_{iy}^2}$；

N——轴向力设计值；

θ——双向偏心弯矩方向与 u 轴的交角（图 19-2），$\tan\theta = \dfrac{e_{iy} - e_{ix}}{e_{iy} + e_{ix}}$；

e_{ix}、e_{iy}——轴向力对 y 轴、x 轴的初始偏心距，按 x、y 坐标取正、负值（图 19-2）。

4）异形柱斜截面承载力计算

无地震作用组合时，L 形与 T 形截面偏心受压柱的斜截面受剪承载力按下式计算：

$$V \leq \frac{1.75}{\lambda + 1} f_t b h_{c0} + 1.0 f_{yv} \frac{A_{sv}}{s} h_{c0} + 0.07 N \qquad (19\text{-}6)$$

有地震作用组合时，L 形与 T 形截面偏心受压柱的斜截面受剪承载力按下式计算：

$$V \leq \frac{1}{\gamma_{RE}} \left(\frac{1.05}{\lambda + 1} f_t b h_{c0} + 1.0 f_{yv} \frac{A_{sv}}{s} h_{c0} + 0.056 N \right) \qquad (19\text{-}7)$$

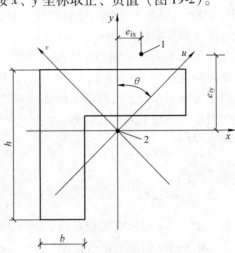

图 19-2 等肢 L 形截面的计算坐标
1—轴向力的计算位置 2—截面形心

式中 λ——剪跨比。无地震作用组合时，取柱上、下端组合的弯矩设计值 M_c 的较大值与相应的剪力设计值 V_c 和柱肢截面有效高度 h_{c0} 的比值；有地震作用组合时，取柱上、下端未经调整的组合的弯矩设计值 M_c 的较大值与相应的剪力设计值 V_c 和柱肢截面有效高度 h_{c0} 的比值，即 $\lambda = M_c / (V_c h_{c0})$；当反弯点在柱层高范围内时，可取 $\lambda = H_n / 2h_{c0}$（H_n 为柱的净高），当 $\lambda < 1$ 时，取 $\lambda = 1$；当 $\lambda > 3$ 时，取 $\lambda = 3$。

N——无地震作用组合时，为与荷载效应组合的剪力设计值 V_c 相对应的轴向压力设计值；有地震作用组合时，为有地震作用的轴向压力，当 $N > 0.3 f_c A$ 时，取 $N = 0.3 f_c A$（A 为柱的全截面面积）；

γ_{RE}——承载力抗震调整系数，取 0.85。

5）异形柱框架梁柱节点核心区受剪承载力计算

异形柱框架应进行梁柱节点核心区受剪承载力计算，节点核心处受剪的水平截面应符合下列条件：

无地震作用组合

$$V_j \leq 0.24 \zeta_f \zeta_h f_c b_j h_j \qquad (19\text{-}8)$$

有地震作用组合

$$V_j \leq \frac{0.19}{\gamma_{RE}} \zeta_f \zeta_h f_c b_j h_j \qquad (19\text{-}9)$$

节点核心区的受剪承载力应符合下列规定：
无地震作用组合

$$V_j \leq 1.38 \left(1 + \frac{0.3N}{f_c A}\right) \zeta_f \zeta_h f_t b_j h_j + 1.0 f_{yv} \frac{A_{svj}}{s} (h_{b0} - a_s') \qquad (19\text{-}10)$$

有地震作用组合

$$V_j \le \frac{1}{\gamma_{RE}}\left[1.1\zeta_N\left(1+\frac{0.3N}{f_c A}\right)\zeta_f\zeta_h f_t b_j h_j + 1.0 f_{yv}\frac{A_{svj}}{s}(h_{b0}-a_s')\right] \quad (19-11)$$

式中 V_j——节点核心区组合的剪力设计值，按表 19-5 计算。

表 19-5 节点核心区组合的剪力设计值

V_j	顶层中间节点和端节点	中间层中间节点和端节点
无地震作用组合	$\dfrac{M_b^l + M_b^r}{h_{b0}-a_s'}$	$\dfrac{M_b^l + M_b^r}{h_{b0}-a_s'}\left(1-\dfrac{h_{b0}-a_s'}{H_c-h_b}\right)$
有地震作用组合	$\eta_{jb}\left(\dfrac{M_b^l + M_b^r}{h_{b0}-a_s'}\right)$	$\eta_{jb}\left[\dfrac{M_b^l + M_b^r}{h_{b0}-a_s'}\left(1-\dfrac{h_{b0}-a_s'}{H_c-h_b}\right)\right]$

注：η_{jb} 为核心区剪力增大系数，对二、三、四级抗震等级分别取 1.2、1.2、1.0；M_b^l、M_b^r 分别为框架节点左、右两侧梁端弯矩设计值（图 19-3）。

b_j、h_j——节点核心区的截面有效验算厚度和截面高度，当梁截面宽度与柱肢截面厚度相同，或梁截面宽度每侧凸出柱边小于 50mm 时，可取 $b_j = b_c$、$h_j = h_c$，此处，b_c、h_c 分别为验算方向的柱肢截面厚度和高度（图 19-3）。

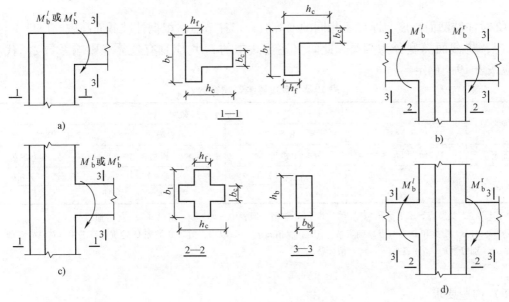

图 19-3 框架节点和梁柱截面
a) 顶层端节点 b) 顶层中间节点 c) 中间层端节点 d) 中间层中间节点

ζ_N——轴压比影响系数，按表 19-6 采用；

表 19-6 轴压比影响系数 ζ_N

轴压比	≤0.3	0.4	0.5	0.6	0.7	0.8	0.9
ζ_N	1.00	0.98	0.95	0.90	0.88	0.86	0.84

注：轴压比是指与节点剪力设计对应的该节点上柱底部轴向压力设计值 N 与柱全截面面积 A 和混凝土轴心抗压强度设计值 f_c 乘积的比值 $N/(f_c A)$。

ζ_h——截面高度影响系数,按表 19-7 采用。

表 19-7 截面高度影响系数 ζ_h

h_j/mm	≤600	700	800	900	1000
ζ_h	1.0	0.9	0.85	0.80	0.75

ζ_f——翼缘影响系数,按下列规定采用:

①对柱肢截面高度和厚度相同的等肢异形柱节点,翼缘影响系数 ζ_f 应按表 19-8 采用。

表 19-8 翼缘影响系数 ζ_f

	$b_f - b_c/\text{mm}$	0	300	400	500	600	700
ζ_f	L 形	1	1.05	1.10	1.10	1.10	1.10
	T 形	1	1.25	1.30	1.35	1.40	1.40
	十字形	1	1.40	1.45	1.50	1.55	1.55

注:1. 表中 b_f 为垂直于验算方向的柱肢截面高度(图 19-3)。
2. 表中的十字形和 T 形截面是指翼缘为对称的截面。若不对称时,则翼缘的不对称部分不计算在 b_f 数值内。
3. 对 T 形截面,当验算方向为翼缘方向时,ζ_f 按 L 形截面取值。

②对柱肢截面高度与厚度不相同的不等肢异形柱节点,根据柱肢截面高度与厚度不相同的情况,将截面类型分为四类,此时上述公式中的 ζ_f 均应宜有效翼缘影响系数 $\zeta_{f,ef}$ 代替,$\zeta_{f,ef}$ 应按表 19-9 确定。

表 19-9 有效翼缘影响系数 $\zeta_{f,ef}$

截面类型	L 形、T 形和十字形截面			
	A 类	B 类	C 类	D 类
截面特征	$b_f \geq h_c$ 和 $h_f \geq b_c$	$b_f \geq h_c$ 和 $h_f < b_c$	$b_f < h_c$ 和 $h_f \geq b_c$	$b_f < h_c$ 和 $h_f < b_c$
$\zeta_{f,ef}$	ζ_f	$1 + \dfrac{(\zeta_f - 1) h_f}{b_c}$	$1 + \dfrac{(\zeta_f - 1) b_f}{h_c}$	$1 + \dfrac{(\zeta_f - 1) b_f h_f}{b_c h_c}$

注:1. 对 A 类节点,取 $\zeta_{f,ef} = \zeta_f$,ζ_f 值按表 19-8 取用,但表中 $(b_f - b_c)$ 值以 $(h_c - b_c)$ 值代替。
2. 对 B、C 类和 D 类节点,确定 $\zeta_{f,ef}$ 值时,ζ_f 值按表 19-8 取用,但对 B 和 D 类节点,表中 $(b_f - b_c)$ 值应分别以 $(h_c - h_f)$ 和 $(b_f - h_f)$ 值代替。

6)构造要求

①一般要求。异形柱截面的厚度(b、h_f 或 h_f')不应小于 200mm,肢高不应小于 500mm,截面肢高(h、b_f 或 b_f')与肢厚之比不大于 4。

异形柱混凝土强度等级不应低于 C25,且不应高于 C50。纵向受力钢筋宜采用 HRB400、HRb335 级钢筋;箍筋宜采用 HRB335、HRB400、HPB300 级。

②纵向钢筋。在同一截面内,纵向受力钢筋(图 19-4 中的小圆圈)宜采用相同的直径,其直径不应小于 14mm,且不大于 25mm。内折角处应设置纵向受力钢筋。纵向钢筋间距:二、三级抗震等级不宜大于 200mm,四级不宜大于 250mm;非抗震设计时不宜大于 300mm。当纵向受力钢筋的间距不满足上述有关要求时,应设置纵向构造钢筋(图 19-4 中的黑圆点),其直径不应小于 12mm,并应设置拉筋,拉筋间距应与箍筋间距相同。

柱肢厚度为 200~250mm 时，纵向受力钢筋每排不应多于 3 根；根数较多时，可分为二排设置（图 19-4c）。

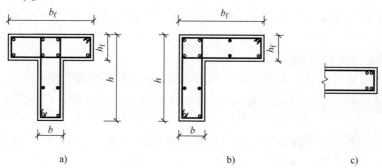

图 19-4　纵向受力钢筋与箍筋的设置
a）T 形截面柱　b）L 形截面柱　c）受力钢筋分两排布置

③箍筋。异形柱应采用复合箍，严禁采用有内折角的箍筋。箍筋应做成封闭式，其末端应做成 135°的弯钩，弯钩端头平直段长度，非抗震设计时不应小于 5d（d 为箍筋直径）；抗震设计时，不应小于 10d，且不应小于 75mm。

抗震时设计，异形柱箍筋加密区的箍筋应符合下列规定：

a. 加密区的体积配箍率应符合下列要求

$$\rho_v \geq \lambda_v \frac{f_c}{f_{yv}} \tag{19-12}$$

式中　ρ_v——箍筋加密区的箍筋体积配筋率，计算复合箍的体积配筋率时，应扣除重叠部分的箍筋体积；

　　　f_c——混凝土轴心抗压强度设计值，强度等级低于 C35 时，应按 C35 计算；

　　　f_{yv}——箍筋或拉筋抗拉强度设计值；

　　　λ_v——最小配箍特征值，按表 19-10 采用。

表 19-10　异形柱箍筋加密区的箍筋最小配箍特征值 λ_v

抗震等级	截面形式	柱 轴 压 比									
		≤0.30	0.40	0.45	0.50	0.55	0.60	0.65	0.70	0.75	0.80	0.85
二级	L 形	0.10	0.13	0.15	0.18	0.20	—	—	—	—	—	—
三级		0.09	0.10	0.12	0.14	0.16	0.18	0.20	—	—	—	—
四级		0.08	0.09	0.10	0.11	0.12	0.14	0.16	0.18	0.20	—	—
二级	T 形	0.09	0.12	0.14	0.17	0.19	0.21	—	—	—	—	—
三级		0.08	0.09	0.11	0.13	0.15	0.17	0.19	0.21	—	—	—
四级		0.07	0.08	0.09	0.10	0.11	0.13	0.15	0.17	0.19	0.21	—
二级	十字形	0.08	0.11	0.13	0.16	0.18	0.20	0.22	—	—	—	—
三级		0.07	0.08	0.10	0.12	0.14	0.16	0.18	0.20	0.22	—	—
四级		0.06	0.07	0.08	0.09	0.10	0.12	0.14	0.16	0.18	0.20	0.22

b. 抗震等级为二、三、四级的框架柱，箍筋加密区的箍筋体积配箍率分别不应小于 0.8%、0.6% 和 0.5%。

c. 剪跨比 $\lambda \leqslant 2$ 时，二、三级抗震等级的柱，箍筋加密区的箍筋体积配箍率不应小于 1.2%。

异形柱的箍筋加密区范围应按下列规定采用：

a. 柱端取截面长边尺寸、柱净高的 1/6 和 500mm 三者中的最大值；

b. 底层柱柱根不小于柱净高的 1/3；当有刚性地面时，除柱端外尚应取刚性地面上、下各 500mm；

c. 剪跨比不大于 2 的柱以及因设置填充墙等形成的柱净高与柱肢截面高度之比不大于 4 的柱取全高；

d. 二、三级抗震等级的角柱取柱全高。

抗震设计时，异形柱箍筋加密区的箍筋最大间距和箍筋最小直径应符合表 19-11 的规定。异形柱箍筋加密区的肢距：二、三级抗震等级不宜大于 200mm；四级抗震等级不宜大于 250mm。此外，每隔一根纵向钢筋宜在两个方向均有箍筋或拉筋约束。

表 19-11 异形柱箍筋加密区箍筋最大间距和最小直径

抗震等级	箍筋最大间距/mm	箍筋最小直径/mm
二级	纵向钢筋直径的 6 倍和 100 的较小值	8
三级	纵向钢筋直径的 7 倍和 120（柱根 100）的较小值	8
四级	纵向钢筋直径的 7 倍和 150（柱根 100）的较小值	6（柱根 8）

注：三、四级抗震等级的异形柱，当剪跨比 λ 不大于 2 时，箍筋间距不应大于 100mm，箍筋直径不应小于 8mm。

7) 梁柱节点构造

当框架梁的截面宽度与异形柱柱肢截面厚度相等或梁截面宽度每侧凸出柱边小于 50mm 时，在梁四角上的纵向受力钢筋应在离柱边不小于 800mm 且满足坡度不大于 1/25 的条件下，向本柱肢纵向受力钢筋的内侧弯折锚入梁柱节点核心区。在梁筋弯折处应设置不少于 2 根直径 8mm 的附加封闭箍筋（图 19-5a）。

当梁截面宽度的任一侧凸出柱边不小于 50mm 时，该侧梁角部的纵向受力钢筋可在本柱肢纵向受力钢筋的外侧锚入节点核心区，但凸出柱边尺寸不应大于 75mm（图 19-5b）。且从柱肢纵向受力钢筋内侧锚入的梁上部、下部纵向受力钢筋，分别不宜小于梁上部、下部纵向受力钢筋截面面积的 70%。

当上部、下部梁角的纵向钢筋在本柱肢纵向受力钢筋的外侧锚入节点核心区时，梁的箍筋配置范围应延伸到与另一方向框架梁相交处（图 19-6）。且节点处一倍梁高范围内梁的侧面应设置纵向构造钢筋并伸至柱外侧，钢筋直径不应小于 8mm，间距不应大于 100mm。

节点核心区应设置水平箍筋。水平箍筋的配置应满足节点核心区受剪承载力的要求，并应符合下列规定：

抗震设计时，节点核心区箍筋的最大间距和最小直径宜按表 19-11 采用。对二、三、四级抗震等级，节点核心区配箍特征值分别不宜小于 0.10、0.08 和 0.06，且体积配箍率分别不宜小于 0.8%、0.6% 和 0.5%。对二、三级抗震等级且剪跨比不大于 2 的框架柱，节点核心区配箍特征值不宜小于核心区上、下柱端配箍特征值的较大值。

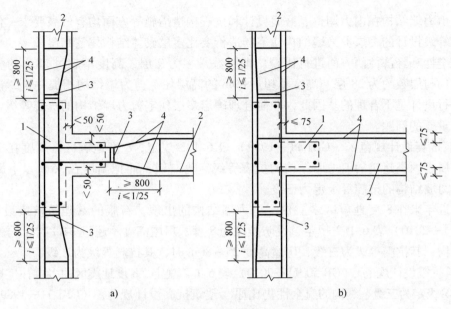

图 19-5　框架梁纵向钢筋锚入节点区的构造
a) 弯折锚入　b) 直线锚入
1—异形柱　2—框架梁　3—附加封闭箍筋　4—梁的纵向受力钢筋

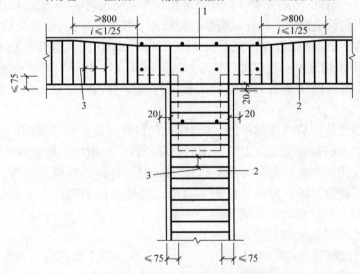

图 19-6　梁宽大于柱肢厚时的箍筋构造
1—异形柱　2—框架梁　3—梁箍筋

216. 多层剪力墙结构的设计要点是什么？

8度地震区，层数为9层或9层以下或房屋高度不超过28m的多层住宅剪力墙结构如何进行设计是一个值得探讨的问题。

（1）多层住宅剪力墙结构的抗震等级

对抗震设防烈度为8度的多层住宅剪力墙结构的抗震等级，《建筑抗震设计规范》（GB 50011—2001）和《高层建筑混凝土结构技术规程》（JGJ 3—2002）均规定，在抗震设防烈度为8度的地区，房屋高度不超过80m时，丙类建筑的剪力墙结构，其抗震等级为二级。

由于二级剪力墙结构在内力调整、截面设计和抗震构造措施等方面均有较高要求，使得按照二级抗震等级设计的多层剪力墙结构住宅的造价要比多层砌体结构住宅高出较多。

从安全性和经济性两方面进行比较，把层数最多为9层，高度不超过28m的多层住宅剪力墙结构与层数约为28层，高度不超过80m的高层住宅剪力墙结构相提并论，按同一抗震等级进行设计是不合理的。因此，如何合理确定多层住宅剪力墙结构的抗震等级，就成为一个十分重要的问题。

《建筑抗震设计规范》（GBJ 11—1989）表6.1.3规定，8度地震区，高度在35~80m范围内，属于丙类建筑的剪力墙结构的抗震等级定为二级，而把高度在35m以下属于丙类建筑的剪力墙结构的抗震等级定为三级。

鉴于近年来在8度地震区多层住宅剪力墙结构的出现，新版的《建筑抗震设计规范》（GB 50011—2010）表6.1.2规定，设防烈度为8度，房屋高度不超过24m时，丙类建筑的剪力墙结构，其抗震等级为三级，房屋高度25~80m时，其抗震等级为二级。

《建筑抗震设计规范》（GB 50011—2010）表6.1.2规定，8度地震区的多层住宅剪力墙结构的抗震等级定为三级，结构的安全性仍比原《建筑抗震设计规范》（GBJ 11—1989）要高，详见表19-12。表中比较了抗震等级为三级的一般剪力墙结构，按照原《建筑抗震设计规范》（GBJ 11—1989）设计与按《建筑抗震设计规范》（GB 50011—2001）、《建筑抗震设计规范》（GB 50011—2010）设计的不同要求（设计要求相同者未列入表中）。从表19-12可知，无论设计计算（包括内力设计值调整、构件截面受剪验算和承载力验算），还是包括构件截面厚度在内的抗震构造措施，《建筑抗震设计规范》（GB 50011—2001）、《建筑抗震设计规范》（GB 50011—2010）的要求均比原《建筑抗震设计规范》（GBJ 11—1989）的要求高得多。可见，在8度地震区，将上述多层住宅剪力墙结构的抗震等级定为三级，结构的安全性是有可靠保证的。

除了一般的多层住宅剪力墙结构外，《建筑抗震设计规范》（GB 50010—2010）表6.1.2还对8度地震区的多层部分框支剪力墙结构的抗震设计，也做出了相应的规定，即设防烈度为8度，一般部位的剪力墙，房屋高度不超过24m时，其抗震等级为三级，房屋高度25~80m时，其抗震等级为二级；加强部位的剪力墙，房屋高度不超过24m时，其抗震等级为二级，房屋高度25~80m时，其抗震等级为一级。

（2）多层剪力墙结构底部加强部位的高度

《建筑抗震设计规范》（GB 50011—2010）第6.1.10条第2款规定，当房屋高度大于24m时，剪力墙结构底部加强部位的高度可取墙肢总高度的1/10和底部2层二者的较大值，当房屋高度不大于24m时，底部加强部位可取底部一层。假定多层住宅剪力墙结构房屋室内外高差为0.6m，则其底部加强部位的高度为：按层数计，2层；按高度计，不超过(28-6)/10m = 2.20m。显然，按照《建筑抗震设计规范》（GB 50011—2010）的要求，多层住宅剪力墙结构底部加强部位的高度由房屋的层数控制，且层数为2层。当然，这对于层数不超过6层的多层住宅剪力墙结构，可能是偏严了。因在8度地震区，6层及接近6层的砌体结构住宅，除下部1/3楼层横墙内的构造柱间距要适当减小外，并无底部专门加强的规定。但考虑到多层住宅剪力墙结构墙肢底部截面在重力荷载代表值作用下的轴压比，一般都不会超过0.3，根据规范规定，按照一级抗震等级设计时，边缘构件可按构造要求设置，按构造要求配筋；剪力墙分布钢筋配筋率，《建筑抗震设计规范》（GB 50011—2010）不分加强部位与其他部位，一级、二级、三级剪力墙均为不应小于 0.25%。故多层住宅剪力墙结构底部加强部位高度取底部 2 层，无论在经济上还是在抗震构造设计方面，都不会有大的差别。

表 19-12 抗震等级为三级的剪力墙结构新旧规范设计要求比较

		GBJ 11—1989(JGJ 3—1991)		GB 50011—2001(JGJ 3—2002)		GB 50011—2010(JGJ 3—2010)	
剪力墙截面厚度	底部加强部位	≥层高/25；≥140mm		底部加强部位	≥层高/25；≥140mm（≥层高/20；≥160mm）	底部加强部位	≥层高/20；≥160mm
	其他部位			其他部位	≥层高/25；≥140mm（≥层高/25；≥160mm）	其他部位	≥层高/25；≥140mm
剪力墙底部加强部位截面剪力设计值调整		$V = V_w$			$V = \eta_{vw} V_w$ ($\eta_{vw} = 1.20$)		$V = \eta_{vw} V_w$ ($\eta_{vw} = 1.20$)
剪力墙截面验算		$V \leq \dfrac{1}{\gamma_{RE}}(0.20 f_c b_w h_{w0})$		当 $\lambda > 2.0$ 时 $V \leq \dfrac{1}{\gamma_{RE}}(0.20 f_c b_w h_{w0})$ 当 $\lambda \leq 2.0$ 时 $V \leq \dfrac{1}{\gamma_{RE}}(0.15 f_c b_w h_{w0})$		当 $\lambda > 2.5$ 时 $V \leq \dfrac{1}{\gamma_{RE}}(0.20 f_c b_w h_{w0})$ 当 $\lambda \leq 2.5$ 时 $V \leq \dfrac{1}{\gamma_{RE}}(0.15 f_c b_w h_{w0})$	
剪力墙结构底部加强部位的高度		1/8 墙肢总高度及墙肢宽度的较大值（1/8 墙肢总高度，且不小于底层层高）		1/8 墙肢总高度及底部两层二者的较大值，且不大于 15m		1/10 墙肢总高度及底部两层二者的较大值	
剪力墙分布筋配筋率	底部加强部位	≥0.20%		底部加强部位	≥0.25%	底部加强部位	≥0.25%
	其他部位	≥0.15%		其他部位	≥0.25%	其他部位	≥0.25%
剪力墙构造边缘构件配筋	底部加强部位	max(0.005A_c, 2ϕ14) ϕ6@150		底部加强部位	max(0.005A_c, 2ϕ14) ϕ6@150	底部加强部位	max(0.006A_c, 6ϕ12) ϕ6@150
	其他部位	max(0.005A_c, 2ϕ14) ϕ6@200		其他部位	max(0.004A_c, 2ϕ14) ϕ6@200	其他部位	max(0.005A_c, 4ϕ12) ϕ6@200
连梁剪力设计值调整		$V_b = \eta_{vb}\dfrac{M_b^l + M_b^r}{l_n} + V_{Gb}$ ($\eta_{vb} = 1.0$)			$V_b = \eta_{vb}\dfrac{M_b^l + M_b^r}{l_n} + V_{Gb}$ ($\eta_{vb} = 1.1$)		$V_b = \eta_{vb}\dfrac{M_b^l + M_b^r}{l_n} + V_{Gb}$ ($\eta_{vb} = 1.1$)
连梁斜截面受剪承载力验算		跨高比大于 2.5 $V_b \leq \dfrac{1}{\gamma_{RE}}\left(0.056 f_c b_b h_{b0} + 0.8 f_{yv}\dfrac{A_{sv}}{s} h_{b0}\right)$ 跨高比不大于 2.5 $V_b \leq \dfrac{1}{\gamma_{RE}}\left(0.049 f_c b_b h_{b0} + 0.7 f_{yv}\dfrac{A_{sv}}{s} h_{b0}\right)$			跨高比大于 2.5 $V_b \leq \dfrac{1}{\gamma_{RE}}\left(0.42 f_b b_b h_{b0} + 1.0 f_{yv}\dfrac{A_{sv}}{s} h_{b0}\right)$ 跨高比不大于 2.5 $V_b \leq \dfrac{1}{\gamma_{RE}}\left(0.38 f_b b_b h_{b0} + 0.9 f_{yv}\dfrac{A_{sv}}{s} h_{b0}\right)$		跨高比大于 2.5 $V_b \leq \dfrac{1}{\gamma_{RE}}\left(0.42 f_b b_b h_{b0} + 1.0 f_{yv}\dfrac{A_{sv}}{s} h_{b0}\right)$ 跨高比不大于 2.5 $V_b \leq \dfrac{1}{\gamma_{RE}}\left(0.38 f_b b_b h_{b0} + 0.9 f_{yv}\dfrac{A_{sv}}{s} h_{b0}\right)$

注：1.《建筑抗震设计规范》(GB 50011—2001)和《建筑抗震设计规范》(GBJ 11—1989)规定，剪力墙连梁剪力设计值调整的条件是跨高比大于 2.5，而《建筑抗震设计规范》(GB 50011—2010)、《高层建筑混凝土结构技术规程》(JGJ 3—2002)、《高层建筑混凝土结构技术规程》(JGJ 3—2010)和原《钢筋混凝土高层建筑结构设计与施工规程》(JGJ 3—1991)则无此规定。

2.《建筑抗震设计规范》(GB 50011—2001)、《建筑抗震设计规范》(GB 50011—2010)规定，剪力墙截面验算选用公式的剪跨比界限值为 2.0，而《高层建筑混凝土结构技术规程》(JGJ 3—2002)、高层建筑混凝土结构技术规程》(JGJ 3—2010)则为 2.5。

(3) 多层剪力墙结构无地下室时的底层的层高

《混凝土结构设计规范》(GB 50010—2010) 表 6.2.20-2 的"注"规定，框架结构底层柱的高度为从基础顶面到一层楼盖顶面的高度。无地下室时，剪力墙结构底层层高从何处算起，《混凝土结构设计规范》(GB 50010—2010) 未做规定，其他国家规范也未做规定。

目前，在工程设计中，多层住宅剪力墙结构无地下室时，底层层高的计算方法大体有以下三种。

①根据《混凝土结构设计规范》(GB 50010—2010) 框架结构底层柱的计算方法，从基础顶面起计算剪力墙结构的底层层高。

②按照《建筑地基基础设计规范》(GB 50007—2011) 第 8.2.6 条，关于短柱基础的做法，在 ±0.000 地面以下 -0.10m 处附近，加厚剪力墙形成"短墙"（宜使短墙厚度≥2 倍墙厚），从短墙顶面起计算剪力墙结构底层层高。

③参照《砌体结构设计规范》(GB 50003—2011) 第 5.1.3 条，当 ±0.000 地坪为刚性地坪并配构造钢筋时，多层住宅剪力墙结构底层层高可由室外地面以下 500mm 起计算。

显然，用上述第三种方法计算无地下室的多层住宅剪力墙结构底层层高的规范依据不足。但是，如果我们注意到多层住宅剪力墙结构和多层住宅砌体结构，除墙体材料不同（前者为钢筋混凝土，后者为砖石砌体）外，由于平面布置基本相似，多层住宅剪力墙结构高宽比一般均符合多层住宅砌体结构房屋的高宽比限值（多层砌体结构房屋的总高度与总宽度之比不宜大于2），两者在水平力作用下的特点应当是相似的，即同属于刚性建筑，破坏模型均呈剪切型。这是高宽比≤2 的多层住宅剪力墙结构与大高宽比的高层住宅剪力墙结构破坏模型不同之处。高层住宅剪力墙结构的最大适用高宽比可以达到 5，在水平力作用下，属于竖向弯曲型结构或弯剪型结构，破坏模型呈弯曲型或弯剪型。

抗震设计时，当多层住宅剪力墙结构高宽比符合刚性建筑要求时，对于无地下室的多层住宅剪力墙结构，宜采用第一种做法和计算方法。因为，采用第一种做法和计算方法时，算出的多层住宅剪力墙结构底层层高最低，墙厚相对较薄，比较合理，也比第三种方法更安全可靠。

(4) 多层剪力墙结构底部加强部位墙肢截面厚度

《建筑抗震设计规范》(GB 50011—2010) 规定，底部加强部位的剪力墙厚度如表 19-13 所示，可见剪力墙抗震等级二级和三级时，剪力墙底部加强部位的墙肢厚度是不同的，若按二级设计时，多层住宅剪力墙结构底部加强部位的墙肢截面厚度较厚，使用面积比多层住宅砌体结构增加不多，经济指标不好。《建筑抗震设计规范》(GB 50011—2010) 将 8 度地震区的多层住宅剪力墙结构的抗震等级定为三级是比较合理的，也解决了上述问题。

表 19-13 剪力墙的厚度要求

剪力墙厚度		抗 震 等 级			
		一级	二级	三级	四级
底部加强部位	有端柱或翼墙	≥(200mm, 层高或无支长度 1/16)		≥(160mm, 层高或无支长度 1/20)	
	无端柱或翼墙	≥层高或无支长度 1/12		≥层高或无支长度 1/16	
其他部位	有端柱或翼墙	≥(160mm, 层高或无支长度 1/20)		≥(140mm, 层高或无支长度 1/25)	
	无端柱或翼墙	≥层高或无支长度 1/16		≥层高或无支长度 1/20	

为防止混凝土表面出现收缩裂缝，同时使剪力墙具有一定的出平面抗弯能力，在多层剪力墙结构设计中，剪力墙通常也采用双排配筋；考虑到出平面的刚度以及施工方便等原因，剪力墙的最小截面厚度在8度地震区一般也不再采用140mm，而是采用160mm。

多层住宅剪力墙结构的外墙厚度不能取得太薄，应比内墙适当加厚。主要原因，一是外墙通常开洞较多，容易形成弱的小墙肢；二是当房屋开间较大时，较厚的楼板要求外墙有较大的出平面刚度和较大的出墙面抗弯能力。

(5) 多层建筑楼层扭转位移控制条件

多层建筑结构的绝对侧移值很小，层间位移角也很小，《超限高层建筑工程抗震设防专项审查技术要点》（建质〔2003〕46号）指出："规则性要求的严格控制程度，可依设防烈度不同有所区别。当计算的最大水平位移、层间位移角很小时，扭转位移比的控制可略有放宽。"因此，多层建筑结构的楼层扭转位移控制条件可适当放宽。建议不宜大于1.5，不应大于2.0。

217. 框架—壁式框架结构体系的设计要点是什么？

框架—壁式框架结构是一种介于纯框架结构与框架—剪力墙结构之间的结构体系，其设计要点如下：

(1) 壁式框架的基本尺寸

图19-7为壁式框架的一个节间，l_n为洞口宽度，H_n为洞口高度，余下部分即为壁式框架。壁式框架的竖条称为"壁柱"，水平条称为"壁梁"。壁式框架的跨度l一般取壁柱中线至中线的距离，壁式框架第i层层高H_i一般取壁梁中线至中线的距离。

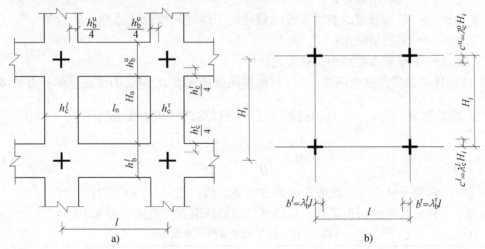

图19-7 壁式框架的基本尺寸及刚域长度
a) 基本尺寸 b) 计算简图

当$\dfrac{H_n}{H_i}=0.6\sim0.7$，且$\dfrac{l_n}{l}=0.6\sim0.9$时认为符合壁式框架的形成条件。

在壁式框架中，壁柱与壁梁相交的区域是一个刚度很大的刚域，如果要按框架计算的话，则在框架"柱杆"及"梁杆"两端应有一段相当于惯性矩为无穷大的刚域长度，见图

19-7b，刚域长度 Δ 可以用下列两个表达式概括，即

$$梁端刚域长度 \Delta_b = \frac{壁柱截面高度\ h_c}{2} - \frac{壁梁截面高度\ h_b}{4}$$

$$柱端刚域长度 \Delta_c = \frac{壁梁截面高度\ h_b}{2} - \frac{壁柱截面高度\ h_c}{4}$$

对梁的左端及右端，Δ_b 有 Δ_b^l 和 Δ_b^r；对柱的上端及下端，Δ_c 有 Δ_c^u 和 Δ_c^l。Δ_b 可用梁的跨度 l 乘以一个刚域长度比例系数 λ 表示，第 i 层柱的 Δ_c 也可以用第 i 层层高 H_i 乘以一个刚域长度比例系数 λ 表示。λ 带有与 Δ 相同的上下角标，见图 19-13。

(2) 结构体系的层间抗侧力刚度

1) 壁柱及壁梁的等效线刚度。对于两端有刚域的壁梁和壁柱，可以用其中央截面刚度为基准，乘以一个刚度修正系数成等效的等截面杆件，这个系数除了考虑两端刚域影响外，还考虑了壁柱及壁梁中剪应变的影响。对杆件两端，等效不变截面的线刚度可以写成如下形式：

$$i_b^l = \psi_b^l \frac{EI_b}{l}（梁左端）和\ i_b^r = \psi_b^r \frac{EI_b}{l}（梁右端） \tag{19-13a}$$

$$i_c^u = \psi_c^u \frac{EI_c}{H_i}（柱上端）和\ i_c^l = \psi_c^l \frac{EI_c}{H_i}（柱下端） \tag{19-13b}$$

式中　$i_b^{l,r}$、$i_c^{u,l}$——梁的左右端及柱的上下端等效线刚度；

ψ_b^l、ψ_c^u——带刚域梁的左端及带刚域柱的上端线刚度修正系数，统称为 ψ，可查有关表格确定；

ψ_b^r、ψ_c^l——带刚域梁的右端及带刚域柱的下端线刚度修正系数，统称为 ψ'，可查有关表格确定；

I_b、I_c——壁梁及壁柱中央截面惯性矩。

2) 结构体系的层间抗侧刚度。第 i 层的层间抗侧刚度 D_i 定义为该层层间剪力 V_i 对层间相对位移 Δ_i 的比值，$D_i = \frac{V_i}{\Delta_i}$。柱的抗侧刚度 D 可以用式（19-14）表示：

$$D = \frac{12\alpha EI_c}{H_i^3} = \frac{12\alpha\ i_{cm}}{H_i^2} \tag{19-14}$$

式中　i_{cm}——取等于柱上、下端等效线刚度的平均值，$i_{cm} = (i_c^u + i_c^l)/2$；

α——柱的线刚度修正系数，与梁对柱端的约束程度有关，查表 19-14。

表 19-14　柱的线刚度修正系数 α

层　别	简　图	$\bar{i}$	α
一般层	i_b^{ru}　i_b^{lu}　i_{cm}　i_b^{rl}　i_b^{ll}	$\bar{i} = \dfrac{i_b^{lu} + i_b^{ru} + i_b^{ll} + i_b^{rl}}{2i_{cm}}$	$\alpha = \dfrac{\bar{i}}{2 + \bar{i}}$

(续)

层别	简图	$\bar{i}$	α
底层	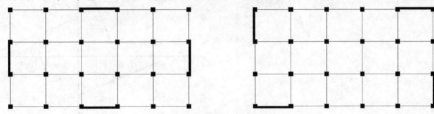	$\bar{i} = \dfrac{i_b^{lu} + i_b^{ru}}{2i_{cm}}$	$\alpha = \dfrac{0.5 + \bar{i}}{2 + \bar{i}}$

注：边柱取 $i_b^{lu} = i_b^{ll} = 0$

则楼层的抗侧刚度 D_i

$$D_i = \sum_j D_{ij} \tag{19-15}$$

式中 D_i——第 i 层楼层的抗侧刚度；

D_{ij}——第 i 层楼层中第 j 根柱的抗侧力刚度，按式（19-14）计算。

(3) 水平荷载作用下框架—壁式框架结构的内力和位移计算

1) 内力计算步骤

①壁式框架一般布置在房屋外侧，当房屋的长边方向不超过 35~40m 时，可布置在房屋四周，见图 19-8，每边一个开间或多个开间，尽量做到"分散、均匀、对称、周边"。

图 19-8 壁式框架的布置

②将整个房屋视为悬臂结构，求水平荷载作用下的层间剪力 V_i，见图 19-9c。

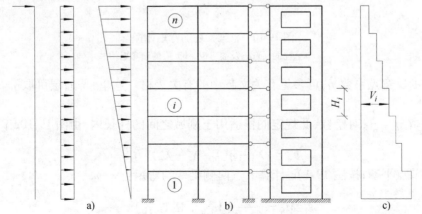

图 19-9 框架—壁式框架的计算简图
a) 水平荷载 b) 框架—壁式框架 c) 层间剪力

③计算各楼层中各柱（包括普通柱、壁柱）的抗侧刚度 D_{ij}（式19-14）及楼层的层间抗侧刚度 D_i。

$$D_i = \sum_j D_{ij}$$

④按柱的抗侧刚度比例，计算每根柱承担的剪力

$$V_{ij} = \frac{D_{ij}}{D_i} V_i \tag{19-16}$$

式中　V_i——第 i 层的层间剪力；

　　　V_{ij}——第 i 层中第 j 柱承担的层间剪力。

⑤按近似的反弯点位置由 V_{ij} 求柱上、下端的弯矩，见图19-10a。

$$M^u_{c,ij} = (H_i - h_d) V_{ij} \tag{19-17a}$$

$$M^l_{c,ij} = h_d V_{ij} \tag{19-17b}$$

式中　$M^u_{c,ij}$——第 i 层第 j 柱的上端弯矩；

　　　$M^l_{c,ij}$——第 i 层第 j 柱的下端弯矩；

　　　h_d——柱的反弯点高度，自柱下端算起，$h_d = \eta H_i$。

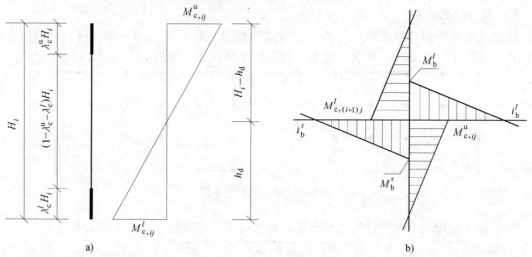

图19-10　框架梁柱的弯矩计算
a) 柱的反弯点及端弯矩　b) 梁的端弯矩

关于柱的反弯点系数 η，可参见有关文献中的有关表格。这里，普通层可取 $\eta = \frac{1}{2}$，顶层取 $\eta = \frac{1}{3}$，底层取 $\eta = \frac{2}{3}$；对壁柱，此规定同样适用于刚域之间的杆长内，由图19-10a 得：

$$h_d = [\lambda^l_c + \eta(1 - \lambda^u_c - \lambda^l_c)] H_i \tag{19-18}$$

⑥根据节点平衡，按图19-10b 计算节点两侧梁端的弯矩：

$$M^l_b = \frac{i^l_b}{i^l_b + i^r_b} (M^u_{c,ij} + M^l_{c,(i+1)j}) \tag{19-19a}$$

$$M^r_b = \frac{i^r_b}{i^l_b + i^r_b} (M^u_{c,ij} + M^l_{c,(i+1)j}) \tag{19-19b}$$

式中 i_b^l、i_b^r——节点处相邻两跨梁的左端及右端线刚度，见式（19-14）；

⑦计算梁端剪力

以第 i 层第 k 跨梁为例（图 19-11），该梁的剪力 $V_{b,ik}$ 可用下式求出：

$$V_{b,ik} = \frac{M_{b,ik}^l + M_{b,ik}^r}{l_k} \quad (19-20)$$

式中 l_k——第 k 跨梁的跨度。

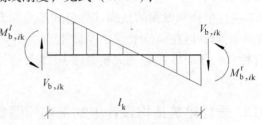

图 19-11 梁的弯矩和剪力

⑧计算柱轴力

以位于第 k 跨与第 $k+1$ 跨之间的 j 柱为例，第 i 层第 j 柱轴力 N_{ij}（图 19-12）可由下式计算：

$$N_{ij} = \sum_{i=j}^{n} \left[V_{b,ik}^l - V_{b,i(k+1)}^r \right] \quad (19-21)$$

式中 N_{ij}——第 i 层第 j 柱的轴向力，受压或受拉；

k、$k+1$——第 j 柱左右两侧的梁跨号。

2）位移计算步骤

①计算各层层间相对水平位移 Δ_i，并验算层间位移比是否满足要求。

$$\Delta_i = \frac{V_i}{D_i} \quad (19-22)$$

要求 $\Delta_i/H_i \leq 1/400$。

②计算结构顶点水平位移 Δ，并验算房屋侧移是否满足要求。

$$\Delta = \sum_{i=1}^{n} \Delta_i \quad (19-23)$$

并要求 $\Delta/H \leq 1/500$。

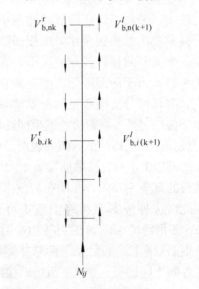

图 19-12 柱的轴向力

(4) 壁柱及壁梁的截面计算

求得水平荷载作用下结构内力后，与其他的荷载效应进行内力组合，即可进行构件的截面计算，对壁柱和壁梁截面设计应注意以下几点：

1）壁柱应按偏心受压或偏心受拉进行正截面承载力计算，按压剪或拉剪进行斜截面承载力计算；壁梁应按弯矩进行正截面承载力计算，按剪力进行斜截面承载力计算。

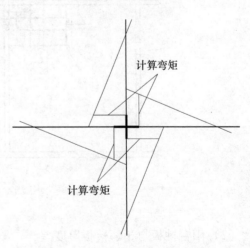

图 19-13 壁柱及壁梁的计算弯矩

2）壁梁、壁柱的截面设计时，计算弯矩应根据端弯矩按直线取刚域边界处弯矩，见图 19-13。

3）在壁柱、壁梁的截面中，除纵向主筋及箍筋外，尚有沿周边分布的构造分布纵筋，见图 19-14。

4）壁柱和壁梁的截面计算公式虽然在形式上与钢筋混凝土基本相同，但在限值上或是系数上有所不同，有时还有一些自身特点，详细可参见《大模板多层住宅结构设计与施工规程》（JGJ 20）。

图 19-14 壁柱及壁梁的纵向分布钢筋

218. 居住建筑结构设计中的常遇问题应如何处理？

（1）厨房、卫生间楼板面局部降低

在住宅、公寓、饭店等居住建筑中，厨房、卫生间需作防水处理，地面做法与相邻房间不同，通常要求结构板面比一般板面降低 30~50mm，以往常采用设置次梁。为了使房间内不露梁，在大开间楼板较厚情况下，在厨房、卫生间范围按建筑地面做法把板面局部降低，板底仍平整。由于局部降低范围一般靠近墙边，对板刚度影响甚少，板正弯矩配筋按正常板厚确定，降低部分支座弯矩的配筋按减小后的板厚确定。

由于使用需要，当厨房、卫生间处楼板下降 300~400mm 时，形成局部凹槽楼板（以下简称凹槽板），图 19-15。试验研究表明，楼板的固端支座负弯矩和跨中最大弯矩均小于一般普通楼板；凹槽边上下板连接的肋梁宽度大小对凹槽板变形影响较小；四边简支板的最大变形约为普通楼板的 50%~75%；在均布荷载作用下，肋梁附近楼板的应力分布与普通楼板有较大的差别。因此，这种板支座和跨中弯矩可按普通楼板计算确定配筋；肋梁宽度可取 150mm 或 200mm，凹槽跨度≤2.5m 时可按构造配筋，上下各 2Φ12 或 2Φ14，箍筋Φ6@150；凹槽部分上下钢筋双向拉通；肋梁上面靠外侧按支座负钢筋配置，并在肋梁转角处配 5 根放射钢筋，直径同外侧支座钢筋。如果下沉的凹槽跨度较大，可采用有限元方法进行分析。

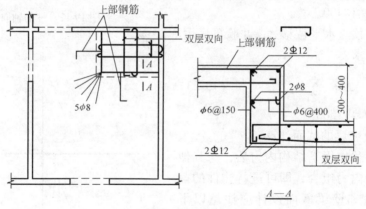

图 19-15 楼板局部下沉

（2）阳台挑板与相邻楼板厚度差

在居住建筑中，外挑阳台伸出长度一般为 1.5~2.0m，为了保证挑板有足够刚度，根部板厚一般取外挑长度的 1/12~1/10，但相邻房间楼板厚度一般均小于挑板根部的厚度。为了使阳台处的连梁（或过梁）不承受过大的扭矩，宜采取相邻房间楼板厚度与阳台挑板根部厚度差不超过 30mm，阳台挑板配筋按相邻板厚计算确定。阳台挑板与楼板上皮标高相同时，挑板上钢筋伸入相邻楼板的长度与挑板长度相等。当挑板与楼板上皮标高不同时，上述钢筋各自在过梁满足受拉锚固长度。

(3) 不规则楼板的计算与构造

在居住建筑中，由于平面使用功能的需要，往往会出现图 19-16 所示的不规则楼板，传统的处理方法是在交接处设置梁，这样在过厅可见梁会影响观感。在设计中，为了使室内简洁舒适避免设梁，当 L_1 值较小时采用 $b=1000mm$ 的暗梁，即板搭板做法；当 L_1 值较大时板宽取 $L_1+c/2$ 计算内力并配筋，在 L_1 范围内下部钢筋适当加强。楼板的承载力潜力较大，计算时可做简化处理。

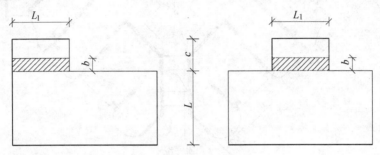

图 19-16 不规则楼板处理

(4) 外墙转角部位处理

随着建筑平立面的多样性，在不少居住建筑外墙转角处设置了窗或挑阳台（图 19-17），结构设计时可做如下处理：

1) 剪力墙厚度 b_w 在底部加强部位不小于层高的 1/12，其余部位不小于层高的 1/15，且不小于 180mm，墙端暗柱纵向钢筋适当加强。

2) 角窗为挑阳台时，当 ab 长度较大，bc 长度较小时，在 bc 方向设置挑梁，ab 方向设置次梁，b 端支承在 bc 方向挑梁上；当 ab、bc 长度接近时，各自按挑梁处理。

3) 角部为挑阳台时，有的沿 ab、bc 设窗或门，建筑允许结构如同角窗设置梁处理；当挑阳台为房间的一部分，沿阳台外缘设幕墙不允许结构如同角窗那样设置梁时，采用 ac 间设宽度 B 不小于 1m 的暗梁，由于暗梁受荷面积较大，此时楼板厚度需取大一些。

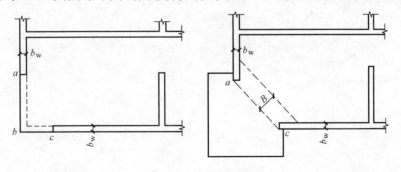

图 19-17 外墙转角部位

(5) 平面大缺口

在住宅、公寓塔式高层建筑中，为了使厨房有直接对外窗户，楼层平面常出现大缺口的复杂体型（图 19-18），各部分连接在电梯、楼梯间，造成各部分难以保证整体协同工作，当各部分伸出长度较大时问题就更加突出。为使各部分能达到整体变形协调，可采取下列措施。

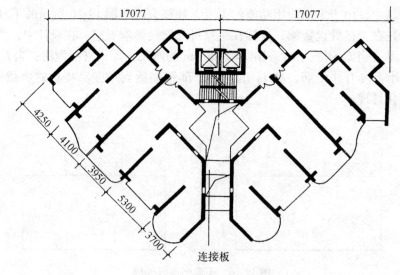

图 19-18 平面大缺口示意

1）各部分在电梯间、楼梯间连接部位，楼板在任一方向的最小净宽度不宜小于 5m，板厚宜不小于 150mm，双层双向配筋，每层每方向的最小配筋率不宜小于 0.25%。

2）在各部分外伸的端部每隔 2~3 层设置连接梁，此梁与墙直接相连，宽度可同墙厚，高度不小于 500mm，作为连杆考虑，纵向钢筋按计算确定，且不小于相应抗震等级柱的最小配筋率，箍筋应全跨加密。

3）当各部分外伸长度不等，或建筑立面外观考虑不允许结构设连接梁时，可在距外端一定距离处，每隔 2~3 层设置连接板，其宽度不小于 1.5m，厚度不小于 180mm，双层双向配筋，每层每方向的配筋率不小于 0.25%，长方向上钢筋伸至相邻跨板长度不小于板宽的 1/2，下钢筋锚固入墙按受拉锚固长度计算，相邻跨板下钢筋适当加强，在连接板范围伸入连接板按搭接长度计算。

第二十章 超限高层建筑结构

219. 哪些建筑工程属于超限高层建筑工程?

《超限高层建筑工程抗震设防专项审查技术要点》(简称《技术要点》建质〔2015〕67号)中定义,下列高层建筑工程属于超限高层建筑工程。

1)高度超限工程:房屋高度超过规定,包括超过《建筑抗震设计规范》(GB 50011—2010)第6章现浇钢筋混凝土结构和第8章钢结构适用的最大高度、超过《高层建筑混凝土结构技术规程》(JGJ 3—2010)第7章中有较多短肢墙的剪力墙结构、第10章错层结构和第11章混合结构最大适用高度的高层建筑工程,见表1-1。

2)规则性超限工程:房屋高度不超过规定,但建筑结构布置属于《建筑抗震设计规范》(GB 50011—2010)、《高层建筑混凝土结构技术规程》(JGJ 3—2010)规定的特别不规则的高层建筑工程,见表1-2~表1-4。

《技术要点》(建质〔2015〕67号)还指出上述规定的超限高层建筑工程中,属于下列情况的,建议委托全国超限高层建筑工程抗震设防审查专家委员会进行专项审查。

1)高度超过《高层建筑混凝土结构技术规程》(JGJ 3—2010)B级高度的混凝土结构,高度超过《高层建筑混凝土结构技术规程》(JGJ 3—2010)第11章最大适用高度的混合结构。

2)高度超过规定的错层结构,塔体显著不同的连体结构,同时具有转换层、加强层、错层、连体四种类型中三种的复杂结构,高度超过《建筑抗震设计规范》(GB 50011—2010)规定且转换层位置超过《高层建筑混凝土结构技术规程》(JGJ 3—2010)规定层数的混凝土结构,高度超过《建筑抗震设计规范》(GB 50011—2010)规定且水平和竖向均特别不规则的建筑结构。

3)超过《建筑抗震设计规范》(GB 50011—2010)第8章适用范围的钢结构。

4)其他各地认为审查难度较大的超限高层建筑工程,包括各种特殊结构类型的高层建筑工程,见表1-5。

220. B级高度高层建筑是否属于超限高层建筑范围?

《高层建筑混凝土结构技术规程》(JGJ 3—2010)将高层建筑结构的房屋高度分为A级高度和B级高度。A级高度是各种结构体系比较合适的房屋高度,是《高层建筑混凝土结构技术规程》(JGJ 3—2010)根据国内外工程实践经验提出的高度。同时,《高层建筑混凝土结构技术规程》(JGJ 3—2010)为适应现代建筑功能的需要,还提出了比A级高度更高的B级高度,B级高度建筑的结构受力、变形、整体稳定、承载力等更复杂,故其结构抗震等级、有关的计算和构造措施应相应加严,并应符合《高层建筑混凝土结构技术规程》(JGJ 3—2010)有关条款的规定。

因此,B级高度高层建筑是相对A级高度高层建筑而言的,是指房屋高度超过《高层建筑混凝土结构技术规程》（JGJ 3—2010）表 3.3.1-1 规定的框架—剪力墙、剪力墙及筒体结构高层建筑，其适用的最大高度不应超过《高层建筑混凝土结构技术规程》（JGJ 3—2010）表 3.3.1-2 的规定，并应遵守《高层建筑混凝土结构技术规程》（JGJ 3—2010）规定的更严格的计算和构造措施要求。

B 级高度高层建筑属于超限高层建筑工程，仍然需要进行抗震设防专项审查；审查可由各地超限高层建筑工程审查委员会完成，审查的主要依据是《高层建筑混凝土结构技术规程》（JGJ 3—2010）中有关 B 级高度高层建筑的规定，其目的是检查、复核结构设计是否符合《高层建筑混凝土结构技术规程》（JGJ 3—2010）的相关要求。

221. 超限高层建筑工程的抗震设防专项审查包括哪些内容？

高度超限和规则性超限工程的专项审查内容包括：建筑结构抗震概念设计、结构抗震性能目标、结构计算分析模型和计算结果、结构抗震加强措施、岩土工程勘察成果、地基和基础的设计方案、试验研究成果和工程实例、震害经验等。

（1）关于建筑结构抗震概念设计

1）各种类型的结构应有其合适的适用高度、单位面积自重和墙体厚度。结构的总体刚度应适当（含两个主轴方向的刚度协调符合规范的要求），变形特征应合理；楼层最大层间位移和扭转位移比符合规范、规程的要求。

2）应明确多道防线的要求。框架与墙体、筒体共同抗侧力的各类结构中，框架部分地震剪力的调整宜依据其超限程度比规范的规定适当增加；超高的框架—核心筒结构，其混凝土内筒和外框之间的刚度宜有一个合适的比例，框架部分计算分配的楼层地震剪力，除底部个别楼层、加强层及其相邻上下层外，多数不低于基底剪力的 8%且最大值不宜低于 10%，最小值不宜低于 5%。主要抗侧力构件中沿全高不开洞的单肢墙，应针对其延性不足采取相应措施。

3）超高时应从严掌握建筑结构规则性的要求，明确竖向不规则和水平向不规则的程度，应注意楼板局部开大洞导致较多数量的长短柱共用和细腰形平面可能造成的不利影响，避免过大的地震扭转效应。对不规则建筑的抗震设计要求，可依据抗震设防烈度和高度的不同有所区别。

主楼与裙房间设置防震缝时，缝宽应适当加大或采取其他措施。

4）应避免软弱层和薄弱层出现在同一楼层。

5）转换层应严格控制上下刚度比；墙体通过次梁转换和柱顶墙体开洞，应有针对性地加强措施。水平加强层的设置数量、位置、结构形式，应认真分析比较；伸臂的构件内力计算宜采用弹性膜楼板假定，上下弦杆应贯通核心筒的墙体，墙体在伸臂斜腹杆的节点处应采取措施避免应力集中导致破坏。

6）多塔、连体、错层等复杂体型的结构，应尽量减少不规则的类型和不规则的程度；应注意分析局部区域或沿某个地震作用方向上可能存在的问题，分别采取相应加强措施。对复杂的连体结构，宜根据工程具体情况（包括施工），确定是否补充不同工况下各单塔结构的验算。

7）当几部分结构的连接薄弱时，应考虑连接部位各构件的实际构造和连接的可靠程度，必要时可取结构整体模型和分开模型计算的不利情况，或要求某部分结构在设防烈度下保持弹性工作状态。

8) 注意加强楼板的整体性，避免楼板的削弱部位在大震下受剪破坏；当楼板开洞较大时，宜进行截面受剪承载力验算。

9) 出屋面结构和装饰构件自身较高或体型相对复杂时，应参与整体结构分析，材料不同时还需适当考虑阻尼比不同的影响，应特别加强其与主体结构的连接部位。

10) 高宽比较大时，应注意复核地震下地基基础的承载力和稳定。

11) 应合理确定结构的嵌固部位。

(2) 关于结构抗震性能目标

1) 根据结构超限情况、震后损失、修复难易程度和大震不倒等确定抗震性能目标。即在预期水准（如中震、大震或某些重现期的地震）的地震作用下结构、部位或结构构件的承载力、变形、损坏程度及延性的要求。

2) 选择预期水准的地震作用设计参数时，中震和大震可按规范的设计参数采用，当安评的小震加速度峰值大于规范规定较多时，宜按小震加速度放大倍数进行调整。

3) 结构提高抗震承载力目标举例：水平转换构件在大震下受弯、受剪极限承载力复核。竖向构件和关键部位构件在中震下偏压、偏拉、受剪屈服承载力复核，同时受剪截面满足大震下的截面控制条件。竖向构件和关键部位构件按中震下偏压、偏拉、受剪承载力设计值复核。

4) 确定所需的延性构造等级。中震时出现小偏心受拉的混凝土构件应采用《高层建筑混凝土结构技术规程》（JGJ 3—2010）中规定的特一级构造。中震时双向水平地震下墙肢全截面由轴向力产生的平均名义拉应力超过混凝土抗拉强度标准值时宜设置型钢承担拉力，且平均名义拉应力不宜超过两倍混凝土抗拉强度标准值（可按弹性模量换算考虑型钢和钢板的作用），全截面型钢和钢板的含钢率超过 2.5% 时可按比例适当放松。

5) 按抗震性能目标论证抗震措施（如内力增大系数、配筋率、配箍率和含钢率）的合理可行性。

(3) 关于结构计算分析模型和计算结果

1) 正确判断计算结果的合理性和可靠性，注意计算假定与实际受力的差异（包括刚性板、弹性膜、分块刚性板的区别），通过结构各部分受力分布的变化，以及最大层间位移的位置和分布特征，判断结构受力特征的不利情况。

2) 结构总地震剪力以及各层的地震剪力与其以上各层总重力荷载代表值的比值，应符合《建筑抗震设计规范》（GB 50011—2010）的要求，Ⅲ、Ⅳ类场地时尚宜适当增加。当结构底部计算的总地震剪力偏小需调整时，其以上各层的剪力、位移也均应适当调整。

基本周期大于 6s 的结构，计算的底部剪力系数比规定值低 20% 以内，基本周期 3.5 ~ 5s 的结构比规定值低 15% 以内，即可采用规范关于剪力系数最小值的规定进行设计。基本周期在 5 ~ 6s 的结构可以插值采用。

6 度（0.05g）设防且基本周期大于 5s 的结构，当计算的底部剪力系数比规定值低但按底部剪力系数 0.8% 换算的层间位移满足规范要求时，即可采用规范关于剪力系数最小值的规定进行抗震承载力验算。

3) 结构时程分析的嵌固端应与反应谱分析一致，所用的水平、竖向地震时程曲线应符合规范要求，持续时间一般不小于结构基本周期的 5 倍（即结构屋面对应于基本周期的位移反应不少于 5 次往复）；弹性时程分析的结果也应符合规范的要求，即采用三组时程时宜取包络值，采用七组时程时可取平均值。

4）软弱层地震剪力和不落地构件传给水平转换构件的地震内力的调整系数取值，应依据超限的具体情况大于规范的规定值；楼层刚度比值的控制值仍需符合规范的要求。

5）上部墙体开设边门洞等水平转换构件，应根据具体情况加强；必要时，宜采用重力荷载下不考虑墙体共同工作的手算复核。

6）跨度大于24m的连体计算竖向地震作用时，宜参照竖向时程分析结果确定。

7）对于结构的弹塑性分析，高度超过200m或扭转效应明显的结构应采用动力弹塑性分析；高度超过300m时应做两个独立的动力弹塑性分析。计算应以构件的实际承载力为基础，着重于发现薄弱部位和提出相应加强措施。

8）必要时（如特别复杂的结构、高度超过200m的混合结构、静载下构件竖向压缩变形差异较大的结构等），应有重力荷载下的结构施工模拟分析，当施工方案与施工模拟计算分析不同时，应重新调整相应的计算。

9）当计算结果有明显疑问时，应另行专项复核。

(4) 关于结构抗震加强措施

1）对抗震等级、内力调整、轴压比、剪压比、钢材的材质选取等方面的加强，应根据烈度、超限程度和构件在结构中所处部位及其破坏影响的不同，区别对待、综合考虑。

2）根据结构的实际情况，采用增设芯柱、约束边缘构件、型钢混凝土或钢管混凝土构件，以及减震耗能部件等提高延性的措施。

3）抗震薄弱部位应在承载力和细部构造两方面有相应的综合措施。

(5) 关于岩土工程勘察成果

1）波速测试孔数量和布置应符合规范要求；测量数据的数量应符合规定；波速测试孔深度应满足覆盖层厚度确定的要求。

2）液化判别孔和砂土、粉土层的标准贯入锤击数据以及黏粒含量分析的数量应符合要求；液化判别水位的确定应合理。

3）场地类别划分、液化判别和液化等级评定应准确、可靠；脉动测试结果仅作为参考。

4）覆盖层厚度、波速的确定应可靠，当处于不同场地类别的分界附近时，应要求用内插法确定计算地震作用的特征周期。

(6) 关于地基和基础的设计方案

1）地基基础类型合理，地基持力层选择可靠。

2）主楼和裙房设置沉降缝的利弊分析正确。

3）建筑物总沉降量和差异沉降量控制在允许的范围内。

(7) 关于试验研究成果和工程实例、震害经验

1）对按规定需进行抗震试验研究的项目，要明确试验模型与实际结构工程相似的程度以及试验结果可利用的部分。

2）借鉴国外经验时，应区分抗震设计和非抗震设计，了解是否经过地震考验，并判断是否与该工程项目的具体条件相似。

3）对超高很多或结构体系特别复杂、结构类型特殊的工程，宜要求进行实际结构工程

的动力特性测试。

222. 超限高层建筑专项审查的控制条件有哪些?

（1）抗震设防专项审查的内容

主要包括：建筑抗震设防依据；场地勘察成果及地基和基础的设计方案；建筑结构的抗震概念设计和性能目标；总体计算和关键部位计算的工程判断；结构薄弱部位的抗震措施；可能存在的影响结构安全的其他问题。

对于特殊体型（含屋盖）或风洞试验结果与《建筑结构荷载规范》（GB 50009—2012）规定相差较大的风荷载取值，以及特殊超限高层建筑工程（规模大、高宽比大等）的隔震、减震设计，宜由相关专业的专家在抗震设防专项审查前进行专门论证。

（2）抗震设防专项审查的重点是结构抗震安全性和预期的性能目标。为此，超限工程的抗震设计应符合下列最低要求：

1）严格执行规范、规程的强制性条文，并注意系统掌握、全面理解其准确内涵和相关条文。

2）对高度超限或规则性超限工程，不应同时具有转换层、加强层、错层、连体和多塔等五种类型中的四种及以上的复杂类型；当房屋高度在《高层建筑混凝土结构技术规程》（JGJ 3—2010）B级高度范围内时，比较规则的应按《高层建筑混凝土结构技术规程》（JGJ 3—2010）执行，其余应针对其不规则项的多少、程度和薄弱部位，明确提出为达到安全而比现行规范、规程的规定更严格的具体抗震措施或预期性能目标；当房屋高度超过《高层建筑混凝土结构技术规程》（JGJ 3—2010）的B级高度以及房屋高度、平面和竖向规则性等三方面均不满足规定时，应提供达到预期性能目标的充分依据，如试验研究成果、所采用的抗震新技术和新措施、以及不同结构体系的对比分析等的详细论证。

3）在现有技术和经济条件下，当结构安全与建筑形体等方面出现矛盾时，应以安全为重；建筑方案（包括局部方案）设计应服从结构安全的需要。

（3）对超高很多，以及结构体系特别复杂、结构类型（含屋盖形式）特殊的工程，当设计依据不足时，应选择整体结构模型、结构构件、部件或节点模型进行必要的抗震性能试验研究。

223. 高度和高宽比超限结构的抗震计算要点是什么?

（1）高度和高宽比超限程度的控制及概念设计

高度和高宽比超限程度应满足《超限高层建筑工程抗震设防专项审查技术要点》（建质〔2015〕67号）的有关规定。接近超限高度上限时，宜在结构的底部设置抗震性能良好的竖向构件，如采用型钢混凝土柱、钢管混凝土柱、型钢混凝土墙等，以保证结构底部构件具有良好的延性。

在计算高宽比时，目前对高度（H）的计算取值的界定较为明确，一般是从地面算至檐口的高度；有坡屋顶时计至坡屋顶一半的高度。但对宽度（B）的计算尚无明确的规定，这主要是由于平面形式的复杂多变引起的。一般情况下，应按《高层建筑混凝土结构技术规程》（JGJ 3—2010）（图3.4.3 建筑平面示意）中的B取建筑平面的宽度，但建议建筑平面的宽度B取值如下：

1)对于可按规则建筑进行抗震分析的结构(例如当平面中的局部凸出部分的 $l/b \leqslant 1$ 且 $l/L \leqslant 0.3$ 时),可取该图的 B_{max} (图20-1)。

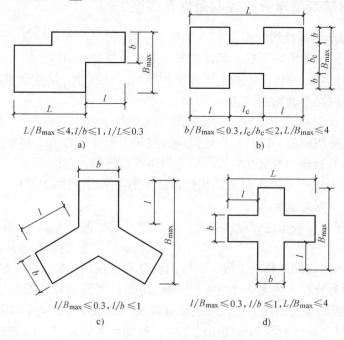

图20-1 计算高宽比时平面宽度的取值

2)对于平面为圆形的建筑,可取直径作为 B,计算高宽比 H/B;对于椭圆形平面,可取短轴的直径作为 B,计算高宽比 H/B。

3)对于体型特别复杂但不超限的高层建筑平面布置,可采用折算宽度 B 计算高宽比 H/B。折算宽度 B 应根据平面面积相同和惯性矩相同的原则计算确定。

(2)高度和高宽比超限结构的抗震计算分析要求

1)结构抗震计算。在结构抗震计算方面,应采用2个或2个以上的符合结构实际受力情况的力学模型和建设主管部门鉴定的计算程序,对结构在地震作用下的内力和变形进行计算分析,并使各项计算指标满足规范、规程的要求。当房屋层数较多或高度太高时,应多取一些振型,振型数的取值多少应根据等效振型质量来确定,一般超限情况下,等效振型质量(ΣR_{mj})应大于90%。

2)结构设计。高度和高宽比超限高层建筑结构设计时,应特别验算:

①验算结构整体的抗倾覆稳定性;

②验算结构底部外围构件在侧向力最不利组合情况下的轴压比,并控制这些构件的轴压比;

③验算桩基在侧向力最不利组合情况下桩身是否会出现拉力,并通过调整桩的布置,控制桩身不出现拉力;

④验算结构顶层楼面在风荷载或地震作用下的舒适度(控制加速度反应或位移反应),并满足有关规范、规程的要求。

从结构设计发展的角度看,只要作了上述的工作,高宽比限值可从规范、规程中取消。

3）抗震构造措施。在抗震构造措施方面，应加强顶部2～3层及屋面凸出物中的竖向构件的延性，适当加强其配筋。对底部2～3层的竖向构件，要适当降低其轴压比，并同时增加竖向钢筋和水平钢筋（包括箍筋）的数量。

224. 平面规则性超限结构的抗震设计要点是什么？

平面规则性超限是当前设计中一种较主要的超限形式，其主要表现为：
1）楼板开凹口太深（图20-2a 示），$b/B \geqslant 0.3$。
2）楼板之间连接较弱（图20-2b 示），$(S_1+S_2)/B \leqslant 0.7$。
3）楼板凸出幅度太大 $l/b>1$；$2 \geqslant l/b>1$ 且 $l/L \geqslant 0.3$ 时为不规则建筑。
4）楼板开洞太大（图20-2d 示），$b/B \geqslant 0.3$。

此外，还有平面长宽比超限的情况。

（1）平面规则性超限程度的控制及概念设计

平面布置中的凹口深度超限的情况（如图20-2a 所示），b/B 的值不大于0.5。平面中楼板间连接较弱的情况（如图20-2b 所示），$(S_1+S_2)/B$ 的值不应小于0.5，或 S_1+S_2 的尺寸不应小于5m。平面布置中局部凸出超限的情况（如图20-2c 所示），l/b 不应大于2。平面中楼板开大洞的情况（如图20-2d 所示），b/B 的值不应大于0.5，且开洞两侧的楼板有效宽度不应小于5.0m。

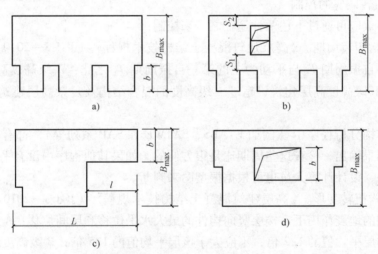

图20-2 平面规则性超限的几种情况
a）凹口太深 b）楼板间连接较弱 c）楼板凸出幅度太大 d）楼板开洞太大

对楼板中应力集中部位（凹口部位、局部凸出楼板的根部及洞口的四角）和弱连接的楼板截面的配筋应予以加强，改善这些楼板关键部位的承载力和延性。当凹口深度接近超限值的上限时，宜在凹口部位设置拉梁或拉板。当开洞尺寸接近最大限值时宜在洞口周围设置钢筋混凝土梁。

（2）平面规则性超限结构的抗震计算分析要求

由于平面规则性超限对楼板的整体性有较大的影响，一般情况下楼板在自身平面内刚度无限大的假定已不适用，因此，在结构计算模型中应考虑楼板的弹性变形，可采用下述两种处理方法。

1) 采用分块刚性模型加弹性楼板连接的计算模型，即将凹口周围各两开间或局部凸出部位的根部开间的楼板考虑为弹性楼板（如图20-3中的阴影区所示），而其余楼板考虑为刚性楼板。这样处理可以得到凹口周围或局部凸出部位根部的楼板内力，还可以减少部分建模和计算工作量。

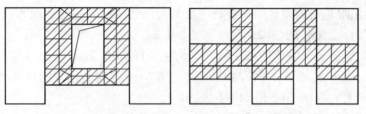

图20-3 部分弹性板加分块刚性板的楼面计算模型示意

2) 对于点式建筑或平面尺寸较小的建筑，也可以将整个楼面都考虑为弹性楼板。这样处理时，建模和计算过程比较简单、直观，计算结果较精确，但计算工作量较大。

计算结果中应能反映出楼板在凹口部位、凸出部位的根部以及楼板较弱部位的内力，以作为楼板截面设计以及是否设置拉梁或拉板时的参考。

(3) 结构扭转效应的控制

结构的扭转效应可通过下述两种途径之一来控制：

1) 控制结构扭转周期。《高层建筑混凝土结构技术规程》（JGJ 3—2010）规定了结构扭转为主的第一自振周期 T_t 与平动为主的第一自振周期 T_1 之比：A级高度高层建筑 T_t/T_1 不应大于0.9；B级高度高层建筑、超过A级高度的混合结构及复杂高层建筑 T_t/T_1 不应大于0.85。

在目前的结构分析程序中（例如ETABS、SATWE和SAP系列等），都有平动周期和扭转周期的判断结果输出，检查这些周期比是很方便的。如果其他程序中没有平动周期与扭转周期的判断结果，设计计算人员也可根据振型图来判断。

2) 控制结构扭转变形。《高层建筑混凝土结构技术规程》（JGJ 3—2010）规定：在考虑偶然偏心影响的地震作用下，楼层竖向构件的最大水平位移和层间位移：A级高度高层建筑不宜大于该楼层平均值的1.2倍，不应大于该层平均值的1.5倍；B级高度高层建筑、超过A级高度的混合结构及复杂高层建筑不宜大于该楼层平均值的1.2倍，不应大于该楼层平均值的1.4倍。

减少结构扭转效应的结构措施：①减少结构平面布置的长宽比，避免较窄长的板式平面。②抗侧力构件在平面布置中宜对称、均匀，避免过大的偏心。③加强外围构件的抗侧刚度和强度对减少扭转效应比较有利，效果最明显，这要求在方案阶段就有意识地调整结构的刚度中心及外围构件的布置。

当扭转周期指标 $T_t/T_1 \geq 1$ 时，整体结构自由振动扭转振型成为第一振型，地震作用尚未确定的扭转分量将受到激励，扭转振动可能成为地面地震运动的主要响应，结构一旦损坏极易形成脆性扭转破坏。

扭转不规则结构必须予以强制的两个重要指标应为

$$\xi = \frac{\delta_2}{\delta} \leqslant 1.8; \quad T_t/T_1 < 0.9$$

225. 立面规则性超限结构的设计要点是什么？

立面收进幅度过大是一种常见的竖向规则性超限情况（图 20-4a），此外还有其他竖向规则性超限的情况，如连体建筑（图 20-4b）、立面开大洞（图 20-4c）、大底盘多塔楼（图 20-4d）、带转换层结构等。

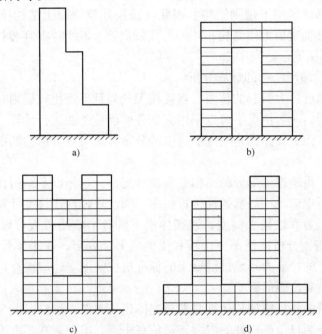

图 20-4 竖向规则性超限的情况
a) 立面收进 b) 连体建筑 c) 立面开大洞 d) 多塔楼

（1）立面规则性超限程度的控制和概念设计

立面收进幅度过大是一种常见的竖向规则性超限情况（如图 20-4a 所示）。一般当收进尺寸超过收进方向平面尺寸的 25% 以上时即为超限。但收进的最大尺寸也应有个限度，可从结构抗侧刚度的变化来控制，即收进层与下层刚度比不能小于 70% 或其下相邻三层侧向刚度平均值的 80%。目前规范中只限制平面收进的尺寸，采用这一单控指标在实际应用中有时会出现极不合理的情况，例如当屋顶有跃层时都成了超限，对结构设计影响很大。为了使超限的判定更加合理，建议：采用双控指标，从平面收进尺寸和收进部分的高宽比（大于 1.0）来判定。

连体建筑也是容易形成竖向规则性超限的结构形式（如图 20-4b 所示）。连接体结构自身的重量一般较大，对结构抗震很不利，因此应优先采用钢结构，也可采用型钢混凝土结构等。一般情况下连接体部位的层数不宜超过该建筑总层数的 20%，当连接体包含多个楼层时，最下面一层宜采用桁架结构形式。

立面开大洞建筑也容易形成竖向刚度突变，成为竖向规则性超限（如图 20-4c 所示）。

立面开大洞的建筑也容易形成竖向刚度突变。立面开大洞后，周边的构件受力极为不利，洞口越大，结构的抗震性能越差，一般情况下洞口尺寸不宜大于整个建筑面积的30%。

大底盘多塔楼建筑由于底盘裙房刚度与塔楼刚度有差异以及底盘裙房尺寸与塔楼尺寸有较大差异，也容易造成竖向刚度变化较大而成为超限（如图20-4d所示）。多塔楼建筑结构各塔楼的层数、平面和抗侧刚度宜接近，塔楼对底盘宜对称布置，塔楼结构与底盘结构质量中心的距离不宜大于底盘边长的20%。

带转换层结构由于结构上部楼层的部分竖向构件不能直接连续贯通落地，容易造成竖向刚度有突变，从而形成竖向不规则结构。因此《高层建筑混凝土结构技术规程》（JGJ 3—2010）规定，对部分框支剪力墙结构，转换层设置高度，8度时不宜超过3层，7度时不宜超过5层，6度时其层数可适当增加。

（2）立面规则性超限结构的计算分析

对于立面收进幅度过大引起的超限，当楼板无开洞且平面比较规则时，在计算分析模型中可以采用刚性楼板，一般情况下可以采用振型分解反应谱法进行计算。结构分析的重点应是检查结构的位移有无突变，结构刚度沿高度的分布有无突变，结构的扭转效应是否能控制在合理范围内。

对于连体建筑，由于连体部分的结构受力非常复杂，连体以下结构在同一平面上完全脱开，因此在结构分析中应采用局部弹性楼板、多个刚性块弹性连接等计算模型。即在连接体部分至少取5层楼板为弹性楼板模型，连接体以下的各个塔楼楼板可以采用刚性楼板模型（规则平面时）。应特别分析连体部分楼板和梁的应力和变形，在小震作用计算时应控制连接体部分的梁、板上的拉应力不超过混凝土的标准抗拉强度。还应检查连接体以下各塔楼的局部变形及对结构抗震性能的影响。

立面开大洞建筑的计算模型和计算要求与连体建筑类似，洞口以上5层楼板宜考虑为弹性楼板，应重点检查洞口角部构件的内力，避免在小震时出现裂缝。由于开大洞而在洞口以上的转换构件还应检查其在竖向荷载下的变形，并评价这种变形对洞口上部结构的影响。

多塔楼建筑计算分析的重点是裙房的整体性和裙房协调上部多塔楼变形的能力。一般情况下裙房的楼板在计算模型中应按弹性楼板处理，每个塔楼的楼层可以考虑为一个刚性楼板，计算时整个计算体系的振型数不应小于18个。当只有一层裙房、裙房的抗侧刚度大于上部塔楼抗侧刚度的2倍以上且裙房屋面板的厚度不小于200mm时，裙房的屋面板可以取为刚性楼板以简化计算。当裙房楼板削弱较多（例如逐层开大洞形成中庭等），以至于不能协调多塔楼共同工作时，可以按单个塔楼进行简化计算，计算模型中裙房的平面尺寸可以按塔楼的数量进行平均分配或根据建筑结构布置进行分割，裙房的层数要计算到整个计算模型中去。

对于带转换层的结构，计算模型中应考虑转换层以下的各层楼板的弹性变形，按弹性楼板假定计算结构的内力和变形。结构分析的重点除与立面收进建筑的要求相同之外，还应重点检查框支柱所承受的地震剪力的大小、框支柱的轴压比以及转换构件的应力和变形等。

（3）立面规则性超限时的抗震构造要求

对于立面收进层，该层楼板的厚度宜加厚，配筋率适当加强。收进部位的竖向构件的配筋宜适当加强，以增加构件的延性。当收进层在房屋顶层时，整层的竖向构件宜适当加强，以应对顶层可能产生的鞭梢效应。

对于连体建筑，要尽量减少连接体的重量，例如，采用轻质隔墙和轻质外围护墙等。加强连接体水平构件的强度和延性。保证连接处与两侧塔楼的有效连接，一般情况下宜采用刚性连接；当采用柔性连接时，应保证连接材料（或构件）有足够大的变形适应能力；当采用滑动支座连接时，应保证在大震作用下滑动支座仍安全有效。要加强连接体以下塔楼内侧和外围构件的强度和延性。

对于立面开大洞的建筑，抗震构造要求与连体建筑类似。应加强洞口周边构件，即洞口周边的梁柱和洞口上下的楼板。

对于多塔楼建筑，应加大底盘屋面楼板厚度，不宜小于150mm，并应加强配筋构造，板面负弯矩配筋宜贯通；底盘屋面的上、下层结构的楼板也应加强构造措施。

对于带转换层结构，应采取有效措施减少转换层上、下结构侧向刚度和承载能力的变化。

226. 超限高层建筑结构审查的申报材料应包括哪些基本内容？

（1）建设单位申报抗震设防专项审查时，应提供以下资料：

1) 超限高层建筑工程抗震设防专项审查申报表和超限情况表（至少5份）。
2) 建筑结构工程超限设计的可行性论证报告（至少5份）。
3) 建设项目的岩土工程勘察报告。
4) 结构工程初步设计计算书（主要结果，至少5份）。
5) 初步设计文件（建筑和结构工程部分，至少5份）。
6) 当参考使用国外有关抗震设计标准、工程实例和震害资料及计算机程序时，应提供理由和相应的说明。
7) 进行模型抗震性能试验研究的结构工程，应提交抗震试验方案。
8) 进行风洞试验研究的结构工程，应提交风洞试验报告。

（2）申报抗震设防专项审查时提供的资料，应符合下列具体要求：

1) 高层建筑工程超限设计可行性论证报告。

应说明其超限的类型（对高度超限、规则性超限工程，如高度、转换层形式和位置、多塔、连体、错层、加强层、竖向不规则以及平面不规则）。

2) 岩土工程勘察报告。

应包括岩土特性参数、地基承载力、场地类别、液化评价、剪切波速测试成果及地基基础方案。当设计有要求时，应按规范规定提供结构工程时程分析所需的资料。

处于抗震不利地段时，应有相应的边坡稳定评价、断裂影响和地形影响等场地抗震性能评价内容。

3) 结构设计计算书。

应包括软件名称和版本、力学模型、电算的原始参数（设防烈度和设计地震分组或基本加速度、所计入的单向或双向水平及竖向地震作用、周期折减系数、阻尼比、输入地震时程记录的时间、地震名、记录台站名称和加速度记录编号、风荷载、雪荷载和设计温差等）、结构自振特性（周期、扭转周期比，对多塔、连体类和复杂楼盖含必要的振型）、整体计算结果（对高度超限、规则性超限工程，含侧移、扭转位移比、楼层受剪承载力比、结构总重力荷载代表值和地震剪力系数、楼层刚度比、结构整体稳定、墙体（或筒体）和框架承担的地震作用分配等。

对计算结果应进行分析。时程分析结果应与振型分解反应谱法计算结果进行比较。对多个软件的计算结果应加以比较，按规范的要求确认其合理、有效性。风控制时和屋盖超限工程应有风荷载效应与地震效应的比较。

4）初步设计文件。

设计深度应符合《建筑工程设计文件编制深度的规定》（2016版）的要求，设计说明要有建筑安全等级、抗震设防分类、设防烈度、设计基本地震加速度、设计地震分组、结构的抗震等级等内容。

5）提供抗震试验数据和研究成果，如有提供应有明确的适用范围和结论。

227. 各类超限高层建筑结构专项审查的内容有哪些？

（1）超高层建筑抗震设防的专项审查

超高层建筑，总高度超过规范、规程的最大适用范围很多，一般外形基本属于规则，仅局部有少量的不规则。抗震设防审查时，着重于：

①不同结构体系的对比，尽可能采用适用高度较高的结构类型；

②对加强层的数量、位置和构造要仔细论证；

③对混凝土剪力墙的剪应力应严格控制，如采用大震下墙体满足剪应力的截面控制条件；

④对关键部位的细部构造要保证在大震下的安全。

（2）转换结构抗震设防的专项审查

高层建筑的转换结构有两类：一类为墙体转换，一类为柱或斜撑转换。墙体及其转换大梁形成拱，对框支柱有向外推力；抽柱的转换梁是空腹桁架的下弦杆，次内力较大，有时不考虑空腹桁架的空间作用。不同的转换要有不同的设计方法，框支转换大梁的设计和空腹桁架下弦杆的设计有明显的不同，不可相混。有时，结构在两个主轴方向的转换类型不同，在一个方向为框支转换，另一个方向为抽柱转换，则需分别处理；在一个方向为框支柱，另一个方向为落地墙的端柱，计算框支柱数量时，两个方向应区别对待。

底部带转换层结构抗震设计时，应避免底部结构破坏，结构的延性耗能机制宜在上部结构中呈现。底部结构包括：落地墙、框支柱、转换构件、转换层以上二层的楼板、墙体和柱。转换层以下必须布置足够的上下连续的落地墙。当主体结构底部楼层侧向刚度比上部楼层侧向刚度减少较多时，宜通过增加落地墙刚度或减少上部墙体刚度等措施加以调整。

对高位转换，如8度区底部5层为商业建筑，上部的抗侧力墙体在5层顶转换，需要考虑高位转换与低位转换的不同：低位转换主要按相邻层的侧向刚度比控制，高位转换不仅要控制相邻层的刚度比，而且要对不转换的结构与转换结构在转换高度处的总体刚度进行比较，使二者的总体刚度比较接近。这里，侧向刚度计算时，需要注意转换大梁的正确模拟：将大梁作为线性杆件计算时，其轴线位置应按截面的抗弯中心确定，相邻上下层的竖向构件，需要考虑对应的刚域。当在裙房顶板处进行高位转换时，还需考虑转换层以下裙房参与主楼整体工作的程度，分别处理，使侧向刚度比的计算能反映结构实际工作状态。

对于不落地构件通过次梁转换的问题，应慎重对待。少量的次梁转换，设计时对不落地构件（抗震墙、柱、支撑等）的地震作用如何通过次梁传递到主梁又传递到落地竖向构件要有计算分析，即：不落地竖向构件地震作用在次梁上形成的弯矩，按规范增大后成为主梁的集中扭矩，再传递到主梁两端的落地竖向构件，成为落地构件的附加弯矩；主梁的抗扭分析中可考虑楼板的有利影响。通过上述计算对有关部位采取相应的加强措施，方可视为符合《建筑抗震设计规范》（GB 50011—2010）强制性条文 3.5.2 条规定，"有明确的计算简图和合理的地震作用传递途径"。

一些高层建筑，由于建筑造型局部收进，部分外框架柱在房屋的上部需要通过转换梁转换，此时要考虑顶部的鞭梢效应。当内筒墙体上下连续，外框架只有局部的柱子需要转换，相邻层的刚度比十分接近，只需对相关部位采取提高抗震等级等加强措施；当所有外框架柱均需转换时，转换大梁截面很大，侧向刚度仍有明显变化，也可采用上下层柱子搭接一层或斜撑的转换方式，以减少刚度的突变。

(3) 连体结构抗震设防的专项审查

根据连接体结构与塔楼的连接方式，可将连体结构分为两类：

1) 强连接方式。当连接体结构包含多层楼盖，且连接体结构刚度足够，能将主体结构连接为整体协调受力、变形时，可做成强连接结构。两端刚接、两端铰接的连体结构属于强连接结构。当建筑立面开洞时，也可归为强连接方式。

2) 弱连接方式。当在两个建筑之间设置一个或多个架空连廊时，连接体结构较弱，无法协调连体两侧的结构共同工作时，可做成弱连接，即连接体一端与结构铰接，一端做成滑动支座；或两端均做成滑动支座。架空连廊的跨度有的约几米，有的长达几十米。其宽度一般都在 10m 之内。

当连接体低位跨度小时，可采用一端与主体结构铰接，一端与主体结构滑动连接；或可采用两端滑动连接，此时两塔楼结构独立工作，连接体受力较小。两端滑动连接的连接体在地震作用下，当两塔楼相对振动时，要注意避免连接体滑落及连接体同塔楼碰撞对主体结构造成的破坏。实际工程中可采用橡胶垫或聚四氟乙烯板支承，塔楼与连接体之间设置限位装置。

当采用阻尼器作为限位装置时，也可归为弱连接方式。这种连接方式可以较好地处理连接体与塔楼的连接，既能减轻连接体及其支座受力，又能控制连接体的振动在允许的范围内，当此种连接仍要进行详细的整体结构分析计算，橡胶垫支座等支承及阻尼器的选择要根据计算分析确定。

当连体与两端铰接时，至少一端应采用可滑动连接，根据震害经验，设计时应保证大震下不坠落，应考虑支座处两个主塔沿连体的两个主轴方向在大震下的弹塑性位移，然后按位移设计。当两个主塔高低不同，主轴方向正交或斜交时，需要考虑双向水平地震同时作用。当连体为多层时，不仅要考虑支座处的位移，还需考虑相关楼层的位移。

当连体与两端刚接时，要算出两端支座在大震下的内力和变形，确保连体本身和连接部位的安全。对高低的主塔、主轴方向不一致的情况，同样要仔细的分析计算。

对开口处的连接构件，可按中震下不屈服设计，并提高连接部位的抗震等级。

对大洞口顶部的转换构件，本身应按水平转换构件设计，支座处应考虑楼层侧向刚度突变导致的薄弱，采取相应的措施。

9 度设防时不应采用连体结构。连体本身在 7 度（0.15g）和 8 度时应考虑竖向地震，此时，支座处的竖向地震可能比地面加大，可通过考虑竖向地震输入的弹性时程分析，计算连体的竖向振动。

对大跨度的连体，其竖向振动问题是否影响正常使用，也需要予以考虑。

对于连体与主塔的连接，有条件时可采用隔震支座和消能阻尼器等技术。此时，应进行专门的计算分析和支座的构造设计。

(4) 特殊体型结构抗震设防的专项审查

近年来，某些建筑设计，由于使用功能和美观要求，导致体型特别不规则，平面扭转效应很大或楼板内被大洞口严重削弱，竖向刚度突变，上、下构件不连续，上部构件超长悬挑，动力特性不同的多塔彼此相连等等。尤其是多项不规则性同时并存，结构计算分析模型难以正确反映实际情况，需要借助各种简化手段。

这种特殊复杂结构，可根据具体情况详细研究其地震下的受力特点，按基于性能设计的要求，提出结构设计方案，对薄弱部位从抗震承载力和延性两方面采取措施提高抗震能力。

第二十一章 基 础 设 计

228. 如何选择高层建筑的基础形式?

高层建筑应采用整体性好,能满足地基承载力和建筑物容许变形的要求,并能调节不均匀沉降的基础形式。宜采用筏形基础,必要时可采用箱形基础。当地质条件好、荷载较小,且能满足地基承载力和变形要求时,也可采用交叉梁基础或其他基础形式;当地基承载力或变形不能满足设计要求时,可采用桩基或复合地基。

高层建筑采用天然地基的筏形基础是比较经济的。当采用天然地基,承载力或沉降不能满足需要时,可采用复合地基。目前国内在高层建筑中采用复合地基已经有比较成熟的经验,在原地基承载力不足时可根据需要把地基承载力提高到(300~500)kPa,满足一般高层建筑的需要。

现在多数高层建筑的地下室,用做汽车库、机电用房等大空间,常采用整体性好和刚度大的筏形基础,因此,没有必要强调采用箱形基础,除非有特殊要求。

当地质条件好、荷载较小,且能满足地基承载力和变形要求时,高层建筑采用交叉梁或其他基础形式也是可以的。地下室外墙一般均为钢筋混凝土,因此,交叉梁基础的整体性和刚度也是很好的。

因此,《高层建筑混凝土结构技术规程》(JGJ 3—2010)第12.1.5条规定,高层建筑宜采用筏形基础或带桩基的筏形基础,必要时可采用箱形基础。当地质条件好且能满足地基承载力和变形要求时,也可采用交叉梁式基础或其他形式基础;当地基承载力或变形不满足设计要求时,可采用桩基或复合基础。

229. 如何确定高层建筑基础的埋置深度?

(1) 基础埋置深度一般从室外地面算起。当地下室周围无可靠侧向限制时,埋置深度应从具有侧限的地面算起(图21-1)。

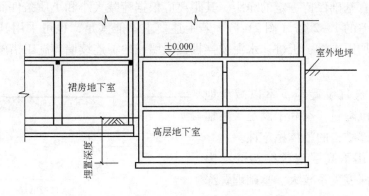

图 21-1 基础埋置深度

(2) 基础应有一定的埋置深度。在确定埋置深度时,应考虑建筑物的高度、体型、地基土质、抗震设防烈度等因素。高层建筑基础埋置深度宜符合下列要求:

1) 一般天然地基或复合地基,可取建筑物高度(室外地面至主体结构顶板上皮)的1/15。

2) 桩基础,可取建筑物高度的1/18(桩长不计在内,埋置深度算至承台底)。

3) 当建筑物采用岩石地基或采取有效措施时,在满足地基承载力、稳定性要求及《高层建筑混凝土结构技术规程》(JGJ 3—2010)第12.1.7条规定的前提下,基础埋置深度可对上述1)、2)两款的规定适当放宽。当地基可能产生滑移时,应采取有效的抗滑措施。

(3) 当高层主楼周围为连成一体筏形基础的裙房(或仅有地下停车库)时,基础埋置深度,可取裙房基础底面以上所有竖向荷载(不计活荷载)标准值(仅有地下停车库时应包括顶板以上填土及地面荷重 $F(kN/m^2)$ 与土的重度 $\gamma(kN/m^3)$ 之比,即 $d' = F/\gamma$ (m)(图21-2)。

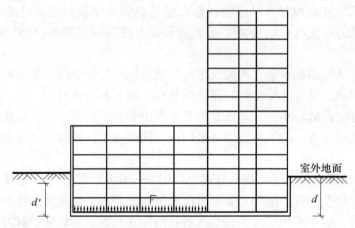

图21-2 主楼与裙房相连

(4) 相邻建筑物的基础埋深。为了保证新建建筑物施工期间相邻的原有建筑物的安全和正常使用,新建建筑物的基础埋深不宜深于相邻原有建筑物的基础埋深。当新建建筑物的基础埋深必须超过原有建筑物的基础埋深时,为了避免新建建筑物对原有建筑物的影响,设计时应考虑与原有基础保持一定的净距。其距离应根据荷载大小和土质条件而定,一般取相邻两基础底面高差的1~2倍(图21-3)。若上述要求不能满足,也可采用其他措施,如分段施工、设临时加固支撑、板桩、水泥搅拌桩挡土墙或地下连续墙等施工措施,或加固原有的建筑物地基等。

(5) 高层建筑宜设置地下室以减少地基的附加压力和沉降量,有利于满足天然地基的承载力和上部结构的整体稳定性。

(6) 地震作用下高层建筑结构的动力效应与基础埋置深度关系较大。基础埋置深度,除了满足地基承载力、变形和稳定性要求外,对于减少建筑物的整体倾斜,防止倾

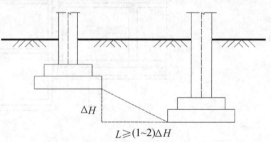

图21-3 埋深不同的相邻基础

覆和滑移，都将发挥一定的作用，尤其对结构的动力特性关系密切。考虑地震作用下，上部结构与地基相互作用后，一般沿用的抗震分析把建筑物置于刚性地基的假定有明显不同。考虑地基影响后建筑物的结构自振周期增大，顶点位移增加，随基础埋深的增加，阻尼增大，底部剪力减小，而且土质越软，埋置深度越深，底部剪力减小得越多。

根据日本一些单位的测试结果，12层的框架—剪力墙结构，考虑其与土体共同工作，有地下室的建筑上部结构，其地震反应要比无地下室时低 20%~30%；当采用桩基时，地下室周边土的标准锤击贯入度为 4 时，每增加一层地下室，桩承受的水平力减少约 25%；当周边土标准锤击贯入度为 20 时，一层地下室桩基承受的水平力可减少 70%。

因此，《建筑抗震设计规范》（GB 50011—2010）第 5.2.7 条规定，结构抗震设计时，当 8 度和 9 度时建造于 Ⅲ、Ⅳ 类场地，采用箱基、刚性较好的筏基和桩箱联合基础的钢筋混凝土高层建筑，当结构基本自振周期处于 $1.2T_g$ 至 $5T_g$（T_g 为特征周期）范围时，若计入地基与结构动力相互作用的影响，对刚性地基假定计算的水平地震剪力可以折减，其层间变形可按折减后的楼层剪力计算。

当高宽比 $H/B<3$ 的结构，各楼层水平地震剪力的折减系数 ψ 可按下式计算：

$$\psi = \left(\frac{T_1}{T_1 + \Delta T}\right)^{0.9} \tag{21-1}$$

式中　ψ——计入地基与结构动力相互作用后的地震剪力折减系数；

　　　T_1——按刚性地基假定确定的结构基本自振周期（s）；

　　　ΔT——计入地基与结构动力相互作用的附加周期（s），8 度时，Ⅲ 类场地 0.08s，Ⅳ 类场地 0.20s；9 度时，Ⅲ 类场地 0.10s，Ⅳ 类场地 0.25s。

当高宽比 $H/B \geqslant 3$ 的结构，底部的地震剪力按式（21-1）进行折减，顶部不折减，中间各层按线性插入折减。

折减后各楼层的水平地震剪力，应符合《建筑抗震设计规范》（GB 50011—2010）第 5.2.5 条的规定。

230. 地基基础设计有哪些规定？

（1）高层建筑的基础设计应综合考虑场地的地质状况及水位、上部结构类型、使用功能、施工条件以及相邻建筑的相互影响，以保证建筑物不致发生过量沉降或倾斜，并能满足正常使用要求。还应注意了解临近地下构造物及各类地下设施的位置和标高，以保证基础的安全和确保施工中不发生问题。

（2）根据地基复杂程度、建筑物规模和功能特征以及由于地基问题可能造成建筑物破坏或影响正常使用的程度，将地基基础设计分为三个设计等级，设计时应根据具体情况按表 21-1 选用。

表 21-1　地基基础设计等级（GB 50007—2011）

设计等级	建筑和地基类型
甲级	重要的工业与民用建筑物 30 层以上的高层建筑 体型复杂，层数相差超过 10 层的高低层连成一体建筑物 大面积的多层地下建筑物（如地下车库、商场、运动场等）

(续)

设计等级	建筑和地基类型
甲级	对地基变形有特殊要求的建筑物 复杂地质条件下的坡上建筑物 对原有工程影响较大的新建建筑物 场地和地基条件复杂的一般建筑物
乙级	除甲级、丙级以外的工业与民用建筑物
丙级	场地和地基条件简单、荷载分布均匀的七层及七层以下民用建筑及一般工业建筑；次要的轻型建筑物

(3) 根据建筑物地基基础设计等级及长期荷载作用下地基变形对上部结构的影响程度，地基基础设计应符合下列规定：

1) 所有建筑物的地基计算均应满足承载力计算的有关规定。

2) 设计等级为甲级、乙级的建筑物，均应按地基变形设计。

3) 设计等级为丙级的建筑物有下列情况之一时应作变形验算：

①地基承载力特征值小于 130kPa，且体型复杂的建筑。

②在基础上及其附近有地面堆载或相邻基础荷载差异较大，可能引起地基产生过大的不均匀沉降时。

③软弱地基上的建筑物存在偏心荷载时。

④相邻建筑距离近，可能发生倾斜时。

⑤地基内有厚度较大或厚薄不均匀的填土，其自重固结未完成时。

4) 对经常受水平荷载作用的高层建筑、高耸结构和挡土墙等，以及建造在斜坡上或边坡附近的建筑物和构筑物，尚应验算其稳定性。

5) 建筑地下室或地下构筑物存在上浮问题时，尚应进行抗浮验算。

(4) 地基基础设计时，所采用的荷载效应最不利组合与相应的抗力限值应按下列规定：

1) 按地基承载力确定基础底面积及埋深或按单桩承载力确定桩数时，传至基础或承台底面上的荷载效应应按正常使用极限状态下荷载效应的标准组合。相应的抗力应采用地基承载力特征值或单桩承载力特征值。

2) 计算地基变形时，传至基础底面上的荷载效应应按正常使用极限状态下荷载效应的准永久组合，不应计入风荷载和地震作用。相应的限值应为地基变形允许值。

3) 计算挡土墙、地基或滑坡稳定以及基础抗浮稳定时，荷载效应应按承载力极限状态荷载效应的基本组合，但其荷载分项系数均为 1.0。

4) 在确定基础或桩台高度、支挡结构截面、计算基础或支挡结构内力、确定配筋和验算材料强度时，上部结构传来的荷载效应组合和相应的基底反力，应按承载力极限状态下荷载效应的基本组合，采用相应的荷载分项系数。

当需要验算基础裂缝宽度时，应按正常使用极限荷载效应标准组合。

5) 按《建筑地基基础设计规范》（GB 50007—2011）结构重要性系数取 γ_0 不应小于 1.0。

(5) 正常使用极限状态下，标准组合的效应设计值 S_k 可用下式表示：

$$S_k = S_{Gk} + S_{Q1k} + \psi_{c2}S_{Q2k} + \cdots\cdots + \psi_{cn}S_{Qnk} \tag{21-2}$$

式中 S_{Gk}——按永久荷载标准值 G_k 计算的荷载效应值；

S_{Qik}——按可变荷载标准值 Q_{ik} 计算的荷载效应值；

ψ_{ci}——第 i 个可变荷载 Q_i 的组合值系数，按《建筑结构荷载规范》（GB 50009—2012）的规定取值。

准永久组合的效应设计值 S_k 可用下式表示：

$$S_k = S_{Gk} + \psi_{q1}S_{Q1k} + \psi_{q2}S_{Q2k} + \cdots\cdots + \psi_{qn}S_{Qnk} \tag{21-3}$$

式中 ψ_{qi}——第 i 个可变荷载的准永久值系数，按《建筑结构荷载规范》（GB 50009—2012）的规定取值。

承载能力极限状态下，由可变荷载效应控制的基本组合的效应设计值 S_d，可用下式表达：

$$S_d = \gamma_G S_{Gk} + \gamma_{Q1} S_{Q1k} + \gamma_{Q2}\psi_{c2}S_{Q2k} + \cdots\cdots + \gamma_{Qn}\psi_{cn}S_{Qnk} \tag{21-4}$$

式中 γ_G——永久荷载的分项系数，按《建筑结构荷载规范》（GB 50009—2012）的规定取值；

γ_{Qi}——第 i 个可变荷载的分项系数，按《建筑结构荷载规范》（GB 50009—2012）的规定取值。

对由永久荷载效应控制的基本组合，可采用简化规则，基本组合的效应设计值 S_d 按下式确定：

$$S_d = 1.35 S_k \leqslant R \tag{21-5}$$

式中 R——结构构件抗力的设计值，按有关建筑结构设计规范的规定确定；

S_k——标准组合的效应设计值。

231. 高层建筑主楼与裙房之间基础是否应设置沉降缝？

我国从 20 世纪 80 年代初以来，对多栋带有裙房的高层建筑沉降观测表明，地基沉降曲线在高低层连接处是连续的，不会出现突变。高层主楼地基下沉，由于土的剪切传递，高层主楼以外的地基随之下沉，其影响范围随土质不同而不同。因此，裙房与主楼连接处不会发生突变的差异沉降，而是在裙房若干跨内产生连续性的差异沉降。

（1）根据上述沉降观测现象，基础设计时应注意下列几点：

1）高层建筑主楼基础与裙房基础同时施工时，可不设置沉降缝及沉降后浇带，但应设置施工后浇带（浇筑混凝土时间相隔不少于 1 个月）。

2）与高层主楼同时建造的裙房基础，设计必须考虑高层部分基础沉降所引起的差异沉降对裙房结构内力的影响。当裙房基础设计未采取有效措施时，差异沉降不仅产生在与主楼相连的一跨，在离主楼的若干跨内也同时存在。

3）新建高层建筑设计时，应考虑基础沉降对周围已有房屋及管道设施等可能产生的影响。

4）对同时建造的高层主楼与裙房，为减少或避免基础的差异沉降，设计时应采取必要的措施。

采取有效措施使主楼与裙房基础的沉降差值在允许范围内，或通过计算确定差异沉降产生的基础及上部结构的内力和配筋时，可以不设置沉降缝。

带裙房的大底盘高层建筑，高层主楼与裙房之间根据使用功能要求多数不设永久缝。当高层建筑与裙房之间不设置沉降缝时，宜在裙房一侧设置后浇带，后浇带的位置宜设在距主楼边的第二跨内。后浇带混凝土宜根据实测沉降情况确定浇注时间。为尽早停止降水，基础底板及地下室外墙在后浇带处的防水处理见图21-4。

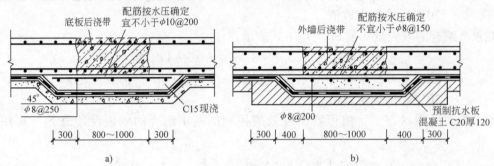

图 21-4 后浇带防水处理
a）基础底板 b）地下室外墙

(2) 带裙房高层建筑筏形基础的沉降缝和后浇带设置应符合下列要求：

1) 当高层建筑与相连的裙房之间设置沉降缝时，高层建筑的基础埋深应大于裙房基础的埋深，其值不应小于 2m。地面以下沉降缝应用粗砂填实（图 21-5a）。

当高层建筑的基础与相连裙房基础间设置沉降缝时，应考虑主楼基础可靠的侧向约束及有效埋深。

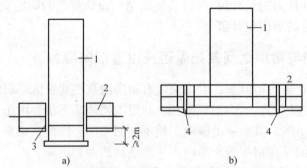

图 21-5 高层建筑与裙房间的后浇带（沉降缝）示意
1—高层建筑 2—裙房及地下室 3—室外地坪以下用粗砂填实 4—后浇带

2) 当高层建筑与相连的裙房之间不设置沉降缝时，宜在房屋一侧设置用于控制沉降差的后浇带。当高层建筑基础面积满足地基承载力和变形要求时，后浇带宜设在与高层建筑相邻裙房的第一跨内，当需要满足高层建筑地基承载力、降低高层建筑沉降量，减小高层建筑与裙房间的沉降差而增大高层建筑基础面积时，后浇带可设在距柱边的第二跨内，此时尚应满足下列条件：

①地基土质应较均匀。
②裙房结构刚度较好且基础以后的那个地下室和裙房的结构层数不应少于两层。
③后浇带一侧与主楼连接的裙房基础底板厚度与高层建筑的基础底板厚度相同（图21-5b）。

根据沉降实测值和计算值确定的后期沉降差满足设计要求后,后浇带混凝土方可进行浇筑。

3)当高层建筑与相邻的裙房之间不设沉降缝和后浇带时,高层建筑及与其紧邻一跨裙房的筏板应采用相同厚度,裙房筏板的厚度宜从第二跨裙房开始逐渐变化,应同时满足主、裙楼基础整体性和基础板的变化要求;应进行地基变形和基础内力的验算。验算时应分析地基与结构间变形的相互影响,并应采取有效措施防止产生有不利影响的差异沉降。

232. 减小主楼与裙房之间基础沉降差可采取哪些措施?

(1)减少高层主楼基础沉降措施

1)地基持力层应选择压缩性较低的土层,其厚度不宜小于4m,并且无软弱下卧层。

2)适当扩大基础底面面积,以减少基础底面单位面积上的压力。

3)当地基持力层为压缩性较高的土层时,高层建筑的基础可采用桩基础复合地基、裙房为天然地基的方法,或高层主楼与裙房采用不同直径、长度的桩基础,以减少沉降差。

(2)使裙房沉降量接近主楼基础沉降值的措施

1)裙房基础埋置在与高层主楼基础不同的土层,使裙房基底持力层土的压缩性大于高层主楼基底持力层土的压缩性。

2)裙房采用天然地基,高层主楼采用桩基础或复合地基。

3)裙房基础应尽可能减小基础底面面积,不宜采用满堂基础,以柱下独立基础或条形基础为宜,并考虑主楼基底压力的影响。

当裙房地下室需要有防水时,地面可采用抗水板做法,柱基之间设梁支承抗水板或无梁平板,在抗水板下铺设一定厚度的易压缩材料,如泡沫聚苯板或干焦渣等,使之避免因柱基或条形梁基础沉降时抗水板或满堂底板。易压缩材料的厚度可根据基础最终沉降值估算。抗水板上皮至基底的距离宜不小于1m,抗水板下原有土层不应夯实处理,当压缩性低的土层可刨松200mm(图21-6)。

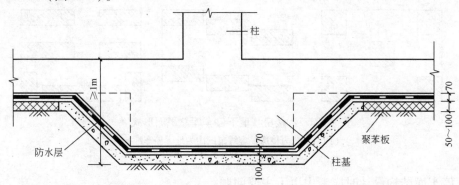

图21-6 独立柱基抗水板

4)裙房基础宜采用较高的地基承载力,此时地基承载力可进行深度调整。其埋置深度,按本书第229问中筏形基础所有竖向荷载折算取值,不应按无底板(抗水板)时从地下室地面算起,并应注意使高层主楼的基底附加压力与裙房的基底附加压力相差不致过大。

裙房或地下车库的独立柱基抗水板可按倒无梁楼盖进行计算。抗水板承载力计算应取下列荷载：向下竖向荷载包括地面构造、板自重、车库活荷载和向上竖向荷载，包括水浮力、人防底板等效荷载（无人防不计此项）减去地面构造底板自重。

柱基底面面积按柱子轴力、抗水板向下竖向荷载和柱基自重确定。柱基底钢筋按柱基计算所需钢筋截面面积与抗水板向上竖向荷载柱下板带支座（有效高度按柱基考虑）所需钢筋截面面积之和。当柱基底面积较大时，基底钢筋的1/2可伸过柱中心柱距的1/4截断；当柱基底面积较小时，在柱基与抗水板交接变高度处应验算柱下板带所需钢筋截面面积。

独立基础加防水板基础的设计见本书第248问。

233. 与主楼相通的地下停车库设计时应注意哪些问题？

为解决城市汽车停放位置问题，通常需要在写字楼、商住综合楼及住宅建筑中设置停车库。目前地下停车库有以下两种形式：

①当主楼及部分裙房占地面积较大时，在建筑物下设置多层地下室，将部分用做停车库，这是一种常见的地下室停车库形式。

②在住宅小区和商住综合楼的楼裙中，为了有较好的生活环境，建筑物之间设有庭院绿化，利用地下空间设置一至二层停车库，并与楼房连通，这是近十年来出现的地下停车库形式。

地面上为庭院绿化，地下为停车库，楼房位置与地下停车库位置总平面有多种类型，如图21-7所示。

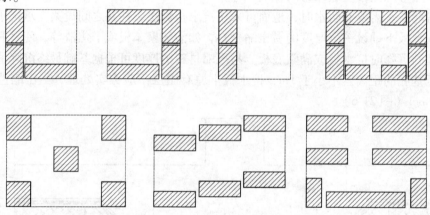

图 21-7 楼房与地下停车库总平面形式
（图中实线为楼房，虚线范围内为地下停车库）

地下停车库结构设计时应考虑以下主要问题：

1）地下停车库与楼房之间是否设置永久缝分开，从建筑、机电专业要求以不设缝为好，从结构专业设计时应区别处理，如果解决好楼房与地下车库之间的差异沉降及超长处理，已建的不少工程实践表明，采用不设永久缝是可行的，否则应设永久缝分开。

2）地下停车库位于地下水位较高的场地时，必须考虑抗浮设计。当抗浮设计中应由地面填土作为一部分平衡荷载时，必须完成地面回填土以后方允许施工排水停止。关于地下水位的取值，应根据工程地质勘察报告确定。当存在有滞水层时应根据场地地质情况与勘察单位商定地下水位是否考虑停水水头。

3）地下停车库紧贴楼房时，无论设与不设永久缝，采用天然地基时楼房靠近车库一侧的地基承载力修正埋置深度应按图21-2确定。不能按无地下车库那样从室外地面算起。

4）地下停车库的楼盖形式，采用无梁式或梁板式，应根据地基、地下水位、车库层数及与楼房地下室标高相互关系确定。

5）地下停车库的基础由于二层车库或埋深较大时，如果采用满堂筏形基础，基底压力常小于土的原生压力，当与楼房连成一起不设沉降缝，车库与楼房之间地基的差异是显而易见的。为解决好差异沉降，采取的处理措施有：

①楼房基础置于压缩性低、承载力高的天然地基上时，绝对沉降量较小，或采用桩基或复合地基，控制绝对沉降量时，地下车库可采用天然地基独立基础加抗水板基础，详见本书第248问。

②楼房采用桩基，地下车库也采用桩基独立基础加抗水板基础，由桩的承载力调剂相互间的沉降量。

③当楼房采用满堂筏板而地基的绝对沉降量极小，地下车库也采用满堂筏板，相互间差异沉降在规范允许值以内，或通过计算考虑有关构件的内力时，地下车库可采用满堂筏板。

6）在楼房与地下停车库连成整体的不少工程中形成超长结构，这类超长结构设计和施工过程中必须采取有效措施，减少或避免结构裂缝。

7）楼房与地下停车库连成整体时，地下停车库实为楼房基础大底盘。地下停车库结构可以不考虑抗震计算，但为了保证楼房底盘的整体性和刚度，在地下车库内除了车道、防火分隔墙、楼梯间、通风竖井的钢筋混凝土墙外，宜设置一定数量的纵横向钢筋混凝土构造墙。

8）当地下停车库紧靠楼房地下室而设双墙有永久缝分开时，缝宽度应考虑施工拆模板、防水层操作等需要。为保证楼房地下室有侧向约束，在缝隙内采用粗砂填实。为了保证楼房与地下室之间粗砂回填密实，一般情况下，缝宽不宜小于500mm。

234. 地基承载力应如何确定？

(1) 天然地基承载力特征值可由载荷试验或其他原位测试、公式计算并结合工程实践经验等方法综合确定。设计单位可根据岩土勘察单位提供的经审查合格的"岩土工程勘察报告"取用。

(2) 当基础宽度大于3m或埋深大于0.5m时，从载荷试验或其他原位测试、经验值等方法确定的地基承载力特征值，尚应按下式进行修正：

$$f_a = f_{ak} + \eta_b \gamma (b-3) + \eta_d \gamma_m (d-0.5) \tag{21-6}$$

式中 f_a——修正后的地基承载力特征值（kPa）；

f_{ak}——地基承载力特征值（kPa）；

η_b、η_d——基础宽度和埋深的地基承载力修正系数，按所求承载力的土层类别查表21-2；

γ——基础底面以下土的重度，地下水位以下取浮重度（kN/m³）；

b——基础底面宽度（m），当宽度小于3m时，按3m考虑，大于6m时，按6m考虑；

γ_m——基础底面以上土的加权平均重度，地下水位以下取浮重度（kN/m³）；

d——基础埋置深度（m），一般自室外地面标高算起；在填土整平地区，可自填土地面标高算起，但填土在上部结构施工后完成时，应从天然地面标高算起。在其他情况下，应从室内地面标高算起，见图21-8。

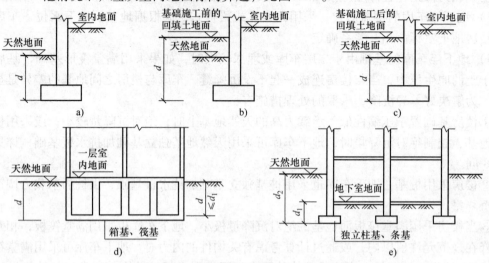

图21-8 不同情况下基础的埋置深度计算

表21-2 承载力修正系数

土 的 类 别		η_b	η_d
淤泥和淤泥质土		0	1.0
人工填土 e 或 I_L 大于等于 0.85 的黏性土		0	1.0
红黏土	含水比 $a_w > 0.8$	0	1.2
	含水比 $a_w \leq 0.8$	0.15	1.4
粉土	黏粒含量 $\rho_c \geq 10\%$ 的粉土	0.3	1.5
	黏粒含量 $\rho_c < 10\%$ 的粉土	0.5	2.0
e 及 I_L 均小于 0.85 的黏性土		0.3	1.6
粉砂、细砂（不包括很湿与饱和时的稍密状态）		2.0	3.0
中砂、粗砂、砾砂和碎石土		3.0	4.4

注：1. 强风化和全风化的岩石，可参照所风化成的相应土类取值，其他状态下的岩石不修正。
2. 地基承载力特征值按《地基规范》附录 D 深层平板载荷试压确定时 η_d 取 0。
3. 含水比 a_w 是指土的天然含水量 w 与液限 w_L 的比值，$a_w = w/w_L$。
4. 很湿与饱和时的稍密状态的粉砂、细砂，建议可按表中粉砂、细砂项减半取值。

这里需要注意：

1) 当主楼与裙房连成整体时，对于主体结构地基承载力的深度修正，宜将基础底面以上范围内的荷载，按基础两侧的超载考虑，当超载宽度大于基础宽度两倍时，可将超载折算成土层厚度作为基础埋深，基础两侧超载不等时，取小值。

当高层主楼周围为连成一体筏形基础的裙房（或仅有地下停车库）（图21-2）时，基础

埋置深度 d' (m) 按下式确定：
$$d' = F/\gamma \tag{21-7}$$

式中 F——裙房基础底面以上所有竖向荷载（不计活荷载）标准值（仅有地下停车库时应包括顶板以上填土及地面重），kN/m^2；

γ——土的重度，kN/m^3。

2) 对于非满堂筏形基础或无抗水板仅房心土地面的地下室条形基础及单独柱基，地基承载力特征值进行深度修正时，其基础埋深 d 按下列规定取用：

① 对于一般第四纪土，不论内外墙
$$d = \frac{d_1 + d_2}{3}, \text{ 且 } d \geq 1m$$

② 对于新近沉积土
$$d_{外} = \frac{d_1 + d_2}{2}$$

$$d_{内} = \frac{3d_1 + d_2}{4}, \text{ 且 } d_1 \geq 1m, d_2 > 5m \text{ 时按 } 5m \text{ 取值}$$

式中 d_1——自地下室室内地面起算的基础埋置深度（m）；

d_2——自室外设计地面起算的基础埋置深度（m）；

$d_{外}$、$d_{内}$——外墙及内墙和内柱基础埋置深度取值（m）。

(3)《建筑地基基础设计规范》(GB 50007—2011)，当偏心矩 $e \leq 0.033b$（b 为基础底面宽度）时，根据土的抗剪强度指标确定地基承载力特征值可按下式计算，并满足变形要求：

$$f_a = M_b \gamma b + M_d \gamma_0 d + M_c c_k \tag{21-8}$$

式中 f_a——由土的抗剪强度指标确定的地基承载力特征值；

M_b、M_d、M_c——承载力系数，按表 21-3 确定；

b——基础底面宽度，$b > 6m$ 时，取 $b = 6m$；对于砂土，$b < 3m$ 时，取 $b = 3m$；

c_k——基底下一倍基础宽度深度内土的黏聚力标准值。

(4) 基础设计首先必须保证在荷载作用下地基应具有足够的承载力，为此验算时应满足下列要求：

当轴心荷载作用时
$$p_k \leq f_a \tag{21-9a}$$

当偏心荷载作用时，除符合式 (21-9a) 要求外，尚应符合下式要求：
$$p_{k,max} \leq 1.2 f_a \tag{21-9b}$$

式中 p_k——相应于荷载效应标准组合时，基础底面处的平均压力值。对偏压构件取 $p_k = (p_{k,max} + p_{k,min})/2$；

$p_{k,max}$——相应于荷载效应标准组合时，基础底面边缘的最大压力值；

f_a——修正后的地基承载力特征值。

表 21-3 承载力系数 M_b、M_d、M_c

$\varphi_k/(°)$	M_b	M_d	M_c	$\varphi_k/(°)$	M_b	M_d	M_c
0	0	1.00	3.14	22	0.61	3.44	6.04
2	0.03	1.12	3.32	24	0.80	3.87	6.45
4	0.06	1.25	3.51	26	1.10	4.37	6.90
6	0.10	1.39	3.71	28	1.40	4.93	7.40
8	0.14	1.55	3.93	30	1.90	5.59	7.95
10	0.18	1.73	4.17	32	2.60	6.35	8.55
12	0.23	1.94	4.42	34	3.40	7.21	9.22
14	0.29	2.17	4.69	36	4.20	8.25	9.97
16	0.36	2.43	5.00	38	5.00	9.44	10.80
18	0.43	2.27	5.31	40	5.80	10.84	11.73
20	0.51	3.06	5.66				

注：$\varphi_k/(°)$ 为基底下一倍短边深度内土的内摩擦角标准值。

235. 柱下条形基础内力计算的要点是什么？

柱下条形基础具有较好的空间刚度，既可将柱的荷载分布到纵横两个方向，又能调整基础的不均匀沉降，适用于层数不多的高层框架结构、框架—剪力墙结构。

柱下条形基础的内力分析是比较复杂的，可采用较精确的电算程序计算，也可采用简化手算方法。

（1）柱下条形基础梁的内力计算方法（《建筑地基基础设计规范》（GB 50007—2011）法）

1）在比较均匀的地基上，上部结构刚度较好，荷载分布较均匀，且条形基础梁的截面高度大于或等于柱距的1/6时，地基反力可按直线分布考虑。基础梁高度大于或等于柱距的1/6的条件是根据柱距 l 与文克勒地基模型中的弹性特征系数 λ 的乘积 $\lambda l \leqslant 1.75$ 作了对比，分析结果表明，当高跨比大于或等于1/6时，对一般柱距及中等压缩性的地基可考虑地基反力为直线分布。当不满足上述条件时，宜按弹性地基梁法计算内力，分析时采用的地基模型应结合地区经验进行选择。考虑到实际地基反力沿长度方向不是均匀的，一般基础梁端部的地基反力略大于平均土反力，因此地基反力按直线分布采用连续梁计算时，边跨跨中弯矩及第一内支座的弯矩值宜乘以 1.1~1.2 的增大系数。

$$\text{特征系数} \quad \lambda = \sqrt[4]{\frac{K \cdot b}{4E_c I}} \quad (21\text{-}10)$$

式中　b——梁的截面宽度（m）；

　　　E_c——梁的混凝土弹性模量（kPa）；

　　　I——梁的截面惯性矩；

　　　K——地基基床系数（kN/m³），宜在建筑现场做荷载试验确定，当基础底面积 $A >$ 10m² 时，可参考表 21-4 取用。

表 21-4 基床系数 K （$\times 10^4 \text{kN/m}^3$）

地基土种类与特征		K	地基土种类与特征	K
淤泥质、有机质或新填土		0.1~0.5	黄土及黄土性粉质黏土	4~5
软弱黏土		0.5~1.0	紧密砾石	5~10
黏土及粉质黏土	软塑	1~2	硬黏土或人工夯实粉质黏土	10~20
	可塑	2~4	软质岩石和中、强风化的坚硬岩石	20~100
	硬塑	4~10	完好的坚硬岩石	100~1500
松砂		1.0~1.5	砖	400~500
中密砂或松散砾石		1.5~2.5	块石砌体	500~600
密砂或中密砾石		2.5~4	混凝土与钢筋混凝土	800~1500

2）柱下条形基础交点上的柱荷载应按变形协调和静力平衡条件进行分配。对等柱距且荷载分布较均匀的正交条形基础，通常只考虑交点处自身竖向荷载的影响（交点处的弯矩直接由基础梁承担），交点上的荷载可采用基于文克勒地基模型，近似按下列公式进行分配：

①中柱节点（图 21-9）、无伸臂的角柱节点（图 21-10）、两个方向均带伸臂的角柱节点（图 21-11）$\left(\dfrac{C_x}{S_x} = \dfrac{C_y}{S_y} = 0.65 \sim 0.75\right)$

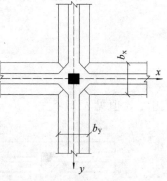

图 21-9 中柱节点

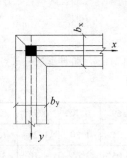

图 21-10 无伸臂的角柱节点

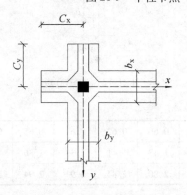

图 21-11 两个方向均带伸臂的角柱节点

$$P_x = \dfrac{b_x S_x}{b_x S_x + b_y S_y} P \tag{21-11a}$$

$$P_y = \dfrac{b_y S_y}{b_x S_x + b_y S_y} P \tag{21-11b}$$

式中　S_x、S_y——x、y 方向条形基础的特征长度，按下式计算：

$$S_x = \sqrt[4]{\dfrac{4E_c I_x}{K b_x}} \tag{21-12a}$$

$$S_y = \sqrt[4]{\frac{4E_c I_y}{Kb_{y_x}}} \qquad (21\text{-}12b)$$

式中　E_c——条形基础的混凝土弹性模量；
　　　I_x、I_y——x、y方向条形基础的横截面惯性矩；
　　　K——地基基床系数（kN/m^3）。

②边柱节点（图21-12）

$$P_x = \frac{4b_x S_x}{4b_x S_x + b_y S_y} P \qquad (21\text{-}13a)$$

$$P_y = \frac{b_y S_y}{4b_x S_x + b_y S_y} P \qquad (21\text{-}13b)$$

③带伸臂的边柱节点，伸臂长度 $C_y = (0.6 \sim 0.75) S_y$，见图21-13。

$$P_x = \frac{\alpha b_x S_x}{\alpha b_x S_x + b_y S_y} P \qquad (21\text{-}14a)$$

$$P_y = \frac{b_y S_y}{\alpha b_x S_x + b_y S_y} P \qquad (21\text{-}14b)$$

式中，α 值见表21-5。

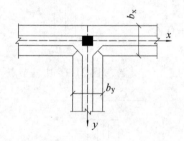

图21-12　边柱节点

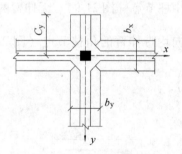

图21-13　带伸臂边柱节点

表21-5　α、β 值

C/S	0.60	0.62	0.64	0.65	0.66	0.67	0.68	0.69	0.70	0.71	0.73	0.75
α	1.43	1.41	1.38	1.36	1.35	1.34	1.32	1.31	1.30	1.29	1.26	1.24
β	2.80	2.84	2.91	2.94	2.97	3.00	3.03	3.05	3.08	3.10	3.18	3.23

④一端带伸臂的角柱节点（图21-14）

$$P_x = \frac{\beta b_x S_x}{\beta b_x S_x + b_y S_y} P \qquad (21\text{-}15a)$$

$$P_y = \frac{b_y S_y}{\beta b_x S_x + b_y S_y} P \qquad (21\text{-}15b)$$

其中，β 值见表21-5。

3）由于交叉点处的基底面积被两个方向的条形基础重复使用，因此需要通过修正节点处的荷载来解决计算中出现的相交面积重叠的问题。在节点荷载的增量作用下，相应于荷载效应基本

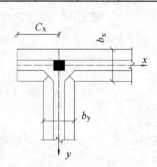

图21-14　一端带伸臂角柱节点

组合时的基底反力增量 Δp 按下式计算:

$$\Delta p = \frac{\sum a_i \sum P_i}{A^2} = \frac{\sum a_i p_0}{A} \tag{21-16}$$

式中 $\sum a_i$——各交叉点重叠面积之和;对中柱取两个方向槽宽的乘积 $b_{ix}b_{iy}$;

对边柱取 $\frac{1}{2}b_{ix}b_{iy}$;对无伸臂的角柱取 $\frac{1}{4}b_{ix}b_{iy}$;

$\sum P_i$——相应于荷载效应标准组合时各节点的竖向荷载之和;

A——交叉条形基础的基底总面积;

p_0——相应于荷载效应基本组合时的基底平均净反力设计值。

4) 根据已知的 i 节点荷载分配比例,计算相应荷载效应基本组合时的 i 节点荷载增量 ΔP_{ix} 和 ΔP_{iy}。

$$\Delta P_{ix} = \frac{P_{ix}}{P_i} a_i (p_0 + \Delta p) \tag{21-17}$$

$$\Delta P_{iy} = \frac{P_{iy}}{P_i} a_i (p_0 + \Delta p) \tag{21-18}$$

5) 计算相应于荷载效应基本组合时,调整后的 i 节点荷载 P'_{ix} 和 P'_{iy}:

$$P'_{ix} = P_{ix} + \Delta P_{ix} \tag{21-19}$$

$$P'_{iy} = P_{iy} + \Delta P_{iy} \tag{21-20}$$

荷载分配和调整后,交叉条形基础的内力可分别按两个方向单独进行计算。

(2) 柱下条形基础梁的内力计算方法 (ACI 法)

ACI436 委员会于 1966 年推荐了一种较为理想的简化计算方法。该方法是以文克勒地基模型为基础,假定基底反力柱下为最大,跨中为最小,在柱下与跨中之间按直线分布,其基底反力呈折线图形;同时认为相邻两跨中之间的地基反力合力与其间柱荷载大小相等、方向相反且作用于同一垂线上。

ACI 认为,使用该简化法计算时,应满足下列条件:

①不少于 3 跨,即柱数不少于 4 个;
②相邻两柱的荷载变化不大于 20%;
③相邻两柱距的变化不大于 20%;
④相邻两跨的平均柱距 $\bar{l}$ 应满足 $\frac{1.75}{\lambda} \leq \bar{l} \leq \frac{3.5}{\lambda}$,$\lambda$ 为弹性地基梁的柔度特征值。

ACI 法的基本思路是先设法求出全部柱荷载作用下条形基础各柱下截面上的弯矩,然后按单跨梁的平衡条件确定基础梁其他截面的弯矩、剪力和基底反力。

1) 内柱下基础梁的截面弯矩。ACI 在所确定的应用范围内进行了大量的全部柱荷载作用下梁的理论分析,计算结果以该处柱荷载 P_i 为代表,以梁的柔度特征值 λ 为参数,以该柱左右柱距平均值为变量进行回归,得出第 i 内柱截面弯矩 M_i 的近似计算公式为

$$M_i = -\frac{P_i}{4\lambda}(0.24\lambda \bar{l} + 0.16) \tag{21-21}$$

式中 $\bar{l}$——第 i 柱相邻两跨柱距的平均值,$\bar{l} = \frac{1}{2}(l_l + l_r)$。

2) 内柱下地基反力。设内柱左右两跨的跨中基底反力为 q_{ml} 和 q_{mr} （图 21-15），则其平均值 $\bar{q}_m = \dfrac{q_{ml} + q_{mr}}{2}$。

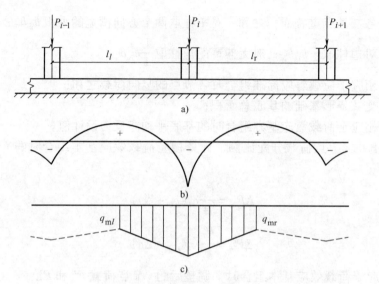

图 21-15 内柱下基础弯矩及地基反力
a）计算梁段 b）梁弯矩 c）基底反力

由相邻两跨跨中的基底反力与其柱间荷载平衡的条件，可得：

$$P_i = \frac{1}{2}(q_i + \bar{q}_m)\bar{l}$$

则

$$\bar{q}_m = \frac{2P_i}{\bar{l}} - q_i \tag{21-22}$$

为了使基底反力与由式（21-21）求得的弯矩 M_i 协调一致，取一跨柱间梁段作为计算单元，其跨度取等于 $\bar{l}$。因为基础梁在内柱下转角近似零，该柱间梁段可视为单跨嵌固梁（图 21-16）。根据基底反力荷载作用下梁端嵌固弯矩 M_{fix} 等于 M_i 得：

$$M_i = M_{fix} = -\frac{1}{12}\bar{q}_m \bar{l}^2 - \frac{1}{32}(q_i - \bar{q}_m)\bar{l}^2 \tag{21-23}$$

将式（21-22）代入式（21-23）并整理得 i 柱下基底反力的表达式为

$$q_i = \frac{5P_i}{\bar{l}} + \frac{48M_i}{\bar{l}^2} \tag{21-24}$$

式中 M_i——i 柱下基础梁截面弯矩，由式（21-21）确定。

q_{ml} 和 q_{mr} 的大小应该调节得使得长 $\bar{l}$ 的梁段内地基反力合力 R 与 P_i 取得直接平衡，即 R 与 P_i 大小相等，方向相反且在同一垂线上，如图 21-17 所示。

由竖向平衡条件得：

$$P_i = \frac{1}{2}(q_{ml} + q_i)\frac{1}{2}l_l + \frac{1}{2}(q_{mr} + q_i)\frac{1}{2}l_r \tag{21-25a}$$

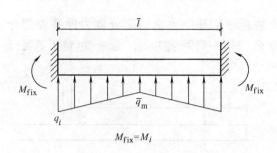

图 21-16 柱间梁段计算简图

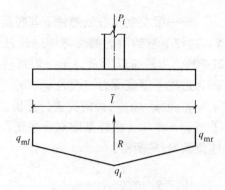

图 21-17 q_{ml} 和 q_{mr} 计算简图

由基底反力绕 i 点力矩平衡条件得：

$$\frac{1}{2}(q_{ml}+q_i) \times \frac{2q_{ml}+q_i}{q_{ml}+q_i} \times \frac{l_l^2}{12} = \frac{1}{2}(q_{mr}+q_i) \times \frac{2q_{mr}+q_i}{q_{mr}+q_i} \times \frac{l_r^2}{12} \quad (21\text{-}25\text{b})$$

由式（21-25a）、式（21-25b）得：

$$q_{ml} = 2P_i \frac{l_r}{l_l \bar{l}} - q_i \frac{\bar{l}}{l_l} \quad (21\text{-}26\text{a})$$

$$q_{mr} = 2P_i \frac{l_l}{l_r \bar{l}} - q_i \frac{\bar{l}}{l_r} \quad (21\text{-}26\text{b})$$

当等跨（$l_l = l_r = l$）地基梁时，将式（21-24）q_i 代入式（21-26）得：

$$\bar{q}_m = q_{ml} = q_{mr} = -\left(\frac{48M_i}{l^2} + \frac{3P_i}{l}\right) \quad (21\text{-}27)$$

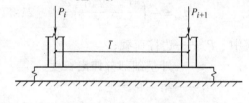

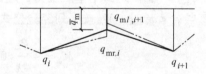

图 21-18 内柱间跨中基底反力 $\bar{q}_m$

3）内柱间跨中基底反力。当内柱荷载不等（$P_i \neq P_{i+1}$）时，$\bar{q}_m$、q_{ml} 或 q_{mr} 均不能代表内柱间跨中基底反力。以图 21-18 为例，在梁段 $i \sim i+1$ 中点处，P_i 引起的基底反力为 $q_{mr,i}$，P_{i+1} 引起的基底反力为 $q_{ml,i+1}$，两者不等，跨中基底反力应该取两者的平均值，即

$$\bar{q}_m = \frac{q_{mr,i} + q_{ml,i+1}}{2} \quad (21\text{-}28)$$

4）内柱间跨中弯矩。图 21-19 所示的两端嵌固梁，左端及右端柱下截面弯矩分别为 M_i 及 M_{i+1}，在 $q_i \sim \bar{q}_m \sim q_{i+1}$ 折线形基底反力作用下，其跨中截面弯矩 M_m 为

$$M_m = \frac{M_i + M_{i+1}}{2} + M_0 \quad (21\text{-}29)$$

$$M_0 = \frac{\bar{l}^2}{48}(q_i + 4\bar{q}_m + q_{i+1}) \quad (21\text{-}30)$$

式中 M_0——$q_i \sim \bar{q}_m \sim q_{i+1}$ 基底反力作用下单跨简支梁跨中正弯矩。

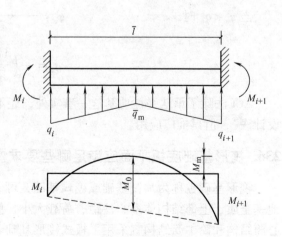

图 21-19 内柱间跨中弯矩

q_i、q_{i+1}——梁左侧及右侧的柱下基底反力。

5) 边柱下基础梁的截面弯矩。从最外一跨的跨中到基础边缘的部分称为外基础部分（图 21-20），边柱荷载为 P_e，第一内跨柱荷载为 P_1，第一跨跨度为 l_1；令 q_a 为端部基底反力，q_e 为边柱下基底反力，因为 $q_a \leq q_e$，下面就 $q_a = q_e$ 及 $q_a < q_e$ 两种情况进行分析。

① 当 $q_a = q_e$ 时。由外基础部分基底合力与边柱荷载 P_e 平衡得：

$$P_e = q_e a + \frac{1}{2}(q_e + q_m)\frac{l_1}{2}$$

即

$$q_e = q_a = \frac{4P_e - q_m l_1}{4a + l_1} \quad (21\text{-}31)$$

因此，边柱下基础梁截面弯矩 M_e 为

$$M_e = -\left(\frac{4P_e - q_m l_1}{4a + l_1}\right)\frac{a^2}{2} \quad (21\text{-}32)$$

式中 P_e——边柱荷载；

a——外基础部分伸出长度；

l_1——第一跨跨度；

q_m——第一跨跨中基底反力，近似取等于第一内柱荷载 P_1 引起的值。

② 当 $q_a < q_e$ 时。M_e 按下列经验公式计算：

$$M_e = -\frac{P_e}{4\lambda}(0.013\lambda l_1 + 1.06\lambda a - 0.5) \quad (21\text{-}33)$$

M_e 取按式（21-32）及式（21-33）计算结果中的较小者。

6) 边柱下基底反力

当 $q_a = q_e$ 时，按式（21-31）计算。

当 $q_a < q_e$ 时，

$$q_e = \frac{4P_e + \frac{6M_e}{a} - q_m l_1}{a + l_1} \quad (21\text{-}34)$$

$$q_a = -\left(\frac{3M_e}{a^2} + \frac{q_e}{2}\right) \quad (21\text{-}35)$$

ACI 法除了承认弹性地基这一事实外，还不需要解析连续梁，是一种较为完善的"直接设计法"，值得推广应用。

236. 筏形基础底板平面应满足哪些要求？筏形基础的板厚如何确定？

筏形基础也称为片筏基础或筏式基础，可分为梁板式和平板式两种类型，其选型应根据地基土质、上部结构体系、柱距、荷载大小、使用要求以及施工条件等因素确定。框架—核心筒结构和筒中筒结构宜采用平板式筏形基础。

(1) 筏形基础的平面尺寸应根据地基土的承载力、上部结构的布置及其荷载的分布等

因素确定。

当上部为框架结构、框架—剪力墙结构、内筒外框和内筒外框筒结构时，筏形基础的底板面积应比上部结构所覆盖的面积稍大些，使底板的地基反力趋于均匀。当需要扩大筏形基础底板面积来满足地基承载力时，梁板式筏形基础，底板挑出的长度从基础边外皮算起横向不宜大于 1200mm，纵向不宜大于 800mm；平板式筏形基础，其挑出长度从柱外皮算起不宜大于 2000mm。

筏形基础底板平面形心宜与结构竖向永久荷载重心相重合，当不能重合时，在荷载效应准永久组合下其偏心距 e，宜满足下列要求：

$$e = \frac{M_q}{F_q + G_k} \leqslant 0.1 \frac{W}{A} \tag{21-36}$$

式中　F_q——相应于作用的准永久组合时，上部结构传至基础顶面的竖向力值（kN）；

M_q——相应于作用的准永久组合时，作用于基础底面的力矩值（kN·m）；

G_k——基础自重和基础上的土重（kN）；

W——与偏心距方向一致的基础底面边缘抵抗矩（m³）；

A——基础底面积（m²）。

对矩形平面的基础，上述要求可表述为 $e \leqslant b/60$（b 为与偏心距方向一致的基础底面宽度）。

对低压缩性地基或端承桩基，可适当放宽偏心距的限制。按式（21-36）计算时，裙房与主楼可分开考虑。

（2）梁板式筏形基础的板厚

1）对 12 层以上的建筑不应小于 400mm，且板厚与板格最小跨度之比不宜小于 1/14。基础梁的宽度除满足剪压比、受剪承载力外，尚应验算柱下端对基础的局部受压承载力。两柱之间的沉降差应符合：

$$\frac{\Delta s}{L} \leqslant 0.002 \tag{21-37}$$

式中　Δs——两柱之间的沉降差；

L——两柱之间的距离。

2）梁板式筏基底板所受冲切承载力按下式计算：

$$F_l \leqslant 0.7\beta_{hp} f_t u_m h_0 \tag{21-38}$$

式中　F_l——作用的基本组合时，图 21-21 中阴影部分面积上的地基土平均净反力设计值；

u_m——距基础梁边 $h_0/2$ 处冲切临界截面的周长（图 21-21）。

当底板区格为矩形双向板时，底板受冲切所需的厚度 h_0 按下式计算：

$$h_0 = \frac{(l_{n1}+l_{n2}) - \sqrt{(l_{n1}+l_{n2})^2 - \dfrac{4p_n l_{n1} l_{n2}}{p_n + 0.7\beta_{hp} f_t}}}{4} \tag{21-39}$$

式中　l_{n1}、l_{n2}——计算板格的短边和长边的净长度；

p_n——扣除底板及其上填土自重后，相应于荷载效应基本组合的地基土平均净反力设计值。

3）底板斜截面受剪承载力应符合下列要求：

$$V_s \leqslant 0.7\beta_{hs}f_t(l_{n2} - 2h_0)h_0 \tag{21-40a}$$

$$\beta_{hs} = \left(\frac{800}{h_0}\right)^{1/4} \tag{21-40b}$$

式中　V_s——距梁边缘 h_0 处，作用于图 21-22 中阴影部分面积上的地基土平均净反力产生的剪力设计值；

　　　β_{hs}——受剪承载力截面高度影响系数，当板的有效高度 h_0 小于 800mm 时，h_0 取 800mm；h_0 大于 2000mm 时，h_0 取 2000mm。

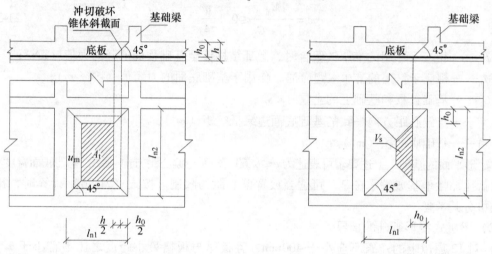

图 21-21　底板冲切计算示意　　　图 21-22　底板剪切计算示意

(3) 平板式筏形基础的板厚

1) 平板式筏形基础的板厚应能满足冲切承载力的要求。板的最小厚度不宜小于 500mm。计算时应考虑作用于冲切临界截面重心上的不平衡弯矩所产生的附加剪力。

筏板距柱 $h_0/2$ 边处冲切临界截面的最大剪应力 τ_{max} 应按式 (21-41a)、式 (21-41b)、式 (21-41c) 计算（图 21-23）。

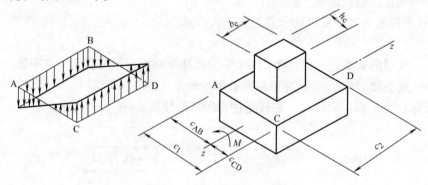

图 21-23　内柱冲切临界截面

$$\tau_{max} = \frac{F_l}{u_m h_0} + \frac{\alpha_s M_{unb} c_{AB}}{I_s} \tag{21-41a}$$

$$\tau_{\max} \leqslant 0.7\left(0.4 + \frac{1.2}{\beta_s}\right)\beta_{hp}f_t \tag{21-41b}$$

$$\alpha_s = 1 - \cfrac{1}{1 + \cfrac{2}{3}\sqrt{\cfrac{c_1}{c_2}}} \tag{21-41c}$$

式中 F_l——相应于荷载效应基本组合时的集中力设计值,对内柱取轴力设计值减去筏板冲切破坏锥体内的地基反力设计值;对边柱和角柱,取轴力设计值减去筏板冲切临界截面范围内的地基反力设计值;地基反力值应扣除底板自重;

u_m——距柱 $h_0/2$ 边处冲切临界截面的周长;

h_0——筏板的有效高度;

M_{unb}——作用在冲切临界截面重心上的不平衡弯矩设计值;

c_{AB}——沿弯矩作用方向,冲切临界截面重心至冲切临界截面最大剪应力点的距离;

I_s——冲切临界截面对其重心的极惯性矩;

β_s——柱截面长边与短边的比值,当 $\beta_s<2$ 时,β_s 取 2,当 $\beta_s>4$ 时,β_s 取 4;

c_1——与弯矩作用方向一致的冲切临界截面的边长;

f_t——混凝土轴心抗拉强度设计值;

β_{hp}——受冲切承载力截面高度影响系数,当 h 不大于 800mm 时,β_{hp} 取 1.0;当 h 大于或等于 2000mm 时,取 0.9,其间按线性内插法取用;

c_2——垂直于边长的冲切临界截面的边长;

α_s——不平衡弯矩通过冲切临界截面上的偏心剪力来传递的分配系数。

当柱荷载较大,等厚度筏板的受冲切承载力不能满足要求时,可在筏板上面增设柱墩或在筏板下局部增加板厚或采用抗冲切箍筋来提供受冲切承载力。

2)平板式筏形基础内筒下的板厚应满足受冲切承载力的要求,其冲切承载力按下式计算:

$$\frac{F_l}{u_m h_0} \leqslant 0.7\beta_{hp}f_t/\eta \tag{21-42}$$

式中 F_l——相应于荷载效应基本组合时的内筒所承受的轴力设计值减去筏板冲切破坏锥体内的地基反力设计值;地基反力值应扣除底板自重;

u_m——距内筒外表面 $h_0/2$ 边处冲切临界截面的周长(图 21-24);

h_0——距内筒外表面 $h_0/2$ 边处筏板的有效高度;

η——内筒冲切临界截面周长影响系数,取 1.25。

当需要考虑内筒根部弯矩的影响时,距内筒外表面 $h_0/2$ 处冲切临界截面的最大剪应力可按下式计算:

$$\tau_{\max} \leqslant 0.7\beta_{hp}f_t/\eta \tag{21-43}$$

3)平板式筏板除应满足受冲切承载力外,尚应验

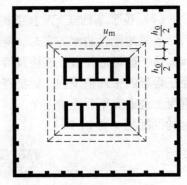
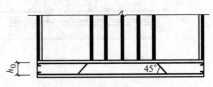

图 21-24 筏板受内筒冲切的临界截面位置

算距内筒边缘或柱边缘 h_0 处筏板的受剪承载力。

受剪承载力应按下式验算：

$$V_s \leqslant 0.7\beta_{hs}f_t b_w h_0 \tag{21-44}$$

式中 V_s——荷载效应基本组合下，地基土净反力平均值产生的距内筒或柱边缘 h_0 处筏板单位宽度的剪力设计值；

b_w——筏板计算截面单位宽度；

h_0——距内筒或柱边缘 h_0 处筏板的截面有效高度。

当筏板变厚度时，尚应验算变厚度处筏板的受剪承载力。

4) 当采用平板式筏板时，筏板厚度一般由冲切承载力确定。在基础平面中仅少数柱的荷载较大，而多数柱的荷载较小时，筏板厚度应按多数柱下的冲切承载力确定，在少数荷载大的柱下可采用柱帽满足抗冲切的需要。当地下室地面有架空层或垫层时柱帽形式可采用往上的方式，但柱帽上皮距地面不宜小于100mm（图21-25a），地下室地面无架空层或垫层时，可采用向下的倒柱帽形式（图21-25b）。

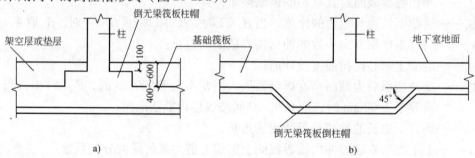

图 21-25 倒无梁筏板柱帽
a) 有架空层或垫层 b) 无架空层或垫层

(4) 筏形基础施工后浇缝的留设

当采用刚性防水方案时，同一建筑的基础应避免设置变形缝。可沿基础长度每隔30～40m留一道贯通顶板、底板及墙板的施工后浇缝，缝宽度不宜小于800mm，且宜设置在柱距三等分的中间范围内。后浇缝处底板及外墙宜采用附加防水层；后浇缝混凝土宜在其两侧混凝土浇灌完毕后至少一个月再进行浇灌，其强度等级应提高一级，且应采用早强、补偿收缩的混凝土（图21-26）。

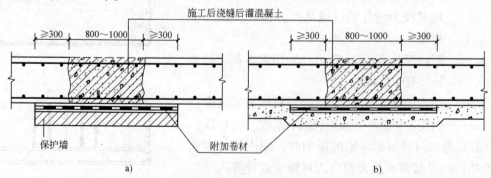

图 21-26 施工后浇缝
a) 外墙 b) 底板

237. 如何选择筏板基础的内力计算方法？

(1)《地基基础设计规范》(GB 50007—2011) 第 8.4.14 条、《高层建筑筏形与箱形基础技术规范》(JGJ 6—2011) 第 6.2.10 条、《高层建筑混凝土结构技术规程》(JGJ 3—2010) 第 12.3.5 条规定，当地基比较均匀、上部结构刚度较好、筏板的厚跨比不小于 1/6、柱间距及柱荷载变化不超过 20% 时，高层建筑的筏形基础可仅考虑局部弯曲作用，按倒梁法进行计算。基底反力可视为均匀，其值应扣除底板及地面自重，并可仅考虑局部弯曲作用。

当地基比较复杂、上部结构刚度较差，或柱荷载及柱间距变化较大时，筏基内力宜按弹性地基梁板方法进行分析。

有抗震设防要求时，对无地下室且抗震等级为一级、二级的框架结构，基础梁除满足抗震构造要求外，计算时尚应将柱根组合的弯矩设计值分别乘以 1.5 和 1.25 的增大系数。

(2) 按基底反力直线分布计算的梁板式筏基，其基础梁的内力可按连续梁分析，边跨跨中弯矩以及第一内支座的弯矩值宜乘以 1.2 的系数。梁板式筏基的底板和基础梁的配筋除满足计算要求外，纵横方向的底部钢筋尚应有 1/2~1/3 贯通全跨，且其配筋率不应小于 0.15%，顶部钢筋按计算配筋全部连通。

(3) 按基底反力直线分布计算的平板式筏基，可按柱下板带和跨中板带分别进行内力分析。柱下板带中，柱宽及其两侧各 0.5 倍板厚且不大于 1/4 板跨的有效宽度范围内，其钢筋配置量不应小于柱下板带钢筋数量的一半，且应能承受部分不平衡弯矩 $\alpha_m M_{unb}$。M_{unb} 为作用在冲切临界截面重心上的不平衡弯矩，α_m 按下式计算：

$$\alpha_m = 1 - \alpha_s \tag{21-45}$$

式中 α_m——不平衡弯矩通过弯曲传递的分配系数；

α_s——不平衡弯矩通过冲切临界截面上的偏心剪力来传递的分配系数，且 $\alpha_s = 1 - \dfrac{1}{1 + \dfrac{2}{3}\sqrt{\dfrac{c_1}{c_2}}}$。

平板式筏基柱下板带和跨中板带的底部钢筋应有 1/2~1/3 贯通全跨，且配筋率不应小于 0.15%；顶部钢筋应按计算配筋全部连通。

有抗震设防要求的无地下室或单层地下室平板筏基，计算柱下板带截面受弯承载力时，柱内力应按地震作用不利组合计算。

但应注意：《高层建筑混凝土结构技术规程》(JGJ 3—2010) 第 12.3.6 条的规定，"筏形基础应采用双向双层钢筋网片分别布置在板的顶面和底面，受力钢筋直径不宜小于 12mm，钢筋间距不宜小于 150mm，也不宜大于 300mm。"这条规定主要考虑到高层建筑的筏形基础的板厚一般较厚，配筋直径较大，为便于混凝土施工和保证混凝土质量而做出的。因此，在不妨碍施工和保证混凝土质量的前提下，钢筋间距小于 150mm 是允许的，但一般不小于 100mm。

238. 箱形基础设计中应注意哪些问题？

(1) 箱形基础的构造与基本设计要求

1）箱形基础的平面尺寸应根据地基承载力和上部结构布置以及荷载大小等因素确定。采用箱形基础时，基础底平面形心宜与结构竖向永久荷载的重心相重合。如有偏心时在荷载效应准永久组合下其偏心距 e 应符合式（21-36）的要求。

2）外墙宜沿建筑物周边布置，内墙沿上部结构的柱网或剪力墙位置纵横均匀布置，墙体水平截面总面积不宜小于箱形基础外墙外包尺寸的水平投影面积的 1/10。对基础平面长宽比大于 4 的箱形基础，其纵墙水平截面面积不应小于箱基外墙外包尺寸水平投影面积的 1/18。

计算墙体水平截面面积时，不扣除洞口部分，基础面积不包括底板在墙外的挑出部分面积。

3）为了使箱形基础具有一定刚度，能适应地基的不均匀沉降，满足使用功能上的要求，减少不均匀沉降引起的上部结构的附加应力。箱形基础的高度应满足结构的承载力和刚度要求，并根据建筑使用要求确定。一般不宜小于箱基长度（不计墙外悬挑板部分）的 1/20，且不宜小于 3m。

4）箱形基础的顶板应具有传递上部结构的剪力至墙体的承载力，其厚度除满足正截面受弯承载力和斜截面受剪承载力外，不应小于 200mm。

箱形基础的底板及墙体的厚度，应根据受力情况、整体刚度和防水要求确定。无人防设计要求的箱基，基础底板不应小于 300mm，外墙厚度不应小于 250mm，内墙厚度不应小于 200mm。

5）与高层主楼相连的裙房基础若采用外挑箱基墙或外挑基础梁的方法，则外挑部分的基底应采取有效措施，使其具有适应差异沉降变形的能力。

6）当地基压缩层深度范围内的土层在竖向和水平方向皆较均匀，且上部结构为平立面布置较规则的框架、剪力墙、框架—剪力墙结构时，箱形基础的顶、底板可仅考虑局部弯曲计算。计算时底板反力应扣除板的自重及其上面层和填土的自重，顶板荷载按实际考虑。整体弯曲的影响可在构造上加以考虑。箱形基础的顶板和底板钢筋配置除符合计算要求外，纵横方向支座钢筋尚应有 1/3～1/2 的钢筋连通，且连通钢筋的配筋率分别不小于 0.15%（纵向）、0.10%（横向），跨中钢筋按实际需要的配筋全部连通。钢筋接头宜采用机械连接；采用搭接接头时，搭接长度应按受拉钢筋考虑。

7）上部结构底层柱纵向钢筋伸入箱形基础墙体的长度应符合下列要求：

①柱下三面或四面有箱形基础墙的内柱，除柱四角纵向钢筋直通到基底外，其余钢筋可伸入顶板底面以下 40 倍纵向钢筋直径处；

②外柱、与剪力墙相连的柱及其他内柱的纵向钢筋应直通到基底。

8）箱形基础的混凝土强度等级不应低于 C25，并应采用防水混凝土，其抗渗等级按表 21-6 选用。对于重要建筑宜采用自防水并设架空排水层方案。

表 21-6 箱形和筏形基础防水混凝土的抗渗强度

埋置深度 d/m	设计抗渗等级	埋置深度 d/m	设计抗渗等级
$d<10$	P6	$20 \leqslant d<30$	P10
$10<d<20$	P8	$d \geqslant 30$	P12

(2) 基底反力计算

箱形基础每个区格的基底反力为

$$p = \frac{\sum P}{A} \gamma_i \tag{21-46}$$

式中 $\sum P$——上部结构竖向荷载、箱形基础自重和挑出部分底板以上的填土重；

A——基础底面积；

γ_i——各区格的基底反力系数。黏性土的地基反力系数按表 21-7～表 21-10。

当上部结构的竖向荷载重心与基础底面积的形心不重合产生偏心力矩时，箱形基础基底反力分布按上述应用表 21-7～表 21-10 确定外，还应计算偏心力矩所引起的基底反力，此部分基底反力按直线变化分布。

计算底板局部弯曲时，取用基底反力按式（21-46）得 p 和偏心力矩引起的基底反力相叠加，并扣除底板自重。

(3) 基础内力分析

12 层以下的框架结构或箱形基础整体刚度较差时，箱形基础的内力应同时考虑整体弯曲和局部弯曲作用。计算底板局部弯曲时，基底反力可参照表 21-7～表 21-10 或其他有效的方法确定，底板局部弯曲产生的弯矩应乘以 0.8 的折减系数。计算整体弯曲作用的弯矩时，应考虑上部结构与箱形基础共同工作，在箱形基础顶板、底板配筋时，应综合考虑承受整体弯曲和局部弯曲的钢筋配置，以充分发挥各截面钢筋的作用。

表 21-7　黏性土地基反力系数 γ（$L/B=1$）

1.381	1.179	1.128	1.108	1.108	1.128	1.179	1.381
1.179	0.952	0.898	0.879	0.879	0.898	0.952	1.179
1.128	0.898	0.841	0.821	0.821	0.841	0.898	1.128
1.108	0.879	0.821	0.800	0.800	0.821	0.879	1.108
1.108	0.879	0.821	0.800	0.800	0.821	0.879	1.108
1.128	0.898	0.841	0.821	0.821	0.841	0.898	1.128
1.179	0.952	0.898	0.879	0.879	0.898	0.952	1.179
1.381	1.179	1.128	1.108	1.108	1.128	1.179	1.381

表 21-8　黏性土地基反力系数 γ（$L/B=2\sim3$）

1.265	1.115	1.075	1.061	1.061	1.075	1.115	1.265
1.073	0.904	0.865	0.853	0.853	0.865	0.904	1.073
1.046	0.875	0.835	0.822	0.822	0.835	0.875	1.046
1.073	0.904	0.865	0.853	0.853	0.865	0.904	1.073
1.265	1.115	1.075	1.061	1.061	1.075	1.115	1.265

表 21-9　黏性土地基反力系数 γ（$L/B=4\sim5$）

1.229	1.042	1.014	1.003	1.003	1.014	1.042	1.229
1.096	0.929	0.904	0.895	0.895	0.904	0.929	1.096
1.081	0.918	0.893	0.884	0.884	0.893	0.918	1.081
1.096	0.929	0.904	0.895	0.895	0.904	0.929	1.096
1.229	1.042	1.014	1.003	1.003	1.014	1.042	1.229

表 21-10　黏性土地基反力系数 γ（$L/B = 6 \sim 8$）

1.214	1.053	1.013	1.008	1.008	1.013	1.053	1.214
1.083	0.939	0.903	0.899	0.899	0.903	0.939	1.083
1.069	0.927	0.892	0.888	0.888	0.892	0.927	1.069
1.083	0.939	0.903	0.899	0.899	0.903	0.939	1.083
1.214	1.053	1.013	1.008	1.008	1.013	1.053	1.214

注：表 21-7 ~ 表 21-10 适用于上部结构与荷载比较匀称的框架结构，地基土比较均匀、底板悬挑部分不宜超过 0.8m，不考虑相邻建筑物的影响以及满足《高层建筑筏形与箱形基础技术规范》（JGJ 6—2011）构造要求的单幢建筑物的箱形基础；当纵横方向荷载不很匀称时，应分别将不匀称荷载对纵横方向对称轴所产生的力矩值所引起的地基不均匀反力和由本表计算的反力进行叠加。力矩引起的地基不均匀反力按直线变化计算。

1）箱形基础的整体弯曲弯矩计算。考虑上部结构与箱形基础共同工作时，箱形基础承受的整体弯矩 M_F 可按下式计算：

$$M_F = M \frac{E_F I_F}{E_F I_F + E_B I_B} \tag{21-47}$$

式中　M——由整体弯曲产生的弯矩值，可将上部结构柱和钢筋混凝土墙当作箱基梁的支点，按静定梁方法计算，箱基的自重按柔性均布荷载处理，并取 $g = G/L$；

$E_F I_F$——箱形基础的刚度（$kN \cdot m^2$），其中 E_F 为箱形基础的混凝土弹性模量，I_F 为按工字形截面计算的惯性矩，工字形截面的上、下翼缘宽度分别取箱形基础顶、底板的全宽，腹板厚度为在弯曲方向的墙体厚度的和；

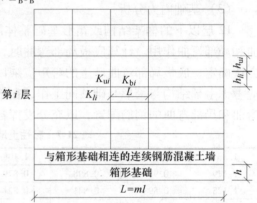

图 21-27　箱形基础与上部结构共同作用

$E_B I_B$——上部结构的总折算刚度，按下述方法计算：

对于等柱距或柱距相差不超过 20% 的框架结构，等效抗弯刚度 $E_B I_B$ 可按下式计算（图 21-27）：

$$E_B I_B = \sum_{i=1}^{n} \left[E_b I_{bi} \left(1 + \frac{K_{ui} + K_{li}}{2K_{bi} + K_{ui} + K_{li}} m^2 \right) \right] + E_w I_w \tag{21-48}$$

式中　K_{ui}、K_{li}、K_{bi}——第 i 层上柱、下柱和梁的线刚度，其值分别为

$$K_{ui} = \frac{I_{ui}}{h_{ui}},\ K_{li} = \frac{I_{li}}{h_{li}},\ K_{bi} = \frac{I_{bi}}{l}$$

这里，I_{ui}、I_{li}、I_{bi}——第 i 层上柱、下柱和梁的截面惯性矩；h_{ui}、h_{li} 分别为上柱、下柱的高度；l 为框架结构的柱距。

E_B——各层梁、柱的混凝土弹性模量；

E_w、I_w——在弯曲方向与箱形基础相连的连续钢筋混凝土墙的弹性模量和惯性矩，$I_w = \frac{1}{12}bh^3$（b、h 分别为墙的厚度和高度）；

m——建筑物弯曲方向的柱间距或开间数，$m = L/l$；L 为与箱基长度方向

一致的结构单元总长度；

n——建筑物层数，当层数不大于 5 层时，n 取实际层数，当层数大于 5 时，n 取 5。

2）局部弯曲弯矩计算。顶板按室内地面设计荷载计算局部弯曲弯矩，底板局部弯曲弯矩的计算荷载为扣除底板自重后的基底反力。计算局部弯曲弯矩时可将顶板、底板当作周边固定的双向连续板处理。

(4) 基础截面设计及承载力验算

1) 箱形基础顶板、底板截面设计。箱形基础的顶板、底板均应采用双层双向配筋。箱形基础的顶板配筋按偏心受压构件设计，底板配筋按偏心受拉构件设计，而作用在顶板和底板上的轴力 N_c 与 N_t 可按下式计算：

$$N_c = N_t = \frac{M}{zB} \tag{21-49}$$

式中 M——箱形基础的截面计算弯矩；

B——箱形基础的宽度；

z——基础顶板与底板的中心距。

箱形基础顶板与底板厚度除根据荷载与跨度大小按正截面承载力决定外，其斜截面抗剪承载力应符合下式要求：

$$V_s \leq 0.7\beta_{hs}f_t(l_{n2} - 2h_0)h_0 \tag{21-50}$$

式中 V_s——距墙边缘 h_0 处的剪力设计值。底板的剪力应减去刚性角范围的基底反力，刚性角为 45°（图 21-28）；

f_t——混凝土轴心抗拉强度设计值；

β_{hs}——受剪切承载力截面高度影响系数，当 $h_0 < 800\text{mm}$ 时，取 $h_0 = 800\text{mm}$，当 $h_0 > 2000\text{mm}$ 时，取 $h_0 = 2000\text{mm}$；

h_0——板的有效高度。

箱形基础底板的冲切承载力按下式验算：

$$F_l \leq 0.7f_t u_m h_0 \beta_{hp} \tag{21-51}$$

式中 F_l——底板承受的冲切力，为基底净反力乘以图 21-29 所示阴影部分面积 A_l；

f_t——混凝土轴心抗拉强度设计值；

u_m——距荷载边为 $h_0/2$ 处的周长，如图 21-29 所示；

h_0——板的有效高度。

当验算的底板区格为矩形双向板时，底板的冲切验算可转化为对其有效高度 h_0 的验算，h_0 应符合式（21-51）的要求：

$$h_0 \geq \frac{(l_{n1} + l_{n2}) - \sqrt{(l_{n1} + l_{n2})^2 - \dfrac{4pl_{n1}l_{n2}}{p_n + 0.7f_t\beta_{hp}}}}{4} \tag{21-52}$$

式中 l_{n1}、l_{n2}——计算板格的短边和长边的净长度；

p_n——扣除底板自重后的地基平均反力设计值；

f_t——混凝土抗拉强度设计值；

β_{hp}——截面高度影响系数,当 $h_0 < 800$mm 时,取 $\beta_{hp} = 1.0$,当 $h_0 > 2000$mm 时,取 $\beta_{hp} = 0.9$,其间按线性内插法取用。

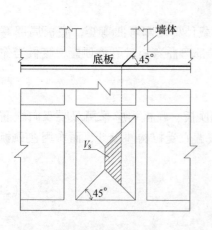

图 21-28 V_s 计算简图

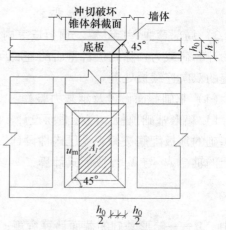

图 21-29 u_m、A_l 计算简图

2)箱形基础上部结构传来的总弯矩设计值和总剪力设计值,可分别按受力方向的墙体弯曲刚度和剪切刚度分配给各道墙。

箱形基础墙体的门洞应设在柱间居中部位,洞边至上层柱中心的水平距离不宜小于 1.2m,洞口上过梁的高度不宜小于层高的 1/5,洞口面积不宜大于柱距与箱形基础全高乘积的 1/6,见图 21-30。

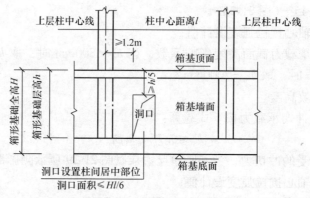

图 21-30 箱基墙体开洞限值

$$\gamma = \sqrt{\frac{A_{op}}{A_f}} \leq 0.4 \qquad (21\text{-}53)$$

式中 A_{op}——墙面洞口面积;
A_f——墙面积,其值取柱距乘箱形基础的全面积。

墙体应配置双排双向钢筋,竖向和水平钢筋直径均不应小于 10mm,间距均不大于 200mm,除上部为剪力墙的墙体外,内、外墙的墙顶处宜配置两根直径不小于 20mm 的通长构造钢筋,此钢筋的搭接和转角处的连接长度应不小于受拉搭接长度。

墙体洞口消弱处,洞口每侧附加加强钢筋应按计算确定,且洞侧的加强钢筋截面面积不应小于洞口宽度内被切断受力钢筋截面面积的一半,并不小于两根直径为 14mm 的钢筋,此钢筋应从洞口边伸入墙体 40 倍钢筋直径。

箱形基础的内、外墙体，除上部为剪力墙外，其墙身截面应按下式验算其抗剪承载力：
$$V_w \leq 0.25\beta_d f_c A_w \tag{21-54}$$

式中 V_w——柱根传给墙体竖向截面的剪力设计值，按相交的各片墙的刚度进行分配；

f_c——混凝土轴心抗压强度设计值；

A_w——墙身竖向有效截面面积。

对于箱形基础的外墙，在其上还有水平荷载作用，包括土压力、水压力和由于地面均布荷载引起的侧压力等，故尚需进行受弯计算。此时可将墙身视为顶、底部固定的多跨连续板计算，而侧压力 p 一般可按静止土压力计算（在地下水位以下加上水压力的作用），见本书第 246 问。

3）箱形基础纵横墙截面的剪力，可按下列方法近似计算：

① 计算纵横墙截面剪力时，将箱形基础视作一根在外荷载和基底反力作用下的静定梁，求出各支座左右截面的总剪力 V_j，然后把此总剪力分配给各道纵墙，在 i 道纵墙 j 支座处的截面左右剪力 V_{ij} 按式（21-55）修正（图 21-31）：

$$V_{ij} = \overline{V}_{ij} - p_n(A_1 + A_2) \tag{21-55}$$

式中 $\overline{V}_{ij}$——i 道纵墙 j 支座处所分配的剪力：

$$\overline{V}_{ij} = \frac{V_j}{2}\left(\frac{b_i}{\sum b} + \frac{N_{ij}}{\sum N_j}\right) \tag{21-56}$$

b_i——i 道纵墙宽度；

$\sum b$——各道纵墙宽度的总和；

N_{ij}——i 道纵墙 j 支座处柱竖向荷载；

$\sum N_j$——j 支座横向同一柱列各道纵墙柱竖向荷载的总和；

p_n——基底反力值；

A_1、A_2——求 V_{ij} 时的底板局部面积，按图 21-32 中阴影部分计算。

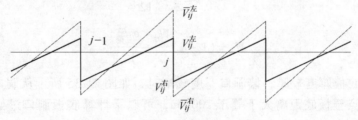

图 21-31 剪力修正

② 计算横墙截面剪力时，可按图 21-33 中阴影部分面积乘以基底反力 p_n。

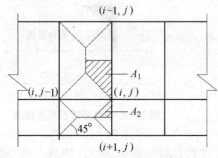

图 21-32 底板局部平面图

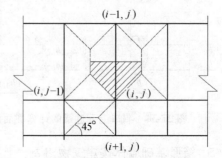

图 21-33 横墙剪力计算平面

4）墙体的门洞宜设在柱间居中部位，墙体洞口上、下过梁截面应符合下列剪压比要求，并应进行斜截面受剪承载力的验算。

当 $h_i/b_i \leq 4$ 时，　　$V_i \leq 0.25\beta_c f_c A_1 (i=1,$ 为上过梁$;i=2,$ 为下过梁$)$ 　　　　　(21-57)

当 $h_i/b_i \geq 6$ 时，　　$V_i \leq 0.25\beta_c f_c A_2 (i=1,$ 为上过梁$;i=2,$ 为下过梁$)$ 　　　　　(21-58)

当 $4 < h_i/b_i < 6$ 时，按线性插入法确定：

$$V_1 = \mu V + \frac{q_1 l_0}{2} \tag{21-59}$$

$$V_2 = (1-\mu)V + \frac{q_2 l_0}{2} \tag{21-60}$$

式中　V——洞口中点处的剪力设计值；
　　　q_1、q_2——作用于上、下过梁的均布荷载；
　　　l_0——洞口的净宽度；
　　　μ——剪力分配系数，按下式计算：

$$\mu = \frac{1}{2}\left(\frac{b_1 h_1}{b_1 h_1 + b_2 h_2} + \frac{b_1 h_1^3}{b_1 h_1^3 + b_2 h_2^3}\right) \tag{21-61}$$

　　　b_1、h_1——上过梁的截面宽度和高度；
　　　b_2、h_2——下过梁的截面宽度和高度；
　　　V_1、V_2——上、下过梁的剪力设计值；
　　　A_1、A_2——上、下过梁的计算截面面积，按图 21-34 的阴影部分取用，取其中较大值。

上、下过梁的弯矩为

$$M_1 = \mu \frac{V l_0}{2} + \frac{q_1 l_0^2}{12} \tag{21-62}$$

$$M_2 = (1-\mu)\frac{V l_0}{2} + \frac{q_2 l_0^2}{12} \tag{21-63}$$

当箱形基础底板厚度较厚、墙洞口宽度较窄时，如图 21-35 所示从洞口往下满足刚性角相交，且相交点至板底距离大于等于 200mm，可以不计算底板洞口过梁的剪力及弯曲配筋。

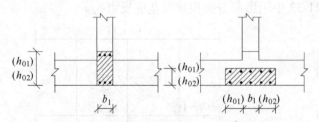

图 21-34　洞口上下过梁的计算截面面积

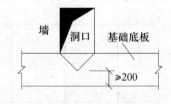

图 21-35　墙洞口下刚性相交

（5）箱形基础墙体按建筑物四周、上层柱网或上层剪力墙位置布置后，如遇人防等级较高、地基反力较大者，由于墙间距过大可能导致箱形基础底板及顶板厚度过厚，如使用上许可，可增设一些纵横墙以减少板的跨度。此种增设的墙应视为支承在内外墙上的次梁，并需对其进行承载力的验算（图21-36）。

当增设的墙洞口较大，或不具有作为次梁的条件时，底板应按单向或双向板计算，此时向上荷载为基底反力，向下荷载为顶板传来给增设墙的荷载和墙体自重（图21-37）。

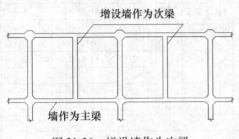

图21-36 增设墙作为次梁

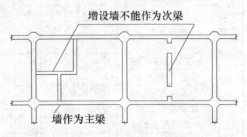

图21-37 增设墙不能作为次梁

239. 如何选择桩基的类型？

（1）桩的分类

1）按承载性状分类

摩擦型桩——纯摩擦型桩，在极限承载力状态下，桩顶荷载由桩侧阻力承受；端承摩擦桩，在极限承载力状态下，桩顶荷载主要由桩侧阻力承受。

端承型桩——纯端承桩，在极限承载力状态下，桩顶荷载主要由桩端阻力承受；摩擦端承桩，在极限承载力状态下，桩顶荷载主要由桩顶端阻力承受。

2）按桩的使用功能分类可分为：竖向抗压桩、竖向抗拔桩、横向受荷桩（主要承受横向荷载）、组合受荷桩（竖向、横向荷载均较大）。

3）按桩的材料分类可分为：混凝土预制桩（方桩、管桩）、混凝土灌注桩、钢桩、组合材料。

4）按成桩方法分类

非挤土桩——干作业法、泥浆护壁法、套管护壁法。

部分挤土桩——部分挤土灌注桩、预钻孔打入式预制桩、打入式敞口桩。

挤土桩——挤土灌注桩、挤土预制桩（打入或静压）。

5）按桩径大小分类

小直径桩——桩径 $d \leqslant 250mm$；

中等直径桩——桩径 $250 < d \leqslant 800mm$；

大直径桩——桩径 $d > 800mm$。

（2）桩型和工艺选择

高层建筑应综合考虑建筑物场地的地质状况、上部结构的类型、施工条件、使用要求，确保建筑物不致发生过量沉降或倾斜，满足建筑物正常使用要求。还应注意与相邻建筑的相互影响，了解临近地下构筑物及各类地下设施的位置和标高，以便设计时合理确定基础方案及提出施工时保证安全的必要措施。选择技术先进、安全合理、经济适用的桩型和成桩工艺。选择桩型时可参考表21-11。

表 21-11 成桩工艺选择参考表

桩类		桩径		桩长/m	穿越土层										桩端进入持力层				地下水位		对环境影响		孔底有无挤密
		桩身/mm	扩大端/mm		一般黏性土及填土	淤泥和淤泥质土	粉土	砂土	碎石土	季节性冻土膨胀土	黄土 非自重湿陷性黄土	自重湿陷性黄土	中间有硬夹层	中间有砂夹层	中间有砾石夹层	硬黏性土	密实砂土	碎石土	软质岩石和风化岩石	以上	以下	振动和噪声	排降水	
非挤土成桩法	干作业法	长螺旋钻孔灌注桩	300~600	—	≤12	○	×	○	△	×	○	○	○	△	×	×	○	○	×	○	○	×	无	无	无
		短螺旋钻孔灌注桩	300~800	—	≤30	○	×	○	△	×	○	○	○	△	×	×	○	○	×	○	○	×	无	无	无
		钻孔扩底灌注桩	300~600	800~1200	≤30	○	×	○	△	×	○	○	○	△	×	×	○	○	×	○	○	×	无	无	无
		机动洛阳铲成孔灌注桩	300~500	—	≤20	○	×	△	△	×	○	○	○	△	×	×	○	△	×	○	○	×	无	无	无
		人工挖孔扩底灌注桩	1000~2000	1600~4000	≤40	○	×	△	△	×	○	○	△	△	×	×	○	○	△	○	○	×	无	有	无
	泥浆护壁法	潜水钻钻孔灌注桩	500~800	—	≤50	○	○	○	○	×	○	○	○	○	△	×	○	○	×	○	○	○	无	有	无
		反循环钻成孔灌注桩	600~1200	—	≤80	○	○	○	○	×	○	○	○	○	△	×	○	○	×	○	○	○	无	有	无
		回旋钻钻成孔灌注桩	600~1200	—	≤80	○	○	○	○	△	○	○	○	○	○	△	○	○	△	○	○	○	无	有	无
		机挖异型成孔灌注桩	400~600	—	≤20	○	○	△	△	×	○	○	△	△	×	×	○	△	×	○	○	○	无	有	无
		钻孔扩底灌注桩	600~1200	1000~1600	≤50	○	○	○	△	×	○	○	△	△	×	×	○	○	△	○	○	○	无	有	无
		贝诺托灌注桩	800~1600	—	≤50	○	○	○	○	○	○	○	○	○	○	○	○	○	○	○	○	○	无	有	无
	套管护壁法	短螺旋钻孔灌注桩	300~800	—	≤30	○	○	○	△	×	○	○	○	△	×	×	○	○	×	○	○	○	无	无	无
		冲击成孔灌注桩	600~1200	—	≤50	○	○	○	○	○	○	○	○	○	○	○	○	○	△	○	○	○	有	无	无
		钻孔压注成型灌注桩	300~1000	—	≤30	○	○	○	△	×	○	○	○	△	×	×	○	○	×	○	○	○	无	无	无
部分挤土成桩法		组合桩	≤600	—	≤60	○	○	○	○	×	○	○	○	○	△	×	○	○	×	○	○	○	有	无	有
		预钻孔打入预制桩	≤500	—	≤60	○	○	○	○	×	○	○	○	○	△	×	○	○	×	○	○	○	有	无	有
		混凝土(预应力混凝土)管桩	≤600	—	≤50	○	○	○	○	×	○	○	○	○	△	×	○	○	×	○	○	○	有	无	有
		H型钢	规格	—	≤50	○	○	○	○	×	○	○	○	○	△	×	○	○	×	○	○	○	有	无	有
		敞口钢管桩	600~900	—	≤24	○	○	○	○	×	○	○	○	○	△	×	○	○	×	○	○	○	有	无	有
挤土灌注桩		振动沉管灌注桩	270~400	—	≤24	○	○	○	△	×	○	○	○	△	×	×	○	○	×	○	×	○	有	无	有
		锤击沉管灌注桩	300~500	—	≤20	○	○	○	△	×	○	○	○	△	×	×	○	○	×	○	×	○	有	无	有
		锤击振动沉管灌注桩	270~400	—	≤15	○	○	○	△	×	○	○	○	△	×	×	○	○	×	○	×	○	有	无	有
		平底大头灌注桩	350~400	450×450~500×500	≤20	○	○	○	△	×	○	○	○	△	×	×	○	○	×	○	×	○	有	无	有
		沉管灌注同步桩	≤400	450~700	≤24	○	○	○	△	×	○	○	○	△	×	×	○	○	×	○	×	○	有	无	有
		夯压成型灌注桩	325,377	—	≤10	○	○	○	△	×	○	○	○	△	×	×	○	○	×	○	×	○	有	无	有
		干振灌注桩	350	≤1000	≤12	○	×	△	△	×	○	○	△	△	×	×	○	○	×	○	×	×	有	无	有
		爆扩灌注桩	≤350	≤1000	≤20	○	×	△	△	×	○	○	△	△	×	×	○	○	×	○	○	×	有	无	有
		弗兰克桩	600	—	≤50	○	○	○	△	×	○	○	○	△	×	×	○	○	×	○	○	○	有	无	有
挤土预制桩		打入实心混凝土预制桩、管桩、混凝土管桩	≤500×500	—	≤40	○	○	○	△	×	○	○	○	△	×	×	○	○	×	○	○	○	有	无	有
		静压桩	100×100	—		○	○	○	△	×	○	○	○	△	×	×	○	○	△	○	○	○	无	无	有

注:表中符号○表示比较合适;△表示有可能采用;×表示不宜采用。

240. 桩基础中，桩的布置有哪些原则？

（1）桩基的最小中心距。基桩最小中心距规定考虑了非挤土、部分挤土和挤土效应，同时考虑桩的排列与数量等因素的影响。基桩的最小中心距应符合表21-12的规定。当施工中采取减小挤土效应的可靠措施时，可根据当地经验适当减小。

表21-12 桩的最小中心距

土类与成桩工艺		桩排数≥3和桩根数≥9的摩擦型桩桩基	其他情况
非挤土灌注桩		3.0d	3.0d
部分挤土灌注桩		3.5d	3.0d
挤土桩	非饱和土	4.0d	3.5d
	饱和黏性土	4.5d	4.0d
钻、挖孔扩底桩		2D或$D+2m$（当$D>2m$）	1.5D或$D+1.5m$（当$D>2m$）
沉管夯扩、钻孔挤扩桩	非饱和土	2.2D且4.0d	2.0D且3.5d
	饱和黏性土	2.5D且4.5d	2.2D且4.0d

注：1. d为圆桩直径或方桩边长，D为扩大端设计直径。
　　2. 当纵横向桩距不相等时，其最小中心距应满足"其他情况"一栏的规定。
　　3. 当为端承型桩时，非挤土灌注桩的"其他情况"一栏可减小至2.5d。

（2）排列基桩时，宜使群桩承台承载力合力点与竖向永久荷载合力作用点重合，以减小荷载偏心的负面效应。当桩基受水平力时，应使基桩受水平力和力矩较大方向有较大的抗弯截面模量，以增强桩基的水平承载力，减小桩基的倾斜变形。

（3）桩箱基础、剪力墙结构桩筏（含平板和梁板式承台）基础的布桩原则。为了改善承台的受力状态，特别是降低承台的整体弯矩、冲切力和剪切力，宜将桩布置于墙下和梁下，并适当弱化外围。

（4）框架—核心筒结构的优化布桩。为了减小差异变形、优化反力分布、降低承台内力，应按变刚度调平原则布桩。也就是根据荷载分布，作到局部平衡，并考虑相互作用对于桩土刚度的影响，强化内部核心筒和剪力墙区，弱化外围框架区。调整基桩支承刚度的具体作法：对于刚度增强区，采取加大桩长（有多层持力层）、或加大桩径（端承型桩）、减小桩距（满足最小桩距）；对于刚度相对弱化区，除调整桩的几何尺寸外，宜按复合桩基设计。由此改变传统设计带来的蝶形沉降和马鞍形反力分布，降低冲切力、剪切力和弯矩，优化承台设计。

（5）桩端持力层选择和进入持力层的深度要求。应选择较硬土层作为桩端持力层。桩端全截面进入持力层的深度，对于黏性土、粉土不宜小于2.0d；砂土不宜小于1.5d；碎石类土不宜小于1.0d。当存在软弱下卧层时，桩端以下硬持力层厚度不宜小于3.0d。

抗震设计时，桩进入碎石土、砾砂、粗砂、中砂、密实粉土、坚硬黏土的深度尚不应小于0.5m，对其他非岩石类土尚不宜小于1.5m。

241. 单桩竖向静载荷试验的要点是什么？

（1）单桩竖向静载试验应采用慢速维持荷载法进行加载，加载反力装置宜采用锚桩，当采用堆载时应遵循以下规定。

1）堆载加于地基的压应力不宜超过地基承载力特征值。

2)堆载的限值可根据其对试桩的影响确定。

3)堆载量大时,宜利用桩(可利用工程桩)作为堆载的支点。

4)试验反力装置的最大抗拔或承重能力应满足试验加载要求。

(2)试桩、锚桩(压重平台支座)和基准桩之间的中心距离应符合表21-13的规定。

(3)开始试验的时间。预制桩在砂土中入土7d后;黏性土不得少于15d;对于饱和软黏性土不得少于25d。灌注桩应在桩身混凝土达到设计强度后进行。

表21-13 试桩、锚桩和基准桩之间的中心距离

反力系统	试桩与锚桩 (或压重平台支座墩边)	试桩与基准桩	基准桩与锚桩 (或压重平台支座墩边)
锚桩横梁反力装置 压重平台反力装置	≥4d 且 ＞2.0m	≥4d 且 ＞2.0m	≥4d 且 ＞2.0m

注:d 为试桩或锚桩的设计直径,取其较大者(如试桩或锚桩为扩底桩时,试桩与锚桩的中心距尚不应小于2倍扩底端直径)。

(4)加荷分级要求。加荷分级不应小于8级,每级加载量宜为预估极限荷载的1/8~1/10。

(5)测读桩沉降量的间隔时间。每级加载后,每第5min、10min、15min时各测读一次,以后每隔15min读一次,累计一小时后每隔半小时读一次。

(6)在每级荷载作用下,桩的沉降量连续两次在每小时内小于0.1mm时可视为稳定。

(7)符合下列条件之一时可终止加载:

1)当荷载—沉降($Q—s$)曲线上有可判定极限承载力的陡降段,且桩顶总沉降量超过40mm。

2)$\dfrac{\Delta s_{n+1}}{\Delta s_n} \geq 2$,且经24h尚未达到稳定。这里 Δs_n 为第 n 级荷载的沉降增量,Δs_{n+1} 为第 $n+1$ 级荷载的沉降增量。

3)25m以上的非嵌岩桩,$Q—s$ 曲线呈缓变型时,桩顶总沉降量大于60~80mm。

4)在特殊条件下,可根据具体要求加载至桩顶总沉降量大于100mm。

(8)卸载观测。每级卸载值为加载值的两倍。卸载后隔15min测读一次,读两次后,隔半小时再读一次,即可卸下一级荷载。全部卸载后,隔3h再测读一次。

(9)单桩竖向极限承载力应按下列方法确定:

1)作荷载—沉降($Q—s$)曲线和其他辅助分析所需的曲线。

2)当陡降段明显时,取相应于陡降段起点的荷载值。

3)当 $\dfrac{\Delta s_{n+1}}{\Delta s_n} \geq 2$,且经24h尚未达到稳定时,取前一级荷载值。

4)$Q—s$ 曲线呈缓变型时,取桩顶总沉降量 $s=40$mm 所对应的荷载值,当桩长大于40m时,宜考虑桩身的弹性压缩。

按上述方法判断有困难时,可结合其他辅助分析方法综合判定。对桩基沉降有特殊要求者,应根据具体情况选取。

参与统计的试桩,当满足其极差不超过平均值的30%时,可取其平均值为单桩竖向极限承载力。极差超过平均值的30%时,宜增加试桩数量并分析离差过大的原因,结合工程具体情况确定极限承载力。对桩数为3根及3根以下的柱下桩台,取最小值。

将单桩竖向极限承载力除以安全系数2，即为单桩竖向承载力特征值 R_a。

242. 如何计算桩基础的最终沉降量？

（1）桩基础最终沉降量的计算采用单向压缩分层总和法，即

$$s = \psi_p \sum_{j=1}^{m} \sum_{i=1}^{n_j} \frac{\sigma_{j,i} \Delta h_{j,i}}{E_{sj,i}} \tag{21-64}$$

式中　s——桩基最终计算沉降量（mm）；

m——桩端平面以下压缩层范围内土层数；

$E_{sj,i}$——桩端平面下第 j 层土第 i 个分层在自重应力至自重应力附加应力作用段的压缩模量（MPa）；

n_j——桩端平面下第 j 层土的计算分层数；

$\Delta h_{j,i}$——桩端平面下第 j 层土的第 i 个分层厚度（m）；

$\sigma_{j,i}$——桩端平面下第 j 层土第 i 个分层的竖向附加应力（kPa）；

ψ_p——桩基沉降计算经验系数，各地区应根据当地的工程实测资料统计对比确定。

（2）采用实体深基础计算桩基础最终沉降量。地基最终沉降量 s 可按下式计算：

$$s = \psi_{ps} \sum_{i=1}^{n} \frac{p_0}{E_{si}} (z_i \bar{a}_i - z_{i-1} \bar{a}_{i-1}) \tag{21-65}$$

式中　s——地基最终沉降量（mm）；

ψ_{ps}——实体桩基沉降计算经验系数，各地区应根据当地的工程实测资料统计对比确定；在不具备条件时，ψ_p 值可按表21-14选用；

n——地基沉降计算深度范围内所划分的土层数（图21-38）；

p_0——对应于荷载效应准永久组合时的桩底平面处的附加压应力值（kPa）。实体基础的支承面积可按图21-39采用；

E_{si}——基础底面下第 i 层土的压缩模量，按实际应力范围取值（MPa）；

z_i、z_{i-1}——基础底面至第 i 层土、第 $i-1$ 层土底面的距离（m）；

$\bar{a}_i$、$\bar{a}_{i-1}$——基础底面计算点至第 i 层土、第 $i-1$ 层土底面范围内平均附加应力系数，对于矩形（包括条形）基础，它是 l/b 和 z/b 的函数，根据规范有关表查用。

表21-14　实体深基础计算桩基沉降经验系数 ψ_{ps}

$\bar{E}_s$/MPa	$\bar{E}_s < 15$	$15 \leqslant \bar{E}_s < 30$	$30 \leqslant \bar{E}_s < 40$
ψ_p	0.5	0.4	0.3

注：$\bar{E}_s$ 为沉降计算深度范围内压缩模量的当量值，应按下式计算：

$$\bar{E}_s = \frac{\sum A_i}{\sum \dfrac{A_i}{E_{si}}} \tag{21-66}$$

式中　A_i——第 i 层土的附加应力系数沿土层厚度的积分值。

地基压缩层的计算厚度 z_n 是指基础底面至压缩层下限的深度。《建筑地基基础设计规范》（GB 50007—2011）规定 z_n 应满足下列条件：由该深度处向上取计算层厚 Δz（图21-38），计算所得的压缩变形值 $\Delta s'_n$ 不大于 z_n 深度范围内总的计算变形值 $\sum_{i=1}^{n} \Delta s'_i$ 的2.5%，即

应满足下式要求（必须考虑相邻荷载的影响）：

$$\Delta s_n' \leqslant 0.025 \sum_{i=1}^{n} \Delta s_i' \tag{21-67}$$

式中　$\Delta s_i'$——在计算深度范围内，第 i 层土的计算沉降值；
　　　$\Delta s_n'$——在由计算深度向上取厚度为 Δz 的土层计算沉降值，Δz 按表 21-15 确定。

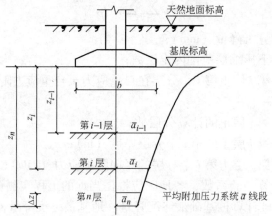

图 21-38　运用平均附加应力系数计算基础沉降量的分层示意

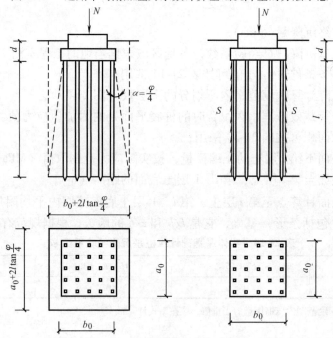

图 21-39　实体深基础的底面积

表 21-15　Δz

b/m	$b \leqslant 2$	$2 < b \leqslant 4$	$4 < b \leqslant 8$	$8 < b$
$\Delta z/\mathrm{m}$	0.3	0.6	0.8	1.0

（3）采用明德林应力公式计算地基中的某点的竖向附加应力值时，可将各根桩在该点所产生的附加应力，逐根叠加按下式计算：

$$\sigma_{j,i} = \sum_{k=1}^{n}(\sigma_{zp,k} + \sigma_{zs,k}) \qquad (21\text{-}68)$$

设单桩在竖向荷载准永久组合作用下的附加荷载为 Q，由桩端阻力 Q_p 和桩侧阻力 Q_s 共同承担，即 $Q = Q_p + Q_s$。

假定桩端阻力为集中力，且 $Q_p = \alpha Q$，其中 $\alpha = Q_p/Q$，为桩端阻力比。假定桩侧摩阻力沿桩身均匀分布和沿桩身线性增长分布两种形式组成，其值分别为 βQ 和 $(1-\alpha-\beta)Q$，如图 21-40 所示。

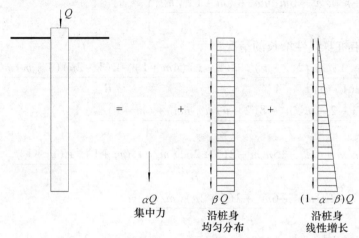

图 21-40　单桩荷载分担

第 k 根桩的端阻力在深度 z 处产生的应力：

$$\sigma_{zp,k} = \frac{\alpha Q}{l^2} I_{p,k} \qquad (21\text{-}69)$$

第 k 根桩的侧摩阻力在深度 z 处产生的应力：

$$\sigma_{zs,k} = \frac{Q}{l^2}[\beta I_{s1,k} + (1-\alpha-\beta)I_{s2,k}] \qquad (21\text{-}70)$$

对于一般摩擦型桩可假定桩侧摩阻力全部是沿桩身线性增长的（即 $\beta = 0$），则式 (21-70) 可简化为

$$\sigma_{zs,k} = \frac{Q}{l^2}(1-\alpha)I_{s2,k} \qquad (21\text{-}71)$$

式中　　l——桩长度 (m)；

I_p、I_{s1}、I_{s2}——应力影响系数，可用对明德林应力公式进行积分的方式推导得出。

对于桩顶的集中力：

$$I_p = \frac{1}{8\pi(1-\nu)}\left\{\frac{(1-2\nu)(m-1)}{A^3} - \frac{(1-2\nu)(m-1)}{B^3} + \frac{3(m-1)^3}{A^5} + \right.$$
$$\left. \frac{3(3-4\nu)m(m+1)^2 - 3(m+1)(5m-1)}{B^5} + \frac{30m(m+1)^3}{B^7}\right\} \qquad (21\text{-}72)$$

对于桩侧摩阻力沿桩身均匀分布的情况：

$$I_{s1} = \frac{1}{8\pi(1-\nu)} \left\{ \frac{2(2-\nu)}{A} - \frac{2(2-\nu)+2(1-2\nu)(m^2/n^2+m/n^2)}{B} + \frac{(1-2\nu)2(m/n)^2}{F} - \right.$$
$$\frac{n^2}{A^3} - \frac{4m^2-4(1+\nu)(m/n)^2 m^2}{F^3} -$$
$$\frac{4m(1+\nu)(m+1)(m/n+1/n)^2-(4m^2+n^2)}{B^3} +$$
$$\left. \frac{6m^2(m^4-n^4)/n^2}{F^5} - \frac{6m[mn^2-(m+1)^5/n^2]}{B^5} \right\} \tag{21-73}$$

对于桩侧摩阻力沿桩身线性增长的情况：

$$I_{s2} = \frac{1}{4\pi(1-\nu)} \left\{ \frac{2(2-\nu)}{A} - \frac{2(2-\nu)(4m+1)-2(1-2\nu)(1+m)m^2/n^2}{B} - \right.$$
$$\frac{2(1-2\nu)m^3/n^2-8(2-\nu)m}{F} - \frac{mn^2+(m-1)^3}{A^3} -$$
$$\frac{4\nu n^2 m+4m^3-15n^2 m-2(5+2\nu)(m/n)^2(m+1)^3+(m+1)^3}{B^3} -$$
$$\frac{2(7-2\nu)mn^2-6m^3+2(5+2\nu)(m/n)^2 m^3}{F^3} -$$
$$\frac{6mn^2(n^2-m^2)+12(m/n)^2(m+1)^5}{B^5} + \frac{12(m/n)^2 m^5+6mn^2(n^2-m^2)}{F^5} +$$
$$\left. 2(2-\nu)\ln\left(\frac{A+m-1}{F+m} \times \frac{B+m+1}{F+m}\right) \right\} \tag{21-74}$$

式中 $A^2 = n^2 + (m-1)^2$；$B^2 = n^2 + (m+1)^2$；$F^2 = n^2 + m^2$；$n = r/l$；$m = z/l$；

ν——地基土泊松比；

r——计算点离桩身轴线的水平距离；

z——计算应力点离承台底面的竖向距离。

将式(21-68)~式(21-71)代入式(21-65)得到单向压缩分层总和法沉降计算公式：

$$s = \psi_{pm} \frac{Q}{l^2} \sum_{j=1}^{m} \sum_{i=1}^{n_j} \frac{\Delta h_{j,i}}{E_{sj,i}} \sum_{k=1}^{n} [\alpha I_{p,k} + (1-\alpha) I_{s2,k}] \tag{21-75}$$

采用明德林应力公式计算桩基础最终沉降量时，竖向荷载准永久组合作用下附加荷载的桩端阻力比 α 和桩基沉降计算经验系数 ψ_{pm} 应根据当地工程地实测资料统计确定。

243. 桩筏和桩箱基础设计的要点是什么？

当筏形基础或箱形基础下的天然地基承载力或沉降值不能满足设计要求时，可采用桩筏或桩箱基础。

（1）桩筏或桩箱基础中桩的类型应根据工程地质状况、结构类型、荷载性质、施工条件以及经济指标等因素决定。

桩筏或桩箱基础中桩的布置应符合下列原则：

1）桩群承载力的合力作用点宜与结构竖向永久荷载合力作用点相重合。

2）同一结构单元应避免同时采用摩擦桩和端承桩。

3）桩的中心距应符合《建筑桩基技术规范》（JGJ 94—2008）的相关规定。

4）宜根据上部结构体系、荷载分布情况以及基础整体变形特征，将桩集中在上部结构主要竖向构件（柱、墙和筒体）下面。桩的数量宜与上部荷载的大小和分布相对应。

5）对框架—核心筒结构宜通过调整桩径、桩长或桩距等措施，加强核心筒外缘1倍底板厚度范围以内的支承刚度，以减小基础差异沉降和基础整体弯矩。

6）有抗震设防要求的框架—剪力墙结构，对位于基础边缘的剪力墙，当考虑其两端应力集中影响时，宜适当增加墙端下的布桩量；当桩端为非延时持力层时，宜将地震作用产生的弯矩乘以0.8的降低系数。

(2) 桩上的筏形与箱形基础计算应符合下列规定：

1）均匀布桩的梁板式筏形与箱形基础的底板厚度、以及平板式筏形基础的厚度应符合受冲切和受剪承载力的规定。梁板式筏形与箱形基础底板的受冲切承载力和受剪承载力，以及平板式筏基上的结构墙、柱、核心筒、桩对筏板的受冲切承载力和受剪承载力可按《建筑地基基础设计规范》（GB 50017—2011）和《建筑桩基技术规范》（JGJ 94—2008）进行计算。

当平板式筏形基础柱下板的厚度不能满足受冲切承载力要求时，可在筏板上增设柱墩或在筏板内设置抗冲切钢筋提高受冲切承载力。

2）对底板厚度符合受冲切和受剪切承载力规定的箱形基础、基础板的厚跨比或基础梁的高跨比不小于1/6的平板式和梁板式筏形基础，当桩端持力层较坚硬且均匀、上部结构为框架、剪力墙、框剪结构、柱距及柱荷载的变化不超过20%时，筏形基础和箱形基础底板的板与梁的内力可仅按局部弯矩作用进行计算。计算时先将基础板上的竖向荷载设计值按静力等效原则移至基础地面桩群承载力重心处，弯矩引起的桩顶不均匀反力按直线分布计算，求得各桩顶反力，并将桩顶反力分配到相关的板格内，按倒楼盖法计算箱形基础底板和筏形基础板、梁的内力。内力计算时应扣除底板、基础梁及其上填土的自重。当桩顶反力与相关的梁或柱的荷载效应相差较大时，应调整桩位再次计算桩顶反力。

3）对框架—核心筒结构以及不符合上述2）要求的结构，当桩筏、桩箱基础均匀布桩时，可将基桩简化为弹簧。按支承于弹簧上的梁板结构进行桩筏、桩箱基础的整体弯曲和局部弯曲计算。当框架—核心筒结构按照核心筒外缘1倍底板厚度范围以内布桩以减小基础差异沉降和基础整体弯矩时，可仅按局部弯矩作用进行计算。基桩的弹簧系数可取桩顶压力与桩顶沉降量之比，并结合地区经验确定；当群桩效应不明显、桩基沉降量较小时，桩的弹簧系数可根据单桩静荷载试验的荷载—位移曲线按桩顶荷载和桩顶沉降量之比确定。

(3) 桩上筏板与箱形基础的构造要求

1）桩上筏形与箱形基础的混凝土强度等级不应低于C30；垫层混凝土强度等级不应低于C15，垫层厚度不应小于70mm。

2）当箱形基础的底板和筏板仅按局部弯矩计算时，其配筋除应满足局部弯曲的计算要求外，箱基底板和筏板顶部跨中钢筋应全部连通。箱基底板和筏基的底部支座钢筋应分别有1/4和1/3贯通全跨。上、下贯通钢筋的配筋率均不应小于0.15%。

3）底板下部纵向受力钢筋的保护层厚度不应小于50mm（有垫层），不应小于70mm（无垫层），此外尚不应小于桩头嵌入底板内的长度。

4）均匀布桩的梁板式筏基的底板和箱基底板的厚度除应满足承载力计算要求外，其厚度与最大双向板格的短边净跨之比不应小于1/14，且不应小于400mm；平板式筏基的板厚不应小于500mm。

5）当筏板厚度大于2000mm时，宜在板厚中间设置直径不小于12mm、间距不大于300mm的双向钢筋网。

（4）当基础板的混凝土强度等级低于柱或墙或桩的混凝土强度等级时，应验算柱下或桩上基础板的局部受压承载力。

（5）当抗拔桩常年位于地下水位以下时，可按《混凝土结构设计规范》（GB 50010—2010）关于控制裂缝宽度的方法进行设计。

244. 如何确定阶梯形承台及锥形承台斜截面受剪的截面宽度？

（1）阶梯形承台斜截面受剪的截面宽度

阶梯形承台应分别在变阶处（A_1-A_1、B_1-B_1）及柱边处（A_2-A_2、B_2-B_2）进行斜截面受剪承载力计算（图21-41a）。

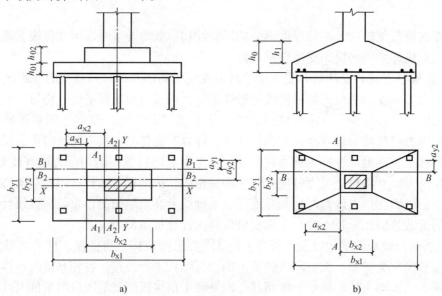

图21-41 承台受剪计算
a) 阶梯形承台斜截面受剪计算 b) 锥形承台斜截面受剪计算

计算变阶处截面A_1-A_1、B_1-B_1的斜截面受剪承载力时，其截面有效高度均为h_{01}，截面计算宽度分别为b_{y1}和b_{x1}。

计算柱边截面A_2-A_2、B_2-B_2处的斜截面受剪承载力时，其截面有效高度均为$h_{01}+h_{02}$，截面计算宽度按下式计算：

$A_2—A_2$ 截面
$$b_{y0} = \frac{b_{y1}h_{01} + b_{y2}h_{02}}{h_{01} + h_{02}}$$
(21-76a)

$B_2—B_2$ 截面
$$b_{x0} = \frac{b_{x1}h_{01} + b_{x2}h_{02}}{h_{01} + h_{02}}$$
(27-76b)

(2) 锥形承台斜截面受剪的截面宽度

锥形承台应对 A—A 及 B—B 两个截面进行受剪承载力计算（图21-41b），截面有效高度均为 h_0，截面的计算宽度按下式计算：

A—A 截面
$$b_{y0} = \left[1 - 0.5\frac{h_1}{h_0}\left(1 - \frac{b_{y2}}{b_{y1}}\right)\right]b_{y1} \qquad (21\text{-}77a)$$

B—B 截面
$$b_{x0} = \left[1 - 0.5\frac{h_1}{h_0}\left(1 - \frac{b_{x2}}{b_{x1}}\right)\right]b_{x1} \qquad (21\text{-}77a)$$

245. 单独柱基底板什么情况下应设置拉梁？拉梁内力采用什么方法计算？

(1) 单独柱基在下列情况之一者应设置拉梁：
1) 有抗震设防的一级框架和Ⅳ类场地的二级框架。
2) 地基土质分布不均匀，或受力层范围内存在软弱黏土层及可液化土层。
3) 柱传重 F 大小悬殊，基础底面积大小不一致。
4) 基础埋置深度较大，或各基础埋置深度差别较大。

不具有上述情况时单独柱基可不设置拉梁。拉梁位置宜设在基础顶面以上，无地下室时宜设置在靠近 ±0.000 处。拉梁截面的高度取 $\left(\frac{1}{15} \sim \frac{1}{20}\right)L$，宽度取 $\left(\frac{1}{25} \sim \frac{1}{35}\right)L$，其中 L 为柱间距。

(2) 拉梁内力的计算按下列两种方法之一：
1) 取相连柱轴力 F 较大者的 1/10 作为拉梁的轴心受拉力或轴心受压的压力进行承载力计算。拉梁截面配筋应上下相同，各不小于 2φ14，箍筋不少于 φ8@200。
2) 以拉梁平衡柱下端弯矩，柱基按中心受压考虑。拉梁的正弯矩钢筋全部拉通，支座负弯矩钢筋应有 1/2 拉通。此时梁的高度宜取较大值。

当拉梁承托隔墙或其他竖向荷载时，则应将竖向荷载所产生的内力与上述两种方法之一计算所得之内力进行组合。

246. 地下室外墙的设计要点有哪些？

(1) 地下室外墙的厚度和混凝土强度等级

地下室外墙的厚度和混凝土强度等级应根据荷载情况、防水抗渗和有关规范的构造要求确定。《高层建筑筏形与箱形基础技术规程》（JGJ 6—2011）规定：箱形基础外墙厚度不应小于 250mm，混凝土强度等级不应低于 C25。《人民防空地下室设计规范》（GB 50038—2005）规定：承重钢筋混凝土外墙的最小厚度为 200mm，混凝土强度等级不应低于 C20。

地下室外墙的混凝土强度等级，考虑到由于强度等级过高混凝土的水泥用量大，容易产生收缩裂缝，一般采用的混凝土强度等级宜低不宜高，常采用 C20～C30。有的工程地下室外墙有上部结构的承重柱，此类柱在首层为控制轴压比混凝土的强度较高，因此在与地下室墙顶交接处应进行局部受压验算，柱进入墙体后其截面面积已扩大，形成扶壁柱，当墙体混凝土采用低强度等级，其轴压比及承载力一般也能满足要求。

(2) 地下室外墙承受的竖向荷载

竖向荷载包括上部结构及地下室结构的楼盖传到外墙的荷载（包括恒荷载和活荷载）

和外墙自重。上部结构风荷载或地震作用对地下室外墙平面内产生的内力值较小。在实际工程的地下室外墙截面设计中，竖向荷载及风荷载或地震作用产生的内力一般不起控制作用，墙体配筋主要由垂直于墙面的水平荷载产生的弯矩确定，而且通常不考虑与竖向荷载组合的压弯作用，仅按墙板弯曲计算墙的配筋。

(3) 地下室外墙的水平荷载（图 21-42）

1) 地面活荷载 q_k 产生的侧压力 p_{qk}

$$p_{qk} = q_k \tan^2\left(45° - \frac{\varphi}{2}\right) \quad (21\text{-}78)$$

2) 土侧压力 p_{epk}

外墙土侧压力按主动土压力计算，外墙底端土压力标准值 p_{epk}，当无地下水位时为

$$p_{epk} = \gamma_s h \tan^2\left(45° - \frac{\varphi}{2}\right) \quad (21\text{-}79)$$

当有地下水位时为

$$p'_{epk} = (\gamma_s h_1 + \gamma'_s h_2)\tan^2\left(45° - \frac{\varphi}{2}\right)$$

$$(21\text{-}80)$$

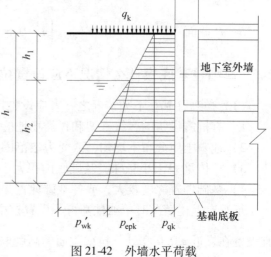

图 21-42　外墙水平荷载

3) 地下水压力 p'_{wk}

地下水压力按三角形分布，外墙底端处的地下水压力标准值为

$$p'_{wk} = \gamma_w h_2 \quad (21\text{-}81)$$

式中　h——外墙室外地坪以下高度（m）；

h_1——地下水位深度（m）；

h_2——外墙地下水位以下高度（m）；

q_k——地面活荷载，取 5～10kN/m²；

γ_s——土的重度，取 18kN/m³；

γ'_s——土的浮重度，取 11kN/m³；

γ_w——水的重度，取 10kN/m³；

φ——土的内摩擦角，一般取 30°。

地下室外墙的水平荷载组合为：

1) 地面活荷载 + 土侧压力 + 人防等效静荷载

2) 地面活荷载 + 地下水位以上土侧压力 + 地下水位以下土侧压力 + 水压力 + 人防等效静荷载

地面活荷载分项系数为 1.4，其余荷载均为 1.2。

(4) 地下室外墙可根据支承情况按双向板或单向板计算水平荷载作用下的弯矩。由于地下室内墙间距不等，有的相距较远，因此在工程设计中一般把楼板和基础底板作为外墙板的支点按单向板（单跨、两跨或多跨）计算，在基础底板处按固端，顶板处按铰接支座。在与外墙相垂直的内墙处，由于外墙的水平分布钢筋一般也有一定的数量，不再另加负弯矩构造钢筋。

(5) 地下室外墙可按考虑塑性弯曲内力重分布计算弯矩，有利于配筋构造及节省钢筋

用量。按塑性计算不仅在有外防水的墙体中采用，在考虑混凝土自防水的墙体中也可采用。考虑塑性变形内力重分布，只在受拉区混凝土可能出现弯裂缝，但由于裂缝较细不会贯通整个厚度，对防水仍有足够抗渗能力。

（6）当只有一层地下室，外墙高度不满足首层柱荷载扩散刚性角（柱间中心距离大于墙高度），或者窗洞较大时，外墙平面内在基础底板反力作用下，应按深梁或空腹桁架验算。

当有多层地下室，或外墙高度满足了柱荷载扩散刚性角时，外墙顶部宜配置两根直径不小于20mm的水平通长构造钢筋，墙底部由于基础底板钢筋较大没有必要另加附加构造钢筋。

（7）地下室外墙竖向钢筋与基础底板的连接，因为外墙厚度一般远小于基础底板，底板计算时在外墙端常按铰接支座考虑，外墙在底板端计算时按固端，因此底板上下钢筋可伸至外墙外侧，在端部可不设弯钩（底板上钢筋锚入支座按 5d 或 10d）。外墙外侧竖向钢筋在基础底板弯后直段长度按其搭接与底板下钢筋相连接，按此构造底板端部实际已具有与外墙固端弯矩同值的承载力，工程设计时底板计算也可考虑此弯矩的有利影响（图21-43）。

（8）当有多层地下室的外墙，各层墙厚度和配筋可以不相同。墙的外侧竖向钢筋宜在距楼板 1/4～1/3 层高处接头，内侧竖向钢筋可在楼板处接头。墙外侧水平钢筋宜在内墙间中部接头，内侧水平钢筋宜在内墙处接头。钢筋接头上直径小于 22mm 时可采用搭接接头，直径等于大于 22mm 时宜采用机械接头或焊接。

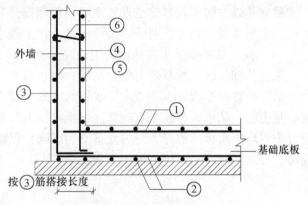

图 21-43　外墙竖向钢筋与底板连接构造

（9）地下室外墙的竖向和水平钢筋，除按计算确定外，每侧均不应小于受弯构件的最小配筋率。当外墙长度较长时，考虑到混凝土硬化过程及温度影响可能产生收缩裂缝，水平钢筋配筋率宜适当增大。外墙的竖向和水平钢筋宜采用变形钢筋，直径宜小间距宜密，最大间距不宜大于 200mm。外侧水平钢筋与内侧水平钢筋之间应设拉结钢筋，其直径可选 6mm，间距不大于 600mm，按梅花形布置，人防外墙时拉结钢筋间距不大于 500mm。

247. 地下室顶板作为上部结构嵌固部位时，应符合哪些规定？

大量的震害调查表明，有地下室的高层建筑的破坏比较轻，而且有地下室对提高地基的承载力有利，对结构的抗倾覆有利。另外，现代高层建筑设置地下室也是建筑功能所要求的。高层建筑地下室顶板作为上部结构的嵌固部位时，应符合下列规定：

（1）地下室顶板应避免开设大洞口，其混凝土强度等级不宜低于 C30。

（2）作为上部结构嵌固部位的地下室楼层应采用现浇楼盖结构，一般楼层现浇楼板厚度不应小于 80mm，当板内预埋暗管时不宜小于 100mm。

作为上部结构嵌固部位的地下室楼层的顶盖应采用梁板结构，楼板厚度不宜小于

180mm，应采用双层双向配筋，且每层每个方向的配筋率不宜小于0.25%。

（3）高层建筑结构整体计算时，当地下室顶板作为上部结构嵌固部位时，地下一层与相邻上层的侧向刚度比不宜小于2。

（4）地下室顶板对应于地上框架柱的梁柱节点设计应符合下列要求之一：

1）地下一层柱截面每侧的纵向钢筋除符合计算要求外，不应少于地上一层对应柱每侧纵向钢筋面积的1.1倍；地下一层梁端顶面和底面的纵向钢筋应比计算值增大10%采用。

2）地下一层柱截面每侧的纵向钢筋面积不小于地上一层对应柱每侧纵向钢筋面积的1.1倍且地下室顶板梁柱节点左右梁端截面与下柱上端另一方向实配的受弯承载力之和不小于地上一层对应柱下端实配纵向钢筋的受弯承载力的1.3倍。

（5）地下室与上部对应的剪力墙墙肢端部边缘构件的纵向钢筋截面面积不应小于地上一层对应的剪力墙墙肢边缘构件的纵向钢筋截面面积。

248. 独立基础加防水板基础设计要点有哪些？

独立基础加防水板基础是近年来伴随基础设计和施工技术的发展而形成的一种新型基础形式，由于其传力简单、明确，造价较低，在工程中得到较为普遍的应用。

（1）独立基础加防水板基础的组成及分类

独立基础加防水板基础由独立基础、防水板和防水板下软垫层组成，见图21-44。由于防水板下设置软垫层，可不考虑防水板的地基承载力，一般只用来抵抗浮力。当水浮力达到某一量值时，防水板与独立基础共同承担水浮力，需要考虑水浮力对独立基础的影响。结构设计中忽略防水板的水浮力对独立基础的影响，仅按普通独立基础进行设计，当地下水位较高时，独立基础弯矩设计值偏小，不安全。

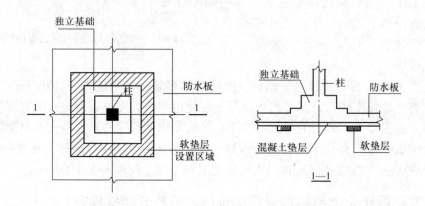

图21-44 独立基础加防水板基础的组成

作用于防水板上的荷载包括：地下水浮力 q_w、防水板自重 q_s 及其上建筑构造做法重量 q_a，其中地下水浮力 q_w 随着地下水位的变化而改变。根据防水板所承担的地下水浮力大小，可将独立基础加防水板基础分为以下两种情况：

1）当 $q_w \leqslant q_s + q_a$ 时，建筑物的重量将全部由独立基础传给地基，见图21-45a。

2）当 $q_w > q_s + q_a$ 时，防水板对独立基础底面的地基反力起一定的分担作用，使独立基础底面的部分地基反力转移至防水板,并以水浮力的形式直接作用在防水板的底面,这种地基反力的转移对独立基础的底部弯矩和剪力有加大的作用,并且随水浮力的加大而增加,见图21-45b。

需要说明的是,上述 q_w、q_s 和 q_a 均为基本组合的作用设计值,即水浮力起控制作用时的荷载设计值,而不是荷载标准值。

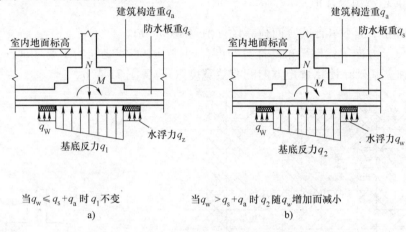

图 21-45 独立基础加防水板基础的受力分析

(2) 防水板设计计算

1) 防水板的支承条件。防水板与独立基础周边固接,此时防水板可简化为四角支承在独立基础上的双向板,见图21-46。

2) 防水板的设计荷载

重力荷载:防水板自重、防水板上部的填土重量、建筑地面重量、地下室地面的固定设备重量等。在计算防水板时,应根据重力荷载效应对防水板的有利或不利情况,合理确定永久荷载的分项系数,当防水板由水浮力效应控制时应取1.0。

可变荷载:地下室地面的可变荷载、地下室地面的非固定设备重量等。

水浮力:防水板的水浮力可按抗浮设计水位确定。当地下水位变化剧烈时,水浮力荷载的分项系数可按可变荷载分项系

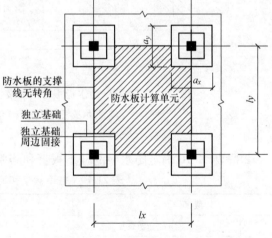

图 21-46 防水板的支承条件

数确定,取1.4;当地下水位变化不大时,水浮力荷载分项系数按永久荷载分项系数确定,取1.35。

3) 防水板内力计算

防水板属于以独立基础为支承的复杂受力双向板,应采用计算程序进行计算。但也可按无梁楼盖双向板计算的经验系数法进行计算。

类似于无梁楼盖内力计算,将防水板按图21-47a划分为柱下板带和跨中板带,并按经

验系数法计算防水板柱下板带和跨中板带的弯矩。

①计算垂直荷载 q 作用板的总弯矩设计值

x 方向板的总弯矩设计值：$$M_x = \frac{1}{8} q l_y \left(l_x - \frac{2b_{ce}}{3} \right)^2 \quad (21\text{-}82a)$$

y 方向板的总弯矩设计值：$$M_y = \frac{1}{8} q l_x \left(l_y - \frac{2b_{ce}}{3} \right)^2 \quad (21\text{-}82b)$$

式中 q——相应于基本组合的竖向荷载设计值（kN/m^2）；

l_x、l_y——x、y 方向等代框架梁的计算跨度，即柱子中心线之间的距离（m）；

b_{ce}——独立基础在计算弯矩方向的有效宽度（m），图 21-47b。

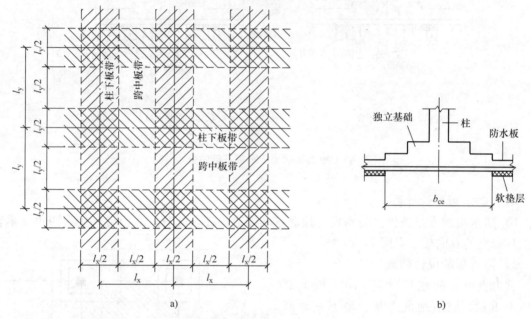

图 21-47 防水板板带划分及独立基础的有效宽度 b_{ce} 示意

a）防水板板带划分 b）独立基础的有效宽度 b_{ce}

②按表 21-16 确定防水板的柱下板带和跨中板带的弯矩设计值。

表 21-16 柱下板带和跨中板带弯矩分配系数

截面位置		柱下板带	跨中板带
端跨	边支座截面负弯矩	0.33	0.04
	跨中正弯矩	0.26	0.22
	第1内支座截面负弯矩	0.50	0.17
内跨	支座截面负弯矩	0.50	0.17
	跨中正弯矩	0.18	0.15

注：1. 弯矩分配值为表中系数乘以总弯矩 M_x 或 M_y。

2. 在总弯矩 M_x 或 M_y 不变的条件下，必要时允许将柱下板带负弯矩的10%分配给跨中板带。

3. 表中数值为无悬挑板时的经验系数，有较小悬挑板时仍可采用，当悬挑较大且负弯矩大于边支座截面负弯矩时，须考虑悬臂弯矩对边支座及内跨的影响。

(3) 独立基础设计计算

独立基础设计时应合理考虑防水板对独立基础的影响。结构设计时可采用包络设计的原则，按下列步骤计算：

1) 当 $q_w \leqslant q_s + q_a$ 时，防水板及其上部重量直接传给地基，独立基础对其不起支承作用，可直接按普通独立基础的有关规定进行计算。此部分计算主要用于地基承载力的控制，相应的基础内力一般不起控制作用，仅可作为结构设计的比较计算。

2) 当 $q_w > q_s + q_a$ 时，防水板在水浮力的作用下，将净水浮力 $q_{wj} = q_w - (q_s + q_a)$ 传给独立基础，并加大了独立基础的弯矩和剪力数值。此时的独立基础计算应考虑防水板对独立基础的影响。

①将防水板的支承反力（取最大水浮力效应控制的组合计算）按四角支承的实际长度转化为沿独立基础周边线性分布的等效线荷载 q_e 及等效线弯矩 m_e（见图 21-48），并按下式计算：

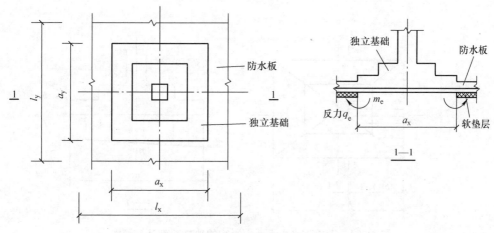

图 21-48 防水板传给独立基础的等效荷载

$$q_e \approx \frac{q_{wj}(l_x l_y - a_x a_y)}{2(a_x + a_y)} \tag{21-83}$$

$$m_e \approx m q_{wj} l_x l_y \tag{21-84}$$

式中 q_{wj}——相应于作用的基本组合时，防水板的水浮力扣除防水板自重及其上地面重量后的数值（kN/m²），即 $q_{wj} = q_w - (q_s + q_a)$；

l_x、l_y——X 向、Y 向柱距（m）；

a_x、a_y——独立基础在 X 向、Y 向的底面边长（m）；

m——防水板的平面固端弯矩系数，可按表 21-17 取值，其中 $a = \sqrt{a_x a_y}$，$l = \sqrt{l_x l_y}$。

表 21-17 防水板平均固端弯矩系数 m

a/l	0.20	0.25	0.30	0.35	0.40	0.45	0.50	0.55	0.60	0.65	0.70	0.75	0.80
m	0.110	0.075	0.059	0.048	0.039	0.031	0.025	0.019	0.015	0.011	0.008	0.005	0.003

注：本表按有限元分析统计得出。

②将独立基础加防水板基础分为两部分，一部分为地基反力（$p_{\max}$，$p_{\min}$）作用下的普通独立基础，另一部分为基底边缘反力（q_e，m_e）作用下的独立基础，计算简图见图 21-

48。采用矢量叠加原理,计算考虑防水板水浮力影响的独立基础设计计算。

独立基础基底反力(p_{max},p_{min})引起的内力计算同普通独立基础的内力计算,但应注意此处均布荷载中应扣除防水板分担的水浮力,以图21-49柱边缘截面A—A为例,计算弯矩为M_{A1}、剪力为V_{A1}。

$$M_{A1} = \frac{1}{12}a_1^2 \left[(2l+a') \left(p_{max}+p-\frac{2G}{A} \right) + (p_{max}-p)l \right] \tag{21-85a}$$

$$V_{A1} = \frac{1}{4}(l+a')a_1 \left(p_{max}-p-\frac{2G}{A} \right) \tag{21-85b}$$

式中 a_1——计算截面值基底边缘最大反力处的距离,$a_1 = (b-d)/2$;

p_{max}、p_{min}——相应于作用的基本组合时的基础底面边缘的最大和最小地基反力设计值;

p——相应于作用的基本组合时在计算截面处基础底面地基反力设计值;

G——考虑作用分项系数的基础自重及其上土的自重;当组合值由永久作用控制时,$G = 1.35G_k$。

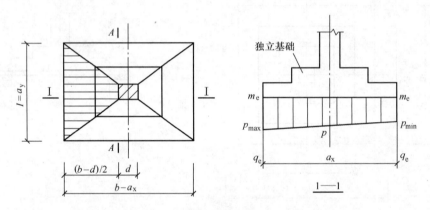

图21-49 考虑防水板水浮力影响的独立基础计算简图

防水板对独立基础的基底边缘反力(q_e,m_e)引起的附加内力可根据结构力学原理进行计算。以图21-49柱边缘截面A—A为例:

计算弯矩 $\quad\quad\quad\quad M_{A2} = [q_e(b-d)/2 + m_e]l \tag{21-86a}$

计算剪力 $\quad\quad\quad\quad V_{A2} = q_e l \tag{21-86b}$

将上述两部分内力进行叠加,即可得到独立基础的各项设计计算。以图21-48柱边缘截面A—A为例,计算总弯矩为$M_A = M_{A1} + M_{A2}$、总剪力为$V_A = V_{A1} + V_{A2}$。

独立基础采用的包络设计原理,即独立基础内力取上述1)和2)的大值进行设计。

(4)构造要求

为了确保防水板不承担或承担最少量的地基反力,防水板下应设置软垫层。软垫层应具有一定的承载能力,至少应能承担防水板混凝土浇筑时的重量及施工荷载,并确保在混凝土达到设计强度前不致产生过大的压缩变形。软垫层还应具有一定的变形能力,避免防水板承担过大的地基反力,以保证防水板的受力状况和设计相符。

防水板下软垫层的铺设范围应沿独立基础周边设置,软垫层的宽度可根据工程的具体情况确定,一般情况可取20s(s为独立基础边中点的地基沉降数值(mm)且不宜小于

500mm）。软垫层的厚度 h 可根据地基边缘的地基沉降数值 s 确定，且应 $h \geqslant s \geqslant 200$ mm。防水板下设置软垫层的布置见图 21-50。

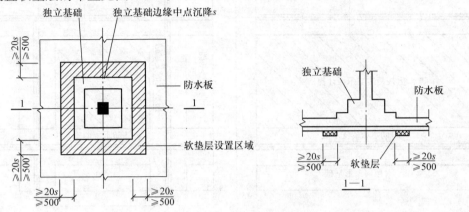

图 21-50　防水板软垫层的设置示意

软垫层性能的控制问题是关系到独立基础加防水板基础受力合理与否的关键问题，应特别注意软垫层材料性能的选择。工程设计中在防水板下软垫层可采用焦渣垫层、聚苯板等。受焦渣材料供应及其价格因素的影响，焦渣垫层的应用正逐步减少，目前工程中常用压缩模量较低的聚苯板垫层，聚苯板应具有一定的强度和弹性模量，以能承担基础底板的自重及施工荷载。

当防水板的配筋由水浮力控制时，防水板受力钢筋的最小配筋率按《混凝土结构设计规范》（GB 50010—2010）第 8.5.1 条确定，即取 $(0.2, 45f_t/f_y)$% 的较大值；当为其他情况时，防水板受力钢筋的最小配筋率按《混凝土结构设计规范》（GB 50010—2010）第 8.5.2 条确定，不应小于 0.15%。

在可不考虑地下水对建筑物影响时，对防潮层要求比较高的建筑，常可采用独立基础加防潮板。防潮板的位置（标高）可根据工程具体情况而定：

1) 当防潮板的位置在独立基础高度范围内（有利于建筑设置外防潮层，并容易达到满意的防潮效果）时，上述独立基础加防水板设计方法同样适用。

2) 当防潮板的位置在地下室地面标高处（独立基础加防潮板不宜直接接触）时，防潮板变为非结构构件，一般可不考虑其对独立基础的影响，但注意框架柱在防潮层标高处应留有与防潮层相连接的"胡子筋"。

249. 条形基础加防水板基础设计要点有哪些？

与独立基础加防水板基础相比，条形基础加防水板基础具有受力更直接，计算更加简单明确的特点，在工程中得到相当普遍的应用。

(1) 条形基础加防水板基础组成及分类

条形基础加防水板基础由单向或双向的条形基础、防水板及防水板下软垫层组成（图 21-51）。由于防水板下设置软垫层，可不考虑防水板下的地基土对上部结构荷载的分担作用，条形基础承担上部结构的全部荷重；当水浮力达到某一量值时，防水板和条形基础共同承担水浮力，需要考虑水浮力对条形基础的影响。

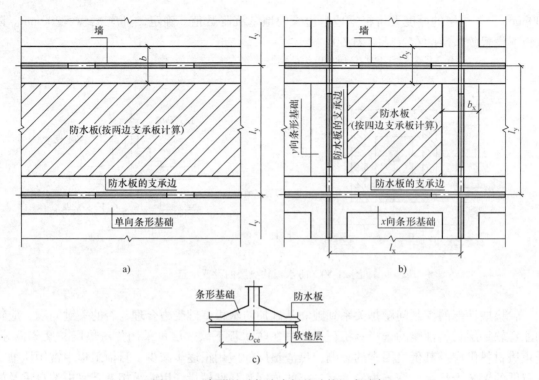

图 21-51 条形基础加防水板基础的组成示意
a）单向条形基础加防水板 b）双向条形基础加防水板 c）基础剖面

作用于防水板上的荷载包括：地下水浮力 q_w、防水板自重 q_s 及其上建筑构造做法重量 q_a，其中地下水浮力 q_w 随着地下水位的变化而改变。根据防水板所承担的地下水浮力的大小，可将条形基础加防水板基础分为以下两种情况：

1）当 $q_w \leq q_s + q_a$ 时，建筑物的重量将全部由条形基础传给地基，见图 21-52a。

2）当 $q_w > q_s + q_a$ 时，防水板对条形基础底面的地基反力起一定的分担作用，使条形基础底面的部分地基反力转移至防水板，并以水浮力的形式直接作用在防水板的底面，这种地基反力的转移对条形基础的底部弯矩有加大的作用，并且随水浮力的加大而增加，见图 21-52b。

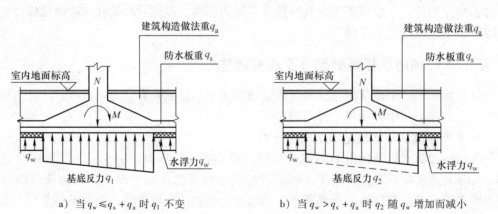

a）当 $q_w \leq q_s + q_a$ 时 q_1 不变　　b）当 $q_w > q_s + q_a$ 时 q_2 随 q_w 增加而减小

图 21-52 条形基础加防水板基础的受力分析

需要说明的是，上述 q_w、q_s 和 q_a 均为基本组合的作用设计值，即水浮力起控制作用时的荷载设计值，而不是荷载标准值。

（2）防水板设计计算

1）防水板支承条件

单向条形基础时防水板可简化成两边支承在条形基础上的单向板，防水板按两端固定在条形基础上的单向板计算，防水板的计算跨度 l_0 可取防水板的净跨度 l_n（即相邻条形基础边缘之间的距离），$l_{0x} = l_{xn}$ 或 $l_{0y} = l_{yn}$，见图 21-53a。

双向条形基础时防水板可简化成周边支承在条形基础上的双向板，防水板按四边固定在条形基础上的双向板计算，防水板的计算跨度 l_0 可取防水板的净跨度 l_n（即相邻条形基础边缘之间的距离），$l_{0x} = l_{xn}$、$l_{0y} = l_{yn}$（见图 21-53b）。

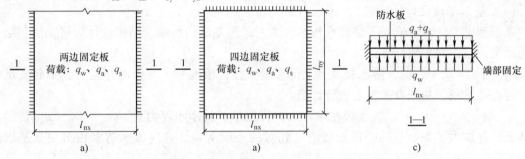

图 21-53 防水板支承条件
a）单向条形基础时　b）双向条形基础时　c）防水板承受荷载

2）防水板的设计荷载（图 21-53c）

重力荷载：防水板自重、防水板上部的填土重量、建筑地面重量、地下室地面的固定设备重量等。在计算防水板时，应根据重力荷载效应对防水板的有利或不利情况，合理确定永久荷载的分项系数，当防水板由水浮力效应控制时应取 1.0。

可变荷载：地下室地面的可变荷载、地下室地面的非固定设备重量等。

水浮力：防水板的水浮力可按抗浮设计水位确定。当地下水位变化剧烈时，水浮力荷载的分项系数可按可变荷载分项系数确定，取 1.4；当地下水位变化不大时，水浮力荷载分项系数按永久荷载分项系数确定，取 1.35。

3）防水板设计计算

①单向条形基础之间防水板内力计算（按两端固定在条形基础的单向板计算）

支座弯矩设计值
$$M_{支座} = \frac{1}{12}q(l-b)^2 \tag{21-87a}$$

跨中弯矩设计值
$$M_{中} = \frac{1}{24}q(l-b)^2 \tag{21-87b}$$

支座剪力设计值
$$V_{支座} = \frac{1}{2}q(l-b) \tag{21-87c}$$

式中　q——垂直荷载设计值（kN/m^2）；

l——条形基础中心线之间的距离（m）；

b——条形基础的宽度（m）。

考虑到防水板与条形基础在交接处并非完全固接的实际受力状态，防水板的跨中弯矩可适当放大，一般可取放大系数 1.1，即 $1.1M_中$。

②双向条形基础之间防水板内力计算（按周边固接在条形基础上的双向板计算）

根据防水板的计算跨度 $l_{0x} = l_{xn} = l_x - b_y$、$l_{0y} = l_{yn} = l_y - b_x$，按《建筑结构静力计算手册》查四边固定双向板跨中、支座弯矩。

考虑到防水板与条形基础在交接处并非完全固接的实际受力状态，防水板的跨中弯矩可适当放大，一般可取放大系数 1.1。

防水板支座剪力设计值
$$V_{支座} = \frac{1}{2}ql_n \tag{21-88}$$

式中 l_n——防水板的净跨度（m），取 l_{xn}、l_{yn} 的较小值。

（3）条形基础设计计算

条形基础设计时应恰当考虑防水板水浮力对条形基础的影响，结构设计时可采用包络设计的原则，按下列步骤计算：

1）当 $q_w \leq q_s + q_a$ 时，防水板及其上部重量直接传给地基上，条形基础对其不起支承作用，可直接按条形基础有关规定进行计算。

2）当 $q_w > q_s + q_a$ 时，防水板在水浮力的作用下，将净水浮力 $q_{wj} = q_w - (q_s + q_a)$ 传给条形基础，并加大了条形基础的弯矩数值。此时的条形基础计算应考虑防水板对独立基础的影响。

①将防水板的支承反力（取最大水浮力效应控制的组合计算）转化为沿条形基础边缘线性分布的等效线荷载 q_e 及等效线弯矩 m_e（图 21-54b），并按下式计算：

沿单向条形基础边缘均匀分布的线荷载 q_e 和线弯矩 m_e：
$$q_e = q(l-b)/2 \tag{21-89}$$
$$m_e = q(l-b)^2/12 \tag{21-90}$$

式中 q——相应于作用的基本组合时，防水板的荷载值（kN/m²），荷载分项系数根据有利或不利原则，按《建筑荷载设计规范》（GB 50009—2012）第 3.2.4 条取值；

b——条形基础的底面宽度（m）。

沿双向条形基础边缘均匀分布的线荷载 q_e，采用等效方法计算，两方向线荷载数值相同，与防水板传给条形基础的剪力数值相等方向相反，可按下式计算：
$$q_e = ql_n/2 \tag{21-91}$$

式中 l_n——防水板的净跨度（m），取 l_{xn}、l_{yn} 的较小值。

当防水板为正方形板时，q_e 可取一定基础长度范围内的平均值，将式（21-91）的计算结果乘以小于 1 的折减系数，一般情况下可取 0.75。

沿双向条形基础边缘均匀分布的线弯矩 m_e 与防水板的固端弯矩数值相等方向相反。当防水板为正方形板时，两个方向的 m_e 数值相同，当为矩形板时，两个方向的 m_e 数值不相同，按《建筑结构静力计算手册》四边固定双向板支座弯矩计算。

3）根据矢量叠加原理，进行在普通均布荷载及边缘线荷载共同作用下的条形基础计算，即在条形基础内力计算公式的基础上叠加由防水板荷载（q_e，m_e）引起的内力，计算简图见图 21-54。

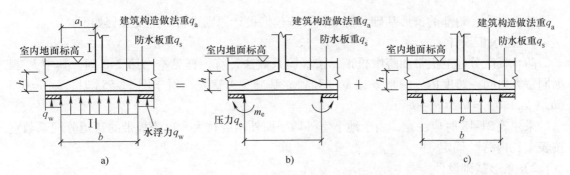

图 21-54 考虑防水板水浮力影响的条形基础计算简图
a) 条形基础全部荷载 b) 防水板传给条形基础的荷载 c) 条形基础自身荷载

以图 21-54a 中墙根截面 I—I 为例，说明计算过程如下：

① 防水板对条形基础的基底边缘反力引起的附加内力计算（图 21-54b），根据结构力学原理，进行边缘线荷载（q_e，m_e）作用下条形基础的内力计算；

弯矩设计值 $\qquad\qquad\qquad M_{I1} = q_e a_1 + m_e \qquad\qquad$ (21-92a)

剪力设计值 $\qquad\qquad\qquad V_{I1} = q_e \qquad\qquad$ (21-92b)

② 条形基础基底反力 p 引起的内力计算，即进行普通均布荷载作用下条形基础的内力计算（图 21-53c）。

$$M_{I2} = 0.5 \left(p - \frac{G}{A}\right) a_1^2 \qquad (21\text{-}93a)$$

$$V_{I2} = \left(p - \frac{G}{A}\right) a_1 \qquad (21\text{-}93b)$$

③ 将上述两部分内力进行叠加，即可得到体系基础的各项设计计算。计算总弯矩为 $M_I = M_{I1} + M_{I2}$、总剪力为 $V_I = V_{I1} + V_{I2}$。

4）条形基础采用的包络设计原理，即条形基础内力取上述①和②的大值进行设计。

（4）地下室边、角部条形基础及防水板设计（图 21-55）

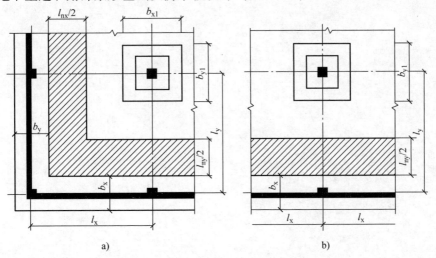

图 21-55 地下室边、角部位基础及防水板设计原则
a) 地下室角部 b) 地下室边缘

地下室边、角部的条形基础及防水板可按包络设计原则进行,主要过程如下:

1) 防水板设计

防水板区分柱下板带和跨中板带,按经验系数法计算,详见本书第248问,其中 b_{ce} 根据同一方向同一跨度内,条形基础宽度和独立基础宽度确定,对于图21-55a时,$b_{cex} = 0.5(b_y + b_{x1})$、$b_{cey} = 0.5(b_x + b_{y1})$。

采用表21-18时应注意,由于地下室外墙平面外刚度较大,边跨板带的弯矩分配系数宜按表中"内跨"确定。

2) 条形基础设计

① 条形基础边缘的线荷载

$$q_e = q l_n / 2 \tag{21-94}$$

式中 q——相应于作用的基本组合时,防水板的垂直荷载设计值;

l_n——防水板的净跨度,取 l_{nx}、l_{ny} 的较小值,对应于图21-55a中,$l_{nx} = l_x - 0.5(b_y + b_{x1})$、$l_{ny} = l_y - 0.5(b_x + b_{y1})$。

② 条形基础边缘的线弯矩

与防水板的端支座计算弯矩数值相同(但应注意分清在同一板带宽度范围内,可取表21-17中"柱下板带"的数值计算)方向相反。

3) 其他设计原则与普通条形基础加防水板基础相同。

(5) 构造要求

为了实现结构设计构想,防水板下应设置软垫层(图21-51)的相应结构构造措施,垫层的相关技术要求同独立基础加防水板(第248问)的构造要求。

参 考 文 献

[1] 中华人民共和国住房和城乡建设部. 高层建筑混凝土结构技术规程：JGJ 3—2010[S]. 北京：中国建筑工业出版社，2010.

[2] 中华人民共和国住房和城乡建设部. 建筑抗震设计规范：GB 50011—2010[S]. 北京：中国建筑工业出版社，2010.

[3] 中华人民共和国住房和城乡建设部. 建筑抗震设计规范：GB 50011—2010[S].[2016年版]. 北京：中国建筑工业出版社，2016.

[4] 中华人民共和国住房和城乡建设部. 混凝土结构设计规范：GB 50010—2010)[S]. 北京：中国建筑工业出版社，2010.

[5] 中冶京诚工程技术有限公司. 钢结构设计标准：GB 50017—2017[S]. 北京：中国计划出版社，2017.

[6] 中华人民共和国住房和城乡建设部. 建筑结构荷载规范：GB 50009—2012[S]. 北京：中国建筑工业出版社，2012.

[7] 中国建筑科学研究院. 组合结构设计规范：JGJ 138—2016[S]. 北京：中国建筑工业出版社，2016.

[8] 中国建筑标准设计研究院有限公司. 高层民用建筑钢结构技术规程：JGJ 99—2015[S]. 北京：中国建筑工业出版社，2015.

[9] 中国工程建设标准化协会标准. 高强混凝土结构设计与施工规程：CECS104：99[S]. 北京：中国建筑工业出版社，1999.

[10] 中华人民共和国住房和城乡建设部. 高层建筑结构设计与施工规程：JGJ 3—91[S]. 北京：中国建筑工业出版社，1991.

[11] 中华人民共和国住房和城乡建设部. 高层建筑混凝土结构技术规程：JGJ 3—2002[S]. 北京：中国建筑工业出版社，2002.

[12] 中华人民共和国住房和城乡建设部. 建筑地基基础设计规范：GB 50007—2011[S]. 北京：中国建筑工业出版社，2011.

[13] 中华人民共和国住房和城乡建设部. 高层建筑筏形与箱形基础技术规范：JGJ 6—2011[S]. 北京：中国建筑工业出版社，2011.

[14] 中国建筑科学研究院. 建筑桩基技术规范：JGJ 94—2008[S]. 北京：中国建筑工业出版社，2008.

[15] 国家人民防空办公室. 人民防空地下室设计规范：GB 50038—2005[S]. 北京：中国建筑工业出版社，2005.

[16] 中华人民共和国住房和城乡建设部. 建筑抗震设法分类标准 GB 50223—2008[S]. 北京：中国建筑工业出版社，2008.

[17] 唐兴荣. 高层建筑转换层结构设计与施工[M]. 2版. 北京：中国建筑工业出版社，2012.

[18] 唐兴荣. 特殊和复杂高层建筑结构设计[M]. 北京：机械工业出版社，2006.

[19] 张维斌. 多层及高层钢筋混凝土结构设计释疑及工程实例[M]. 北京：中国建筑工业出版社，2005.

[20] 李国胜. 多高层钢筋混凝土结构设计中疑难问题的处理及算例[M]. 北京：中国建筑工业出版社，2005.

[21] 朱炳寅. 高层建筑混凝土结构技术规程应用与分析(JGJ 3—2010)[M]. 北京：中国建筑工业出版社，2013.

[22] 徐培福，黄小坤. 高层建筑混凝土结构技术规程理解与应用(JGJ 3—2002)[M]. 北京：中国建筑工

业出版社，2003.

[23] 徐培福，傅学怡，王翠坤，等. 复杂高层建筑结构设计[M]. 北京：中国建筑工业出版社，2005.

[24] 方鄂华. 高层建筑钢筋混凝土结构概念设计[M]. 2版. 北京：机械工业出版社，2014.

[25] 赵西安. 现代高层建筑结构设计[M]. 北京：科学出版社，2000.

[26] 吕志涛，孟少平. 现代预应力设计[M]. 北京：中国建筑工业出版社，1998.

[27] 张相庭. 工程抗风设计计算手册[M]. 北京：中国建筑工业出版社，1998.

[28] SEAOV Vision 2000 Committee. Performance-Based Seismic Engineering of Building[R]. Report Prepared by Structural Engineer Association of California, Sacramento, California, USA, 1995.

[29] Anil K. chopra and Rakesh K. Goel. A modal pushover analysis procedure for estimating seismic demands for buildings[J]. Earthquake Engineering Structural Dynamic, 2002, (31)561-582.

[30] Chatpan chintanapakdee and Anil K. Chopra. Evaluation of Modal Pushover analysis Using Generic Frames [J]. Earthquake Engineering Structural Dynamic, 2003, (32)417-442.

[31] Mark Aschheim. Seiamic Design Based on the Yield Displacement[J]. Earthquake Spectra. 2002(18) 581-600.

[32] 叶燎原，潘文. 结构静力弹塑性分析(push-over)的原理和计算实例[J]. 建筑结构学报，2002，21(1)：37-43.

[33] 魏巍，冯启民. 几种push-over分析方法对比研究[J]. 地震工程与工程振动，2002，22(4)：66-73.

[34] 杨溥，李英民，王亚勇，等. 结构静力弹塑性分析(push-over)方法的改进[J]. 建筑结构学报，2000，21：44-50.

[35] 叶献国，种迅，李康宁，等. push-over方法与循环往复加载分析的研究[J]. 合肥工业大学学报(自然科学版)，2001，24(6)：1019-1024.

[36] 程耿东，李刚. 基于功能的结构抗震设计中一些问题的探讨[J]. 建筑结构学报，2000，21(1)：5-11.

[37] 谢礼立，马玉宏. 基于抗震性态的设防标准研究[J]. 地震学报，2002，24(2)：200-209.

[38] 钱稼茹，罗文斌. 建筑结构基于位移的抗震设计[J]. 建筑结构，2001，31(4)：3-6.

[39] 程懋堃. 高强混凝土柱的梁柱节点处理方法[J]. 建筑结构，2001，31(5)：3-5.

[40] 傅学怡. 带转换层高层建筑结构设计建议[J]. 建筑结构学报，1999，20(2)：28-42.

[41] 樊德润，郭泽贤，仓慧勤. 南京新世纪广场工程简介[J]. 建筑结构，1996，(2)：15-21.

[42] 李豪邦. 高层建筑中结构转换层一种的新形式—斜柱转换[J]. 建筑结构学报，1997，18(2)：41-45.

[43] 郭必武，李治，董福顺. 武汉世界贸易大厦结构设计[J]. 建筑结构，2000，30(12)：3-9.

[44] 娄宇. 高层建筑中梁式转换层的试验研究及理论分析[D]. 南京：东南大学，1996.

[45] 任卫教. 高层建筑中转换大梁的研究[D]. 北京：中国建筑科学研究院，1994.

[46] 唐兴荣. 多高层建筑中预应力混凝土桁架转换层结构的试验研究和理论分析[D]. 南京：东南大学土木工程学院，1998.

[47] 申强. 预应力混凝土桁架转换层结构抗震性能的试验研究和理论分析[D]. 南京：东南大学，1996.

[48] 唐兴荣，蒋永生，孙宝俊，等. 带预应力混凝土桁架转换层的多高层建筑结构设计和施工建议[J]. 建筑结构学报. 2000，21(5)：65-74.

[49] 唐兴荣，蒋永生，孙宝俊，等. 预应力高强混凝土桁架转换层结构层的试验研究[J]. 东南大学学报，1997(增刊)：6-11.

[50] 唐兴荣，蒋永生，丁大钧. 预应力混凝土桁架转换层结构的试验研究与设计建议[J]. 土木工程学报，2001，(4)：32-40.

[51] 唐兴荣，蒋永生，丁大钧，等. 新型钢筋混凝土空腹桁架的结构分析[J]. 东南大学学报，1996，

(6B): 94-96.

[52] 唐兴荣, 蒋永生, 孙宝俊, 等. 高强混凝土预应力桁架转换层结构性能的试验研究[J]. 建筑结构, 1998, (3): 16-18.

[53] 樊发兴, 孙宝俊, 唐兴荣, 等. 光弹性法在超高层建筑巨型桁架设计中的应用[J]. 东南大学学报, 1995, (5): 152-158.

[54] F. X. Fan, X. R.. Tang, B. J. Sun and Z. X. Guo. Optical Elastic Experimental Study on the transfer Truss Structure in Super-High-Rise building[J]. Journal of Southeast University, Vol. 11, No. 1A, Oct. 1995.

[55] 张誉, 赵鸣, 方健, 等. 空腹桁架式结构转换层的试验研究[J]. 建筑结构学报, 1999, 20(6): 11-17.

[56] 邱剑, 肖蓓, 金志宏, 等. 瑞通广场逆向转换层的设计[J]. 建筑结构, 1999(4): 6-8.

[57] 周旭歧. 预应力混凝土高层建筑转换层中的应用[J]. 建筑科学, 1993, 61(4): 8-13.

[58] 赵西安. 带刚性转换层的高层塔楼低层部分内力和位移的简化计算[R]. 第十一届全国高层建筑结构学术交流会论文集, 1990.

[59] 徐承强, 李树昌. 高层建筑厚板转换层结构设计[J]. 建筑结构, 2003, 33(2): 19-22.

[60] 汪凯, 盛小微, 吕志涛, 等. 高层建筑预应力混凝土板式转换层结构设计[J]. 建筑结构, 2000, 30(6): 45-49.

[61] 罗宏渊, 李田. 北京艺苑假日皇冠饭店结构设计[J]. 建筑结构学报, 1990(2): 60-68.

[62] 黄小坤, 林祥, 华山. 高层建筑箱形转换层结构设计探讨[J]. 工程抗震与加固改造, 2004, (5): 12-16.

[63] 王敏, 李兵, 曾凡生, 等. 庆化开元高科大厦转换结构设计[J]. 建筑结构, 2003, 33(6): 25-28.

[64] Hamdan Mohamad, Tiam Choon etc. "the Petronas Towers: The Tallest Building in the World" Habitat and High-Rise[R], Tradition and Innovation, Proceedings of the 5th world Congress, CTUBH1995.5, Amsterdan, The Netherlands.

[65] 傅学怡, 雷康儿, 杨思兵, 等. 福建兴业银行大厦搭接柱转换结构研究应用[J]. 建筑结构, 2003, (12): 8-12.

[66] 顾磊, 傅学怡. 福建兴业银行大厦搭接柱转换结构有限元分析和预应力策略[J]. 建筑结构, 2003, (12): 13-16.

[67] 徐培福, 傅学怡, 耿娜娜, 等. 搭接柱转换结构的试验研究与设计要点[J]. 建筑结构, 2003, (12): 3-7.

[68] 王翠坤, 肖从真, 赵宁, 等. 深圳福建兴业银行模型振动台实验研究[R]. 第十七届全国建筑结构学术交流会论文集. 2002.

[69] 李豪邦. 高层建筑中结构转换层一种的新形式—斜柱转换[J]. 建筑结构学报, 1997, 18(2): 41-45.

[70] 曹秀萍, 马耀庭. 斜柱在深圳2000大厦高位转换中的应用[J]. 建筑结构, 2002, 32(8): 15-19.

[71] 张琳, 白福波, 林立. 高层建筑梯形结构转换体系设计应用[J]. 低温建筑技术, 2002, 87(1): 20-21.

[72] 郭必武, 李治, 董福顺. 武汉世界贸易大厦结构设计[J]. 建筑结构, 2000, 30(12): 3-9.

[73] 茅以川, 尤亚平. 高层建筑V形柱式结构转换[J]. 建筑科学, 2001, 17(1): 38-41.

[74] 陈光, 陈蕾. 皇岗花园转换层施工[J]. 施工技术. 1997, (7): 20-21.

[75] 唐兴荣. 巨型框架结构与框架—剪力墙—巨型框架结构计算[J]. 苏州城建环保学院学报, 1996, (4): 15-23.

[76] 唐兴荣. 框架—剪力墙结构考虑剪力墙剪切变形时的内力和位移[J]. 苏州城建环保学院学报,

1996，(3)：20-29.

[77] 肖燕旗. 框剪大刚架结构与考虑剪力墙剪切变形的框架结构计算[J]. 建筑结构，1993(12)：30-36.

[78] 秦卫红，惠卓，吕志涛. 巨型框架结构的设计方法初探[J]. 建筑结构，2001，31(7)：43-47.

[79] 秦卫红，惠卓，吕志涛. 一种新的高层建筑结构体系—巨型建筑结构体系[J]. 东南大学学报，1999，29(4A)：197-203.

[80] 舒赣平，张宇峰，吕志涛，等. 巨型框架结构的动力性能研究及设计建议[J]. 土木工程学报，2003，36(2)：41-45.

[81] 张宇峰，舒赣平，吕志涛，等. 巨型框架结构的抗震性能和振动台实验研究[J]. 建筑结构学报，2001，22(3)：2-8.

[82] 篮宗建，杨东升，张敏. 钢筋混凝土巨型框架结构弹性地震反应分析[J]. 东南大学学报，2002，32(5)：724-727.

[83] 李正良. 钢筋混凝土巨型结构组合体系的静动力分析[D]. 重庆：重庆大学，1999.

[84] 段红霞，李正良. RC巨型框架结构抗震设计中的能力设计措施[J]. 重庆大学学报，2004，27(6)：118-122.

[85] 唐九如. 钢筋混凝土框架节点抗震[M]. 南京：东南大学出版社. 1989.

[86] 傅学怡. 筒体稀柱框架结构的简化计算[J]. 建筑结构学报，1996，(2)：3-14.

[87] 汤华，王松帆，周定，等. 广州合银广场结构设计[J]. 建筑结构，2001，31(7)：19-22.

[88] 邱仓虎，詹永勤，吴彦明，等. 深圳罗湖商务大厦结构修改设计[J]. 建筑结构学报，2002，23(3)：80-84.

[89] 杨蓉观. 超高层建筑—南京新华大厦上部结构设计[J]. 工程建设与设计，2001，170(6)：31-33.

[90] 高平. 超高层建筑设置水平加强层作用分析[J]. 建筑结构，1998，(10)：20-22.

[91] 邹永发，张世良，刘立华，等. 超高层结构设置加强层问题探讨[J]. 建筑结构，2002，32(6)：44-46.

[92] 程绍革，刘经伟，金祖懋，等. 上海仙乐斯广场模型振动台试验[J]. 建筑科学，1998，14(5)：8-13.

[93] 徐培福，黄吉锋，肖从真，等. 带加强层的框架—核心筒结构抗震设计中的几个问题[J]. 建筑结构学报，1999，20(4)：2-10.

[94] 傅学怡. 带刚性加强层R.C.高层建筑结构设计建议[J]. 建筑结构，1999，(10)：44-47.

[95] 刘建新. 水平加强层减小高层建筑结构侧移的机理分析[J]. 烟台大学学报(自然科学与工程版)，1997，10(2)：137-143.

[96] 方鄂华，陈勇. 筒中筒结构设置刚性层效果的分析[J]. 烟台大学学报(自然科学与工程版)，1996，(3)：67-72.

[97] 余安东. 用水平加强层控制高层结构的侧移—水平加强层的作用及其最佳位置[J]. 建筑结构学报，1988，(6)：30-38.

[98] 刘建新，江允正，聂和平. 用优化方法确定水平加强层的最佳布局[J]. 烟台大学学报(自然科学与工程版)，1997，10(4)：291-296.

[99] 黄世敏，魏琏，衣洪建，等. 高层建筑中水平加强层最优位置的研究[J]. 建筑科学，2003，19(2)：4-6.

[100] 徐永基，孙荣欣，吕东. 高烈度区高层错层结构的设计[J]. 建筑结构，2004，34(6)：7-9.

[101] 董平，单桂林. 带错层的高层建筑结构抗震设计[J]. 工程抗震，2004，(3)：13-16.

[102] 吴景松. 错层结构的抗震分析[J]. 住宅科技，2002，(10)：21-23.

[103] 谢靖中，李国强，屠成松. 错层结构的几点分析[J]. 建筑科学，2001，17(2)：35-27.

[104] 黄小坤, 王攀坤. 多塔楼及错层高层建筑结构计算方法及程序研制计算实例[R]. 中国建筑科学研究院建筑结构研究所, 1995.

[105] 唐兴荣, 丁大钧, 王瑞. 兼有水平和竖向位移时空腹桁架的连续代入法[J]. 苏州城建环保学院学报, 1996, 9(2): 44-51.

[106] 唐兴荣, 丁大钧, 蒋永生, 等. 用连续代入法分析空腹桁架的内力[J]. 建筑结构, 1996, (11): 24-27.

[107] 唐兴荣, 蒋永生, 丁大钧, 等. 间隔桁架式框架结构的静力性能分析[J]. 建筑结构, 1997, 166 (10): 3-7.

[108] Gupta, R, p, and Goel, S. C.. Dynamic Analysis of staggered Truss Framing System[J]. Journal of the Structural Division. ASCE, Vol. 98, No, STT, July, 1972, 1475-1492.

[109] Fintel, M. Staggered Transverse wall Beams for Multistory concrete Buildings[J]. Journal of the American Concrete Institute Vol. 65, No, 5, May, 1968, 366-378.

[110] Mee, A. L. Jordan, I. A. and Ward, M. A.. Wall-Beam Frames Under Static Lateral Load[J]. Journal of the structural Division, ASCE, Vol. 101, No. ST2, Feb., 1975, 377-395.

[111] 唐兴荣, 何若全, 姚江峰. 侧向荷载作用下错列剪力墙结构的性能分析[J]. 苏州城建环保学院学报, 2002, 15(3): 12-19.

[112] K. N. V. Prasada Rao and K. Seetharamulu. Staggered Shear Panels in Tall Buildings[J]. ASCE, Journal of Structural Engineering, 1983, 109(5): 1174-1193.

[113] 刘建新. 隔层错跨剪力墙结构体系的抗震设计探讨[J]. 建筑结构, 1999, (2): 20-22.

[114] 佐腾邦昭. 高层建筑中预应力传递大梁的设计[J]. 张耀晟, 译. 结构工程师, 1988, (3): 41-46.

[115] 王灵, 吕西林. 双塔楼弱连体高层建筑结构抗震性能研究[J]. 四川建筑科学研究, 1999, (3): 48-51.

[116] 丁宗梁, 昌景和, 吕志涛, 等. 北站房综合楼45m跨预应力钢结构设计与安装[J]. 建筑结构学报, 1996, 17(5): 22-32.

[117] 吕志涛, 舒赣平. 北京西站主站房预应力刚桁架的理论分析与试验研究[J]. 建筑结构学报, 1996, 17(5): 33-40.

[118] 诸祖, 傅冰梅, 马立明. 上海证券大厦工程概况及抗风分析[R]. 第十四届全国高层建筑结构学术交流会论文集, 1996.

[119] 陈朝晖, 傅学怡, 杨想兵, 等. 型钢混凝土空腹桁架连体结构研究应用—深圳大学科技楼连体结构解析[J]. 建筑结构学报, 2004, 25(2): 64-71.

[120] 刘畅, 傅学怡, 张剑, 等. 深圳金晖二级复杂洞式转换结构设计[J]. 建筑结构, 2004, 43(4): 3-7.

[121] 王吉民, 黄坤耀, 孙炳楠, 等. 连体刚度和位置对双塔连体高层建筑受力性能的影响[J]. 建筑结构, 2002, 32(8): 59-62.

[122] 黄坤耀, 孙炳楠, 楼文娟. 连体刚度对双塔连体高层建筑地震响应的影响[J]. 建筑结构学报, 2001, 22(3): 21-26.

[123] 黄坤耀, 孙炳楠, 楼文娟, 等. 非对称双塔连体结构的动力特性和地震响应分析[J]. 工业建筑, 2001, 31(8): 27-29.

[124] 吴杰, 干钢, 宣基灿. 舟山行政中心双塔连体高层建筑的抗震分析与设计[J]. 工程设计学报, 2004, 11(2): 106-110.

[125] 刘洪德. 广州人保大厦南北塔楼连体结构高支模系统设计[J]. 广州土木与建筑, 2003, (10): 39-40.

[126] 聂建国, 魏捷, 陈戈. 钢混叠合板组合梁在连体结构工程中的应用[J]. 建筑结构, 2002, 32(4): 17-18.

[127] 刘晶波, 李征宇, 石萌, 等. 大跨高层连接体建筑结构动力分析[J]. 建筑结构学报, 2004, 25(2): 45-52.

[128] 杨维恒. 大底盘双塔连体高层建筑神舟大厦结构设计[J]. 工业建筑, 2001, 31(9): 20-22.

[129] 王吉民, 黄坤耀, 孙柄楠, 等. 连体刚度和位置对双塔连体高层建筑受力性能的影响[J]. 建筑结构, 2002, 32(8): 59-62.

[130] 娄宇, 王红庆, 陈义明. 大底盘上双塔和连体高层建筑的振动分析[J]. 建筑结构, 1999, (4): 9-12.

[131] 李永. 大底盘多塔结构的方案设计[J]. 工业建筑, 2002, 32(7): 25-27.

[132] 吴耀辉, 娄宇, 李爱群, 等. 大底盘多塔楼结构抗震分析研究进展[J]. 建筑结构, 2003, 33(9): 16-19.

[133] 娄宇, 王红庆, 陈义明. 大底盘上双塔和连体高层建筑的振动分析[J]. 建筑结构, 1999, (4): 9-12.

[134] 范重, 吴学敏. 带有双塔高层建筑结构动力特性分析[J]. 建筑结构学报, 1996, 17(6): 12-18.

[135] 包世华, 王建东. 大底盘多塔楼结构的整体稳定计算[J]. 建筑结构, 1998, (2): 8-12.

[136] 娄宇, 程辉, 施昌. 大底盘上对称多塔楼高层建筑的振动分析[J]. 建筑结构, 2001, 31(4): 13-15.

[137] 杨学林, 益德清. 多塔楼高层结构振动特性与抗震设计[J]. 工程力学, 2001, 18(2): 76-81.

[138] 方鄂华, 韦宇宁. 大底盘多塔楼结构地震反应[J]. 建筑结构学报, 1995, 16(6): 3-10.

[139] 薛彦涛, 魏琏. 底部整体裙房上部多塔结构地震反应分析[J]. 建筑结构学报, 1989, (3): 21-29.

[140] 高向宇, 周福霖, 等. 带有转换层的大底盘多塔楼结构模型振动台试验研究[J]. 建筑结构, 1998, (12): 7-11.

[141] 王选民, 邹银生. 复杂高层建筑结构地震作用的计算[J]. 建筑结构学报, 1998, 19(4): 60-66.

[142] 周游. Poincare定理在研究高层建筑复杂结构自振特性中的应用[J]. 建筑科学, 1997, 56(6): 25-29.

[143] 喻永声, 钟万鳃. 复杂高层建筑整体结构抗震分析[J]. 建筑结构, 1998, (2): 3-7.

[144] 沈品梅, 秦正, 梅守洪. 同济大学图书馆预应力悬挑结构施工[J]. 建筑技术, 1990, 195(3): 15-18.

[145] 中华人民共和国住房和城乡建设部. 超限高层建筑工程抗震设防专项审查技术要点[S]. 2015.

[146] 吕西林, 李学平. 超限高层建筑工程抗震设计中的若干问题[J]. 建筑结构学报, 2002, 23(2): 13-18.

[147] 徐培福, 王亚勇, 戴国莹. 关于超限高层建筑抗震设防审查的若干讨论[J]. 土木工程学报, 2004, 37(1): 1-6.

[148] 徐培福, 戴国莹. 超限高层建筑结构基于性能抗震设计研究[J]. 土木工程学报, 2005, 38(1): 1-10.